国家出版基金项目
NATIONAL PUBLICATION FOUNDATION

国家出版基金项目
“十四五”时期国家重点出版物出版专项规划项目
智慧农业关键技术集成与应用系列丛书

农业与生物信息智能感知与处理技术

Intelligent Sensing and Processing Technology for Agricultural and Biological Information

李民赞　张　漫　孙　红◎主编

中国农业大学出版社
China Agricultural University Press
·北京·

内 容 简 介

本书为国家出版基金项目“智慧农业关键技术集成与应用系列丛书”之一。智慧农业的实现依靠快速、准确、智能化的传感器和传感器网络，智能感知与处理技术是智慧农业的基础。本书以作物生长信息、作物病虫害信息、土壤参数、农产品品质信息、设施园艺参数、有害微生物信息、畜禽生理生态参数等农业与生物信息的智能感知与检测等方面近年来研究成果为基础，介绍了智能传感器、传感器网络、3S、大数据、云计算以及5G通信与农业物联网技术等现代信息技术在农业中综合、全面的应用概况，反映了该学科领域最新研究动向，对相关领域研究人员和在读研究生很有参考价值。

图书在版编目(CIP)数据

农业与生物信息智能感知与处理技术/李民赞，张漫，孙红主编. --北京：中国农业大学出版社，2024.12. --ISBN 978-7-5655-3408-9

Ⅰ.S126

中国国家版本馆CIP数据核字第2024KG7663号

审图号：GS京(2024)2385号

书　名　农业与生物信息智能感知与处理技术

Nongye yu Shengwu Xinxi Zhineng Ganzhi yu Chuli Jishu

作　者　李民赞　张　漫　孙　红　主编

总 策 划　王笃利　丛晓红　张秀环

责任编辑　张苏明

策划编辑　张苏明

封面设计　中通世奥图文设计中心

出版发行　中国农业大学出版社

社　址　北京市海淀区圆明园西路2号

邮政编码　100193

电　话　发行部 010-62733489，1190　读者服务部 010-62732336

编辑部 010-62732617，2618　出 版 部 010-62733440

网　址　http：//www.caupress.cn

E-mail　cbsszs@cau.edu.cn

经　销　新华书店

印　刷　涿州市星河印刷有限公司

版　次　2024年12月第1版　2024年12月第1次印刷

规　格　185 mm×260 mm　16开本　28印张　692千字

定　价　186.00元

智慧农业关键技术集成与应用系列丛书
编 委 会

编审人员

主　编　李民赞　张　漫　孙　红

编写人员（排名不分先后）

中国农业大学：李民赞　张　漫　孙　红　刘　刚

林建涵　张　昭　吴才聪　郑立华

杨　玮　李　寒　杨立伟　张　淼

李　莉　张　瑶　仇瑞承　王　蕾

王敏娟　奚欣格　刘　杨

浙江大学：崔　笛

广西大学：李修华

河北农业大学：袁洪波　马　丽

国家农业智能装备工程技术研究中心：王　秀

北京信息科技大学：张俊宁

主　审　汪懋华

总 序

智慧农业作为现代农业与新一代信息技术深度融合的产物，正成为实现农业高质量发展和乡村振兴战略目标的重要支撑。习近平总书记强调，全面建设社会主义现代化国家，实现中华民族伟大复兴，最艰巨最繁重的任务依然在农村，最广泛最深厚的基础依然在农村。智慧农业通过整合5G、物联网、云计算、大数据、人工智能等新兴技术，助力农业全产业链的数字化、网络化和智能化转型，不仅显著提升农业生产效率与资源利用率，同时推动了农业经营管理模式的变革，促进农业可持续发展。智慧农业的意义，不仅在于技术的迭代，更体现在对农业发展模式的深刻变革，对农村社会结构的再塑造，以及对国家粮食安全的全方位保障。

纵观全球，发达国家在智慧农业领域已取得瞩目成效。例如，美国、加拿大、澳大利亚等资源富足国家已经通过智慧大田技术实现了一人种5 000亩地；以色列、荷兰等资源短缺国家通过智慧温室技术实现了一人年产200 t蔬菜、一人种养100万盆花；资源中等国家丹麦、德国通过智慧养殖技术实现了一人养殖20万只鸡、日产鸡蛋18万枚，一人养殖1万头猪、200头奶牛、200 t鱼。这些成功案例不仅展示了智慧农业在提高劳动生产率、优化资源配置和实现可持续发展方面的巨大潜力，也为我国发展智慧农业提供了宝贵的经验和参考。相比之下，我国农业仍面临劳动力老龄化、资源浪费、环境污染等挑战，发展智慧农业已迫在眉睫。这不仅是现代农业发展的内在需求，更是国家实现农业强国目标的战略选择。

党的二十大报告提出，到2035年基本实现社会主义现代化，到本世纪中叶全面建成社会主义现代化强国，而农业作为国民经济的基础产业，其现代化水平直接关系到国家整体现代化进程。从劳动生产率、农业从业人员比例、农业占GDP比重等关键指标来看，我国农业现代化水平与发达国家相比仍有较大差距。智慧农业的推广与应用，将有效提高农业的劳动生产率和资源利用率，加速农业现代化的步伐。

智慧农业是农业强国战略的核心支柱。从农业1.0的传统种植模式，到机械化、数字化的农业2.0和3.0阶段，智慧农业无疑是推动农业向智能化、绿色化转型的关键途径。智慧农业技术的集成应用，不仅能够实现高效的资源配置与精准的生产管理，还能够显著提升农产品的质量和安全水平。在全球范围内，美国、加拿大等资源富足国家依托智慧农业技术，实现了大规模的高效农业生产，而以色列、荷兰等资源短缺国家则通过智能温室和精细化管理创造了农业生产的奇迹。这些实践无不证明，智慧农业是农业强国建设的必由之路。

智慧农业还是推动农业绿色发展的重要抓手。传统农业生产中，由于对化肥、农药等投入品的过度依赖，导致农业面源污染和环境退化问题日益严重。而智慧农业通过数字化精准测控技术，实现了对农业投入品的科学管理，有效降低了资源浪费和环境污染。同时，智慧农业还能够建立起从生产到消费全程可追溯的质量监管体系，确保农产品的安全性和绿色化，满足人民群众对美好生活的需求。

“智慧农业关键技术集成与应用系列丛书”是为响应国家农业现代化与乡村振兴战略而精心策划的重点出版物。本系列丛书围绕智慧农业的核心技术与实际应用，系统阐述了具有前瞻性与指导意义的新理论、新技术和新方法。丛书集中了国内智慧农业领域一批领军专家，由两位院士牵头组织编写。丛书包含 8 个分册，从大田无人农场、无人渔场、智慧牧场、智慧蔬菜工厂、智慧果园、智慧家禽工厂、农用无人机以及农业与生物信息智能感知与处理技术 8 个方面，既深入地阐述了智慧农业的理论体系和最新研究成果，又系统全面地介绍了当前智慧农业关键核心技术及其在农业典型生产场景中的集成与应用，是目前智慧农业研究和技术推广领域最为成熟、权威和系统的成果展示。8 个分册的每位主编都是活跃在第一线的行业领军科学家，丛书集中呈现了他们的理论与技术研究前沿成果和团队集体智慧。

《无人渔场》通过融合池塘和设施渔业的基础设施和养殖装备，利用物联网技术、大数据与云计算、智能装备和人工智能等技术，实现生态化、工程化、智能化和国产化的高效循环可持续无人渔场生产系统，体现生态化、工程化、智慧化和国产化，融合空天地一体化环境、生态、水质、水生物生理信息感知，5G 传输，智能自主渔业作业装备与机器人，大数据云平台，以及三维可视化的巡查和检修交互。

《智慧牧场》紧密结合现代畜牧业发展需求，系统介绍畜禽舍环境监控、行为监测、精准饲喂、疫病防控、智能育种、农产品质量安全追溯、养殖废弃物处理等方面的智能技术装备和应用模式，并以畜禽智慧养殖与管理的典型案例，深入分析了智慧牧场技术的应用现状，展望了智慧牧场发展趋势和潜力。

《农用无人机》系统介绍了农用无人机的理论基础、关键技术与装备及实际应用，主要包括飞行控制、导航、遥感、通信、传感等技术，以及农田信息检测、植保作业和其他典型应用场景，反映了农用无人机在低空遥感、信息检测、航空植保等方面的最新研究成果。

《智慧蔬菜工厂》系统介绍了智慧蔬菜工厂的设施结构、环境控制、营养供给、栽培模式、智能装备、智慧决策以及辅助机器人等核心技术与装备，重点围绕智慧蔬菜工厂两个应用场景——自然光蔬菜工厂和人工光蔬菜工厂进行了全面系统的阐述，详细描述了两个场景下光照、温度、湿度、CO_2、营养液等环境要素与作物之间的作用规律、智慧化管控以及工厂化条件下高效生产的智能装备技术，展望了智慧蔬菜工厂巨大的发展潜力。在智慧蔬菜工厂基本原理、工艺系统、智慧管控以及无人化操作等理论与方法方面具有创新性。

禽蛋和禽肉是人类质优价廉的动物蛋白质来源，我国是家禽产品生产与消费大国，生产与消费总量都居世界首位。新时期和新阶段的现代养禽生产如何从数量上的保供向数量、品质、生态“三位一体”的绿色高品质转型，发展绿色、智能、高效的家禽养殖工厂是重要的基础保障。《家禽智能养殖工厂》总结了作者团队多年来对家禽福利化高效健康养殖工艺、智能设施设备与智慧环境调控技术的研究成果，通过分析家禽不同生长发育阶段对养殖环境的需求，提出家禽健康高效养殖环境智能化调控理论与技术、禽舍建筑围护结构设计原理与方法，研发数字化智能感知技术与智能养殖设施装备等，为我国家禽产业的绿色高品质转型升级与家禽智能养殖工厂建设提供关键技术支撑。

无人化智慧农场是一个多学科交叉的应用领域，涉及农业工程、车辆工程、控制工程、计算机科学与技术、机器人工程等，并融合了自动驾驶、机器视觉、深度学习、遥感信息和农机-农艺融合等前沿技术。可以说，无人化智慧农场是智慧农业的主要实现方式。《大田无人化智慧农场》依托“无人化智慧农场”团队的教研与推广实践，全面详细地介绍了大田无人化智慧农场的技术体系，内容涵盖了从农场规划建设至运行维护所涉及的各个环节，重点阐述了支撑农场高效生产的智能农机装备的相关理论与方法，特别是线控底盘、卫星定位、路径规划、导航控制、自动避障和多机协同等。

《智慧果园关键技术与应用》系统阐述了智慧果园的智能感知系统、果园智能监测与诊断系统、果园精准作业装备系统、果园智能管控平台等核心技术与系统装备，以案为例、以例为据，全面分析了当前智慧果园发展存在的问题和趋势，科学界定了智慧果园的深刻内涵、主要特征和关键技术，提出了智慧果园未来发展趋势和方向。

智慧农业的实现依靠快速、准确、智能化的传感器和传感器网络，智能感知与处理技术是智慧农业的基础。《农业与生物信息智能感知与处理技术》以作物生长信息、作物病虫害信息、土壤参数、农产品品质信息、设施园艺参数、有害微生物信息、畜禽生理生态参数等农业与生物信息的智能感知与检测等方面的最新研究成果为基础，介绍了智能传感器、传感器网络、3S、大数据、云计算以及 5G 通信与农业物联网技术等现代信息技术在农业中综合、全面的应用概况，为智慧农业的发展提供坚实的基础。

本系列丛书不仅在内容设计上体现了系统性与实用性，还兼顾了理论深度与实践指导。无论是对智慧农业基础理论的深入解析，还是对具体技术的系统展示，丛书都致力于为广大读者提供一套集学术性、指导性与前瞻性于一体的专业参考资料。这些内容的深度与广度，不仅能够满足农业科研人员、教育工作者和行业从业者的需求，还能为政府部门制定农业政策提供理论依据，为企业开展智慧农业技术应用提供实践参考。

智慧农业的发展，不仅是一场技术革命，更是一场理念变革。它要求我们从全新的视角去认识农业的本质与价值，从更高的层次去理解农业对国家经济、社会与生态的综合影响。在此背景下，“智慧农业关键技术集成与应用系列丛书”的出版，恰逢其时。这套丛书以前沿的视角、权威的内容和系统的阐释，填补了国内智慧农业领域系统性专著的空白，必将在智慧农业的研究与实践中发挥重要作用。

本系列丛书的出版得益于多方支持与协作。在此，特别要感谢国家出版基金的资助，为丛书的顺利出版提供了坚实的资金保障。同时，向指导本项目的罗锡文院士和赵春江院士致以诚挚的谢意，他们高屋建瓴的战略眼光与丰厚的学术积淀，为丛书的内容质量筑牢了根基。感谢每位分册主编的精心策划和统筹协调，感谢编委会全体成员，他们的辛勤付出与专业贡献使本项目得以顺利完成。还要感谢参与本系列丛书编写的各位作者与技术支持人员，他们以严谨的态度和创新的精神，为丛书增添了丰厚的学术价值。也要感谢中国农业大学出版社的大力支持，在选题策划、编辑加工、出版发行等各个环节提供了全方位的保障，让丛书得以高质量地呈现在读者面前。

智慧农业的发展是农业现代化的必由之路，更是实现乡村振兴与农业强国目标的重要引擎。本系列丛书的出版，旨在为智慧农业的研究与实践提供理论支持和技术指引。希望通过本系列丛书的出版，进一步推动智慧农业技术在全国范围内的推广应用，助力农业高质量发展，为建设社会主义现代化强国作出更大贡献。

李道亮

2024 年 12 月 20 日

前　言

20 世纪 80 年代个人计算机和 90 年代物联网的出现，给信息与通信技术带来了革命性的发展。信息与通信技术的发展给人类生活和生产的各个方面带来了前所未有的变革，作为人类第一产业的农业也在信息技术的推动下发生了跨越式的进步。

20 世纪 90 年代开始，计算机技术的应用使得农业生产可以实现信息化、数字化和自动化，先后诞生了数字农业、精细农业等新一代农业技术。精细农业基于田间土壤、作物、环境等生产要素的时空变异，通过现代技术手段进行精细化管理。精细农业的实现方式包括数据收集、作业决策、精细化作业等 3 个关键环节。数据收集通过各种感知技术收集田间数据，了解土壤、作物、环境等生产要素的时空变异规律。作业决策环节根据收集的数据，制定具体的精细作业（例如精细施肥）时间、量和地点等管理决策。精细化作业利用各类自动化、智能化农业机械以及农业机器人执行精细管理决策，确保精确实施。精细农业的目的是促进农业的可持续发展。

进入 21 世纪以来，特别是 2010 年之后，信息与通信技术再次产生革命性突破，空天地一体化感知技术、物联网、大数据、云计算、人工智能等现代科技手段，进一步提高了农业生产效率、优化了农业资源利用，将精细农业技术水平提高到一个新的高度——智慧农业。在智慧农业阶段，智能感知技术、大数据、云计算、物联网、人工智能等技术的综合应用使得农业生产过程更加可视化、决策更加智能化、操作更加精准化、管理更加信息化。智慧农业的目的是实现农业生产的工业化。

国家对智慧农业的发展给予了高度的重视和极大的支持，农业农村部为了指导和规范全国的智慧农业发展，于 2024 年 10 月发布了《农业农村部关于大力发展智慧农业的指导意见》（以下简称《指导意见》）和《全国智慧农业行动计划（2024—2028 年）》（以下简称《行动计划》）2 个重要文件。在《指导意见》中，明确指出了发展智慧农业的主要方向：推进主要作物种植精准化、推进设施种植数字化、推进畜牧养殖智慧化、推进渔业生产智能化、推进育制种智能化、推进农业全产业链数字化和推进农业农村管理服务数字化。在每一项任务里都突出了农业信息智能感知与处理的重要性。例如，关于"推进主要作物种植精准化"，提出：集成应用"四情"监测、精准水肥药施用、智能农机装备、无人驾驶航空器和智能决策系统等技术，提升耕种管收精准作业水平，构建主要作物大面积单产提升的数字化种植技术体系。建立健全"天空地"一体化监测体系，积极推进卫星遥感和航空遥感资源共享，提高农业遥感监测的精度和频次；合理布局田间物联网监测设备，统筹推进农业气象、苗情、土壤墒情、病虫害、灾情等监测预警网络建设，提升防灾减灾实时监测和预警预报能力。在《行动计划》中，更是把打造国家农业农村大数据平台、共建农业农村用地"一张图"、开发智慧农业基础模型作为发展智慧农业的重点任务，凸显了农业信息智能感知与处理技术在发展智慧农业中的重要性。

回顾精细农业和智慧农业的诞生和发展，信息感知与处理技术都是最重要的环节之一，都是最终实现农业精细生产或智慧生产的基础。随着人工智能技术的发展，传统的传感技术或者信息感知技术也进入了智能感知与识别时代。不同于传统的对单一物理量的传感技术，智能感知与识别技术包括视觉感知与识别、语音感知与识别等变化过程的信息获取。除了视觉和语音感知与识别技术外，行为感知与识别技术也是研究的热点之一。硬件设备的进一步升级和智能化将为感知与识别技术的发展提供更多可能。例如，传感器的灵敏度和分辨率将不断提高，图像传感器将越来越小巧、清晰度将越来越高，语音传感器将更加灵敏和抗干扰，智能感知与识别技术的应用将更加广泛和深入。

本书的编写团队从"十五"计划开始，在国家自然科学基金项目、国家 863 计划、国家科技支撑计划、国家重点研发计划以及多项省部级科技项目和横向合作项目的支持下，围绕发展精细农业和智慧农业中的农业与生物信息智能感知与处理技术开展了深入研究，在科学探索、技术研发、应用推广等多个方面取得了一系列创新成果。这些成果中有的获得了国家级和省部级科技奖励，有的已经实现技术转让，为推进智慧农业发展发挥了重要作用。本专著就是在这样的背景下，由编写团队集合近年来有关研究成果和研究方法编纂而成。本专著内容丰富，图文并茂，不仅大部分图片采用彩色印刷，为了使读者能够更加清晰、直观地理解专著内容，还采用二维码的形式提供了部分内容相关的视频，读者扫描二维码即可通过视频观看相关成果的原理、构造和应用情况。

本书共分 10 章，由李民赞、张漫、孙红共同主编，由李民赞统稿，汪懋华院士主审。各章主要撰写人员如下：第 1 章绪论，李寒、张漫、李民赞；第 2 章作物生长参数智能感知与处理技术，孙红、李修华、张瑶、刘杨、李民赞；第 3 章作物病虫害信息智能感知与处理技术，孙红、李修华、杨玮、王秀、刘杨、李民赞；第 4 章作物表型信息智能感知与处理技术，张漫、李寒、仇瑞承、王敏娟；第 5 章土壤参数智能感知与处理技术，杨玮、张淼、郑立华、李民赞；第 6 章农产品品质信息智能感知与处理技术，李民赞、崔笛、孙红、张昭；第 7 章设施园艺参数智能感知与处理技术，张漫、李莉、袁洪波、李民赞；第 8 章农业与食品有害微生物信息智能感知与处理技术，林建涵、王蕾、奚欣格；第 9 章畜禽健康养殖生理生态信息智能检测与处理技术，刘刚、李寒、马丽；第 10 章农业物联网技术及其应用，杨立伟、张漫、张俊宁、李寒、孙红、吴才聪、李民赞。

本专著编写过程中，从"智慧农业系统集成研究教育部重点实验室"和"农业农村部农业信息获取技术重点实验室"毕业、现在活跃在高等教育和科研第一线的校友们也作出了重要贡献，他们是：国家农业智能装备工程技术研究中心安晓飞研究员，西北师范大学丁永军教授，河北建筑工程学院李鸿强副教授，河南牧业经济学院张俊逸副教授，北京信息科技大学苏清华副研究员，山东理工大学周鹏副教授，宁夏大学高德华博士，北京林业大学苗艳龙博士，等。

专著涵盖了大田作物、设施园艺作物、作物表型、农田土壤、作物病虫害、智慧养殖、农产品品质、农业微生物、物联网技术等多个领域的信息智能感知与处理技术，如此丰富的内容和成果，离不开一批又一批研究生的辛劳和付出。专著中对引用的研究生论文进行了标注，同时再次对他们的贡献表示感谢和敬意。

在编写者多年的研究实践中，国内外众多专家给予了无私的指导，尤其是中国工程院院士、中国农业大学教授汪懋华，中国工程院院士、华南农业大学教授罗锡文，中国工程院院士、国家农业信息化工程技术研究中心主任、中国农业大学特聘讲座教授赵春江。本专著的编写和出版得到了国家出版基金、中国农业大学出版社和中国农业大学信息与电气工程学院的大力支持。在此，对以上专家和机构一并表示衷心的感谢。

限于编者水平，书中错误及不妥之处在所难免，恳请读者批评指正。

李民赞　张漫　孙红

2024 年 12 月

目录

第1章 绪论

1.1 智慧农业及其关键技术

1.1.1 智慧农业

农业是国民经济的基础产业，农业不仅提供了丰富的农产品，还为工业和其他非农产业提供了大量的原材料和市场，是国民经济建设和发展的基础。农业的发展提高了农产品产量，增加了农民收入，促进了农村经济的发展。

随着社会经济和科技的发展，农业经历了从传统农业到现代农业的演变。这一演变过程不仅反映了农业生产方式的进步，也揭示了科学技术对推动农业发展的核心作用。从传统农业到现代农业，农业的发展过程可概括为4个阶段：传统农业、机械化农业、精细农业和智慧农业[1]。

(1)传统农业：传统农业又称为农业1.0，指的是以人力、畜力和简单工具为主的农业生产方式。在这一时期，生产力水平低下，劳动密集型生产方式严重依赖自然条件，农业生产的效率和产量波动较大。农民主要依靠经验和直觉进行耕作，无法精准控制农作物的生长环境，因此面临着自然灾害、气候变化以及病虫害等多种不确定性因素的影响。此外，传统农业强调小规模生产，无法实现规模化和集约化，这也限制了其产出能力。

(2)机械化农业：机械化农业又称为农业2.0。随着工业革命的到来，农业机械化逐渐成为可能。农业机械的引入极大地提高了农业生产效率，减少了对人工劳动力的依赖。拖拉机、联合收割机等大型农业机械的应用，使得土地翻耕、播种、灌溉、收获等环节的生产效率显著提升。机械化农业是农业发展的一个重大突破，它实现了农业生产的初步现代化，奠定了现代农业的基础。然而，机械化农业虽然提高了生产效率，但仍然面临资源利用不充分、环境污染等问题，特别是大规模使用化肥和农药，加剧了土壤退化和水资源的污染。

(3)精细农业：精细农业又称为农业3.0。20世纪后半叶，随着信息技术(IT)、遥感(RS)技术和地理信息系统(GIS)的发展，精细农业逐渐兴起。精细农业(或精准农业)旨在通过精确管理农田的空间差异，实现资源的合理利用和农业产量的最大化。通过对田块进行精确定位，可以根据不同区域的土壤特性、水分状况和作物生长情况，实施差异化管理策略，如精准施肥、灌溉和病虫害防治。精细农业标志着农业生产向着更为科学和数据驱动的方向发展，同时也开始了农业与信息技术深度融合的过程。然而，精细农业仍然受限于数据的收集、处理和分析能力，且其设备和技术成本较高，应用范围有限。

(4)智慧农业：智慧农业又称为农业4.0。进入21世纪，随着物联网、人工智能、大数据、5G等新兴技术的飞速发展，农业迎来了新一轮的技术革命——智慧农业。智慧农业以现代信息技术为基础，通过数据采集、分析和智能决策支持，实现农业生产全过程的自动化和智能化管理。智慧农业不仅延续了精细农业的精确管理理念，还进一步提高了农业生产的智能化水平，使得农业生产在动态环境中更加高效和可持续。在智慧农业体系下，可以通过传感器、无人机、智能农机等设备实时监测作物生长状况、土壤状况和气象数据等，结合大数据分析和人工智能模型，自动优化施肥、灌溉和病虫害防控措施，实现农产品的优质高产。此外，智慧农业还通过物联网技术连接供应链的上下游，实现农产品的精准供应和市场预测，提高农业的经济效益和食品安全水平。

1.1.2 智慧农业关键技术概论

智慧农业是基于新一代ICT(information and communication technology，信息与通信技术)与农业现代化深度融合发展的集成体系，其技术核心可以概括为感、移、云、大、智5个主要环节。“感”是指农业环境与生物信息高效感知技术，包括农业传感器和农业信息处理技术。“移”是指移动通信和移动互联技术，实现农业信息的实时传递和农业生产的实时调控。“云”是指云计算与云服务技术，支撑农业生产数字化和信息化。“大”是指农业大数据技术，数据是智慧农业的基础，农业大数据技术是智慧农业时代数据挖掘和大数据应用的工具。“智”即智慧和智能，包括智慧农业管理决策、智能装备等。随着现代农业的发展，“感移云大智”技术在智慧农业领域发挥着核心作用。智慧农业关键技术组成如图1-1所示[2]。

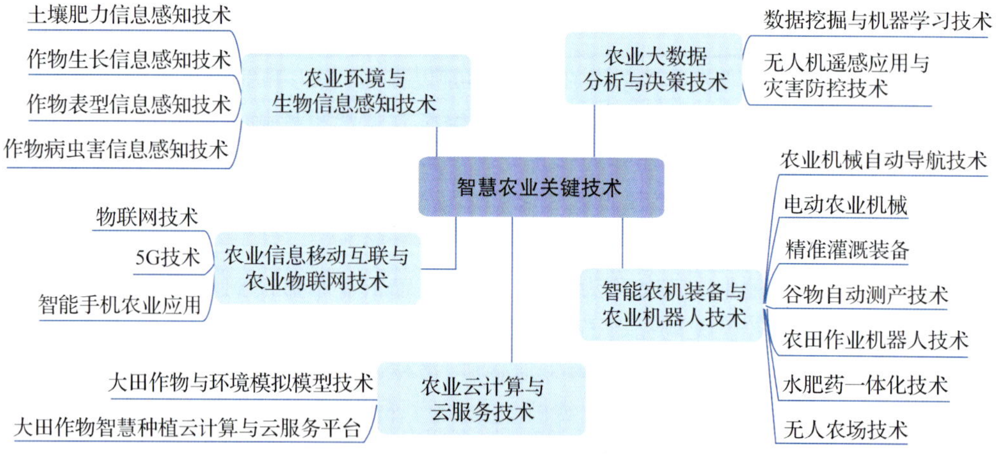

图1-1 智慧农业关键技术组成

(1)农业环境与生物信息感知技术：农业环境与生物信息感知技术是智慧农业的基础，主要包括土壤肥力信息感知技术、作物生长信息感知技术、作物表型信息感知技术和作物病虫害信息感知技术。土壤是农业的基础，智慧农业需要对土壤多参数进行原位快速检测，对检测灵敏度、精密度和准确度有较高要求。作物生长发育实时监测技术可以监测和预测作物各方面的生长状况指标，对于作物的田间智慧管理、产量预测、品质检测和采收等具有切实的指导意义。作物表型组学为智慧育种服务，通过表型测量技术能够实现对作物形态学参数和生理学参数的自动化高通量测量，为作物的智慧育种以及智慧管理提供关键信息。病虫害是农业生产过程中影响粮食产量和质量的重要生物灾害，对病虫害进行早期预警和防控对减少农业化学药剂的使用量和残留量，促进生态环境和农产品安全，以及对中国粮食贸易策略制定和社会经济发展均具有重要战略意义。

(2) 农业信息移动互联与农业物联网技术：基于移动互联的农业信息传输与通信技术主要包括物联网技术、5G技术和智能手机农业应用。目前中国已经发展了多种农业物联网应用模式，面向水稻、小麦、玉米、棉花、果树和菌类等多种作物，有智能灌溉、土壤墒情监测和病虫害防控等单领域物联网系统，也有涵盖育苗、种植、采收、仓储等全过程的复合物联网系统。基于5G的新一代移动互联技术在大田种植中发挥着重要作用，利用5G大带宽、低时延的特性，可实现农机的无人化作业，例如无人拖拉机、无人插秧机和无人收割机等。智能手机正在逐渐成为重要的现代农业装备，通过App即可完成农田信息获取、农业机械操控以及农产品电子商务管理等智慧农业生产相关的运作。

(3)农业云计算与云服务技术：农业云计算与云服务技术的重点包括大田作物与环境模拟模型技术和作物智慧种植云计算与云服务平台。作物生长模型是根据作物品种特性、气象条件、土壤条件以及作物管理措施，采用数学模型方法描述作物光合作用、呼吸作用、蒸腾作用以及营养作用等的机理和过程，可以准确模拟作物在单点尺度上生长发育的时间演进以及产量形成的动态过程。作物与环境模拟模型技术为大田作物智慧种植云计算与云服务平台提供了有力工具。以作物识别为例，把作物生长模型及各项参数输入云服务器，利用云平台强大的分析运算能力可以识别区分不同作物或者作物的不同生长阶段，区分杂草和作物以优化除草剂实施方案等。

(4)农业大数据分析与决策技术：农业大数据分析与决策技术重点包括数据挖掘与机器学习技术和无人机遥感应用与灾害防控技术。农业大数据技术通过清洗、集成、融合和挖掘等，发现隐藏其中的数据价值，为发展智慧农业提供指导和服务。机器学习是人工智能的核心研究领域之一，利用机器学习提供的技术进行数据挖掘来分析农业大数据，二者协同互补，促进大田种植大数据分析与决策技术的发展。在农作物种植前采用无人机对土壤进行监测分析，对农业种植的前期规划具有至关重要的作用。生长期作物的无人机检测可为农田智慧管理提供可靠的基础数据。中国的无人机植保已成为发展最快的新兴领域，也是未来农业发展的主要方向之一。

(5)智能农机装备与农业机器人技术：智能农机装备与农业机器人技术重点包括农业机械自动导航技术、电动农业机械、精准灌溉装备、谷物自动测产技术、农田作业机器人技术、水肥药一体化技术以及无人农场技术。北斗系统的建成与应用保证了中国农业机械自动导航技术的可靠性和健康发展。农机自动导航驾驶系统主要应用于播种、开沟、起垄、中耕、打药等对直线度及结合线精度要求较高的作业。电机和电池技术的发展尤其是低速大扭矩电机技术的成熟，为电动农业装备的发展提供了基础条件。灌溉、收获、水肥药一体化等精细作业技术和农业机器人是现代信息技术与现代农业深度融合的典范，推动农业生产向优质、高产、低污染、节水、节能、智能和现代化方向发展。无人农场是在人不进入农场的情况下，综合采用物联网、大数据、人工智能、5G、智能农机和农业机器人等技术，完成农场所有生产、管理任务的一种全天候、全过程、全空间的无人化生产作业模式。无人农场代表着最先进的农业生产力，将引领大田作物智慧种植业的发展。

由以上分析可知，从传统农业到精细农业再到智慧农业，都离不开农业信息的智能感知和处理技术。随着传感器技术、现代通信技术以及物联网技术等的快速发展,现代农业信息感知技术得到了快速的发展。近年来传感器正从传统型向新型传感器转型。新型传感器的特点是微型化、数字化、智能化、多功能化、网络化。在通信方面,以低功耗、低运营成本、大节点容量为特点的 LoRa(long range radio,远距离无线电)、NB-IoT(窄带物联网)等低功耗广域网(low-power wide-area network,LPWAN)是未来农业传感器组网的主要途径。作为 LPWAN 的传输速率补充,5G 移动通信技术将使以农业图像、音频为代表的大文件传输变为现实,进一步扩充农业信息维度。未来,智慧、便捷、精确、节能的农业信息的智能感知和处理技术将持续促进智慧农业的发展。

1.2 农业信息智能感知技术前沿

在机器和电子技术诞生之前,农民通过感官感知土壤和作物的特性,利用手工测量土壤和作物的一些特征参数。精细农业和智慧农业的发展要求准确、快速地感知和处理农田信息。随着 ICT 的发展,农田信息感知在光、声、电、磁技术的基础上,又引入了无线传感器网络(wireless sensor network,WSN)技术、移动互联技术、无人机技术等,进一步提高了信息获取的泛在性和实时性。大数据技术、深度学习技术、大模型技术等人工智能技术为农业信息的智能处理提供了强有力的工具,在智慧农业管理和决策领域已经产生了丰富的标志性成果,为发展智慧农业发挥了巨大作用。

1.2.1 敏感元件与传感器

在农业信息智能感知系统中,敏感元件和传感器发挥着至关重要的作用,它们实时监测和采集农业生产中的各种信息,为管理者决策和智能农机运行提供数据支持。

按照敏感元件的作用机理,农业信息获取常用的传感器主要分为物理传感器、化学传感器、生物传感器和光学传感器。

(1)物理传感器:物理传感器利用物理效应测量物理量,如温度、湿度、压力等,敏感元件为热电偶、热电阻、半导体、陶瓷等。温度传感器用于测量作物或土壤的温度,通常采用热电偶和热电阻,它们的工作原理基于材料的电阻随温度变化的特性。湿度传感器有电容式湿度传感器(capacitive humidity sensors)和电阻式湿度传感器(resistive humidity sensors)等,用于监测空气或土壤的湿度。电容式湿度传感器通过测量电容的变化来感知湿度,而电阻式湿度传感器则基于材料电阻随湿度变化的特性进行测量。

(2) 化学传感器:化学传感器用于检测土壤或水中的化学成分或性质,如 pH、营养成分等,敏感元件为氧化物半导体、电解质、电极等。pH 传感器用于测量土壤或水的酸碱度,敏感元件通常为玻璃电极等,玻璃电极与样品接触产生电位差,从而确定 pH。离子选择性电极(ISEs)用于检测特定离子如氮、磷、钾等的浓度,通过选择性电极膜与离子发生反应,生成与离子浓度相关的电信号。

(3)生物传感器:生物传感器结合了生物元素技术和传感器技术,用于检测生物或生化物质。例如,酶传感器利用特定酶对目标物质的催化作用,生成与目标物质浓度相关的电信号。酶传感器可以检测土壤中有机物质的含量。免疫传感器通过抗体-抗原反应检测生物分子,如病原体或有害物质。这些传感器可以用来监测作物的健康状况。

(4)光学传感器：光学传感器用于测量光的强度、颜色、反射率等。光谱传感器通过测量不同波长的光的吸收或反射来分析作物的健康状况或土壤成分。例如，近红外(NIR)光谱传感器可以评估植物的生物质量和水分含量。图像传感器如CCD(charge-coupled device)和CMOS(complementary metal-oxide-semiconductor)传感器用于捕捉作物生长图像，通过图像处理技术分析作物的生长状态和病虫害情况。

近年来，传感器朝着微型化和集成化发展，集成了无线传输技术、能源自供技术，并逐步具备智能化与自学习的能力。传感器技术的微型化和集成化大大提高了传感器的便捷性和适用性。微型传感器可以嵌入无人机、机器人等智能农业设备中，实时监测农业环境。无线传输技术(如WiFi、蓝牙、LoRa)使得传感器可以将采集到的数据实时传输到中央系统或云平台，不仅提高了数据传输的效率，还支持远程监测和控制。能源自供技术如太阳能电池和能量收集器使得传感器可以在没有外部电源的情况下长期运行，能源自供传感器尤其适用于大面积的农业监测，如田间传感器网络。智能化传感器具备自学习和自适应能力，能够根据环境变化自动调整测量参数。智能传感器结合人工智能算法，能够更准确地分析和预测农业数据。

目前传感器在农业生产中主要用于土壤监测、作物健康监测、气象监测、水资源管理等方面。在土壤监测方面，传感器实时监测土壤湿度和温度，可以用于优化灌溉策略，避免水资源浪费；测量土壤中的养分(如氮、磷、钾)，为精准施肥提供数据支持。在作物健康监测方面，通过图像传感器和光谱传感器，可以实时监测作物的健康状态，在早期发现病虫害并采取相应措施；可以用于作物生长监测，跟踪作物的生长情况，分析生长速率和生物质量，调整农业管理策略。在气象监测方面，传感器可以进行空气温度、湿度、风速和降水量监测，提供准确的气象数据，帮助预测天气变化对农业生产的影响。在水资源管理方面，传感器应用于智能灌溉系统，结合土壤湿度信息和天气预报数据，智能灌溉系统能够优化灌溉量和灌溉时间，提高水资源的利用效率。

未来传感器将朝着多传感器集成、高精度和高分辨率、人工智能结合与环境友好方向发展。未来的农业传感器系统将更多地采用多传感器集成技术，将不同类型的传感器集成到一个系统中，以获得更全面的农业数据。传感器技术将向更高的精度和分辨率发展，提供更详细和更准确的农业数据支持。高分辨率传感器能够识别更细微的环境变化，对农业生产的优化有更大帮助。结合人工智能技术，未来的传感器将具备更强的数据分析和预测能力。AI算法能够处理和分析来自多个传感器的数据，提供更加智能化的决策支持。未来的传感器技术将更加注重环境友好，开发低能耗、环保的传感器材料和技术，减少对环境的影响。

1.2.2 微机电系统机器人

微机电系统(micro-electromechanical systems，MEMS)是一种基于微加工技术的微型器件系统，集微传感器、微执行器、信号处理和控制电路、通信接口和电源等部件于一体。微机电系统机器人指基于MEMS技术的小型机器人。MEMS技术结合了微机械和微电子技术，提供了高精度、低成本的微型机器人解决方案，在智慧应用中扮演着重要角色。

基于功能，MEMS机器人可以分为执行器型机器人、传感器型机器人和组合型机器人。执行器型机器人主要用于执行特定任务，如抓取、移动或其他操作。执行器型MEMS机器人通常配备微型电动机或致动器，具有高精度和高灵活性。传感器型机器人以数据采集和环境监测为主要功能，这类机器人集成了各种传感器，如温度传感器、湿度传感器和压力传感器，用于监测环境变化并反馈数据。组合型机器人集成了执行器和传感器功能,可以完成复杂任务,如自动检测和修复。组合型机器人通常具有更高的智能水平和适应性。基于结构,MEMS 机器人可以分为微型四足机器人、微型飞行机器人、微型移动机器人。微型四足机器人可模拟动物的运动方式,具备较好的稳定性和灵活性,适用于复杂环境的探索和导航。微型飞行机器人(如微型无人机)用于空中监测和数据采集,具有小巧、灵活的特点,适用于需要空中视角的任务。微型移动机器人有微型轮式机器人和微型履带式机器人等,主要用于执行地面任务,如运输和清扫。

MEMS 湿度传感器利用电容变化原理测量湿度,应用于农业环境监测和室内环境控制。MEMS 压力传感器具有高灵敏度和小体积的优势,用于测量气压或液压变化。MEMS 加速度计和陀螺仪用于测量运动和姿态变化。例如,在微型无人机中,这些传感器可以用于稳定飞行和导航。MEMS 光学传感器可检测光强、颜色和图像,用于环境监测、图像采集和物体识别。MEMS 气体传感器用于检测空气中的气体如二氧化碳、一氧化碳等的浓度,在畜禽养殖中能够实时监测空气中的有害物质如颗粒物和氨气等的浓度。在水产养殖中,微型传感器可以用于水质监测,包括检测水中的污染物和微生物。

MEMS 机器人能够实时采集环境数据,如温度、湿度、气体浓度等,这些数据可以用于分析环境变化,优化农业管理和环境保护措施。MEMS 机器人具备高精度的执行能力,可以完成精细的操作任务,如微型组装、精准施药等,这种精确控制提高了任务效率和准确性。利用 MEMS 传感器的导航和定位功能,机器人能够在复杂环境中自主移动和定位,例如微型无人机可以根据传感器数据自动规划飞行路径。MEMS 机器人能够根据传感器数据实时调整操作参数,例如智能灌溉系统可以根据土壤湿度传感器的数据自动调节水量,优化灌溉效果。结合人工智能算法,MEMS 机器人可以进行智能决策和控制,例如结合图像识别技术自动识别作物病虫害并进行处理。

1.2.3 现代传感技术

智慧农业依赖于先进的传感技术,以实现高效、精准的农业生产。这些技术包括微流控技术、柔性传感技术和视觉传感器技术,它们通过提供精确的数据支持农业决策,从而优化资源使用、提高作物产量并减少环境影响。

(1)微流控技术:微流控(microfluidics)即在微尺度下控制和操作液体流动,这项技术主要利用微型通道和阀门来处理和分析样品,广泛应用于化学分析、生物检测和环境监测,在农业中的应用主要集中在土壤和水质分析、病害检测等方面。微流控技术可以实现对土壤和水样品的快速分析。例如,微流控芯片能够在极小的样品量下进行精确的离子分析、pH 测定和营养元素检测。通过这种方式,可以实时监测土壤的营养状况和水质变化,帮助农民做出及时的调整。微流控技术还可以用于病原体的检测。例如,通过微流控芯片可以检测土壤样品中是否存在病原菌,便于提前采取防控措施。微流控技术能够提供高灵敏度和高精度的分析结果,即使在极小的样品量下也能准确检测,且能够在短时间内完成复杂的化学和生物分析,减少样品和试剂的使用,降低检测成本和资源消耗,因此是一种高精度、高效快速、节省资源的检测技术。

(2)柔性传感技术:柔性传感技术(flexible sensing technology)使用柔性材料制造传感器,这些材料可以弯曲、拉伸并适应不规则表面。柔性传感器通常使用导电高分子材料、纳米材料或导电纤维材料等制成，具有优良的柔韧性和可变形性，能够适应复杂的应用场景。柔性传感技术在农业中的应用包括作物健康监测、土壤监测等。柔性传感器可以贴附在植物叶片上或植物表面，实时检测植物的生理信号，如光合作用、气体交换和水分含量，评估植物的健康水平和生长状况。柔性传感器还可以嵌入土壤中，它能够适应土壤的变化和运动，实时监测土壤的湿度、温度和养分含量，为智慧农业提供实时数据。柔性传感技术的优势在于适应性强，可以适应各种不规则表面，它的柔韧性使其在贴附到植物表面时不会对植物造成损害，从而提供更准确的健康监测。柔性传感器还可以设计成可穿戴设备，用于实时监测农业操作人员的健康状况。

(3)视觉传感器技术：视觉传感器技术(visual sensing technology)包括图像传感器、相机和计算机视觉系统，用于捕捉和分析视觉信息。视觉传感器能够提供作物的图像数据，并利用图像处理技术进行分析和识别。视觉传感器技术在农业中的应用包括作物健康监测、精准施肥和喷药、作物成熟度评估等。通过安装在无人机或固定设备上的高分辨率相机，视觉传感器可以捕捉作物的图像，分析作物的生长状态、病虫害情况以及营养情况。这种技术可以实现大面积的作物监测，及时发现问题并采取措施。视觉传感器能够识别作物的具体需求，根据图像数据精确定位施肥和喷药区域，减少资源浪费，提高施肥和喷药的效果。视觉传感器可以分析作物的颜色和形状变化，从而评估作物的成熟度，有助于确定最佳的收获时间，提高作物的品质和产量。视觉传感器技术的优势包括高分辨率和全面性、自动化分析和实时监测。视觉传感器可以提供高分辨率的图像数据，全面监测作物的健康状况和生长情况。应用计算机视觉技术可以自动分析图像数据，识别作物病虫害，减少人工干预。视觉传感器能够实时捕捉和分析图像数据，提供即时的农业管理决策支持。此外，与激光雷达等传感器结合，视觉传感器还用于农机、无人机自动导航与避障。

1.3 农业信息智能处理技术前沿

1.3.1 农业大数据技术

大数据是指常规软件工具在一定时间范围内无法捕捉、管理和处理的数据集合，是海量、高速增长、多样化的信息资产，这要求新的处理方式具有更强的决策力、洞察分析和流程优化的能力。农业大数据是指在农业生产过程中各种流程和系统所产生的海量数据信息。根据数据产生来源，农业大数据可以分为农业生产大数据、农业生态环境大数据、农业流通及消费大数据等。农业生产数据可分为种植生产大数据和养殖生产大数据，种植生产大数据包括种子肥料、作物生长、农机、播种灌溉等方面的数据，养殖生产大数据包括畜禽状态、行为、疫情等方面的数据。农业生态环境大数据包括土地资源(如地理位置、面积)、水资源、气象资源、自然灾害等方面的数据。农业流通及消费大数据主要包括农资、农产品的市场供求信息、价格信息等方面的数据[3]。

农业大数据技术是指利用物联网、人工智能、大数据分析等现代信息技术手段，对农业生产、管理、销售等环节中产生的海量数据进行收集、存储、处理和分析，以提取有价值的信息和知识，为农业生产决策和科学管理提供依据，其特点包括数据量大、数据类型多样、处理速度快和价值密度低等。农业大数据技术的应用领域包括：①农业生产管理。通过收集和分析农田环境、作物生长、病虫害等信息，实现精准农业管理，包括精准施肥、灌溉、病虫害防治等，提高农业生产效率和资源利用效率，这也是农业大数据技术在智慧农业领域的主要应用场景。②农产品流通与销售。利用大数据技术对农产品市场需求、价格趋势等进行预测和分析，指导农产品生产和销售策略，促进农产品流通和销售的高效便捷。③农业金融。通过大数据风控等技术手段，为农业生产者提供更高效、更安全的金融服务，同时数字技术还将为农产品流通提供更多元化的金融服务。④农业科研与教育。利用大数据技术对农业科研成果进行挖掘和分析，推动农业科技创新和成果转化，同时也为农业教育提供丰富的数据资源和案例支持。

农业大数据技术的前沿趋势包括：①数据融合与共享。随着农业信息化和智能化的不断推进，农业大数据的收集和分析将进一步深化，不同来源、不同类型的数据将实现更广泛的融合和共享，为农业生产和管理提供更全面的支持。②智能化决策支持。利用大数据技术和人工智能技术，构建智能化的农业生产决策支持系统，实现农业生产过程的自动化和智能化管理，提高农业生产效率和资源利用效率。③区块链技术。区块链技术具有去中心化、不可篡改等特点，在农产品追溯、质量监管等方面具有广泛应用前景。通过区块链技术，可以实现农产品的全程追溯和质量监控，保障农产品的安全和质量。④农业物联网技术。农业物联网技术通过传感器、无人机等设备实现对农作物、饲养动物和土地环境的实时监测和管理，提高农业生产的自动化程度和生产效率。随着物联网技术的不断发展，它在农业领域的应用将更加广泛和深入。

农业大数据技术是当今农业领域的前沿技术之一，具有广泛的应用前景和巨大的发展潜力。利用农业大数据技术可以进行作物的优化选择决策，根据天气和土壤参数，作物选择大数据模型会选择出最适合种植的作物，可用于季节性和年度作物种植决策。大数据系统可以提供从播种到收获的作物种植关键信息，预测种植作物的最佳时间。农业大数据技术有利于减少农药使用，推动农业可持续发展。农业生产者可以借助机器学习、人工智能等前沿技术结合大数据对田间杂草进行控制，通过物联网设备从农场采集的数据，利用人工智能进行数据提取，定位田间杂草，再通过大数据技术进行分析，实现农药精准喷洒，减少农药消耗和环境污染。农业大数据技术有助于进行作物育种，摆脱传统育种工作量大、成本高的困境，大大提高育种效率。农业大数据技术有助于进行农业信息检测，通过各类传感器和气象站等设备获取数据，分析历史数据和实时数据，提供灾害预警、病虫害防治建议等信息，做出更加明智的决策。农业大数据技术有助于进行智慧农业生产管理，推动数字化农业发展。未来，随着技术的不断进步和应用场景的不断拓展，农业大数据技术将为智慧农业生产和管理提供更加高效、精准和可持续的解决方案。

1.3.2 农业云计算技术

云计算是一种基于互联网的计算方式，它允许用户通过网络访问存储在远程服务器上的数据和程序，而不仅仅是本地计算机或本地服务器上的数据和程序。这种计算方式使得计算资源可以像电力或水资源一样按需分配和使用。农业云计算将云计算的技术和服务应用于农业领域，实现数据的高效存储、处理和分析，并提供即时的决策支持。这一技术的核心优势在于它能够提供强大的数据处理能力、便捷的资源共享以及高度的可扩展性。通过农业云计算，农业生产者可以实时获取和分析大量的农业数据，从而优化资源配置、提高作物产量和质量，同时减少资源浪费和环境污染。

1.农业云计算的特点

(1)强大的数据处理和存储能力:云计算提供几乎无限的数据存储空间和强大的计算能力,使得农业数据可以被高效地存储和处理。这对于处理大规模农业数据集、进行复杂的数据分析和模型预测至关重要。

(2)高度的可扩展性和灵活性:云计算服务通常基于"按需使用"的模式,这意味着农业生产者可以根据自己的需要灵活地增加或减少计算资源,无须提前进行大量的硬件投资。这种灵活性特别适合应对农业生产的季节性变化和不确定性。

(3)便于协作和信息共享:农业云计算平台使得数据和分析工具可以通过网络被多个用户访问,促进了农业生产者、研究人员和咨询人员之间的协作和知识共享。这有助于加速创新,提高决策的效率和质量。

(4)有利于提高成本效益:通过使用云计算服务,农业企业可以减少在IT基础设施上的投资,转而采用更为经济的订阅服务模式。此外,云服务的运维和更新由服务提供商负责,进一步减少了企业的运营成本。

(5)便于访问和获取:云计算平台可以通过任何具有互联网连接的设备访问,大大提高了信息的可获取性。无论农业生产者身处何地,都能实时访问和管理自己的农业数据,使得远程监控和管理成为可能。

2.农业云计算的应用场景

农业云计算主要应用在精细农业与智慧农业实践、灾害响应和风险管理以及农业供应链优化等方面。

(1)精细农业与智慧农业实践:通过分析土壤特性、作物生长状况和气候数据,农业云计算帮助农业生产者制定精准的种植计划和管理策略。例如,精确计算作物所需的水分和营养,实现精准灌溉和施肥,从而提高作物产量,减少化肥和农药的使用,保护环境。在智能温室管理中,农业云计算平台可以实时监控温室内的温度、湿度、光照等环境因素,并根据作物生长需要自动调节环境条件,这不仅提高了作物的生长质量和产量,还显著降低了能源消耗和人工成本。

(2)灾害响应和风险管理:利用云计算平台分析历史气象数据和实时天气预报,预测自然灾害(如洪水、干旱等)对农业生产的影响,及时调整生产计划和管理措施,减轻灾害损失。同时,平台还可以为农业保险提供数据支持,帮助生产者规避风险,保障农业可持续发展。

(3)农业供应链优化:农业云计算平台可以整合整个农产品供应链中的信息流、物流和资金流,提高供应链的透明度和效率。通过实时追踪农产品从田间到餐桌的全过程,不仅能够优化库存管理和物流安排,还能增强食品安全和质量控制。

农业云计算的应用能够显著提高农业生产效率、产品质量,同时促进农业的可持续发展。然而,在推广农业云计算的过程中,也面临着数据安全、隐私保护以及技术普及等挑战。如何确保数据的安全性和隐私权,如何提高农业生产者对新技术的接受度和应用能力,是农业云计算发展必须解决的关键问题。

农业云计算作为推动农业现代化发展的重要技术,在提高农业生产效率、实现资源优化配置以及促进农业可持续发展方面展现出巨大的潜力和价值。未来,通过不断的技术创新和应用推广,农业云计算将给农业生产带来更加深刻的变革。

1.3.3 农业机器学习技术

机器学习在农业中应用，主要源于现代农业对智能化、精准化管理的迫切需求，以及机器学习技术的快速发展和普及。随着人口增长和土地资源有限性的挑战日益加剧，农业生产面临着巨大的压力。为了提高农业生产效率和质量，保障粮食安全，减少环境污染，智慧农业的概念应运而生。智慧农业利用现代信息技术和智能化设备，对农业生产进行全面升级和改造，为农业生产提供了全新的解决方案。与此同时，机器学习作为一种人工智能技术，通过让计算机从数据中学习规律，实现自主决策和预测，为智慧农业的实现提供了新的思路和方法。在农业领域，机器学习技术的应用范围广泛，Atif 等将其分为四大类：田间条件管理、农作物管理、动物管理及农作物品种培育[4]。

田间条件管理分土壤和水体两个方面。土壤的 pH、氮磷钾等元素含量以及温湿度等的差异直接影响作物的产量和质量，然而人工测量计算这些参数较为复杂和耗时，因此有必要引入机器学习技术对土壤参数进行准确预测和快速分析。例如对于农田作物和肥料产生的氨气等监测难度大、监测操作复杂的有害气体，将多传感器阵列装置与机器学习算法相结合，通过主成分分析法和支持向量机算法对多传感器阵列响应稳态阶段和暂态阶段的数据进行分类处理，分析系统对不同质量浓度氨气及混合气体环境下氨气的区分效果，有助于农田环境中氨气的快速和连续检测[5,6]。此外，在高分辨率遥感影像的耕地识别中运用 UNet＋＋、DeeplabV3＋、UNet 和 PSPNet 等新型深度学习模型，可以更快更准地获取耕地面积、分布等信息，为相关部门更好地管理和利用耕地资源提供技术支持[7]。

机器学习在农作物管理中的应用包括产量预测、病虫害识别、杂草定位和作物品质评估等方面。降水量、作物生长状况、气象条件、种植面积等直接或间接影响着最后的产量，机器学习的应用可以帮助生产者决策种植哪种作物，以及在作物生长周期内应该做什么。基于植物图像，利用支持向量机器学习算法，从植物叶片中提取需要的特征，利用这些特征进行分类，有助于检测植物是否感染病害。在农业生产上，草害对作物的危害异常严重，例如在极端情况下，玉米由于杂草的影响产量可下降 20％以上。针对杂草的识别特点对深度学习网络进行改进，能够提高植物和杂草图像分割效果，准确识别杂草。和人工相比，机器学习可以利用多种多样的数据及其相互联系来揭示在作物品质检测及作物分级中发挥作用的新特征。

在畜牧业中，通过对动物日常活动、声音以及面部表情的深度学习，管理者可以更准确地判断动物的情绪和健康状况，一旦发现动物出现健康或行为异常，可以及时采取措施进行干预，从而减少动物的痛苦和不适，提高动物的福利水平。使用机器学习技术可以精确地判断牲畜的焦虑水平、疾病、生长状况和增重等。例如，将人脸识别技术应用到牛羊等家畜中，可以实现个体快速定位[8,9]；使用基于决策树归纳的机器学习方法，可以检测有潜在跛足缺陷的家畜[10,11]；利用机器学习并基于物联网的框架，根据监控摄像头收集的数据，可实现家畜倾斜状态识别[12]等。

农作物品种培育是一个复杂的过程，需要扫描特定的基因组，分析植株对水分和肥料的吸收、对环境的适应以及营养成分对农产品口感的影响。机器学习等人工智能方法可以分析处理多年的农田环境数据，构建植物生长的概率模型，挑选对作物属性有益的基因组，为培育新品种提供快速和准确的参考[13]。例如，多组学技术的快速发展积累了海量的水稻遗传育种相关的数据，建立生物信息数据库存储后，使用机器学习等分析工具整合、可视化和共享数据，深入挖掘和利用数据,可以为育种决策提供数据支撑[14]。此外,在作物物种识别方面,目前部分物种知识图谱构建的深入研究仍较少。在面对具有强领域特点的专业实体时,机器学习模型有效解决了单一深度特征带来的特征向量语义不足且识别率低等问题,例如聂啸林等提出了基于 BERT 和 RS 融合的 NER 模型,有助于最终形成完整知识图谱[15]。

1.3.4 人工智能技术综合应用

农业人工智能是多种信息技术的集成及其在农业领域的交叉应用,其技术范畴包括智能感知、农业物联网、农业智能装备、农业专家系统、农业认知计算等[16]。其中智能感知技术是农业人工智能的基础,其技术领域涵盖了传感器、数据分析与建模、图谱技术和遥感技术等。农业物联网技术是全球农业大数据共享的神经脉络,也是农业智能化的关键一环,利用农业物联网可以实时获取目标作物或农业装置设备的状态,监控作业过程,实现设备之间、设备与人之间的泛在连接,做到对网络上各个终端、各个节点的智能化感知、识别和精准管理。农业智能装备是农业人工智能的重要执行机构,针对农业应用需求,融入智能感知和决策算法,结合智能制造技术等,产生了如农业无人机、农业无人车、智能收割机、智能播种机和采摘机器人等智能装备,为农业人工智能的应用创造条件。农业专家系统是农业人工智能的重要组成部分,它可以利用大数据技术将相关数据资料集成数据库,通过机器学习建立数学模型,从而进行启发式推理,能有效地解决生产者所遇到的问题,科学指导种植。农业认知计算是农业人工智能的未来趋势,它的核心在于模拟人类的认知能力,通过机器学习和深度学习技术来提取农业数据中的有价值信息,实现对农业生产和管理的智能化支持。近些年来,随着我国农业农村现代化进程的加快,人工智能在农业领域的影响也越来越大,大力发展智慧农业,对改变当前传统农业生产方式,大幅度提高农业资源利用率和生产效率,实现农业高质量发展具有重要作用。

在农业生产过程中农业人工智能的应用涵盖了生产前、生产中和生产后的全部阶段。这意味着从土地准备、种植、灌溉、施肥、病虫害防治、收获到产品销售等各个环节,都可以应用人工智能技术来提高效率、降低成本、减少资源浪费和环境污染。无人农场是农业人工智能技术综合应用的一个典型例子。在无人农场中,各种农业操作和管理任务都可以通过智能机器人、无人机、自动化设备和智能系统来完成。2017 年英国哈珀亚当斯大学创建了全球首个试验无人农场(Hands Free Hectare),采用无人驾驶拖拉机配套整地机与播种机、无人驾驶植保机和无人驾驶收获机等智能化农机,完成小麦耕种管收全程无人化作业[17]。华南农业大学提出的大田无人农场的系统架构包括数字化感知、智能化决策、精准化作业和智慧化管理四大关键技术,集成云管控平台、智能设备和无人化智能农机形成无人农场总体解决方案;通过农场基础设施建设,以耕种管收生产环节全覆盖、机库田间转移作业全自动、自动避障异况停车保安全、作物生产过程实时全监控和智能决策精准作业全无人为目标,实现农场全程无人(少人)化可持续运行[18]。数字化感知主要包括作业环境信息感知、作业对象信息感知、作业机械信息感知。华南农业大学利用无人机(UAV)和传统的 WSN 设备进行联动,实现了对大面积农田环境数据的采集[19]。中国农业大学利用 UAV 和 Autoware 平台实现了对农场中地图数据的采集、标注与发布,制作的高精度地图的绝对定位精度优于 0.1 m,平面误差的标准差小于 2 cm[20]。智能化决策指根据数字化感知获取的各种农情信息对精准作业进行智能决策,包括土壤整治、耕整、种植、播种、田间管理和收获。南京信息工程大学通过 4 年大田试验,获取冬小麦 4 个关键生育期(拔节期、抽穗期、开花期和灌浆期)和 3 种施氮水平条件下的冠层光谱反射率和叶片叶绿素含量(CHL),分析比较了47种光谱红边参数对CHL的敏感性,提高了随机森林机器学习模型对冬小麦CHL的预测精度,为智能化施肥决策提供依据[21]。精准化作业技术主要包括农机自动导航技术和农机精准作业技术,中国农业大学利用基于全球导航卫星系统(Global Navigation Satellite System,GNSS)的农机自动导航路径搜索方法和基于预瞄点搜索的纯追踪模型,实现了农机不同作业需求下导航的直线路径搜索和曲线路径搜索[22]。智慧化管理包括农作物生长管理、农机管理和农场管理,其中农作物生长管理包括对农作物长势和对病虫草害的管理;农机管理包括远程监控农机作业位置、作业进度和作业质量,远程监控农机作业状况并进行故障预警和指导维修,以及对农机进行远程调度;农场管理包括产前、产中和产后的全程农事管理、农资管理和经营管理。

充分发挥人工智能的作用是智慧农业发展的重要趋势,通过人工智能技术的应用,智慧农业实现了更加精准、高效和可持续的生产方式,同时,智慧农业也为人工智能技术的应用提供了广阔的舞台。农业生产中产生的海量数据为人工智能算法的训练和优化提供了丰富的资源,农业生产环境的复杂性和多样性也为人工智能技术的应用带来了挑战和机遇。智慧农业与人工智能的深度融合,将推动农业生产的智能化、精准化和高效化发展。智慧农业与人工智能的紧密结合在现代农业发展中发挥着至关重要的作用,将进一步推动农业生产的转型升级和可持续发展。

参考文献

[1] 李道亮. 农业4.0:即将到来的智能农业时代[J]. 农学学报,2018,8(1):207-214.

[2] 李莉,李民赞,刘刚,等. 中国大田作物智慧种植目标、关键技术与区域模式[J]. 智慧农业,2022,4(4):26-34.

[3] 朱岩. 中国数字农业白皮书2019[R/OL]. 北京:清华大学互联网产业研究院,2020. https://www.iii.tsinghua.edu.cn/info/1097/2755.htm.

[4] Atif M, Amod K T, Sanjay K S, et al. Contemporary machine learning applications in agriculture: Quo Vadis? [J]. Concurrency and Computation: Practice and Experience, 2022, 34(15):e6940. DOI:10.1002/CPE.6940.

[5] 耿宽, Ata J M,张浩. 基于机器学习算法的农田挥发氨多传感器阵列检测技术研究[J]. 河南农业大学学报,2024.58(2):269-278.

[6] 韩宇萱,苏晓红,韩琳,等. 基于机器学习的液态粪污农田施用氨排放系数研究[J]. 农业环境科学学报,2024,43(9):2145-2154.

[7] 李豪,杜雨秋,肖星竹,等. 基于深度学习的四川盆地丘陵区县域耕地遥感识别研究[J]. 智慧农业(中英文),2024,6(3):34-45.

[8] Bergman N, Yitzhaky Y, Halachmi I. Biometric identification of dairy cows via real-time facial recognition[J]. Animal: An International Journal of Animal Bioscience, 2024, 18(3): 101079.

[9] Andrea P, Gianpaolo S, Flaviana G. A novel low-cost visual ear tag based identification system for precision beef cattle livestock farming[J]. Information Processing in Agriculture, 2024, 11(1): 117-126.

[10] Peter T T, Jan K S, Hans H. Prevalence of lameness in dairy cows: A literature review[J]. Veterinary Journal, 2023,295: 105975.

[11] Daniel W, Elsa V, Daniel M L. A machine learning based decision aid for lameness in dairy herds using farm-based records[J]. Computers and Electronics in Agriculture, 2020,169: 105193.

[12] Saini M, Singh H,Sengupta E,et al. An intelligent machine learning-enabled cattle reclining risk mitigation technique using surveillance videos[J]. Neural Computing and Applications,2023,36(4): 2029-2047. DOI:10.1007/s00521-023-09143-2.

[13] Yang S,Zheng L H, Wu T T,et al. High-throughput soybean pods high-quality segmentation and seed-per-pod estimation for soybean plant breeding[J]. Engineering Applications of Artificial Intelligence,2024,129:107580.

[14] 彭歆,钱乾,谭健韬,等.水稻遗传育种相关生物信息数据库和工具的研究进展[J].华南农业大学学报,2023,44(6):854-866.

[15] 聂啸林,张礼麟,牛当当,等.面向葡萄知识图谱构建的多特征融合命名实体识别[J].农业工程学报, 2024,40(3):201-210.

[16] 兰玉彬, 王天伟, 陈盛德, 等. 农业人工智能技术:现代农业科技的翅膀[J]. 华南农业大学学报,2020,41(6): 1-13.

[17] The Hands Free Hectare Project completes second harvest.(2018-08-22). https://www.harper-adams.ac.uk/news/203288/the-hands-free-hectare-project-completes-second-harvest.

[18] 罗锡文, 胡炼, 何杰, 等. 中国大田无人农场关键技术研究与建设实践[J]. 农业工程学报, 2024, 40(1): 1-16.

[19] 黄志宏, 张波, 兰玉彬, 等. 基于 UAV-WSN 的农田数据采集[J]. 华南农业大学学报, 2016, 37(1): 104-109.

[20] 赵欣, 王万里, 董靓, 等. 面向无人驾驶农机的高精度农田地图构建[J]. 农业工程学报, 2022, 38(S1): 1-7.

[21] 王震, 李映雪, 吴芳, 等.冠层光谱红边参数结合随机森林机器学习估算冬小麦叶绿素含量[J].农业工程学报,2024,40(4):166-176.

[22] 魏爽, 李世超, 张漫, 等. 基于 GNSS 的农机自动导航路径搜索及转向控制[J]. 农业工程学报, 2017, 33(S1): 70-77.

第2章 作物生长参数智能感知与处理技术

2.1 概 述

作物生长的过程实际上是植株利用光合作用实现物质积累和生产的过程，检测外观形态、光合作用、水分和养分运移是量化和评估作物生理生化过程的基础。作物生长信息可以用植株个体或者群体特征来描述，农业上按照作物外部形态指标和内部生理评价指标来量化作物生长情况[1,2]，其中，外部形态指标包括植株株高、叶面积（leaf area，LA）或叶面积指数（leaf area index，LAI）和覆盖度等，内部生理评价指标包括叶绿素含量、叶绿素荧光探针参数和水分含量等。当作物受到环境胁迫时，其内部生理和外部形态都会发生改变。作物生长过程中的上述各项指标和最终的产量密切相关，因此，对各类表征作物生长状况的参数进行检测是实现田间智慧决策与智能作业管理的基础[3]。

传统上，作物生长状况一方面依赖农民的生产经验判断，另一方面通过化学分析法测定。对作物生长状况进行诊断时，基于经验进行主观判断，或者通过设置肥料窗口观测区、叶色卡比对等方法进行评价，都容易受到多种因素的影响而出现误判或晚判。通过采样、利用化学分析方法检测，尽管准确性较高，但是成本高，耗时长，操作复杂，且化学试剂的使用容易对环境造成污染。随着传感器技术的发展，以光谱学方法和图像传感器为核心的感知技术、三维图像技术、逆向工程和虚拟植物技术在作物生长信息检测中发挥了重要作用[4]。

光谱分析技术是综合光谱学、化学计量学和计算机等多学科知识的现代分析技术，通过分析物质的光谱可以确定它的化学组成及其相对含量。近红外光是指波长大致在760～2 500 nm范围内的电磁波，在这个范围内的光谱可以反映有机分子含氢基团（C—H、O—H、N—H、S—H 等）伸缩振动的各级倍频与合频吸收的信息。应用光谱技术检测作物生长信息，主要通过分析叶片或冠层的光谱信号检测作物的生理参数，利用叶肉细胞、叶绿素、水分和其他生物化学成分对光线的吸收和反射特征解析并评价其营养状况，利用叶片或冠层结构、尺度和环境性质引起辐射变化的特性反演其 LAI 等指标。图 2-1[5] 为典型的绿色植物光谱响应特性，在可见光区域（400～700 nm），植物叶的反射和透射都很少，存在 2 个吸收谷和 1 个反射峰，分别在 450 nm 的蓝光处、650 nm 的红光处和550 nm 的绿光处，其中吸收谷是由色素的强烈吸收造成的。在短波近红外区（700～1 300 nm）呈强烈反射，因为叶肉中的海绵组织结构内有很多大反射表面的空腔，且细胞内的叶绿素呈水溶胶状态，具有强烈的红外反射特性。在 1 300～2 600 nm 的近红外区有 3 个吸收谷，即 1 450、1 950 和 2 600 nm 处的水分吸收带。基于这一原理，根据冠层反射光谱的特征波长可以构建各类植被指数，用于检测作物生理参数，如表2-1

所示[6]。按照计算方式和应用目的，可将植被指数分为差比值植被指数（差值类植被指数、比值类植被指数）、增强型植被指数、功能型植被指数（调整土壤类植被指数和抗大气干扰类植被指数）等，这些植被指数被广泛用于作物叶绿素、氮素和水分等营养及 LAI 指标等的检测中，为作物长势诊断提供支持。

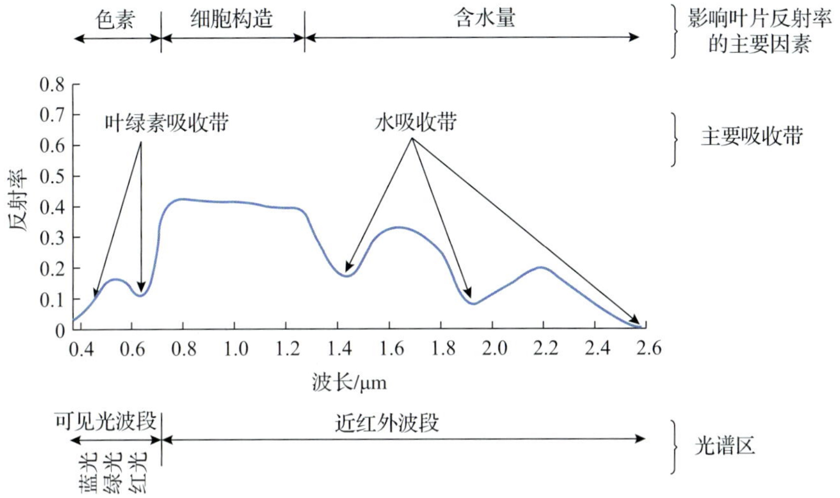

图 2-1 绿色植物典型光谱响应特性

表 2-1 基于特征波长反射率计算的部分植被指数[6]

分类	类型	植被指数	计算公式
差比值植被指数	差值类植被指数	差值植被指数（difference vegetation index，DVI）	DVI＝NIR－R
		绿色差值植被指数（green difference vegetation index，GDVI）	GDVI＝NIR－G
		红边差值植被指数（red edge difference vegetation index，DVIRED）	DVIRED＝NIR－REG
		绿红差值植被指数（green minus red vegetation index，GMR）	GMR＝G－R
		超绿植被指数（excess green vegetation index，EXG）	EXG＝2G－R－B
	比值类植被指数	比值植被指数（ratio vegetation index，RVI）	RVI＝NIR/R
		绿比值植被指数（green ratio vegetation index，GRVI）	GRVI＝NIR/G
		红边叶绿素植被指数（chlorophyll index with red edge，CIredege）	CIredege＝（NIR/ REG）－1
		绿色叶绿素植被指数（chlorophyll index with green，CIgreen）	CIgreen＝（NIR/G）－1
		绿红比值植被指数（green red ratio vegetation index，GR）	GR＝G/R

续表 2-1

分类	类型	植被指数	计算公式
差比值植被指数	比值类植被指数	绿蓝比值植被指数 (green blue ratio vegetation index,GB)	GB=G/B
		红光标准化值 (red light normalized value,NRI)	NRI=$R/(R+G+B)$
		绿光标准化值 (green light normalized value,NGI)	NGI=$G/(R+G+B)$
增强型植被指数	增强类植被指数	归一化(差值)植被指数 (normalized difference vegetation index,NDVI)	NDVI=(NIR$-R$)/(NIR$+R$)
		归一化差值红边指数 (normalized difference red edge index,NDRE)	NDRE=(NIR−REG)/(NIR+REG)
		绿色归一化植被指数 (green normalized difference vegetation index,GNDVI)	GNDVI=(NIR$-G$)/(NIR+REG)
		重归一化植被指数 (red difference vegetation index,RDVI)	RDVI=(NIR$-R$)/(NIR$+R$)$^{0.5}$
		重归一化红边植被指数 (red difference vegetation index with red edge,RDVIREG)	RDVIREG=(NIR−REG)/(NIR+REG)$^{0.5}$
		改进简单比值植被指数 (modified simple ratio,MSR)	MSR=(NIR/$R-1$)/(NIR/$R+1$)$^{0.5}$
		改进简单比值红边指数 (modified simple ratio with red edge,MSRREG)	MSRREG=(NIR/REG−1)/(NIR/REG+1)$^{0.5}$
		地面叶绿素指数 (MERIS terrestrial chlorophyll index,MTCI)	MTCI=(NIR−REG)/(NIR$-R$)
		增强植被指数 (enhanced vegetation index,EVI)	EVI=2.5(NIR$-R$)/(NIR$+6R-7.5B+1$)
		归一化红绿差值植被指数 (normalized red green difference vegetation index,NDIg)	NDIg=$(R-G)/(R+G+0.01)$
		归一化红蓝差值植被指数 (normalized red blue difference vegetation index,NDIb)	NDIb=$(R-B)/(R+B+0.01)$
功能型植被指数	调整土壤类植被指数	土壤调整植被指数 (soil-adjusted vegetation index,SAVI)	SAVI=1.5(NIR$-R$)/(NIR$+R+0.5$)
		绿色土壤调整植被指数 (soil-adjusted vegetation index with green,SAVIGRE)	SAVIGRE=1.5(NIR$-G$)/(NIR$+G+0.5$)
		优化土壤调整植被指数 (optimized soil-adjusted vegetation index,OSAVI)	OSAVI=1.16(NIR$-R$)(NIR$+R+0.16$)
		绿色优化土壤调整植被指数 (optimized soil-adjusted vegetation index with green,OSAVIGRE)	OSAVIGRE=1.16(NIR−G)(NIR$+G+0.16$)
		红边优化土壤调整植被指数 (optimized soil-adjusted vegetation index with red edge,OSAVIREG)	OSAVIREG=1.16(NIR−REG)(NIR+REG+0.16)
		修正土壤调整植被指数 (modified soil-adjusted vegetation index,MSAVI)	MSAVI=1.5(NIR$-R$)/(NIR$+R$)+0.5

续表 2-1

分类	类型	植被指数	计算公式
功能型植被指数	抗大气干扰类植被指数	抗大气植被指数 (atmospherically resistant vegetation index，ARVI)	$ARVI=(NIR-R_{RB})/(NIR+R_{RB})$， $R_{RB}=R-\gamma(B-R)$，γ 为修正系数
		抗土壤和大气植被指数 (soil-atmospherically resistant vegetation index，SARVI)	$SARVI=1.5(NIR-R_{RB})/(NIR+R_{RB}+0.5)$
		绿色抗大气植被指数 (green atmospherically resistant index，GARI)	$GARI=[NIR-G+1.7(B-R)]/[NIR+G-1.7(B-R)]$
		可见光抗大气指数 (visible atmospherically resistant index，VARI)	$VARI=(G-R)/(G+R-B)$

注：B、G、R、REG 和 NIR 分别代表蓝、绿、红、红边、近红外波段或各波段内某波长处的反射率。

现代农业生产要求快速、无损、实时和定点的测量与决策，因此研究人员开发了一系列适应现代农业生产的新型传感器。其中常用的基于光学成像和光谱学的作物生长信息检测仪器如图 2-2 所示，包括光谱仪、彩色(RGB)相机、多光谱/高光谱相机、三维相机、热红外相机、荧光成像仪等[7]。这些仪器在营养数据获取与诊断、作物株高提取与 LAI 测量、营养诊断与逆境响应分析等方面的理论与应用研究取得了重要进展。

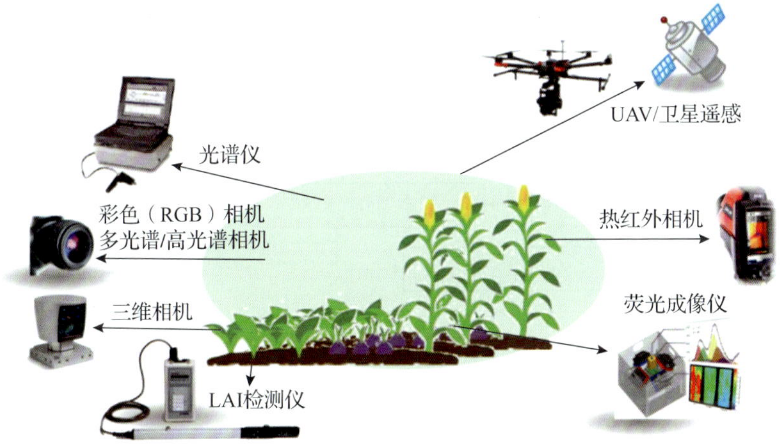

图 2-2　作物生长信息获取传感器及应用示意图

空天地一体化遥感

农作物检测中，通过人工手持式设备采集地面光谱数据精度高，但测量面积小，限制了相关技术在田块、区域等尺度的应用，无人机(UAV)和卫星遥感技术则在田间应用方面具有测量面积广、效率高的优点。利用无人机平台搭载彩色相机、多光谱/高光谱相机、热红外相机等各类传感器，在田间测量时兼具了地面数据精度高与遥感高通量、高效率的优点，已成为农田信息获取和检测的重要途径。随着航天遥感精密仪器制造技术的发展，获取不同时间分辨率、空间分辨率和光谱分辨率的多源遥感数据成为可能，这为农田种植区域提取、作物对象识别、生长信息检测和产量预测提供了重要的支撑。

2.2　基于光谱优选区间与特征波长级联方法的叶绿素含量预测

利用可见光和近红外区域光谱估算作物冠层叶绿素含量，是预测作物光合作用能力和生长状态的重要方法。作物冠层的高光谱数据虽然能提供大量信息,但是后续冗余和干扰波长可能会降低预测的准确性和鲁棒性。光谱区间优选可以大幅减少可见光和近红外光的冗余波段和噪声,使局部峰谷如“红边”和“绿峰”的稳定特征更明显,但同时也带来了子区间中共线和冗余信息方面的更多问题,这可能会导致过拟合并使性能变差。因此,Song 等[8]提出了级联方法,将敏感区间优选和特征波长筛选相结合,采用 BiPLS(back interval partial least squares,后向区间偏最小二乘)算法选择敏感区间,再采用 CARS(competitive adaptive reweighted sampling,竞争性自适应重加权采样)和 GA(genetic algorithm,遗传算法)选择特征波长,在全光谱、全光谱波长筛选和区间波长级联筛选的基础上建立 PLSR(偏最小二乘回归)诊断模型。数据获取、处理和结果分析的过程如图 2-3 所示。

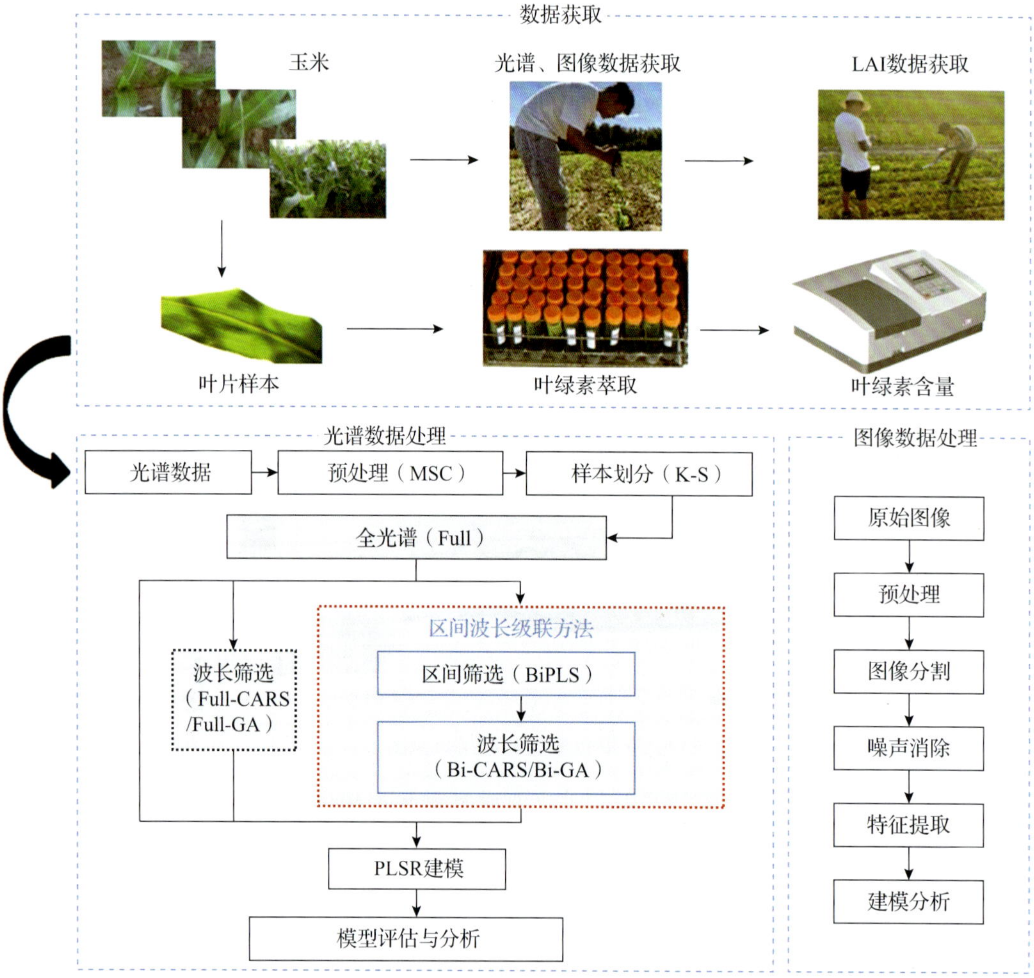

图 2-3 玉米叶片叶绿素含量预测流程图

2.2.1 数据采集

2020 年 7—9 月,在河北省农业科学院衡水旱作节水农业试验站进行玉米田间试验。施肥水平分为 6 个等级,各等级每亩施肥量分别为:A1—N 0 kg,P 0 kg;A2—N 6 kg,P 4 kg;

A3—N 12 kg,P 8 kg;A4—N 24 kg,P 16 kg;A5—N 36 kg,P 24 kg;A6—N 48 kg,P 32 kg。每个等级分为 12 个小区,总共 72 个小区。在每个小区采集同一玉米植株在苗期、拔节期和抽雄期的冠层光谱、图像和 LAI。采集之后,将第二片完全展开的叶片剪下,放入密封的塑料袋中,带回实验室进行叶绿素含量测定。共获得 216 组数据。

数据在 11:00—13:00 晴朗无风天气条件下获取,玉米冠层光谱反射率使用 FieldSpec HH2 光谱仪(ASD,美国)采集,波长范围 325～1 075 nm,采样间隔 1 nm。玉米冠层图像使用树莓派连接摄像头(500 万 pix)在作物正上方固定高度 60 cm 处拍摄,玉米冠层 LAI 使用 LAI-2200C 冠层分析仪(LI-COR,美国)测量。

2.2.2 优选区间筛选结果

利用 BiPLS 算法选择叶绿素含量敏感区间,得到 11 个 PLSR 模型的 RMSEcv(交叉验证均方根误差),结果如表 2-2 所示。当子区间数为 20 时 RMSEcv 最小,为 2.07 mg/L。利用第 3、4、5、6、7、8、9、10、12、13、15、16、18、19 等 14 个区间联合建立的 PLSR 模型效果最好。此时最佳频带区间在全谱中的位置如图 2-4 所示,位于 400～700 nm、750～800 nm、900 nm 左右和 950 nm 之后。

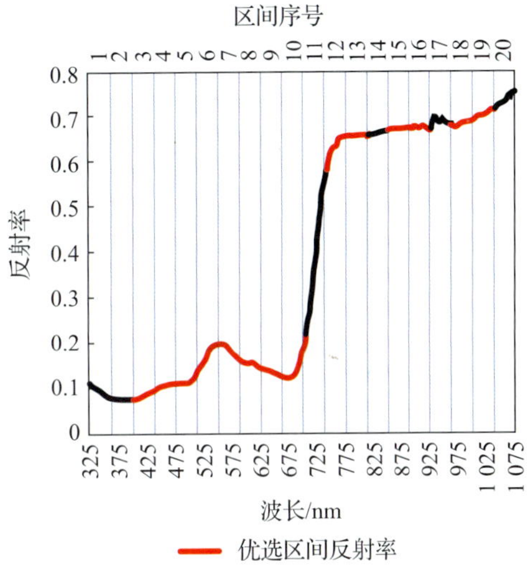

图 2-4 优选区间位置

表 2-2 优选区间筛选结果

子区间数量	优选区间数量	优选区间序号	优选波段数量	RMSEcv/(mg/L)
15	7	4,5,7,8,9,11,12	350	2.39
16	11	3,5,6,8,10,11,12,13,14,15,16	516	2.18
17	11	4,5,6,7,8,10,11,12,13,14,16	484	2.19
18	12	2,4,5,6,7,8,11,12,13,14,16,17	543	2.16
19	8	5,7,8,9,10,12,13,14	317	2.41
20	**14**	**3,4,5,6,7,8,9,10,12,13,15,16,18,19**	**526**	**2.07**
21	11	1,4,6,8,9,10,13,14,15,16,17	437	2.55
22	13	1,4,5,6,7,8,11,13,14,16,18,19,21	443	2.16
23	13	4,6,7,9,11,14,15,16,17,18,19,21,22	423	2.09
24	12	4,5,7,8,9,11,12,14,19,20,22,23	375	2.14
25	11	2,6,8,10,12,13,15,20,21,23,24	330	2.17

2.2.3 特征波长筛选结果

用 BiPLS 筛选敏感区间后，采用 CARS 和 GA 算法筛选特征波长，结果如图 2-5 所示。Bi-CARS 和 Bi-GA 方法所筛选的特征波长数分别为 60 和 49。与全光谱波段的数量(751)相比，分别减少了 92.0%和 93.5%。

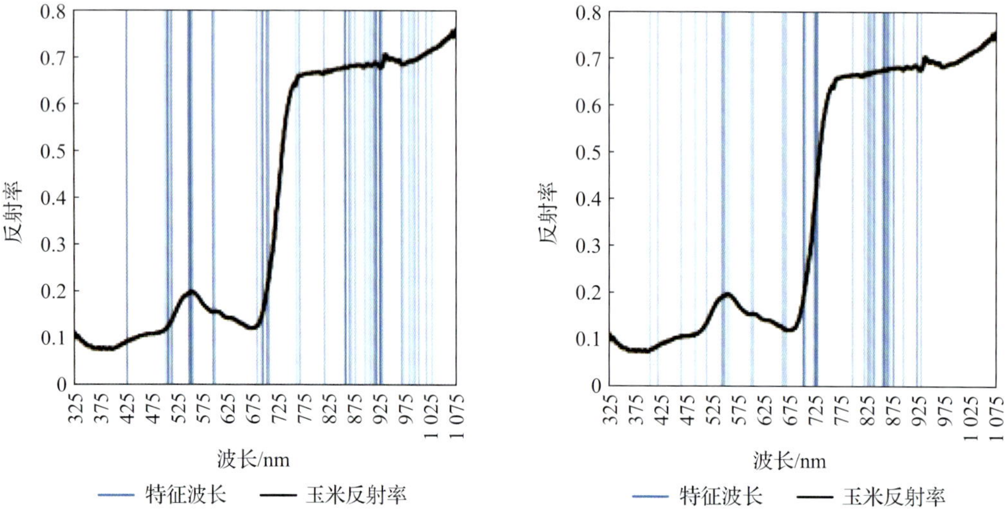

(a) Bi-CARS方法　　(b) Bi-GA方法

图 2-5　基于优选区间的特征波长筛选结果

作为对比，图 2-6 给出了采用 CARS 和 GA 在全光谱上筛选特征波长的结果。筛选出的特征波长数分别为 125 和 99，比级联方法分别增加了 65 和 50 个，特征波长更多，分布更密集。

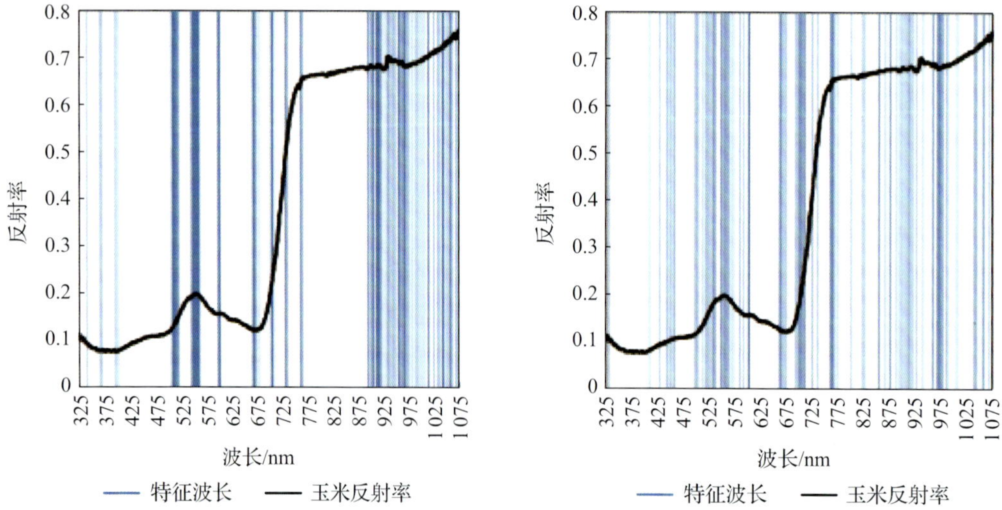

(a) Full-CARS方法　　(b) Full-GA方法

图 2-6　全光谱特征波长筛选结果

图 2-5 和图 2-6 显示了 4 种方法(Bi-CARS、Bi-GA、Full-CARS 和 Full-GA)选择的特征波长在全光谱中的位置。在仪器和环境原因造成的光谱曲线波动区域，级联筛选表现较好，没有

选择噪声波长。与 CARS 相比，GA 算法筛选的波段覆盖区域更大，有利于全局选择，降低陷入局部最优解的风险[9]。

2.2.4 叶绿素含量预测模型

分别基于全波长和筛选的特征波长，采用 PLSR 建立 5 个叶绿素含量预测模型：Full-PLSR、Bi-CARS-PLSR、Bi-GA-PLSR、Full-CARS-PLSR 和 Full-GA-PLSR，结果如表 2-3 所示。所有模型的校正集的精度相似，但验证集的精度和误差有很大的不同。采用全光谱反射率的模型验证集精度最低，误差最大（R_v^2 为 0.66，RMSE 为 2.05 mg/L）。将级联筛选与全谱筛选后建模结果进行比较，Bi-CARS-PLSR 模型的 R_v^2 和 RMSE 分别比 Full-CARS-PLSR 模型提高0.03和降低 0.07 mg/L，Bi-GA-PLSR 模型的 R_v^2 和 RMSE 分别比 Full-GA-PLSR 模型提高 0.11 和降低 0.03 mg/L，因此，级联筛选优化了变量个数，消除了噪声区域，提高了信噪比，使模型更加精确，误差更小。

比较 GA 和 CARS 算法的性能发现，在全谱筛选和级联筛选中，GA 算法的表现都优于 CARS。如图 2-7 (a)所示，对全光谱波长的相关分析显示相邻波段之间存在较高的自相关。采用 GA 算法筛选光谱时变量更分散，可以消除共线性的影响，覆盖更多的光谱信息。因此，GA 更适合用于可见光-近红外光谱的筛选来预测叶绿素含量。此外，级联筛选方法大大减少了特征波长的数量，Bi-GA-PLSR 模型的特征变量最少。综上所述，区间和波长级联筛选方法可以提高叶绿素含量诊断的准确性，其中 Bi-GA-PLSR 模型表现最好。校正集和验证集的拟合结果如图 2-7 (b)所示。

表 2-3　5 个叶绿素含量预测模型比较

模型	波长数量	R_c^2	R_v^2	RMSE/(mg/L)
Full-PLSR	751	0.88	0.66	2.05
Full-CARS-PLSR	125	0.88	0.67	2.04
Full-GA-PLSR	99	0.88	0.67	1.89
Bi-CARS-PLSR	60	0.87	0.70	1.97
Bi-GA-PLSR	**49**	**0.87**	**0.78**	**1.86**

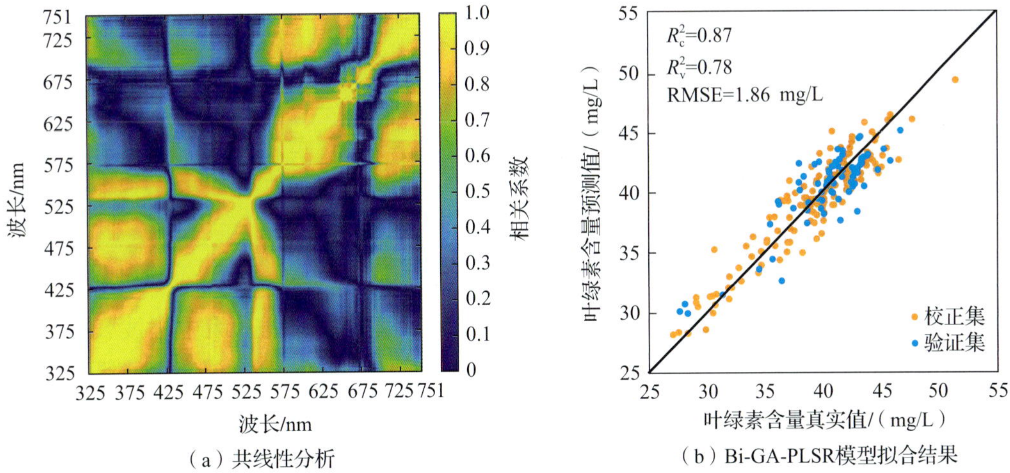

图 2-7　共线性分析与模型拟合结果

2.3 农田作物长势近地感知装备研究与开发

基于作物光谱学检测原理和反射式测量方式，国内的研究人员开发出许多基于不同敏感波段的作物长势监测仪器。赵春江等[10]在实验基础上选取 670.8、780 nm 两个敏感波长，研发了一种便携式 NDVI 测量仪，该仪器采用被动光源，同时获取太阳光辐射强度和作物冠层反射率，计算作物的 NDVI 值，结果显示，NDVI 与 LAI、叶绿素浓度的相关系数分别达到0.69和 0.60。倪军等[11]基于 720、810 nm 两个敏感波长开发了一种便携式作物生长监测诊断仪，采集太阳光辐射强度和作物叶片反射率，计算差值植被指数(DVI)，对水稻叶片氮含量和 LAI 等重要指标进行诊断。中国农业大学智慧农业研究中心先后开发了多款基于光谱探测的作物生长信息检测仪，为田间信息快速获取提供支持。

2.3.1 基于双波长调制光传感器的作物叶绿素含量检测

依据植物叶片叶绿素对红光的强吸收特性和对近红外光的强反射特性，中国农业大学智慧农业研究中心开发了一款便携式双波长光谱传感器，测量作物叶片的红光与近红外双波段反射信号[12,13]，计算植被指数，建立玉米叶片叶绿素含量诊断模型，实现作物生长状态快速无损检测。这种便携式双波长光谱传感器结构简单、使用方便，但是由于被动光源装置依赖太阳光辐射，只适用于阳光充足的时段，田间应用时间受限，因此在上述仪器的基础上，开发了一种基于主动光源的便携式双波长反射光谱传感器[14]，可输出 NDVI、DVI、RVI 和 SAVI 等多种双波长植被指数，为作物生长状态快速无损检测研究与应用提供支持。

1.双波长调制光传感器结构

传感器采用主动光源，如图 2-8 所示，包括主控单元、调制光源单元、光电探测单元、信号调理单元和信号处理单元，主控芯片为 STM32F103 处理器。

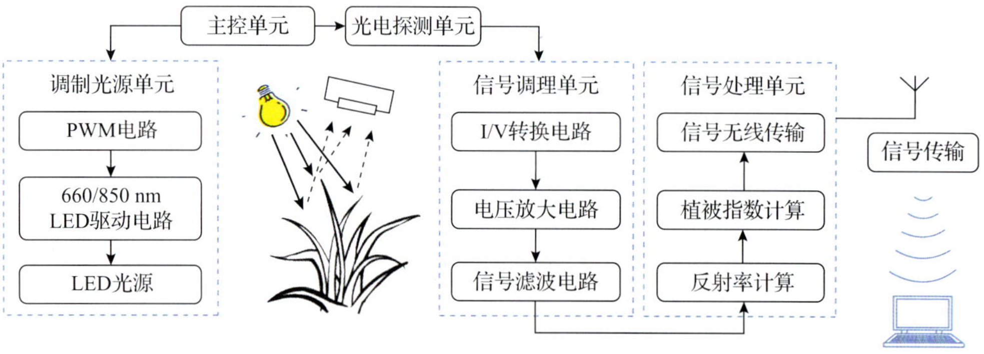

图 2-8 双波长调制光传感器结构示意图

调制光源单元中，选取以红光波段 660 nm 和近红外波段 850 nm 为中心波长的 LED 作为主动光源，通过脉冲宽度调制(pulse width modulation，PWM)对光源进行频率调制，调制后的频率为 1 kHz，经 LED 驱动电路后照射到被测植株叶片上。光电探测单元也采用双通道方案，光电探测器前端装有凸透镜，分别接收 660 和 850 nm 反射光，并转换为电信号。

信号调理单元由 I/V 转换电路、电压放大电路和信号滤波电路组成。光电探测单元将反射光转换为电信号并输出，由于输出的电信号是电流信号，不便于后续的放大和计算，I/V 转换电路采用 TLC2201 芯片将电流信号转换为电压信号，并采用 NE5532 芯片放大。光电探测单元接收到的环境光转换后表现为直流电信号，经过 PWM 后的双波段 LED 光转换后表现为交流信号，滤波电路使用二极管和电容将直流成分滤去，消除环境光的影响，保留交流信号。

信号调理单元主要完成反射率计算、植被指数计算和信号传输。为了避免两路不同波长的 LED 光相互干扰，处理过程中设置定时器定时控制，使 660 和 850 nm 波长的两路 LED 间隔发光，在 LED 发光的同时对应的一路的光电探测单元进行光信号接收。两路 LED 的发光间隔为 500 ms。采用 4 级灰度标准板对仪器进行标定，并建立校正模型计算出 660 和 850 nm 处的反射率。然后利用植被指数公式计算出 NDVI、DVI、RVI 和 SAVI，通过无线传输模块将计算的数据传输到 PC 端。此外，系统具有模型嵌入接口功能，可以通过与 PC 端的信息传输，修改植被指数和计算模式等。

系统使用 12 V 可充电锂电池供电。使用电源转换模块 MORNSUN 将 12 V 电压转换为 ±5 V 电压为信号调理单元的运放芯片供电，将电源转换模块输出的 5 V 电压通过 LM1117-3.3 稳压芯片转换为 3.3 V 电压为主控芯片供电。

2. 光学测试与反射率标定

对光源的稳定性进行测试，将传感器固定在反射率为 99%的标准白板上方 20 cm 处，测量时间为 8:30—21:30，每隔 30 min 测量一次系统输出电压。测试结果如图 2-9 所示，660 和 850 nm 光信号的均方差分别为 0.009 9、0.018 7，误差率范围分别为 2.00%、4.360%，表明在自然光动态改变环境下能够较好地消除自然光的影响。

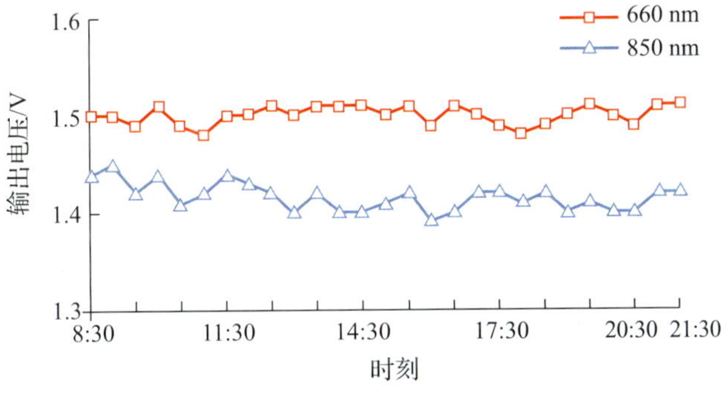

图 2-9　光源稳定性测试曲线

采用 4 级灰度标准板分别对 660 和 850 nm 波段的接收数据进行反射率校正，4 级灰度标准板的反射率从低到高依次为 5%、25%、50%、99%。2 个波段反射率校正模型的 R^2 分别为 0.993 和 0.979，校正模型为

$$R_{660} = 1.923\ 3\ I_{660} - 0.068\ 9 \tag{2-1}$$

$$R_{850} = 1.853\ 2\ I_{850} - 0.160\ 8 \tag{2-2}$$

式中：R_{660}、R_{850} 分别为 660 和 850 nm 处的反射率，I_{660}、I_{850} 分别为 660 和 850 nm 处的反射光强。将信号调理单元输出的数据代入式(2-1)和式(2-2)计算两个波段的反射率，然后分别计算 NDVI、DVI、RVI 和 SAVI。

3. 玉米叶片叶绿素含量检测

采集 30 片不同大小的玉米叶片，在距离叶片 20 cm 处用双波长调制光传感器进行测量并计算 NDVI、DVI、RVI 和 SAVI，结果显示各植被指数与玉米叶片叶绿素含量实验室测量值的相关系数分别为 0.892、0.846、0.867、0.883。综合 NDVI、DVI、RVI 和 SAVI 建立玉米叶片叶绿素含量的多元线性回归模型，决定系数 R^2 为 0.831：

$$\mathrm{SPAD}=340.469\mathrm{NDVI}+31.595\mathrm{DVI}-6.234\mathrm{RVI}-233.922\mathrm{SAVI}-2.36 \tag{2-3}$$

将该模型嵌入系统软件中，系统可直接输出叶绿素含量检测值。

2.3.2 基于谱图融合传感器的作物生长检测

为了综合评价作物长势状况，中国农业大学智慧农业系统集成研究教育部重点实验室设计开发了一种基于点-面阵光学组合测量的便携式玉米长势检测系统[15,16]。该系统集成了多波段光谱传感器和图像传感器，可以快速获取作物冠层反射光谱，同时采集作物冠层图像，基于光谱和图像分别检测叶绿素含量和 LAI，为田间作物长势的快速诊断与管理提供更丰富的信息。

1. 系统设计

系统的核心传感器件采用了镀膜型光谱传感器。镀膜型光谱传感器采用新的制造技术，使纳米光干涉滤波器极其精确地直接附着在 CMOS 硅晶圆上，采用小型阵列封装。干涉滤波器具有极高的精确性和稳定性，受使用时间及温度的影响小，可提供芯片级光谱分析能力。镀膜型光谱传感器的检测原理如图 2-10(a)所示，光经过物体表面反射后直接进入附着纳米光干涉滤波器的 CMOS 硅晶圆，硅晶圆上的干涉滤波器排列如图 2-10(b)所示，其中 T、U、S、R、V 和 W 分别表示不同波段的纳米光干涉滤波器，其数量可根据需要增加(>20)或减少(<6)。由于 CMOS 可以快速感知光强度的变化，所以镀膜型光谱传感器的光强检测速度快，精度高。随着半导体工艺水平的不断提高，镀膜型光谱传感器的成本可控制在很低水平，有利于光谱检测应用于实际的生产中。

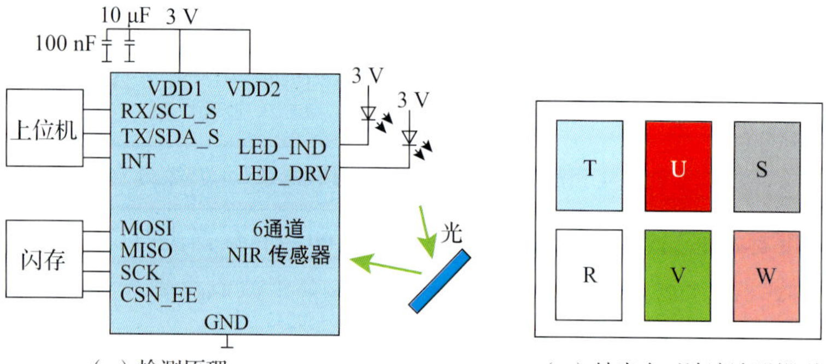

(a) 检测原理　　(b) 纳米光干涉滤波器排列

图 2-10　镀膜型光谱传感器

如图 2-11 所示，系统的主控单元(MCU)采用树莓派(Raspberry Pi)Zero W 模块，负责控制传感器件、存储模块、电源模块及输入输出模块。主要传感器件包括多光谱传感器、图像传感器和红点定位瞄准器。多光谱传感器(AS7625X，ams，奥地利)在 400～960 nm 的范围内感知 18 个波长点，感知中心波长分别为 410、435、460、485、510、535、560、585、610、645、680、705、730、760、810、860、900 和 940 nm，半波带宽为 20 nm，反射光谱数据由 MCU 通过可选的 I^2C 或 UART 接口进行管理。图像传感器采用 OV5647 摄像头，CSI 接口，拍摄 500 万 pix 图像。红点定位瞄准器用于指示当前采集数据的位置。系统使用锂电池供电，并采用 DW01 和 8205 芯片对锂电池进行过充电和过放电保护。MCU 接收光谱数据和图像数据，进行数据处理和输入输出控制。

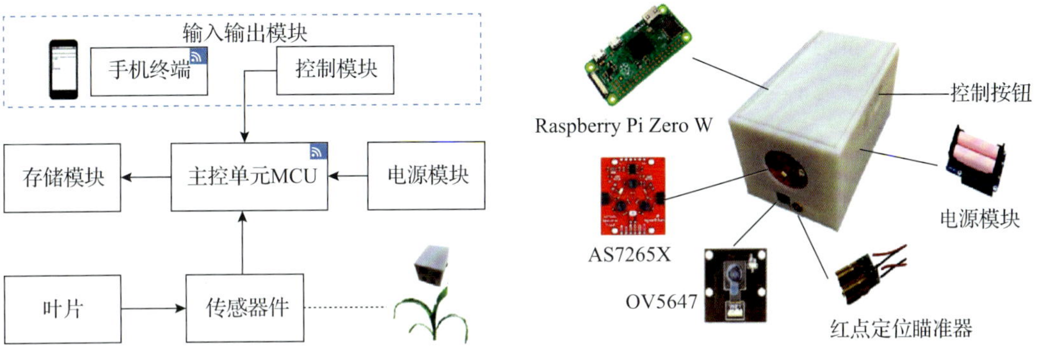

（a）系统设计框图　　（b）系统实物图

图 2-11　基于谱图融合传感器的作物长势监测系统

采用 Python 语言编写控制软件，执行检测过程中数据的收集、处理、存储和查看。数据收集涉及多个程序，包括白板测量、原始作物光谱数据收集、反射率校正、图像数据采集、图像处理和模型输出，单次采集的软件流程如图 2-12 所示。

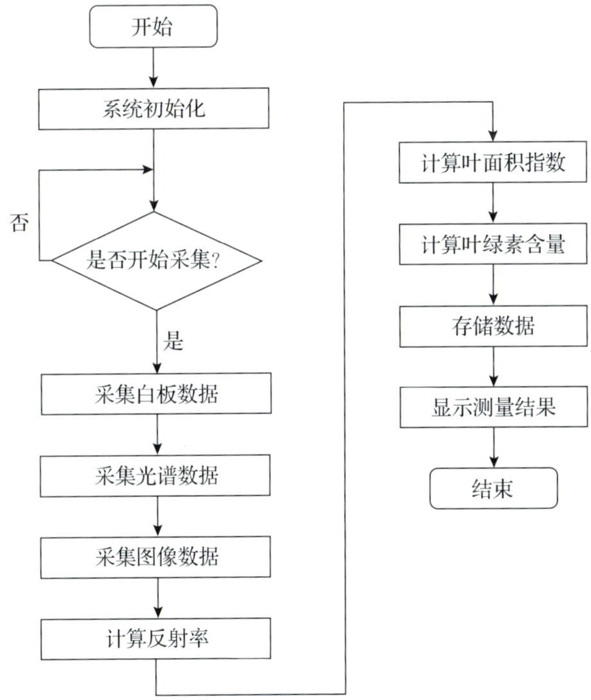

图 2-12　作物冠层谱图信息采集控制软件流程图

手持式谱图融合传感器

2. 光谱响应测试与校正

为了保证光谱传感器的稳定性和准确性，进行光照度响应测试和反射率校正。试验时选择晴朗无云的天气，光谱传感器安装在白板上方 10 cm 处，每 5 min 收集和记录一次白板反射数据，同时用照度计测量并记录数据。一共采集 109 组数据，光照度范围 120～80 800 lx。白板反射率为 91.13%，对传感器测量数据进行归一化处理，分析各波段数据与照度计数据的相关性。归一化的光谱传感器和照度计数据如图 2-13 所示。传感器各波段采集的数据与照度计测得的光照度变化趋势具有良好的一致性，且相关系数均超过 0.99，表明该传感器可以在 120～80 800 lx 的范围内稳定采集作物冠层反射光。

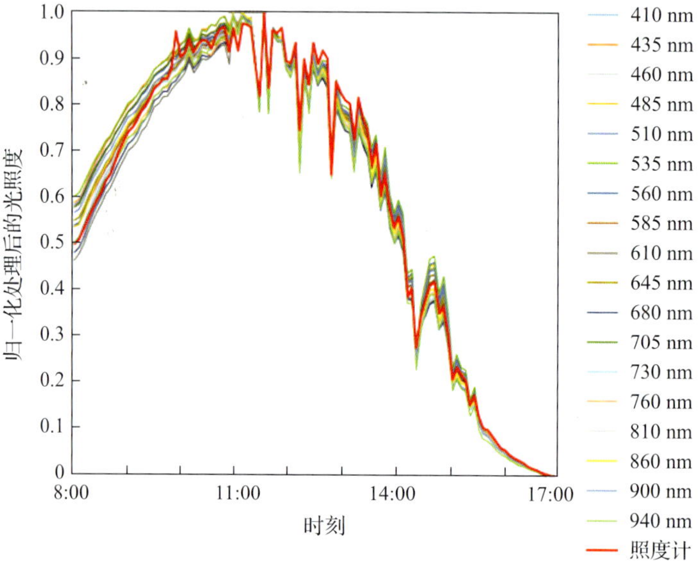

图 2-13　光谱传感器光照度响应分析

使用 4 级灰度标准板校正传感器各波段的反射率，4 个灰度级（G1、G2、G3、G4）的标准反射率分别为 10%、25%、50% 和 99%。传感器在 10 cm 高度处对每个灰度采集 3 次，然后取平均值。以反射率为 99% 的 G4 板为白板指示太阳光照度，计算光谱反射率。首先采用线性回归校正反射率，结果如图 2-14 (a)所示，与原始数据相比，校正后的光谱曲线接近真实值。但在 680 和 860 nm 处反射率存在突变，导致 NIR 区域的反射率出现偏差。因此，构建非线性回归（指数和对数拟合）对 680～860 nm 范围内的光谱进行校正，结果如图 2-14 (b)所示，校正后传感器测量反射率逼近标准反射率值，相关系数达0.99 以上，校正公式和相关系数如表 2-4 所示。校正后反射率用于分析作物叶绿素含量。

3. 图像区域裁剪与处理

光谱传感器和图像传感器视场角不同，导致作物冠层光谱和图像区域存在差异，因此对采集图像区域进行裁剪设置，使之与光谱检测区域匹配。研究中，光谱传感器的视场角为 41°，图像传感器视场角为 69.1°，光谱与图像采集区域半径比为

$$k=\frac{h\times\tan(\theta_1/2)}{h\times\tan(\theta_2/2)}=\frac{\tan(\theta_1/2)}{\tan(\theta_2/2)} \tag{2-4}$$

式中：h 为测量装置距冠层的高度，θ_1 为光谱传感器的视场角，θ_2 为图像传感器的视场角。计

算可得 $k=0.543$。采集图像后进行 k 倍裁剪，并取内切圆图像，以保证图像与光谱检测区域的一致性。作物冠层图像裁剪结果如图 2-15 所示。

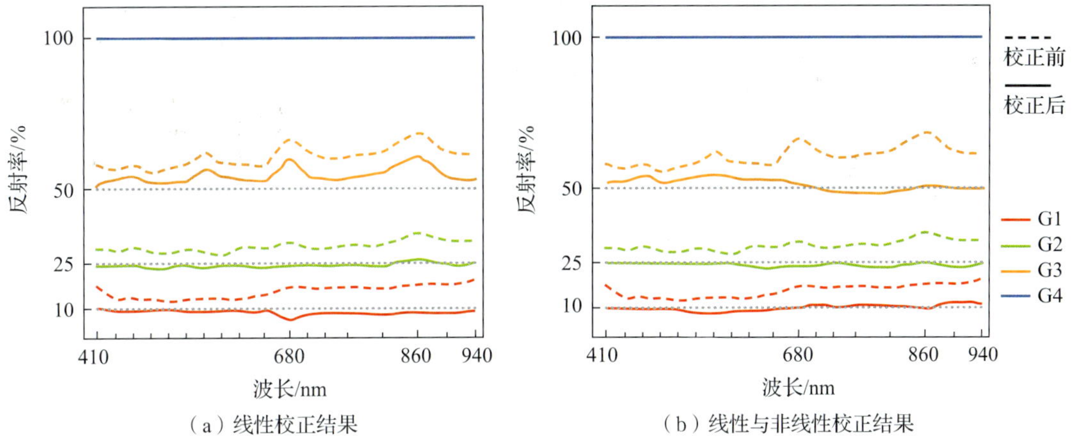

图 2-14 校正前后反射率对比

表 2-4 反射率校正公式及相关系数

波长/nm	校正公式	校正后相关系数
410	$R_{410}=1.078\,r_{410}-0.081$	0.999 9
435	$R_{435}=1.056\,r_{435}-0.060$	0.999 9
460	$R_{460}=1.061\,r_{460}-0.070$	0.999 3
485	$R_{485}=1.050\,r_{485}-0.055$	0.999 8
510	$R_{510}=1.049\,r_{510}-0.057$	0.999 6
535	$R_{535}=1.055\,r_{535}-0.069$	0.998 9
560	$R_{560}=1.056\,r_{560}-0.074$	0.998 2
585	$R_{585}=1.060\,r_{585}-0.072$	0.999 1
610	$R_{610}=1.054\,r_{610}-0.067$	0.999 0
645	$R_{645}=1.063\,r_{645}-0.071$	0.999 6
680	$R_{680}=0.582\,e^{r_{680}}-0.584$	0.999 0
705	$R_{705}=0.577\,e^{r_{705}}-0.558$	0.999 3
730	$R_{730}=0.577\,e^{r_{730}}-0.553$	0.998 7
760	$R_{760}=0.580\,e^{r_{760}}-0.567$	0.999 4
810	$R_{810}=0.579\,e^{r_{810}}-0.566$	0.999 4
860	$R_{860}=0.057\ln r_{860}+0.922\,r_{860}$	0.999 9
900	$R_{900}=0.584\,e^{r_{900}}-0.579$	0.999 3
940	$R_{940}=0.593\,e^{r_{940}}-0.600$	0.999 8

注：R 为校正后的反射率，r 为校正前的反射率。

处理作物冠层图像，首先采用高斯滤波剔除图像随机噪声；然后采用大津法（Otsu 法）分割图像，提取作物冠层图像；进而进行膨胀腐蚀和区域检测，剔除部分误分割干扰，保留目标植

(a) 裁剪前　　(b) 裁剪后　　(c) 图像分割处理后

图 2-15　作物冠层图像处理结果

株；最后计算绿色像素与全部像素的比值（即绿色面积的占比）作为作物覆盖度，用于分析玉米作物 LAI 指标。

4. 基于谱图融合传感器的作物长势检测建模

采用作物信息谱（光谱）、图（图像）融合感知，同步采集作物冠层反射光谱和图像信息，可以同步开展田间作物叶绿素含量和 LAI 指标检测，建立相应的检测模型，嵌入检测系统，满足便携式作物长势实时检测的应用需求。

仪器的田间标定与性能试验于玉米拔节期在河北省农业科学院衡水市旱作节水农业试验站进行。设置 B1—氮肥 0 kg/hm^2、B2—氮肥 90 kg/hm^2、B3—氮肥 180 kg/hm^2、B4—氮肥 360 kg/hm^2、B5—氮肥 540 kg/hm^2、B6—氮肥 720 kg/hm^2 共 6 个施肥等级，每个施肥等级划分 12 个小区（共 72 个小区）。首先使用图 2-11 所示系统在每个小区采集光谱和图像，共采集 72 组；然后用 LAI-2200C 冠层分析仪测量玉米冠层 LAI，在每个小区测量 1 次叶上光，在玉米垄间测量 4 次叶下光，取平均值作为该小区的 LAI 值；最后原位采集被测叶片，带回实验室进行叶绿素含量的化学测定。

采用 K-S（Kennard-Stone）方法以 3∶1 的比例划分样本集，并选用 SRA（stepwise regression algorithm，逐步回归算法）和 MCUVE（Monte Carlo uninformative variables elimination，蒙特卡罗无信息变量消除法）进行波长筛选，建立叶绿素含量的 PLSR 检测模型；同时对图像数据进行处理，并结合筛选出的特征光谱数据和图像中作物覆盖度，建立 LAI 的 PLSR 检测模型。

在叶绿素含量检测方面，如表 2-5 所示，与基于全部 18 个波长的叶绿素含量检测模型相比，经过特征波长筛选的叶绿素检测模型验证集决定系数均得到提高，误差均有所下降，其中采用 SRA 进行波长筛选后建立的检测模型结果最优。此外，在对光谱传感器进行校正后，叶绿素含量的检测结果比校正前得到了提高。

在 LAI 检测方面，首先单独基于作物覆盖度建立回归检测模型，然后采用 SRA 进行波长筛选并结合作物覆盖度建立 PLSR 检测模型，最后利用全光谱波段数据结合作物覆盖度建立 PLSR 检测模型，结果如表 2-6 所示。3 种方法中，利用 SRA 筛选特征波长并结合作物覆盖度所建立的 LAI 检测模型效果最优，R_c^2 和 R_v^2 分别为 0.90 和 0.83，RMSEc 和 RMSEv 分别为 0.07和 0.08。与叶绿素检测模型相比，特征波长增加了近红外区的波段，符合绿色作物与土壤背景在近红外区光谱具有较大差异的特征。由此可知，图像和光谱相结合的方法对于田间作物 LAI 检测具有重要意义。

表 2-5　玉米叶片叶绿素含量检测建模结果

方法	波段数	波段/nm	校正前				校正后			
			R_c^2	R_v^2	RMSEc /(mg/L)	RMSEv /(mg/L)	R_c^2	R_v^2	RMSEc /(mg/L)	RMSEv /(mg/L)
全波段	18	410,435,460,485,510,535,560,585,610,645,680,705,730,760,810,860,900,940	0.72	0.52	2.51	2.70	0.74	0.55	2.48	2.67
SRA	**9**	**435,460,510,535,610,680,730,860,900**	**0.70**	**0.57**	**2.37**	**2.46**	**0.72**	**0.61**	**2.35**	**2.43**
MCUVE	8	435,460,510,535,610,680,730,860	0.69	0.56	2.38	2.48	0.70	0.61	2.37	2.45

表 2-6　LAI 检测建模结果

方法	波段数	波段/nm	R_c^2	R_v^2	RMSEc	RMSEv
仅覆盖度	0	无	0.63	0.49	0.15	0.14
覆盖度＋SRA	**11**	**460, 485, 510, 535, 610, 680, 705, 730,810,860,900**	**0.90**	**0.83**	**0.07**	**0.08**
覆盖度＋全波段	18	410, 435, 460, 485, 510, 535, 560, 585, 610, 645, 680, 705, 730, 760, 810,860,900,940	0.89	0.81	0.09	0.10

应用以上最优模型进行田间作物叶绿素含量和 LAI 预测，绘制分布图并结合施肥梯度图与真实值进行比较，结果如图 2-16 所示。在玉米拔节期，施肥量高的区域叶绿素含量和 LAI

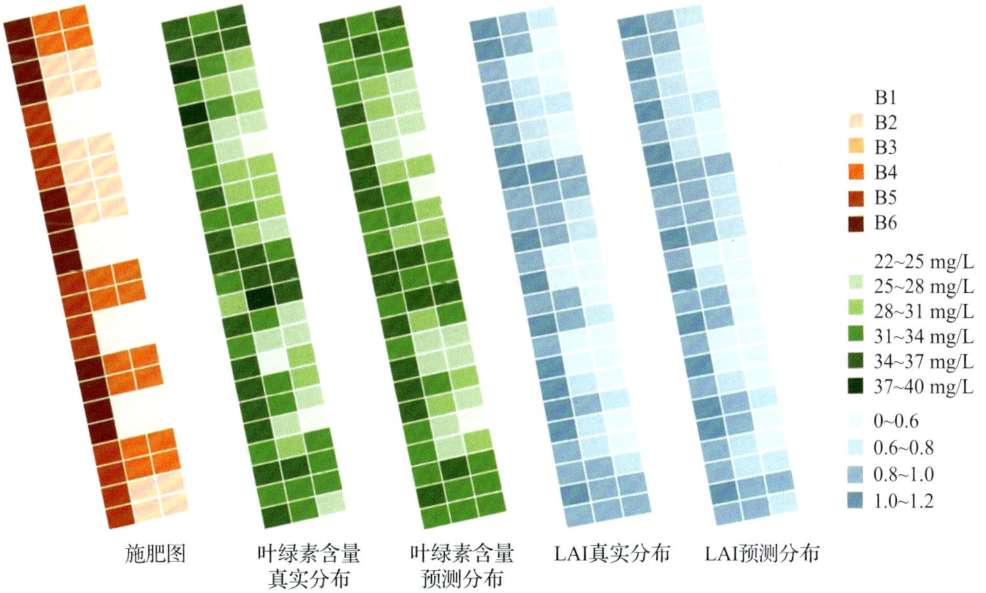

图 2-16　玉米长势参数检测结果

都相对较高，施肥量低的区域相对较低，由此可见作物长势参数的获取能为田间施肥管理提供指导。同时，叶绿素含量预测分布和 LAI 预测分布与真实分布较为一致，体现了模型田间应用的准确性，也证明基于谱图融合传感器的便携式作物长势检测系统能够准确获取田间玉米作物长势参数，为田间管理决策提供技术支持。

2.4　农田作物长势遥感监测与智能信息处理技术

2.4.1　融合多元遥感特征的冬小麦识别方法

作物种植结构是一个地区或生产单位作物种植类型、种植面积以及空间分布的综合反映，是表征农业生产资源利用科学性、合理性的重要指标。作物的识别与分类是作物种植面积遥感估算的基础，它的理论依据是不同地物光谱反射与吸收的特性。正常生长的作物在红色光波段强烈吸收，在近红外波段强烈反射，据此可以区分作物、土壤和水体。利用多源、多时相遥感影像，根据不同作物的电磁波响应特性，结合纹理特征、地形特征以及区域背景资料，可以进一步区分作物品种，通过分类方法加以识别。张海洋等开展了基于卫星遥感技术的作物识别与分类研究[17]。

1. 研究区概况

研究区位于河南省新乡市封丘县陈固镇，处于 35°5′39.82″N～35°11′22.43″N、114°15′45.62″E～114°23′44.77″E(图 2-17)。全镇总面积 6 100 hm²，耕地面积约为 4 530 hm²，下辖 23 个行政村。该地区地势平坦，土壤的质地主要有壤土和黏土，壤土居多。该地区属暖温带大陆性季风气候，夏季炎热多雨，冬季寒冷干燥。

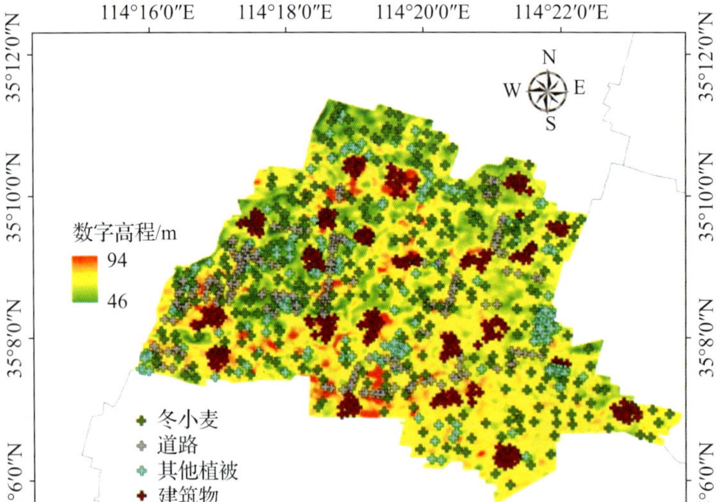

图 2-17　研究区域位置和地面样本点分布示意图

冬小麦遥感监测与估产

该地区是重要的粮食产地，以冬小麦、夏玉米一年二熟的作物轮作模式为主，春季的主要农作物为冬小麦、金银花和大蒜等。依据研究区实际地物类型的分布情况，将研究区地物分为冬小麦(Ww)、建筑物(Bu)、其他植被(Ov)和道路(Ro)等 4 类。冬小麦播种一般在每年 10 月下旬，而收获则通常在第二年6月上旬。研究区冬小麦各生育期的时间如图2-18所示。起身拔节期、孕穗扬花期和灌浆乳熟期是冬小麦的关键生育期，也是对冬小麦进行遥感识别的最佳时期，因此，分别对这3个时期的Sentinel-2影像进行提取，以识别冬小麦的空间分布，并探寻冬小麦种植结构的最佳提取时期。

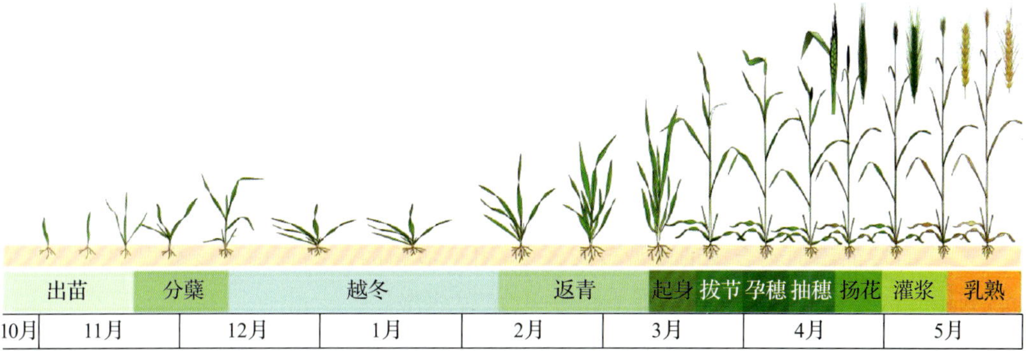

图2-18　冬小麦各生育期的时间范围

2. 分类特征构建

影像的光谱特征（包括光谱波段特征和光谱指数特征）是地物遥感解译的关键特征。选取的光谱波段特征为Sentinel-2影像输出的9个波段。选取的光谱指数特征有NDVI、NDWI、NDBI、CIRE、S2REP，其中NDVI反映植被生长状态和植被茂密程度；NDWI可有效抑制其他类型地物的信息而凸显水体信息；NDBI将建筑物灰度值提高，降低其他地物类型灰度值；CIRE和S2REP是Sentinel-2影像特有的红边波段指数特征，红边波段数据可为农作物类型识别提供强有力的数据支持。光谱特征变量如表2-7所示。

表2-7　选择的光谱特征变量及计算公式

特征变量	波段/指数	介绍/公式
光谱波段特征	B2	蓝光
	B3	绿光
	B4	红光
	B5	红边1
	B6	红边2
	B7	红边3
	B8	近红外(NIR)
	B11	短波红外1(SWIR 1)
	B12	短波红外2(SWIR 2)
光谱指数特征	NDVI(normalized difference vegetation index)	$NDVI=(\rho_{B8}-\rho_{B4})/(\rho_{B8}+\rho_{B4})$
	NDWI(normalized difference water index)	$NDWI=(\rho_{B3}-\rho_{B8})/(\rho_{B3}+\rho_{B8})$
	NDBI(normalized difference build-up index)	$NDBI=(\rho_{B11}-\rho_{B8})/(\rho_{B11}+\rho_{B8})$
	CIRE(chlorophyll index red edge)	$CIRE=\rho_{B7}/\rho_{B5}-1$
	S2REP(Sentinel-2 red-edge position index)	$S2REP=705+35\times[(\rho_{B4}+\rho_{B7})/2-\rho_{B5}]/(\rho_{B6}-\rho_{B5})$

注：ρ_{B3}、ρ_{B4}、ρ_{B5}、ρ_{B6}、ρ_{B7}、ρ_{B8}和ρ_{B11}分别为各波段反射率。

纹理特征代表图像灰度的空间变化和重复,或图像中重复的局部图案和排列规则,可以在一定程度上提高遥感的分类精度。选用 3×3 移动窗口,利用灰度共生矩阵(gray level co-occurrence matrix,GLCM)计算纹理特征。由于近红外波段对植被更敏感,因此选取Sentinel-2影像的近红外波段(B8)计算影像的纹理特征,共得到 18 个纹理特征参数。从该地区冬小麦的纹理特征出发,综合考虑纹理特征参数之间的相关性、差异性和冗余性,从对比度、相关性、熵等方面选取了最常见的 4 种纹理特征参数构造特征参数并训练分类器,以减少过多纹理特征之间的数据重叠和冗余。选取的纹理特征有角二阶矩(ASM)、对比度(CONTRAST)、相关性(CORR)、信息熵(ENT)。

此外,使用 GEE(Google Earth Engine)自带的空间分辨率为 30 m 的地形数据 SRT-MGL1_003,通过 ee. Terrain. products(input)函数计算高程和坡度两个参数,然后将它们作为两个独立的特征添加到合成的多波段影像中,用于地物的遥感识别。该数据空间分辨率为 30 m,利用三次卷积内插法将数据重采样为 10 m 分辨率。

综上所述,作物识别与分类模型选取 14 个光谱特征(9 个光谱波段特征和 5 个光谱指数特征)、4 个纹理特征、2 个地形特征作为冬小麦种植区域识别特征变量。

3. 种植分布提取流程

冬小麦种植分布提取详细过程如下:

①分别获取 2021 年冬小麦起身拔节期、孕穗扬花期和灌浆乳熟期 3 个关键生育期内所有云量低于 10%的 Sentinel-2 L2A 级影像,然后对各关键生育期内的影像进行裁剪、镶嵌、去云、求中值和重采样等预处理操作。获取研究区的 DEM(digital elevation model,数字高程模型)高程数据,并进行裁剪和镶嵌等预处理。

②获取研究区冬小麦、建筑物、其他植被以及道路等 4 类地物的地面样本点数据,记录样本点的地物种类和位置,按照约 8∶2 的比例将样本随机划分为训练集和测试集。

③提取关键生育期内合成影像的光谱波段特征、光谱指数特征、纹理特征以及地形特征等分类特征变量,将关键生育期的所有分类特征变量以及地面样本点数据的训练集输入 GBDT(gradient boosting decision tree,梯度提升决策树)分类器中,设定不同关键生育期 GBDT 分类器树的个数,得到地物分类结果。

④将地面样本点测试集的特征变量带入训练后的 GBDT 分类器中,获得不同关键生育期内研究区地物的分类准确性,然后利用最优的地物分类结果提取研究区冬小麦的空间分布信息。

4. 提取结果

冬小麦不同生育期内,研究区地物物候特征、空间分布特征和光谱特征不同,地物识别效果也会略有差异。利用 GBDT 分类器对研究区冬小麦起身拔节期、孕穗扬花期和灌浆乳熟期 3 个时期内的地物类型进行分类识别,分别设置 GBDT 分类器树的数量为 1 500、1 500、1 800,每个时期各 167 个样本。地物分类结果的混淆矩阵如图 2-19 所示。167 个测试样本中,起身拔节期有 158 个样本分类正确,其中建筑物分类准确性最高,其他植被和道路容易混淆(分别占其他植被样本总数的 11.54%、道路样本总数的6.82%);孕穗扬花期有 162 个样本正确分类,建筑物和冬小麦的分类准确性较高,其他植被易被误判为道路(占其他植被样本总数的7.69%);灌浆乳熟期只有 144 个样本分类正确,在冬小麦 3 个关键生育期内分类准确性最差。

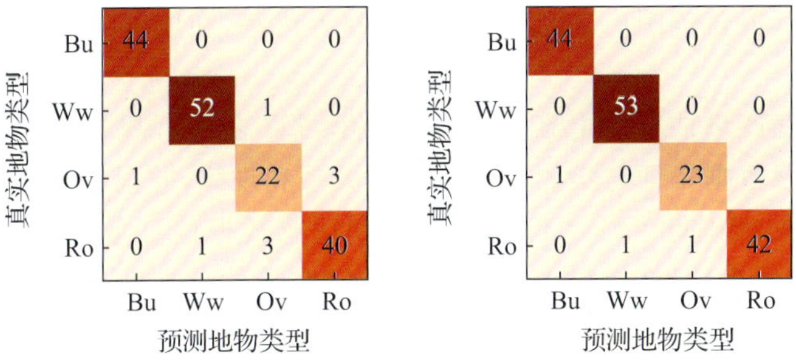

（a）起身拔节期 （b）孕穗扬花期 （c）灌浆乳熟期

图 2-19　冬小麦不同关键生育期地物分类结果的混淆矩阵

通过直观目视解译并对比原始影像，可以看出冬小麦的 3 个关键生育期分类制图整体效果均较好（图 2-20），冬小麦和道路覆盖区域轮廓清晰，形状基本一致；建筑物分布连续，边界分明；其他植被提取较为完整。

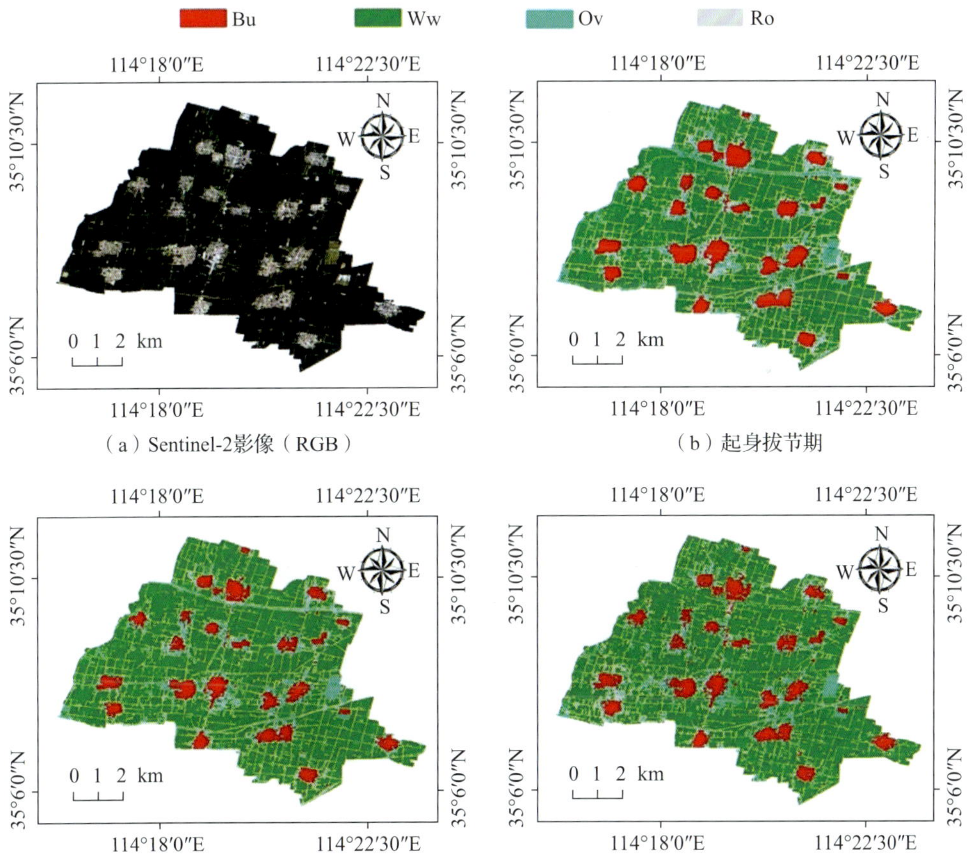

（a）Sentinel-2影像（RGB） （b）起身拔节期
（c）孕穗扬花期 （d）灌浆乳熟期

图 2-20　研究区地物分类制图结果

2.4.2　结合 LOSSA-SVR 与多时相遥感的冬小麦产量估算方法

可靠的冬小麦产量估算有助于制定高效的农作物管理策略，减轻农作物种植风险，优化资源分配。遥感技术具有获取成本低、覆盖范围广、能连续动态监测等优势，在农作物产量估算中得到广泛关注。

目前，利用遥感技术进行冬小麦产量估算的主流方法是机器学习算法[18]。机器学习算法可以根据输入的数据特征，自动学习数据特征与实测产量之间的关系和规律，并根据学习到的模式进行产量预测，提高产量估算的准确性[19,20]。但特定生育期遥感数据信息量有限，难以从农作物生长的角度描述产量形成的全过程，使得大多数情况下的产量估算精度较低。多时相遥感数据蕴含了丰富的生长发育动态信息，通过多时相分析能够更好地监测农作物关键生育期的生长过程。因此，相较于单一特定时相，基于多时相遥感的产量估算模型具有显著优势[21]。

张海洋[22]以冬小麦为对象，通过关键生育期的 Sentinel-2 遥感影像和实地采集的冬小麦产量数据，对 2019—2021 年的冬小麦产量进行预测与分析，采用 LOSSA① 优化 SVR(support vector regression)模型参数，建立了基于 LOSSA-SVR 和多时相遥感数据的冬小麦产量预测模型，提高了预测精度，为高精度预报提供了可靠的科学依据。

起身拔节期到灌浆乳熟期是冬小麦产量和质量形成的关键生育期，也是冬小麦估产的最佳时期，因此选取的遥感影像成像时间为每年的 3 月中旬至 5 月下旬。

1. 冬小麦产量数据获取及处理

冬小麦实测产量采样点在各行政村均匀分布，于 2019 年 5 月在研究区内确定 117 个采样点，全面覆盖整个研究区，如图 2-21 所示。利用千寻位置网络有限公司研发的定位设备(千寻星矩 SR6 网络 RTK 接收机和千寻知寸技术服务)获取每个采样点的经度、纬度、面积等信息。在 2019—2021 年冬小麦收获时期，使用联合收割机收割冬小麦，记录每个采样点的总产量(t)

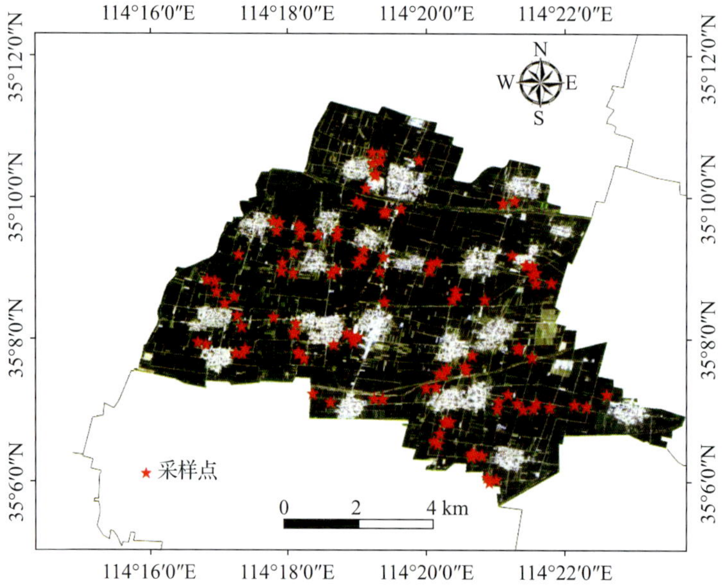

图 2-21　冬小麦产量采样点分布

① LOSSA，sparrow search algorithm based on Levy flight and opposition-based learning，基于反向学习和莱维飞行策略的麻雀搜索算法。

和面积(hm²),计算该采样点的冬小麦产量(t/hm²),确保每个采样点的产量数据的准确性和可靠性。

2. 卫星遥感数据获取

研究所选用的遥感数据为 Sentinel-2 影像,通过 GEE 云平台获取研究区 2019—2021 年冬小麦生长过程中云量低于 10%的 Sentinel-2 A/B L2A 级 MSI 影像。在各关键生育期内,根据云量确定一帧最佳影像。若某一关键生育期内存在多帧云量较少的影像可供选择,倾向于选择接近该生育期中期的影像。所选 Sentinel-2 影像成像时间如表 2-8 所示,所选影像如图 2-22 所示。由图 2-22 可知,所选影像云量极少,而且地面特征清晰,能够清晰辨认冬小麦、建筑物以及其他地貌特征。

表 2-8 所选 Sentinel-2 影像的成像时间

收获年份	冬小麦关键生育期		
	起身拔节期(月-日)	孕穗扬花期(月-日)	灌浆乳熟期(月-日)
2019	03-19	04-03	05-03
2020	03-23	04-12	05-02
2021	03-28	04-17	05-07

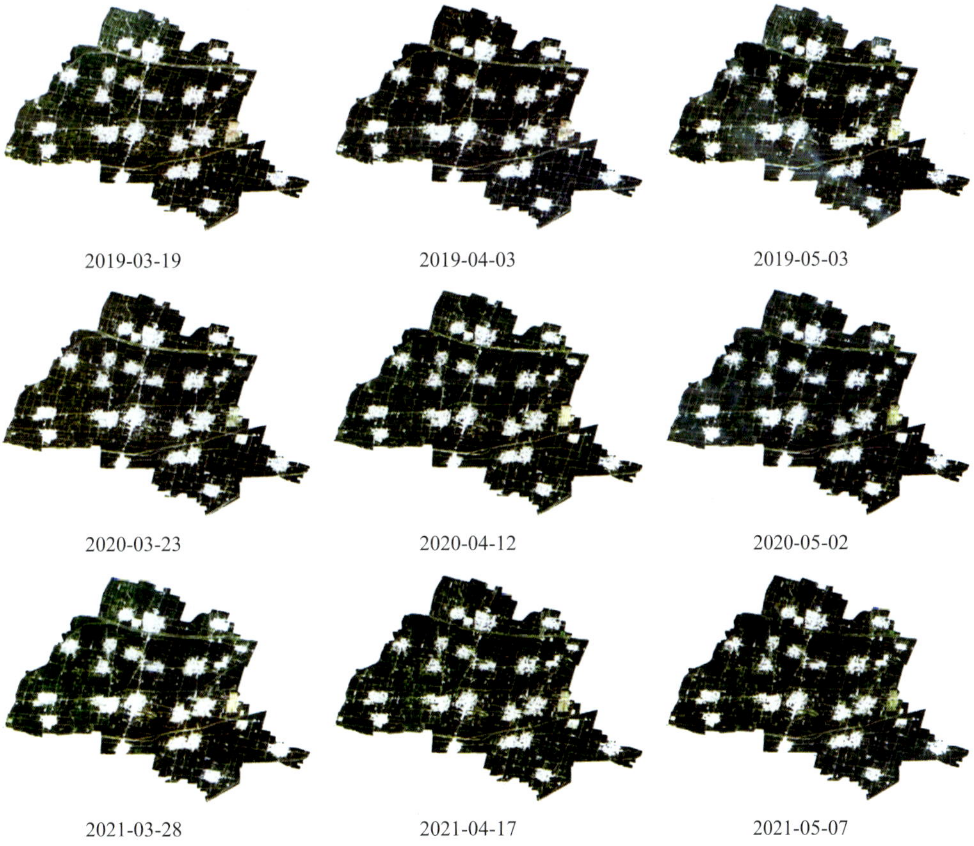

(a)起身拔节期　(b)孕穗扬花期　(c)灌浆乳熟期

图 2-22 各关键生育期所选的 Sentinel-2 影像

3. 基于 LOSSA-SVR 的冬小麦产量估算模型

构建了基于 LOSSA 优化支持向量回归(LOSSA-SVR)的冬小麦产量估算模型。为了验证 LOSSA-SVR 模型的预测效果及使用 SVR 算法在小样本情况下的优越性和适用性,同时建立了传统的岭回归(ridge regression,RR)模型和 PLSR 模型,与 LOSSA-SVR 模型进行对比。3 种模型的预测结果如图 2-23 所示。

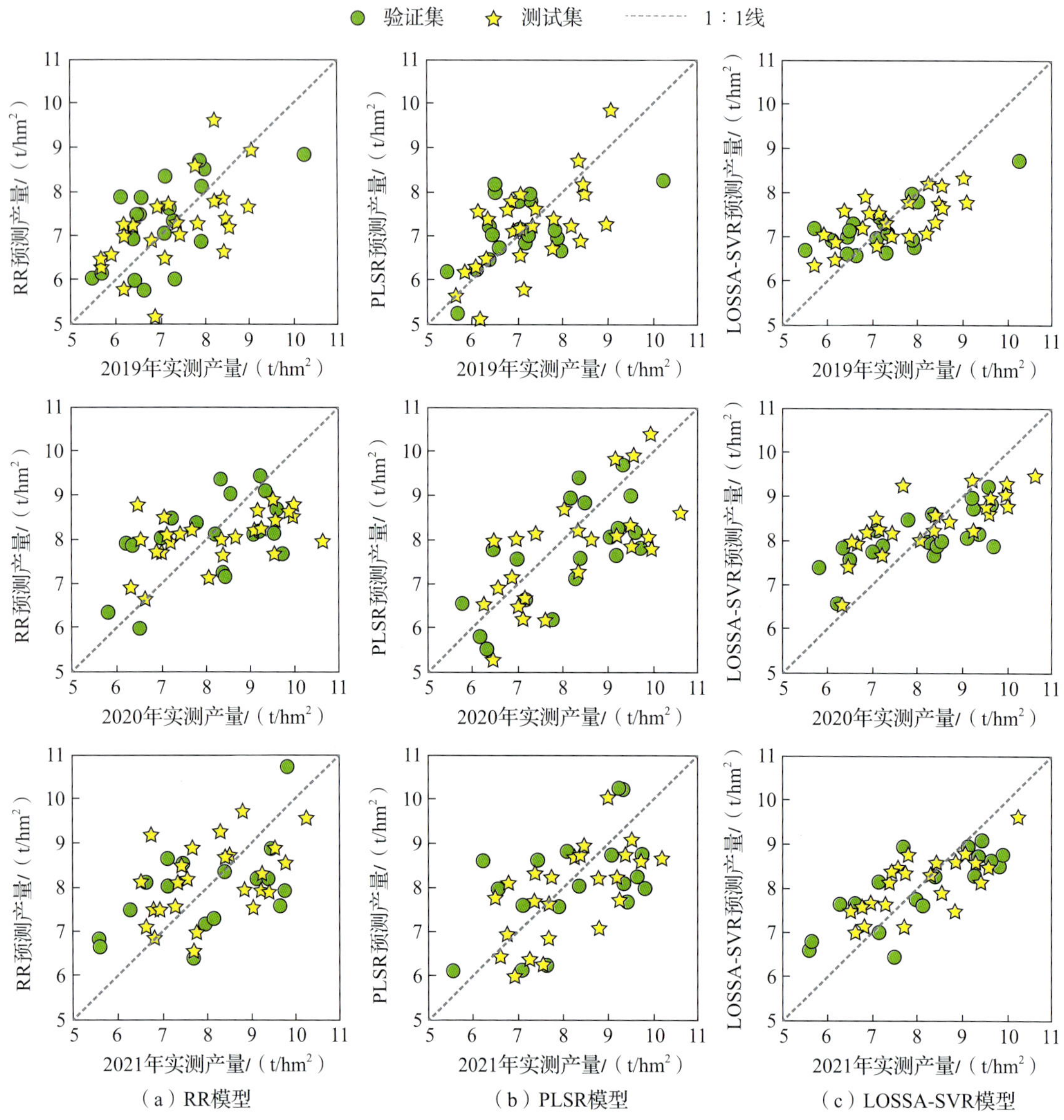

图 2-23 不同预测模型的预测结果散点图

从图 2-23 中可以明显观察到,RR 模型和 PLSR 模型的预测散点较为分散,预测值与真实值之间存在较大的偏差,且散点离 1∶1 线较远。相比之下,LOSSA-SVR 模型的预测散点更加集中且更靠近 1∶1 线。

各模型 R^2、RMSE 和 MAE 如图 2-24 所示。在 2019 年,LOSSA-SVR 模型的 R^2 最高,其次是 PLSR 模型,RR 模型最低。LOSSA-SVR 模型验证集和测试集的 R^2 均达到0.45以上,分

别比 RR 模型高 0.25 和 0.29，分别比 PLSR 模型高 0.21 和 0.24；同时，与 RR 模型和 PLSR 模型相比，LOSSA-SVR 模型的 RMSE 和 MAE 最低：表明 LOSSA-SVR 模型在 2019 年冬小麦产量预测方面有很好的效果。同样，在 2020 年和 2021 年，LOSSA-SVR 模型总体表现也最佳。此外，LOSSA-SVR 模型在 2020 年和 2021 年的预测效果优于 2019 年的预测效果，这可能是因为，与 2019 年数据相比，2020 年和 2021 年冬小麦各地块产量数据的差异性和波动性较大，而 SVR 模型更适合空间变异性较大的样本。

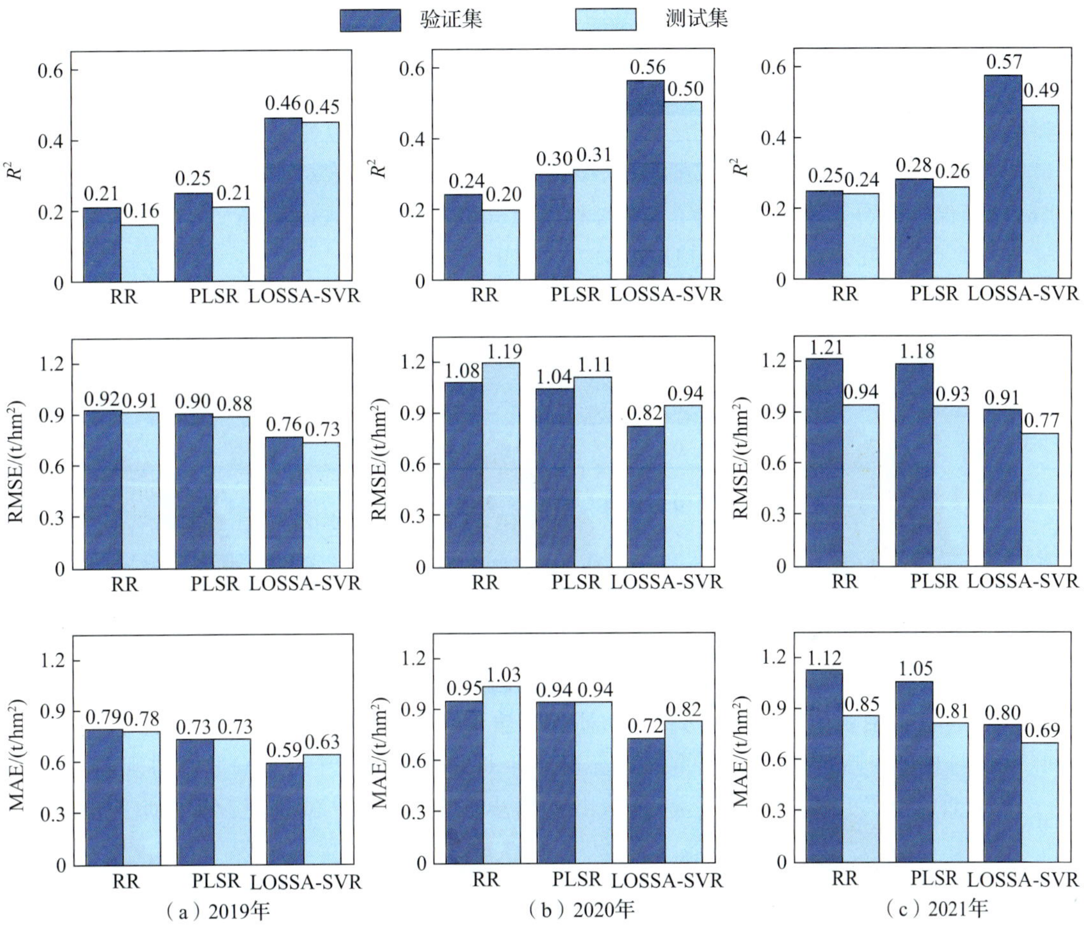

图 2-24　不同预测模型的性能对比

综合图 2-24 中对冬小麦产量的各项预测精度评价指标得出，LOSSA-SVR 模型的预测效果最佳，RR 模型的预测效果最差，PLSR 模型的预测精度介于这两种模型之间。LOSSA-SVR 模型取得较好预测效果的原因可能是 SVR 模型能将回归问题转换为二次规划问题，摆脱了容易陷入局部最优的困境，很适合处理田块尺度的小样本数据。此外，SVR 模型能捕捉 NDVI 时间序列特征间的非线性关系，提高估产性能。RR 模型尽管具有较强的预测稳定性，但该方法是通过放弃最小二乘的无偏性，以损失部分信息、降低精度为代价提高拟合稳健性。PLSR 模型预测结果的波动性较小，而且对共线性起到了一定的消除作用，但 PLSR 模型在建模过程中损失了数据信息，并降低了计算效率。

2.4.3 协同时空遥感特征的冬小麦产量估算方法[23]

由于受到卫星重访周期的限制以及云雾等天气条件的影响，单一光学遥感卫星无法在小麦生长发育期内获得密集连续和质量高的时间序列影像数据，降低了捕获冬小麦生长动态异质性的能力，制约了估产模型的准确性和稳定性[24-26]。因此，在结合时间序列数据与机器学习方法进行冬小麦估产的研究中，提高时序遥感数据的丰度是进一步充分发挥地球遥感观测大数据作用、捕捉农作物生长过程关键时序特征和提高产量预报精度的关键步骤[27]。

1. 多源遥感影像定量转换

研究采用的卫星遥感影像包括 Sentinel-2 和 Landsat 8 卫星遥感影像。为解决不同卫星之间的光谱波段差异，选择了研究区内同日过空的同步影像对，以便后续求解光谱波段之间的定量转换系数。首先，采用最近邻插值法进行重采样，使同步影像对所有波段的空间分辨率为 10 m，以确保空间分辨率的一致性。然后，利用孤立森林（isolation forest）算法剔除影像对中的异常像素点，剔除效果如图 2-25 所示。

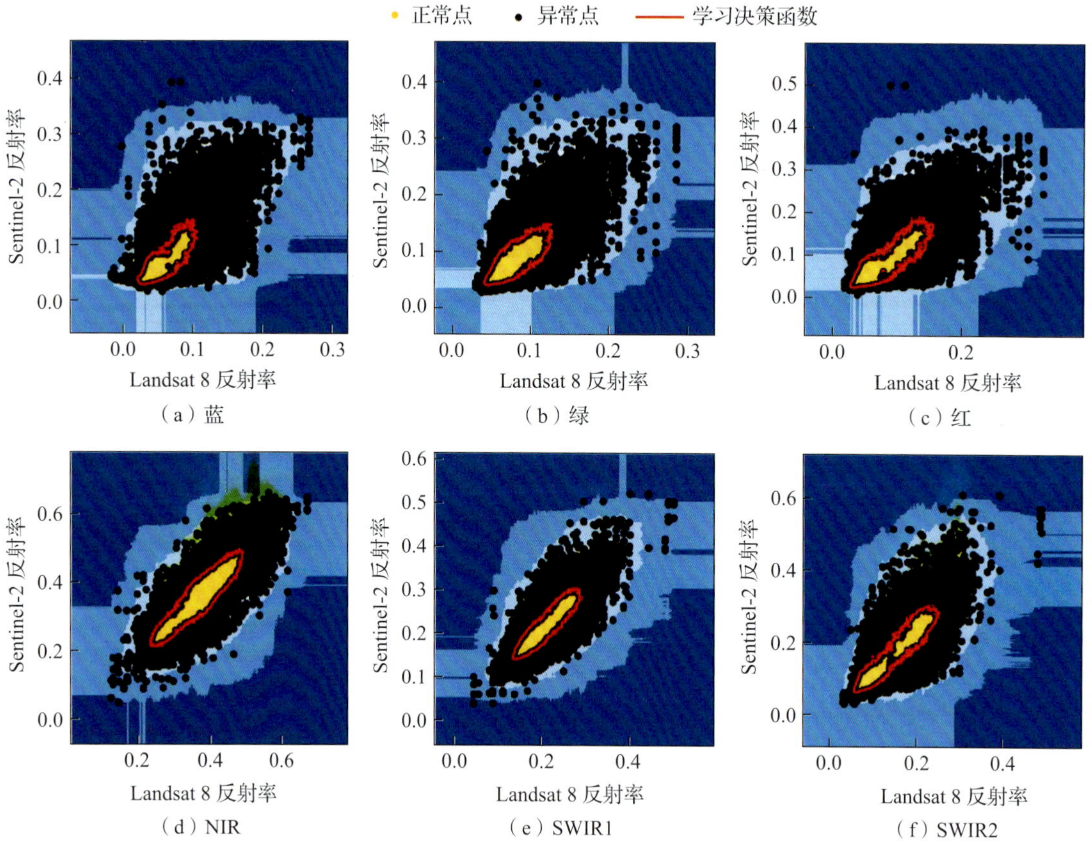

图 2-25 基于孤立森林算法的异常像素剔除结果（日期：2020-09-04）

利用孤立森林算法剔除异常像素点后，以 Landsat 8 卫星的光谱波段为自变量，Sentinel-2 卫星的光谱波段为因变量，采用普通最小二乘法（ordinary least squares，OLS）将这两种传感器对应光谱波段进行一元线性拟合。2020 年 9 月 4 日影像的拟合结果如图 2-26 所示。

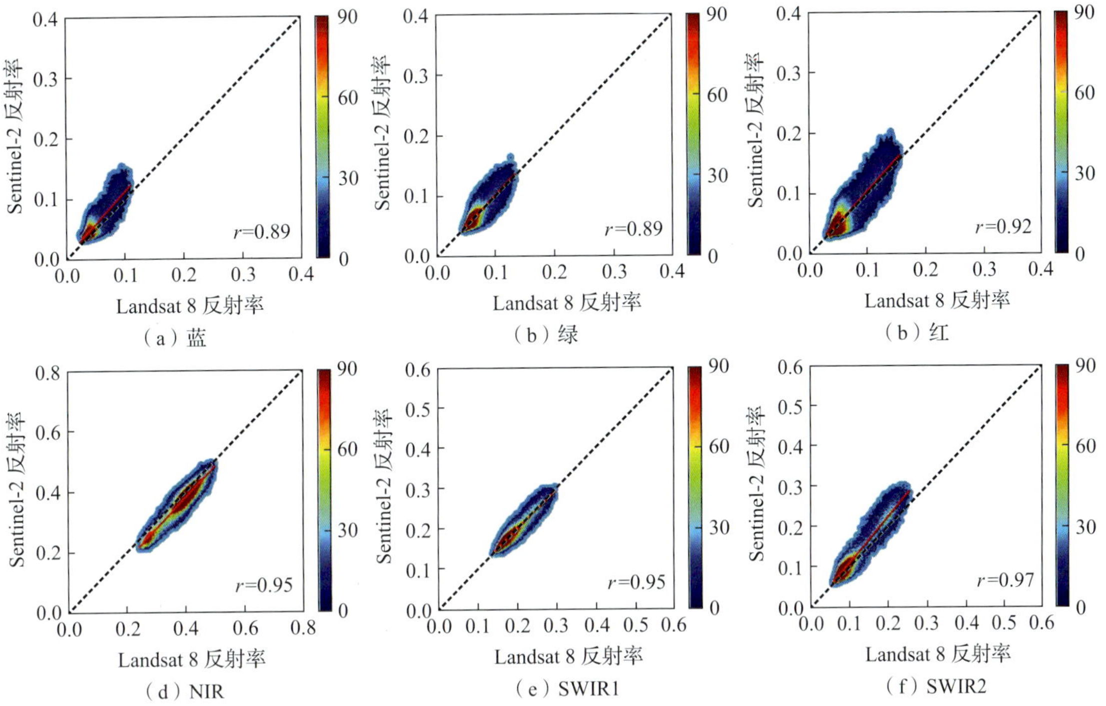

图 2-26 Landsat 8 和 Sentinel-2 对应波段的散点图(日期:2020-09-04)

(各分图右侧色柱表示散点相对密度)

从图 2-26 中可明显看出,Landsat 8 和 Sentinel-2 对应光谱波段之间存在着较强的相关性。皮尔逊相关系数均超过 0.89,尤其是 NIR、SWIR1 和 SWIR2 波段上的相关性非常显著。这些结果表明,当使用最近邻插值法将 Landsat 8 和 Sentinel-2 对应波段的空间分辨率重采样为 10 m 时,这两种传感器对应波段之间能进行定量转换。同时,这也意味着这两种传感器在 10 m 空间分辨率下能够协同应用,更好地监测地表冬小麦的生长状况。

2. 植被指数时间序列曲线对比

选择 5 个植被指数来监测冬小麦产量,包括归一化植被指数(NDVI)、绿色归一化植被指数(GNDVI)、比值植被指数(RVI)、增强植被指数 2(enhanced vegetation index 2,EVI2)和宽动态范围植被指数(wide dynamic range vegetation index,WDRVI)。NDVI、GNDVI、RVI 的计算公式见表 2-1,EVI2、WDRVI 的计算公式为

$$\mathrm{EVI2}=2.4\frac{\rho_{\mathrm{NIR}}-\rho_{\mathrm{Red}}}{\rho_{\mathrm{NIR}}+\rho_{\mathrm{Red}}+1} \tag{2 5}$$

$$\mathrm{WDRVI}=\frac{\alpha\rho_{\mathrm{NIR}}-\rho_{\mathrm{Red}}}{\alpha\rho_{\mathrm{NIR}}+\rho_{\mathrm{Red}}} \tag{2-6}$$

式中:ρ_{NIR}、ρ_{Red}分别为近红外、红光波段的地表反射率;α 为加权系数,取 $\alpha=0.1$。

图 2-27 为基于 5 个植被指数的协同 Landsat 8 和 Sentinel-2 时间序列的曲线,展示了协同 Landsat 8 和 Sentinel-2 多源数据预处理过程中各步骤的结果,包括调整 Landsat 8 衍生的植被指数数据(蓝色三角形),调整 Sentinel-2 衍生的植被指数数据(橙色六边形),利用 Whittaker 平滑器平滑后的植被指数数据(绿色方形),以及以 10 天间隔重采样的植被指数数据(红

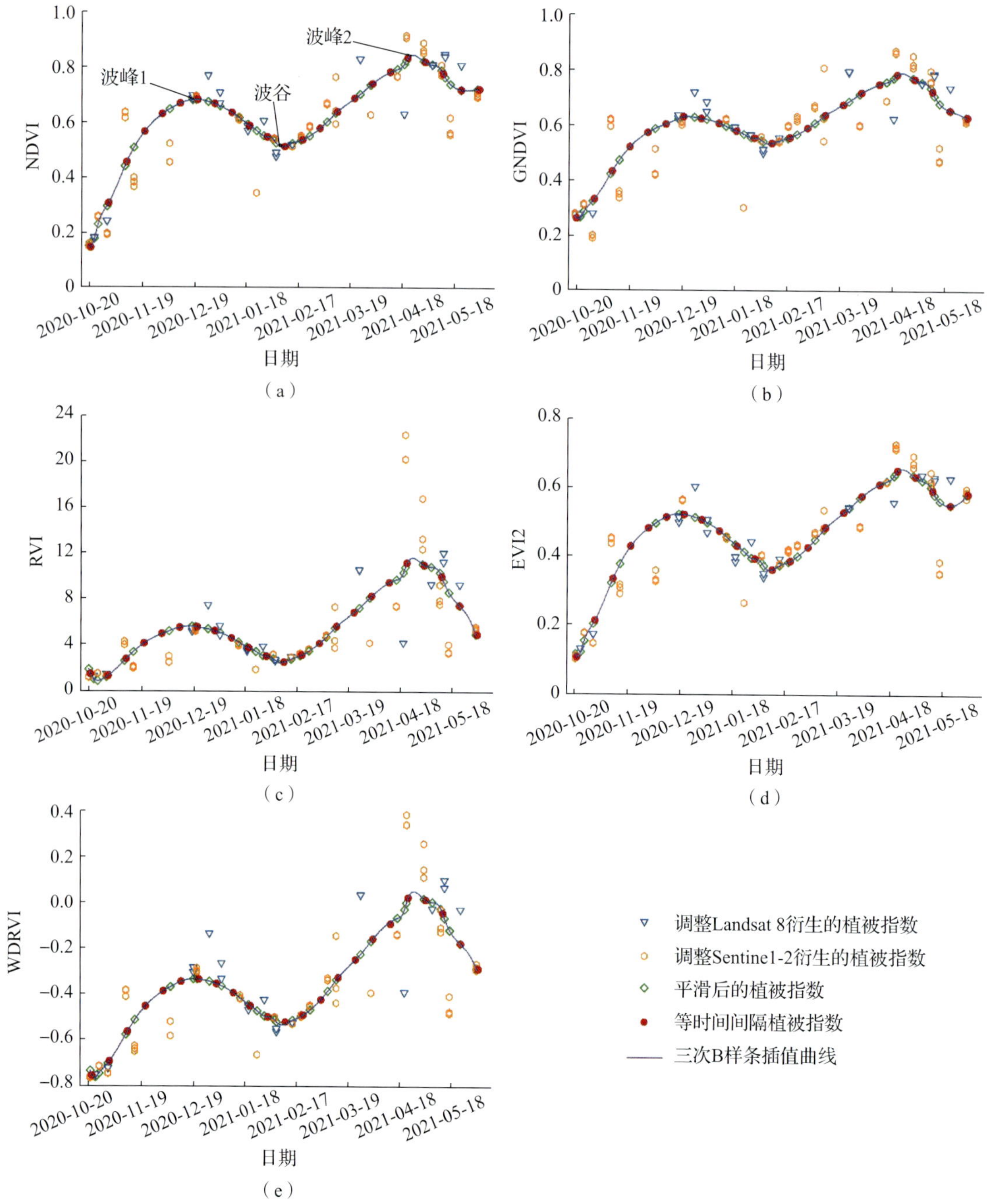

图 2-27　植被指数时间序列曲线

色圆点）。紫色实线表示将调整后植被指数时间序列进行三次 B 样条插值所重建的曲线。

植被指数时间序列可以实时反映冬小麦整个生育期的生长发育状况，为冬小麦产量预测提供完整和高质量的数据特征。结果显示，在冬小麦的生长过程中，从 2 月中旬到 4 月中旬呈现迅速生长趋势，在 4 月中旬末期达到最高值。研究区冬小麦的生长周期从每年的 10 月一直延续到第二年的 5 月底，其生长曲线呈现出两峰一谷的特点。研究以每年的 10 月 20 日为起点，以 10 天为间隔，进行植被指数时间序列的采集。这一时间序列覆盖了冬小麦整个生长期，共包含 23 个数据点。

通过比较 5 个植被指数时间序列曲线，可以发现 NDVI 和 GNDVI 存在饱和现象(波峰 2 和波峰 1 间的差异很小)。尽管 RVI 可以避免饱和现象，但在生物量较低的时期，RVI 的敏感性较低(冬小麦越冬期和播种期的 RVI 差异很小)。此外，尽管 EVI2 在一定程度上改善了饱和问题，但尚未很好地描述冬小麦在整个发育期的生长强度变化，见图 2-27(d)。

相比之下，WDRVI 曲线可以灵敏地反映冬小麦的生长状况，见图 2-27(e)。WDRVI 引入了加权因子，削弱了高植被生物量时近红外波段的贡献，使其与红光波段的贡献相当。因此 WDRVI 能够检测到中高植被密度下作物冠层的细微差异，这对于冠层密集的作物和成熟作物尤为重要。

3. 冬小麦产量估算与分析

选择 WDRVI 作为首选植被指数，基于 CatBoost 算法构建冬小麦产量估算模型。利用 100 次 CatBoost 模型训练中表现最佳的模型来绘制研究区冬小麦产量分布图，结果如图 2-28 所示。通过观察图 2-28 可发现：①研究区冬小麦产量主要集中在 7～9 t/hm^2，整个研究区的冬小麦产量水平相对稳定。②中东部地区的冬小麦产量相对较高。这可能与该地区土壤主要为黏土有关，黏土通常具有良好的水分保持能力，有利于冬小麦的生长和发育。其他地区的土壤主要是壤土，因此可能表现出较低的产量。③与其他两年相比，2019 年的冬小麦产量较低。由于极端天气影响，2019 年冬小麦出现倒伏现象，导致产量略微下降。④建筑物周围的冬小麦产量较低。这可能包括多种因素的影响，如建筑物的阴影效应、土壤质量差异、人为干扰等，这些因素共同作用，导致建筑物周围冬小麦产量减少。

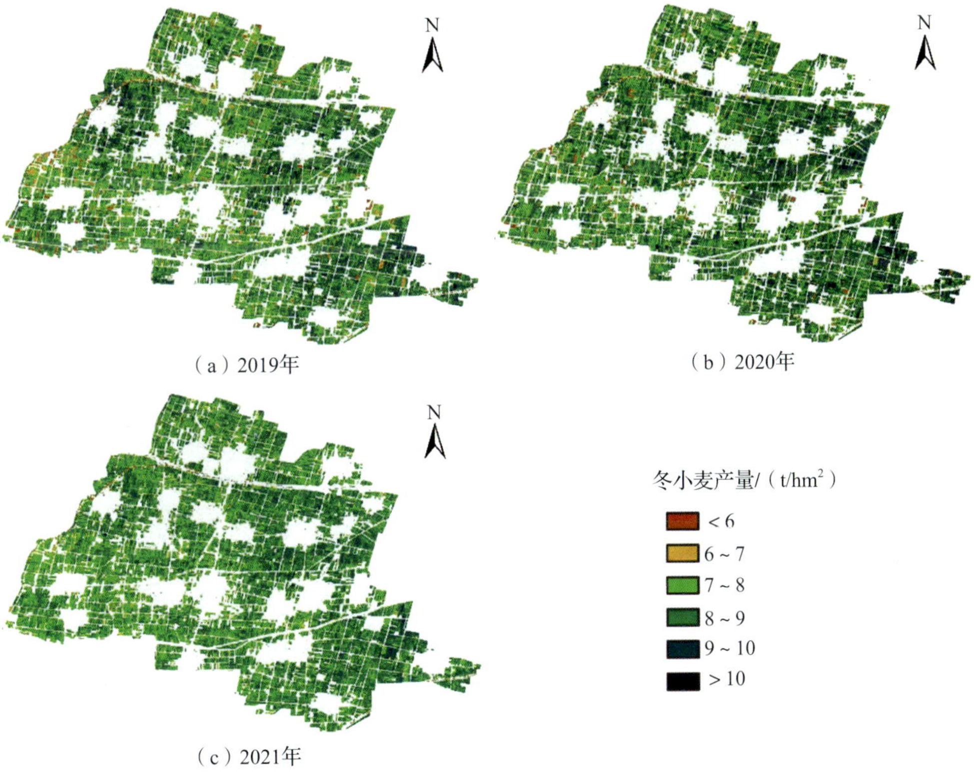

图 2-28　冬小麦产量空间分布图

2.5 甘蔗糖分信息无损检测与智能处理技术

甘蔗(*Saccharum officinarum* L.)在出苗后 45 天左右进入分蘖期,120 天后开始拔节进入伸长期,250 天后开始累积糖分进入成熟期。甘蔗的成熟期有两种定义,一种是生理成熟期,即甘蔗开花;一种是工艺成熟期,即糖分积累达到峰值。制糖蔗一般在工艺成熟期收割。

甘蔗是世界上最重要的糖料作物之一,糖分含量是甘蔗最重要的生化指标之一。甘蔗糖分的传统分析方法主要有压榨蒸煮法、旋光法、蔗汁蔗糖分和蔗渣蔗糖含量分析法等,但这些方法实际操作烦琐、费时、成本高,还需要进行破坏性采样,不仅难以应用于生产现场的快速检测,而且难以满足"按质论价"收购甘蔗的高效性和低成本需要。光谱技术的发展为甘蔗糖分的无损检测方法以及便携式仪器的开发提供了理论和技术基础。吕雪刚基于可见光-近红外光谱开展了甘蔗糖分无损检测研究并开发了相应的便携式传感器[28]。

2.5.1 光谱数据采集

在广西大学扶绥农科新城的甘蔗试验田采集甘蔗样本。为保证样本之间糖分的差异性,采集了中蔗 6 号、中蔗 9 号、中蔗 13 号、福农 41 号、桂糖 42 号和柳城 05136 等 6 个品种的甘蔗样本共 70 根。其中,处于伸长期的甘蔗 10 根,成熟期的甘蔗 60 根。甘蔗样本茎秆笔直,表皮没有裂口和其他明显瑕疵。成熟期的甘蔗糖分的分布呈下端高上端低的特点,将其分割为上、下两部分,每部分作为一个单独的实验样本,共 120 个样本;而伸长期的甘蔗糖分较低,不同部位的糖分差异不大,因此每根伸长期甘蔗只作为一个样本。

设计的光谱采集平台如图 2-29 所示,由光谱仪、光源、光纤、计算机等组成。光源位于蔗茎的侧面,在另一侧通过光纤探头采集透射光谱。样本固定筒上 3 个管状通道用于固定光纤探头的角度,获取 120°、150°和 180°位置的甘蔗透射光谱。为了避免光源侧的杂散光对透射光检测产生干扰,在光线入射部位包上不透光的黑色海绵,提高密闭性,使入射光与透射光通路相互隔绝,排除杂散光。以厚 10 mm 的聚四氟乙烯板为标准透射参考板,作为采集光谱透射率的参比。

在自然生长的情况下,甘蔗表皮会覆盖一层植物蜡,是酯、游离酸、醇和碳氢化合物的混合

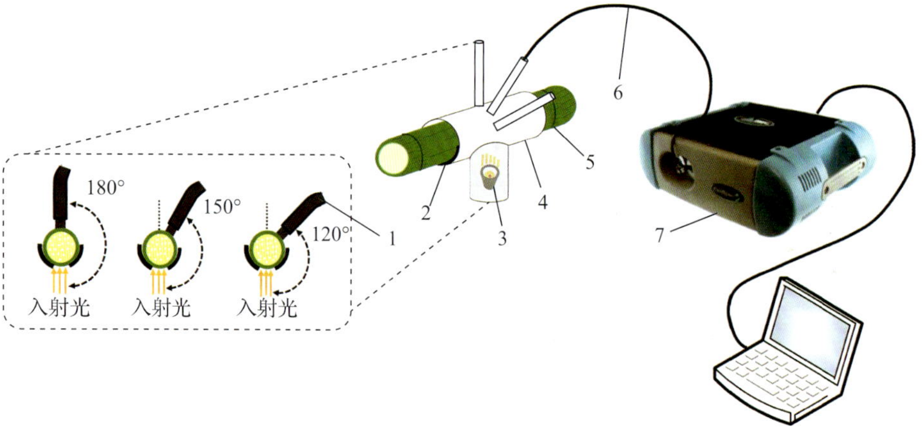

1.探头 2.黑色海绵垫片 3.卤素灯 4.样品固定筒 5.甘蔗样本 6.光纤 7.光谱仪

图 2-29 甘蔗光谱采集平台示意图

物。蜡质会一定程度改变甘蔗表皮颜色。为探讨甘蔗表皮蜡质是否会对甘蔗的光谱产生影响,将每个样本分别按照是否去除表皮蜡质和不同光谱采集角度依次进行 6 种不同方式的光谱采集,每种方式下测量 8 个点位后取平均值,如图 2-30 所示。

图 2-30　去蜡前(上)、后(下)的甘蔗样本及透射光谱采集点位示意图

2.5.2　光谱数据分析处理

1. 光谱原始数据分析

光源与探测器的夹角不同,会影响光程的长短,光线在甘蔗内部经过多角度的散射之后,携带着甘蔗内部信息的光线被光纤收集。图 2-31 为 120°、150°和 180°三个角度下所有样本的透射光谱,可以看出,无论是原始样本(OS,去蜡前)还是去蜡之后的样本(CWR),均是 120°时透射率最高,150°时透射率略低,180°时透射率最低。

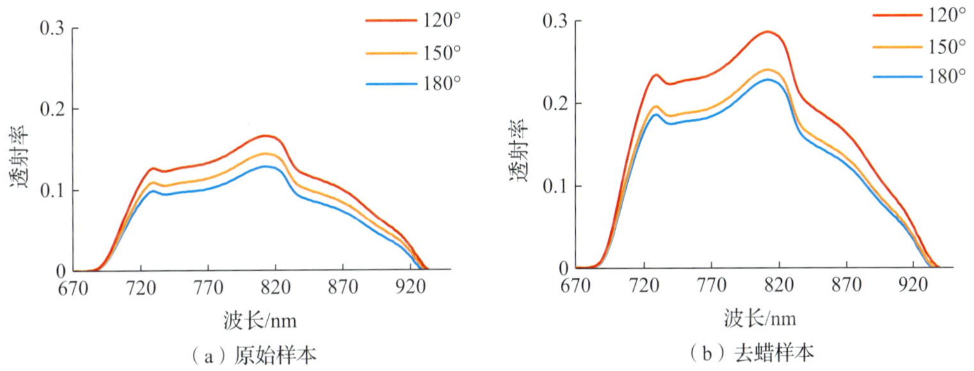

图 2-31　不同角度下样本的平均光谱透射率

图 2-32 所示为某样本在探测角度为 180°时 8 个采集点位处去蜡前后的光谱曲线,其余角度去蜡前后的波形、幅值差异与此类似。从透射光谱的走势和离散程度可以看出,去蜡之后透过率更高,8 个点位采集的透射光谱曲线也更统一,整体更加稳定。

对样本蔗糖分数据与光谱数据进行相关性分析,每个波长的透射率与蔗糖分的相关性分布如图 2-33 所示,从图中可以看出,原始样本的透射率与蔗糖分的相关性整体较低,而去蜡后样本的透射率与蔗糖分的相关性整体有显著的提升。

2. 光谱数据预处理与建模

以 PLS 建模精度为依据,比较不同光谱预处理方法以及 6 种光谱测量方式的效果,选择最佳的光谱预处理方法和最佳的光谱采集方式。模型精度根据校正相关系数(r_c)、预测相关系数(r_p)、校正均方根误差(RMSEc)和预测均方根误差(RMSEp)4 个参数进行评价。

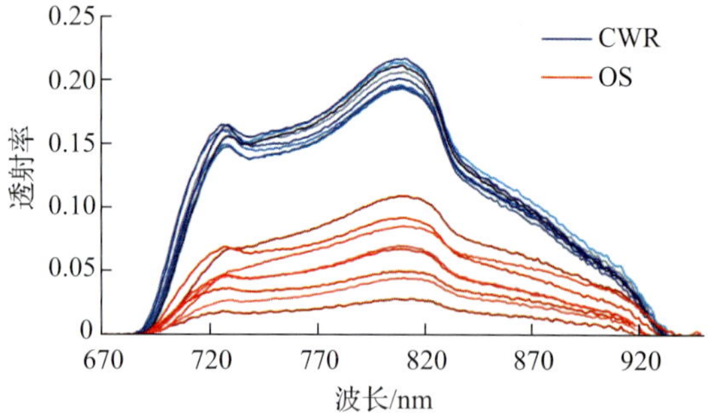

图 2-32　某样本不同采集点位的透射光谱

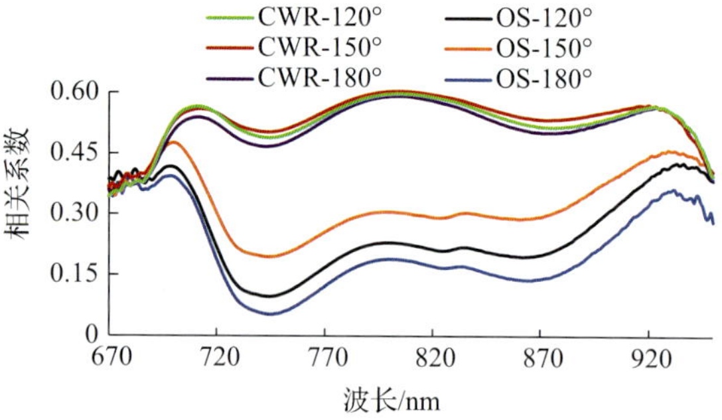

图 2-33　光谱透射率与蔗糖分的相关性

1)不同光谱预处理方法的对比

采用 Savitzky-Golay(SG)卷积平滑、一阶微分（first-order differential，FD)、多元散射校正(multiplicative scatter correction,MSC)、标准正态变换(standard normal variate,SNV)以及 SG+MSC、SG+SNV 共 6 种方法对光谱进行预处理，并基于 671～950 nm 波段采用 PLS 方法建模。对 120°光谱数据处理、建模结果如表 2-9 所示。

分析发现，SG 卷积平滑结合 MSC 和 SNV 时，模型预测效果略低于单独采用 MSC 和 SNV，表明 SG 卷积平滑处理虽能够滤除部分噪声和减少基线漂移的影响，但会丢失部分细节，导致 SG 结合其他预处理的建模效果有所下降。SNV 预处理效果在校正集表现优于其他预处理方法，在预测集效果也不错(去蜡样本的预测集相关系数最高，原始样本的预测集效果与最好的 MSC 方法相近)。其他角度下的预处理结果中，SNV 的综合表现也最优。因此，SNV 预处理方法更适用于甘蔗糖分检测，后续的分析均采用 SNV 预处理后的光谱。

表 2-9　对甘蔗样本 120°透射光谱数据预处理和建模结果

样本类别	预处理方法	校正集		预测集	
		r_c	RMSEc/%*	r_p	RMSEp/%*
原始样本	无处理	0.649 6	1.230 3	0.723 4	1.016 2
	SG	0.658 9	1.217 2	0.712 5	1.029 5
	FD	0.768 0	1.036 4	0.704 4	1.048 7
	MSC	0.803 8	0.962 7	0.779 1	0.942 9
	SNV	0.808 6	0.952 0	0.776 8	0.948 6
	SG+MSC	0.804 0	0.962 3	0.773 4	0.955 4
	SG+SNV	0.807 6	0.954 2	0.774 7	0.953 7
去蜡样本	无处理	0.634 2	1.251 1	0.748 8	0.966 5
	SG	0.702 8	1.151 1	0.760 4	0.950 3
	FD	0.783 6	1.005 3	0.790 5	0.898 6
	MSC	0.810 7	0.947 4	0.783 3	0.947 4
	SNV	0.820 5	0.924 9	0.790 6	0.933 4
	SG+MSC	0.811 0	0.946 7	0.780 0	0.957 2
	SG+SNV	0.816 7	0.933 8	0.786 9	0.942 9

* %为蔗糖分的单位，下同。

2)不同光谱测量方式的对比

确定好光谱预处理方法后,对6种不同测量方式下采集的光谱数据进行预处理,建立基于671～950 nm波段的蔗糖分PLS预测模型,结果如表2-10所示。原始样本预测集的r_p范围在0.75～0.78,RMSEp范围在0.94%～1.01%;去蜡样本的r_p范围在0.77～0.80,RMSEp范围在0.93%～0.99%。原始样本的模型预测效果在整体上都低于去蜡样本,进一步证明蜡质会对建模精度造成影响。从不同的探测角度来看,不论去蜡与否,基于120°数据的建模效果都最佳,这也表明了光源与探测器的夹角会影响透射光谱建模效果。

表2-10 不同测量方式下的PLS建模结果

样本类别	测量角度	校正集		预测集	
		r_c	RMSEc/%	r_p	RMSEp/%
原始样本	120°	0.808 6	0.952 0	0.776 8	0.948 6
	150°	0.809 8	0.949 4	0.752 3	1.010 0
	180°	0.791 5	0.989 0	0.765 4	0.966 5
去蜡样本	120°	0.820 5	0.924 9	0.790 6	0.933 4
	150°	0.817 5	0.932 1	0.774 9	0.980 5
	180°	0.816 3	0.934 7	0.771 5	0.970 7

2.5.3 基于特征波长筛选的蔗糖分预测模型

1.特征波长初筛及建模

前面的建模结果是基于671～950 nm波段内的所有光谱数据得出的,为了简化模型,提升模型精度,采用区间偏最小二乘法(iPLS)、遗传算法(GA)、蚁群算法(ACO)和基于PLS模型变量回归系数(variable regression coefficient,VRC)改进的蚁群算法(VRC-ACO)进行特征波长筛选,并通过基于特征波长的PLS建模结果来评价各种筛选方法的优劣。

对全光谱数据进行特征波长筛选,4种算法的筛选结果如表2-11所示,iPLS选择的特征波长最多,达到了19个,GA和ACO选择的特征波长分别为16个和15个,而VRC-ACO选择的波长最少,仅有10个。

表2-11 特征波长筛选结果

筛选方法	特征波长数	特征波长/nm
iPLS	19	748、749、750、751、752、753、754、755、756、757、758、759、760、761、762、763、764、765、766
GA	16	677、697、737、738、741、763、775、779、780、788、790、794、833、922、941、946
ACO	15	676、703、735、747、763、768、769、771、778、786、788、792、819、821、822
VRC-ACO	10	737、741、760、762、763、764、765、780、930、949

基于特征波长建立PLS模型,与同一测量方式下的全波段PLS建模结果进行对比,结

果如表 2-12 所示。基于特征波长建立的模型，输入变量大大减少，但模型的精度表现各异。基于 iPLS 筛选波段的模型精度（r_p=0.761 9）低于全波段的精度（r_p=0.790 6），这是由于该方法是按照连续区间进行选择，特征波长的选择受到了较大的限制，而其余 3 种筛选方法所得波长的建模精度（r_p>0.84）均明显高于全波段建模的精度。VRC-ACO 组合方法筛选出的特征波长建模效果最好，不仅特征波长数最少，模型的精度也是最高的，建模散点图如图 2-34 所示。

表 2-12　基于不同算法筛选波长的建模结果

筛选方法	变量数	校正集		预测集	
		r_c	RMSEc/%	r_p	RMSEp/%
无	280	0.820 5	0.924 9	0.790 6	0.933 4
iPLS	19	0.746 2	1.082 0	0.761 9	1.166 8
GA	16	0.843 7	0.868 6	0.843 4	0.789 9
ACO	15	0.848 0	0.857 6	0.840 3	0.797 5
VRC-ACO	10	0.851 5	0.848 6	0.861 6	0.746 6

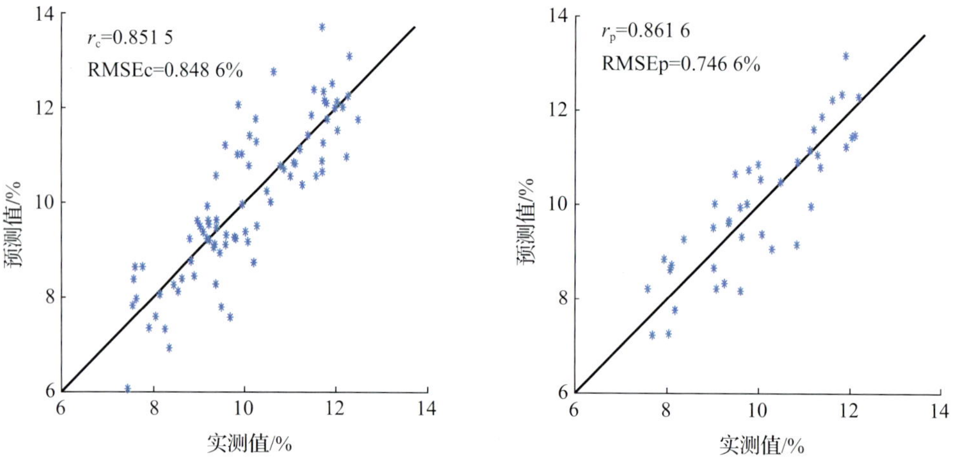

（a）校正集　（b）预测集

图 2-34　基于 VRC-ACO 筛选的波长所建模型的散点图

2. 波长的二次筛选及建模

除 iPLS 方法外，在波长筛选过程中都运用了向前选择法辅助特征波长的选择，但是向前选择法也存在缺点：若变量被选入模型，将一直保留，不会被淘汰，即使后选入的变量与之前选入的变量之间存在多重共线性，也无法删除，这样既会增加冗余变量也可能降低模型精度。为解决这一问题，再次使用 GA、ACO 和 VRC-ACO 算法对第一轮筛选得到的全部特征波长进行二次筛选。

各算法需要根据备选波长的数量进行参数调整。GA 相关参数设置如下：初始化群体数目 8，染色体长度 8，其余参数不变。ACO 和 VRC-ACO 相关的参数设置如下：初始蚂蚁数量 8，蚂蚁路径长度 8，其余参数不变。此外，VRC-ACO 中的 VRC 也需要更新为 10 波长

PLS 建模对应的回归系数。为减小随机性，各算法进行了 10 次重复运算，然后取最优结果。

二次筛选后，3 种算法的选择结果是一致的，最优波长组合均为 737、763、780、930 和 949 nm。在 10 次重复运算后，最优特征波长组合的重现率如表 2-13 所示，可见 VRC-ACO 算法的稳定性最好。基于筛选出的 5 个波长的建模结果 r_c=0.852 8，RMSEc=0.845 2%，r_p=0.863 8，RMSEp=0.743 6%，与之前的 10 波长建模结果相比略有提升。二次筛选后建立的 PLS 模型的散点图如图 2-35 所示。

表 2-13　3 种特征提取算法最优结果的重现率

筛选方法	最优波长组合/nm	最优结果重现率/%
GA	737、763、780、930、949	20
ACO	737、763、780、930、949	70
VRC-ACO	737、763、780、930、949	80

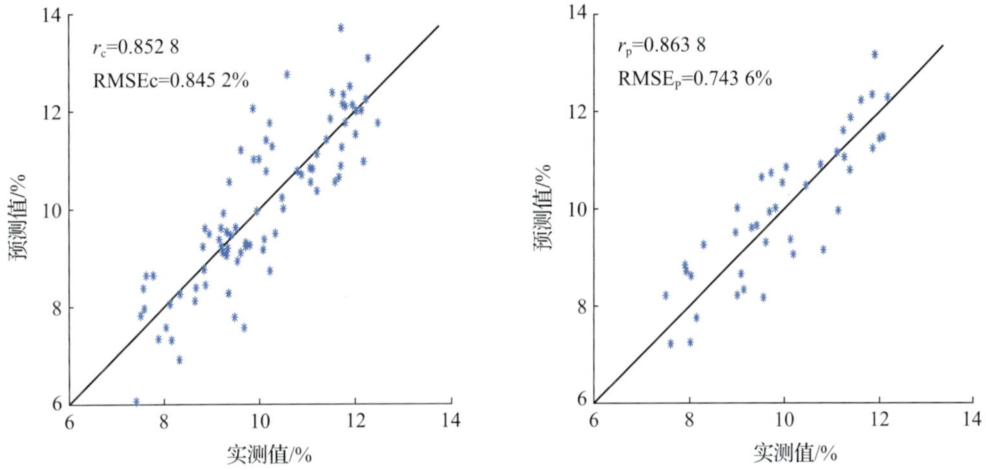

(a) 校正集　(b) 预测集

图 2-35　二次筛选后模型的散点图

从分子结构上进行分析，蔗糖分子的化学式为 $C_{12}H_{22}O_{11}$，其分子结构中含有亚甲基(—CH_2—)和羟基(—OH)等化学基团。亚甲基在近红外光谱区域的四倍频吸收带在 762 nm 附近，三倍频吸收带在 934 nm 附近[29]；羟基的三倍频吸收带在 980 nm 附近，四倍频吸收带在730 nm 附近[30]。甘蔗中含有水分子，其内部的羟基会对糖分检测造成干扰，各方法一次筛选得到的特征波长均包含亚甲基的四倍频吸收带(762 nm 附近)，二次筛选后得到的特征波长组合中存在亚甲基的四倍频和三倍频吸收带附近的波长，避开了羟基倍频所对应的干扰波长，在一定程度上验证了筛选结果的合理性。

2.5.4　甘蔗糖分无损检测传感器的设计与实现

1. 总体设计

基于特征波长筛选和模型精度分析结果，设计开发便携式甘蔗糖分无损检测传感器。

便携式甘蔗糖分无损检测传感器在整体设计上大致可以分为结构设计、外观设计、硬件设计以及软件程序设计。结构设计和外观设计根据光信号采集形式和圆柱状样本固定方法进行统筹设计。传感器硬件系统如图 2-36 所示，主要由光源控制板、光电检测板、主控电路板和供电电池集成板 4 个部分构成，拆分成不同的板块更有利于传感器内部的灵活布局。软件需要按照对应的信息采集流程，结合硬件进行针对性的程序设计。传感器外观如图 2-37 所示。

2. 传感器抗外界光干扰性能测试

通过对比试验来判断环境光是否影响传感器的数据采集。设计了两个场景，测试时间为夜晚，一个场景打开室内的所有灯光，另一个场景关闭所有灯光。测试样本为同一个样本，在两个试验场景下分别采集 5 次电压，如表 2-14、表 2-15 所示，可以看出，相同光源对应的电压值在有环境光和无环境光的条件下很接近，两者的差异属于合理的波动误差，说明传感器检测部位及光源部位的密封达到了要求，环境光对传感器的检测不构成影响。

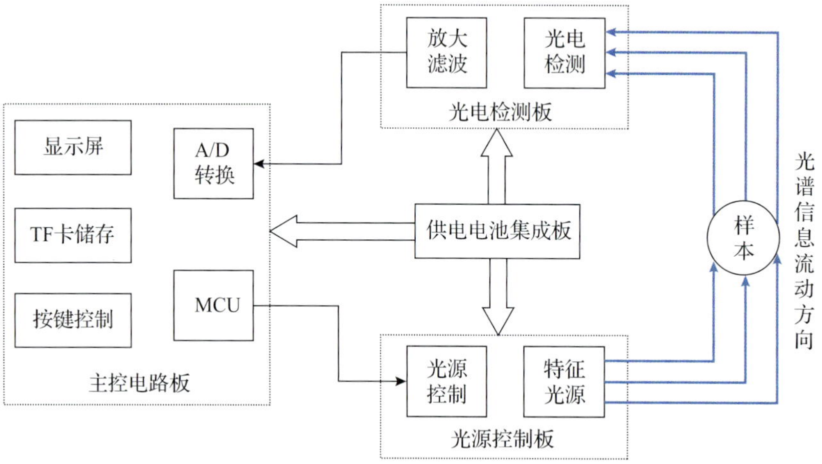

图 2-36　便携式甘蔗糖分无损检测传感器硬件系统框图

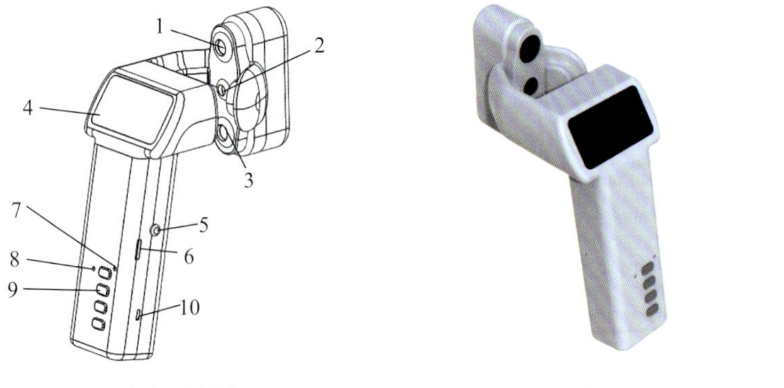

(a) 示意图　　(b) 实物图

1. LED 光源出射孔　2. 光电二极管检测孔　3. 橡胶垫圈　4. OLED 显示屏　5. 电源按键　6. TF 卡插孔　7. 电源提示灯　8. 复位键　9. 控制按键　10. USB 充电口

图 2-37　便携式甘蔗糖分无损检测传感器外观

表 2-14　有环境光场景下测得的电压值　V

采集次数	光源波长/nm				
	737	763	780	930	949
1	0.336 0	0.659 0	0.575 2	0.176 4	0.095 1
2	0.329 5	0.660 6	0.503 5	0.186 1	0.094 3
3	0.366 6	0.640 5	0.568 8	0.183 7	0.110 4
4	0.336 8	0.660 6	0.513 2	0.192 6	0.091 8
5	0.358 5	0.672 7	0.508 4	0.163 5	0.082 2
平均值	0.345 5	0.658 7	0.533 8	0.180 5	0.094 8

表 2-15　无环境光场景下测得的电压值　V

采集次数	光源波长/nm				
	737	763	780	930	949
1	0.363 4	0.686 4	0.549 5	0.203 0	0.092 7
2	0.331 9	0.635 7	0.519 7	0.182 9	0.095 1
3	0.366 6	0.675 1	0.595 4	0.189 3	0.112 0
4	0.319 0	0.686 4	0.516 4	0.162 7	0.080 6
5	0.375 4	0.493 9	0.568 8	0.157 1	0.106 3
平均值	0.351 3	0.635 5	0.550 0	0.179 0	0.097 3

3. 传感器标定

通过抗干扰测试后，采用该传感器获取一批甘蔗样本在各个波长下的电压数据，并采用 FNV-32 数字折光仪获取对应样本的糖分数据，糖分用锤度(°Bx)表示。利用获取的电压数据和锤度数据对传感器进行标定。

甘蔗样本蔗茎笔直，节间长度大于 6 cm，表皮颜色统一，为黄绿皮。样本从田间采集之后，在室温下存放 24 h 后进行测量，以减少非变量因素导致的差异。所有甘蔗样本进行去蜡处理，剔除虫蛀以及内部病变的样本，然后进行编号。共获取有效样本 63 个。

首先使用传感器对直径为 30 mm 的特氟龙白棒进行暗电压及参考电压采集，而后对各甘蔗样本进行测量，读取各特征波长下的电压值。测量时将传感器检测部位对准样本节间，每个样本测量 3 次，每次测量角度旋转 120°，最后取平均值作为该样本特定波长下的电压数据。传感器测量完成后，将样本去皮榨汁，使用数字折光仪测取该样本锤度。甘蔗样本集的锤度统计数据如表 2-16 所示。

表 2-16　甘蔗样本集的锤度统计数据

样本数量	最小值/(°Bx)	最大值/(°Bx)	平均值/(°Bx)	标准差/(°Bx)
63	18.2	24.0	22.81	0.944 6

由于传感器获取的数据为电压数据，需要将电压数据转换成吸光度值再进行建模。当光

线照射到光电二极管时，产生的电流与光照强度成正比，电流经过电阻线性转化为电压，因此电压值的高低能直接反映光强的变化。样品的吸光度 A 或漫反射率 R 与待测物质的浓度 c 存在如式(2-7)所示的线性关系(式中 m、n 为常系数)，而漫反射率 R 可由式(2-8)从光电探测器测得的电压值计算得到[31]。

$$A=\lg\left(\frac{1}{R}\right)=m+nc \tag{2-7}$$

$$A=\lg\left(\frac{1}{R}\right)=\lg\left(\frac{I_s-I_d}{I_w-I_d}\right) \tag{2-8}$$

式中：I_s为待测样本的漫反射光强(用电压值表示)，I_d为暗电压值，I_w为白色参考物(此处用特氟龙白棒)的漫反射光强(用电压值表示)。

采用 MATLAB R2019a 软件对数据进行 PLS 建模，使用其中 42 个样本的数据进行标定训练，另外 21 个样本的数据进行模型验证。PLS 模型表达式为

$$\begin{aligned}S=&-3.0075A_{737}+22.0528A_{763}+8.8148A_{780}\\&-10.425A_{930}-2.4035A_{949}-8.3763\end{aligned} \tag{2-9}$$

式中：S 为样本的锤度；A 为各波段吸光度，由式(2-8)根据光电探测器测得的各波段电压值计算得到。

模型预测得到的锤度值与实测锤度值之间的散点图如图 2-38 所示。其中校正集相关系数 $r_c=0.8065$，均方根误差 RMSEc=0.583 0 °Bx；预测集相关系数 $r_p=0.7751$，均方根误差 RMSEp=0.563 7 °Bx。

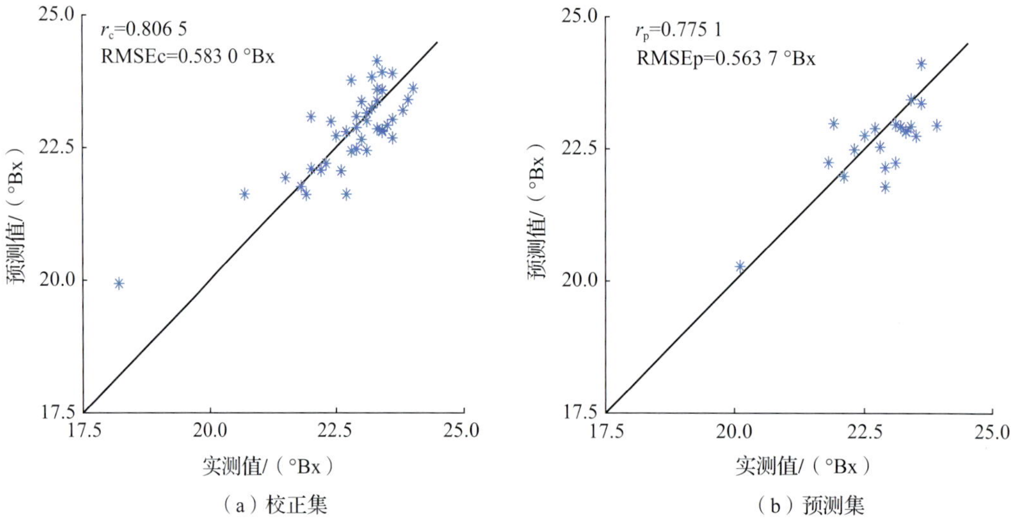

图 2-38　甘蔗糖分无损检测 PLS 模型散点图

预测集锤度的预测值与实测值见表 2-17。从绝对误差来看，21 个预测值与实测值之间的最大误差绝对值为 1.108 0 °Bx，最小误差绝对值为 0.046 6 °Bx；从相对误差来看，误差波动范围在−5%～5%之间，平均相对误差为 2.04%，说明传感器的检测效果良好。

表 2-17 甘蔗糖分无损检测预测集误差分析

样本编号	预测值/(°Bx)	真实值/(°Bx)	绝对误差/(°Bx)	相对误差/%
1	22.248 9	21.8	0.448 9	2.1
2	22.963 0	23.1	−0.137 0	−0.6
3	22.833 5	23.3	−0.466 5	−2.0
4	21.988 6	22.1	−0.111 4	−0.5
5	22.491 2	22.3	0.191 2	0.9
6	20.280 7	20.1	0.180 7	0.9
7	21.792 0	22.9	−1.108 0	−4.8
8	22.543 5	22.8	−0.256 5	−1.1
9	22.243 1	23.1	−0.856 9	−3.7
10	22.851 1	23.3	−0.448 9	−1.9
11	22.752 1	23.5	−0.747 9	−3.2
12	23.446 6	23.4	0.046 6	0.2
13	24.122 1	23.6	0.522 1	2.2
14	22.984 6	21.9	1.084 6	5.0
15	22.950 4	23.9	−0.949 6	−4.0
16	22.892 4	22.7	0.192 4	0.9
17	22.759 0	22.5	0.259 0	1.2
18	23.370 7	23.6	−0.229 3	−1.0
19	22.929 7	23.4	−0.470 3	−2.1
20	22.923 9	23.2	−0.276 1	−1.2
21	22.153 5	22.9	−0.746 5	−3.3
平均值	22.643 8	22.83	−0.184 7	2.04

2.6 基于作物生长参数检测的精细作业技术

2.6.1 基于传感器的变量施肥技术基础

现代传感器技术的发展为田间土壤、作物参数的快速获取提供了手段，集成作物长势检测仪器和变量施肥控制器，即可形成车载变量作业系统，实现边走、边测、边作业的智能化作业效果。为了与变量施肥系统相结合，国外常用的长势检测仪器大都采用多波段反射光谱测量原理，主要有拓普康公司的 Crop-spec、天宝公司的 GreenSeeker、Holland 公司的 RapidSCAN CS-45 和 Crop Circle 210/430/470 系列、Yara 公司的 N-Sensor 等，如表 2-18 所示。

表 2-18　反射式作物长势光谱学传感器及常用波长

项目	Crop-spec	GreenSeeker	RapidSCAN CS-45	Crop Circle 470	N-Sensor
外形				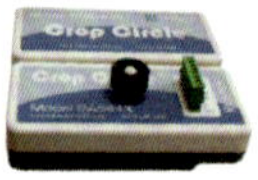	
波段	735、805 nm	774、656 nm	670、730、780 nm	450、550、650、670、730、760 nm，3 波段可选	670、860 nm

为了指导科学施肥，农学家提出了氮营养指数法(nitrogen nutrition index，NNI)、氮施肥优化算法(nitrogen fertilization optimization algorithm，NFOA)、响应指数法(response index，RI)等，这些方法都是农业栽培管理施肥推荐的依据。然而实际应用中，往往因农艺参数较为复杂而难以与现有施肥农机装备结合。因此，需要结合农机载平台构建在线感知系统和作物施肥管理区域(management zone，MZ)的长势时空变异特性，再通过多年施肥胁迫实验，设置田间施肥梯度，分析作物生长状况，建立变量施肥决策模型。表 2-19 列出了几种已经形成的基于传感器的施肥推荐模型，包括经济最优施氮比(economic optimum nitrogen rate，EONR)模型、区域优化施氮(regional optimum N management，RONM)模型、氮营养指数模型、充足指数(sufficiency index，SI)模型等。

表 2-19　不同传感器的施肥推荐模型

序号	传感器、植被指数和施肥梯度(以 N 计)	对象	施肥推荐模型	参考文献
1	Crop Circle，GNDVI(880、560 nm) 0、22、45、90、135、180、280 kg/hm^2	玉米 (V6-V7)	EONR	[32]
2	Green Seeker，NDVI(665、774 nm) 0、60、90、120、150、180、210、240 kg/hm^2	水稻	SI	[33]
3	Crop Circle 470、Green Seeker 40%基肥，30%分蘖肥，30%穗期肥	水稻	RONM	[34]
4	Crop Circle 210 66、168、224 和 27、112、134 kg/hm^2	玉米-大豆轮作	NNI	[35]

作物氮营养来源主要包括土壤氮素、基肥、追肥，而实际上气候、水分、作物栽培管理均是影响作物生长的重要因素，因此建立准确的作物施肥推荐模型仍存在挑战。为了简化影响因素，农学中基于作物氮稀释理论定义了氮营养指数：

$$\mathrm{NNI}=\frac{N_t}{N_c} \tag{2-10}$$

式中：N_t 为叶片氮浓度实测值，N_c 为临界氮浓度值。NNI=1 表示作物氮营养状况适宜，NNI>1 表示氮营养盈余，NNI<1 表示氮营养亏缺。

基于临界氮浓度的作物施肥推荐模型中，在确定临界氮浓度时，需要采取破坏式的方法提取地上生物量和测定氮浓度。因此，发挥光谱学无损快速诊断作物营养的优势，结合近地光谱学作物诊断技术，建立氮浓度稀释曲线并形成基于光谱学植被指数的施肥推荐模型越来越受到重视，其基本过程包括[36]：

①通过施肥胁迫实验，确定最优施氮区域植被指数$NDVI_{ref}$和实际氮追肥区域植被指数$NDVI_{fert}$：

$$NNI=\frac{NDVI_{fert}}{NDVI_{ref}} \tag{2-11}$$

②根据NNI确定施肥需求量N：

$$N=174.5[1-(1.179\times10^{-6})^{1-NNI}] \tag{2-12}$$

③计算标准施氮量N_s与需求量N的和，得到施肥量N_r：

$$N_r = N_s + N \tag{2-13}$$

变量施肥作业主要分为两大类：基于处方图的变量施肥和基于传感器的变量施肥，两者本质差别是作物长势感知时效性。基于处方图的变量施肥是在田块产量、土壤、作物长势等时空变异信息精准感知的基础上推测作物施肥需求，结合地理信息系统(GIS)绘制田块区域栅格内的精细化施肥处方图，此类施肥处方图可以利用无人机或卫星遥感，在作物施肥管理关键期获取数据并分析数据而生成。受益于作物光谱学传感器系统的快速发展，越来越多的作物传感器与变量施肥装备集成，形成了基于传感器的实时变量施肥作业装备。传感器在前端采集作物冠层植被指数，指导并控制后端变量施肥作业。

2.6.2 基于传感器的变量施肥系统组成

随着计算机技术和机电液一体化技术的发展，车载式作物传感器的精度和智能化水平越来越高，自动撒肥机的操控性能也得到显著提升。在这种背景下，高德华设计了一种基于传感器的变量施肥系统[37]，如图2-39所示，包括作物长势检测、精准施肥决策、变量施肥控制3部分。谱图传感器用于快速采集冠层图像和光谱数据，施肥决策软件调用施肥推荐模型指导变量施肥，施肥控制部分包括上位机控制软件系统和下位机控制器，通过控制变量脉冲频率和占空比输出驱动PWM脉冲信号，驱动高速电磁阀组实现精准施肥作业。系统功能如图2-40所示。

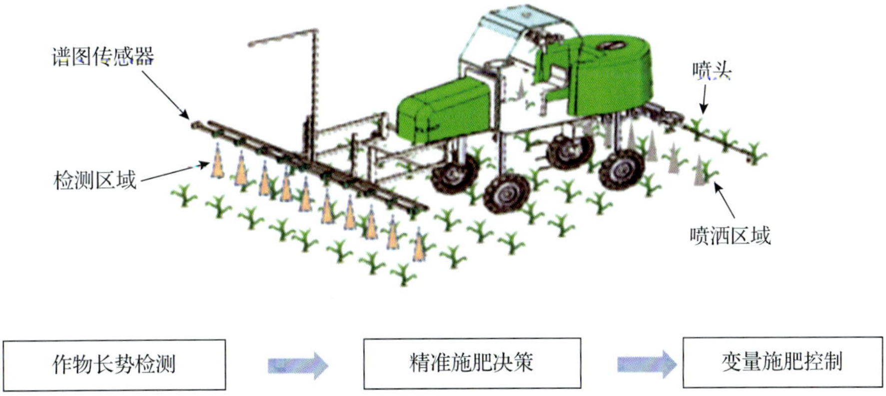

图2-39　基于传感器的变量施肥系统示意图

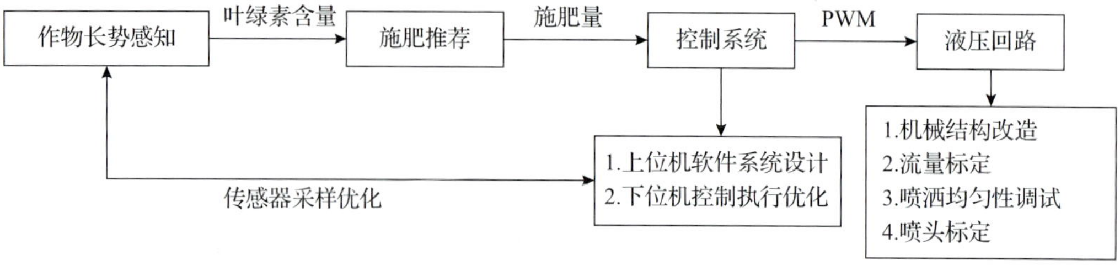

图 2-40 基于传感器的变量施肥系统功能框图

液体肥料变量喷洒机采用经过改装的雷沃 3WP-500 型高地隙喷雾机，由动力系统、油路动力液压系统、底盘、喷杆机构、举升机构、喷洒水路液压回路系统、变量控制系统、传感系统组成。肥料箱容量为 500 L，喷幅 11.5 m，额定工作压力 0.5～2.0 MPa，喷头间距 42 cm，流量调控区间 31～56 L/min。

液体肥料变量喷洒机的喷洒系统由肥料箱、柱塞泵、喷杆、压力传感器、流量传感器、安全阀、比例阀等组成。比例阀根据压力传感器和流量传感器的检测值保证喷洒系统中压力恒定，从而实现变量喷洒过程中喷雾角、雾滴粒径的稳定。喷洒机动力通过拖拉机主轴输出至柱塞泵，控制液体输出和回流。液体输出总环路安装了电动比例阀，实现流量输出控制。喷杆分为 3 段，每一段喷杆通过一路阀门控制 8 个喷洒支路，对应 8 个高速电磁阀和扇形喷头组合，共计 24 个高速电磁阀分路。

作物长势在线检测是变量施肥的关键一环，采用 2.3.2 节介绍的谱图融合传感器在线检测作物长势。田间试验在中国农业大学上庄实验站进行，地块总面积 0.4 hm^2（6 亩），以玉米为研究对象，施肥处理设计 3 个重复 6 个梯度，6 个梯度分别为每亩施复合肥 48、36、24、12、6、0 kg。每个地块长 50 m、宽 25 m，地块间留有拖拉机转弯区域，宽度 5 m；地头设置拖拉机转弯区域，宽度 4 m。如图 2-41 所示。

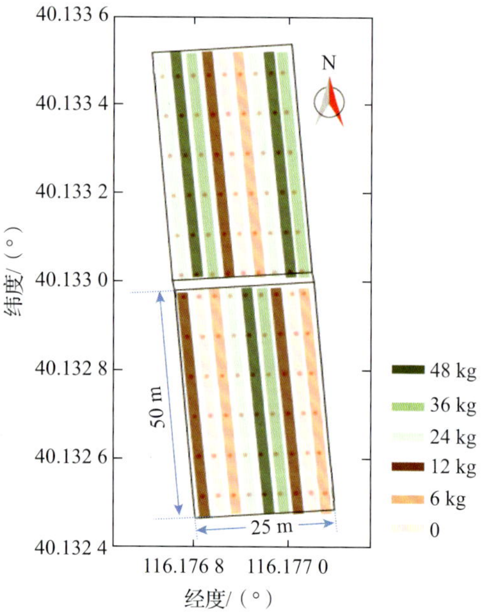

图 2-41 作物长势在线检测田间试验设计

为了实现采样位置匹配，首先将地理坐标系（经纬度）转换为大地直角坐标系，再将大地直角坐标系初始点（$4.298\ 6\times10^6$ m，$4.442\ 9\times10^6$ m）转换为地块局部坐标系初始点（0，0）。为了避免地头拐弯等非作业状态的无效采样，优化传感器自动控制采样算法，提出了一种地块边界快速自动控制算法。如图 2-42 所示，拖拉机在固定田块作业时，提前测量构建地块顺时针矢量边界 $\overline{AB}$、$\overline{BC}$、$\overline{CD}$、$\overline{DA}$，在行驶作业、采集过程中，分别计算当前状态位置 P_k、前一状态位置 P_{k-1} 的采样点位置，判断点是否在地块边界内，计算结果用于后期 GIS 数据过滤以及地块内长势分布图生成。

设置 GNSS 系统波特率为 9 600 b/s，CAN 通信波特率为 500 kb/s。设置 GNSS 定位数据、光谱传感器数据、RGB 图像数据存储和同步采样频率为 1 Hz，共设置 4 个传感器节点，每个节点采集 3 849 组数据，经采样控制优化算法剔除，绘制作业区域内采样轨迹图。如图 2-43 所示。

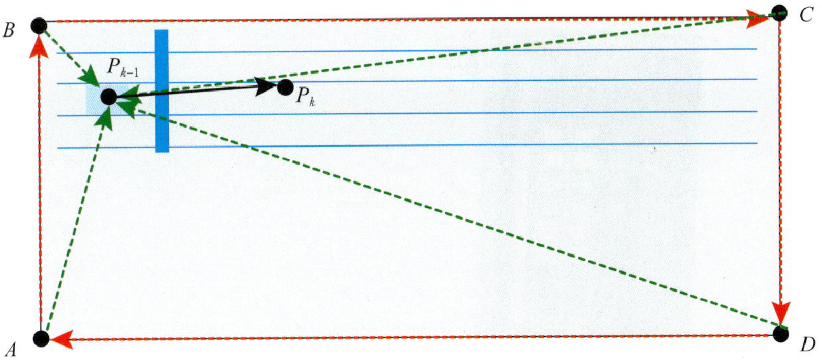

图 2-42　地块边界快速自动控制算法示意图

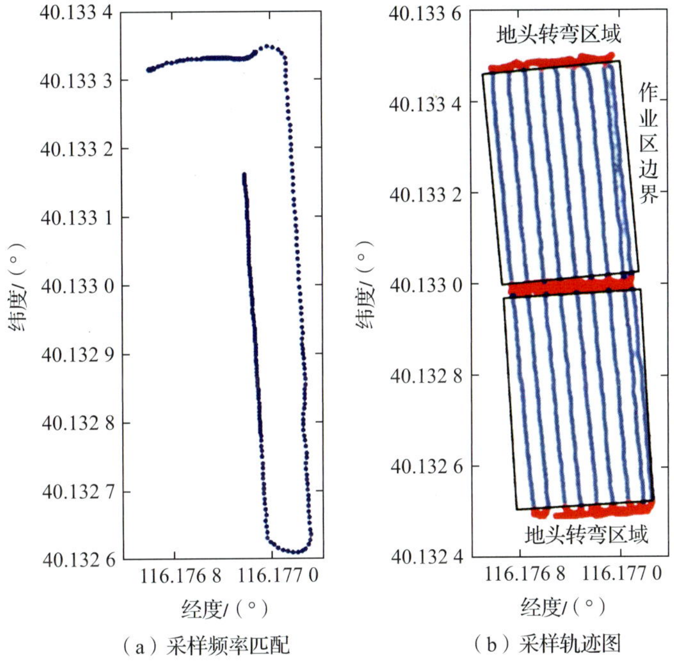

图 2-43　车载传感器田间采样控制测试

2.6.3　施肥推荐模型比较分析

施肥推荐模型是连接作物长势检测与变量施肥作业的枢纽。在 2019—2021 年连续 3 年于河北省农业科学院衡水市旱作节水农业试验站(37.901 2°N,115.713 1°E)进行玉米试验,设置 6 个施肥等级(单位 kg/hm²):L1—氮 0,磷 0;L2—氮 90,磷 60;L3—氮 180,磷 120;L4—氮 360,磷 240;L5—氮 540,磷 360;L6—氮 720,磷 480。每个施肥等级设置 12 个重复,共设置 72 个施肥单元,如图 2-44 所示,每个试验小区之间设置 0.8 m 缓冲带,减少相互影响。

测量叶片叶绿素含量(LCC)、叶面积指数(LAI),将 LCC 和 LAI 乘积组合,构成冠层叶绿素含量(CCC),用于表征玉米长势空间变异程度。比较基于 NNI、NFOA、RFCRM(随机森林判别和定量回归)的施肥模型。施肥模型在拔节期和抽雄期长势变异性如表 2-20 所

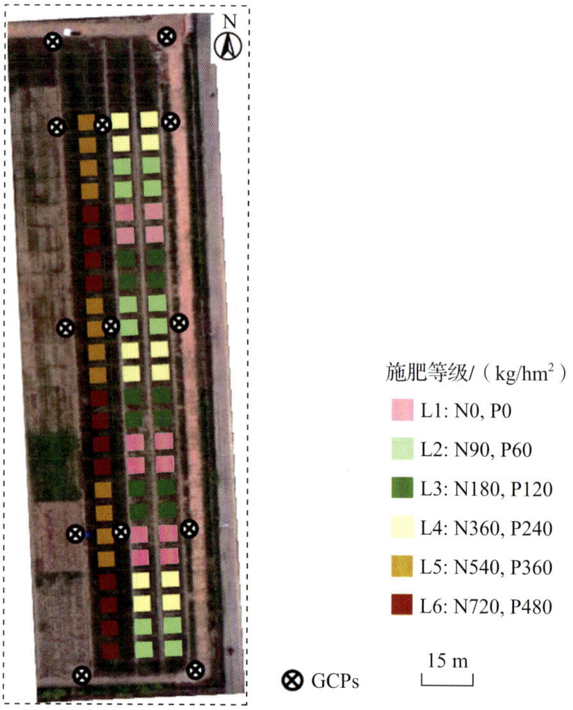

图 2-44　试验地点和试验方案设计图

示，3 年数据具有共同的趋势，同时期 LCC 变异程度小于 LAI，CCC 变异程度大于 LAI 和 LCC，表明拔节期追肥必须考虑冠层结构的变化，因为营养生长阶段是以生物量的积累为目标，而 LAI 表征地上生物量积累和冠层光分布特性，因此 CCC 光谱诊断模型能更好地表征作物长势空间变异性。通过施肥模型计算作物需肥量变异性，可知 RFCRM 模型施肥变异程度显著小于 NNI 和 NFOA 模型，控制施肥量具有显著优势，可以更好地指导施肥装备精准追肥。

以冠层叶绿素含量 CCC 为划分参数，将不同生育期长势参数分为 6 个等级，以 L4 施肥量为参考，开发变量施肥推荐软件，系统默认设置 RFCRM 为推荐模型。为了兼容常见施肥模型，也可调用 NNI 和 NFOA 模型。

表 2-20　玉米生长参数与施肥推荐模型变异性分析

生育期	年份	LCC	LAI	CCC	NNI	NFOA	RFCRM
拔节期	2019 年	0.14	0.32	0.34	0.32	0.31	0.17
	2020 年	0.13	0.29	0.31	0.28	0.28	0.14
	2021 年	0.14	0.21	0.26	0.18	0.23	0.16
抽雄期	2019 年	0.12	0.31	0.39	0.22	0.31	0.17
	2020 年	0.13	0.27	0.30	0.18	0.29	0.14
	2021 年	0.16	0.23	0.28	0.18	0.13	0.16

2.6.4 变量施肥控制系统设计

变量施肥控制采用脉冲宽度调制(PWM)流量调节技术,变量施肥控制系统主要包括上位机(主控系统)、下位机(微控制器)、定位模块(GNSS)、驱动模块、长势检测传感系统、变量施肥作业传感器组。液压分路系统主要包括液体肥料箱、开关阀、泄压阀、稳压阀、过滤器、总阀、比例阀,电磁阀喷洒系统包括高速电磁阀、喷嘴、软管分路系统。如图 2-45 所示。

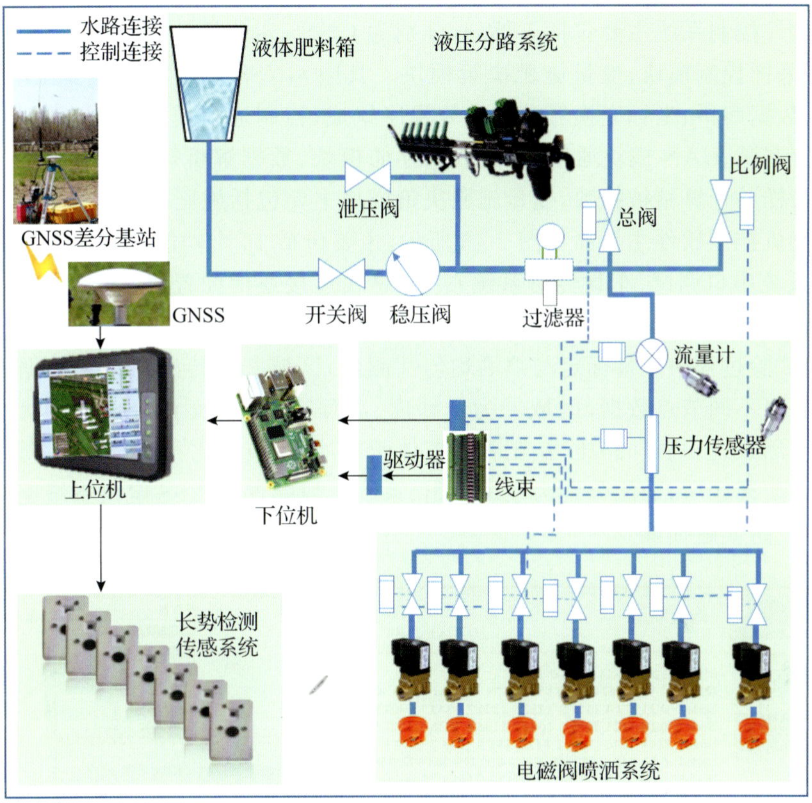

图 2-45　变量施肥系统构成示意图

(1)上位机(主控系统):车载上位机采用维田科技股份有限公司的 APC-3082T-02 车载多功能工控机,实现作物参数配置、传感器采集控制、作业信息存储。工控机外形尺寸为240 mm×180 mm×59 mm,供电电压为 6~36 V,系统最大功耗为 19.8 W。外端配置 2 个 USB 口、2 个 RS-232 串口和 1 个 CAN 口。

(2)GNSS 定位模块:变量施肥控制系统集成 NovAtel 公司(加拿大)的 GNSS 模组,支持北斗卫星系统双频差分定位,RTK 定位精度 0.01 cm,采样频率 10 Hz。通信接口设备主要包括基站和移动站,由 12 V 锂电池供电。数据输出采用 NMEA-0183 标准格式,可以通过串口对波特率、输出频率及输出字段格式进行设置,通过串口将定位传输到上位机。上位机控制软件将 ASCII 码传递的 $GNGGA 命令数据保存在 csv 表格内,从中提取定位数据。

(3)下位机(微控制器):下位机采用树莓派 4B 主控板,支持 Python 编译,具有 40 路 I/O 端口,满足变量施肥机流量、速度、压力传感器数据采集的需要。

(4)驱动模块:电磁阀驱动模块采用2块16路PNP大功率MOSFET晶体管驱动板,直流12 V供电,支持最大PWM频率500 Hz,输入控制电压3.3～5.0 V,输入控制触发电流5～12 mA,驱动输出电压12～24 V,输出额定电流3 A。作业时通过5 V PWM控制信号驱动12 V电磁阀作业。

(5)电磁阀:电磁阀控制每一路喷头的开启和闭合,实现单路喷头的并行控制。电磁阀采用2分口径耐压8 MPa黄铜材料阀体,常闭式控制,流量通径2 mm,线圈驱动电压12 V,可适配变量喷雾响应速度。

上位机软件控制系统主要包括5部分,分别为GNSS定位模块、控制通信模块、数据存储模块、传感器采样控制模块、变量施肥决策模块。其中GNSS定位模块主要由喷洒机定位数据串口调试、数据解析、坐标变换等基本计算程序组成,控制通信模块主要由上位机和下位机控制串口通信调试、CAN模块通信调试、数据存储模块、数据解析等程序组成,传感器采样控制模块控制采样并计算植被指数,变量施肥决策模块主要包括施肥推荐模型、PWM控制执行程序等。上位机控制软件主界面如图2-46所示,主要包括10个功能区域,其中区域①为下位机和GNSS系统串口调试、车载传感系统CAN总线连接通信配置、传感系统数据采集控制、喷洒作业开始和停止控制、测试与作业切换,测试页面可实现各喷头PWM占空比和频率的调节,方便田间试验过程中流量标定与喷洒均匀性测试,区域②为传感器采集数据显示界面,区域③可切换显示不同节点数据,区域④为经纬度、高程、速度以及GNSS差分状态等信息,区域⑤为液体喷洒系统中总环路压力、肥料箱液体肥料液位、节流比、行走滑转率等信息,区域⑥至⑩均为按钮切换区域,功能分别为系统退出、系统参数配置、GNSS定位系统配置、主界面数据与地图切换、防误触锁屏。

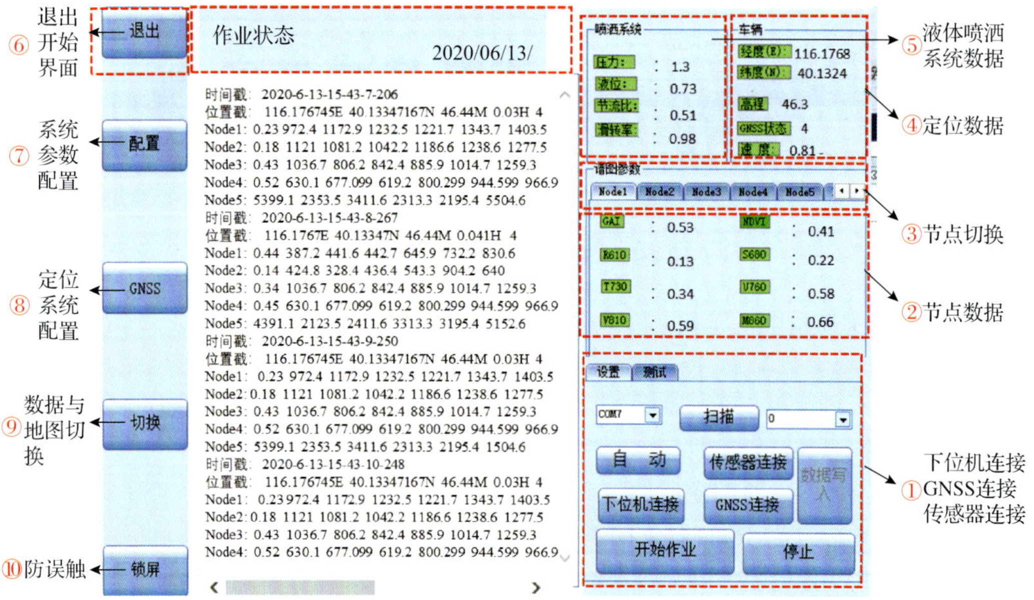

图2-46 上位机控制软件主界面

系统参数配置界面如图2-47所示,包括喷洒机、追肥模型、谱图传感器、追肥模式、作业管理、通信(讯)配置等功能页面。其中喷洒机页面主要包括GNSS天线高度(2.4 m)、肥料箱总容量等基本参数，用于精准施肥坐标转换和肥料管理等。追肥模型页面包括 RFCRM、NNI、NFOA 等追肥模型选择及其基本参数配置，谱图传感器页面有车载传感器系统及 CAN 通信配置、地址码匹配等功能，追肥模式为附加功能，可实现地面实测数据输入及其他历史非实时采集数据校正，作业管理页面包括地块 GIS 边界输入或实时采集、作业地块基本参数配置等功能。通信配置页面主要包括上位机和下位机的串口通信参数配置、GNSS 串口通信配置、传感器节点间与上位机工控机通信配置等功能。

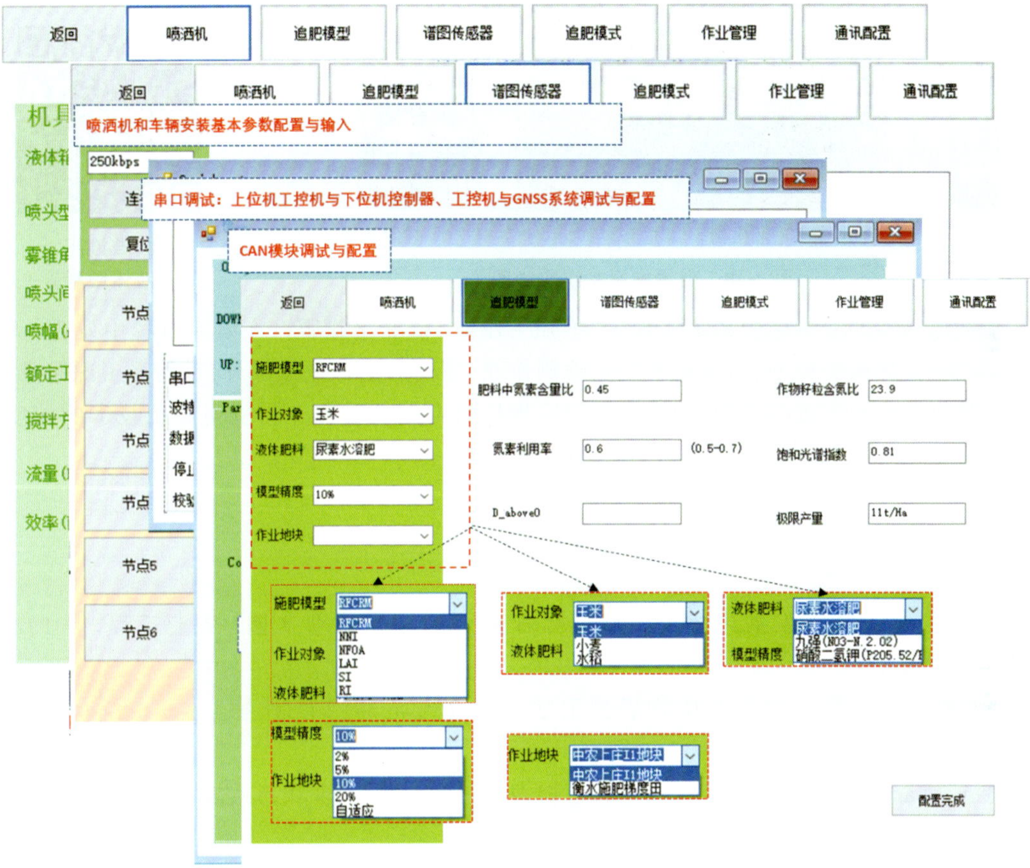

图 2-47　系统参数配置界面

2.6.5　基于传感器的变量施肥系统效果

基于以上介绍的传感器系统、变量施肥模型、变量喷洒机构和变量施肥控制系统组成的变量施肥系统如图 2-48 所示。首先，该系统为适应不同生育期的不同喷洒高度，改造了变量喷洒机，采用电动推杆驱动四边形机构控制升降，实现喷杆和传感器高度可调，保证了不同生育期追肥的可行性。其次，基于 CAN 总线的车载作物长势传感系统实现了识别、定位、营养诊断一体化，在此基础上构建并嵌入施肥推荐模型，实现了作物长势感知、施肥决策、变量施肥作业系统化。最后，通过田间变量喷洒工况测试及喷洒均匀性、喷杆喷头横向分布均匀性、单喷头流量标定，在 PWM 频率 2～8 Hz、占空比 30%～100%范围内可实现液体肥料的均匀喷洒，通过 PWM 占空比、频率与流量的标定，RFCRM、NNI、MFOA 模型的 R^2 分别为 0.98、0.93、

0.90,30 s 累计标定误差分别为 2.23、1.67、1.34 mL,测试结果表明通过 PWM 占空比和启闭频率可精准调控喷洒量。

变量喷洒机构　　　　控制界面

图 2-48　变量施肥系统实物图

精准施肥
（液体肥料）

基于传感器的变量施肥系统实现了“感知—作业”精准化施肥。在研究过程中发现,无论是前端作物长势诊断精度、后端精准变量喷洒作业,还是后期作业效果评价,均受工况条件、拖拉机行驶作业平稳程度的影响,因此未来研究拖拉机自动驾驶作业与变量施肥技术的深度融合十分必要。

参考文献

[1] 赵春江. 智慧农业发展现状及战略目标研究[J]. 中国农业文摘：农业工程，2019，31(3)：15-17.

[2] 潘映红. 论植物表型组和植物表型组学的概念与范畴[J]. 作物学报，2015，41(2)：175-186.

[3] 周济，Tardieu F，Pridmore T，等. 植物表型组学：发展、现状与挑战[J]. 南京农业大学学报，2018，41(4)：580-588.

[4] 何勇，彭继宇，刘飞，等. 基于光谱和成像技术的作物养分生理信息快速检测研究进展[J]. 农业工程学报，2015，31(3)：174-189.

[5] 李民赞,韩东海,王秀. 光谱分析技术及其应用[M]. 北京:科学出版社,2006.

[6] Qiao L,Tang W J,Gao D H,et al. UAV-based chlorophyll content estimation by evaluating vegetation index responses under different crop coverages[J]. Computers and Electronics in Agriculture,2022,196(7):106775.

[7] Sun H，Li M Z，Zhang Q. Detection system of smart sprayers：Status，challenges，and perspectives[J]. International Journal of Agricultural & Biological Engineering，2012,5(3):10-23.

[8] Song D,Gao D H,Sun H,et al. Chlorophyll content estimation based on cascade spectral optimizations of interval and wavelength characteristics[J]. Computers and Electronics in Agriculture,2021,189:106413.

[9] Yun Y, Li H, Deng B, et al. An overview of variable selection methods in multivariate analysis of near-infrared spectra[J]. TrAC Trends in Analytical Chemistry, 2019,113: 102-115.

[10] 赵春江，刘良云，周汉昌，等. 归一化差异植被指数仪的研制与应用[J]. 光学技术，2004，30(3)：325-329.

[11] 倪军,姚霞,田永超,等.便携式作物生长监测诊断仪的设计与试验[J].农业工程学报，2013,29(6):150-156.

[12] 张智勇,马旭颖,龙耀威,等.作物叶片叶绿素动态监测系统设计与试验[J].农业机械学报,2019,50(S1):115-121,166.

[13] 张智勇.基于物联网的作物叶绿素信息监测系统设计与开发[D].北京:中国农业大学,2021.

[14] 孙红,邢子正,张智勇,等.基于 RED-NIR 的主动光源叶绿素含量检测装置设计与试验[J].农业机械学报,2019,50(S1):175-181,296.

[15] 宋迪.基于谱图信息感知的玉米长势检测系统研发[D].北京:中国农业大学，2022.

[16] Song D, Qiao L, Gao D H, et al. Development of crop chlorophyll detector based on a type of interference filter optical sensor[J]. Computers and Electronics in Agriculture, 2021, 187: 106260.

[17] 张海洋,张瑶,田泽众,等.基于 GBDT 和 Google Earth Engine 的冬小麦种植结构提取[J].光谱学与光谱分析,2023,43(2):597-607.

[18] Nevavuori P, Narra N, Lipping T. Crop yield prediction with deep convolutional neural networks[J]. Computers and Electronics in Agriculture, 2019, 163: 104859.

[19] 李远斌，卜祥峰，丁云鸿，等. 小麦产量预测模型综述[J]. 智慧农业导刊，2023，3(5)：13-19.

[20] 涂巧针，李旭，刘钇廷，等. 遥感技术在我国冬小麦产量估算中的应用研究进展[J]. 南方农业，2023，17(1)：106-109,113.

[21] Amankulova K, Farmonov N, Mucsi L. Time-series analysis of Sentinel-2 satellite images for sunflower yield estimation[J]. Smart Agricultural Technology, 2023, 3: 100098.

[22] 张海洋. 联合时空谱多维遥感特征的冬小麦产量估算方法研究[D].北京:中国农业大学,2024.

[23] Zhang H Y, Zhang Y, Gao T Y, et al. Landsat 8 and Sentinel 2 fused dataset for high spatial-temporal resolution monitoring of farmland in China's diverse latitudes[J]. Remote Sensing, 2023, 15(11): 2951.

[24] Skakun S, Franch B, Vermote E, et al. Winter wheat yield assessment using Landsat 8 and Sentinel-2 data[C]//IEEE IGARSS 2018—2018 IEEE International Geoscience and Remote Sensing Symposium: 5964-5967.

[25] Skakun S, Franch B, Vermote E, et al. The use of Landsat 8 and Sentinel-2 data and meterological observations for winter wheat yield assessment [C]//IEEE IGARSS 2019—2019 IEEE International Geoscience and Remote Sensing Symposium: 6291-6294.

[26] Skakun S, Vermote E, Franch B, et al. Winter wheat yield assessment from Landsat 8

and Sentinel-2 data: Incorporating surface reflectance, through phenological fitting, into regression yield models[J]. Remote Sensing, 2019, 11(15): 1768.

[27] Zhang H Y, Zhang Y, Liu K D, et al. Winter wheat yield prediction using integrated Landsat 8 and Sentinel-2 vegetation index time-series data and machine learning algorithms[J]. Computers and Electronics in Agriculture, 2023, 213: 108250.

[28] 吕雪刚.基于可见光-近红外光谱的甘蔗糖分无损检测方法及传感器开发[D].南宁:广西大学,2022.

[29] 陆婉珍,袁洪福,徐广通,等.现代近红外光谱分析技术[M].2版.北京:中国石化出版社,2006.

[30] 黄立贤,李大鹏,吴凡,等.近红外光谱成像系统在液体安检中的应用[J].强激光与粒子束,2018,30(1):186-190.

[31] 张猛.基于红外光谱的苹果糖度检测设计与实现[D].哈尔滨:黑龙江大学,2017.

[32] Yao Y K, Miao Y X, Huang S Y, et al. Active canopy sensor-based precision N management strategy for rice[J]. Agronomy for Sustainable Development, 2012,32(4): 925-933.

[33] 张耀辉.变量施肥机工况检测系统设计研究[D].北京:中国农业大学,2020.

[34] Dellinger A E, Schmidt J P, Beegle D B. Developing nitrogen fertilizer recommendations for corn using an active sensor[J]. Agronomy Journal, 2008,100(6):1546.

[35] Xia T T, Miao Y X, Wu D L, et al. Active optical sensing of spring maize for in-season diagnosis of nitrogen status based on nitrogen nutrition index[J]. Remote Sensing, 2016,8(7):605.

[36] Xue L H , Yang L Z . Recommendations for nitrogen fertiliser topdressing rates in rice using canopy reflectance spectra[J]. Biosystems Engineering, 2008, 100(4):524-534.

[37] 高德华.作物长势空间变异光谱学解析方法与精准施肥装备关键技术研究[D].北京:中国农业大学,2022.

第3章

作物病虫害信息智能感知与处理技术

3.1 概　述

在农作物生产中，病虫草害会导致作物生理、组织和形态发生一系列的反常变化，造成植株死亡、农产品品质下降、产量降低等严重后果，是威胁粮食产量和品质的重要生物灾害。因而，开展作物病虫草害的检测、预警和作业管理是发展精细农业和智慧农业的重要内容。

传统的作物病虫草害检测多采用人工测报方式，通过田间调查、实地取样等方法，确定病虫草害的种类和程度。例如，依赖经验识别田间杂草；通过观察田间作物颜色、叶片萎蔫或卷曲程度、叶片或冠层温度细微的变化、单位面积上叶片或冠层受病虫害侵染比例等植株的形态和生理的变化，判定植株受病虫害胁迫的程度和发生的等级。这一过程易受周围环境、作物品种、种植方式以及观察人经验等多种因素的影响。随着科学技术的发展，光学显微镜、透射电子显微镜等现代实验室仪器和生物测定技术、生物电子技术等先进技术手段应用于作物病虫草害检测，显著提高了检测精度。但是，此类方法仪器价格昂贵，操作复杂，实时性差，难以大范围推广，也无法满足智慧农业精准、无损、高效的要求[1]。因此，作物病虫草害的实时动态检测与传感技术和精准防治管理作业技术是发展现代农业的迫切需求。

通常，作物病虫害胁迫检测的基本要求是发生的症状能够引起特定传感器或者传感器系统的响应。症状可以通过作物色素、水分、形态、结构等方面的变化来描述，这些变化包括：①生物量或叶面积指数(LAI)减少，如某些害虫啃食作物叶、茎等部位，导致作物LAI或生物量下降。该类型的伤害在光谱学响应特别是遥感光谱数据方面缺乏显著的特异性，多采用地面或成像光谱学检测方法。②出现病斑、虫伤。作物病害特别是真菌性病害导致的感染组织坏死会形成叶面病斑，害虫为害会造成虫伤，这些病斑、虫伤的部位、形状和颜色等的分布，对病虫害监测至关重要。③色素系统破坏。很多情况下，病虫害导致叶绿体或者其他细胞器官损坏，进而使叶绿素、类胡萝卜素和花青素等色素含量发生变化，这些症状易于近地或遥感光谱探测。④脱水。某些害虫的穿孔或吮吸行为，或者染病导致作物水分传输系统被破坏等，会影响作物水分代谢，从而导致脱水。脱水在病虫害发生初期并不常见，但是随着染病或受损程度的加重，在后期会普遍出现。上述症状也可能几种同时出现。病虫害的发生也往往呈现一个时间过程，不同的时间或生长阶段可能会有不同的形式和程度。

光谱分析技术是作物病虫草害实时动态检测常用技术之一。根据物质的光谱能量吸收原理，当植物遭受病虫草危害时，近红外区反射率明显降低，即陡坡效应明显削弱甚至消失，绿光区的小反射峰位置会向红光区漂移。例如，当害虫吞噬叶片或引起叶片卷缩、掉落时，作物植株生物量减少，从而导致近红外与绿光区反射率降低和红光区反射率升高。利用光谱仪获取并分析作物光谱在某些波长的变化特征，可为作物病虫草害检测提供不同尺度上的依据。数字成像可采集植物的形态、颜色、纹理等特征，经图像处理可判别作物和杂草间的差异，或分析遭受病虫害胁迫的卷叶、落叶、病斑等变化状况。遥感分析技术则融合了光谱分析和图像感知技术，提供作物和杂草植被分类、病虫害胁迫、作物生理等方面的信息。表 3-1[2] 和表 3-2[3] 分别给出了不同波段范围和不同尺度的作物病虫草害检测用传感器类型，光谱学传感器是植物病虫害胁迫、田间杂草侵害高效检测与预警服务的重要手段[2]。

国内外科研工作者就农作物病虫草害的检测和传感技术进行了大量的研究，取得了丰硕的成果，为农田病虫草害的早发现、早预防，植保精细化作业和规模化发展提供了强有力的技术支撑。

表 3-1　用于作物病虫草害检测的典型传感器及其特点和应用

传感器类型	特征描述	特点	应用	示意图
可见光/短波红外（VIS/SWIR）成像仪	检测病虫害导致的可见光/近红外/短波红外区域的反射率变化	结果相对稳定和可靠，但是对病害发生早期的检测能力有待提高	较多。 设备成本逐步降低	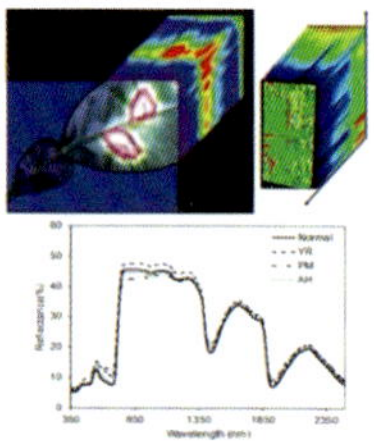
荧光与热辐射（fluorescence & thermal radiation）测量仪	捕获作物遭受病虫害胁迫时的生理症状与变化	具有早期感知病虫害发生的潜力，但是在大田尺度的应用尚待探索	中等。 现有仪器设备主要用于科学研究，价格较高	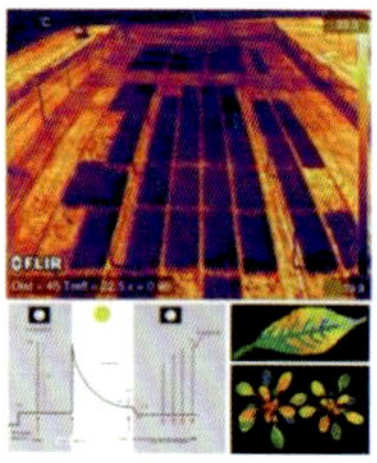
合成孔径雷达与激光雷达（SAR & LiDAR）	检测病虫草害导致的作物冠层结构的变化与差异		较少。 处于概念和可行性理论研究阶段	

表 3-2　不同观测尺度作物病虫草害检测特点及常用传感器类型

观测尺度	特点与应用	常用传感器类型
叶片及冠层尺度	光谱特征明确，准确度高，观测范围小，成本较高。以农机具为平台	非成像高光谱仪 高光谱成像仪 荧光成像仪

续表 3-2

观测尺度	特点与应用	常用传感器类型
农田地块尺度	观测范围较大，成本较高，精度较高。以航空飞行器为平台，输出田间病虫害处方	多光谱成像仪 高光谱成像仪 热红外成像仪
区域尺度	观测范围极大，平均成本低。以遥感卫星为数据源，为大尺度的检测预报提供服务	多光谱卫星（如 QuickBird、IKONOS、Landsat、高分系列、Sentinel 等） 热红外卫星（如 Landsat、ASTER、环境系列等）

3.2 大田作物病虫害智能感知与处理技术

3.2.1 基于可见光成像的小麦叶部病害检测

小麦作为全球最重要的粮食作物之一，在确保粮食安全方面发挥着重要的作用。小麦病害的存在不仅对小麦产量产生严重影响，还会降低其品质。以小麦白粉病为例，小麦白粉病是小麦生产中常发生的一类病害，且在整个生育期内均可发生，精确、高效地检测出病害，对于指导田间植保管理、保障粮食安全具有重要意义。针对白粉病呈白色丝状、颜色特征不明显、发病由下至上蔓延的特性，李震等结合小麦生长方向和发病特征，建立了白粉病识别模型，研制了便携式检测装置，可对小麦白粉病进行快速、准确的检测[4,5]。

1. 便携式病害检测装置设计

便携式小麦白粉病检测装置硬件结构如图 3-1 所示，主要由双相机采集模块和主控模块组成。其中双相机采集模块包括可转动采集杆及其上安装的 2 个 RGB 摄像头模块，负责采集小麦不同部位和不同角度的病害图像数据。主控模块包括主控器、电源模块、存储模块、加速模块、显示模块，负责对采集的病害图像数据进行存储、检测分析及结果输出显示。装置外观如图 3-2 所示。

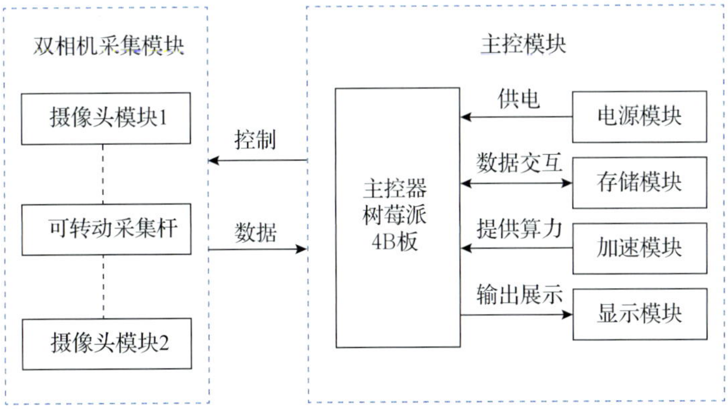

图 3-1　便携式小麦白粉病检测装置硬件结构

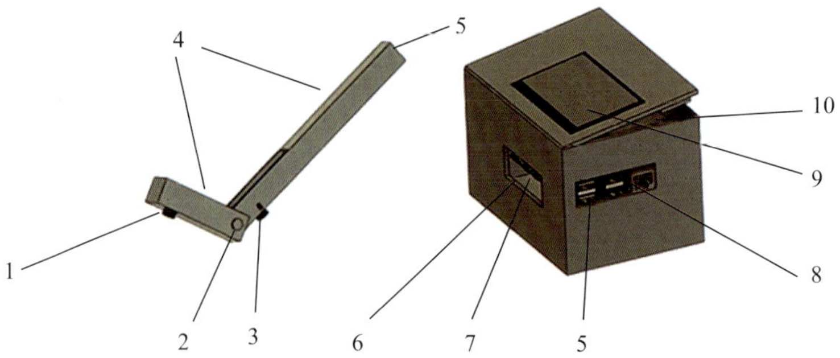

1. 摄像头 1　2. 转动轴　3. 摄像头 2　4. 可转动采集杆　5. 模块连接口　6. 5 V 电源
7. micro SD 卡　8. 树莓派 4B 板　9. 显示屏　10. 加速棒

图 3-2　便携式小麦白粉病检测装置外观示意图

为适合工作场景设计了可转动采集杆，采集杆的长、短臂中分别布置一个摄像头模块，能同时采集小麦植株上部和下部的图像，针对小麦各部分叶片生长方向不同的情况，能灵活地调整采集的角度。如图 3-3 所示。

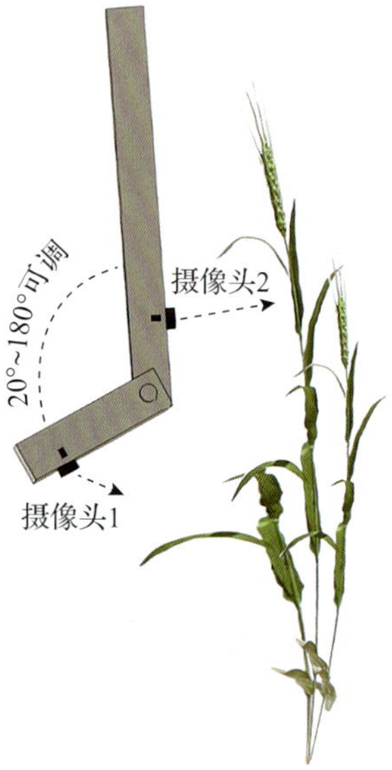

图 3-3　便携式小麦白粉病检测装置采集示意图

2. 小麦白粉病识别模型 YT-SFNet

YOLO 是一种用于图像识别的目标检测算法。与传统的目标检测方法不同，YOLO 将目标检测视为一个回归问题，直接在单个网络中预测边界框和类别概率。YOLOv7-tiny 是基于 YOLOv7 结构简化的网络模型，适合边缘设备使用。与 YOLOv7 相比，YOLOv7-tiny 以降低一定精度为代价，在速度和轻量化方面具有一定的优势。但 YOLOv7-tiny 也存在一些不足：在骨干网络(Backbone)中使用了由多个标准卷积密集连接构成的 EALN 网络，造成模型计算量大，参数过多，结构复杂，而且网络层数也较少，对特征提取不利；激活函数使用 Leaky Relu，当模型层次越深时效果越不佳，导致分类精度受影响；在颈部网络(Neck)进行特征聚合时仍采用 ELAN 网络，容易造成特征冗余。因此李震等对 YOLOv7-tiny 做进一步轻量化改进，得到 YT-SFNet 模型，在保证精度的前提下减少了模型的参数量和计算量。改进后的 YT-SFNet 模型网络结构如图 3-4 所示。在 Backbone 部分，采用 ShuffleNet v1 网络的基本模块——步长为 1 的单元 SN-Unit_a 和步长为 2 的单元 SN-Unit_b 来减少密集连接，采用多个单元的组合来增加网络深度，降低了网络的计算量，同时网络深度的增加保证了特征的丰富；在 Neck 部分，使用轻量化模块 GSConv 对特征进行聚合，同时使用改进的 ELAN-GS 进一步减少模型的参数和计算量；最后引入了更有效的激活函数 Mish 替代原来的 Leaky Relu 函数，保证特征向后传输的过程能高效进行。

3. 识别结果与分析

使用相同的数据集分别训练 YOLOv7、YOLOv7-tiny 和 YT-SFNet 模型，且模型的输入图像均采用 640×640 pix，比较不同模型单张图片的检测时间，结果如表 3-3 所示。由表 3-3

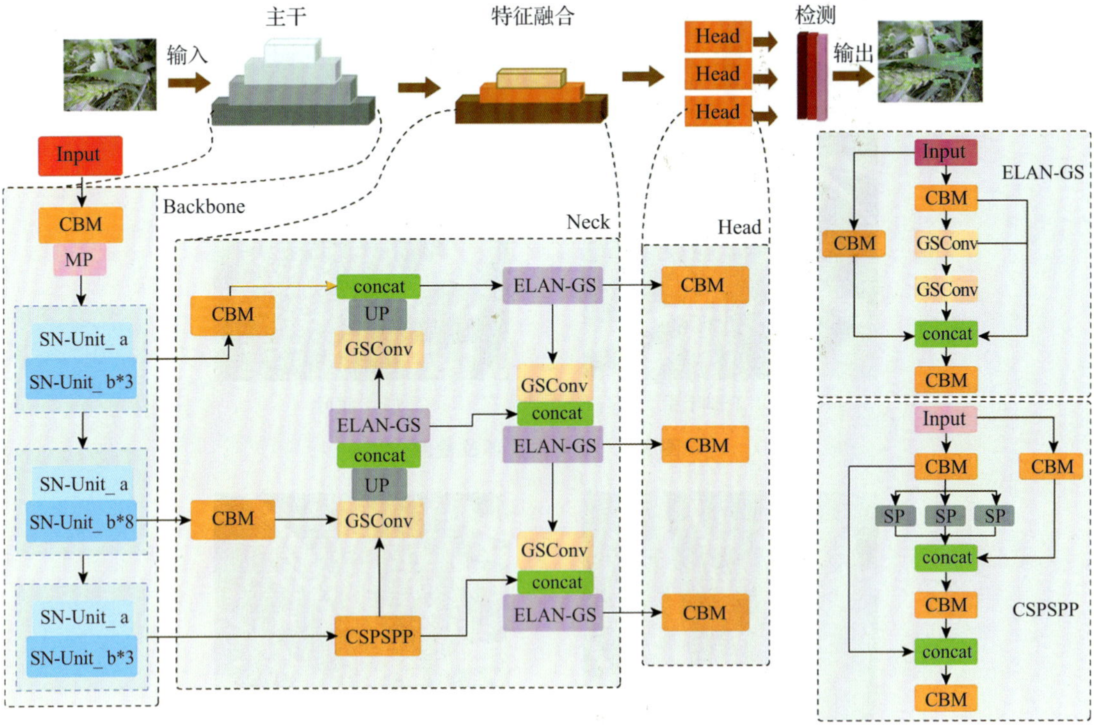

图 3-4 YT-SFNet 模型网络结构

可知，YOLOv7 模型的效果是最佳的，但其检测速度最慢，检测时间约为 YOLOv7-tiny 模型的 2 倍，而且模型过大，不利于部署在嵌入式设备中。对比 YOLOv7-tiny 模型和 YT-SFNet 模型，YT-SFNet 模型的平均精度(AP)[5]、召回率、精确率均高于 YOLOv7-tiny 模型，检测速度更快，检测时间更少，模型也更小，这表明 YT-SFNet 模型在提高精度的同时，还很好地平衡了模型大小和检测速度。

表 3-3 3 种小麦白粉病检测模型对比

模型	平均精度/%	召回率/%	精确率/%	检测时间/ms	模型大小/MB
YOLOv7	89.51	83.02	85.42	24.9	73.0
YOLOv7-tiny	84.99	75.75	83.53	12.5	15.1
YT-SFNet	**85.56**	**76.91**	**83.80**	**10.1**	**11.9**

YT-SFNet 模型病害检测结果如图 3-5、图 3-6 所示，对不同的发病部位，该模型能够实现准确定位与检测，在不同的光照条件下也能实现较高精度的检测。

4. 病害检测装置性能测试

随机选取 1 000 幅病害图像进行归一化处理后作为测试集，对检测装置进行性能测试，结果如表 3-4 所示。人工标注实际白粉病病害数，共 1 650 个，检测出 1 422 个，检测精确率达到 86.2%，单幅图像平均检测时间为 0.507 9 s。

（a）下部叶片　　（b）旗叶

图 3-5　不同发病部位检测

（a）逆光　　（b）顺光

图 3-6　不同光照条件检测

表 3-4　便携式小麦白粉病检测装置测试结果

实际数	检测数	检测精确率/%	平均检测时间/s
1 650	1 422	86.2	0.507 9

3.2.2　基于多光谱成像的玉米小斑病检测[6]

多光谱成像数据能够提供作物病害的空间分布信息。作物病害感染会引起叶片组织变化和生理代谢异常，叶片色素含量随之降低，这些变化会反映在叶片表型特征和光谱反射特性上，根据多光谱成像数据反映的图片信息和不同波段的光谱特征，可以提取与病害相关的特征参数，实现对病害分布的统计和对作物病害程度的智能识别与分类。

1. 作物叶片病害检测系统

王楠开发的接触式作物叶部光谱成像检测系统基于接触式成像传感器，通过多光谱成像技术，实现空间高分辨率的叶片成像多光谱数据的采集。配置近红外和可见光波段的 6 个自主光源，包括可见光波段的红光（630 nm）、绿光（520 nm）、蓝光（465 nm），以及近红外的 3 个波段（730、810、850 nm），基于扫描式成像方式获取高分辨率的空间多光谱图像。系统硬件结构如图 3-7 所示，主要包括主控模块、图像采集模块、驱动模块、电源模块、人机交互模块，实现多光谱图像的采集、保存和显示。其中，主控模块负责控制多模块协同完成数据采集和传输，图像采集模块主要负责采集作物叶片的成像多光谱数据，驱动模块负责驱动电机实现叶片传动，电源模块负责设备各模块的电能供应，人机交互模块控制设备采集数据并实时显示、保存图像数据。

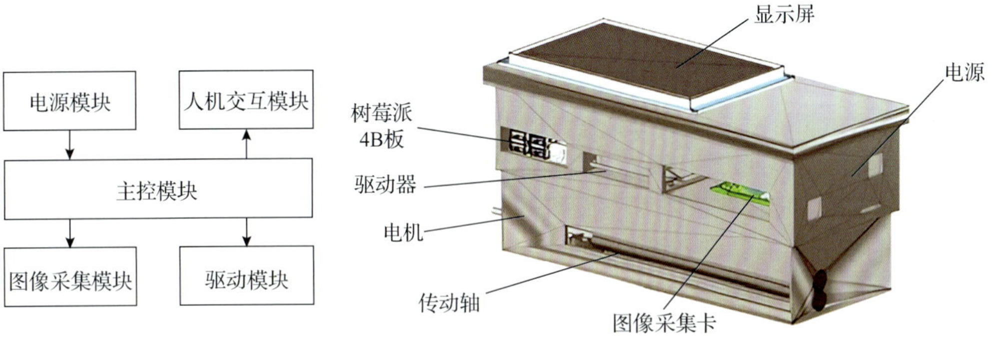

图 3-7　接触式作物叶部光谱成像检测系统结构

2. 玉米小斑病叶片分级模型

对于感染玉米小斑病的叶片，按照染病区域病斑面积的占比对叶片进行染病等级划分。首先基于图像光谱植被指数进行病斑划分，计算病斑叶片的植被指数并生成可视化图像，在各个植被指数灰度图像基础上对其进行伪彩色变换，变换结果如图 3-8 所示。根据可视化图像，筛选出能够显著区分病斑和正常叶片的植被指数，分别为 GLI、GR、CIredege、EVI、NDVI，其中 GLI、GR 在玉米叶片主叶脉和病斑的区分上效果明显，而 CIredege、EVI、NDVI 则不能很好地区分叶脉与病斑，因此，在 GLI 和 GR 中选择一种作为分割病斑的掩模之一。对比两种植被指数的灰度可视化图像，GR 病斑灰度值与叶片和叶脉相近，而 GLI 由于在计算过程中显著增强了绿色分量，弱化了红色分量和蓝色分量，使病斑和叶片其他部分的区分度显著提升。

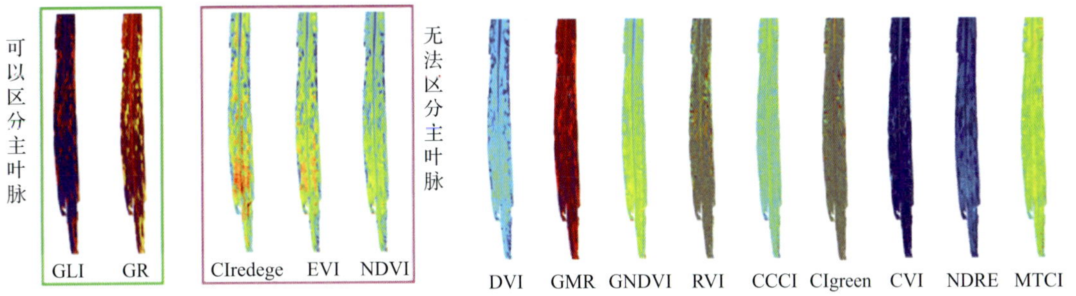

图 3-8　植被指数可视化图像

选择 GLI 作为掩模依据，使用 Otsu＋Binary（二值化）算法将图像进行自适应阈值化，并将像素值大于自适应阈值的像素设置为最大值，小于或等于自适应阈值的像素设置为 0，以生成能完全提取出病斑区域的二值掩模图像，通过先腐蚀后膨胀的开运算去除掩模图像上未分割完全的噪声点，并与 RGB、NIR 图像按位相加，实现病斑区域的精准提取。对提取后的病斑按面积占比进行等级划分，划分原则如表 3-5 所示。

玉米小斑病检测

表 3-5　玉米小斑病叶片等级划分

染病等级	叶片病斑占比
1	0～0.5%
3	0.5%～10%
5	10%～25%
7	10%～25%

基于灰度共生矩阵对图像空间纹理特征进行提取，计算公式如表 3-6 所示，包括形状特征参数（惯性矩、逆差矩）和纹理特征参数（能量、熵、相关性），分别计算其均值和标准差，加上根据图像小波分解提取的小波系数矩阵及第三层垂直分量系数矩阵的能量和方差，共 14 个纹理特征参数，进行叶片染病等级分级建模。4 个染病等级叶片共有 168 个样本，按照 3∶1 的比例划分数据集。建模工具选择 MATLAB 工具箱中的 Classification Learner，并对模型进行 7 折交叉验证。结果显示二次 SVM 模型分级精度最高，其训练集准确度为 76.2%，测试集准确度为 69.0%。分级结果混淆矩阵如图 3-9 所示，显示纹理特征能够有效对叶片染病等级进行分级诊断，但由于病斑特征的分布及形状存在邻近等级判别边界不清晰等问题，误分率较高，需结合其他特征进行综合诊断。

表 3-6　纹理特征计算公式

纹理特征	计算公式
惯性矩(contrast)	$\mathrm{Con}=\sum_i\sum_j (i-j)^2P(i,j)$
逆差矩(inverse differential moment)	$\mathrm{IDM}=\sum_i\sum_j \frac{P(i,j)}{1+(i-j)^2}$
能量(energy)	$E=\sum_i\sum_j P^2(i,j)$
熵(entropy)	$S=-\sum_i\sum_j P(i,j)\lg[P(i,j)]$
相关性(correlation)	$\mathrm{Corr}=\sum_i\sum_j \frac{(i-\mathrm{Mean})*(j-\mathrm{Mean})*P^2(i,j)}{\mathrm{Variance}}$
小波系数矩阵能量	$E_c=\sum_i\sum_j \lvert C_{i,j}\rvert^2$
小波系数矩阵方差	$\mathrm{Var}_c=\frac{1}{m}\sum_i\sum_j (C_{i,j}-\bar{C})^2$
垂直分量系数矩阵能量	$E_v=\sum_i\sum_j \lvert V_{i,j}\rvert^2$
垂直分量系数矩阵方差	$\mathrm{Var}_v=\frac{1}{m}\sum_i\sum_j (V_{i,j}-\bar{V})^2$

染病叶片由于细胞结构被破坏，叶片光合作用水平降低，其光谱特征也会发生一定的改变。如图 3-10 所示，对比完整叶片与病斑区域的光谱曲线可以看出，在 465、520、630、730 nm 的可

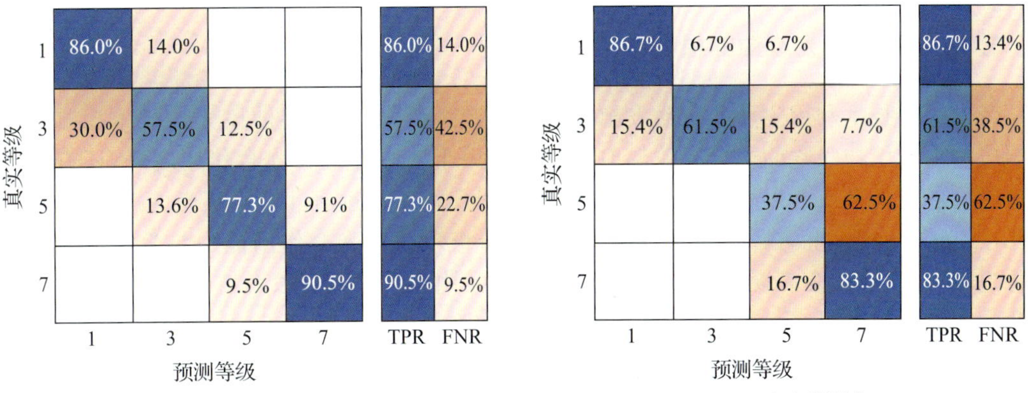

（a）训练集　　（b）测试集

图 3-9　依据纹理特征变量分级结果混淆矩阵

见光和红边波段反射率上升，而在 810、850 nm 的近红外波段反射率降低，病斑区域光谱曲线的红边部分整体向蓝光部分偏移。根据病斑区域表现出的光谱特征差异，以植被指数及 6 波段光谱参数作为特征变量，综合图像纹理特征对染病叶片进行分级。

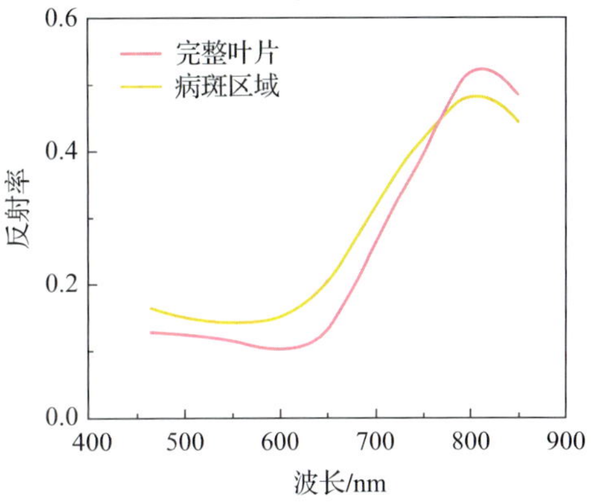

图 3-10　光谱曲线对比

对 14 个纹理特征和 20 个光谱特征进行特征变量筛选，筛选方法选择皮尔森相关系数法，共筛选出 14 个特征变量，分别为能量均值 E_m、能量标准差 E_sd、熵均值 S_m、熵标准差 S_sd、逆差矩均值 IDM_m、逆差矩标准差 IDM_sd、G730、GLI、CIredege、CCCI、NDRE、MTCI、GMR、EVI。基于这 14 个变量建立分级模型，按照 3∶1 的比例划分数据集，其中，线性 SVM 模型的分级效果最好，训练集的分级准确度为 81.7%，测试集的分级准确度为83.3%。分级结果混淆矩阵如图 3-11 所示，显示筛选的 14 个变量能够对病害叶片的染病等级进行区分，与全纹理特征模型相比，误分率明显降低，结合多光谱特征有效提高了分级准确度。

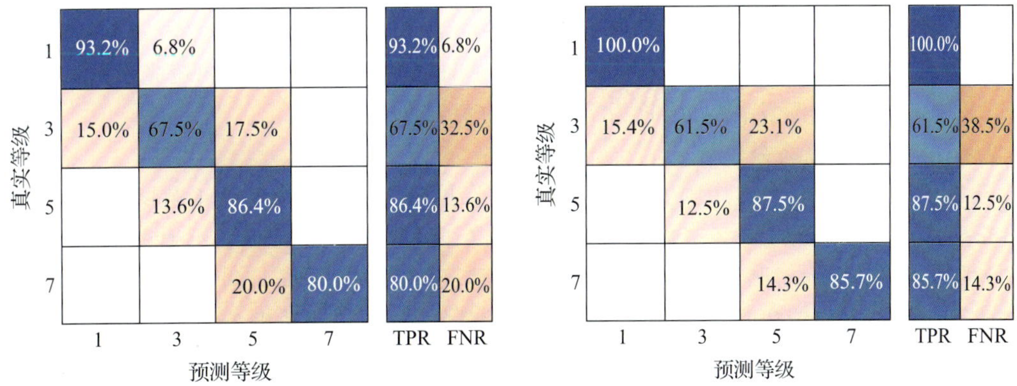

（a）训练集　　（b）测试集

图 3-11　变量筛选分级结果混淆矩阵

3.2.3 基于荧光成像的植物叶部病害检测

荧光成像技术利用主动光源激发植物色素体产生荧光，通过多波段光谱技术探测动态荧光响应。由于植物吸收的光合有效辐射除了主要用于叶绿体进行光合作用之外，还有一部分以热能的形式耗散或者以发射荧光的方式释放，因此可以通过对叶绿素荧光的探测，分析光系统Ⅱ（photosystem Ⅱ，PSⅡ）内的生理反应过程，指示植物光合作用能力与生命活力。在病害胁迫下，作物通常会表现出叶绿素含量降低、叶片内含水量减少以及植株萎蔫等特征。随着病菌的不断繁殖和对宿主细胞的不断破坏，宿主细胞产生应激生理反应，进而引起植物体内叶绿素含量降低、酚类及其他化合物积累，这两者分别是叶绿素荧光、蓝绿荧光产生的主要物质。因此，基于主动诱导植物荧光方式开展作物病害检测被认为是监测作物病害侵染程度的有效途径。

1. 作物叶片荧光检测系统

植物荧光检测设备主要用于激发并采集待测样本在多光谱波段的荧光辐射信号，分析植物生理生化相关参数。Multiplex 3 便携式植物分析仪（FORCE-A，Centre Universitaire Paris-Sud ORSAY，法国）配备紫外光（375 nm）、蓝光（470 nm）、红光（630 nm）和绿光（530 nm）4 个激发光源，使用硅光电二极管采集植物受激而发射的蓝绿荧光（447 nm，BGF）、红色荧光（685 nm，RF）和远红荧光（735 nm，FRF），用于在野外分析植物叶片叶绿素、氮素含量等。将采集的叶片样本暗处理 30 min 后，使用 PSI（Photon Systems Instruments）公司的 FluorCam 叶绿素荧光成像仪，在暗箱内利用软件控制 LED 源激发荧光，用 CCD 相机采集荧光图像，可分析基于 PSⅡ的原初光能转化效率（Fv/Fm）、光化学猝灭系数（photochemical quenching coefficient，qP）、非光化学猝灭系数（non-photochemical quenching coefficient，qN）等叶绿素荧光探针参数。当植物受病虫害胁迫后，叶绿体受损会导致受激发射的叶绿素荧光在不同波段上的辐射强度存在差异，因此多波段荧光辐射强度及其比值也常用来解析植物营养差异和病虫害发生情况。

刘国辉[8]设计了便携式多光谱荧光成像检测仪，用于分析作物叶片生长状况，其硬件包括激发光源模块、滤光片轮盘、图像采集模块、主控单元和电源模块。激发光源由紫外光（365 nm）、蓝光（460 nm）和红光（610 nm）LED 组成，叶片受激后发射叶绿素荧光，经由滤光片轮盘，分别在中心波长为 440、520、690 和 740 nm 的窄带滤光片后拍摄图像。可分别采集激发产生的荧光图像 7 幅，包括：365 nm 紫外光激发，中心波长为 440、520、690、740 nm 的荧光发射图像 F_{u440}、F_{u520}、F_{u690}、F_{u740}；460 nm 蓝光激发，中心波长为 690、740 nm 的荧光发射图像 F_{b690} 和 F_{b740}；610 nm 红光激发、中心波长为 740 nm 的荧光发射图像 F_{r740}。

2. 小麦叶片白粉病分级检测

于 2022 年 5 月 29 日在中国农业科学院植物保护研究所温室内对处于苗期的小麦接种小麦白粉病病菌。前期种植小麦 5 盘，每盘有 12 盆小麦，品种为矮抗 58。共计接种 3 盘，将其余 2 盘隔离存放，作为对照组。小麦白粉病发病后，于 6 月 18—19 日采集 0、1、3、5、7、9 共 6 个发病等级的小麦白粉病叶片，每个发病等级各 30 个样本，共计采集 180 个小麦白粉病叶片样本。每 2 个叶片为一组，放置于设备底部反射率为 1%的漫反射布上。依照图 3-12 所示流程分别对原始荧光图像进行预处理，并基于原始荧光图像，计算同一激发光下以及不同激发光下图像的荧光比值，得到包括原始荧光参数在内的 49 个多光谱荧光参数（表 3-7）。

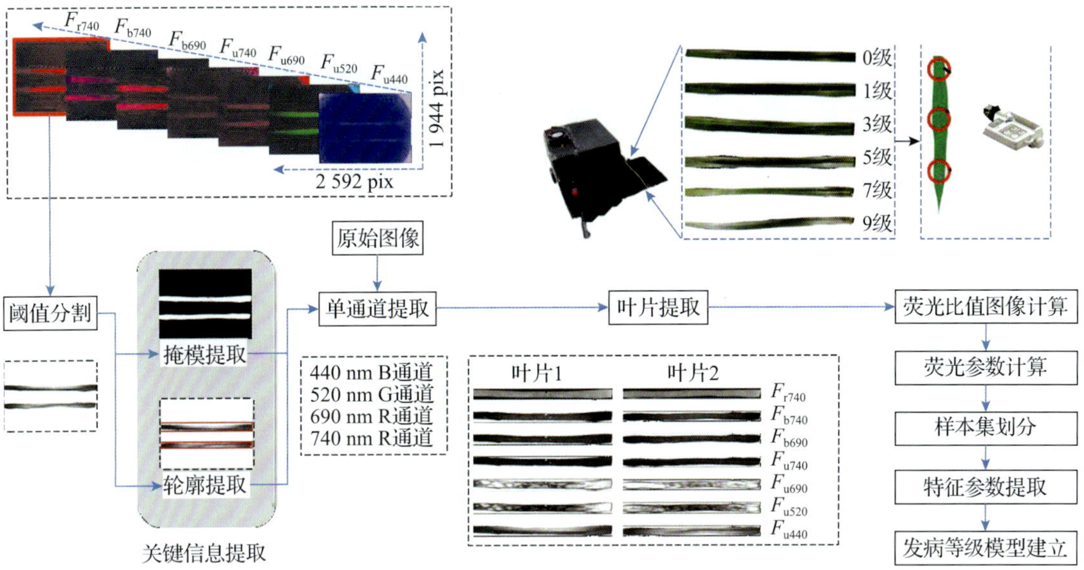

图 3-12　小麦白粉病荧光图像采集及处理流程

表 3-7　小麦叶片白粉病分级检测多光谱荧光参数

激发光	原始荧光参数	荧光比值参数				
紫外光(365 nm)	F_{u440}　F_{u520}　F_{u690}　F_{u740}	F_{u440}/F_{u520}	F_{u440}/F_{u690}	F_{u440}/F_{u740}	F_{u440}/F_{b690}	F_{u440}/F_{b740}
		F_{u440}/F_{r740}	F_{u520}/F_{u440}	F_{u520}/F_{u690}	F_{u520}/F_{u740}	F_{u520}/F_{b690}
		F_{u520}/F_{b740}	F_{u520}/F_{r740}	F_{u690}/F_{u440}	F_{u690}/F_{u520}	F_{u690}/F_{u740}
蓝光(460 nm)	F_{b690}　F_{b740}	F_{u690}/F_{b690}	F_{u690}/F_{b740}	F_{u690}/F_{r740}	F_{u740}/F_{u440}	F_{u740}/F_{u520}
		F_{u740}/F_{u690}	F_{u740}/F_{b690}	F_{u740}/F_{b740}	F_{u740}/F_{r740}	F_{b690}/F_{u440}
		F_{b690}/F_{u520}	F_{b690}/F_{u690}	F_{b690}/F_{u740}	F_{b690}/F_{b740}	F_{b690}/F_{r740}
红光(610 nm)	F_{r740}	F_{b740}/F_{u440}	F_{b740}/F_{u520}	F_{b740}/F_{u690}	F_{b740}/F_{u740}	F_{b740}/F_{b690}
		F_{b740}/F_{r740}	F_{r740}/F_{u440}	F_{r740}/F_{u520}	F_{r740}/F_{u690}	F_{r740}/F_{u740}
		F_{r740}/F_{b690}	F_{r740}/F_{b740}			

对变量之间的相关性进行分析,分析结果伪彩色图如图 3-13 所示。相关性分析的结果表明多光谱荧光参数之间存在一定的相关性。为了进一步优化模型输入参数,消除冗余变量对建模的影响,利用 Boruta 变量筛选方法对特征荧光变量进行筛选,筛选出 15 个特征荧光变量:F_{u440}、F_{u690}、F_{u520}/F_{u440}、F_{u520}/F_{b740}、F_{u690}/F_{u440}、F_{u690}/F_{u740}、F_{u690}/F_{b690}、F_{u690}/F_{b740}、F_{u690}/F_{r740}、F_{u740}/F_{u440}、F_{u740}/F_{u690}、F_{b740}/F_{u520}、F_{b740}/F_{u740}、F_{r740}/F_{u690}、F_{r740}/F_{u740}。

基于 K-S 算法将 180 个样本分为建模集和验证集,划分比例约为 2∶1。采用 SVM 分类方法分别建立基于全荧光变量和特征荧光变量的小麦白粉病分级模型,结果表明:基于全荧光变量的小麦白粉病分级模型建模集精度为 81.7%,验证集精度为 81.5%(图 3-14);基于特征荧光变量的小麦白粉病分级模型建模集精度为 83.3%,验证集精度为81.5%(图 3-15)。

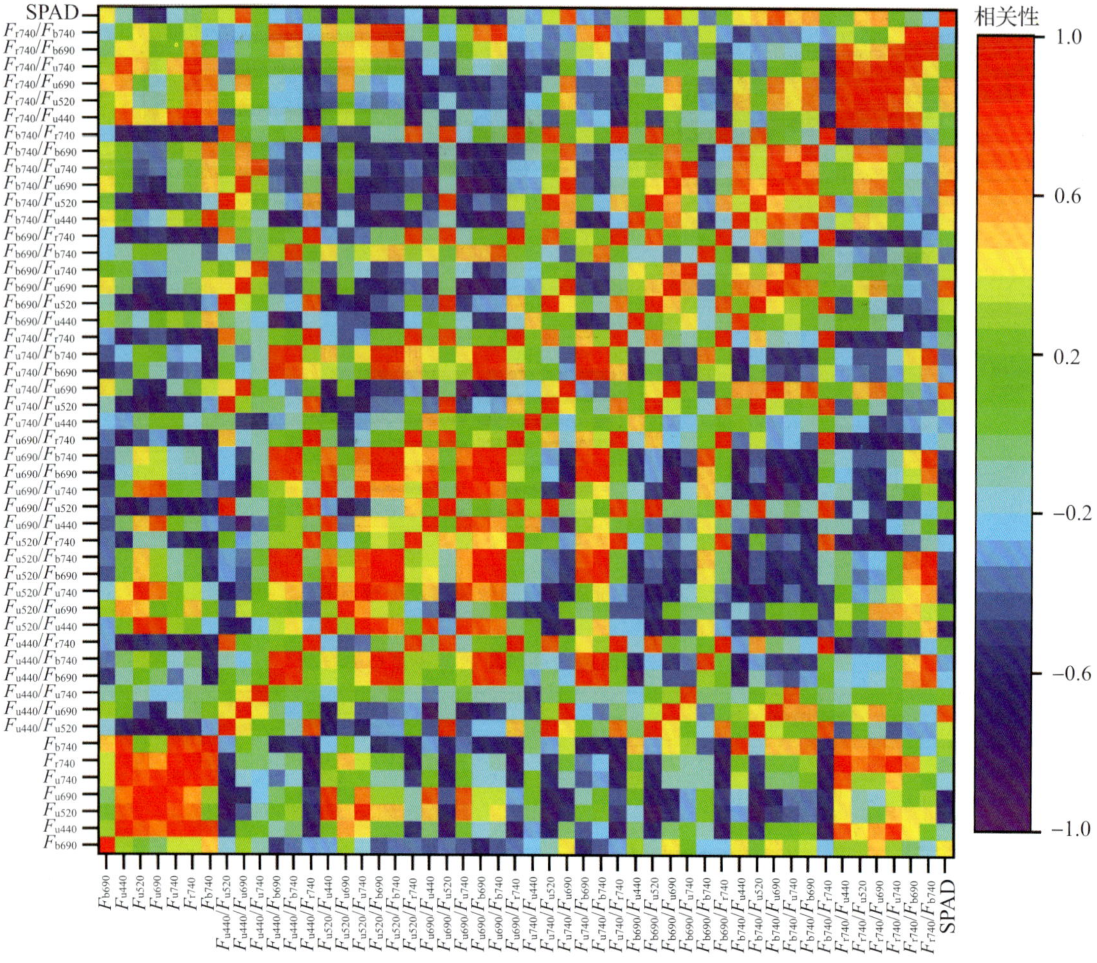

图 3-13　多光谱荧光参数相关性分析伪彩色图

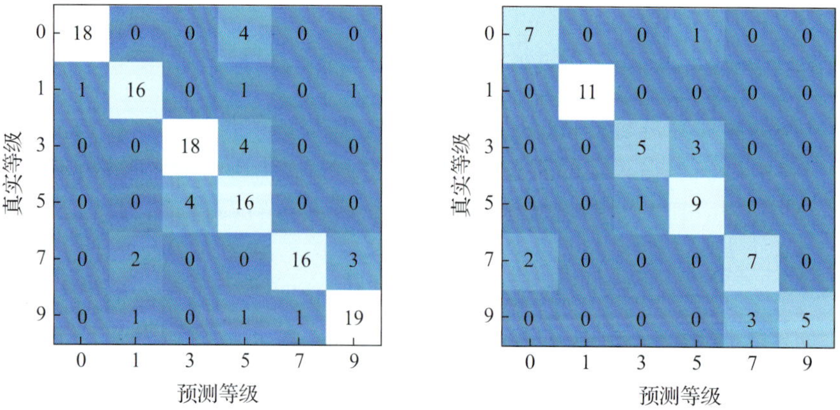

（a）建模集　　（b）验证集

图 3-14　小麦白粉病全荧光变量分级模型结果

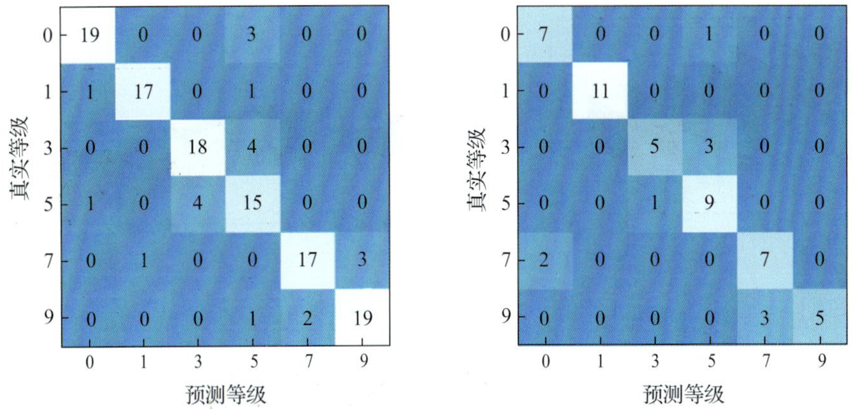

（a）建模集　　（b）验证集

图 3-15　小麦白粉病特征荧光变量分级模型结果

3. 玉米小斑病分级检测

玉米小斑病是一种真菌病害，在适宜温度、pH 环境条件下发病，主要侵染玉米叶片、苞叶和叶鞘等，病害侵染晚期会导致玉米籽粒发布不良、果穗下垂等。于 2022 年 9 月 5 日和 9 月 6 日采集玉米小斑病叶片样本，发病等级为 0、1、3、5、7 和 9 级，每个发病等级分别采集 30 个样本，共计采集 180 个样本，按 2∶1 的比例分为建模集和验证集。分别采集各样本的 7 个荧光图像和对应的 RGB 彩色图像。图像采集及处理流程如图 3-16 所示。首先，对图像进行单通道提取，以减少 RGB 相机采集数据引起的硬件系统误差。其次，针对玉米叶片宽大、表面不平整引起的荧光图像灰度分布不均匀问题，采用限制对比度自适应直方图均衡化（contrast limited adaptive histogram equalization，CLAHE）方法对单通道提取后的图像进行增强处理，提取感兴趣区域，计算多光谱荧光参数，共得到 49 个荧光参数。进而，利用 Boruta 变量筛选方法进行特征荧光变量的提取，得到 21 个特征荧光变量，包括 F_{u440}、F_{u520}、F_{u740}、F_{b690}、F_{b740}、F_{u440}/F_{u520}、F_{u440}/F_{u690}、F_{u440}/F_{u740}、F_{u520}/F_{u690}、F_{u520}/F_{u740}、F_{u520}/F_{b690}、F_{u690}/F_{u440}、F_{u690}/F_{u520}、F_{u690}/F_{u740}、F_{u690}/F_{b740}、F_{u740}/F_{u520}、F_{u740}/F_{u690}、F_{b690}/F_{b740}、F_{b740}/F_{u690}、F_{b740}/F_{u740} 和 F_{b740}/F_{b690}。采用 SVM 分类方法建立基于荧光变量的玉米小斑病分级模型，结果表明，基于全荧光变量的玉米小斑病分级模型建模集精度为 80.83%，验证集精度为 81.67%（图 3-17）；基于特征荧光变量的玉米小斑病分级模型建模集精度为 80.83%，验证集精度为 86.67%（图 3-18）。由混淆矩阵可知，全变量和特征变量分级模型的建模集对 0 级、1 级、7 级和 9 级分级精度较高，这 4 个发病等级建模集和验证集的分级精度均在 80% 以上，但是，全变量分级模型对 3 级和 5 级相互错分较多，特征变量模型对 3 级和 5 级识别精度有所提高，表明基于所筛选的特征荧光变量能够提高相邻发病等级的识别精度。

3.2.4　基于端边云协同的小麦蚜虫检测

蚜虫对小麦生长发育与产量构成威胁，且易引发病毒传播，因此，及时监测蚜虫的发生和种群密度变化，建立有效的预警系统，有针对性地采取防治措施具有重要的意义。蚜虫监测的方法多种多样，主要包括人工采样、诱捕统计、遥感检测等。人工采样调查可以提供较准确的虫害数据，但需要大量的样本和实地调查，成本较高，而且人工采样受到时间和地点限制，也会

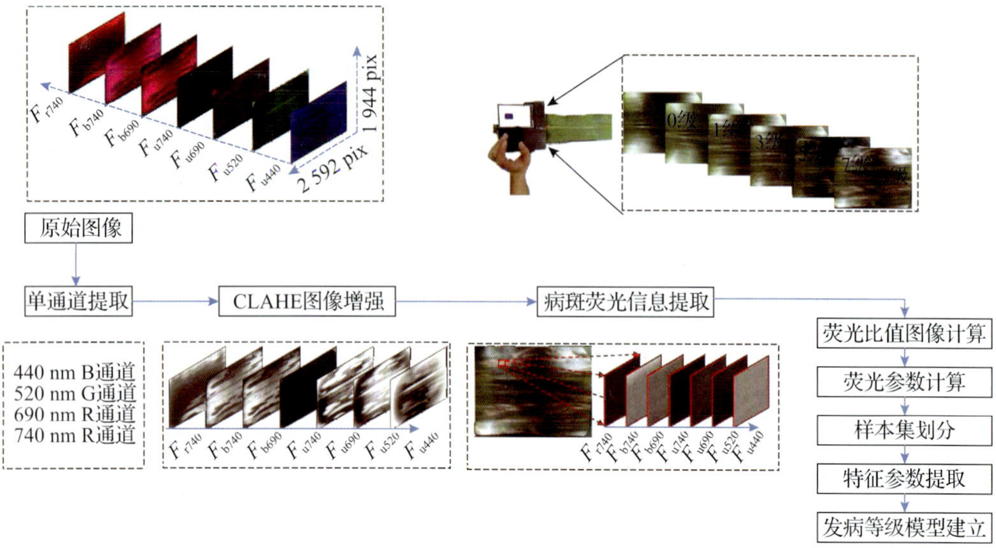

图 3-16　玉米小斑病荧光图像采集及处理流程

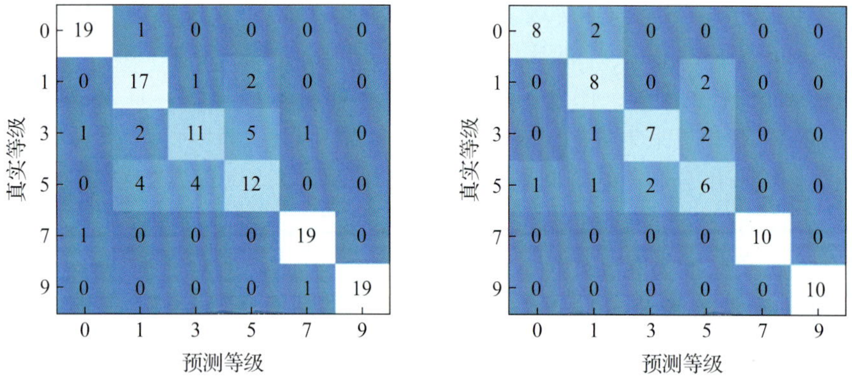

（a）建模集　（b）验证集

图 3-17　玉米小斑病全荧光变量分级模型结果

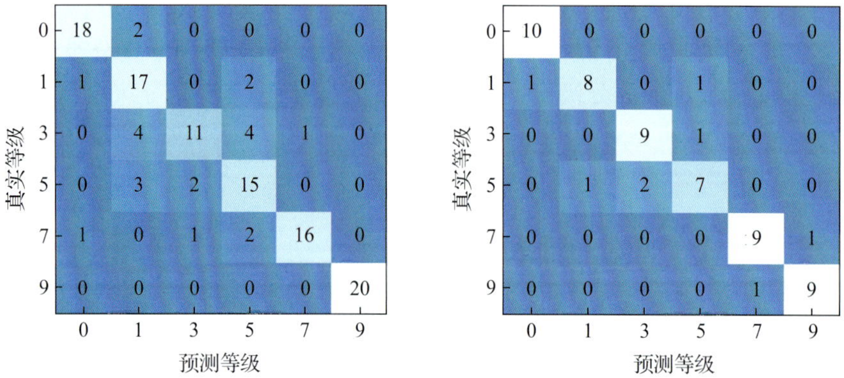

（a）建模集　（b）验证集

图 3-18　玉米小斑病特征荧光变量分级模型结果

导致监测数据的局限性，特别是对于大面积的农田来说，采样调查的覆盖面积不足以全面评估虫害规模。采用黄板、黄碟等诱捕，依靠黏性物质吸引蚜虫，会受到天气和环境因素的影响，捕获效果不稳定。卫星遥感、无人机技术可获取大范围农田的图像数据，通过图像处理和分析识别农田中的蚜虫虫害，但目前的方法难以准确识别蚜虫的种类和密度，对于小范围的虫害监测分辨率不够精细。近年来，随着深度学习技术的发展，使用目标检测模型结合嵌入式设备应用于农业监测中取得了良好的效果[9]。在这种背景下，张源[10]开发了基于端边云协同的小麦蚜虫虫害监测系统。该系统基于大量蚜虫图像数据集，通过优化深度学习算法网络实现精准检测，并引入先进的算法实现蚜虫计数。将此系统集成于嵌入式硬件平台，实现了实地应用中的高效监测。

1. 小麦蚜虫识别模型构建

为了进行小麦蚜虫识别模型的训练，在2023年4月11日至5月20日，使用Redmi Note 11手机在河南新乡植保所综合实验基地(35.140°N，113.782°E)拍摄2 400张小麦蚜虫图像，如图3-19所示。原始图像的分辨率为3 072×4 080 pix，保存格式为jpg。原始图像按照7∶2∶1的比例分为训练集、验证集和测试集。

图3-19 小麦蚜虫图像数据示例

对原始图像进行归一化和特征标注，然后采用镜像、旋转等几何变换方法，改变图像亮度和色度等色彩变换方法，以及Mosic增强方法对原始数据实施数据增强，增强后训练集、验证集和测试集分别有8 400张、2 100张和240张图像。数据集组成如表3-8所示。

表3-8 小麦蚜虫图像数据集说明

数据集	操作方法	图像数量/张
训练集	原始图像	1 680
训练集	调整亮度与色度	3 360
训练集	旋转与镜像	1 680
训练集	Mosic	1 680
验证集	原始图像	480
验证集	调整亮度与色度	960
验证集	旋转与镜像	480
验证集	Mosic	480
测试集	原始图像	240

为了实现对小麦蚜虫的快速检测和识别，分别建立 YOLOv5s、YOLOv8s 和 NanoDet-Plus 模型，采用训练集对模型进行训练，训练结果如表 3-9 所示。NanoDet-Plus 模型效果最差，YOLOv5s 模型虽然效果略低于 YOLOv8s 模型，但是考虑到开发便携式仪器终端设备的限制，选取 YOLOv5s 模型作为小麦蚜虫检测基础模型，进一步在 YOLOv5s 模型的 Neck 中嵌入注意力模块 CBAM(convolutional block attention module)，以筛选对检测更具价值的特征。

表 3-9　3 种小麦蚜虫识别模型对比

模型	mAP50/%	模型大小/MB
YOLOv5s	88.0	13.70
YOLOv8s	90.8	21.74
NanoDet-Plus	45.5	3.76

YOLOv5s-CBAM 模型的网络结构及嵌入 CBAM 后 Neck 阶段特征和处理流程如图 3-20 所示。对于 FPN 结构，深层特征经逐级上采样与对应尺度浅层特征融合，融合特征经过 C3 操作降维，接着嵌入 CBAM 以强化对关键通道与区域的注意力，后续实施卷积与上采样等预处理步骤，准备下一轮特征融合。在 PAN 结构中，同样运用 CBAM 更新融合特征，提升对重要特征的聚焦程度，促进浅层几何特征向深层的有效渗透。最后将处理后的特征下采样并与低分辨率特征融合。CBAM 模块的集成增强了 Neck 阶段特征融合效能，增强了模型对复杂场景的解析能力，模型能自主过滤背景干扰，集中识别关键区域，从而提升检测准确性。

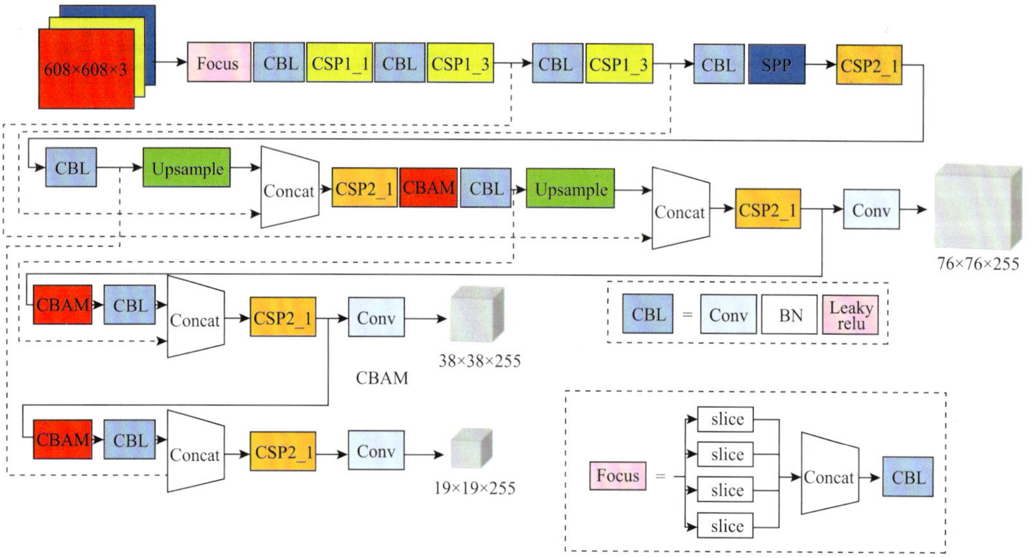

图 3-20　YOLOv5s-CBAM 模型的网络结构

使用训练集对 YOLOv5s-CBAM 模型进行训练，模型 mAP50 为 92%，模型体积为 13.9 MB。完成训练后，对测试集中 100 张图像进行检测，识别结果如图 3-21 所示。同时进行人工计数，将模型检测结果与人工计数结果进行对比。人工计数共有蚜虫 1 072 个，模型检测到 956 个，识别精度为 89.18%，基本满足小麦蚜虫检测的需要。

图 3-21　小麦蚜虫识别结果示例

2. 小麦蚜虫虫害监测系统开发

以 YOLOv5s-CBAM 模型为核心算法，张源开发了小麦蚜虫虫害监测系统。如图 3-22 所示，监测系统由定点监测设备和便携式数据采集设备协同监测。定点监测设备主要实现对大田蚜虫发生情况的定点监测，定期采集对应监测区域的数据进行分析，发现蚜虫后将通知用户，用户使用便携式数据采集设备采集整个大田的数据并传送至定点监测设备，由定点监测设备进行数据处理并上传到云端。

图 3-22　小麦蚜虫虫害监测系统架构

定点监测设备和便携式数据采集设备的硬件结构分别如图 3-23(a)和(b)所示。

定点监测设备硬件主要包括主控模块、数据采集模块、定位模块、电源模块和显示模块。设备还具备无线通信功能。主控模块负责控制各个传感器进行数据的采集，并对采集的数据进行处理、显示和存储。主控模块使用性能较高的 Jetson TX2 开发板，开发板配备 4 GB 的 LPDDR4 内存和 16 GB eMMC+128 GB 固态存储空间，可以满足数据存储需要；同时具有双核 NVIDIA Denver 2 64 位 CPU 与四核 Arm Cortex-A57 MPCore 处理器联合体 CPU 和 256 核 NVIDIA CUDA GPU，可达到 1.33 TOPS(Tera operations per second，10^{12} 次/s)的计算能力，能够高效处理检测数据。数据采集模块采集小麦蚜虫的图像和视频，使用 800 万 pix 的 IMX179 USB 摄像头，摄像头支持自动增益、自动曝光控制和自动白平衡，在 MJPG 格式下最大可采用1 920×1 080 pix的分辨率，即全高清(full high definition, FHD)标准，帧率为每秒 25 帧，确保获取清晰的监测数据。定位模块即 GPS 模块，用于记录仪器的位置信息。电源模块使用 12 V/3 000 mAh 可充电锂电池。显示模块用于展示监测结果和用户界面，提供直观的操作体验。

便携式数据采集设备不需要进行边缘运算，只需要进行数据采集，因此使用成本更低的树莓派 4B 板作为主控模块，配置 32 GB 的 SD 卡储存数据。使用树莓派摄像头 B 型 OV5647 采集图像数据，这种摄像头 500 万 pix，可调焦，足以满足野外环境中的数据采集需要。电源模块使用 5 V/5 200 mAh 可充电锂电池，确保野外工作的持续进行。通过 I^2C 接口可实时监测电池电压、电流和剩余电量，在电池电压过低时通过程序控制装置保存数据并关机，避免数据丢失。

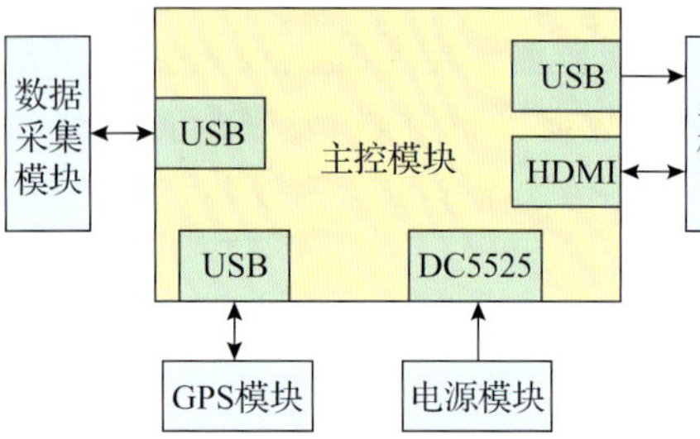

(a) 定点监测设备

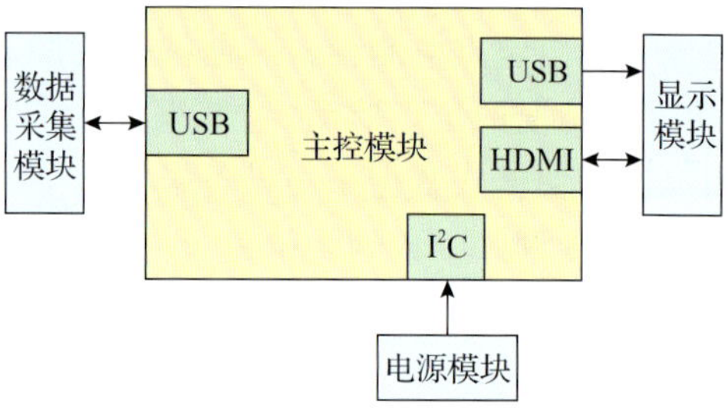

(b) 便携式数据采集设备

图 3-23　小麦蚜虫虫害监测系统硬件结构

将 YOLOv5s-CBAM 小麦蚜虫检测模型嵌入定点监测设备，使设备可以实现边缘计算，同时开发了基于 Qt 的用户界面使操作更加方便。该 Qt 界面集成了图片识别、实时监测和信息查询功能，用户可以很方便地调用算法对图片和视频进行识别，实现对蚜虫的实时监测和数据分析。

在仪器的功能界面点击“图片检测”按钮，即弹出文件选择对话框，用户可选择待检测图片输入检测模型，进行蚜虫识别与定位。此外，系统支持实时监测功能，用户在功能选项中点击相关按钮即可开启持续监测，系统将持续调用模型进行实时检测，检测结果实时保存至 MySQL 数据库。为确保系统稳定运行，实时监测功能通过启动独立线程实现。

模型对所选图片内蚜虫进行识别，将检测结果(包括蚜虫数量、置信度、检测时间及模型识别耗时)存入 MySQL 数据库。点击 Qt 界面信息查询按钮后，跳转到图片展示界面，如图 3-24 所示。该界面展示每日蚜虫数量变化趋势、一周内蚜虫数量、检测后的图片及对应的数据、图片列表。每天的蚜虫数量通过 ECharts 可视化为折线图，最近 7 天的数据用柱状图表示。同时显示对每张图片检测的置信度和检测时长的折线图，展示算法性能。在页面中央为处理后的图片，可以点击箭头左滑或者右滑图片。点击图片列表中的图片名可以跳转到对应的图片。查询 lat 表中最后一行数据，获得设备最近所在的经纬度，通过 geocode.maps.co API 反编译得到城市信息，通过 Open-Meteo API 得到当前温度和当日最高温度及最低温度、当前风向和风速。通过 openweathermap 得到当前天气状况、最近一小时降水量。

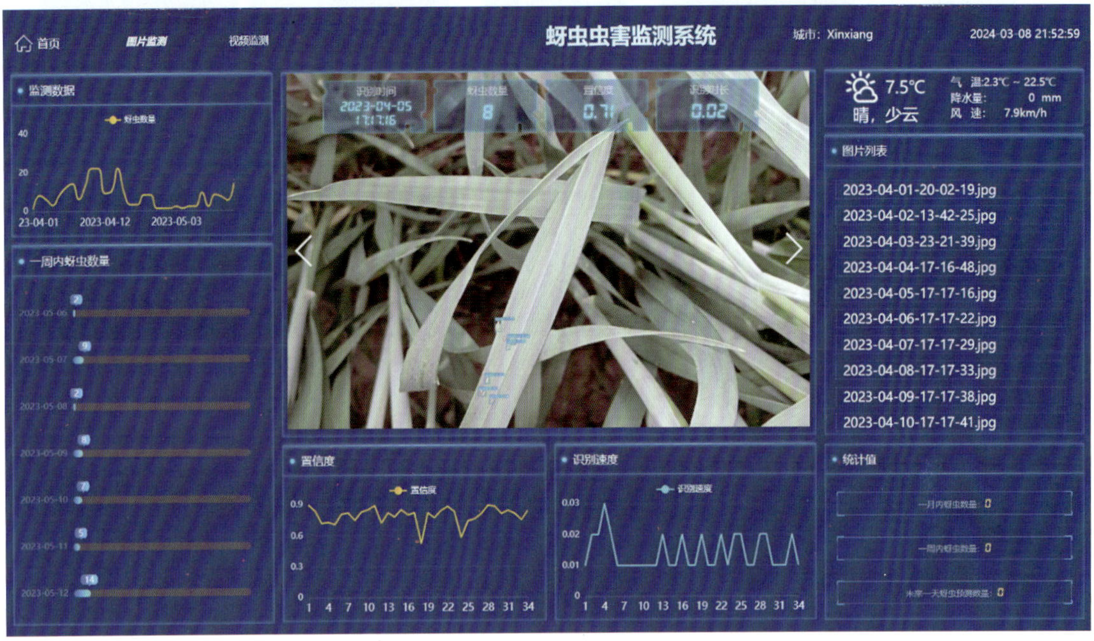

图 3-24　小麦蚜虫检测图片与信息展示页面

3.3　园艺作物病虫害智能感知与处理技术

3.3.1　基于可见光成像的黄瓜叶部病害检测

黄瓜是重要的蔬菜作物，病害治理不及时会引起黄瓜品质下降和产量减少，严重影响经济效益。常见的黄瓜病害有霜霉病、褐斑病、白粉病等，这些病害发生的早期就可能出现叶部病斑。因此，李鑫星等利用可见光成像类传感器开展了黄瓜叶部病害检测研究[11]。

1. 基于可见光成像的黄瓜叶部病害图像分割方法研究

李鑫星等采用 Cannon SX710HS 数码相机自动拍摄模式，采集黄瓜霜霉病、褐斑病、白粉病叶片图像各 70 幅，50 幅为训练集，20 幅为测试集，进行建模研究。

经过小波分析进行图像平滑预处理后，采用坎尼算子边缘分割法（Canny 法）、大津法（Otsu 法）、索贝尔算子边缘分割法（Sobel 法）和 K 均值聚类算法（K 均值法）4 种图像分割方法，分别对黄瓜霜霉病、褐斑病、白粉病叶片图像进行处理，结果分别如图 3-25 至图 3-27 所示。随机选取 30 幅黄瓜叶部病害图像进行病斑分割，对 3 种病害图像分割结果进行对比分析，如表 3-10 所示，可知 K 均值法的平均错分率仅为 7.27%，处理时间为 1.12 s，明显优于其他 3 种算法。用 K 均值法提取的病斑示例如图 3-28 所示。基于 K 均值聚类算法的分割结果用于下面病害识别研究。

（a）原始图像　（b）Canny法　（c）Otsu法　（d）Sobel法　（e）*K*均值法

图 3-25　霜霉病图像分割结果对比

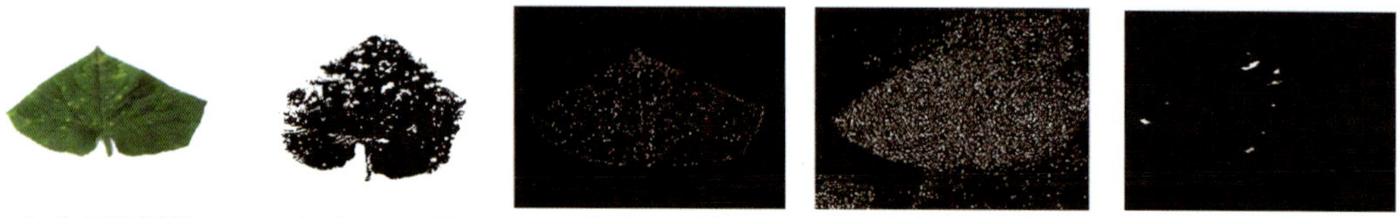

（a）原始图像　（b）Canny法　（c）Otsu法　（d）Sobel法　（e）*K*均值法

图 3-26　褐斑病图像分割结果对比

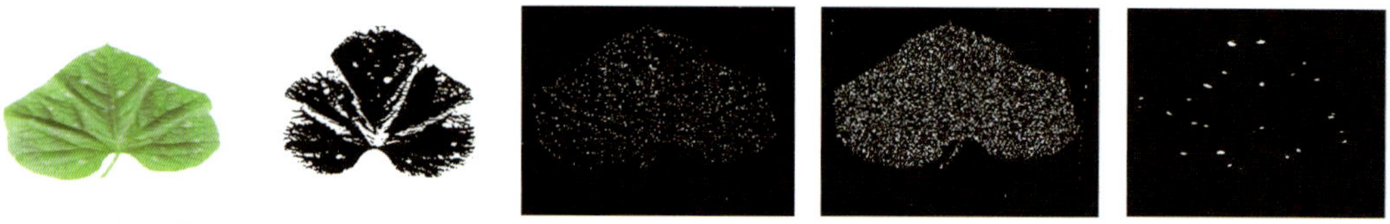

（a）原始图像　（b）Canny法　（c）Otsu法　（d）Sobel法　（e）*K*均值法

图 3-27　白粉病图像分割结果对比

表 3-10　4 种方法黄瓜叶部病害图像分割的效果比较

分割方法	平均错分率/%	运行时间/s
Canny 法	59.85	1.37
Otsu 法	43.71	1.41
Sobel 法	52.15	1.23
K 均值法	7.27	1.12

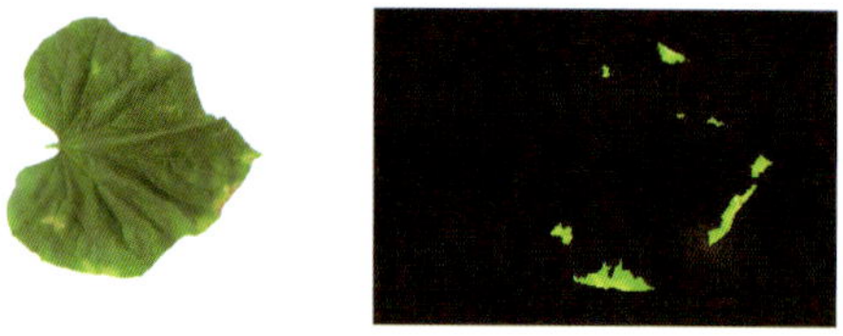

（a）原图　（b）提取结果

图 3-28　*K* 均值法病斑特征提取结果示例

2. 基于 SVM 的黄瓜叶部病害识别研究

在上述病斑特征提取的基础上，进一步比较染病叶片图像 RGB 颜色空间各分量灰度图，发现红色(R)和绿色(G)分量灰度图中病斑特征显著且受光照强度(value，V)影响较小。据此确定提取 15 个图像特征用于识别病害，这 15 个图像特征包括 5 个形状特征参数(面积、周长、矩形度、惯性矩、逆差矩)和 10 个纹理特征参数(能量、熵、圆形度、纵横轴比、R/G/V 一阶矩、R/G/V 二阶矩)。

采用支持向量机(support vector machine，SVM)算法对 3 种不同的黄瓜叶部病害进行分类，选择线性核函数、多项式核函数、径向基(RBF)核函数 3 类核函数，通过 *K* 折交叉验证法(*K*-CV 法)对核函数参数 *C* 和 *g* 进行优化处理，确定最优解，建立黄瓜叶部病害 SVM 识别模型，利用程序随机生成在[0，100]范围内的参数 *C* 和在[－100，100]范围内的参数 *g*，利用 *K*-CV 法对训练集图像分别计算各组 *C* 和 *g* 对应的正确识别率，取正确识别率最高的组为最优解，C 和 g 最优解均为 0.13。对于训练集图像，3 类核函数对应的正确识别率如图 3-29 所示。采用 RBF 核函数时正确识别率最高，平均为 92%。

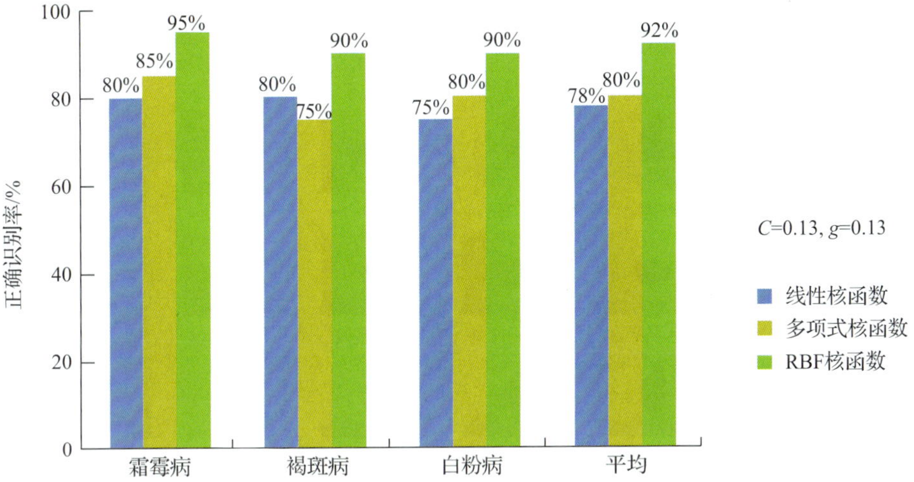

图 3-29　采用不同核函数时对训练集图像的正确识别率

用测试集对模型进行测试。将 60 个测试样本（霜霉病、褐斑病、白粉病各 20 个）所提取的特征值输入识别模型，得到如图 3-30 所示结果，图中横坐标表示测试样本序号，纵坐标表示病害种类，“1”为霜霉病，“2”为褐斑病，“3”为白粉病；不同颜色“×”表示不同病害样本，蓝色点为识别结果。霜霉病的 20 个测试样本中有 1 个识别错误，正确识别率为 95%；褐斑病的 20 个测试样本中有 3 个识别错误，正确识别率为 85%；白粉病有 2 个识别错误，正确识别率为 90%。由于白粉病与褐斑病在形状、纹理特征方面有较高的相似性，因此白粉病和褐斑病的识别错误比霜霉病多。识别时间方面，识别白粉病、褐斑病和霜霉病各 20 幅测试集图像的运行时间分别为 4.22、4.03 和 3.98 s，说明该方法用于黄瓜病害识别是高效、可行的。

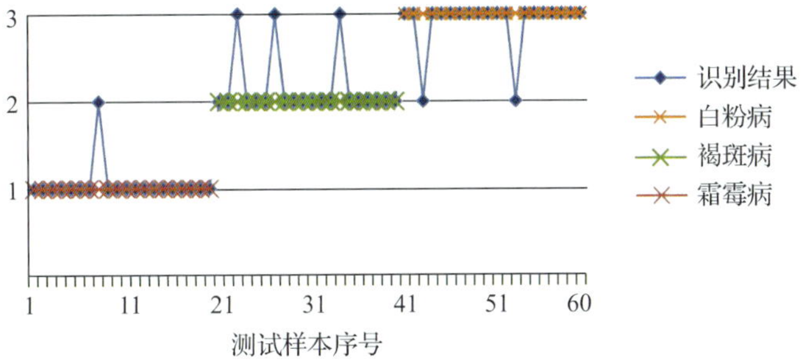

图 3-30　采用测试集对模型进行验证的结果

3.3.2　基于特征学习的苹果叶部病害识别

病害是影响水果产量和品质的重要因素，病害识别主要依赖专家诊断和果农种植经验的传统方式无法满足种植面积广、病害发生时间随机等复杂应用场景的需要，经验不足也会发生无法正确判断而导致严重损失的情况。王宇迪、陈暖开展了苹果叶部病害胁迫检测研究，以快速识别复杂病害[12,13]。

1. 图像采集和数据集生成

采集苹果健康叶片(health)、锈病叶片(xiubing)和花叶病叶片(huaye)图像，苹果品种为红富士和嘎啦。图像采集设备为华为 nova5 pro 和 iPhone Xs Max 智能手机，图像分辨率为782×1 082 pix，存储格式为 jpg，如图 3-31、图 3-32 所示。共获得 5 359 张图像。

图 3-31 苹果叶片图像样本示例

(a) 健康　(b) 锈病　(c) 花叶病

图 3-32 苹果叶片图像类型

为了适应多样性的农业环境，提高苹果病害识别模型的鲁棒性与泛化能力，使用改变亮度、添加噪声、旋转、镜像等数据增强方法增加训练集的多样性，如图 3-33 所示，最终获得15 000 张苹果叶片图像。

2. 基于深度学习的苹果叶部病害识别模型

选用 Faster R-CNN、YOLOX 和 DETR 3 种目标检测算法建立叶部病害识别的深度学习模型。采用迁移学习方法对模型进行预训练，以充分利用现有的知识，提高模型训练效率和性能。在训练过程中，输入图像尺寸被归一化，以适应模型的输入要求。使用小批量梯度下降法进行迭代优化，共进行 100 个 epoch 的训练。

(1)Faster R-CNN 模型：在训练的前 50 个 epoch，冻结模型的主干部分，特征提取网络

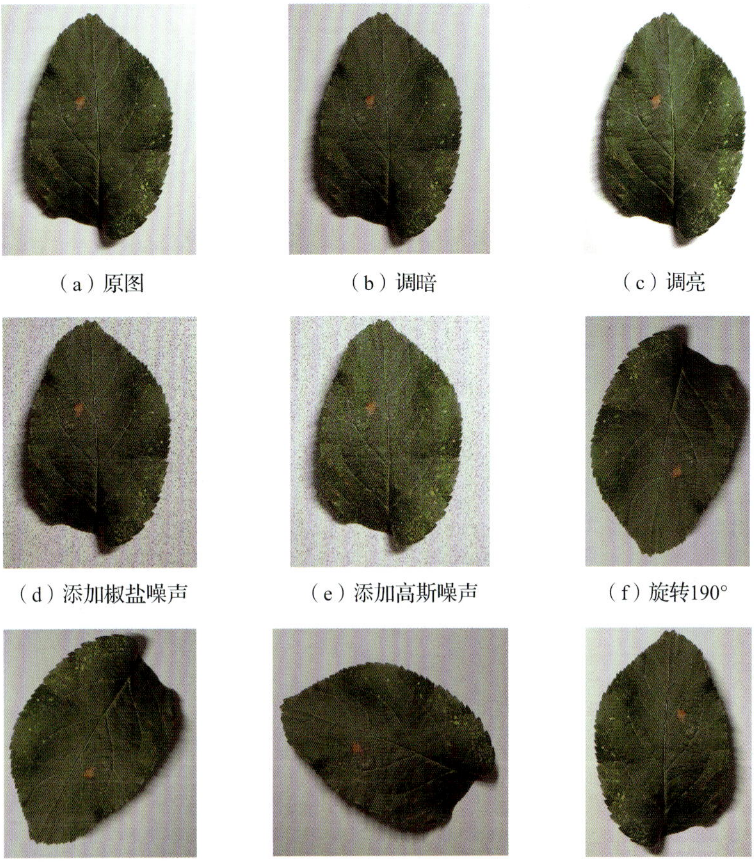

（a）原图　（b）调暗　（c）调亮　（d）添加椒盐噪声　（e）添加高斯噪声　（f）旋转190°　（g）旋转210°　（h）旋转300°　（i）镜像

图 3-33　图像增强结果示意

保持不变。这样做的目的是利用预训练模型的现有特征提取能力，加快训练速度并减少过拟合的风险。在后 50 个 epoch，解冻主干部分，允许特征提取网络进行调整，在特定任务上进一步提升模型性能。在这个阶段，将批量大小（batch_size）调整为 16，以便更加关注每个样本的特征，进一步优化模型参数。这种策略有助于提高模型的泛化能力，使其在实际应用场景中表现更加出色。训练过程中的损失值（loss）变化反映了模型训练的进展情况，如图 3-34所示。

（2）YOLOX 模型：在训练的前 50 个 epoch，冻结模型的主干部分，特征提取网络保持不变。在这个阶段，批量大小设为 8，以便在保证计算效率的同时充分利用计算资源。在后 50 个epoch，解冻模型的主干部分，允许特征提取网络发生改变，将批量大小调整为 4，以便更加关注每个样本的特征，进一步优化模型参数。训练过程中的损失值变化如图 3-35 所示。

（3）DETR 模型：训练跳过前 50 个 epoch。在后 50 个 epoch，解冻模型的主干部分，允许特征提取网络发生改变，将批量大小调整为 8，以便更加关注每个样本的特征，进一步优化模型参数。训练过程中的损失值变化如图 3-36 所示。

训练完成后，选择训练效果较好的权重文件，将其载入相应的模型中。对这 3 种模型进行识别精确率（precision）和调用识别时间（time）等的测试。

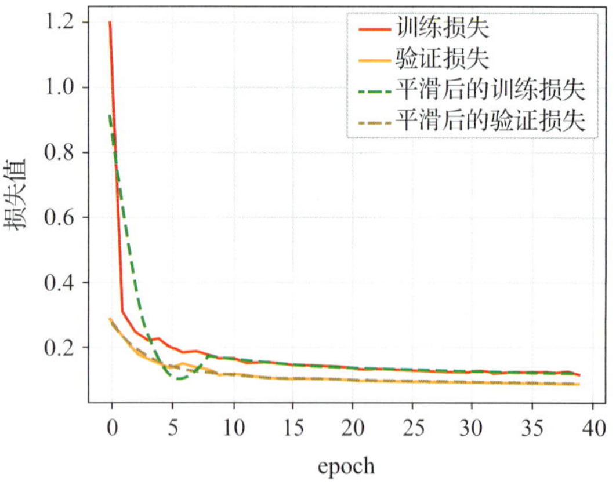

图 3-34　Faster R-CNN 模型损失值变化曲线

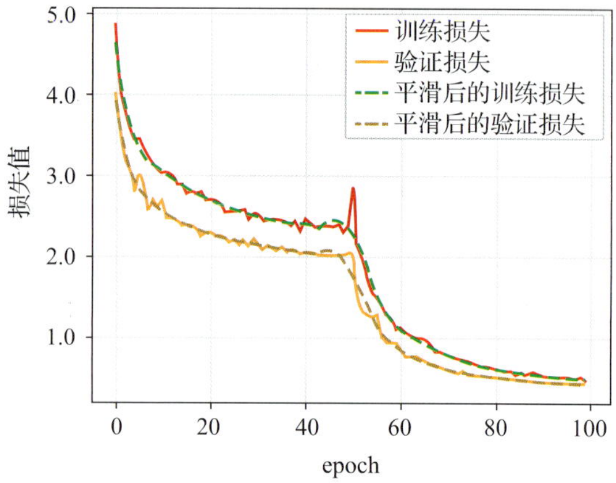

图 3-35　YOLOX 模型损失值变化曲线

3 种模型的识别精确率如图 3-37 所示，DETR 模型对 3 种病害的识别精确率均高于其他 2 种模型。3 种模型的平均识别精确率依次为：DETR 模型 96.3%，Faster R-CNN 模型 93.0%，YOLOX 模型 91.7%。

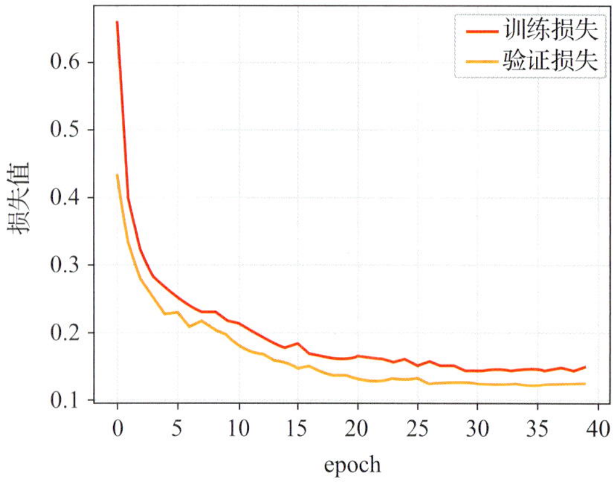

图 3-36　DETR 模型损失值变化曲线

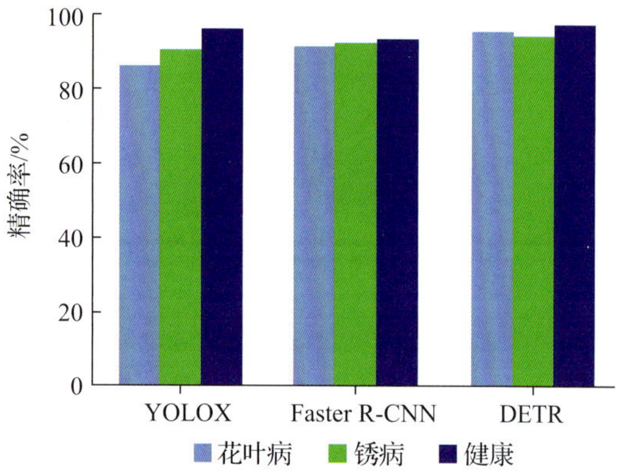

图 3-37　3 种苹果叶部病害识别模型精确率对比

在移动端的调用识别时间如图 3-38 所示，DETR 模型在大部分情况下的调用识别时间都少于其他 2 种模型。3 种模型的平均调用识别时间依次为：DETR 模型 7.04 s，YOLOX 模型 7.74 s，Faster R-CNN 模型 8.15 s。这表明 DETR 模型在实际应用场景中具有更高的性能优势，尤其是在移动设备上，调用识别时间对用户体验至关重要。

将 DETR 模型部署在微信小程序端，进行进一步检测。在不同亮度条件下的识别结果如图 3-39 所示。在低亮度环境中，虽然图像的对比度较低，但模型仍能够成功识别出叶片上的病害。在

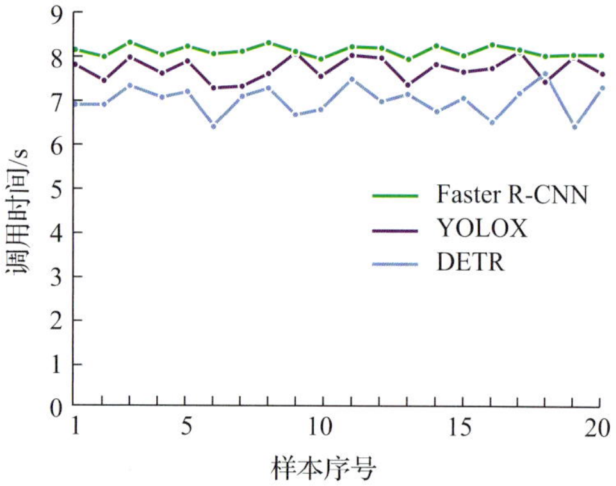

图 3-38　3 种苹果叶部病害识别模型调用识别时间对比

高亮度环境下，尽管图像可能出现过曝的情况，模型依然能够准确地检测到叶片病害。在中等亮度环境下模型识别效果最佳。

（a）健康，原图　（b）健康，高亮度　（c）健康，低亮度

（d）花叶病，原图　（e）花叶病，高亮度　（f）花叶病，低亮度

（g）锈病，原图　（h）锈病，高亮度　（i）锈病，低亮度

图 3-39　DETR 模型对不同亮度图像的识别结果

病斑的尺寸与病害的严重性密切相关。对不同尺寸和数量的病斑的识别结果如图 3-40 所示，无论病斑大或小、多或少，都可以准确检测出。

3. 基于微信小程序的果树数据采集与病害诊断服务系统开发

随着移动互联技术的快速发展，利用移动终端进行作物数据与信息采集在农业领域得到了广泛应用。实时数据传输已成为精细农业管理、农业物联网等应用的关键组成部分。当前

（a）花叶病，病斑多

（b）花叶病，病斑少

（c）锈病，病斑多

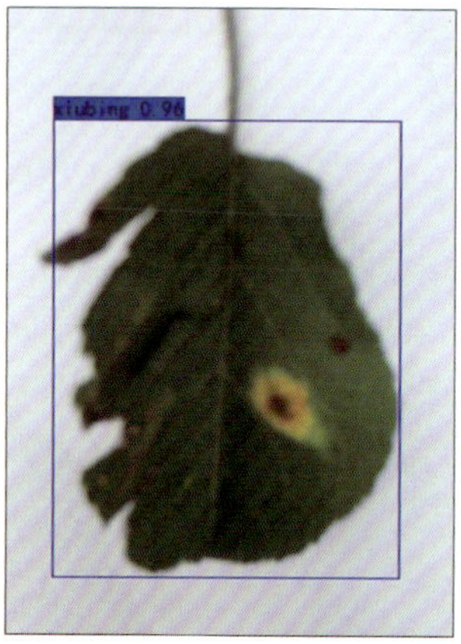

（d）锈病，病斑少

（e）锈病，病斑大

（f）锈病，病斑小

图 3-40　DETR 模型对不同发病程度图像的识别结果

市场上的数据拍摄设备主要分为专业定制数据采集设备、单反相机和智能手机 3 种类型。专业定制数据采集设备和单反相机在精度和像素方面具有明显优势，能够有效减少曝光等环境的影响，但是这些设备成本较高，携带和使用不便，数据传输过程烦琐且效率较低。相比之下，智能手机作为现代生活中不可或缺的工具，经过多代产品的发展，其像素和数据传输速度已完全满足实际需求。同时，智能手机的便捷性显著提高了数据采集系统的实用性。在农业信息化的背景下，云服务成为农业生产和精细管理的重要支撑。微信小程序结合阿里云服务器能够实现高效可靠的云服务，因此，陈暖采用上述 DETR 模型开发了基于微信小程序的果树数据采集与病害诊断服务系统。

基于微信小程序的果树数据采集与病害诊断服务系统采用多层架构设计，可实现用户交互、业务逻辑处理以及数据传输、存储和访问等功能。系统架构如图 3-41 所示。

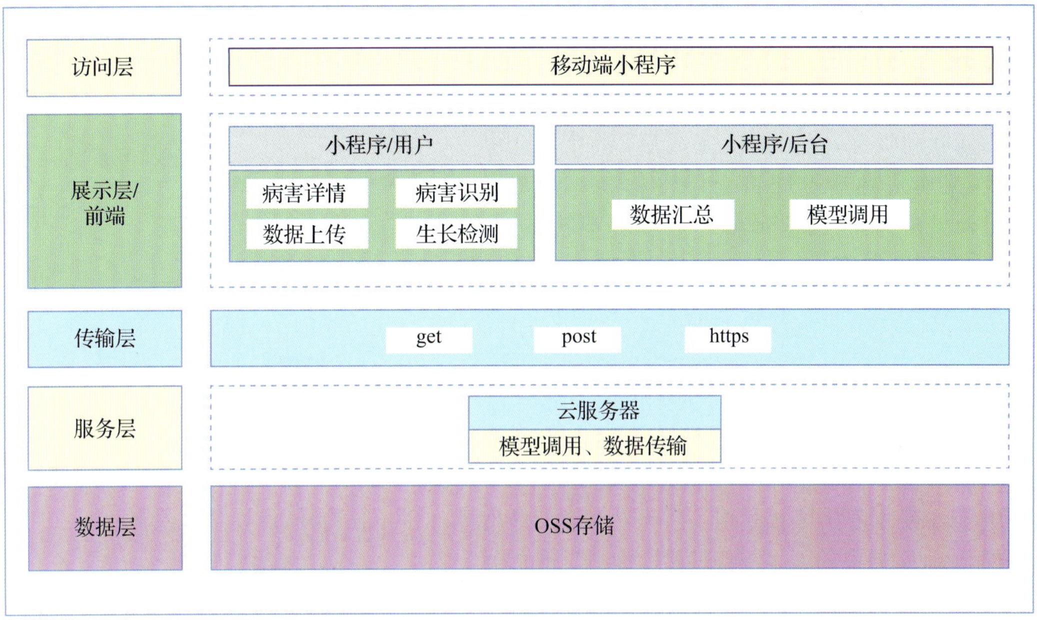

图 3-41　基于微信小程序的果树数据采集与病害诊断服务系统架构图

采用智能手机拍摄图像，通过微信小程序上传至云服务器，通过云服务器配置 Nginx 实现 https 传输请求，调用 Flask 框架部署的深度学习模型进行识别，识别结果反馈到小程序端展示，如图 3-42 所示。

（a）识别界面　　（b）识别结果界面

图 3-42　基于微信小程序的果树数据采集与病害诊断服务系统病害识别界面

3.3.3 香蕉枯萎病遥感检测方法

香蕉是世界上最大的单子叶草本植物之一，由于茎秆高大结实，经常被误认为是树。实际上香蕉类似于树干的部位，是由紧密排列的叶鞘包裹形成的假茎，而所有的地上部分都来自土壤中的球茎(图 3-43)。在香蕉发育过程中会不断生长出新叶和吸芽，直到抽蕾完成后，新叶才会停止生发，果实成熟后母株将会慢慢枯萎。香蕉通常以无性繁殖为主，根据种植环境和吸芽状态，选择保留 1～2 个吸芽，在适当时间对吸芽进行分株并砍掉母株的冠，假茎中剩余的营养物质供给吸芽生长。

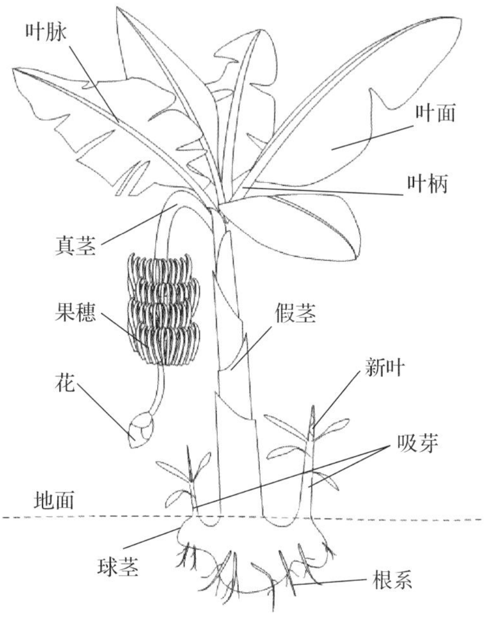

图 3-43　香蕉植株示意图

香蕉是主要经济作物之一，但病害的频发严重影响香蕉产业的发展。香蕉枯萎病是由尖孢镰刀菌引起的土传真菌病害，目前无有效的治疗手段。由于香蕉枯萎病传播迅猛，且无法治愈，感染枯萎病后需及时地对染病程度进行准确、动态的评估，以便在香蕉种植管理中做出最佳决策，尽可能减少经济损失。传统的病害识别方法通常为有经验的人员通过症状识别来确定，费时费力，且调查结果很大程度上取决于个人经验。由于香蕉种植面积普遍较大，人工调查也难以保证病害的时空评估精度。因此，及时、准确、大尺度地监测香蕉枯萎病的染病及扩散情况，显得尤为重要。张诗敏[14]以香蕉枯萎病为识别对象，基于无人机平台采集不同染病阶段的多光谱图像，探索香蕉枯萎病的光谱特征(包括波段反射率和植被指数)，评估支持向量机(support vector machine, SVM)、随机森林(random forest, RF)、反向传播神经网络(back propagation neural networks, BPNN)、逻辑回归(logistic regression, LR)等监督学习方法对不同染病阶段图像的分类性能，确定不同染病阶段的最佳分类方法和策略。

1. 遥感数据采集及地面调查

选择位于广西崇左的一处商业香蕉种植园进行监测。该香蕉园于 2018 年下半年开始一代香蕉苗的种植，种植品种为威廉姆斯 B6，苗距和行距均为 2.5 m，生长周期为 10～12 个月，可长至 3～5 m 高。2019 年统计得到的该区域的种植密度约为 1 600 株/hm^2，产量约为 54.42 t/hm^2。到 2020 年 8 月，香蕉已经繁衍至第三代，此时已出现了明显的枯萎病症状。为尽量保持果园产量，种植园增加了每株香蕉的有效吸芽，每株保留 2 个吸芽来弥补因枯萎病被移除的空缺，一定程度上提高了种植密度。然而，由于枯萎病的快速传播，2020 年统计发现该区域种植密度仅增长至 2 070 株/hm^2，而产量却下降至 49.50 t/hm^2。

在天气晴朗、无风、无云的 2020 年 7 月 14 日(染病早期)和 8 月 23 日(染病晚期)，利用无人机进行两次航拍，共采集 3 300 张多光谱图像和 680 张 RGB 图像。航拍时，相机镜头垂直向下，飞行高度为 60 m，飞行速度为 4.5 m/s，航向重叠度和旁向重叠度均为 85%。多光谱图像和 RGB 图像的地面分辨率(ground sample distance, GSD)分别为 0.042 9 和 0.009 8 m。

无人机遥感数据采集完成后，同步进行地面真值调查。由经验丰富的农民对每株香蕉的染病情况进行评估。由于枯萎病从根部开始发病，并逐渐向上感染叶片，染病的香蕉叶片会出现明显变黄甚至枯萎的症状。将冠层叶片黄化面积超过10％的香蕉植株认定为枯萎病染病植株，其他则认定为健康植株。另外，还有部分严重染病的香蕉植株已被农户移除，这些香蕉的位置也被记录，方便后期生成染病趋势分布图。

2020年7—8月，广西高温高湿，香蕉枯萎病迅速蔓延，染病区域不断扩大。2020年7月17日进行第一次地面调查时，因重度感染被移除的有352株，染病139株；2020年8月25日进行第二次地面调查时，新增移除158株，染病146株，其中新增移除的植株大部分是第一次地面调查时的染病植株。两次调查共发现795个染病点，使用实时动态定位（real-time kinematic，RTK）方法对所有样本的地理坐标进行了精确测量，坐标系采用GCS_WGS_1984、UTM_Zone_48N。

2. 遥感图像预处理

使用Pix4Dmapper对航拍图像进行拼接，使用ENVI 5.5和ArcGIS 10.7进行预处理，包括辐射和地理校正、裁剪、背景去除、数据集制作等。

首先，根据4张标准反射率帆布的反射率信息，选择ENVI中的“经验线”方法进行辐射校正。然后，根据5个地面控制点的信息，使用“Image to Map”功能进行几何校正；选择一阶多项式变换方法作为校正模型，采用最近邻算法进行图像重采样；采用RF算法剔除暴露的土壤和阴影。预处理后的多光谱图像从原来的404 MB减小到约350 MB。坐标系重置为GCS_WGS_1984、UTM_Zone_48N。最后，基于地面调查数据和RGB遥感图像的颜色信息，对健康和染病冠层进行手动标记。感染枯萎病的香蕉叶片呈现明显的黄褐色，因此以不规则的多边形标出染病的冠层区域，制作感染枯萎病数据集。对健康香蕉的冠层进行随机标记生成健康数据集。处理后的正射图像和地面病害分布情况如图3-44所示。

以约2∶1的比例将研究区域划分为训练集区和测试集区。两次航拍的训练集和测试集的基本信息如图3-44和表3-11所示。

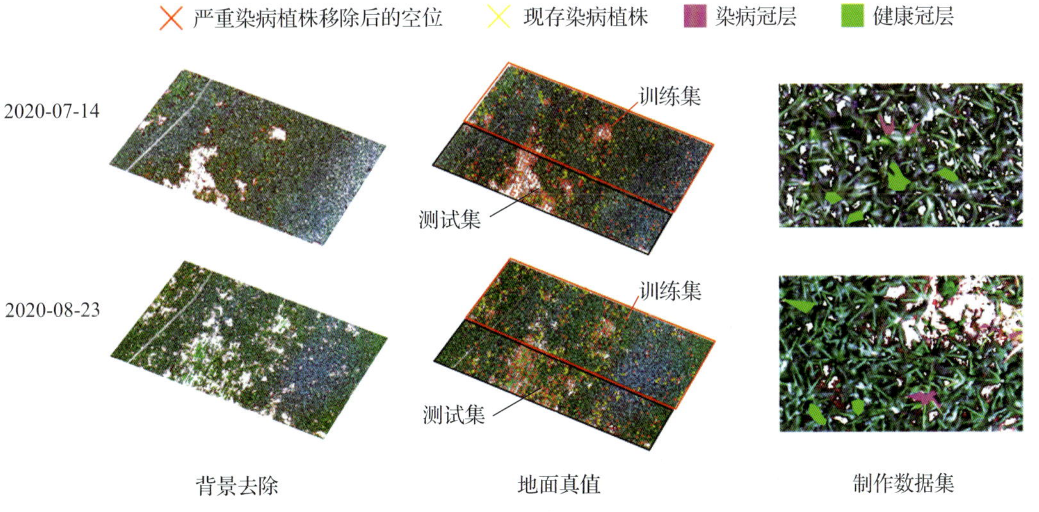

图3-44　香蕉枯萎病无人机遥感图像预处理结果

表 3-11　训练集和测试集的样本分布

数据集	类别	2020-07-14		2020-08-23	
		样本数	样本像素	样本数	样本像素
训练集	染病	96	21 644	98	62 507
	健康	84	23 901	95	61 923
测试集	染病	43	16 803	48	32 035
	健康	55	13 966	51	32 501

3. 香蕉冠层光谱特征分析

健康和染病香蕉冠层的光谱反射率如图 3-45 所示。从箱形图中可以看出，大多数波段两类别之间都有小部分区域重叠，其中红光和近红外波段之间差异显著，但在蓝光和红边波段差异较小。8 月各波段的反射率分布区间比 7 月要宽，说明随着病情的发展，光谱特征呈现出更多的变化。图中虚线表示平均反射率，能清楚地看到染病类别在可见光区域的反射率高于健康类别，但在近红外区域的反射率低于健康类别。

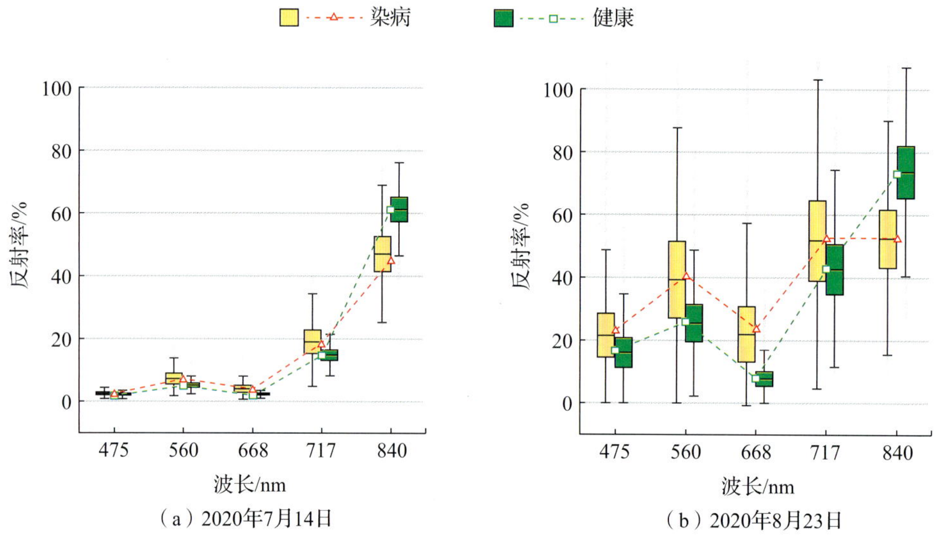

图 3-45　不同阶段健康和染病区域的光谱反射率

4. 香蕉枯萎病分类模型对比

将 2 个时期不同波段组合的图像分别作为模型输入，一种是可见光(三波段)图像，包括蓝光、绿光和红光图像；另一种是包括蓝光、绿光、红光、红边波段和近红外波段在内的 5 个波段(五波段)的图像，分别建立 SVM、RF、BPNN 和 LR 分类模型，其像素尺度的分类结果如表 3-12 所示。

从表 3-12 可以看出，五波段图像的 OA(overall accuracy，整体精度)均超过 96%，Kappa_coef 均超过 0.93，而三波段图像的 OA 仅大于 88%，Kappa_coef 大于 0.77；2 个时期 SVM、RF 和 BPNN 模型的 2 种输入的结果非常相似，五波段图像的 OA 约为 97%，三波段图像的 OA 约为 94%；LR 的 OA 明显较低，尤其是对于三波段图像，OA 不到 89%。

表 3-12　SVM、RF、BPNN 和 LR 像素尺度的识别精度

数据采集时间	输入	项目	SVM			RF			BPNN			LR		
			准确率/%	召回率/%	F-score	准确率/%	召回率/%	F-score	准确率/%	召回率/%	F-score	准确率/%	召回率/%	F-score
2020-07-14	三波段可见光图像	染病	99.07	90.61	0.95	96.80	92.73	0.95	95.51	95.30	0.95	99.96	79.27	0.88
		健康	89.55	98.95	0.94	91.50	96.23	0.94	94.37	94.61	0.94	79.70	99.96	0.89
		OA/%		94.35			94.30			94.99			88.56	
		Kappa_coef		0.89			0.89			0.90			0.77	
	五波段多光谱图像	染病	98.39	96.30	0.97	98.10	96.95	0.98	97.89	97.07	0.97	99.29	93.93	0.97
		健康	95.57	98.06	0.97	96.30	97.69	0.97	96.51	97.48	0.97	93.14	99.19	0.96
		OA/%		97.09			97.28			97.25			96.32	
		Kappa_coef		0.94			0.95			0.95			0.93	
		RE 和 NIR 波段对 OA 的贡献/%		2.74			2.98			2.26			7.76	
2020-08-23	三波段可见光图像	染病	93.66	96.15	0.95	87.83	96.42	0.92	93.50	95.68	0.95	99.70	78.30	0.88
		健康	96.12	93.61	0.95	96.47	86.83	0.91	95.99	93.44	0.95	82.40	99.77	0.90
		OA/%		94.87			91.59			94.55			89.13	
		Kappa_coef		0.90			0.83			0.89			0.78	
	五波段多光谱图像	染病	95.95	98.12	0.97	95.95	97.37	0.97	95.64	97.71	0.97	98.08	95.04	0.97
		健康	98.11	95.94	0.97	97.72	95.95	0.97	98.04	95.61	0.97	95.27	98.17	0.97
		OA/%		97.02			96.66			96.65			96.62	
		Kappa_coef		0.94			0.93			0.93			0.93	
		RE 和 NIR 波段对 OA 的贡献/%		2.15			5.07			2.10			7.49	

所有模型在 Inter Core i9-9900X CPU、NVIDIA GeForce RTX 2080 Ti GPU 和 64 GB RAM 的计算机配置下进行训练。精度最高的 SVM 模型训练时间最长，约 245 min；BPNN 模型和 RF 模型的训练时间分别约为 31 和 22 min，比 SVM 模型短得多，并且具有与 SVM 模型相似的分类性能；LR 模型的训练时间最短，仅需要 2 min，但精度也低。

从图 3-46 和图 3-47 的分类结果空间分布图可以发现，虽然大多数模型分类精度非常接近，但是病害的空间分布存在较大差异。基于五波段图像的 SVM、RF、BPNN 和 LR 模型生成的空间分布图非常相似，但基于三波段图像则不然。同一时期的分类模型，LR 模型识别出的染病像素要少得多，BPNN 模型在 7 月识别出的染病像素过多。总体而言，在 7 月和 8 月，尤其是在 7 月，五波段模型比三波段模型识别出的染病像素更多。

进一步统计五波段模型分类结果，各类别的像素数量和面积如表 3-13 所示。所有模型在 7 月识别出的染病面积都比 8 月大。其中，SVM 和 RF 模型识别出的染病面积相似，7 月和 8 月分别大约有 33%和 32%的研究区域识别为染病；BPNN 模型识别出的染病面积最大，7 月为36.88%，8 月为 33.13%；LR 模型识别出的染病面积最小，7 月为 28.13%，8 月为 26.88%。综上所述，BPNN 和 LR 模型的分类结果差异较大，SVM 和 RF 模型的分类结果较稳定。

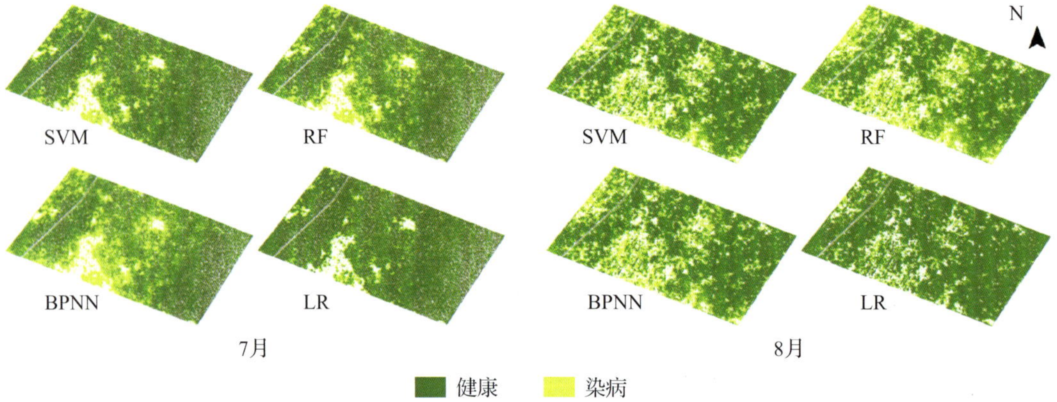

图 3-46 基于三波段图像的 SVM、RF、BPNN 和 LR 模型得到的空间分布图

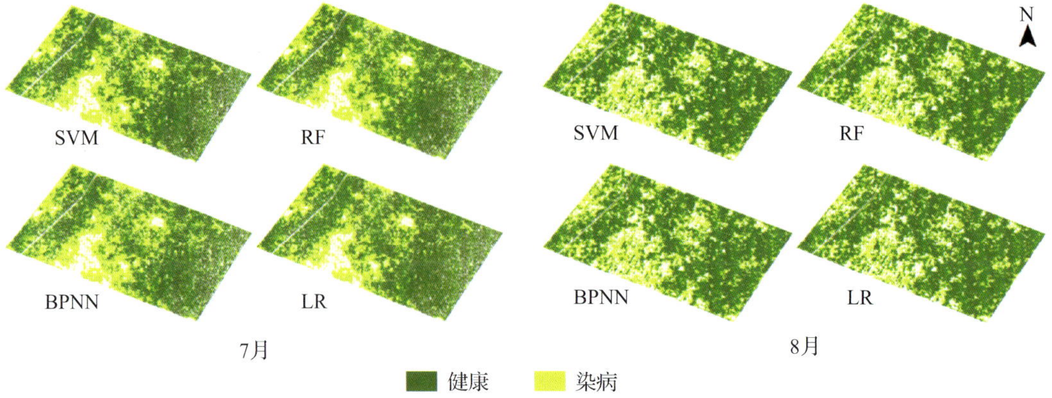

图 3-47 基于五波段图像的 SVM、RF、BPNN 和 LR 模型得到的空间分布图

表 3-13　基于五波段图像的 SVM、RF、BPNN 和 LR 模型得到的各类别面积

模型	类别	2020-07-14			2020-08-23		
		像素数	面积/hm^2	占研究区面积比例/%	像素数	面积/hm^2	占研究区面积比例/%
SVM	染病	2 780 478	0.53	33.13	2 724 278	0.52	32.50
	健康	4 336 422	0.83	51.88	4 810 415	0.91	56.88
RF	染病	2 798 059	0.53	33.13	2 685 407	0.51	31.88
	健康	4 374 251	0.83	51.88	4 849 286	0.92	57.50
BPNN	染病	3 114 152	0.59	36.88	2 800 873	0.53	33.13
	健康	4 058 158	0.77	48.13	4 733 820	0.90	56.25
LR	染病	2 359 306	0.45	28.13	2 282 519	0.43	26.88
	健康	4 757 502	0.91	56.88	5 252 174	1.00	62.50

为了更直观地评估分类性能，在 ArcGIS 中使用空间核密度分析方法[15]生成了真实染病植株密度分布图，根据邻域内病害分布的空间关系计算密度特征。将基于五波段图像的 SVM 和 RF 模型识别的染病像素叠加在真实核密度分布图上，结果如图 3-48 所示。可以看出，识别出的染病像素主要集中在严重感染区域，与地面实际病害分布高度一致。

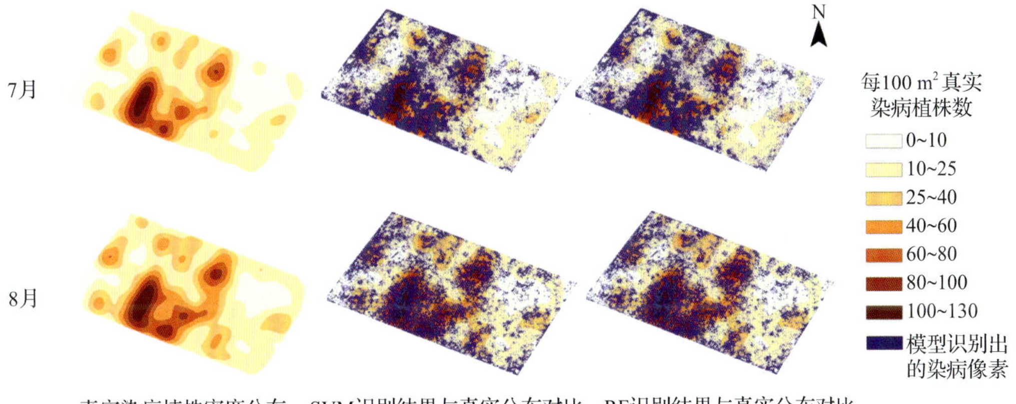

图 3-48　SVM 和 RF 模型识别结果与枯萎病真实分布对比

五波段模型的输入变量中多了红边和近红外波段，OA（超过 96%）比三波段模型（超过 88%）高，单就整体精度而言提高幅度并不十分显著。但是，在图 3-46 和图 3-47 的分类结果中可以发现更多细节。例如，五波段模型比三波段模型识别出了更多的染病像素，尤其是在 7 月。三波段模型的分类依据是图像的颜色特征，而五波段模型中增加的红边和近红外波段可以捕捉到病害的非颜色特征，因此五波段模型可以在一定程度上识别出更多的染病冠层。

此外，训练时间对于模型评估也很重要。较长的训练时间会增加调整模型参数的成本，因此研究人员希望在优化模型时以较少的训练时间实现更高的分类精度。但在实践中很难做到两全，因此需要根据用户的需求来寻求平衡。SVM 和 RF 模型都具有相对稳定的分类精度，RF 模型需要的训练时间更少，而 SVM 模型的训练时间是 RF 模型的 11 倍，因此认为 RF 模

型是实现大面积香蕉枯萎病监测的最佳方法。

3.4 作物病虫害检测与精细作业技术

病虫草害的化学防治是重要的农业生产技术，同时也是最主要、最有效的防治手段，在保证国家粮食产量及安全方面发挥着重要作用。农业生产过程中的植保作业仍以手工及半机械化操作为主，存在管理粗放、用药过量的问题。精细施药技术是农业生产中化学防治的发展方向，其基本原理是根据农作物对象的不同特征信息实时地改变喷药量，实现按需施药。精细施药技术主要分为 2 类，一类是基于实时传感器的变量施药技术（sensor based variable rate treatment，SB-VRT），另一类是基于作业处方图的变量施药技术（map based variable rate treatment，MB-VRT）[16]。

精细施药技术通过先进的导航系统和高清晰度摄像头，能够精确定位目标区域，将药物准确释放到需要喷药的地方，减少药物的浪费，提高喷洒效率；能够根据具体需求进行调整，灵活更换药液，满足不同作物的防治需要，进一步提高农田作物的植保效果。此外，无人机等设备的自主飞行能力和智能化操作系统，可以在避开障碍物的同时完成喷药任务，减少操作员的风险，提高安全性。综上所述，精细施药技术通过提高喷洒精度、效率、安全性和适应性，以及减少药物浪费和对环境的负面影响，为农业生产提供全面的保障，是现代农业发展的重要支撑。

3.4.1 基于二维激光雷达的果树在线探测与对靶变量喷药

在基于机器视觉和红外传感器探测果树位置的基础上实施对靶变量喷药，虽然能够减少过量喷药，但忽略了果树的厚度和枝叶疏密程度等个体性差异。基于超声传感器的果树探测技术在识别果树有无的基础上，能同时获取果树的网格化体积和疏密程度等特征信息，提高果树探测的精度，但获得的果树外形轮廓特征比较粗放，且受环境因素影响较大，超声传感器的多传感器阵列形式的探测精度有待进一步提高。基于二维激光雷达的果树探测技术能够依据测距点云数据获取大量的树冠特征信息，与其他探测技术相比具有更高的探测精度，并且受气候和其他环境因素的影响很小。因此，蔡吉晨等开展了基于二维激光雷达的果树在线探测与对靶变量喷药系统研究[17-19]。

1. 基于二维激光雷达的果园对靶变量喷药机工作原理

如图 3-49(a)所示，喷药机通过二维激光雷达对两侧果树冠层进行实时探测，根据果树冠层特征以及喷药机行驶速度进行对靶变量喷药。二维激光雷达为德国 SICK 公司的 LMS111-10100 型，其高度方向扫描范围为−45°～225°。为适当减小控制系统的实时运算量，提高系统响应速度，仅对−45°～45°及 135°～225°范围内的测距数据进行处理，探测区域如图 3-49(b)所示，为两果树行之间的各半侧果树区域。

为排除低矮位置处杂草等物体对果树冠层检测的干扰，根据果园实际情况设定起始检测高度（H_0）。将果树冠层在高度方向上按一定的高度差（ΔH）划分成若干等份（网格），网格数量与单侧喷头数量一致。如图 3-49(a)所示，默认喷药机作业时始终沿行间中心线行驶，作业前根据树行宽度设定探测距离，以适用不同的行间距。喷药机运动过程中，每移动一个网格宽度（W）的距离，左、右两侧果树冠层将分别被划分成一组网格，由控制系统根据冠层网格体积模型实时计算网格组中各个网格的体积，再结合喷药机行驶速度以及变量喷药模型，计算出各个网格所需要的施药量。作业前将二维激光雷达与喷头之间的距离(L)设定为延时喷雾距离，变量喷药机作业时按照先探测后喷药的作业方式，当喷头移动过距离 L 到达对应的探测位置时，控制系统按照对应网格所需施药量对电磁阀进行 PWM 控制，实时调节每一路喷头的流量，达到精细施药的目的。

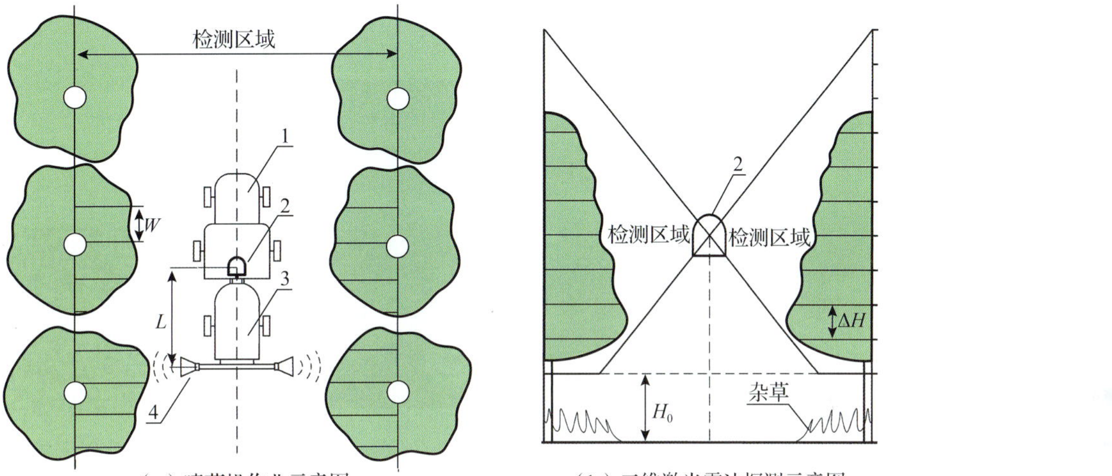

(a) 喷药机作业示意图　(b) 二维激光雷达探测示意图

1. 拖拉机　2. 二维激光雷达　3. 喷药机　4. 喷头

图 3-49　基于二维激光雷达的果园对靶变量喷药机作业原理示意图

2. 基于二维激光雷达的果园对靶变量喷药机结构

基于二维激光雷达的果园对靶变量喷药机包括喷药控制系统及喷雾系统，其总体结构如图 3-50 所示。喷药控制系统由上位机、二维激光雷达、数据分配器、流量控制器及测速装置等

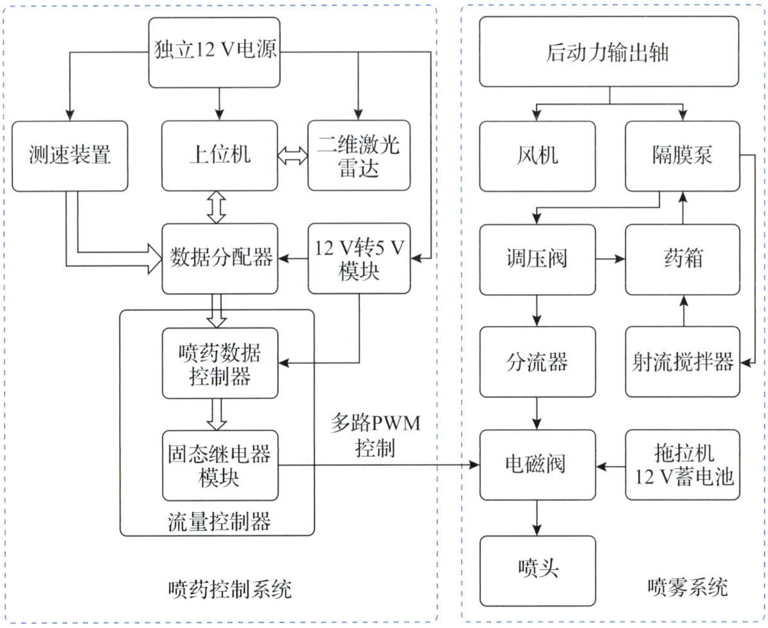

图 3-50　基于二维激光雷达的果园对靶变量喷药机总体结构框图

组成，各组成部分在喷药机上的安装位置如图 3-51 所示。二维激光雷达安装于喷药机前端支架上，用于探测两侧果树的冠层特征信息，并将产生的测距数据通过网口实时发送给上位机。测速装置安装于喷药机一侧车轮上，用于实时采集喷药机行驶速度信息。上位机安装于拖拉机驾驶位置的一侧，用于各项喷药作业参数设定，冠层网格体积计算、显示及存储，同时根据获取的冠层特征信息与喷药机行驶速度信息，控制喷雾系统实现对靶变量喷药。喷雾系统位于喷药机后端，有 2 排共 20 路独立控制的喷头，可对两侧果树进行施药作业。

1. 上位机　2. 二维激光雷达　3. 数据分配器及流量控制器　4. 喷头
5. 电磁阀　6. 测速装置　7. 电源控制器

图 3-51　基于二维激光雷达的果园对靶变量喷药机实物图

对靶施药

喷药控制系统结构如图 3-52 所示。二维激光雷达扫描周期为 20 ms，分辨率为 0.5°，单次检测能够获取 270°范围内的 541 个单点测距数据。蔡吉晨等提出了果树冠层网格划分方法以及网格化体积模型，需测量亚网格体积。速度传感器选用 LJ12A3-4-Z/AX 型电感式接近开关，当喷药机前进时，测速装置实时向数据分配器发送脉冲信号，每移动一个亚网格宽度的距离，

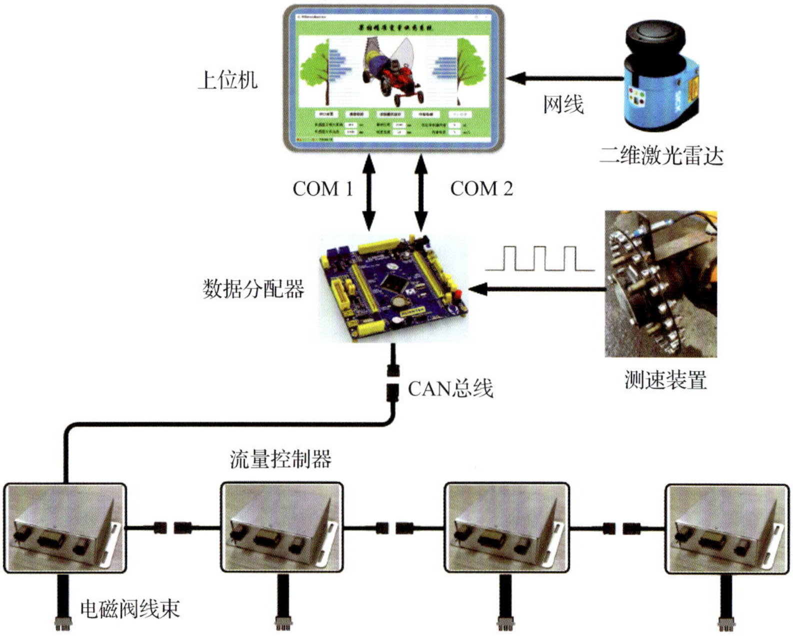

图 3-52　喷药控制系统结构示意图

数据分配器将接收到一定数量的脉冲信号，进而通过 COM 1 向上位机发送一个触发信号，提示上位机向二维激光雷达发送单次扫描指令完成单次检测。二维激光雷达、上位机、测速装置及电磁阀均需要 12 V 直流电源，数据分配器及流量控制器需要 5 V 直流电源。为了避免电磁阀频繁启停对电路中其他元器件供电的影响，使用拖拉机 12 V 蓄电池为电磁阀供电，其他元器件通过独立的 12 V 电源供电，并通过控制系统电源控制器集中管理。

系统控制软件的主要功能包括通信参数及作业参数的设置，串口和网口数据的发送及接收，各网格体积的实时显示及存储，各网格喷雾量及各喷头对应的 PWM 占空比的计算，施药数据的延时发送等。当上位机接收到测距数据后，根据果树冠层网格体积模型计算喷药机两侧树行各一组不同高度上的果树冠层的亚网格体积。当累计计算一组网格体积后，再根据接收到的触发信号解算喷药机的当前行驶速度，由变量喷雾模型得到每个网格体积所需的喷雾量数据以及每一路电磁阀的 PWM 占空比。将各路 PWM 占空比组合成喷药数据，通过串口下发给数据分配器。数据分配器接收到喷药数据后，将其拆分成 4 组，通过 CAN 总线分别发送给流量控制器。流量控制器对各组喷药数据解析后，通过固态继电器模块对电磁阀进行 PWM 控制，最终实现对喷雾量的变量控制。

3. 对靶变量喷药机喷药性能试验

喷药机喷雾覆盖率均匀性试验于 2017 年 9 月 5—7 日在北京市昌平区小汤山国家精准农业研究示范基地内进行。环境温度 18.5℃，空气湿度 56%，风速 3.8 m/s。试验对象为 3 棵冠层体积差异较大的樱桃树，株距约 2 m，3 棵樱桃树的树高及树冠平均宽度分别为：树 1 高 2.1 m，宽 1.6 m；树 2 高 1.7 m，宽 1.3 m；树 3 高 2.6 m，宽 2.4 m。

以果树面向喷药机的一侧为前侧，分别在每棵果树树冠靠近上部（上）、下部（下），左右两侧靠前位置（左、右）、前后位置（前、后），以及树冠中心位置（中）布置雾滴采样点。用水敏纸检测雾滴分布，水敏纸的尺寸为 30 mm×70 mm，雾滴粒径扩散系数为 1.8。为验证变量喷药机的对靶喷雾性能，根据 3 棵果树的位置关系，分别在树 1 与树 2 之间及树 1 与树 3 外侧放置竹竿，在不同高度处布置雾滴采样点。为防止二维激光雷达经过时探测到竹竿而造成喷头误喷，将各竹竿放置在树行靠后 0.2 m 的位置处。果树、竹竿及水敏纸位置如图 3-53 所示。

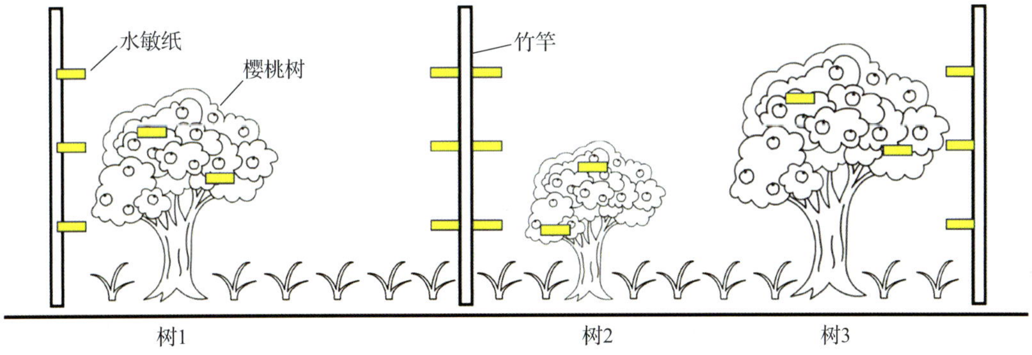

图 3-53　果树、竹竿及水敏纸位置示意图

根据果树树冠的尺寸，将二维激光雷达至果树行的检测距离设定为 2 m，二维激光雷达距地面的安装高度为 1.5 m，起始检测高度设定为 0.5 m。高度方向上划分网格数为 10 个，网格

高度为 250 mm，这两项参数在上位机程序中为固定值。喷雾器两侧各安装 10 个锥形喷头，喷药机至果树行的喷雾距离确定后，计算喷药机各喷头的安装角度并对喷头进行调整。各喷头位置及安装角度如表 3-14 所示。

表 3-14　喷药机各喷头位置及安装角度

项目	喷头序号									
	1,11	2,12	3,13	4,14	5,15	6,16	7,17	8,18	9,19	10,20
喷头高度/mm	750	860	970	1 080	1 220	1 380	1 530	1 650	1 800	1 940
喷头间距/mm	870	870	870	800	700	610	520	430	340	250
安装角度/(°)	−4.5	1.0	5.5	10.0	13.5	16.0	19.0	22.0	24.0	26.5

试验使用的拖拉机为约翰迪尔 404 拖拉机，喷雾系统风机转速为 540 r/min，喷雾压力通过手动调压阀调节为 0.6 MPa。各喷头的流量模型为对应压力下的测试结果。

为验证网格宽度对喷雾效果的影响，将网格宽度分别设置为 140、210 和 280 mm，在 1.0 m/s 的行驶速度下对树 1 进行喷药。二维激光雷达与喷头之间的距离实际测量值为 2.5 m，根据喷药延时控制精度试验结果，为提高对靶喷药精度，根据网格宽度的变化相应调整延时喷雾距离补偿，3 种网格宽度时二维激光雷达与喷头之间的距离分别设定为 2 430、2 360 及 2 290 mm，每个网络宽度下的喷药试验分别重复 3 次，试验结果取平均值。

在同样的试验条件下，使用同一型号的果园喷药机以 1.4 m/s 的行驶速度进行喷雾作业，作为对照组，与变量喷药机的试验结果进行对比。对照组喷药机两侧各 11 个喷头，将最低的喷头关闭，其余各喷头的安装位置与变量喷药机一致。对照组的拖拉机型号、各喷头角度、喷雾压力、风机转速、喷药机至果树行的喷雾距离等试验条件及作业参数均与变量喷药机保持一致，0.6 MPa 压力下喷头流量为 1.4 L/min。对照组喷药机和变量喷药机均只对有果树的一侧喷药，另一侧喷头关闭。

使用北京农业智能装备技术研究中心研发的雾滴沉积分析系统(iDAS)对水敏纸扫描图片进行分析，如图 3-54 所示，可以得到雾滴覆盖率、沉积点数、沉积点密度等反映喷雾效果的数据。雾滴覆盖率指水敏纸上雾滴沉积面积与水敏纸总面积的比值。雾滴沉积点密度指水敏纸上 1 cm^2 内沉积点的个数，《植物保护机械　通用试验方法》(JB/T 9782—2014)中规定风送喷雾作业中有效防治的沉积点密度不低于 20 个/cm^2。

图 3-55 是不同网格宽度时树 1 各采样位置雾滴覆盖率，从图中可以看出，在不同的网格宽度下，变量喷药机对树 1 各位置处产生的雾滴覆盖率均明显低于常规喷药机。同时由图 3-56 可以看出，树 1 冠层上各位置处的雾滴沉积点密度均大于 20 个/cm^2，达到了对果树病虫害进行有效防治的要求。以上结果表明变量喷药机能够在提供充足的施药量的前提下，大幅度降低果园施药作业中农药过量喷施的现象。

仍以树 1 为例，从图 3-55 可以看到，各采样位置 3 次重复试验的雾滴覆盖率均值在不同的网格宽度下没有明显的变化，随网格宽度增大，雾滴覆盖率均值的标准偏差有所增加，表明雾滴覆盖率的均匀性下降。网格宽度变大，二维激光雷达两次扫描的间距变大，探测到的树冠特征信息减少，采样点对应的施药量差异性增大，即雾滴覆盖率的差异性增大。树 1 前、中、后 3 个位置的雾滴覆盖率逐渐降低，且后侧雾滴覆盖率明显低于果树上其他各位置，表明相对致

（a）水敏纸雾滴覆盖效果示例

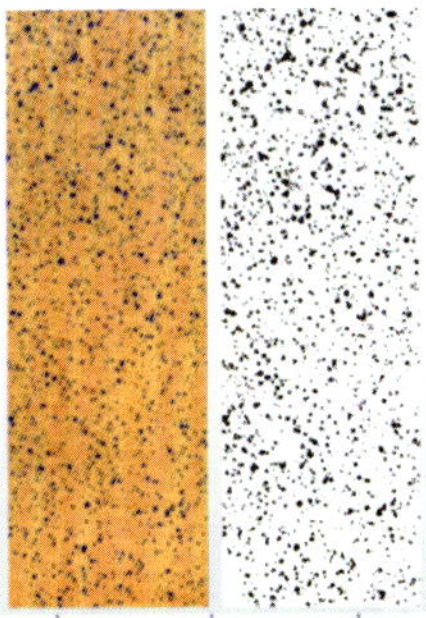

DV.1	175 μm	DV.5	262 μm	DV.9	394 μm
~DV.1 点数	207 deposits	DV.1~DV.5点数	369 deposits	DV.5~DV.9点数	120 deposits
覆盖率	8.78%	沉积面积	1.16 cm2	图像面积	13.26 cm2
沉积点数	705 deposits	沉积点密度	53.2 deposits/cm2	沉积量密度	0.35 μL/cm2

（b）雾滴沉积分析结果示例

图 3-54　水敏纸雾滴覆盖效果及软件分析结果

密的果树冠层对气流及雾滴的阻挡作用较为明显，雾滴在背对喷药机一侧的沉积量大幅衰减。对照组雾滴覆盖率远高于变量喷药机组数据，表明变量喷药机能够在提供充足施药量（沉积点密度不低于 20 个/cm^2）的前提下，大幅度减少农药过量喷施的现象。此外，变量喷药机在树 1 两侧无树冠位置的雾滴覆盖率明显低于常规喷药机，表现出较好的对靶喷药精度，有效地减少了农药浪费。

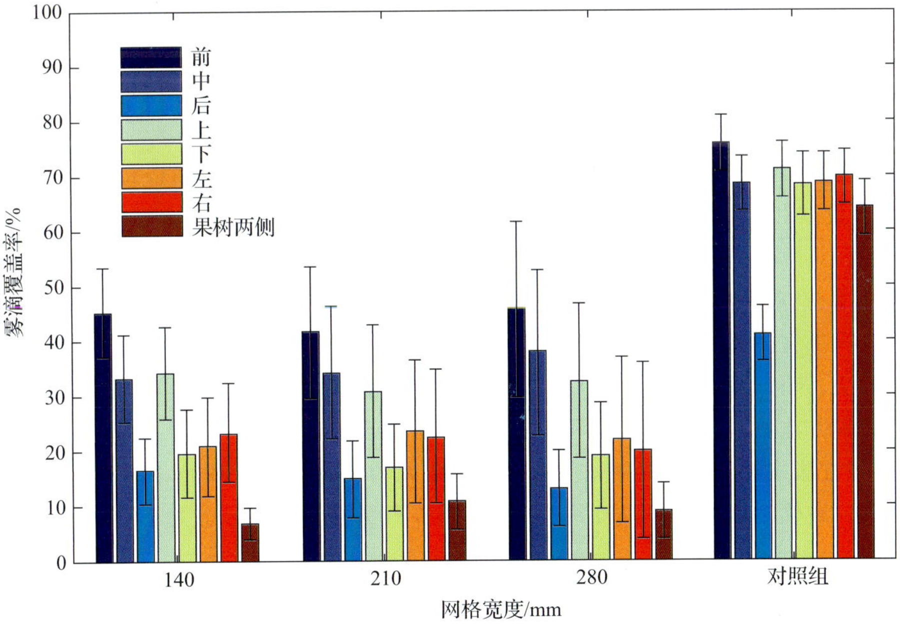

图 3-55　不同网格宽度下树 1 各采样位置雾滴覆盖率

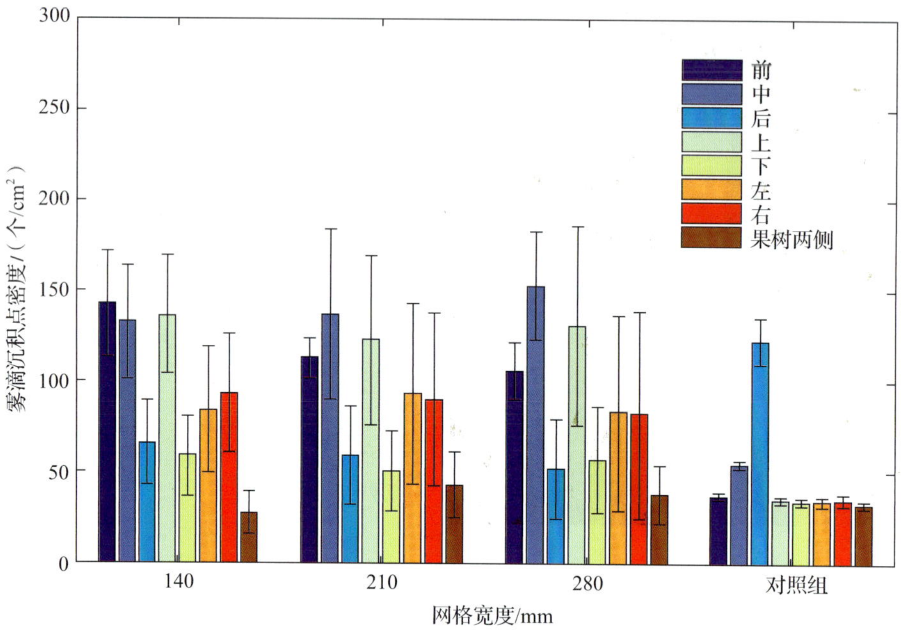

图 3-56　不同网格宽度下树 1 各采样位置雾滴沉积点密度

3.4.2　基于 LAI 与雾滴沉积量的植保无人机施药决策模型

近年来，我国农业航空产业发展迅速，植保无人机因作业效率高、成本低等特点，以及对山地、水田、高秆和果园作物适用性好，成为应对大面积突发病虫草害的重要方式之一。植保无人机被广泛应用的同时，与之相关的一系列问题也随之出现。最突出的问题就是无人机施药参数设置没有科学指导，很多无人机操作者在设置参数时具有很强的主观性，其结果是可能导致农药无法准确沉积在作物冠层，影响防治效果。此外，植保无人机的作业场所为室外大田或果园，其环境动态变化会对施药效果造成影响，根据环境变化实时调整施药参数对于保障施药质量至关重要。针对上述情况，郝子源[20]引入强化学习算法，运用自适应动态规划的思想，基于 LAI 监测数据和雾滴沉积量预测结果，开展施药决策模型研究，以达到动态指导施药参数设置的目的。

1. 理论雾滴沉积量

在进行病虫害防治时，传统的施药决策方法多是以改变农药用量为主，确定农药用量通常依据 5 种方法，即种植面积方法、冠层高度方法、叶壁面积方法、树行体积方法和最优覆盖度方法。种植面积方法不考虑植物种类和生长状态，不属于精细施药。冠层高度方法、叶壁面积方法、树行体积方法多针对木本植物，适用于冠层高大的植物。粮食作物多为草本植物，部分作物冠层低矮。最优覆盖度方法以叶片为分析对象，不受冠层整体形态大小限制，更适合用于草本植物。

Gil 等提出了基于 LAI 和靶标作物上的雾滴沉积量计算农药用量的方法(即最优覆盖度方法)[21]。雾滴沉积量是评价喷雾质量的关键指标，因此以最优雾滴沉积量作为目标确定施药策略。农药产品标签通常会给出推荐用量(标签农药用量)，以标签农药用量为单位面积目标用量，根据最优覆盖度方法的公式可以推导出有效理论雾滴沉积量，为施药决策提供雾滴沉积量参照标准，进而给出最优施药参数组合。计算有效理论雾滴沉积量的公式如下：

$$V_{\mathrm{D}}=\frac{V_{\mathrm{T}}}{2\times \mathrm{LAI}}\times E\times 10^{-2} \quad (3\text{-}1)$$

式中：V_{D} 为靶标作物上有效理论雾滴沉积量，μL/cm^2；V_{T} 为标签农药用量，L/hm^2；LAI 为施药地块的叶面积指数；E 为农药利用效率，即靶标作物上雾滴沉积量总量占施用农药量的比例。考虑到所建立的决策模型要保证作物冠层有足够的雾滴沉积量以确保农药防治效果，理论上假设所有农药雾滴都沉积在靶标作物上，因此将 E 设置为 1。

2. 植保无人机施药雾滴沉积量预测模型

雾滴沉积量预测是建立施药决策模型的重要环节，因此建立准确的雾滴沉积量预测模型非常重要。雾滴沉积量为单位面积上沉积雾滴的体积或重量，在航空施药中雾滴沉积量会受到许多因素的影响，如施药参数（喷雾流量、喷药时间、雾滴粒径和农药用量）、无人机操作参数（施药高度和施药速度）、气象因素（湿度、温度和风速），以及液体性质（液体类型和浓度），因此雾滴沉积量的预测难度较大。郝子源引入 CNN 算法，借助人工智能算法的推理优势解决雾滴沉积量的预测问题，为植保无人机施药决策的建立提供数据基础，也为无人机施药质量的低成本检测提供模型支持。

以小麦为研究对象。首先通过对雾滴沉积量相关影响因素的分析，初步确定 1D-CNN 模型结构，然后通过试验对 1D-CNN 模型进行分析改进，对模型参数进行完善，建立准确性较高的雾滴沉积量预测模型。

小麦田试验在山东省泰安市的商业小麦种植区进行。使用极飞 P20 植保无人机进行施药作业，采用 SHT35 温湿度传感器采集环境温湿度信息，采用风速传感器记录环境风速信息。另外，使用 Phantom 4 无人机拍摄小麦俯视图，使用光照传感器获取环境光照信息，使用水敏纸获取实际的雾滴沉积量信息。在小麦的起身期、拔节期、孕穗期和抽穗期进行试验。为了全面获取雾滴在整个小麦冠层的沉积情况，在每株小麦上选择 3 个采样点，将水敏纸裁剪后分别布置在小麦冠层的上、中、下层，以 3 个采样点的平均值为雾滴沉积量的实测值。由于小麦叶片狭长，无法将传感器布置在叶片上，将由温湿度传感器和风速传感器组成的环境气象信息传感器采样节点布置在采样点附近。

选择喷头初始雾滴粒径、无人机施药速度、无人机施药高度和农药用量作为试验变量因素，因素和水平组合设计如表 3-15 所示。采用全因子试验设计，每次试验有 900 组参数组合，全部试验共获取 3 600 组数据，划分为 3 个子集，3 200 组为训练集，200 组为验证集，200 组为测试集。

表 3-15　小麦田试验因素水平表

因素	水平					
	1	2	3	4	5	6
初始雾滴粒径/μm	105	120	135	150	165	—
无人机施药速度/(m/s)	2	3	4	5	6	7
无人机施药高度/m	1	2	3	4	5	—
农药用量/(L/hm^2)	6	9	12	15	18	21

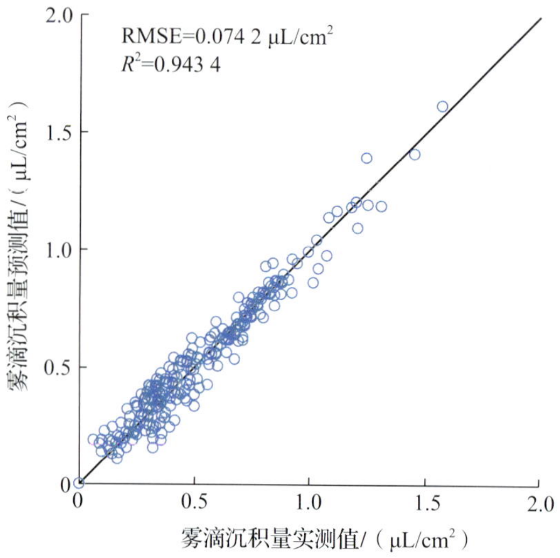

图 3-57 植保无人机施药雾滴沉积量 1D-CNN 预测模型测试结果

利用训练集数据训练植保无人机施药雾滴沉积量 1D-CNN 预测模型。模型的输入数据集由 9 个变量组成，分别为作物 LAI、作物生长天数、初始雾滴粒径、无人机施药速度、无人机施药高度、农药用量、风速、喷雾前环境温度、喷雾前环境湿度。使用测试集 200 组数据对训练好的 1D-CNN 模型进行雾滴沉积量预测测试，结果如图 3-57 所示，$R^2=0.943\ 4$，表明建立的模型满足决策模型中施药前雾滴沉积量预测的要求。

3. 植保无人机施药决策模型

基于 Actor-Critic 神经网络结构的强化学习算法结合了策略梯度和函数逼近的优点，可以根据当前环境状态精准生成决策。该算法由评价网(critic network)和执行网(actor network)构成。执行网基于输出的动作概率选择执行行为，评价网基于执行网的行为判断分数，执行网进而根据评价网的分数修改输出的动作概率。Actor-Critic 神经网络结构可以在同一步骤中进行更新，并实现快速收敛。因此采用基于 Actor-Critic 神经网络结构的强化学习算法建立植保无人机施药决策模型，不断调整施药参数，使预测雾滴沉积量接近理论雾滴沉积量。为了实现农药减量的目标，施药决策模型最终给出满足雾滴沉积量要求前提下的最小农药用量和对应的初始雾滴粒径、无人机施药速度和无人机施药高度等参数的设置建议。

模型输入可表示为

$$\boldsymbol{i}_{\mathrm{d}}=[L,\ N,\ T,\ H,\ W]^{\mathrm{T}} \tag{3-2}$$

式中：L 为 LAI；N 为小麦生长天数；T 为环境温度，℃；H 为环境相对湿度，%；W 为环境风速，m/s。

模型输出可表示为

$$\boldsymbol{o}_{\mathrm{d}}=[q,\ d,\ v,\ h]^{\mathrm{T}} \tag{3-3}$$

式中：q 为最小有效农药用量，L/hm²；d 为初始雾滴粒径，μm；v 为无人机施药速度，m/s；h 为无人机施药高度，m。

决策建立过程如图 3-58 所示。利用田间试验得到的数据(框 A)建立雾滴沉积量 1D-CNN 预测模型，同时利用检测到的地块叶面积指数和标签农药用量，基于最优覆盖度方法计算理论雾滴沉积量(框 B)，最后以靶标作物的预测雾滴沉积量无限接近靶标作物的理论雾滴沉积量为目标，应用基于 Actor-Critic 神经网络结构强化学习算法的植保无人机施药决策模型，得到最小有效农药用量、无人机施药高度、无人机施药速度和初始雾滴粒径等关键作业参数(框 C)。

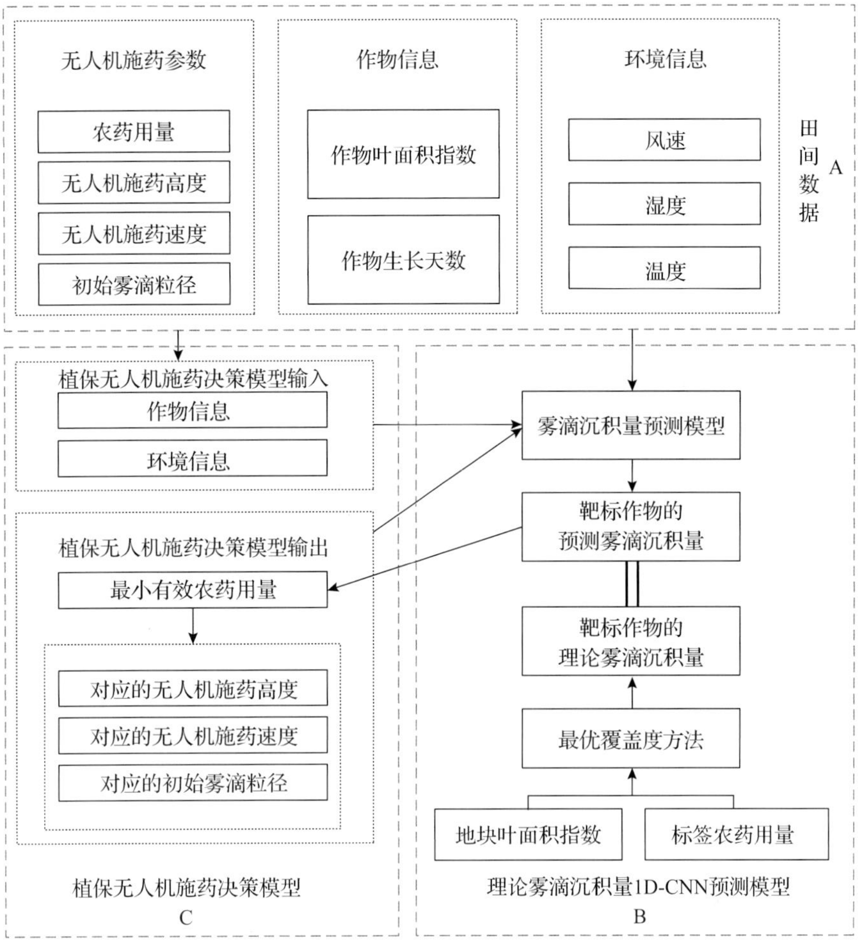

图 3-58　植保无人机施药决策模型框图

4. 基于 LAI 与雾滴沉积量的植保无人机施药决策模型试验验证

在山东省泰安市的商业小麦种植区进行试验验证。试验包括两项任务，任务 1 是获取足够建模的数据集，建立决策建模数据库；任务 2 是进行施药对比，以评估决策模型指导下的施药效果。试验在小麦拔节期前期、拔节期后期、孕穗期和抽穗期 4 个生长时期进行。试验地块分布如图 3-59 所示，任务 1 在 5 个地块进行，5 个地块种植不同品种的小麦，分别为鲁源 502、山农 27、邯麦 19、济麦 22 和中麦 9 号；5 个地块均被分为 6 个等面积的区域，编号为 A、B、C、D、E、F。任务 2 在 3 个地块进行，分别为决策参数施药地块、传统参数施药地块和空白对照地块，小麦品种均为鲁源 502，在小麦扬花期进行。

在任务 2 中，在决策参数施药地块，根据地块大小将植保无人机的喷幅设置为 3 m，按照小麦垄向划分出 63 个施药小区，根据不同的 LAI 实现变量施药，使用决策模型给出的施药作业参数喷洒 5%阿维菌素悬浮剂进行小麦红蜘蛛防治。在传统参数施药地块，无人机喷幅设置为 3 m，按照小麦垄向划分出 53 个施药小区，按照植保无人机操作人员的习惯，使用传统的单参数组合(无人机施药高度为 2 m，速度为 7 m/s，初始雾滴粒径为 110 μm，农药用量为 15 L/hm^2)进行施药作业，同样使用 5%阿维菌素悬浮剂进行小麦红蜘蛛防治。在空白对照地块则不做任何处理。为了评估任务 2 中的虫害防治效果，在施药前和施药后第 1 天、第 3 天、

（a）任务1地块　　（b）任务2地块

图 3-59　任务地块分布

第 7 天对 3 个地块进行调查。

获取任务 2 中决策参数施药地块 63 个施药小区的 LAI，得到整个地块的 LAI，如图 3-60 所示。决策参数施药地块的 LAI 值在 1.4～5.0 之间，整个地块的平均 LAI 为 3.24。将整个地块的平均 LAI 输入最优覆盖度方法，用于计算理论雾滴沉积量，作为决策评价标准。

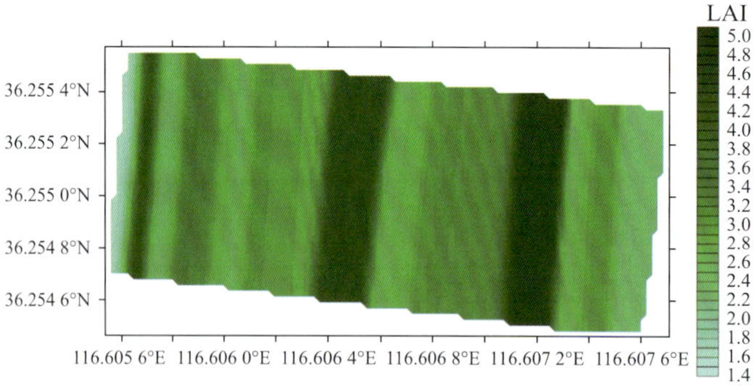

图 3-60　决策参数施药地块的 LAI 分布图

图 3-61 为决策参数施药地块农药用量、无人机施药高度、无人机施药速度和初始雾滴粒径等作业参数分布图。从图 3-61(a)可以看出，LAI 较低的小区，农药用量也较低。对于整个决策参数施药地块而言，一共用药 26.493 L，平均农药用量为 12.901 L/hm^2。与传统参数施药地块农药用量(15 L/hm^2)相比，使用施药决策模型推荐的作业参数施药，农药用量可以减

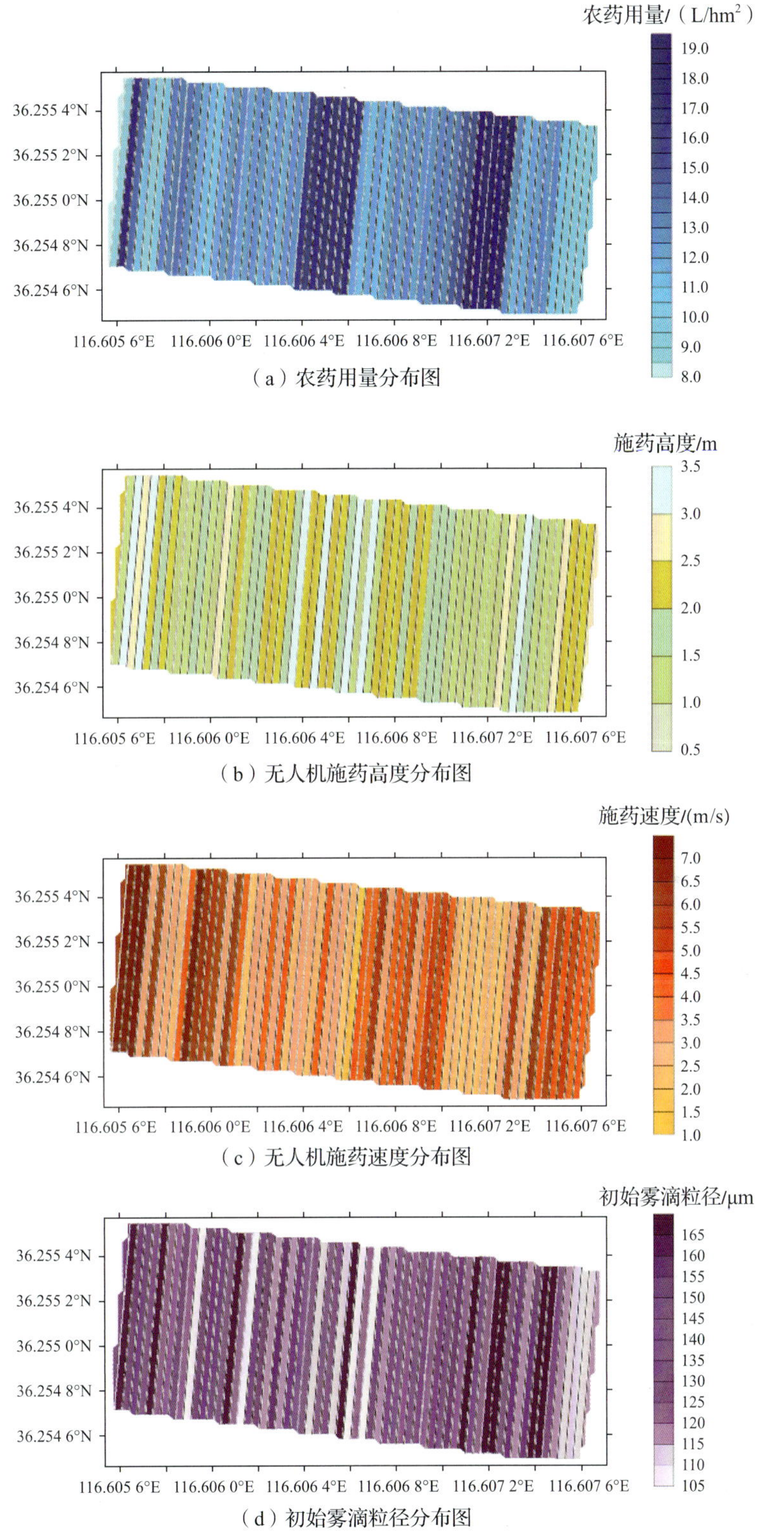

（a）农药用量分布图

（b）无人机施药高度分布图

（c）无人机施药速度分布图

（d）初始雾滴粒径分布图

图 3-61　植保无人机施药决策模型推荐的施药作业参数分布图

少 14%。该结果表明，施药决策模型可以实现减少农药用量的目的。

从图 3-61(b)中可以发现，施药决策模型给出的施药高度集中在 1～3 m，处于较低的高度水平，这说明无人机施药时，施药高度低可以获得更好的施药效果。如图 3-61(c)所示，模型给出的施药速度集中在 2～4 m/s，处于中等水平。从图 3-61(d)没有发现初始雾滴粒径有明显的规律，模型给出的雾滴粒径范围在 105～165 μm，与已有研究相符合，在理想范围内。

决策参数施药地块和传统参数施药地块的平均雾滴沉积量统计如表 3-16 所示，两个地块的雾滴沉积量虽然相差不大，但是，两个地块总体的平均雾滴沉积量与理论雾滴沉积量的 RMSE 值反映出决策参数施药地块的雾滴沉积量与标准雾滴沉积量之间的偏差更小。同时，决策参数施药地块的雾滴沉积量地面损失比传统参数施药地块更小。决策参数施药地块和传统参数施药地块的雾滴沉积均匀性(同一水平面不同采样点雾滴沉积量的变异系数)和雾滴穿透性(同一采样点不同高度雾滴沉积量的变异系数)统计如表 3-17 所示，可以看出，在决策参数施药地块中，小麦叶片上的雾滴沉积量比传统参数施药地块更加均匀。总体来说，依据施药决策模型推荐的参数施药，在减少农药用量的同时，雾滴在植株上的沉积均匀性也更好，地面损失更小，既改善了施药沉积效果，又减轻了农药对于土壤的污染。

表 3-16　决策参数施药地块和传统参数施药地块的平均雾滴沉积量统计表　　μL/cm²

地块	平均雾滴沉积量						RMSE
	冠层总体	冠层上层	冠层中层	冠层下层	叶片背面	地面	
决策参数施药地块	0.019	0.027	0.016	0.014	0.012	0.006	0.002
传统参数施药地块	0.022	0.030	0.015	0.021	0.012	0.009	0.009

表 3-17　决策参数施药地块和传统参数施药地块的雾滴沉积均匀性和雾滴穿透性统计表　　%

地块	雾滴沉积均匀性						雾滴穿透性
	冠层总体	冠层上层	冠层中层	冠层下层	叶片背面	地面	
决策参数施药地块	8.8	29.8	34.9	41.1	38.3	54.4	29.6
传统参数施药地块	40.9	42.1	39.2	43.6	52.6	52.5	28.4

3.4.3　基于云平台的植保无人机与植保作业管理

与传统手动施药器械、背负式机动器械和拖拉机悬挂式植保机械的作业模式相比，应用植保无人机施药具有机动灵活与可大面积规划作业的特点，可以改善工作条件，提高施药作业效率并提升规模化种植和管理水平。为了满足植保无人机在农业领域推广应用的需要，并提高植保作业管理水平，保障无人机安全与植保作业效率，利用并集成 4G/5G 和智能化技术，杨泽等研发了基于 Web 的植保无人机与植保作业管理及植保无人机飞行状况远程监视系统[22-24]。

3.4.3.1　植保无人机监管平台设计与开发

植保无人机监管平台拓扑结构如图 3-62 所示，利用 Django 框架技术搭建系统。系统基于网络运行于远端服务器(B)和客户端(S)，使用 B/S 结构；无人机的飞行信息通过 4G 模块实时回传到服务器，服务器通过一个 Socket 接口接收数据。系统分为 7 个模块，如图 3-63 所示，分别为用户管理、无人机管理、植保作业管理、作业边界管理、数据接收、基于百度地图的飞行轨迹可视化、网络服务接口模块。

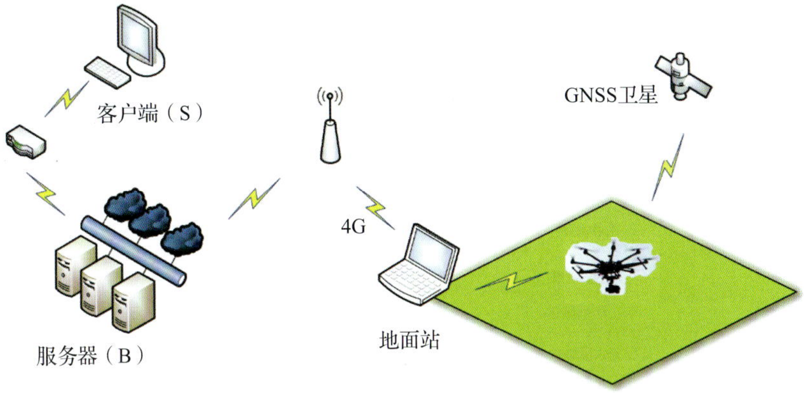

图 3-62 植保无人机监管平台拓扑结构

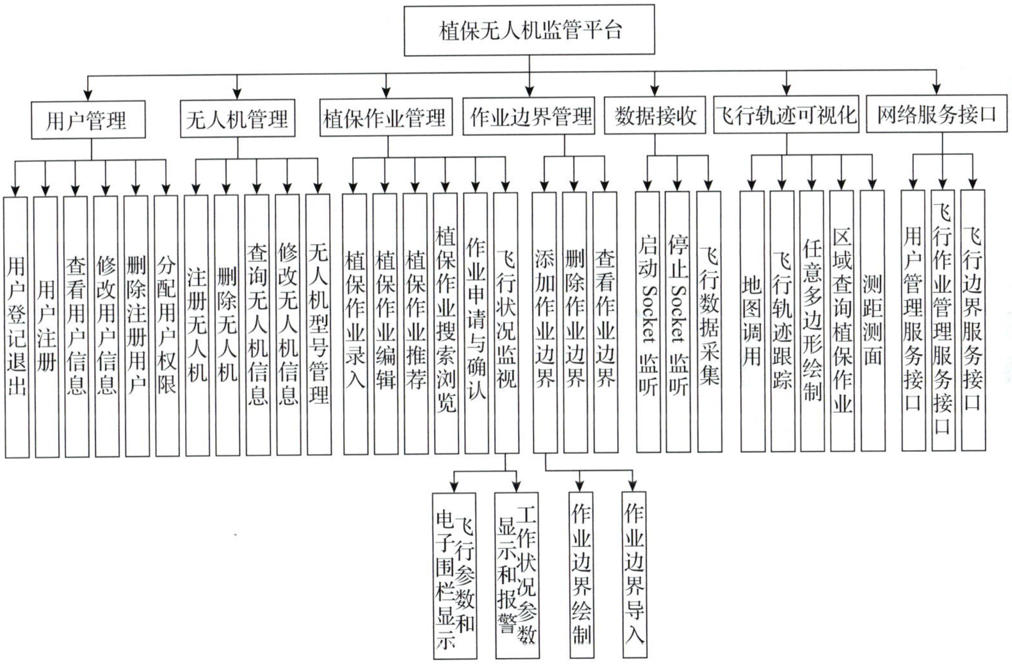

图 3-63 植保无人机监管平台功能模块划分

系统使用 Python 语言编写，引入百度地图 API(application programming interface，应用程序接口)，在地图上实现无人机飞行轨迹的可视化。植保无人机接收到 GNSS 数据后，通过电台回传到植保现场的地面站，经地面站初步处理后，通过 4G 模块发送到服务器 Socket 接口。服务器接收并处理数据后，将其存储到数据库。用户访问系统，可看到植保无人机飞行的实时和历史轨迹。

植保无人机飞行轨迹与植保作业边界可视化页面如图 3-64 所示。植保作业用户可以在自己的作业列表中选择某作业的某无人机，查看其执行作业的情况。地图上白底蓝边的多边形框为植保作业边界，褐色的折线为无人机飞行轨迹，蓝色的小飞机图标表示无人机的最新位置。该页面可以查看无人机的具体参数、无人机所有的历史飞行记录点，飞行时长如果超过一定时间将被分段，用不同的颜色显示；系统每隔一段时间就向服务器发起请求，查询是否有最新数据，如果有，小飞机图标将动态移动，数据查询时间间隔可以用地图左下方的按钮动态调整；将鼠标悬停在某一个飞行记录点上，可以查看该记录点的具体信息，包括经纬度、时间、高度等。此外还有电子围栏、越界检测功能。

图 3-64　飞行轨迹与作业边界可视化界面

为了辅助植保无人机智慧作业管理，作业用户发布了自己的植保作业后，无人机用户可以在系统中查询并申请植保作业。由于植保作业具有地理位置属性，因此系统根据我国行政区划筛选植保作业。全网作业筛选与查询页面可以显示所有未开始和进行中的植保作业，无人机用户可以根据省、市、区三级行政区划来筛选植保作业，查找感兴趣的植保作业，查看该作业的具体信息，如作业类型、植物类型、作业状态、详细地址，并在地图上显示该作业的位置及边界。

3.4.3.2　植保无人机安全作业电子围栏

在植保无人机飞行监视方面，除了飞行轨迹可视化，还有必要对无人机飞行越界情况实施自动化监视及预警,以确保植保无人机飞行在允许的范围之内。

1. 电子围栏算法

电子围栏采用面向对象方法设计,集成在植保无人机飞行监视系统中,监视系统在监视无人机飞行轨迹的同时,调用电子围栏算法进行越界检测。该算法利用JavaScript语言在前端页面上实现,借助百度地图API实现越界预警信息的可视化,使用JQuery实现网页端的Ajax操作,每秒从服务器获取一次最新数据。

电子围栏算法由3部分组成:动态安全边界生成算法、基于射线法的无人机越界检测算法以及越界预警算法(表3-18)。

表3-18 电子围栏算法列表

算法名称	算法用途	核心方法
动态安全边界生成算法	生成安全边界,完成电子围栏计算	一般多边形内缩算法
越界检测算法	计算无人机与边界的相对位置	射线法
越界预警算法	检测无人机是否有越界趋势	射线与线段相交算法

植保无人机电子围栏算法步骤如下:

①获取作业边界的GNSS坐标,生成多边形对象polygon。

②由安全边界生成算法,根据polygon生成安全边界polygon_s。安全边界polygon_s为作业边界polygon的同心等比缩小多边形。

③获取植保无人机至少前后两个时间段、两个位置的GNSS位置数据。

④采用射线法判断植保无人机与作业边界polygon、安全边界polygon_s的相对位置。如果植保无人机在安全边界之内,则无须预警;如果植保无人机在作业边界之外,则已越界,提示异常;如果植保无人机在两个边界之间,则计算出无人机可能越界的位置,若无人机位置与可能越界的位置之间的距离小于警戒距离,则发出预警。

2. 安全边界的生成及越界预警

系统每秒接收一次无人机飞行的最新位置数据,电子围栏算法也每秒运行一次。计算无人机是否有越界趋势的核心,是判断无人机当前位置与可能越界位置之间的距离是否小于警戒距离,小于则发出越界预警。显然,只有当无人机靠近边界飞行时,才可能小于警戒距离,才可能有越界的趋势。因此,引入了安全边界的概念,即按照作业边界生成的同心等比缩小的多边形。农用地块边界多为不规则多边形,可能为凸多边形,也可能为凹多边形,但不会是自交多边形。为了设计出普遍适合一般多边形的内缩算法,使用了平行线算法,即在线段的某一侧,隔特定距离生成一条平行线。把该算法扩展到多边形上,即在顺时针或逆时针方向上,在多边形的每一条边都应用该算法,得到多边形每一条边的平行线,然后把相邻的边的平行线产生的交点连接起来,即得到内缩多边形。如图3-65所示,蓝色外框为北京市海淀区某种植园的作业边界,蓝色内框为生成的安全边界。

当无人机飞行于作业边界与安全边界之间时,需要判断无人机是否有越界趋势并及时给出预警。越界预警算法的思想是,首先找到无人机飞行轨迹延长线与作业边界的交点,然后计算无人机与交点的距离,如果该距离小于警戒距离,说明无人机有越界趋势,则发出越界预警。其核心是计算射线与线段是否会相交。

安全边界能够根据无人机的飞行速度动态重构。无人机保持匀速飞行时，安全边界不变。当无人机加速飞行时，越界的可能性增大，对应的安全边界就缩小，算法生成新的安全边界，之前的安全边界作废。

但是生成安全边界的计算量较大，速度每改变一次就重新生成一次安全边界的话，可能导致系统性能降低。此处采用阶梯式模型，仅当速度改变超过一定阈值时，才更新安全边界的内缩距离并重新生成安全边界。

电子围栏系统的安全边界屏蔽了大部分不需要进行越界预警的情况，提升了电子围栏的效率。

图 3-65　电子围栏边界示意图

参考文献

[1] 鲁军景，孙雷刚，黄文江. 作物病虫害遥感监测和预测预警研究进展[J]. 遥感技术与应用，2019，34 (1)：21-32.

[2] Zhang J C，Huang Y B，Pu R L，et al. Monitoring plant diseases and pests through remote sensing technology：A review[J]. Computers and Electronics in Agriculture，2019，165：104943.

[3] 黄文江，张竞成，师越，等. 作物病虫害遥感监测与预测研究进展[J]. 南京信息工程大学学报(自然科学版)，2018，10(1)：30-43.

[4] 李震，李佳盟，王楠，等. 基于轻量化改进模型的小麦白粉病检测装置研发[J]. 农业机械学报，2023，54(S2)：314-322.

[5] 李震. 作物病害特征识别与成像检测系统研发[D]. 北京：中国农业大学，2024.

[6] 王楠. 接触式作物叶部光谱成像检测系统研发[D]. 北京：中国农业大学，2024.

[7] 王楠，李震，李佳盟，等. 智能型作物植株叶绿素检测系统设计与开发[J/OL]. 农业机械学报(网络首发)：1-13(2023-09-12)[2023-10-06]. http://kns. cnki. net/kcms/detail/11. 1964. S. 20230911. 2037. 048. html.

[8] 刘国辉. 便携式多光谱荧光成像作物长势检测系统研发[D]. 北京：中国农业大学，2023.

[9] 郭亚，朱南阳，夏倩，等. 中国农业物联网及“互联网＋农业”进展[J]. 世界农业，2018 (7) ：202-209.

[10] 张源. 基于端边云协同的小麦蚜虫监测系统研发[D]. 北京：中国农业大学，2024.

[11] 李鑫星，朱晨光，白雪冰，等. 基于可见光谱和支持向量机的黄瓜叶部病害识别方法研究[J]. 光谱学与光谱分析，2019，39(7)：2250-2256.

[12] 王宇迪. 基于成像感知的苹果叶片病害胁迫检测研究[D]. 北京：中国农业大学，2022.

[13] 陈暖. 基于可见光成像感知的苹果植株长势诊断与移动服务系统开发[D]. 北京：中国农业大学，2023.

[14] 张诗敏. 基于多光谱遥感图像的亚热带作物病害监测和产量预测[D]. 南宁：广西大学，2022.

[15] Silverman B W. Density Estimation for Statistics and Data Analysis[M]. New York: Chapman and Hall, 1986.

[16] Berk P, Hocevar M, Stajnko D, et al. Development of alternative plant protection product application techniques in orchards based on measurement sensing systems[J]. Computers and Electronics in Agriculture, 2016,124:273-288.

[17] 蔡吉晨. 基于二维激光雷达的果树在线探测方法及对靶变量喷药技术研究[D]. 北京:中国农业大学,2018.

[18] Cai J C, Wang X, Song J, et al. Development of real-time laser-scanning system to detect tree canopy characteristics for variable-rate pesticide application[J]. International Journal of Agricultural and Biological Engineering, 2017, 10(6):155-163.

[19] Cai J C, Wang X, Gao Y Y, et al. Design and performance evaluation of a variable-rate orchard sprayer based on a laser-scanning sensor[J]. International Journal of Agricultural and Biological Engineering, 2019, 12(6): 51-57.

[20] 郝子源. 基于多源信息融合和机器学习的航空施药决策模型与关键技术研究[D]. 北京:中国农业大学,2023.

[21] Gil E, Escolà A. Design of a decision support method to determine volume rate for vineyard spraying[J]. Applied Engineering in Agriculture, 2009, 25(2): 145-151.

[22] 杨泽. 植保无人机安全飞行管理技术与植保作业推荐算法研究[D]. 北京:中国农业大学,2018.

[23] 杨泽,郑立华,李民赞, 等. 基于 R 树空间索引的植保无人机与植保作业匹配算法[J]. 农业工程学报,2017,33(S1):92-98.

[24] 杨泽,郑立华,李民赞,等. 基于射线检测算法的无人机植保作业电子围栏设计[J]. 农业机械学报,2016,47(S1):442-448.

第 4 章

作物表型信息智能感知与处理技术

4.1 大田作物表型研究

植物表型是植物基因组在其生命周期内与周围环境相互作用的结果。到 2050 年，全球人口预计将达到 100 亿，随之而来的是粮食安全问题[1]。除了人口增长之外，气候和环境(例如水资源短缺和土壤肥力差)的变化也将加剧粮食安全问题。此外，耕地面积正在逐渐减少。应对这些问题，迫切需要培育抗性品种，提高粮食产量。

作物表型观测是作物育种的基础。传统上表型信息获取主要依靠人工观察，主观性强、效率低且成本高，缺少快速、准确、客观、低成本地收集表型信息的方法。近年来电子学、计算机科学和传感技术已开始逐渐应用于表型测量研究，促进表型测量和分析的智能化发展。

远程和近端传感技术都已用于高通量表型研究。遥感可用于大范围的田间表型分析，但图像分辨率较低，且一些关键信息(例如穗数和穗粒数)难以获得。此外天气条件(例如多云)可能会阻碍图像采集，卫星重访时间可能会导致关键表型信息丢失。近端传感技术的数据采集效率虽然比遥感低，但比人工方法高得多。此外，遥感只能收集冠层信息，无法获取冠层内部的信息，而地面近端传感技术可以获取冠层及冠层内部的信息，因此地面表型检测平台及配套传感器成为近些年的研究热点。

地面表型检测平台按照工作方式可以分为固定式平台和移动式平台，按照应用场景可以分为室内平台和室外平台。平台上搭载用于获取作物表型参数的传感器，一般获取二维图像或者三维点云。基于 RGB、多/高光谱、热成像和荧光传感器的二维成像技术，利用植物在不同光谱带的吸收和反射特性来提取相关表型参数。基于激光雷达和立体相机的三维成像技术可以获得点云和深度信息，可以用来在虚拟空间中重建植物三维模型，获取作物三维尺寸信息。

表型测量技术可以大量快速地测量作物的表型参数，通过大数据、人工智能等方法进一步挖掘基因和表型之间的内在联系，发现更多高抗、高产、优质的基因，提高培育新品种的效率和质量。

4.1.1 大田玉米表型研究

玉米是世界上三大主粮作物之一，在全球广泛种植，培育高产、优质、高抗的玉米品种，对保障全球粮食安全至关重要。玉米形态表型参数可以有效反映玉米植株的生长发育情况和产量信息，是描述玉米植株生长状况、活力和产量的重要指标，对玉米高产、优质、高抗育种有重要意义。因此,快速、高效、准确地测量玉米形态表型参数对玉米优质育种、科学种植、智慧管理、产量预测至关重要。苗艳龙、仇瑞承等以田间种植的京农科 728 和农大 84 玉米植株为研究对象,使用地基激光雷达获取不同种植密度、不同生长期的玉米植株点云数据,对玉米植株点云单株分割方法、茎叶分割方法和形态表型参数测量方法进行研究[2,3]。

4.1.1.1 玉米形态学表型参数测量[2]

玉米的株高、茎粗等形态学表型参数与玉米长势、产量、光合作用和抗倒伏能力等有着密切的关联,可用于评估玉米生长状况,对培育高产玉米品种至关重要。传统的玉米形态学表型参数测量方法费时费力且存在主观误差,也无法实现连续监测。激光雷达具有受外界光照影响小、采集速度快、数据分辨率高等优点,被广泛应用于作物形态学参数的高通量测量。

1. 数据采集

玉米三维点云数据采集试验在北京市海淀区中国农业大学上庄实验站开展。玉米于 2019 年 5 月 21 日种植,品种为紧凑型品种京农科 728 和平展型品种农大 84。种植小区共 8 个,每个小区种植 1 个玉米品种,2 个玉米品种交替种植,所有小区长均为 9.6 m,1、2、5、6 号小区宽 7.2 m,种植 3 行;3、4、7、8 号小区宽 9.6 m,种植 4 行。小区内种植行间距为 2.4 m,株间距为 1.2 m,每行种植 9 株玉米。

玉米点云数据采集日期为 2019 年 6 月 14 日(V5 生长期)、6 月 24 日(V7 生长期)、7 月 4 日(V9 生长期)和 7 月 12 日(V11 生长期),处于玉米拔节期和小喇叭口期。使用 Trimble TX8 地基激光雷达采集不同玉米品种植株的点云数据,采集时间为 7:00—9:00。每次采集前,在采集区域放置直径为 0.145 m 的标靶球,各站点云数据与其他站点云数据至少包括 3 个共同的标靶球,且这些标靶球不共线,用于后续点云数据拼接。激光雷达安装在三脚架基座上,设置扫描密度等级为 3 级,扫描时间为 10 min。调整基座上的 3 个整平螺丝,使激光雷达与水平面垂直。为了获取完整的玉米植株点云数据,在多个视角设置扫描站,扫描站之间的距离接近,扫描站(S1～S6)位置如图 4-1 所示。

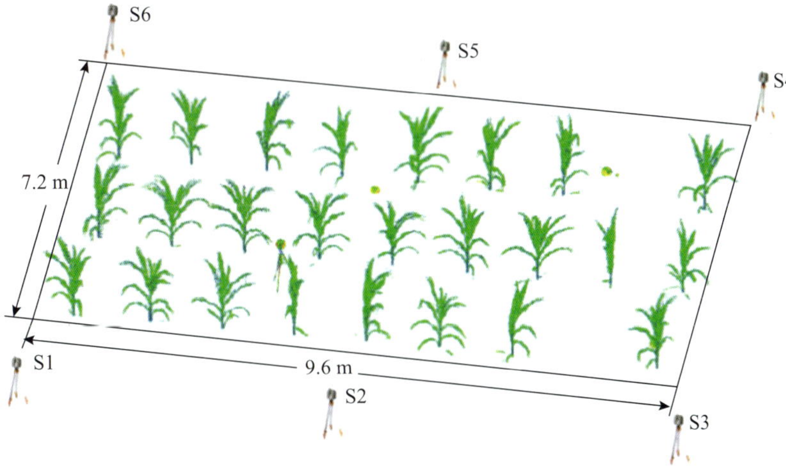

图 4-1　玉米植株点云采集扫描站位置分布示意图

田间采集不同生长期玉米植株点云的扫描站数量和两个品种玉米植株的数量如表 4-1 所

示，自动测量算法在 V5 生长期没有测量玉米茎粗长轴和茎粗短轴；在 V9 生长期，由于天气原因，没有采集到农大 84 的点云数据。

表 4-1　玉米植株样本数量

生长期	试验日期	扫描站数量	京农科 728 样本数			农大 84 样本数		
			株高测量	茎粗长轴测量	茎粗短轴测量	株高测量	茎粗长轴测量	茎粗短轴测量
V5	6 月 14 日	6	20			17		
V7	6 月 24 日	14	54	48	48	28	22	22
V9	7 月 4 日	6	24	22	22			
V11	7 月 12 日	9	33	28	28	14	14	14

2. 数据处理

三维点云数据处理是指对大量三维坐标数据集进行分析、处理和信息提取。三维点云数据处理涉及多个方面，包括但不限于[3,4]：

数据清洗和预处理：去除噪声点、离群点和重复点，对数据进行平滑处理，以提高数据质量。

特征提取和分割：识别和提取点云中的特征，如平面、边缘、角点等，以便进行对象识别、分割和分类。

建模和重建：基于点云数据进行物体或场景的三维建模和重建，例如利用点云数据生成网格模型或体素模型。

配准和对齐：将多个点云数据集进行配准，使它们在同一坐标系下对齐，以便进行后续分析或融合。

在对玉米三维点云数据处理的过程中，分别进行数据配准、玉米行数据提取、数据下采样、格式转换和玉米单株分割、玉米形态表型参数测量等操作。首先，在数据配准阶段，利用 Trimble RealWorks 软件对田间获得的玉米点云数据进行读取，并使用目标球配准法对点云数据进行配准，如图 4-2 所示。通过调整坐标系，确保 X 轴与玉米行平行，Y 轴垂直于玉米行，Z 轴垂直于水平面，以保证后续处理的准确性。然后，利用裁剪盒提取试验区域的高密度点云数据，并采用步长为 1 的采样方法进行数据采样，用于后续的玉米行分割，如图 4-3 所示。为提高数据处理效率，通过空间采样进行下采样，采样距离设置为3 mm，数据量减少 90%，达到点云数据精简的目的。这样不仅保留了玉米植株外轮廓的关键特征，而且提高了程序运行速度。将三维点云数据格式从原始格式转换为符合 PCL（point cloud library，点云库）应用要求的格式，并将数据保存为 pcd 格式。同时，采用 pass 滤波方法对玉米点云进行单株分割，通过统计过滤剔除异常值，以保证数据的准确性。

图 4-2　目标球配准

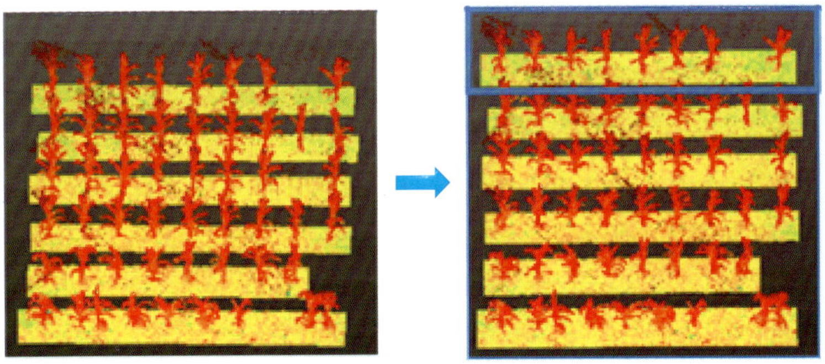

图 4-3　玉米行分割

1)玉米株高测量

首先,采用 RANSAC 算法对地面点云数据进行平面拟合操作,生成地面和非地面点云,将地面与玉米植株进行分离。对获得的非地面点云进行统计分析滤波操作,去除玉米植株点云中的离群点。

然后,设置欧氏聚类参数,对剩余点云数据进行欧氏聚类分割,以实现单株玉米点云数据提取。

统计玉米植株点云 Z 轴的最大值 Pzmax 和最小值 Pzmin,以 Pzmin+(Pzmax−Pzmin)÷Ra 为分割阈值,将玉米植株点云分为上下两层,如图 4-4 所示。Ra 在 V11 生长期为 4,在其他生长期为 3。进一步地,取下层点云的固定高度数据进行欧氏聚类,以识别玉米基部与地面的交界位置,获得玉米的区域点云数据(图 4-5)。

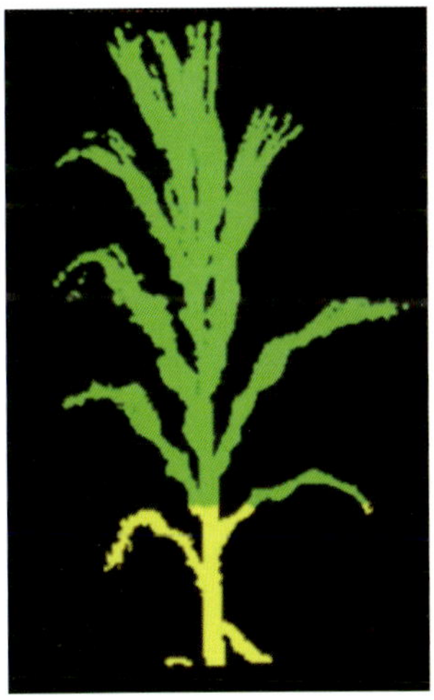

图 4-4　玉米植株点云分层

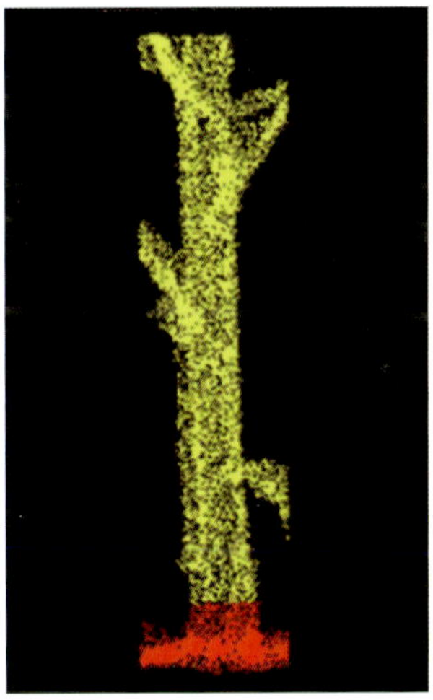

图 4-5　区域点云数据

将获得的玉米区域点云数据进行圆柱分割,分割后进行 XOY 平面投影,对投影的像素点进行边缘提取和椭圆拟合操作,而后将生成的椭圆参数转换到点云坐标系,椭圆内部的点云数据为玉米茎秆点云数据,其他数据为玉米叶片和地面点云数据。

最后,对玉米植株上层和下层点云数据进行统计,确认玉米的最高点和地面点,计算二者之间的差值,获得玉米株高参数。

2)玉米茎粗测量

玉米茎粗测量的前期数据处理同株高测量。玉米茎粗长轴(STLA)、茎粗短轴(STSA)测量的关键是准确提取测量位置的茎秆点云数据。玉米茎粗测量位置为玉米基部第二叶与第三叶或第三叶与第四叶之间。由于存在基部第一叶与第二叶枯萎或者与地面粘连无法识别的情况,因此测量位置分为在第一叶与第二叶之间以及在地面与第一叶之间 2 种情况。STLA、STSA 具体测量步骤如图 4-6 所示。

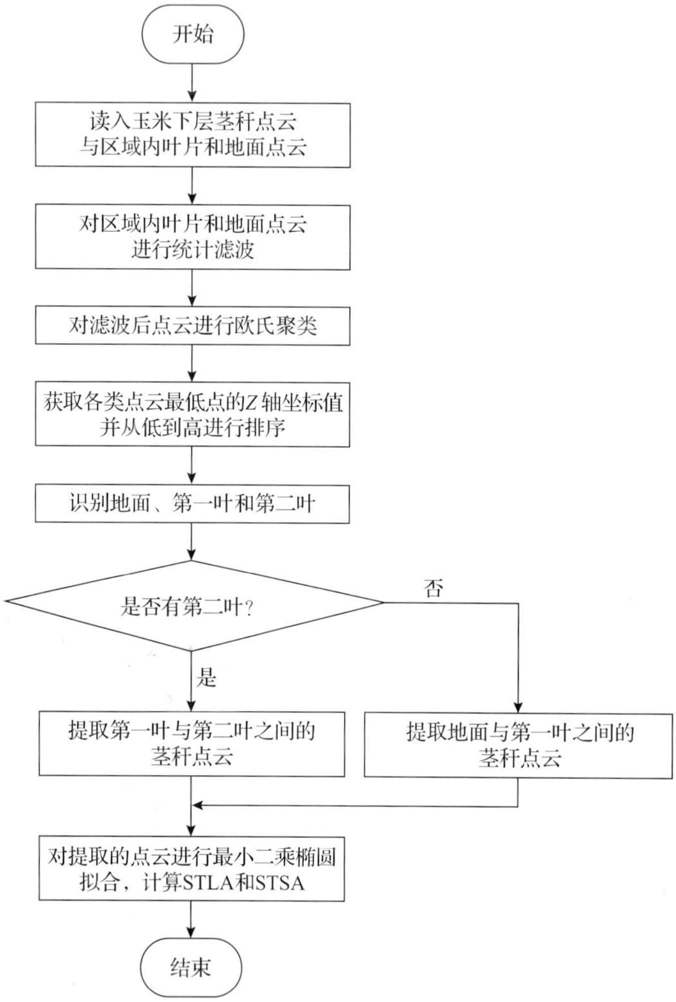

图 4-6　茎粗测量流程图

①读入椭圆分割后生成的玉米下层茎秆点云与区域内叶片和地面点云,对区域内叶片和地面点云进行统计滤波处理,剔除离群点。

②对滤波后的点云进行欧氏聚类,对各类点云最低点的 Z 轴坐标值从低到高进行排序,识别地面、第一叶和第二叶;如果存在第二叶,则提取第一叶与第二叶之间的茎秆点云,如图 4-7(a)所示;否则,提取地面与第一叶之间的茎秆点云,如图 4-7(b)所示。

③对提取的点云进行最小二乘椭圆拟合操作,计算玉米茎粗的长轴、短轴,实现玉米茎粗参数测量。

（a）第一叶与第二叶之间　　（b）地面与第一叶之间

图 4-7　提取茎粗测量位置点云图

注：茎秆点云为黄色，地面点云为蓝色，叶片点云为绿色。

3. 测量结果

1）玉米株高测量结果

经过 4 次田间试验，共收集了 135 株京农科 728 玉米植株的点云数据，并成功实现了对 134 株的单株分割，另外 1 株由于高度过小而未能被识别。在区域点云分割和圆柱分割过程中，成功实现了对 131 株玉米植株的下层点云茎叶分割，另外 3 株分割失败，原因是植株的茎秆过细，在采集的点云数据中缺乏圆柱形态特征，因此无法进行圆柱分割。

在农大 84 的田间试验中，共采集了 65 株玉米植株的点云数据，识别出 66 株，其中 1 株为杂草，由于其株高大于设定的高度阈值，被误识别为玉米植株。在区域点云分割和圆柱分割过程中，有 7 株分割失败，其中包括被误识别为玉米植株的杂草，其余 59 株下层点云茎叶分割成功。玉米植株茎叶分割失败的原因是：单株分割后的玉米植株中混有杂草，而这些杂草的植株体积大于玉米植株，导致在区域点云分割时系统选取了点云数量最多的聚类点云，从而误将杂草识别为玉米植株，进而导致圆柱分割失败。

京农科 728 和农大 84 两个玉米品种的株高自动测量和人工点云测量结果对比如图 4-8 所示，自动测量方法与人工点云测量结果之间具有良好的一致性。两个玉米品种株高的自动

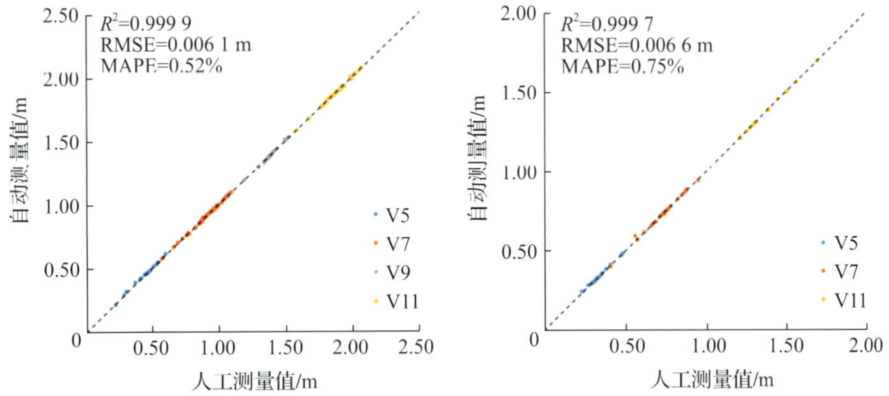

（a）京农科728　　（b）农大84

图 4-8　株高测量结果对比

测量方法决定系数 R^2 均在 0.99 以上，均方根误差(RMSE)都小于 0.70 cm，平均绝对百分比误差(MAPE)都小于 0.80%。上述结果表明，所提出的自动测量方法在测量玉米株高时具有较高的准确性，其测量结果与人工点云测量的真实值高度一致。

2)玉米茎粗测量结果

在 V5 生长期，由于玉米茎秆较细，且叶片遮挡严重，所采集的茎秆点云稀疏，难以进行精确测量，故只对 V7 及以后生长期的玉米点云数据进行处理，实现茎粗长轴、短轴测量。

茎叶分割后获得 111 株京农科 728、42 株农大 84 玉米点云数据。由于叶片和分蘖遮挡，有 9 株京农科 728 和 4 株农大 84 玉米茎秆的点云稀疏残缺，无法进行人工点云真值的测量，不用于自动测量。对其余 102 株京农科 728 和 38 株农大 84 玉米点云数据进行茎叶位置识别和茎粗长轴、短轴测量，成功测量 98 株京农科 728 和 36 株农大 84 玉米的茎秆长轴、短轴，其余 6 株测量失败，主要原因是茎秆没有被完全分割提取，导致无法识别叶片位置。

对自动测量结果和人工点云测量结果进行对比。如图 4-9 所示，两个玉米品种自动测量得到的茎粗长轴的决定系数 R^2 都在 0.80 以上，农大 84 的 R^2 达到 0.816 2，均方根误差 RMSE 都在 3.16 mm 以内，平均绝对百分比误差 MAPE 都小于 8.00%，自动测量算法的测量精度大于 92.00%，说明该算法用于测量玉米茎粗长轴有较高的准确性，且算法测量值与人工点云测量值有较高的一致性。玉米茎粗短轴测量结果如图 4-10 所示，两个玉米品种自动测量方法得

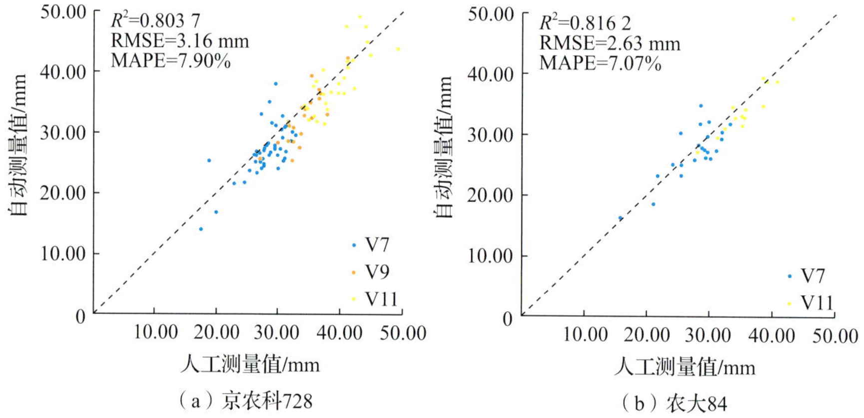

图 4-9　茎粗长轴测量结果对比

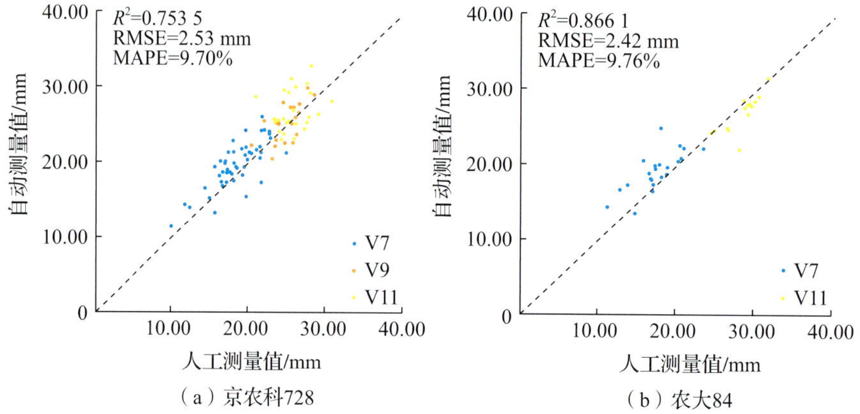

图 4-10　茎粗短轴测量结果对比

到的茎粗短轴的决定系数 R^2 都在 0.75 以上,农大 84 的 R^2 达到 0.866 1,RMSE 都控制在 2.53 mm 以内,MAPE 都小于 10.00%,自动测量算法的测量精度大于 90.00%,表明该算法用于测量玉米茎粗短轴有较高的准确性,且算法测量值与人工点云测量值有较高的一致性。

上述研究表明,应用三维点云测量技术可实现玉米株高、茎粗表型参数的自动测量,测量结果具有较高的准确性,可为玉米植株的生长监测和管理提供有效的工具和方法。

4.1.1.2 玉米生理学表型参数测量[5]

1. 玉米表层温度特性三维分布测量

水分胁迫下玉米表层温度测量研究试验于北京市海淀区中国农业大学上庄实验站开展,研究对象品种为农大 84。玉米于 2019 年 5 月 21 日播种,相邻两株玉米间距为 60 cm。数据采集前经历了至少连续 7 天的无雨条件,确保水分胁迫的实验环境。使用 TRIME-PICO-IPH 型土壤水分测量仪(IMKO,德国)监测到土壤水分含量为 9.2%~18.2%。土壤类型为粉砂壤土,土壤容重 1.10~1.50 g/cm^2。

2019 年 6 月 19 日和 23 日,对处于拔节期的玉米,采用 Optris PI400 型热红外相机(Optris,德国)和 Kinect v2 相机(Microsoft,美国)进行数据采集。热红外相机能够以 382×288 pix 的分辨率捕捉热红外图像,并以 0.1 ℃的测量分辨率将每个像素的温度保存到 excel 文件中,测量精度约为±2%或±2 ℃。Kinect 相机可获取 1 920×1 080 pix 分辨率的玉米彩色图像以及点云数据(point cloud data,PCD)。将热红外相机和 Kinect 相机安装在钢架上,如图 4-11 所示,确保两种相机的镜头对齐并固定在现场平台上。相机垂直向下对准玉米中心,实现玉米热红外图像、彩色图像和点云数据的同步采集。为捕获玉米植株的大部分区域,调整相机的高度,使其与玉米最高点的距离约为 1 m。

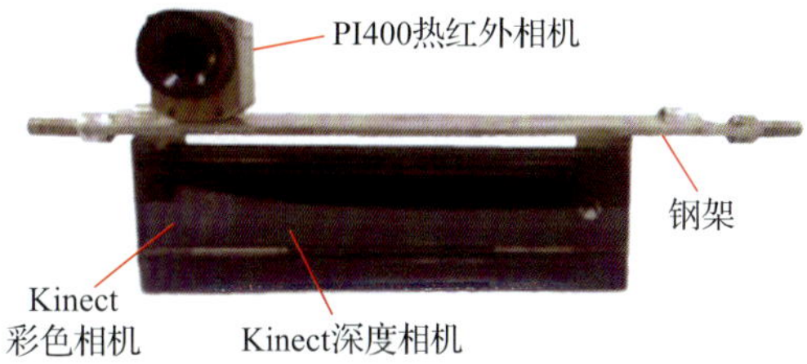

图 4-11 固定热红外相机和 Kinect 相机的结构

数据采集时间为每天 12:30—15:00,该时段内玉米气孔接近关闭状态,大部分叶片直接暴露于日光下。为减轻自然光对 Kinect 深度数据质量的干扰,采集数据时使用遮阳伞覆盖玉米冠层。使用黑色材料覆盖的铝板作为参考,校准热红外相机采集的温度数据。铝板温度通过 DM6801A 手持热电偶(深圳胜利仪器有限公司)测量,其测量精度和分辨率分别为±(0.3%+1 ℃)和 0.1 ℃。另外,根据 Meron 等[6]的方法构建湿体参考面,设置热红外相机的发射率为 0.96[7],以计算作物水分胁迫指数(crop water stress index,CWSI)[8]。

最终获得的数据包括每个像素的温度信息、玉米的彩色和深度图像,以及 Kinect 彩色和深度相机之间的配准文件,配准文件进行脱机处理,生成玉米的点云数据。

在数据收集过程中,为了保证样本的代表性,从每 5 株邻近的玉米中选择 1 株具有正常高度和叶片的玉米作为样本,每一行选择 4 或 5 株玉米。在 2019 年 6 月 19 日和 23 日分别收集了 25 份和 30 份样本,用于评估水分胁迫条件下玉米的生长状况。

1)彩色图像处理

首先,对数据进行预处理。基于测量得到的最低温度(Tmin)和最高温度(Tmax),将每个像素点的温度值转化为 8 位灰度值,生成玉米热红外灰度图像。由于水分胁迫会导致玉米的温度低于地面温度,因此在热红外图像中玉米的灰度值较高。

然后，由于地面、平台和相邻植株等非目标对象对玉米的热红外图像存在干扰，采用手动裁剪的方法来减少这些干扰，同时调整图像分辨率，以提高测量的准确性。通过双三次插值方法，将裁剪后的热红外图像分辨率调整至与彩色图像相同，从而使数据处理更为有效，结果如图 4-12 所示。将裁剪后的彩色图像转换为灰度图像，以便更加准确地识别和提取玉米。这一步骤通过计算 C_g 特征实现[9]，该特征是基于图像中绿色、红色和蓝色分量的一个特定函数，能够有效地减少自然光的干扰，准确提取玉米植株。

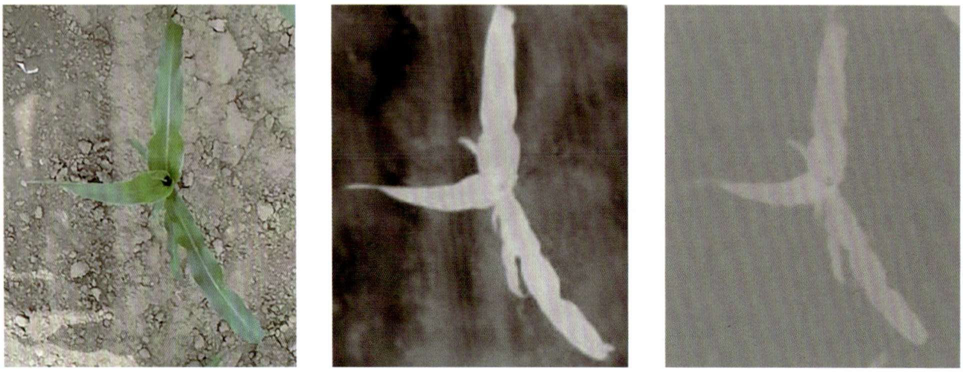

（a）玉米彩色图像　（b）玉米热红外图像　（c）玉米灰度图像

图 4-12　预处理后的玉米图像

为了提高检测的准确性，采用双边滤波器和 Sobel 边缘检测器等技术来增强图像特征和提高玉米与背景之间的对比度，并提取玉米的边缘。上述方法可以有效地提升图像处理质量。

最后，利用提取的玉米边缘图像将热红外图像和彩色图像进行配准，以确保多源图像之间的一致性。采用 KAZE 特征进行图像特征的检测和匹配，相较于传统的特征描述符，KAZE 特征能够在非线性尺度空间中获得更多的特征点，从而提高图像配准的准确性[10]。此外，运用 MSC 算法排除异常值，确保配准结果的可靠性。

2）点云数据处理

结合热红外图像和彩色图像的配准结果、彩色图像和点云数据的对应关系，获取玉米表层温度的三维数据。由于环境因素影响，获得的玉米 PCD 含有较多噪声，采用最近邻算法对离群 PCD 进行剔除。采用 RANSAC 算法对地面 PCD 进行平面拟合，实现玉米植株与地面 PCD 的分离，然后采用 DBSCAN（density-based spatial clustering of applications with noise）算法对保留的 PCD 进行聚类分析，优化地面噪声点。获取的玉米原始 PCD 密度较小，不利于后续的数据分析，利用基于 Delaunay 三角剖分的密度插值方法，扩增玉米 PCD 密度。此外，采用 MLS（moving least squares，移动最小二乘）技术平滑扩增玉米 PCD，并用最近邻算法除去温度异常的散点，最终通过 Alpha 形状算法优化点连接，获取高质量的玉米 PCD，为后续的分析提供可靠的三维数据支持。

3）温度特性计算

为检测玉米的温度特性，对热红外相机测温进行校准，建立线性回归模型，并利用此模型对玉米表层温度进行三维分布标定。利用记录的大气温度、测量的玉米表层温度和湿体参考温度，计算玉米的冠层-空气温差和 CWSI，最终获取玉米表层温度特性的三维分布。

从玉米热红外和彩色图像中提取玉米边缘的特征点，用于热红外和彩色图像的配准。采用 KAZE 特征检测非线性尺度空间中的图像特征，并与 SURF 和 BRISK 描述符进行了对比测试，如图 4-13 所示，KAZE 特征比 SURF 特征和 BRISK 特征能够更有效地检测到特征点。图像配准过程采用了仿射变换，KAZE 特征点的高匹配度为热红外图像变换提供了更多参考点，提高了变换精度，从而保证了配准的连续性和效率。在匹配步骤中，使用 MSC 算法进一步处理匹配结果，剔除了部分误匹配点，提高了特征点的匹配精度。

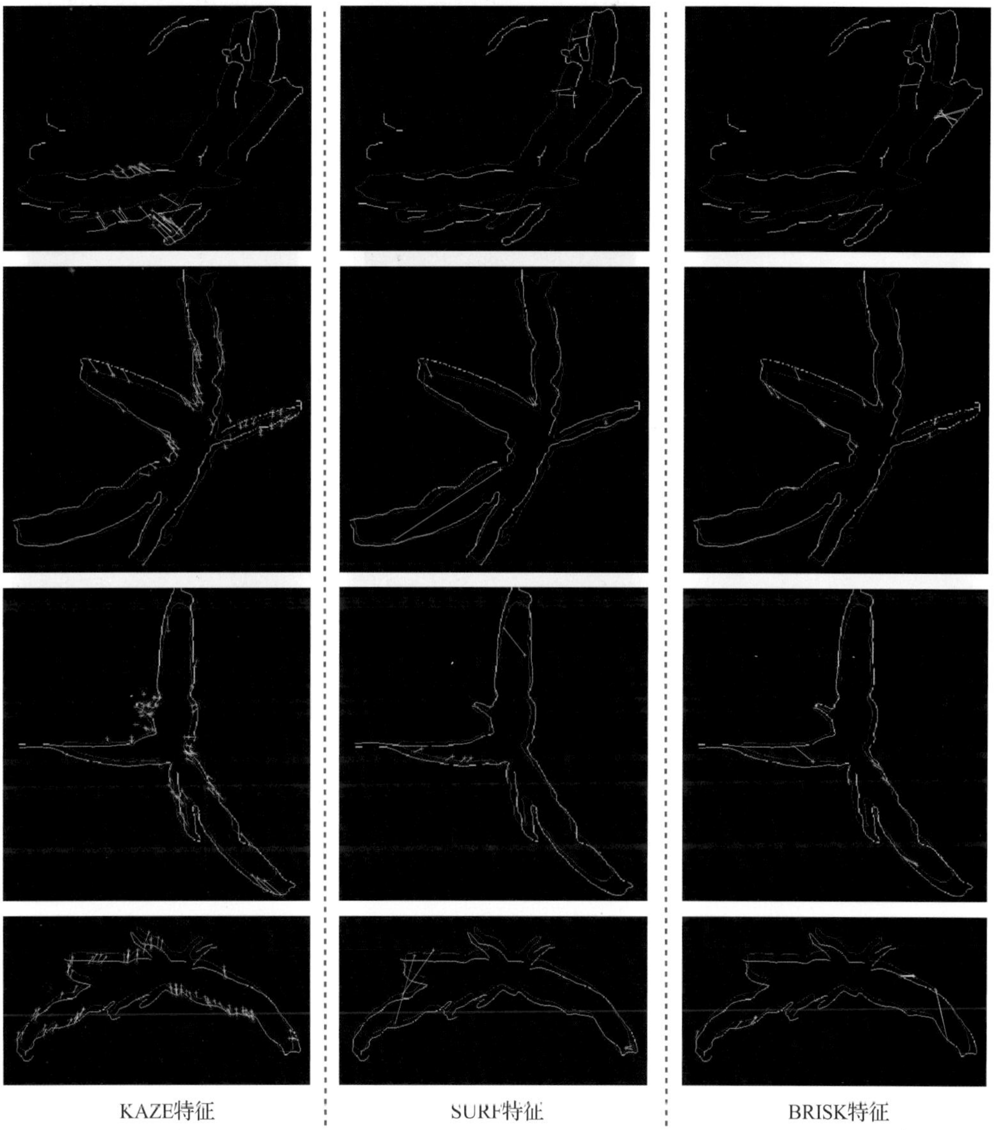

图 4-13　玉米边缘图像特征点最终匹配结果

数据采集是在自然环境下进行的，玉米叶片偶尔受风力影响出现摆动，导致玉米在热红外图像和彩色图像中的形状存在差异，从而不可避免地导致配准误差。此外，由于热红外相机和 Kinect 相机的视角不同，一些较低位置的叶片在不同图像中的形状存在差异，如图 4-14 所示，导致玉米叶片边缘存在部分不匹配，增加了配准误差。

6 月 19 日和 23 日的环境气温平均值分别为 36.42 ℃和 39.10 ℃，利用测量获得的玉米样本表层温度，计算每个数据点的 CWSI 和冠层-空气温差，得到玉米温度特性的三维分布，如图 4-15 所示。

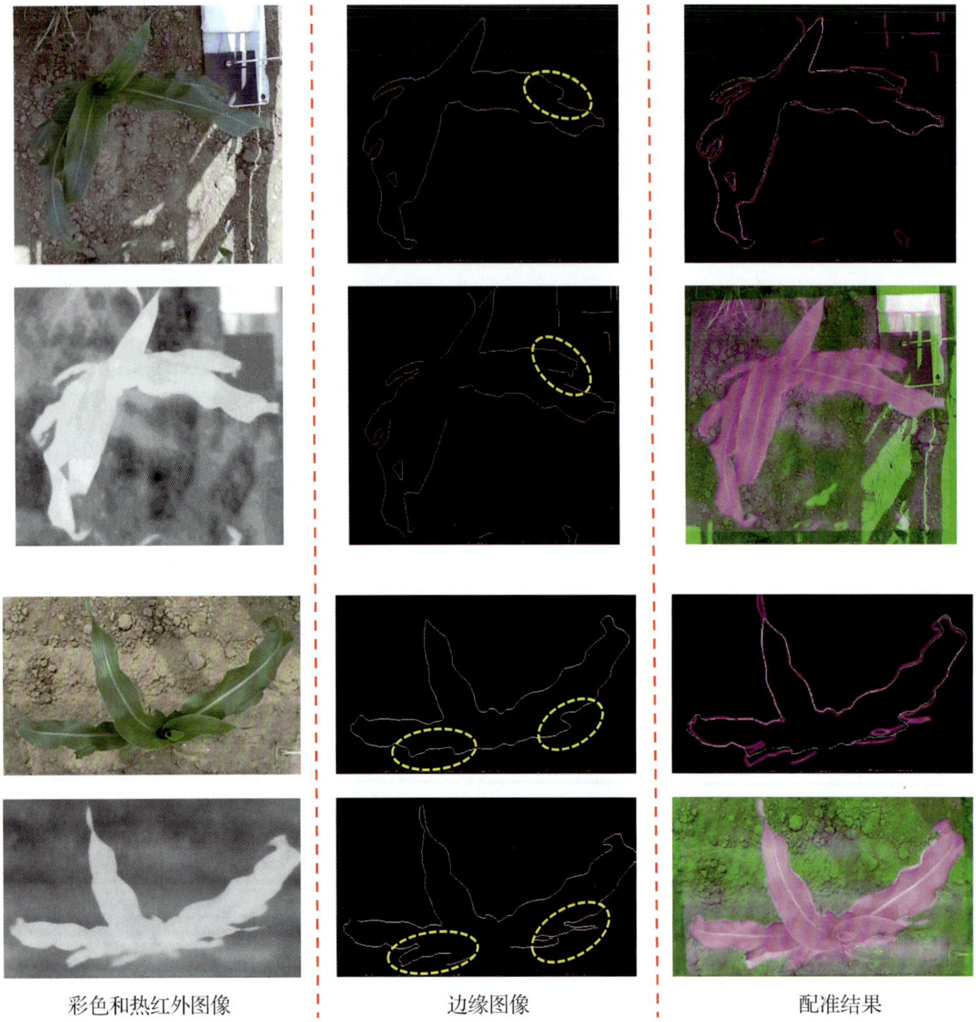

图 4-14　在彩色和热红外图像中具有不同形状和边缘的叶片示例

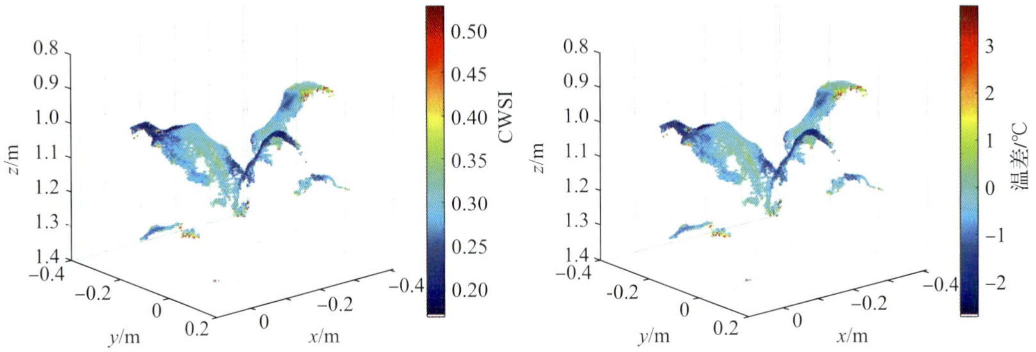

（a）CWSI分布　（b）温差

图 4-15　玉米样本 CWSI 及冠层-空气温差的三维分布

2. 玉米生物量测量

玉米生物量与玉米产量存在高度相关性，可用于评估玉米长势。玉米生物量地上部分主要由玉米茎秆组成，在玉米的鲜质量和干质量中，玉米茎秆质量所占比例最高，因此玉米的株高、茎粗等形态学参数可用于评估玉米生物量。

1)数据采集与处理

选取平展型玉米农大84和紧凑型玉米京农科728为研究对象，在2015年(小喇叭口期和大喇叭口期)和2016年(小喇叭口期)使用田间随机取样法采样。使用游标卡尺人工测量植株底部第一茎节的茎秆长轴L和短轴S；使用直尺人工测量植株的株高H。采集目标植株的全部地上部分，装入塑封袋中，当天送至实验室，使用分析天平称重，获取玉米鲜质量(fresh weight)，记为FW；烘箱烘干后称重，获取玉米干质量(dry weight)，记为DW。

剔除样本数据异常值后，以VIF(variance inflation factor，方差膨胀系数)值为标准对其余样本进行共线性检验，以分析自变量之间的相关性。然后，以玉米H、L和S作为模型输入参数，以玉米鲜质量FW和干质量DW作为模型输出参数，利用SPSS(Statistical Product and Service Solutions)软件建立多元线性回归和逐步回归模型，并采用留一交叉验证法对模型进行测试，增强模型的泛化能力。

生物量预测模型的建立主要分为两部分：首先利用2015年玉米小喇叭口期数据建立生物量预测模型，然后对2015年玉米大喇叭口期生物量、2016年玉米小喇叭口期生物量进行预测和验证。

2)模型建立和评价

采用2015年小喇叭口期数据，以玉米H、L和S单一变量或几个变量组合为自变量，分别建立农大84和京农科728玉米的多元回归和逐步回归模型。多元回归模型结果如表4-2、表4-3所示。单变量回归模型中，模型2、模型3的精度高于模型1，表明玉米茎秆长轴和短轴参数用于预测玉米鲜质量、干质量效果更优。多元回归模型中，模型4预测精度最高，说明各参数对生物量预测均有贡献。

表4-2　农大84、京农科728玉米鲜质量多元回归模型

品种	模型编号	鲜质量模型及评价			
		模型公式	R^2	RMSE/g	rRMSE/%
农大84	1	$5.143+1.152H$	0.259	15.651	20.34
	2	$72.743+8.162L$	0.778	8.556	11.97
	3	$-109.698+15.239S$	0.750	9.091	11.58
	4	$-124.893+0.479H+4.909L+6.762S$	0.908	5.503	7.21
	5	$-3.033+0.106S\times H$	0.612	11.331	14.80
	6	$-6.092+0.073L\times H$	0.739	9.297	12.47
	7	$-16.455+0.0414L\times S$	0.874	6.449	8.02
	8	$11.148+0.005L\times S\times H$	0.860	7.861	11.12
	9	$-7.826+0.045H\times(L+S)$	0.713	9.745	12.95

续表 4-2

品种	模型编号	鲜质量模型及评价			
		模型公式	R^2	RMSE/g	rRMSE/%
京农科 728	1	$-44.272+1.700H$	0.468	16.410	21.19
	2	$-114.089+10.293L$	0.821	9.508	11.16
	3	$-63.071+11.461S$	0.742	11.434	13.33
	4	$-128.625+0.408H+6.538L+4.414S$	0.919	6.408	7.07
	5	$-2.049+0.088S\times H$	0.740	11.487	13.57
	6	$-22.246+0.073L\times H$	0.819	9.580	11.60
	7	$-14.316+0.395L\times S$	0.893	7.363	8.82
	8	$13.730+0.004L\times S\times H$	0.880	9.682	12.24
	9	$-17.548+0.042H\times(L+S)$	0.819	9.566	11.82

表 4-3　农大 84、京农科 728 玉米干质量多元回归模型

品种	模型编号	干质量模型及评价			
		模型公式	R^2	RMSE/g	rRMSE/%
农大 84	1	$0.689+0.121H$	0.255	1.655	20.35
	2	$-7.618+0.863L$	0.782	0.895	11.80
	3	$-11.518+1.611S$	0.753	0.953	11.43
	4	$-13.091+0.049H+0.520L+0.717S$	0.910	0.575	7.05
	5	$-0.206+0.011S\times H$	0.608	1.203	14.39
	6	$-0.537+0.008L\times H$	0.737	1.026	13.88
	7	$-1.662+0.044L\times S$	0.877	0.674	8.00
	8	$1.273+0.000\,5L\times S\times H$	0.858	0.722	9.13
	9	$-0.716+0.004\,5H\times(L+S)$	0.710	1.122	12.76
京农科 728	1	$-2.719+0.146H$	0.435	1.502	19.66
	2	$-9.620+0.930L$	0.850	0.775	9.73
	3	$-4.756+1.016S$	0.738	1.023	11.93
	4	$-10.639+0.027H+0.623L+0.386S$	0.929	0.533	6.79
	5	$0.773+0.008S\times H$	0.713	1.108	14.19
	6	$-1.089+0.006L\times H$	0.806	1.096	12.35
	7	$-0.502+0.035L\times S$	0.903	0.628	7.48
	8	$2.084+0.000\,3L\times S\times H$	0.867	0.895	9.70
	9	$-0.634+0.003\,5H\times(L+S)$	0.800	0.993	11.35

玉米茎秆的横切面近似于椭圆。从玉米茎秆特征出发构建的模型中，模型 7 的回归效果最优，但不如模型 4 好。

在多元回归模型的基础上，分别以 H、L、S、$S\times H$、$L\times H$、$L\times S$、$L\times S\times H$ 作为输入参数，构建玉米生物量逐步回归预测模型。最优模型预测效果如图 4-16 所示。

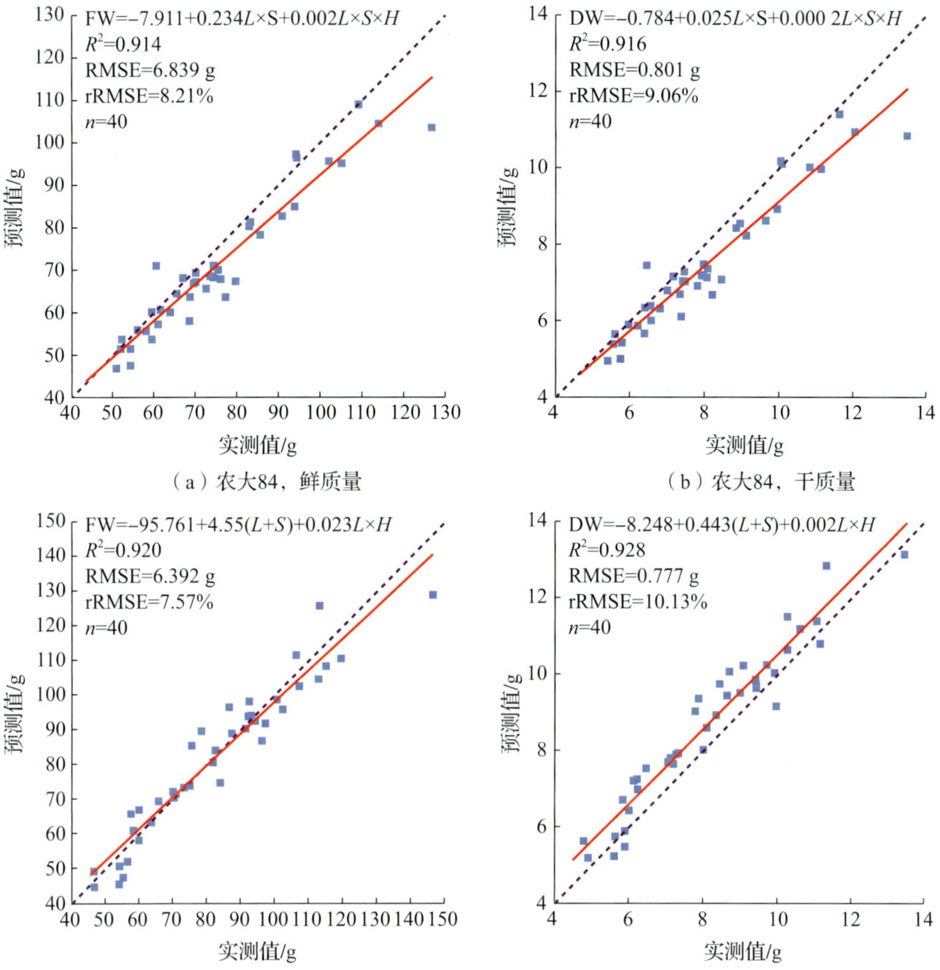

（a）农大84，鲜质量　（b）农大84，干质量

（c）京农科728，鲜质量　（d）京农科728，干质量

图 4-16　2015 年小喇叭口期玉米生物量逐步回归模型预测值与实测值比较

对 2015 年小喇叭口期生物量预测模型中表现较好的多元回归模型 4、模型 7 和逐步回归模型进行留一交叉验证，检测模型的稳定性和可靠性。与原模型相比，模型 4 的决定系数差值小于 0.027，RMSE 的差值小于 0.993 和 0.081 g；模型 7 的决定系数差值小于 0.016，RMSE 的差值小于 0.503 和 0.039 g；逐步回归模型的决定系数差值小于 0.017，RMSE 的差值小于 1.016 和 0.192 g，表明这些模型稳定性较强。

应用 2015 年小喇叭口期生物量数据建立的预测模型（模型 4、模型 7 和逐步回归模型）对 2016 年的玉米小喇叭口期生物量进行预测，农大 84 和京农科 728 玉米的预测结果分别如图 4-17、图 4-18 所示，3 个模型的决定系数均大于 0.84，说明预测效果较好。农大 84 玉米的模型 4 和逐步回归模型的性能优于模型 7，京农科 728 玉米 3 个模型的性能差别不大。

从小喇叭口期到大喇叭口期，玉米植株长高、叶片伸长，田间取样难度增加。将上述模型 4、模型 7 和逐步回归模型用于 2015 年玉米大喇叭口期生物量预测。2 个品种的预测结果如图 4-19 和图 4-20 所示，农大 84 玉米的预测精度优于京农科 728。农大 84 为平展型玉米，叶片相互遮挡，进而影响其下部叶片的光合作用；京农科 728 为紧凑型玉米，上部叶片向上挺起，即使

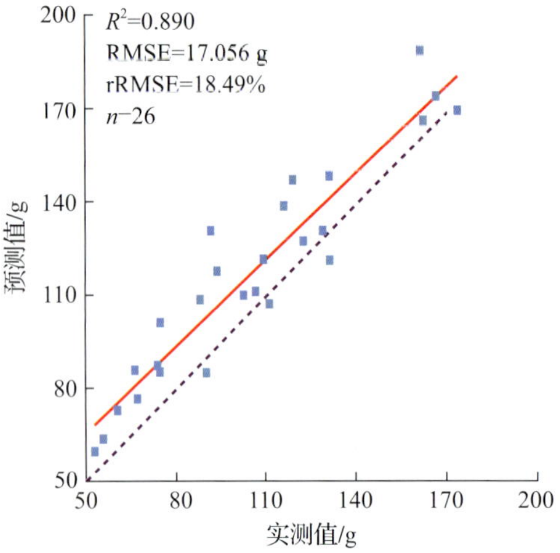

（a）农大84，鲜质量（模型4）

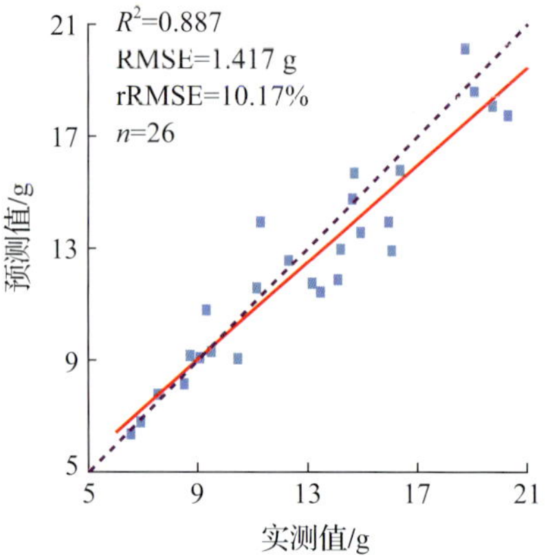

（b）农大84，干质量（模型4）

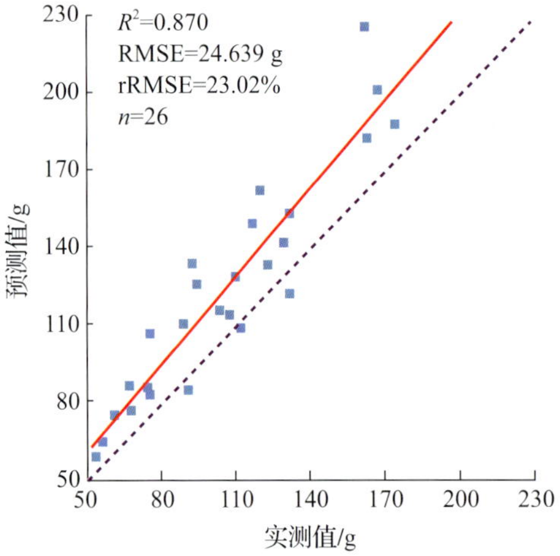

（c）农大84，鲜质量（模型7）

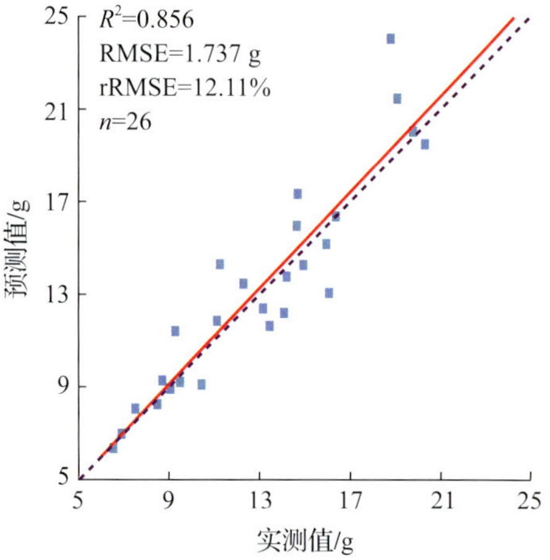

（d）农大84，干质量（模型7）

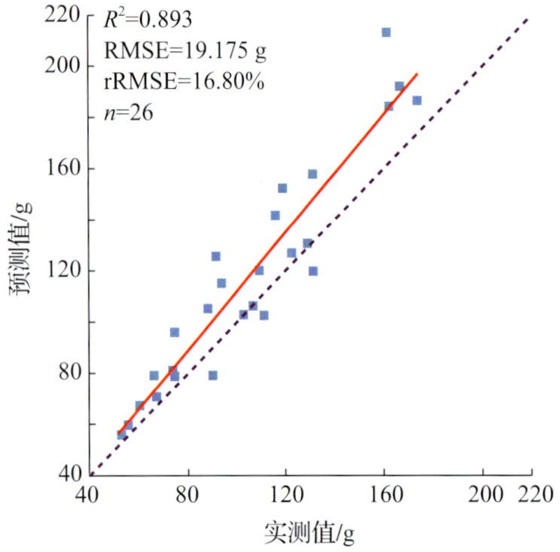

（e）农大84，鲜质量（逐步回归模型）

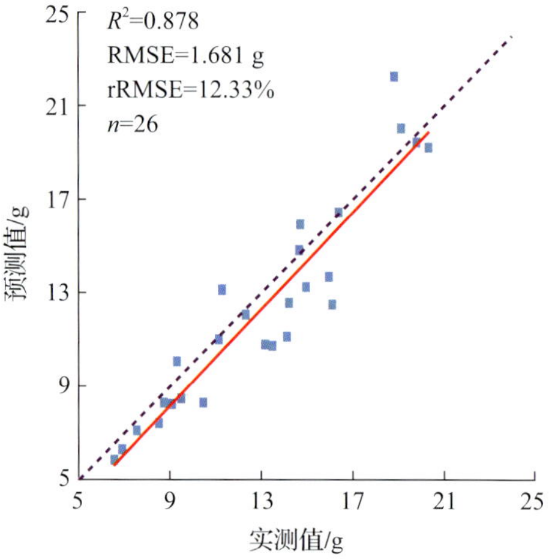

（f）农大84，干质量（逐步回归模型）

图 4-17　2016 年农大 84 玉米小喇叭口期生物量预测值与实测值比较

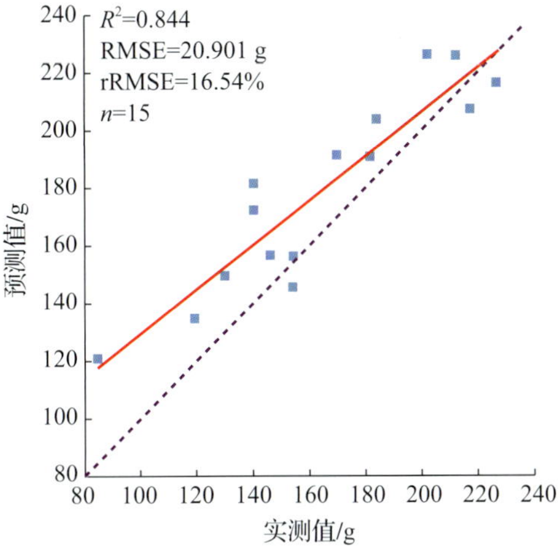

（a）京农科728，鲜质量（模型4）

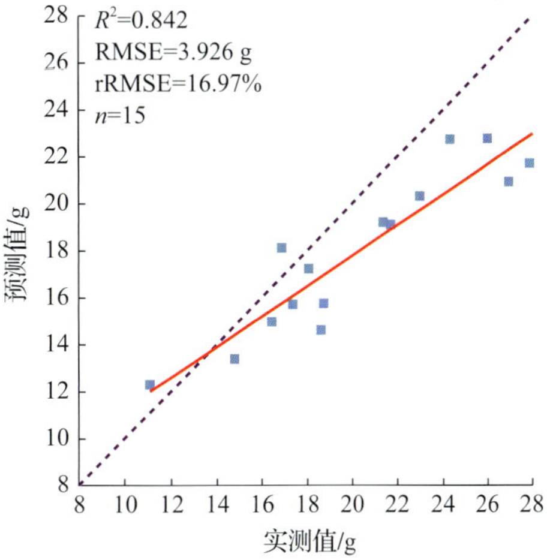

（b）京农科728，干质量（模型4）

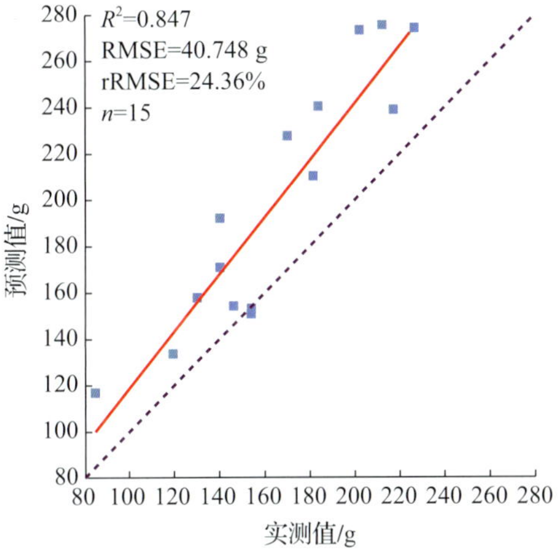

（c）京农科728，鲜质量（模型7）

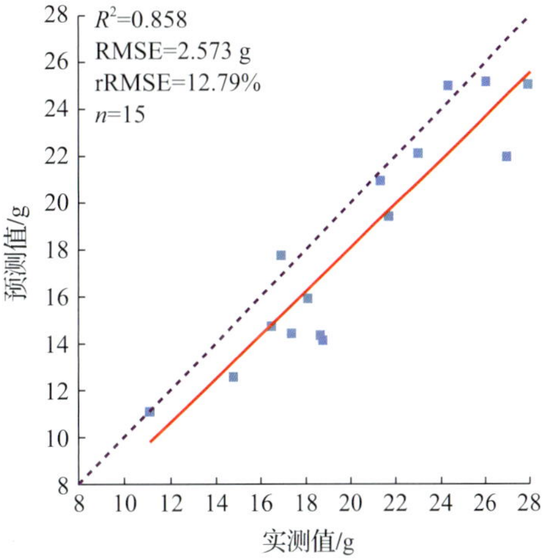

（d）京农科728，干质量（模型7）

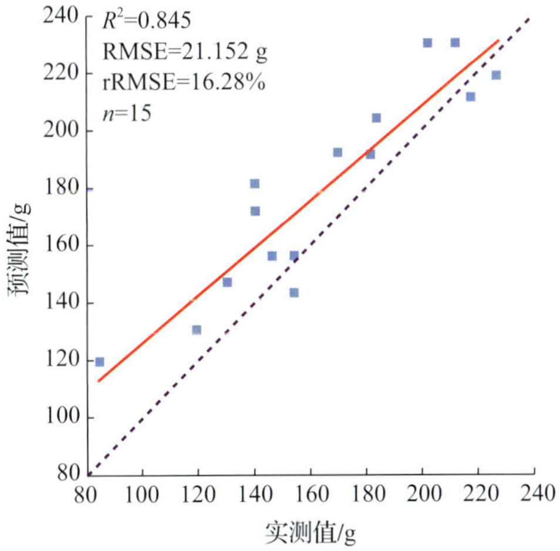

（e）京农科728，鲜质量（逐步回归模型）

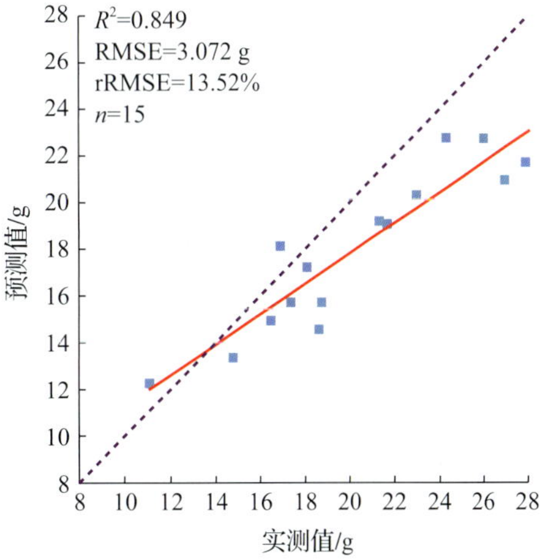

（f）京农科728，干质量（逐步回归模型）

图 4-18　2016 年京农科 728 玉米小喇叭口期生物量预测值与实测值比较

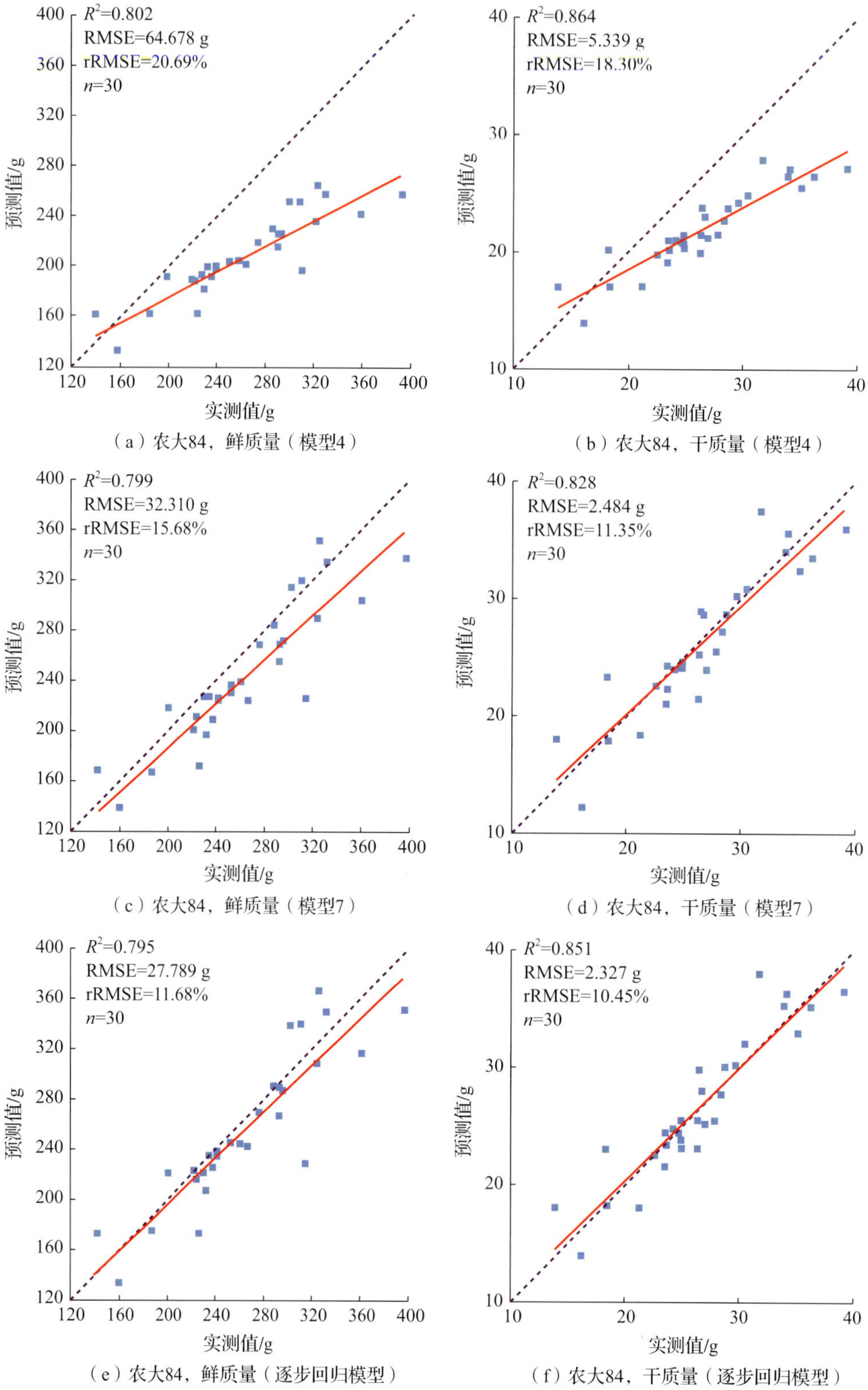

（a）农大84，鲜质量（模型4）

（b）农大84，干质量（模型4）

（c）农大84，鲜质量（模型7）

（d）农大84，干质量（模型7）

（e）农大84，鲜质量（逐步回归模型）

（f）农大84，干质量（逐步回归模型）

图 4-19　2015 年农大 84 玉米大喇叭口期生物量预测值与实测值比较

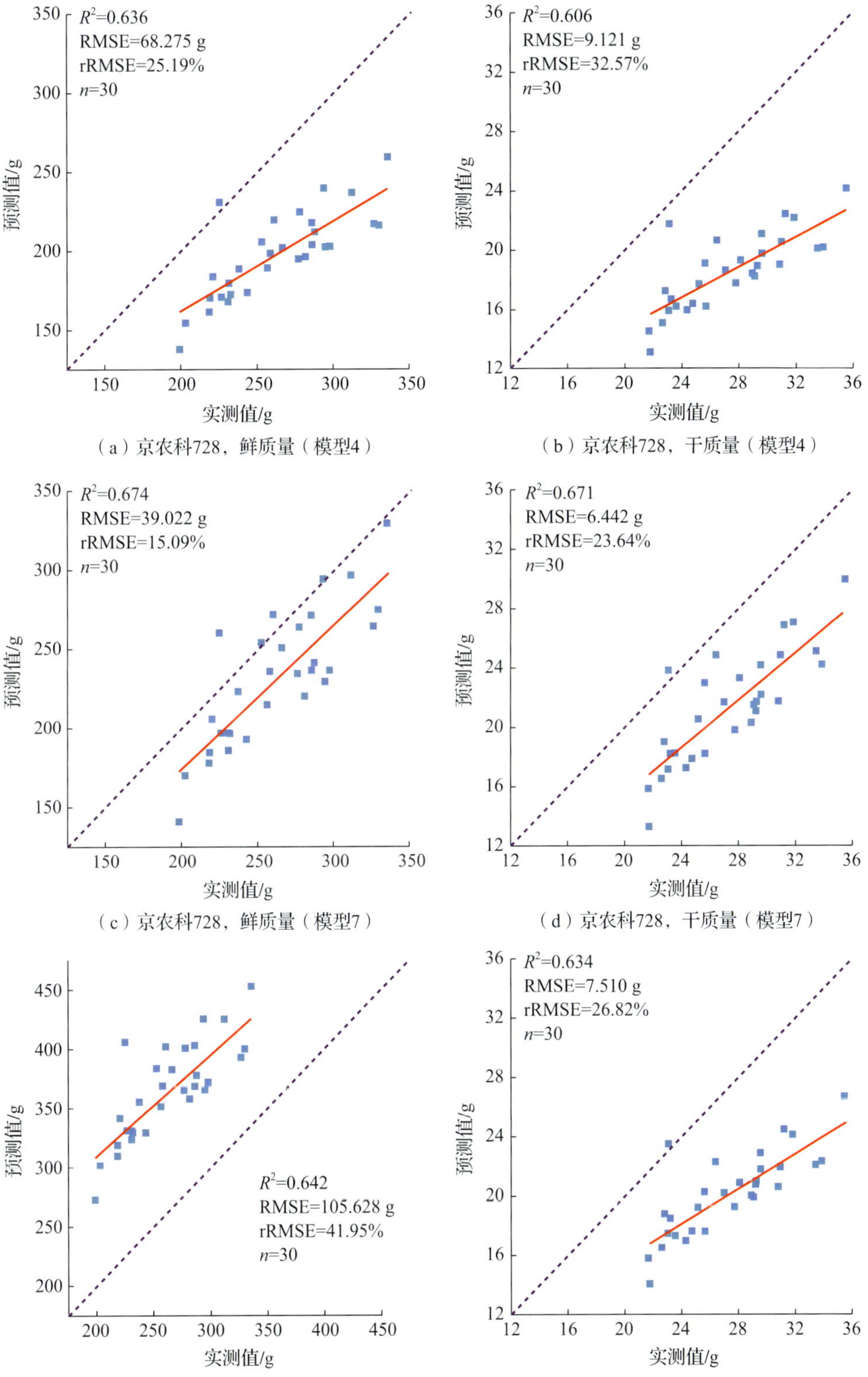

（a）京农科728，鲜质量（模型4）

（b）京农科728，干质量（模型4）

（c）京农科728，鲜质量（模型7）

（d）京农科728，干质量（模型7）

（e）京农科728，鲜质量（逐步回归模型）

（f）京农科728，干质量（逐步回归模型）

图 4-20　2015 年京农科 728 玉米大喇叭口期生物量预测值与实测值比较

到了生长后期，植株光合作用能力也会逐渐增强，生物量快速累积；所以模型对于这 2 种玉米的生物量预测结果存在较大差异。

上述研究表明，玉米的茎粗参数与生物量的相关性较好，可单独应用茎粗参数建立玉米生物量的预测模型。根据 2015 年小喇叭口期数据建立的多元线性回归模型 4、模型 7 和逐步回归模型，对同年份玉米大喇叭口期生物量和不同年份小喇叭口期生物量的预测效果存在差异，构建的生物量预测模型对于平展型玉米品种具有较强的适应性。

4.1.2 大田小麦表型研究

小麦是世界上最重要的粮食作物之一，其产量和品质对全球粮食安全至关重要。在小麦育种过程中，表型分析技术有助于快速、准确地筛选出具有优良性状的品种。小麦为全球人口提供了 20% 的能量和每日蛋白质摄入量，全球小麦平均增产率为 0.9%，而需求增长预测为 2.4%，这意味着通过基因改良提高小麦产量的需求日益迫切。高通量的田间表型（field-based phenotyping，FBP）研究对开发基因改良的新途径至关重要，被认为是唯一能够在现实种植系统中提供所需产量和准确描述性状表现的方法。

4.1.2.1 小麦表型研究现状

小麦表型分析可以追溯到 20 世纪 60 年代，当时主要采用人工测量和观察的方法，对小麦的生长状况、产量、品质等进行评估。随着计算机技术和图像处理技术的发展，小麦表型分析技术也得到了快速发展。20 世纪 80 年代，出现了基于计算机视觉的小麦表型分析技术，可以自动识别和分析小麦的图像信息。这些技术包括图像分割、特征提取、模式识别等，可以对小麦的形态特征、颜色特征、纹理特征等进行分析。进入 21 世纪以来，随着传感器技术、无人机技术和人工智能技术的发展，小麦表型分析技术迎来了新的发展机遇。例如，利用高光谱成像技术可以获取小麦的光谱信息，进而分析小麦的生理参数和品质参数；利用无人机搭载传感器可以获取大面积的小麦表型数据，提高表型分析的效率；利用人工智能技术可以自动识别和分析小麦的图像和光谱信息，提高表型分析的准确性。

1. 研究内容

大田小麦表型研究主要指在大规模田间环境下，对小麦的生长、发育、形态、生理和生态等特征进行观测和分析。常见的大田小麦表型研究内容包括：①生长和发育，如作物的出苗率、生长速度、分蘖数、株高、叶面积等；②形态特征，如叶片形状、颜色、大小，茎秆粗细，穗型、芒长等；③生理特性，如光合作用、呼吸作用、蒸腾作用等；④产量相关性状，如穗数、粒数、粒重、结实率等；⑤抗逆性，如对病虫害、干旱、盐碱、倒伏等逆境的抗性；⑥品质性状，如蛋白质含量、淀粉含量、脂肪含量等；⑦根系特征，如根系的分布、长度、表面积等。这些表型特征可以通过各种技术和方法进行测量和分析，例如遥感技术、图像分析、传感器监测、手动测量等。大田作物表型技术研究对于了解作物的生长状况、遗传改良、品种选育以及农业生产管理具有重要意义，它有助于深入了解作物的基因型与表型之间的关系，为提高作物产量、品质和适应性提供依据。

我国科研机构和高校如中国农业科学院、中国农业大学等在小麦表型分析领域取得了不少进展，正在逐步建立小麦表型分析的平台和数据库，以促进研究成果的共享和应用。总的来说，小麦表型分析的研究不断发展，为提高小麦产量、品质和抗性提供了有力的技术支持。随着技术的进步和数据的积累，未来的研究将更加注重多学科交叉和大数据应用，以推动小麦产业的可持续发展。中国农业大学基于无人机多源传感数据对作物常见的表型如苗情苗势、株高、株型、冠层覆盖度、颜色、纹理、花期动态、LAI、叶绿素、氮营养等进行研究，采用多种无人机搭载RGB、多光谱、高光谱和LiDAR等传感器，以"大田作物表型精准获取与解析"为主线，开发了自动化数据采集与分析系统，探究作物表型高精度获取方法，已应用于大田玉米、小麦、水稻、棉花、大豆、甜菜和油菜等作物育种表型性状的调查研究。

2.大田小麦表型数据采集方法

大田表型研究中常用的数据采集方式有很多种，其中图像采集是重要手段之一，主要使用相机或无人机拍摄作物图像，用于分析作物形态、颜色、生长状况等。田间图像表型数据采集需要选择合适的设备，在适当的时间和条件下进行拍摄，并设置合适的参数。拍摄方案应全面覆盖研究区域，采集后对图像进行标注分类，合理存储和管理数据，通过分析软件提取表型特征并进行可视化展示。还可结合其他数据进行综合分析，以全面了解作物生长状况。

田间作物的反射光谱可用来评估其生理状态和生化参数。光谱采集首先需要选择适合田间使用的光谱仪，例如ASD地物光谱仪或其他类型的高光谱成像仪，在作物生长的关键时期，比如小麦的灌浆期，使用光谱仪进行测量，获取作物的光谱反射率数据。根据光谱反射率数据，可以计算获得一系列植被指数，这些指数与作物的生理性状和生物量等有关。利用深度学习模型或其他数据分析方法，可以分析植被指数与作物生理状态和生化参数之间的关系，进而评估作物的健康状况、水分含量、光合性能等，为灌溉管理、病虫害防治、肥料施用等农业管理措施提供科学依据。

此外，进行田间表型测量时需要采集大田环境和作物生理数据，如温度、湿度、光照，光合作用、蒸腾作用等。通过无线通信技术，可实现对大田数据的实时远程监测和传输，这可能涉及无线传感器网络、网关设备和数据传输平台。总的来说，田间表型数据的获取是一个系统工程，需要结合传统的数据采集方法和现代的技术手段，通过科学的流程管理，实现数据的高效采集、准确传输、安全存储和深入分析。随着技术的发展，自动化和智能化程度将越来越高，为农业研究和生产提供更加强有力的数据支持。

3.大田小麦表型数据分析方法

田间小麦表型研究是国内外农业研究的重要领域之一，国内外的研究人员都在积极探索和发展相关技术和方法，包括统计分析、机器学习、数据挖掘等，用于分析和挖掘表型数据中的模式和关系。具体来说，图像分析技术利用图像处理和计算机视觉技术，对小麦植株的形态、颜色、纹理等进行分析，以评估生长状况、病害程度和预测产量等。光谱分析技术通过光谱仪或高光谱成像技术获取小麦的光谱信息，进而分析生理参数，如叶绿素含量、氮素含量、水分含量等。无人机遥感技术利用无人机搭载各种传感器，对小麦田进行高空监测，获取大面积的小麦表型数据，如植被指数、叶面积指数、冠层高度等。相互作用模型通过探究作物G×P×E（基因型、表型、环境）的相互作用，更深入地了解作物的生长规律。基因型与表型关联分析结合遗传学和分子生物学技术，将基因型数据与表型数据相结合，分析基因与表型之间的关系，揭示遗传基础。模型预测与数据挖掘运用数学模型和数据挖掘方法，对小麦表型数据进行分析和预测，以实现对小麦生长过程的模拟和优化。这些技术和方法的不断发展和应用，为小麦生产和农业可持续发展提供有力支持。

大田作物表型研究在现代农业科技中的演进正呈现出多样化的趋势。在数据融合方面，结合多种传感器来源的信息变得尤为关键，如将光学、热红外与雷达等的数据进行综合分析，得到更周全和细致的作物生长信息。自动化和智能化的推动，通过运用人工智能与机器学习，极大提升了表型数据的采集、分析以及决策制定的效率和精确性。同时，数据共享与合作也成为推动大田作物表型研究发展的关键因素，它促进了全球范围内研究团队的协作与交流。因此，随着科技的持续进步，大田作物表型研究对于现代农业的影响日益增强。小麦表型分析技术的发展将越来越快速和高效，为小麦育种和精准农业提供更加有力的支持。随着新技术的不断涌现和应用，小麦表型分析技术的发展前景十分广阔。

4.1.2.2 大田小麦关键生育期识别

1. 试验区概况及试验设计

试验区位于河北省沧州市吴桥县中国农业大学实验站。该地属于温带大陆性气候，年均气温 12.6℃，年均降水量 534.3 mm，主要集中在 6—9 月，年均蒸发量为 1 252.4 mm。种植作物为冬小麦，一年一熟。播种时间为 2022 年 10 月中旬，收获时间为 2023 年 6 月。共 18 个小麦品种(中麦 1062、济麦 44、藁优 5766、观 35、马兰 1 号、石新 633、石农 086、衡 4399、沧 6005、石麦 22、冀麦 418、藁优 2018、农大 171、农大 753、轮选 103、中麦 886、衡麦 30、济麦 22)，每个品种设计 3 个水处理(W0、W1、W2)，每个水处理设置 3 个重复。3 个水处理均播前灌溉 75 mm，W1 在拔节期再灌溉 75 mm，W2 在拔节期和开花期各再灌溉 75 mm。试验地划分为 54 个长方形小区，每个长方形小区尺寸为 2 m × 20 m。如图 4-21 所示。

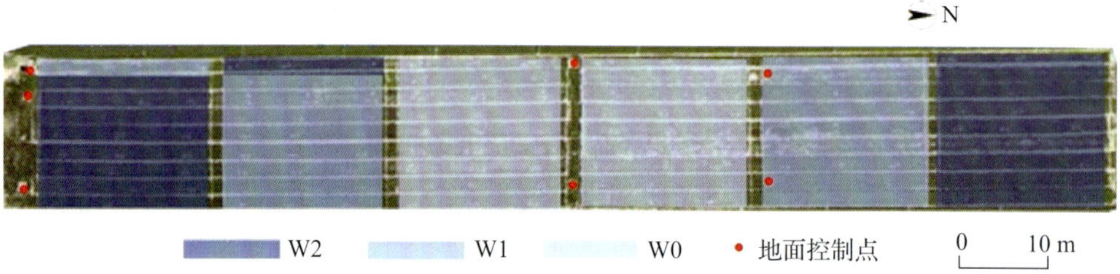

图 4-21　试验小区划分及采样监测点分布

2. 数据获取及预处理

选择中午晴朗少云的时间段，利用无人机分别采集小麦拔节期、开花期、灌浆期、成熟期的影像。无人机为大疆 Phantom 4(搭载 1 个可见光相机和蓝、绿、红、红边、近红外 5 个单波段色传感器)、大疆 Mavic 3(搭载 1 个可见光相机和绿、红、红边、近红外 4 个单波段传感器)，见图 4-22。各单波段传感器的中心波长和半峰带宽见表 4-4。飞行高度设置为 20、30、50/40 m，航向和旁向重叠率设置为 80%，飞行速度设置为 2 m/s。每次飞行前拍摄 25%、50%、75%三种反射率的辐射定标板进行辐射定标。

图 4-22　大疆 Phantom 4(左)和 Mavic 3(右)无人机

表 4-4　大疆 Phantom 4 和 Mavic 3 搭载的各波段传感器中心波长和半峰带宽　nm

波段名称	Phantom 4		Mavic 3	
	中心波长	半峰带宽	中心波长	半峰带宽
蓝光波段	450	16		
绿光波段	560	16	560	16
红光波段	650	16	650	16
红边波段	730	16	730	16
近红外波段	840	26	860	26

对多光谱影像，使用大疆智图软件进行影像拼接和辐射校正，可获得不同飞行高度下的 RGB 和单波段正射影像。借助 ENVI5.3 和 Python 脚本实现小区分割，计算出每个小区光谱反射率的平均值，并以平均值作为该小区的光谱反射率。处于生长早期的小麦在图像中占比较小，且后期存在破坏性取样，因此在遥感图像中土壤背景较多，所以在进行冠层反射率提取时要消除土壤背景的影响，根据 NDVI 进行分割的结果如图 4-23 所示。

（a）原始图像　（b）土壤背景剔除后图像　（c）小区分割图像

图 4-23　无人机影像的分割

将无人机拍摄的可见光图像以小区为单位裁剪成单独的图像，图像储存为 tif 格式。如图 4-24 所示，将分类后的各生育期图像按照 7∶3 的比例随机划分为训练集和测试集，如表 4-5 所示。为避免出现过拟合，训练卷积神经网络模型时采用翻转和随机旋转两种数据增强方法。

表 4-5　各生育期图像数据集划分

生育期	训练集样本数	测试集样本数
拔节期	304	130
开花期	341	145
灌浆期	311	133
成熟期	308	132

（a）拔节期　（b）开花期　（c）灌浆期　（d）成熟期

图 4-24　各生育期小麦图像

3. 小麦颜色特征和纹理特征提取

选取 R、G、B 三个通道的一阶矩、二阶矩、三阶矩共计 9 种颜色特征，分别用 r_mean、g_mean、b_mean、r_std、g_std、b_std、r_offset、g_offset、b_offset 表示，其中一阶矩可以表征该颜色通道的平均响应强度，二阶矩可以表示该颜色通道的响应方差，三阶矩可以表征该颜色通道数据分布的偏移度。计算灰度共生矩阵，提取对比度（contrast）、非相似性（dissimilarity）、同质性（homogeneity）、能量（energy）、相关性（correlation）、角二阶矩（angular second moment，ASM）共计 6 种纹理特征。

内容特征的选择采用基于紧凑分离原理的特征选择算法（FS-CS）实现。紧凑分离系数 $\rho_{cs}(k)$ 的计算公式为

$$\rho_c(k)=\frac{1}{m}\sum_{i=1}^{m}\frac{1}{\beta_i\times(\beta_i-1)}\sum_{u=1}^{\beta_i}\sum_{v\neq u}\left|y_{u,k}^{i}-y_{v,k}^{i}\right|$$

$$\rho_s(k)=\frac{1}{m(m-1)}\sum_{i=1}^{m}\sum_{j\neq i}\frac{1}{\beta_i\times\beta_j}\sum_{u=1}^{\beta_i}\sum_{v=1}^{\beta_j}\left|y_{u,k}^{i}-y_{v,k}^{j}\right|$$

$$\rho_{cs}(k)=\alpha\rho_s(k)-(1-\alpha)\rho_c(k) \tag{4-1}$$

式中：$\rho_c(k)$ 为特征 k 的紧凑度，$\rho_s(k)$ 为特征 k 的分离度，m 为分类数，y 为特征的值，β 为某一类别的样本数量；i、j 分别表示第 i、j 个类别，u、v 分别表示某一类别中的第 u、v 个样本；α 为权重，分别取为 0.5、0.6 和 0.7。$\rho_{cs}(k)$ 越大，表示该特征在同一生育期的差异越小，在不同生育期的差异越大。

4. 小麦关键生育期识别的模型构建

1）基于特征选择和传统机器学习的小麦关键生育期识别

针对从无人机可见光影像中提取的 9 个颜色特征和 6 个纹理特征，基于 FS-CS 计算紧凑分离系数 ρ_{cs}。ρ_{cs} 越大，说明特征在生育期内的紧凑度越大，在生育期之间的分离度越大，更能区分生育期的差异。图 4-25 即为 15 种特征在不同 α 下的 ρ_{cs}。

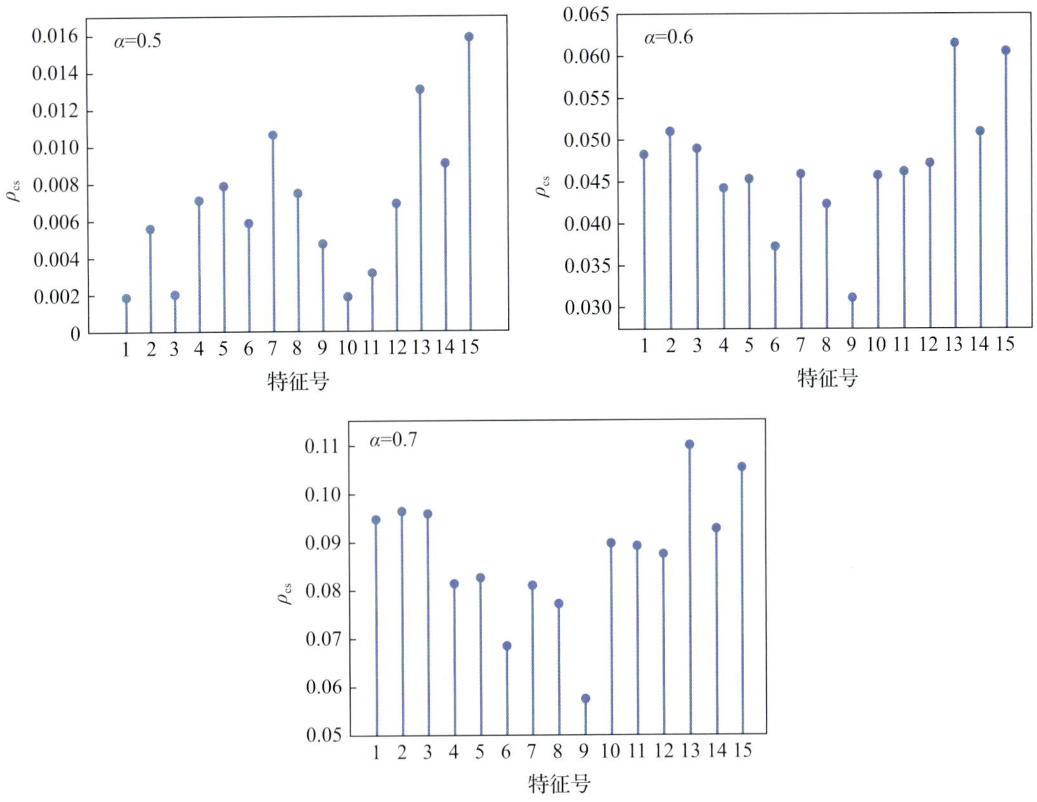

图 4-25　基于 FS-CS 和不同 α 下的特征 ρ_{cs} 垂线图

注:1～15 分别代表特征 r_mean、g_mean、b_mean、r_std、g_std、b_std、r_offset、g_offset、b_offset、contrast、dissimilarity、homogeneity、energy、correlation、ASM。

依据基于 FS-CS 计算紧凑分离系数 ρ_{cs},按照从大到小的顺序,逐次增加一个特征作为输入建立模型,评估关键生育期的识别精度,并与全特征集作为输入建模的识别精度进行对比,如表 4-6 所示。与全特征集模型相比,以 FS-CS 特征选择后的特征子集作为输入的 KNN(最近邻)、RF(随机森林)和 SVM(支持向量机)模型的准确率分别得到 5.54、2.39 和 2.95 个百分点的提升,KNN 模型的识别精度最高,准确率达到 93.54%。

表 4-6　基于颜色和纹理特征的小麦关键生育期识别准确率

模型	输入特征	准确率/%
KNN	全特征集	88.00
	FS-CS 特征子集(前 8 个,α=0.6)	93.54
RF	全特征集	90.59
	FS-CS 特征子集(前 6 个,α=0.7)	92.98
SVM	全特征集	87.45
	FS-CS 特征子集(前 14 个,α=0.6)	90.40

2)基于卷积神经网络(CNN)的小麦关键生育期识别

选择 AlexNet 和 ResNet 作为特征提取网络,实现小麦关键生育期的识别。模型参数的设置如表 4-7 所示。模型在配置有 NVIDIA GeForce RTX 3060 的 GPU 上运行,预测效果如表 4 7 所示。

表 4-7 基于卷积神经网络的小麦关键生育期识别模型参数设置和识别准确率

模型	epoch	优化器	学习率	损失函数	网络层数	批处理大小	准确率/%
AlexNet	300	Adam	0.000 1	交叉熵损失函数	8	32	91.67
ResNet	300	Adam	0.000 1	交叉熵损失函数	18	32	99.72

综合各模型的识别结果来看,ResNet 模型对小麦关键生育期识别的准确率最高,达到 99.72%。与 AlexNet 相比,ResNet 不仅网络层更多,还引入了残差模块,使得特征提取更加充分,因此准确率更高。卷积网络能够自动捕捉、学习图像中复杂的数据关系,而传统机器学习需要手动设计特征,具有一定的局限性。总的来说,卷积网络比传统机器学习具有更好的特征学习能力和更高的效率,更适用于小麦关键生育期识别。

4.1.2.3 大田小麦 SPAD 估测

试验设计、无人机数据获取及预处理同 4.1.2.2。在无人机采集数据的同一天,使用 SPAD-502 叶绿素仪采集田间 SPAD 真值,在每个小区内选择 5 个采样点,分别测量小麦旗叶叶片的叶绿素含量,取其平均值作为最终的测量结果。

1.模型构建方法

经典机器学习模型采用多元线性回归(MLR)、随机森林回归(RFR)和反向传播神经网络(BPNN)等方法构建,深度学习模型采用改进的 ResNet 网络——SE-ResNet 构建。ResNet 是一种不同于传统神经网络的残差学习方法,该方法引入了残差(residual)模块,保护了信息的完整性。SENet(squeeze and excitation networks)是一种通道类型的注意力机制,即在通道维度上增加注意力机制。经过训练学习,这一新的网络路径为每个特征通道的注意力分配一个权重,使得每个特征通道的重要性变得不一样,从而让卷积神经网络重点关注权重值较大的通道,抑制权重值不大的特征通道。在 Conv2_x、Conv3_x、Conv4_x、Conv5_x 后增加 SENet 注意力机制和改变全连接层,形成 SE-ResNet 模型,使其适用于回归任务。图 4-26 为 SE-ResNet 模型的网络架构。训练过程中,采用随机缩放、随机裁剪的在线数据增强方法和水平翻转、随机旋转的离线数据增强方法,采用早停训练策略,减轻过拟合现象。

2.样本统计

表 4-8 和图 4-27 为小麦不同生育期 SPAD 值的分布情况。灌浆期数据采集前部分品种小麦出现倒伏,因此样本量少于其他两个时期。随着小麦生长,SPAD 值呈现出先增加后减小的趋势。生长前期,叶片增大,叶绿素增多,后期生长向麦穗籽粒转移,叶片出现萎蔫和衰老,SPAD 值减小。

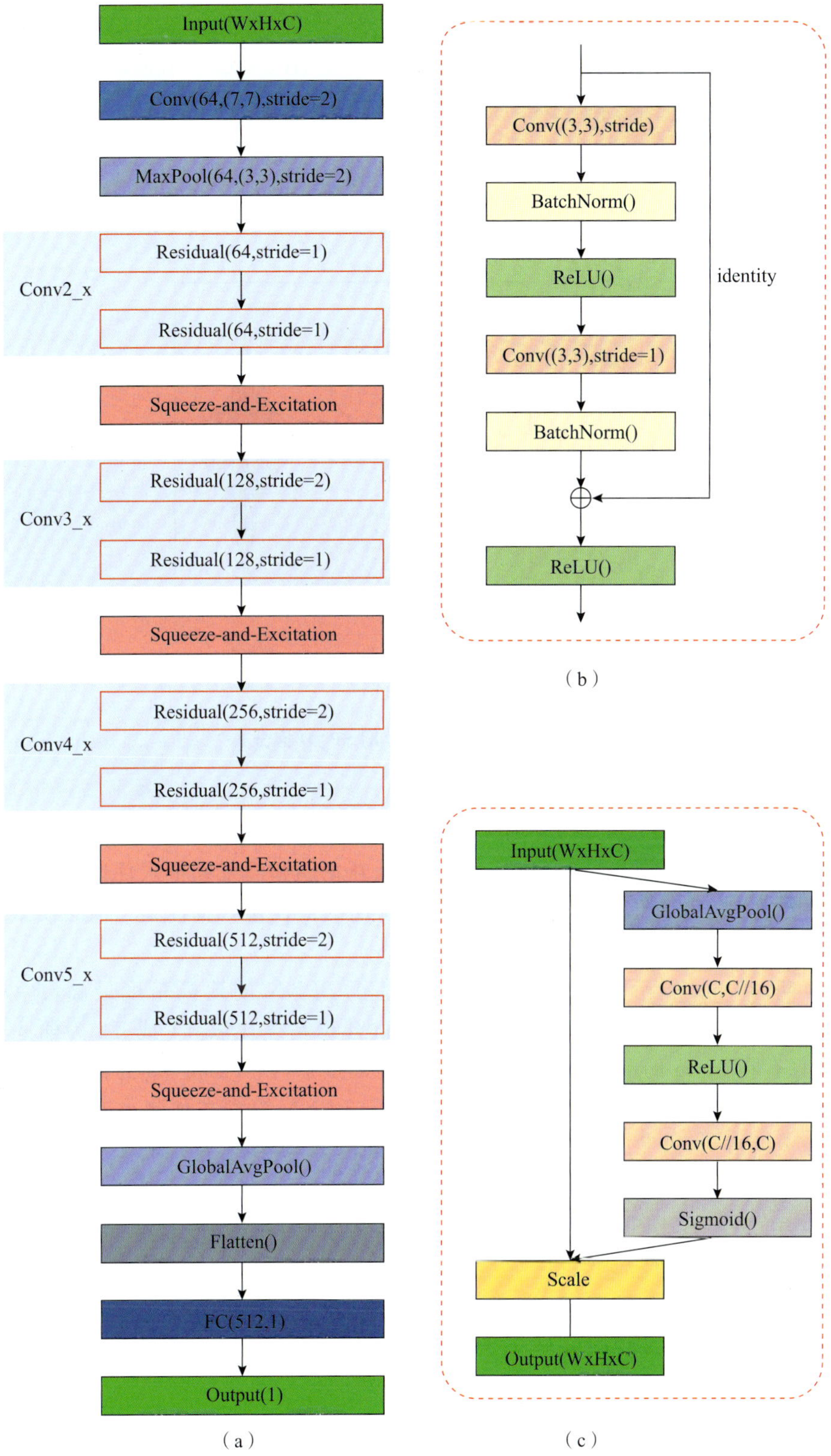

图 4-26　SE-ResNet 模型网络架构

表 4-8　小麦 SPAD 真实值的描述性统计

生育期	样本量	SPAD 最小值	SPAD 最大值	SPAD 平均值	标准偏差	变异系数
拔节期	162	33.03	55.57	44.46	5.22	11.75%
开花期	162	48.43	62.37	55.86	3.38	6.06%
灌浆期	138	34.70	62.10	48.38	5.23	10.80%

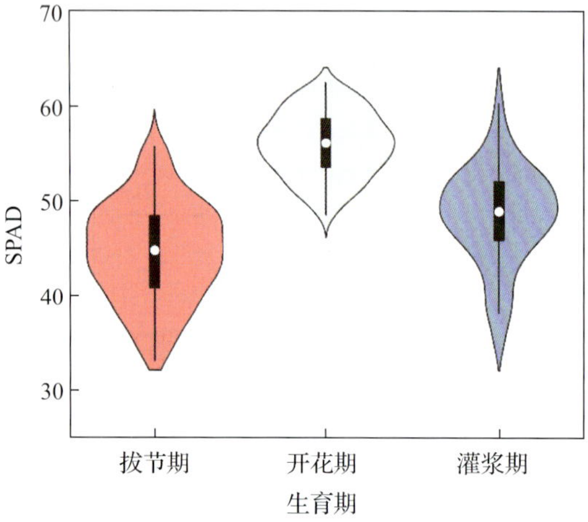

图 4-27　小麦 3 个生育期 SPAD 值分布

3. 经典机器学习模型的预测性能

使用递归特征消除算法对 3 类特征，可见光植被指数(T1)、多光谱植被指数(T2)、可见光和多光谱植被指数(T3)，进行特征筛选，在拔节期、开花期和灌浆期依次优选植被指数作为输入变量建立小麦 SPAD 值预测模型，探究不同生育期的最佳输入特征集。预测模型的性能如表 4-9 所示。可视化结果如图 4-28 所示。

在拔节期，20 m 飞行高度、以 T3 为输入、基于 BPNN 的建模精度最高，R^2 为 0.787，RMSE 为 2.872。3 个飞行高度下，以 T3 为输入的建模精度比以 T1 或 T2 为输入的建模精度都要高，只有在 30 m 的高度、基于 MLR 算法的模型中，以 T2 和 T3 为输入的建模精度相当，R^2 仅差 0.007。对比 MLR、RFR 和 BPNN 模型，BPNN 模型在预测小麦拔节期 SPAD 值方面具有较大的潜力，以 T3 特征集为例，在 20 m 高度下，BPNN 模型的 R^2 比其他两个模型分别提高 0.146、0.086；在 30 m 高度下，BPNN 模型的 R^2 比其他两个模型分别提高 0.166、0.179；在 50 m 高度下，BPNN 模型的 R^2 比其他两个模型分别提高 0.107、0.053。

在开花期，20 m 飞行高度、以 T2 为输入、基于 BPNN 的建模精度最高，R^2 为 0.687，RMSE 为 1.565。大部分情况下，以 T2 为输入比以 T3 为输入的建模精度高。与 MLR 和 RFR 模型相比，BPNN 模型在输入为 T2 或 T3 时对小麦开花期 SPAD 有较大的预测潜力。

在灌浆期，20 m 飞行高度、以 T2 为输入、基于 BPNN 的建模精度最高，R^2 为 0.827，RMSE 为 2.185。以 T3 为输入，在 30 m 高度下的 RFR 和 BPNN 模型、在 40 m 高度下的 MLR 和 BPNN 模型的精度较好。

总体而言，建模精度最高的飞行高度为 20 m。而在模型和特征类别相同时，飞行高度对建模精度没有明显的影响规律。例如，在拔节期，随着飞行高度的增加，采用 BPNN 模型，以 T3 为输入时，模型精度随高度的增加呈现先减小后增大的趋势；以 T2 为输入时，精度呈现先增大后减小的趋势。

表 4-9　基于单源和多源植被指数的小麦 SPAD 值预测模型性能

生育期	飞行高度	模型	T1		T2		T3	
			R^2	RMSE	R^2	RMSE	R^2	RMSE
拔节期	20 m	MLR	0.338	5.060	0.585	4.006	0.641	3.724
		RFR	0.603	3.921	0.541	4.214	0.701	3.400
		BPNN	0.499	4.401	0.661	3.619	**0.787**	**2.872**
	30 m	MLR	0.282	5.268	0.554	4.155	0.547	4.186
		RFR	0.422	4.728	0.482	4.476	0.534	4.244
		BPNN	0.438	4.662	0.695	3.436	0.713	3.333
	50 m	MLR	0.330	5.091	0.646	3.699	0.658	3.637
		RFR	0.465	4.551	0.631	3.778	0.712	3.336
		BPNN	0.464	4.554	0.694	3.439	0.765	3.012
开花期	20 m	MLR	0.275	2.381	0.644	1.668	0.606	1.754
		RFR	0.068	2.699	0.446	2.081	0.243	2.431
		BPNN	0.271	2.387	**0.687**	**1.565**	0.504	1.969
	30 m	MLR	0.356	2.244	0.408	2.151	0.433	2.104
		RFR	0.107	2.642	0.442	2.088	0.452	2.068
		BPNN	0.176	2.538	0.541	1.894	0.494	1.988
	40 m	MLR	0.155	2.571	0.450	2.073	0.424	2.122
		RFR	0.125	2.615	0.526	1.925	0.375	2.211
		BPNN	0.104	2.646	0.530	1.916	0.536	1.905
灌浆期	20 m	MLR	0.660	3.064	0.635	3.176	0.655	3.086
		RFR	0.631	3.192	0.736	2.696	0.720	2.777
		BPNN	0.602	3.312	**0.827**	**2.185**	0.795	2.377
	30 m	MLR	0.614	3.266	0.705	2.851	0.674	2.999
		RFR	0.739	2.680	0.689	2.928	0.804	2.321
		BPNN	0.745	2.650	0.781	2.459	0.819	2.233
	40 m	MLR	0.600	3.323	0.646	3.127	0.714	2.808
		RFR	0.666	3.036	0.651	3.102	0.686	2.941
		BPNN	0.722	2.771	0.734	2.706	0.719	2.787

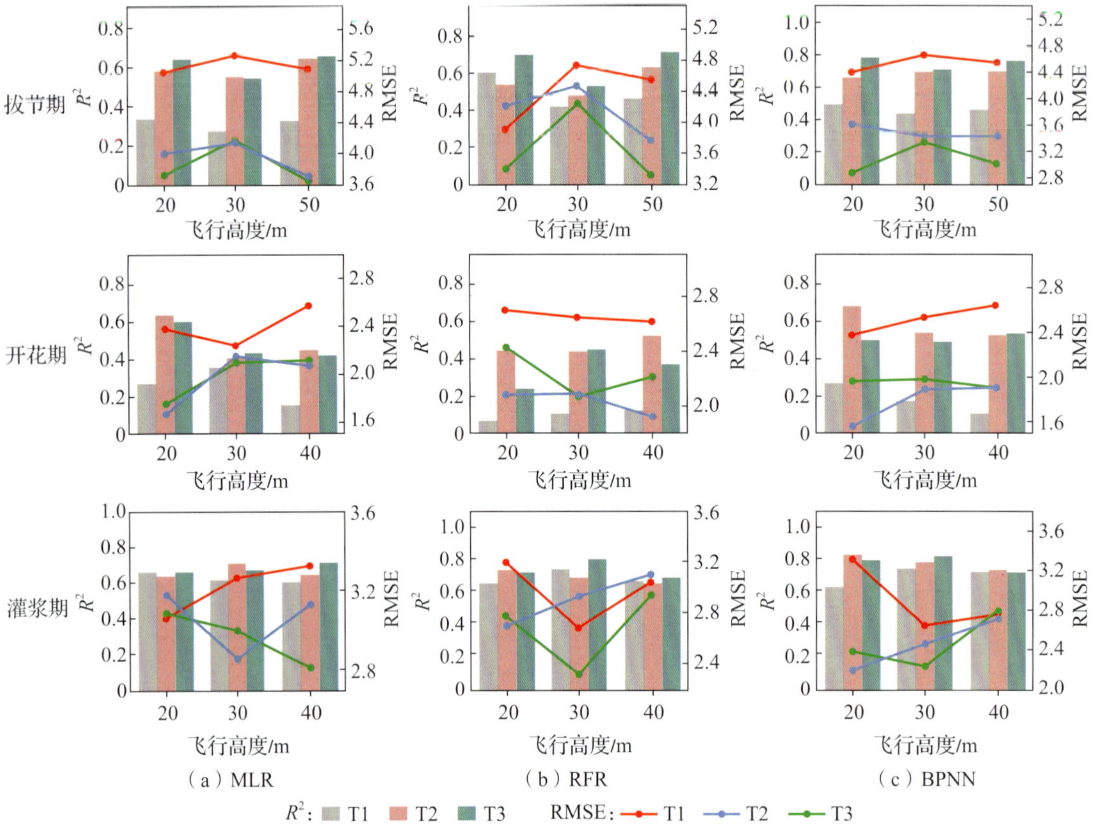

图 4-28　基于单源和多源植被指数的小麦 SPAD 值预测模型性能

4. 深度学习模型的预测性能

1）遥感图像类型对深度学习模型性能的影响

深度学习模型设置了 3 种输入数据类型，即可见光图像（P1）、多光谱图像（P2）、可见光和多光谱图像（P3），建立拔节期、开花期和灌浆期冬小麦 SPAD 值的预测模型，探究不同生育期的最佳输入图像。试验结果如表 4-10 所示。

表 4-10　基于单源和多源遥感图像的 SPAD 值预测效果对比

生育期	飞行高度	P1		P2		P3	
		R^2	RMSE	R^2	RMSE	R^2	RMSE
拔节期	20 m	0.740	3.109	**0.840**	2.439	**0.841**	2.427
	30 m	0.708	3.294	0.819	2.594	0.791	2.788
	50m	0.751	3.041	0.836	2.470	0.833	2.491
开花期	20 m	0.661	1.626	0.702	1.526	0.665	1.617
	30 m	0.743	1.416	**0.778**	**1.317**	0.765	1.353
	40 m	0.573	1.826	0.732	1.445	0.757	1.377
灌浆期	20 m	0.725	2.753	0.821	2.223	**0.860**	**1.962**
	30 m	0.791	2.398	0.811	2.284	0.857	1.981
	40 m	0.785	2.431	0.817	2.243	0.842	2.087

在拔节期，20 m 飞行高度、以 P2 和 P3 为输入的建模精度较高，并且两者相当，R^2 分别为 0.840 和 0.841。以 P2 为输入的贡献比以 P1 为输入的贡献大，在 3 个飞行高度下 R^2 分别相差 0.100、0.111、0.085。

在开花期，30 m 飞行高度、以 P2 为输入的建模精度最高，R^2 为 0.778，RMSE 为1.317。以 P2 为输入的贡献比以 P1 为输入的大，在 3 个飞行高度下 R^2 分别相差 0.041、0.035、0.159。

在灌浆期，20 m 飞行高度、以 P3 为输入的建模精度最高，R^2 为 0.860，RMSE 为1.962。3 种输入数据的建模精度排序为 P3＞P2＞P1，多源数据的融合可以提高建模精度。

2)注意力机制对深度学习模型性能的影响

将 SE-ResNet 的建模结果与 ResNet 的建模结果进行对比，探讨注意力机制对建模精度的影响，结果如表 4-11 所示。使用 SENet 对拔节期和灌浆期的建模精度均有积极影响，R^2 均提高 0.026。开花期 R^2 降低 0.003，但在可接受范围内。

表 4-11　SENet 对建模精度的影响

生育期	评价指标	模型	
		ResNet	SE-ResNet
拔节期	R^2	0.815	0.841
	RMSE	2.624	2.427
开花期	R^2	0.781	0.778
	RMSE	1.305	1.317
灌浆期	R^2	0.834	0.860
	RMSE	2.138	1.962

3)水处理对深度学习模型性能的影响

将数据集按照不同的水处理划分为 3 个数据子集，采用最优 SE-ResNet 模型，输入对应的图像类型，分析不同水处理对建模精度的影响。如图 4-29 所示，可以看到，当 R^2 相对较大时，RMSE 不一定相对较小，如拔节期 W0 处理下的 R^2 和 RMSE 都比 W1 的大，W0 和 W2 的 R^2 相当，RMSE 却相差很大。R^2 反映模型的拟合程度，会受到平均值的影响，而 RMSE 衡量的是预测值和真实值之间的差异，与平均值无关。以 R^2 作为标准，在拔节期和开花期，3 种水处理下模型的拟合程度相对较为一致；在灌浆期，W1 的拟合程度比 W0 和 W2 相对较弱，但 R^2 也保持在 0.800。以 RMSE 作为标准，在拔节期，3 种水处理下的 RMSE 从小到大依次是 W2、W1、W0，W0 和 W1 相差较小；在开花期，3 种水处理下的 RMSE 从小到大依次是 W2、W1、W0；在灌浆期，3 种水处理下的 RMSE 从小到大依次是 W2、W1、W0；可以发现，3 个生育期的预测误差均随着灌水量的增加而减小。

4.1.3　大田作物表型研究发展前景

大田作物表型研究的应用前景在现代农业科技中被广泛认可，预示着一系列跨学科领域的突破。随着多类型数据融合技术的发展，未来研究将更注重于综合不同数据源，如遥感、图像和传感器数据，以全面精确地评估作物表型。为了提升数据的通用性和比较性，数据标准化

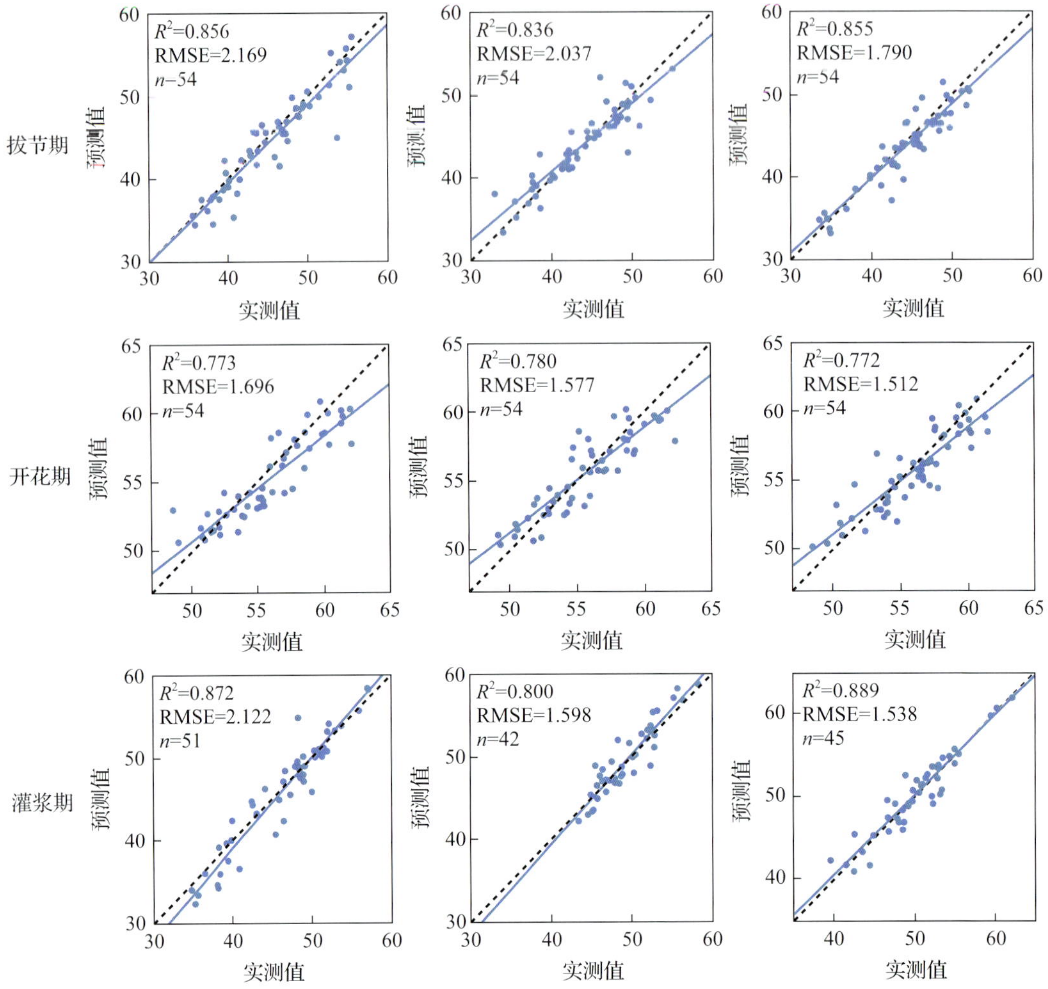

（a）W0　（b）W1　（c）W2

图 4-29　3 种水处理对建模精度的影响

管理成为研究的重点之一。此外，植物学、遗传学和计算机科学等多学科知识的整合对深入理解作物生长和环境适应性至关重要。同时，面向未来的研究需求和预算条件，高通量且无损伤的表型组学研究技术正在不断发展，这对于作物遗传育种、表型分析与大数据建设、生理生态研究等领域至关重要。

精准化管理和基因挖掘将受益于高通量获取的作物表型数据，加速育种材料的重要表型筛选，促进高产优质作物品种的培育。无人机平台技术的发展为大田作物研究及复杂环境下的作物育种提供了新手段和分析思路。综上所述，在未来，大田作物表型研究将在推动作物遗传育种、提升农业生产效率和作物品质方面发挥关键作用，同时也助力全球农业应对环境变化，走向更加可持续的发展道路。

4.2　香蕉表型研究

香蕉是热带和亚热带地区最重要的水果之一，香蕉植株数量、株高、茎粗等是香蕉的重要形态表型参数，与香蕉的产量和果实品质息息相关。因此香蕉的形态参数信息获取对果园管理、表型研究和品种培育具有重要意义。人工测量这些参数存在效率低下、主观性强、误差大等问题，近年来图像处理、三维重建等方法被广泛应用于植物形态信息获取中。梁秀英等使用连续拍摄的玉米图像和运动恢复结构算法（structure from motion，SFM）实现了玉米植株的三维重建，获取了玉米的株高、茎粗、叶面积等多个形态参数[11]。王伟使用双目立体视觉相机实时测量成年香蕉植株假茎茎粗、茎高参数，测量相对误差不大于1.2%和3.1%[12]。中国农业大学精细农业研究中心也开展了这方面的研究。

4.2.1 香蕉吸芽形态参数测量[13]

香蕉虽然是多年生植物，但每株香蕉一生只能开花结果一次，结果后母株枯萎，由地下球茎抽生的吸芽来接替母株继续生长、开花、结果。香蕉吸芽在母株的生长期内会持续萌发，需要定期除芽，并在一定的时间选择适宜的植株作为下一年的结果株，该过程人工观测工作量大，主观性强，难以得到准确的数据。香蕉吸芽的生长环境特殊，位于成熟期香蕉植株下方，光照不均匀，成像环境复杂，需要选择合适的深度传感器以获取完整稠密的香蕉吸芽点云。

4.2.1.1 数据采集

于2021年4—5月在广西大学亚热带农科新城香蕉种植园采集香蕉吸芽点云数据，此时香蕉母株处于营养生长期后期，冠层生长茂盛，香蕉母株旁有1～3个香蕉吸芽。

数据采集过程中使用可自动导航的机器人，机器人采集平台长50 cm，宽35 cm，底盘距地面高8 cm，采用四轮驱动，差速转向。传感器通过铝合金支架安装在机器人底盘上，该支架可搭载质量小于2.5 kg的传感器；传感器高度可在50～90 cm调整，能够采集高度在0.4～1.5 m的香蕉吸芽。负载状态下机器人可在俯仰角小于30°、横滚角小于15°的情况下稳定行驶，行驶速度范围0～0.8 m/s。

机器人依次搭载Kinect v2、PMD CamBoard、ZED双目相机和Velodyne 16线激光雷达（VLP-16）4种深度传感器，采集香蕉吸芽点云数据。为保证植株位于传感器最佳采集区域，机器人距离植株1.3～1.7 m。

4.2.1.2 数据处理

使用Microsoft Visual Studio 2015、ROS（robot operation system，机器人操作系统）下的跨平台开源C++点云库（PCL）对获取的点云数据进行处理。首先通过直通滤波去除大范围环境点云数据，然后使用统计分析滤波的方法对深度传感器在扫描的过程中因环境光线、车体震动等产生的噪声点进行滤除，最后使用RANSAC算法对地面点进行滤除。香蕉种植园内的地面凹凸不平，可能将香蕉叶片拟合为地面而滤除，采用欧氏聚类方法对植株点云和地面凸起物进行分类，保留点云数量最多的类，即可获得香蕉吸芽点云数据。

4种深度传感器获得的同一株香蕉吸芽点云效果如图4-30所示。激光雷达和PMD相机获取的点云数据稀疏，难以获取高精度的形态参数，Kinect v2和ZED相机可以获得具有颜色信息的点云数据，ZED相机获取的点云数据最密集，但在光线较暗的部位产生了较大畸变，Kinect v2相机在同等复杂条件下仍取得了较好的效果。后续处理选用Kinect v2获取的香蕉吸芽点云。

（a）Kinect v2（11 408）　（b）PMD（2 004）　（c）ZED（25 677）　（d）VLP-16（2 778）

图 4-30　不同传感器采集的同一株香蕉吸芽点云效果对比

注：括号中数字为该传感器采集的香蕉吸芽点云数据的数量。

1. 株高、茎粗参数获取

基于预处理得到的香蕉吸芽点云，取 Y 轴方向坐标的最大差值为香蕉吸芽的株高，如图 4-31 所示。

采用圆柱面拟合方法获取茎粗参数。选取香蕉植株自下而上的第一个叶片下方为茎粗测量区域，如图 4-31 所示，该区域通过计算点云 X 轴方向坐标差值变化量得到。

香蕉吸芽茎秆细小，利用移动最小二乘法（MLS）对曲面进行表面平滑和曲面重建，使香蕉茎秆点云圆柱面更加平滑，减小茎粗测量误差。使用点云库的圆柱模型进行圆柱拟合，得到圆柱的直径参数，即为香蕉吸芽的茎粗。

2. 配准与三维重建

为得到一个完整植株的三维点云数据，增加点云稠密度，提升后续曲面重建效果，需对点云进行配准操作，配准前后对比如图 4-32 所示。

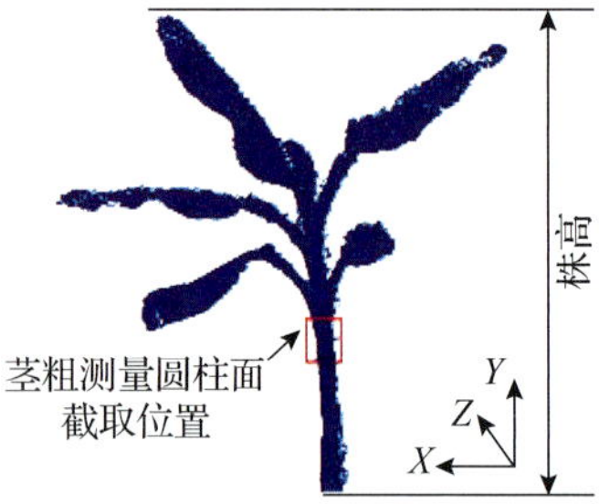

图 4-31　香蕉吸芽株高和茎粗测量位置示意图

（a）配准前　（b）配准后

图 4-32　香蕉吸芽点云配准效果对比

配准时采用 PFH（粗配准）＋ICP（精配准）的配准方法对香蕉吸芽点云进行完全配准。点云配准的精度采用豪斯多夫距离进行量化[14]，使用手动配准的三维模型作为计算豪斯多夫距离的参照。

3. 叶面积参数获取

基于获得的完整香蕉吸芽点云，识别自下而上第一个叶片的叶鞘位置作为茎叶分离处，第一个叶片叶鞘上方的点云为叶片。对叶片点云首先采用贪婪投影三角化算法进行三角面片化，面片化后的叶片模型由若干个空间三角面片组成，如图 4-33 所示。然后采用海伦公式计算单个空间三角面片的面积并求和，获得香蕉叶片面积。

（a）叶片点云　　（b）点云三角面片化

图 4-33　香蕉叶片三角面片化

4.2.1.3　测量结果

1. 株高测量结果

获取 30 株香蕉吸芽点云，香蕉吸芽株高算法自动测量值与现场人工测量值对比如图 4-34 所示，株高参数的决定系数 R^2 为 0.96，RMSE 为 0.055 m，MAPE 为 4.79%，算法自动测量株高的准确率为 95.21%。

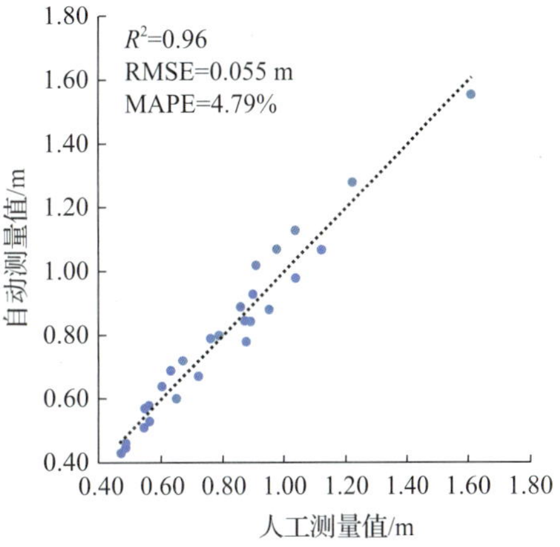

图 4-34　株高自动测量值与人工测量值对比

2. 茎粗测量结果

香蕉吸芽茎粗的算法自动测量值与现场人工测量值对比如图 4-35 所示，茎粗参数的决定系数 R^2 为 0.87，RMSE 为 0.444 cm，MAPE 为 9.20%。

3. 叶面积测量结果

自动配准与手动配准的香蕉点云，各植株的豪斯多夫距离 90% 以上分布在 0～4 mm 区间内，表明 PFH+ICP 的配准方法可以满足香蕉吸芽点云的配准要求。自动配准点云和手动配准点云获取的叶面积决定系数 R^2 为 0.92，RMSE 为 197.83 cm^2，MAPE 为 16.59%，如图 4-36 所示。

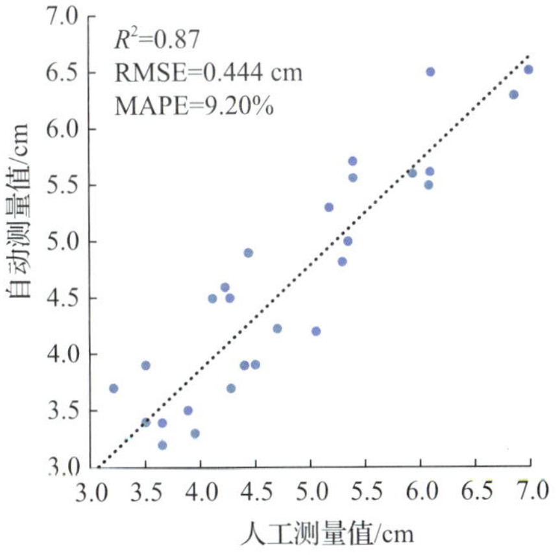

图 4-35　茎粗自动测量值与人工测量值对比

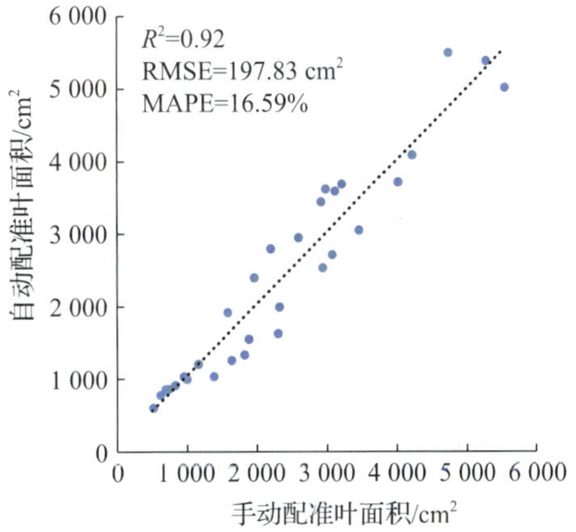

图 4-36　自动配准与手动配准测量叶面积对比

4.2.2　香蕉植株形态参数测量[15]

4.2.2.1　数据采集

于 2021 年 4 月 14—17 日在广西大学亚热带农科新城香蕉种植园采集香蕉植株点云数

据，此时香蕉正处于营养生长期后期，冠层封闭。

选用美国 Trimble 公司的 Trimble TX8 地基激光雷达采集香蕉的三维点云数据。对香蕉园的两个地块进行扫描，地块 1 长约 49 m，宽约 19 m，面积约 931 m^2；地块 2 长约 45 m，宽约 35 m，面积约 1 575 m^2。

数据采集前，在采集区域放置标靶球，每站点云数据与其他站点云数据至少包括 3 个共同的标靶球，且这些标靶球不共线。激光雷达安装在三脚架基座上，设置扫描密度等级为 2 级，扫描时间 3 min，调整设备下方的 3 个整平螺丝，使设备与水平面垂直。根据扫描区域均匀设置扫描站位置，每次采集获得扫描区域的 6 个扫描站的点云数据。

4.2.2.2 数据处理

对获取的点云数据，使用 Trimble RealWorks 进行提取、拼接，采用 Microsoft Visual Studio 2013 下的跨平台开源 C++点云库 PCL 和 Cmake3.8.0 对数据进行处理。

首先使用 Trimble RealWorks 软件读入香蕉点云数据，在配准模式下，获得每站扫描的点云数据，对点云数据进行配准；使用直通滤波法去除背景点云数据，地块 1 点云数据如图 4-37 所示。为精简点云数据、提高程序运行速度，对试验区域点云数据使用空间采样方法进行下采样，采样距离设置为 8 mm，结果如图 4-38 所示。

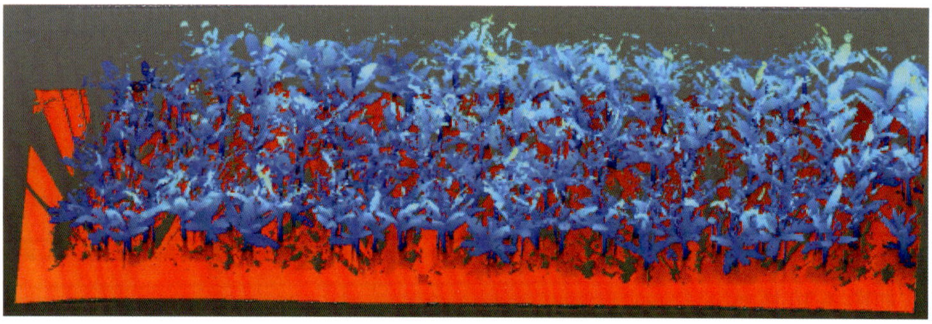

图 4-37　地块 1 点云数据

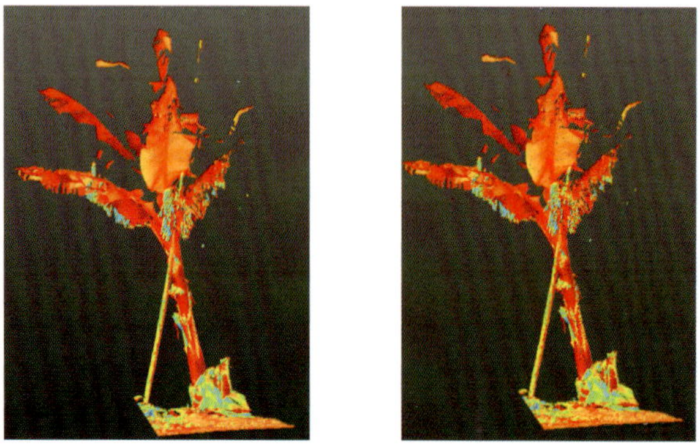

（a）原始点云数据　　（b）下采样后点云数据

图 4-38　配准后的点云数据

香蕉表型点云

对香蕉点云进行分割，主要包括分割香蕉植株和地面点云数据、去除离群点、固定高度茎提取、假茎分割和单株分割 5 部分。具体步骤如下：

①使用统计分析滤波方法对噪声点进行滤除，再使用 RANSAC 算法对地面点进行滤除，

完成香蕉植株和地面点云数据的分割。香蕉园地面有垄沟，起伏较大，设置距离阈值为0.25 m。

②对分割后的植株点云进行统计滤波，去除香蕉植株中的噪声点。

③根据拟合的平面，提取距离平面[1 m，1.1 m]范围内的点云数据，对提取的固定高度点云进行统计滤波，去除假茎周围的噪声点。

④将滤波后的固定高度假茎点云数据进行欧氏聚类，并对每类点云计算 X、Y 轴方向的距离并求和，设置阈值，分割出单株香蕉植株假茎。

⑤将分割出的植株假茎的数量作为 K 均值聚类中的 K 值，植株假茎点云的中心点作为 K 均值聚类的初始化中心点，对香蕉园植株点云进行聚类，并对每类植株点云获取其 X、Y 轴方向的范围，提取范围内的地面点云、单株香蕉植株点云与地面点云。

1. 植株计数

香蕉园中支撑用的竹竿和叶片将对香蕉植株数量统计造成干扰，通过设置包围盒阈值剔除竹竿和叶片。竹竿点云的 X、Y 轴方向的距离和小于香蕉假茎，叶片的 X、Y 轴方向的距离和大于香蕉假茎，因此，聚类点云 X、Y 轴方向的距离和在[0.25 m，0.6 m]内即为香蕉假茎。读入欧氏聚类后假茎点云数据，在统计阈值范围内的视为香蕉植株，统计其数量。

2. 假茎茎粗参数测量

香蕉假茎茎粗测量包括单株香蕉固定高度点云提取和假茎茎粗测量两部分。因为香蕉植株数量计数与实际香蕉植株数量存在误差，导致 K 均值聚类后的香蕉点云数据存在0株、1株和多株香蕉的情况。为了解决这个问题，需要先判断 K 均值聚类后点云中的香蕉植株数量，提取单株香蕉固定高度点云数据，具体操作如下：

①读入 K 均值聚类后单株香蕉点云数据；

②提取固定距离平面[1 m，1.1 m]范围内的假茎点云数据；

③进行统计滤波，剔除假茎周围的噪声点；

④对滤波后固定高度点云数据进行欧氏聚类，统计阈值内聚类数量，即为香蕉植株数量 k；

⑤判断香蕉植株数量 k，如果植株数量 $k=0$，无操作；如果植株数量 $k \geqslant 1$，保存 k 个固定高度假茎点云数据；

⑥提取所有香蕉单株固定高度点云数据。

获得的单株香蕉固定高度点云数据如图4-39(a)所示。应用移动最小二乘法(MLS)进行点云平滑，结果如图4-39(b)所示。对平滑后的点云数据使用随机一致性圆柱提取点云，设置圆柱分割参数：法线影响权重为0.02，距离阈值为0.02 m，圆柱半径小于0.4 m，分割结果如图4-39(c)所示。若圆柱分割获得圆柱方向向量的 Z 坐标值大于0.8，半径 r 小于0.15 m，表明圆柱分割成功，圆柱半径 r 乘以2即为香蕉假茎茎粗。

3. 假茎茎高参数测量

香蕉叶片与假茎交界位置到假茎与地面交界位置的距离即为假茎茎高。

首先，获取香蕉假茎的轴向向量。因分割假茎的固定高度只有0.1 m，通过圆柱分割计算后得到的轴向向量与香蕉假茎的真实轴向向量存在一定误差。因此对固定高度向上、向下0.1 m各取一段点云数据，如图4-40(a)所示，图中红色为固定高度点云，白色为假茎点云。对获取的两段点云进行点云平滑和圆柱分割处理，获得香蕉的轴向向量，同时获得轴线上一个点的坐标。

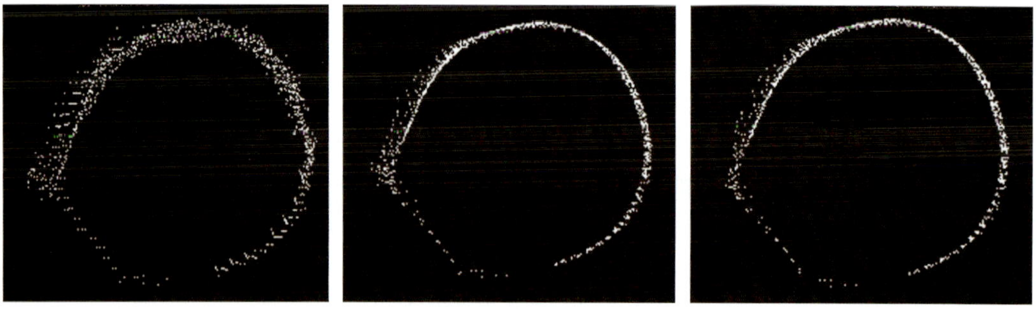

（a）原始假茎点云　　（b）平滑后的假茎点云　　（c）圆柱提取分割后的假茎点云

图 4-39　固定高度假茎点云数据处理

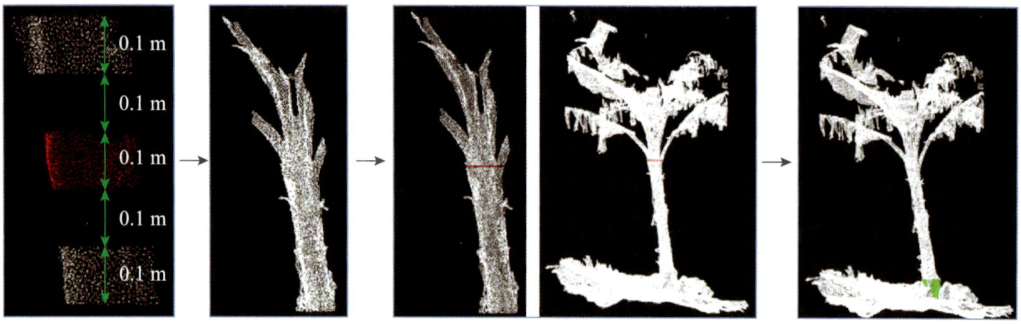

（a）轴向向量　　（b）提取轴向向量阈值内点云　　（c）点云中假茎和叶柄交界位置　　（d）香蕉植株中假茎和叶柄交界位置　　（e）地面点云中的假茎

图 4-40　香蕉假茎高度测量过程

其次，计算香蕉植株点云到轴向向量的距离。设置香蕉固定高度点云假茎茎粗+0.15 m为阈值，保留小于阈值的点云数据，并提取 Z 坐标大于固定点云 Z 坐标最小值的上部假茎点云数据，如图 4-40(b)所示。

然后，对香蕉植株点云进行滑动窗口操作，识别香蕉假茎和叶片的交界位置。

①读入上部假茎点云和香蕉固定高度点云假茎茎粗的一半 r，设置滑动窗口滑动距离 d 和宽度阈值 w；

②获取输入点云的最低点和最高点，从最低点开始，计算每个窗口内点云 X 轴距离 a 和 Y 轴距离 b 之和；

③如果 $a+b$ 大于 $r\times 4+w$，窗口标志位为 1，否则标志位为 0；

④统计窗口标志位为 1 的最长的连续窗口序列，并获取该序列最低的号，计算其高度值，作为函数返回值，提取该高度至其加 $3\times d$ 的假茎点云，作为下次执行的输入点云。

在滑动窗口识别过程中，由于香蕉假茎枯萎的叶柄造成假茎不光滑，所以滑动距离和宽度阈值需选较大的值，分别为 0.08 m 和 0.12 m。确定假茎和叶柄交界的大概位置后，3 次缩小滑动距离和宽度阈值，滑动距离分别为 0.04、0.02 和 0.01 m，宽度阈值分别为 0.08、0.06 和 0.05 m，最终确定假茎和叶柄交界的精确位置，如图 4-40(c)所示。红色点云为识别出的假茎与叶柄交界位置。在香蕉植株中识别位置如图 4-40(d)所示，可以准确识别假茎与叶柄交界位置。获取交界位置的假茎上 Z 坐标最大的一个点的坐标，与轴线上点的坐标作差，生成上部向量，与轴向向量点乘并求绝对值，得到假茎的上半部长度。

最后，计算假茎的下半部长度。因香蕉园地面存在垄，部分香蕉假茎在地面分割时分割到地面点云中，所以需要在地面点云中找出假茎点云。①从整体地面点云中分割出每个香蕉植株冠层对应的地面的点云数据。②计算地面点云到假茎轴向向量的距离，设置香蕉固定高度点云假茎茎粗+0.15 m为阈值，保留小于阈值的点云数据，即为地面中的假茎点云数据，如图4-40(e)所示，最下部即为假茎与地面交界位置。获取假茎点云上Z坐标最小的一个点的坐标，与轴线上点的坐标作差，生成下部向量，与轴向向量点乘并求绝对值，得到假茎的下半部长度。

假茎上半部长度加下半部长度，得到假茎茎高。如果茎高大于5 m，则测量失败，否则即为香蕉假茎茎高测量值。

4.表型真值测量

在拼接后的点云数据上，人工计数香蕉植株数量，测量香蕉的假茎茎高和茎粗，作为真值。香蕉植株最低叶片与假茎交界处至同侧地面与假茎交界处的距离即为香蕉假茎茎高H。提取固定高度区域的假茎点云数据，因为香蕉假茎近似圆柱，在点云直径最大处测量一次，最小处测量一次，以两次测量的平均值作为香蕉假茎茎粗的真值。

4.2.2.3 测量结果

1.植株计数结果

欧氏聚类的距离阈值大小对香蕉假茎、竹竿和叶片的分类有影响，进而影响植株计数。阈值设置太小，会导致一个叶片被分为多个类，假茎被误识别为竹竿。阈值设置太大，会导致叶片与假茎或者竹竿和假茎被分为一类，被误识别为叶片。

不同距离阈值下算法识别的植株数量及其中正确识别的数量、评价指标如表4-12所示。精确率随着距离阈值增大而变大，召回率在距离阈值为0.10 m时最大，百分误差在距离阈值为0.10 m或者0.05 m时最小。综合对比各个评价指标可知，距离阈值为0.10 m时结果最好，这时的召回率较高，精确率接近最高值，百分误差也较小。

表4-12 不同距离阈值下香蕉植株计数结果

地块	实际香蕉株数	距离阈值/m	算法识别株数	正确识别株数	精确率/%	召回率/%	百分误差/%
1	184	0.05	187	170	90.91	92.39	1.63
		0.10	185	173	93.51	94.02	0.54
		0.15	180	169	93.89	91.85	2.17
2	200	0.05	194	182	93.81	91.00	3.00
		0.10	191	184	96.34	92.00	4.50
		0.15	187	182	97.32	91.00	6.50

2.假茎茎粗和茎高测量结果

对两地块自动测量的香蕉假茎茎粗结果与人工点云测量结果进行比较，如图4-41所示。两地块自动测量方法得到的株高决定系数R^2都在0.95以上，RMSE都控制在0.40 cm以内，MAPE都不大于1.30%，自动测量假茎茎粗的准确率不小于98.70%。

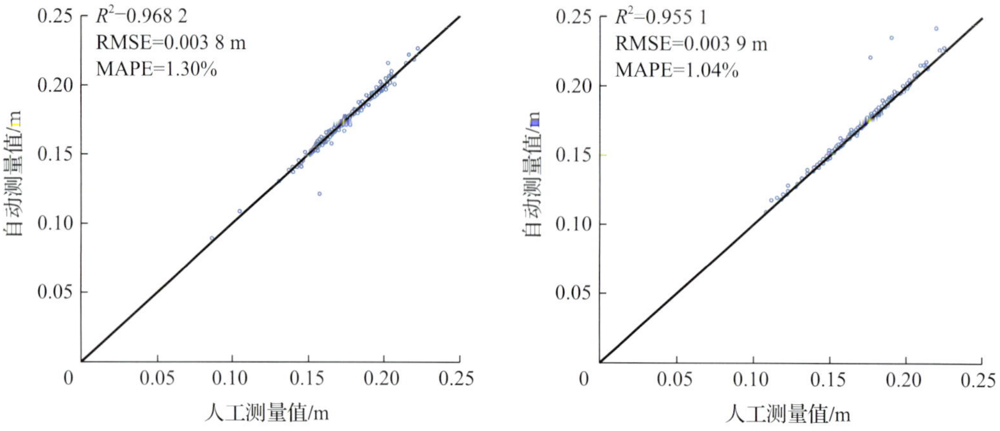

(a) 地块1　　(b) 地块2

图 4-41　两地块香蕉假茎茎粗测量结果

对自动测量的香蕉假茎茎高结果与人工点云测量结果进行比较，如图 4-42 所示。两地块自动测量方法得到的株高决定系数 R^2 都在 0.46 以上，主要是由于竹竿支撑香蕉植株，致使部分茎高测量值偏低，且香蕉茎高集中在 2.2 m，测量误差对 R^2 的影响比较大；RMSE 都控制在 0.28 m 以内，MAPE 都不大于 9.50%，自动测量假茎茎高的准确率不小于 90.50%。

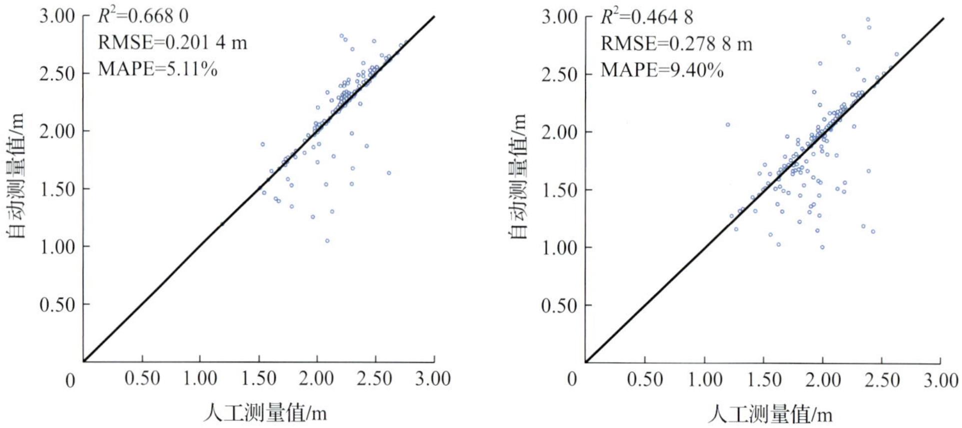

(a) 地块1　　(b) 地块2

图 4-42　两地块香蕉假茎茎高测量结果

4.3　室内固定式作物表型平台

4.3.1　室内固定式作物表型平台概况

室内固定式作物表型平台是一种专为室内环境下作物研究设计的稳定且精确的表型分析系统。平台通常结合了多种先进的技术和设备，可实现对作物生长、发育和生理状态进行长时间、连续且高准确度的监测和测量。室内固定式作物表型平台通常由传送带、采集室两部分组成，作物通过传送带送入采集室进行表型信息采集。采集室采用先进的成像和光谱技术，能够对作物的形态结构以及肉眼不可见的生理状况进行可视化分析。这种技术的应用，使得研究者能够在控制条件下对作物进行更为精确的观测和评估，从而获得更加深入的作物生长和发育信息。

室内固定式表型平台有一些明显的优点：可以提供稳定的环境条件，便于精确控制光照、温度、湿度等因素，从而减少环境变化对实验结果的影响；可以使用更精密的传感器和设备，进行精准监测和连续的数据采集；适合进行长期实验，持续观察作物在特定条件下的生长和发育过程，有助于研究作物生长过程中的动态变化；由于环境可控，数据的重复性和可靠性通常较高。不过，这种平台也存在一些缺点：建设和维护成本可能较高，需要较大的空间和设备投入；由于作物是在固定的位置上生长，无法接触真实的自然环境，可能导致某些与环境交互相关的表型特征无法完全展现；由于受到空间和设备限制，无法处理大量的作物样本或进行大规模的田间试验。

室内固定式表型平台通常需要提前进行场地建设以及装置搭建，并且不具有跨室的可迁移性。要提高室内固定式表型平台的可迁移性，可以考虑以下几个方面：模块化设计，将平台分解为可组装和拆卸的独立模块，方便在不同场地进行组装和拆卸；使用轻便、坚固的材料制造平台组件，降低整体重量，便于搬运和运输；设计标准化的接口和连接方式，确保各个模块之间能够快速、准确地连接和拆卸；采用便携式的电源供应系统，如可充电电池或便携式发电机，使平台在无电源接入的情况下也能正常工作；优化平台的安装和拆卸流程，使其尽可能简单和快捷，减少操作时间和难度；通过互联网或无线通信技术，实现对平台的远程监控和控制，方便在不同地点对平台进行操作和管理；与其他研究机构或团队合作，共同建立和共享可迁移的表型平台，降低成本和提高资源利用效率。通过以上方法，可以提高室内固定式表型平台的可迁移性，使其更便于在不同地点用于实验和研究。

4.3.2 室内固定式作物表型平台研究现状

室内固定式表型平台利用先进的机电一体化技术和自动控制系统，可对影响作物生长的多个环境因素进行精确调控。可以通过调节光照的时间和光谱区间，模拟自然光周期或者特定的光照条件，满足不同植物生长阶段的需求；可利用人工气候室的技术，对空气的温度和湿度进行精确控制，创造最佳的生长环境。可监控土壤中的水分和养分状况，确保植物得到充足的水分和必要的营养成分。平台可以采用3D激光扫描等技术测量植物的叶面积、叶倾角等结构参数，这些参数对于评估植物的生长状况至关重要。此外，平台还可以配备荧光成像、红外/热成像、近红外成像等传感器，非侵入性地监测植物的生理状态，如叶色、水分分布等。因此，室内固定式表型平台不仅有助于研究植物在不同环境条件下的表型变化，还能在育种过程中筛选出具有最优表型的基因型材料，从而推动作物改良和农业发展。

4.3.2.1 国内室内固定式表型平台

国内室内固定式作物表型平台研究起步比较晚，但不乏一些具有代表性的表型平台。

HRPF[①]：华中农业大学作物遗传改良国家重点实验室研发的水稻植株表型参数自动提取系统（High-throughput Rice Phenotyping Facility，HRPF）是我国自主研发的第一套高通量多

① 水稻植株表型参数自动提取系统（HRPF）. http://plantphenomics.hzau.edu.cn/instrument.[2024-08-28].

参数作物表型测量设备，包括水稻自动表型分析平台（Rice Automatic Phenotyping Platform，RAP）和自动化数字考种机（Yield Traits Scorer，YTS）两部分，可以实现水稻种质资源和群体在整个生育期和收获后的高通量和自动表型筛选[16]。水稻自动表型分析平台包括温室、自动输送区和栽培区、检测暗室以及用户界面 4 部分，可以实现水稻表型的高通量筛选。其中，检测暗室包括一套彩色成像设备和一套线性 X 射线计算机断层扫描（CT）设备。彩色成像设备可以无损地提取株高、绿叶面积等形态学相关性状和地上鲜重、干重等生物物质相关性状。线性 X 射线 CT 设备用于自动化、高通量测量分蘖数。该系统能够实现水稻、玉米、小麦、油菜等盆栽作物在整个生育期表型参数的全自动、无损、高通量准确提取，测量效率为 1 920 株/天。自动化数字考种机集成了机器视觉、图像处理以及工业控制等先进技术，可以自动提取粒长、粒宽、总粒数、实粒数、千粒重等水稻产量相关性状参数，测量效率为 1 440 株/天。

Crop 3D：中国科学院植物研究所研发的高通量作物三维表型监测系统，包括室内固定平台、室外移动监测平台、无人机监测平台，以及田间大型固定监测平台[17,18]。其中室内平台由承重结构、运行模块、传感器模块和控制模块 4 部分组成，集成了激光雷达、高分辨率相机、高光谱成像仪和热成像仪 4 种传感器。运行模块采用“sensor-to-plant”（传感器移动型）的工作方式 240 s 可完成框架内 20 m^2 面积的作物扫描。传感器移动型工作方式是指作物位置保持固定，传感器移动到目标作物区域进行数据采集和分析。不同的传感器可以获得不同表型参数，激光雷达获取的点云数据能够提供作物叶倾角、叶面积指数、作物三维体积等毫米级精度的表型结构信息；高分影像可提供群体水平完整的冠层覆盖信息和纹理信息；高光谱图像通过拼接、校正、匀色等处理，可获取植被指数，对作物长势、作物生理状态进行评估；热成像仪可以对作物冠层温度进行全天候监测，获得作物在生长胁迫下生理状态的实时反应。Crop 3D 平台集数据动态获取、数据回传、数据存储和处理于一体，通量化同步获取多源数据，实现单株尺度的种质筛选和群体尺度的种质评估。

PPAP①：中国科学院遗传与发育生物学研究所植物细胞与染色体工程国家重点实验室于 2017 年建设了植物表型组学研究平台（Plant Phenomics Analysis Platform，PPAP）[19]。该平台集成可见光成像、红外成像、近红外成像、根系近红外成像、荧光成像、叶绿素荧光成像、高光谱成像及激光雷达成像 8 个数据采集单元，在此基础上建立了根系表型采集分析、穗部性状采集分析及抗逆性状采集分析技术体系等，可以实现植物整个生活史不同阶段所有表型数据的定期测量。

神农：中国科学院与湖北省于 2019 年联合共建作物表型组学联合研究中心。依托作物表型组学联合研究中心，2024 年 2 月 27 日国家作物表型组学研究重大科技基础设施（神农）项目启动，将实现主要农作物基因型与表型的复杂关系解析，建立作物表型决定的现代遗传理论体系，研发环境模拟与智能监控、高分辨率成像、自动化信息采集与分析等核心关键技术，开展优良作物新品种的分子设计与高效选育。

陕西伟景机器人科技有限公司的植株表型平台②：该平台由立体相机、运动转盘、滑动结构等构成，利用作物自旋转平台对作物表面进行 360°扫描，能够实时地生成作物高精度三维点云模型，实现株高、直径、叶长、叶倾角、叶片数等指标的便捷测量。

---

① 植物表型平台. http://pcce.genetics.cas.cn/ptjs/zwbxzxpt/201808/t20180807_418067.html.[2024-08-28].

② 植物表型平台. http://www.vihero.com/product_detail/130.html.[2024-08-28].

除上述表型平台外，南京农业大学于2017年成立了国内首个作物表型组学交叉研究中心，并于2019年启动作物表型组学研究重大科技基础设施建设项目；北京市农林科学院成立了作物表型组学协同创新中心，进行集成多元传感技术的高通量表型平台建设。

4.3.2.2 国外室内固定式表型平台

国外的表型平台开发起步较早，在过去的20多年已经开发了许多较成熟的自动化植物表型平台，实现了拟南芥、棉花、玉米等主要作物的大规模表型分析。

TraitMill①：比利时CropDesign公司设计的国际上第一套高通量表型平台TraitMill，属于"plant-to-sensor"（作物移动型）工作方式，以水稻作为模式植物，识别和验证能够增强谷物产量的基因。TraitMill平台能够大规模地进行植物表型评估，能够在较短的时间内筛选出对产量有潜在影响的基因。TraitMill平台在受控的温室中模拟田间农艺条件，通过数字成像技术和自动化设备，获得生物量、绿度指数、种子产量等关键农艺参数，对植物的生长进行高灵敏度连续监测，帮助研究人员通过植物生长和发育的详细信息理解影响产量的关键因素。此外，TraitMill是一种高度通用的工具，通过对其他谷物如玉米和小麦的测试，生成了有关从水稻到其他谷物作物的产量增强策略的可转移性的宝贵数据，通过结合高通量技术和高灵敏度生长测量，为提高作物产量的基因发现和功能验证提供了独特的机会。

Advanced Plant Phenotyping②：德国Lemna Tec公司研发的全自动、高通量和全生育期的表型平台，可应用于从小型模式植物如拟南芥到大型作物如小麦和玉米等的多种植物，获取表型结构参数、生理参数以及进行环境胁迫分析等。平台包括自动带式传输系统，应用高分辨率相机、红外/近红外相机、荧光成像系统、激光扫描仪或高光谱的成像系统，带称重站的自动浇水系统和用于数据处理的ICT基础设施4部分。小型传输系统可以实现10盆植物的自动传输，大型定制版可实现1 200盆植物的自动传输。使用不同成像设备可以获得不同表型参数，具体来说，通过可见光成像可以测量植物的结构、宽度、对称性、叶长、叶宽、叶面积、叶角、叶颜色、叶病斑、种子颜色、种子颜色面积等50多个参数；通过红外成像可以进行植物干旱胁迫研究、蒸腾研究等；通过近红外成像可以分析植物的水分分布状态，进行水力学研究、胁迫生理学研究等；通过荧光成像可以分析植物的生理状态；通过高光谱成像可以测量一些特定的物质的量和归一化指数。

PHENOPSIS③ 和 Phenoscope④：均为法国国家农业研究院（INRA）开发的适用于小型植物的高通量表型设备。PHENOPSIS表型平台于2006年开发，最初是为了专门研究拟南芥对土壤水分胁迫的响应而设计的[20]，通过安装在机械臂上的数字相机拍摄植物在不同生长阶段的形态图像，测量叶片面积和整体生长形态等表型特征。之后平台配备了多种成像设备，能够从宏观到微观不同尺度捕捉植物表型信息，如植株高度、叶面积、茎粗、根系结构等。顶部成像系统使用高分辨率相机从植物顶部拍摄，可以获取植物的株高、叶面积指数、叶色、冠层密度等参数；侧面成像系统通过侧面摄像头获取植物的侧向生长信息，如茎的直径、分枝角度、叶片的展开角度等；近红外成像系统利用近红外光谱技术评估植物的生物量和水分含量等生理状态；

---

① TraitMill：CropDesign. https://quantitative-plant.org/software/traitmill.[2024-08-29].

② Advanced Plant Phenotyping. https://www.lemnatec.com/applications/advanced-plant-phenotyping/.[2024-08-29]

③ The PHENOPSIS platform: Description of the platform and experiments performed on it. http://bioweb.supagro.inra.fr/phenopsis/infoBDD.php.[2024-08-29]

④ Phenoscope platform at IJPB. https://ijpb.versailles.inrae.fr/en/page/phenoscope.[2024-09-01]

荧光成像系统通过特定波长的光源激发植物，并检测其发出的荧光信号，可以了解植物的光合作用效率、叶绿素含量等；三维扫描系统使用激光扫描或立体摄像技术获取植物的三维形态数据，可以计算体积、表面积、根系结构等复杂参数；重量和体积测量装置用于准确测量植物的生物量和水分含量。PHENOPSIS 平台结合了精确的环境控制和先进的成像技术，能够对植物的生长和发育进行全面的监测。此外，PHENOPSIS DB 用来存储 PHENOPSIS 收集的图像和数据，实现数据的分析和共享[21]。Phenoscope 平台[22]主要包括自动化旋转系统和顶角成像系统，可同时处理和监测 735 个独立的花盆，每个花盆种植一株植物。这种同时持续旋转 735 个独立花盆的设计有助于均化植物所经历的微环境条件，并减少环境异质性对植物表型的影响。在生长台上的特定位置设有成像站，使用数字相机拍摄植物的顶角图像，在可见光和红外范围内获得非破坏性表型参数。该平台跟踪不同植物在不同环境下的营养生长，自动采集表型数据，服务于大规模的遗传研究和育种工作。

PhenoFab：是荷兰 KeyGene 公司和德国 LemnaTec 公司共同建立的欧洲植物表型平台，于 2011 年投入运转。在全自动化的温室内利用轨道移动装有植物的花盆或托盘，在预设的时间点使用可见光、近红外和荧光成像技术从不同角度进行扫描获取植物表型参数。具体来说，使用 RGB 图像来实现形状、颜色和其他形态数字表型；近红外图像用于揭示植物的内部结构、含水量或其他（如化学）成分；荧光成像进行叶绿素分析。PhenoFab 结合高通量的数字植物成像技术与性状演绎技术，为育种者提供新作物品种开发的支持。后因为 PhenoFab 一直处于满负荷运转状态，KeyGene 公司基于大量的 PhenoFab 使用经验和数据分析的基础，研发出一款便携式植物表型平台 KeyBox[23]。

PhenoKey①：采用专为温室设计的全自动、高通量传送系统，自动将盆栽植物传送到表型成像单元进行测量分析。平台能够承载并全自动传送 600 盆植物，配置自动称重和灌溉装置，带自动门的表型成像室和成像传感器。表型成像单元有两套独立成像室，一套配置顶部和侧面“RGB+荧光”同步成像传感器，实现在表型测量的同时自动对植物图像进行分割；一套配置成像面积 70 cm×70 cm 的多光谱非调制叶绿素荧光成像传感器，以及附加的带双自动门缓冲区的暗适应通道，实现对植物冠层的光合表型测量。平台通过 RFID 实现对每盆植物的数据和位置追踪。平台配置自动化控制软件、实验管理软件和图像分析软件。

PlantScan：澳大利亚联邦科学与工业研究组织（CSIRO）的高分辨率植物表型学中心（High Resolution Plant Phenomics Centre）开发的三维植物表型分析平台，用于玉米、棉花、烟草等多种植物的生长发育动态检测[24]。PlantScan 集成了立体光学相机、光谱成像仪、热成像仪、LiDAR 等多种传感器，实现了拓扑结构、表面方向、叶片数量等结构参数，叶片大小、形状、面积、体积等形态参数，以及气孔导度、光合参数等生理参数的测定，用于植物科学研究和作物改良。

此外，美国宾夕法尼亚大学开发的 Shovelomics 是一种高通量根系表型分析平台[25]，它可以在短时间内对大量根系进行成像和分析，提供根系形态、结构和功能等方面的信息。瑞士苏黎世联邦理工学院（ETH Zurich）的农业科学研究所（Institute of Agricultural Sciences）开发的 Rhizoslides 也是一种高通量根系表型分析平台，通过先进的成像技术，可以在非破坏的情况下对根系进行高分辨率的成像和分析[26]。

---

① Sensor to plant phenotyping. https://www.phenokey.com/applications/sensor-to-plant-phenotyping.

上述高通量表型分析技术和平台的应用，能够提供高分辨率和多维的表型信息，极大地提高了植物表型数据收集的效率和准确性，为作物的干旱胁迫、病虫害胁迫、盐胁迫、种质、营养等关键表型分析和筛选改良提供了新的手段。

4.3.3 基于室内表型平台的水稻三维形态表型参数测量

植物三维形态结构，也称为株型结构，是最基本也是十分重要的表型性状。植物三维结构参数是研究植物冠层光合作用和构建三维冠层模型的基础数据。以往的研究中一般通过二维图像拍摄加图像处理的方法获取株型参数，但二维图像在呈现三维物体时信息有限，且可能丢失部分空间信息。中国科学院植物三维重建与高光谱成像系统 CERS 可以直接对植物单株进行多视角的同步拍摄成像并利用 3D 重建技术得到 3D 点云数据，李万万通过 CERS 系统获取水稻三维点云数据集，实现了高精度、低成本的水稻三维表型数据获取，为水稻育种提供科学指导[27]。

4.3.3.1 试验设计

本研究使用的水稻样品于 2021 年夏季在上海松江实验基地种植。所有水稻植株均采用户外盆栽方式种植，经过幼苗接种、幼苗培育、幼苗筛选和幼苗生长等阶段，之后转移到多层培养架和微环境培养框中。共种植 33 个品种的水稻，均从 3K RG 404k CoreSNP 数据集种质库（https://snpseek.irri.org/_download.zul）的 350 个品种中选择，每个品种均设置低氮和高氮 2 个处理。

对这些水稻样品共进行 4 次拍摄，获取多角度的二维图像和高光谱图像。

4.3.3.2 点云数据获取

使用 CERS 平台获取水稻植株的三维点云数据。该平台由 8 个支架组成，每个支架配备 8 个摄像机单元[图 4-43(a)]，可同时对单个植株进行 64 个角度同步成像[图 4-43(b)]，利用系统内置的三维重建软件生成三维点云数据。摄像机分辨率为 2 400 万 pix。

共采集了 33 个水稻品种的 33 组植株点云数据，每组点云数据包括在低氮条件下培育的 4 株水稻的数据和在高氮条件下培育的 4 株水稻的数据。在捕获点云数据的同时，手动测量每株的表型参数，如株高和分蘖数。另外，每组中的第二株水稻植株进行干燥处理，用电子天平称重，获取真实生物量。

通过成像系统获得水稻植株的 64 视图图像后，利用基于 SFM 算法的三维建模软件自动重建包含目标水稻植株的三维点云。单个完整水稻植株的重建通常需要约一小时。点云重建具体步骤如下：

①采用 SIFT 算法从图像中提取稳定的特征点。

②采用近似最近邻算法进行精确的特征点匹配。

③采用 RANSAC 算法剔除错误匹配。

④采用 SFM 算法确定基本矩阵、相机参数和投影矩阵，对稀疏点云进行捆绑调整以获得高质量的点云。

⑤采用多视角聚类方法减少密集重建的数据量。

⑥采用基于网格的密集匹配算法通过匹配、扩散和扩展步骤生成详细的彩色点云。

完成点云重建后，生成水稻点云数据的 ply 和 txt 格式文件，以及点云可视化文件的 psz 格式文件[图 4-43(c)、(d)]。可以观察到，软件重建的水稻点云准确地保留了叶尖的形状，有助于提取表型参数和构建冠层模型。但初始水稻点云仍然包含相当多的噪声,如三脚架、花盆、土壤和白噪声,需要进一步对点云数据进行分割和优化。

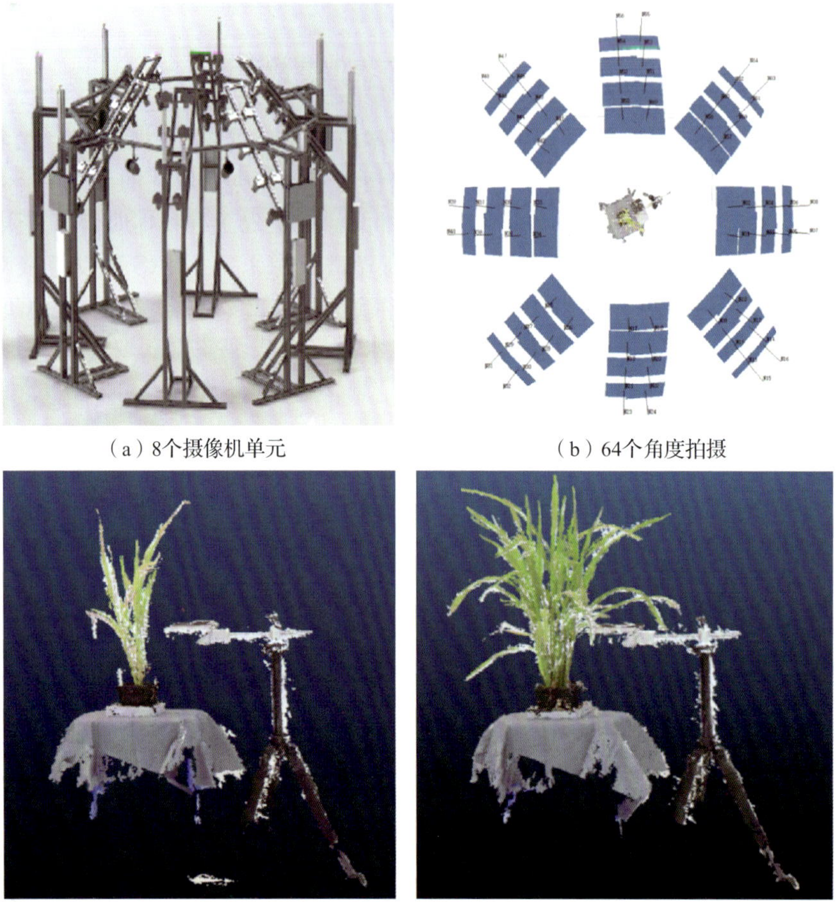

(a) 8个摄像机单元 (b) 64个角度拍摄

(c) 低氮植株点云 (d) 高氮植株点云

图 4-43 水稻点云获取设备、拍摄角度示意图和三维重建结果

4.3.3.3 数据处理

1. 点云分割和去噪

从三维重建获得的初始点云[图 4-43(c)、(d)]可以看出,低氮条件下的水稻植株由于氮素缺乏而相对较小,表现出叶尖黄化和叶片之间的遮蔽较少。低氮条件下的平均点云密度在百万级别。相比之下,高氮条件下的水稻植株生长旺盛,叶片遮蔽明显,平均点云密度达到千万级。为了处理如此大规模点云数据,李万万提出一种基于分割和聚类的水稻点云预处理方法,利用水稻点云数据的颜色和空间分布特征,通过下采样、超绿分割、统计滤波和 DBSCAN 聚类,分割出水稻植株。

如图 4-44 所示。首先,初始点云被离散化为体素网格,体素网格大小为 0.002 个单位。在每个体素网格内,计算并顺序排列其中包含的所有点的索引。随后,用每个体素网格的中心点来表示网格内的所有点,实现稠密点云的稀疏化。得到的水稻点云通常有 40 000～70 000 个点。在此过程中,水稻植株对应一组点云坐标。计算 X、Y 和 Z 坐标的最大值和最小值,根据这些最大值和最小值计算点云的最小边界框的边长。根据选择的体素网格大小计算体素网格的尺寸，计算点云中每个点对应的体素网格的索引和每个体素网格单元的中点，并用计算得到的中点替换该单元内的所有点，完成点云的下采样。然后，通过超绿分割实现植物与背景分离，阈值为 0.2，如果一个点的灰度值超过预设的阈值，则被归类为植物的一部分，否则被视为背景的一部分。

（a）初始点云　（b）下采样点云　（c）超绿分割结果　（d）统计滤波结果　（e）DBSCAN聚类结果

（f）低氮，分割前　（g）低氮，分割后　（h）背景　（i）高氮，分割前　（j）高氮，分割后

图 4-44　水稻点云分割和去噪流程

超绿分割之后，除了一些次要的噪声外，三脚架、花盆和土壤等外部物体都已被有效消除。应用统计滤波方法，计算点云内点之间的距离，统计滤波的邻域点数设置为 10，标准差倍数设置为 1.0。超出标准平均距离的点被标记为异常值，并从数据集中剔除。经过统计滤波处理后的水稻点云仅保留了局部的白噪声。进行 DBSCAN 聚类，消除噪声点，即得到高质量的水稻点云数据集[图 4-44(e)、(g)、(j)]。DBSCAN 聚类的半径设置为 0.2，簇内最小样本数设置为 10。

2. 水稻三维表型参数提取

冠层占空体积(COV)和冠幅等可以直接根据水稻点云计算[28]，但株高、叶片数和分蘖数另行设计提取方法。

1）株高

株高是水稻的基本表型参数，对抗倒伏、光合作用有显著影响，并与产量密切相关。株高为从地面到最高分蘖尖端的距离，相当于当所有水稻叶片聚集并伸直时的测量高度。由于来自多个视角的二维图像并不是严格从水稻植株的垂直侧视角拍摄的，因此利用水稻点云的 4 个不同侧视投影图像来获取株高。算法的核心包括从侧视投影图像中分割和提取叶片结构信息，然后利用叶片路径搜索算法来计算株高，如图 4-45 所示。具体步骤如下：

(1)点云投影：以与水稻植株平行的侧视图为投影平面，水稻点云被投影到该平面上，形成 4 个不同角度的投影图像。

(2)阈值分割：采用 Otsu 算法对投影图像进行二值化阈值分割，生成二值图像。

(3)骨骼提取：采用 Zhang-Suen 算法对二值图像进行骨架化，通过侵蚀满足特定条件的目标像素使其逐渐变细，得到每片叶片的单像素宽曲线。

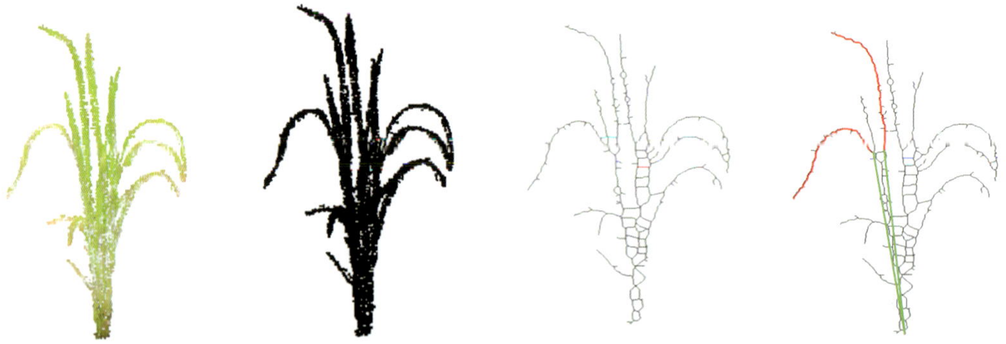

图 4-45　基于路径搜索的水稻株高提取

注：路径中的红色部分代表从路径搜索中获得的曲线距离，绿色部分代表从连接点到基部的直线距离。

(4)路径搜索：采用改进的迷宫算法来搜索水稻叶片，通过路径搜索，计算叶尖与交点之间的曲线距离，从而获得株高。

2)叶片数

水稻点云数据数量和密度异常巨大，数据标注面临着相当大的挑战，因此研究中利用64个视角中的二维水稻图像子集进行叶片计数。由于二维图像中存在叶片之间的遮挡，只对叶尖用LabelImg进行标注，并构建基于深度学习的叶尖检测模型。对64个视角的二维图像进行叶尖检测，所得的叶尖最大数被认为是水稻植株的最终叶片数。为了扩展数据集并增强模型的适用性，采用水平和垂直翻转2种方法进行数据增强，将原始的1 275张二维图像扩充至5 100张。训练集和测试集的分割比例为8：2，其中高氮和低氮植株分别为40%和60%。采用YOLOv5、Faster R-CNN和Vision Transformer 3种基于深度学习的目标检测模型，所有模型都使用PyTorch深度学习框架进行训练(图4-46)。GPU为NVIDIA GeForce RTX 3060(带有16 GB VRAM)，CPU模型为AMD Ryzen 5 3600 6-Core(带有16 GB RAM)，操作系统为Ubuntu 18.04 x86_64。训练参数batch_size为8，epoch为300。

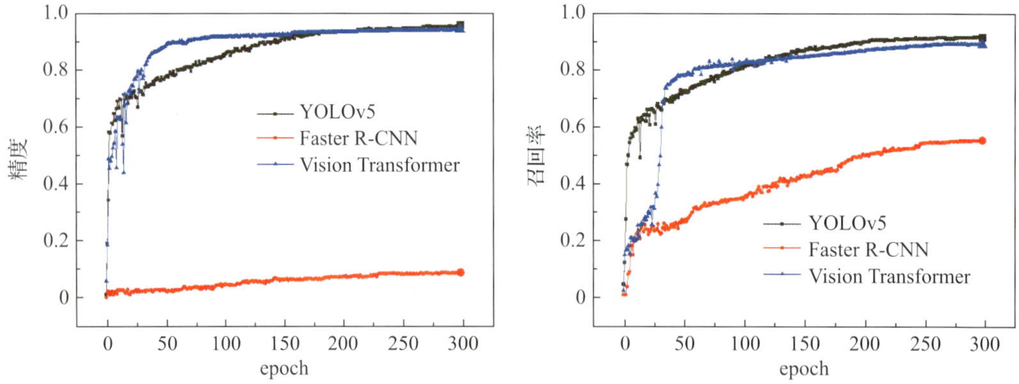

图 4-46　水稻叶尖检测深度学习模型的训练

3)分蘖数等

分蘖数是与水稻产量密切相关的重要农艺性状之一，传统通过人工视觉评估进行测量的方法耗时、容易出错，特别是在水稻生长后期，对大规模的分蘖进行评估异常困难，收获后检测分蘖对于在收获前进行产量预测没有实际意义，只有收获前检测才有意义。

水稻生物量与产量密切相关，传统的生物量测量方法主要是称重，无法满足高通量作物检测的需求。研究中利用水稻发育“叶蘖同伸”原理，基于叶片数、株高、冠幅、点云和 COV 多个因素建立分蘖数和生物量的预测方法，通过线性回归进行预测。

4.3.3.4 结果分析

对 144 株水稻植株进行实际高度测量、叶片计数，对算法预测结果与手动测量结果进行对比分析。

如图 4-47(a)所示，水稻高度预测模型的 R^2 为 0.918，RRMSE 为 0.054。点云分割可能导致叶尖遗漏，是产生误差的一个因素。另一个因素可能是用于点云投影的 4 个平面的部分错位，这些平面可能无法与包含最长叶片的平面完全重合，导致预测值低于真实值。

对于基于叶尖检测的叶片数提取，YOLOv5 模型精度和召回率最高，分别达到 95.40%和 93.30%，AP 值为 96.40%。相比之下，Faster R-CNN 的检测性能较差，精度和召回率分别为 8.62%和 54.99%，AP 值仅为 40.27%，这种方法不适合检测小叶尖。Vision Transformer 的检测性能略低于 YOLOv5，但也实现了高精度检测。叶尖检测结果如表 4-13 所示。

表 4-13　3 种深度学习模型的叶尖检测结果

模型	精度/%	召回率/%	AP/%
YOLOv5	95.40	93.30	96.40
Faster R-CNN	8.62	54.99	40.27
Vision Transformer	93.80	90.50	94.20

基于上述结果，选择 YOLOv5 模型进行不同水稻植株图像的叶尖检测和叶片计数，模型的 R^2 为 0.959，RRMSE 为 0.088，如图 4-47(b)所示。在低氮条件下，从不同角度的叶尖检测最大值可以准确计算叶片数，在某些角度，由于水稻叶片的重叠以及黄化等颜色变化，仍然可能会有一些叶尖未被检测到。在高氮条件下，由于养分丰富的水稻植株之间相互遮挡，检测到的叶尖数始终低于实际叶片数。此外，一些叶片图像可能会存在中段断裂情况，导致模型将断裂检测为 2 个独立的叶尖，从而增加计数并影响叶片数的计算。

对于分蘖数和生物量，利用先前获取的参数，如叶片数、株高、冠幅、点云数和 COV，进行多因素回归预测，探讨不同表型变量与预测值之间的相关性，如表 4-14 所示。分蘖数的真实值通过手动计数获得，生物量的真实值通过收获水稻植株的地上部分、干燥、称取干重得到。

表 4-14　各表型参数与分蘖数、生物量的相关性分析

参数	与分蘖数的相关性/%	与生物量的相关性/%
叶片数	88.32	88.44
株高(坐标差分法)	43.90	63.40
株高(路径搜索法)	49.72	70.69
冠幅	77.81	89.07
点云数	83.16	95.73
COV	84.89	76.85
分蘖数	100.00	79.26

从表4-14可以看出，在各参数中，叶片数与分蘖数之间的相关性最高，为88.32%，点云数与生物量之间的相关性最高，为95.73%。基于叶片数建立的分蘖数预测模型的R^2为0.823，RRMSE为0.246[图4-47(c)]。基于点云数建立的生物量预测模型的R^2为0.943，RRMSE为0.151[图4-47(d)]。在预测分蘖数时，大多数数据点均匀分布在拟合线两侧，但有少数数据点偏离较多，这种偏差主要是水稻生长后期叶片严重遮挡等因素导致的。至于生物量的预测，在低氮条件下，水稻植株相对较小，大多数数据点集中在数值较小处，预测较为准确。但在高氮条件下，水稻植株生长旺盛，数据点主要集中在较大值处，与低氮条件相比预测误差较大。总的来说，基于多因素回归的水稻分蘖计数和生物量预测方法证明，密植水稻的分蘖计数和生物量预测是可行的，即使在水稻植株生长旺盛、遮挡较多、分蘖计数困难的情况下。

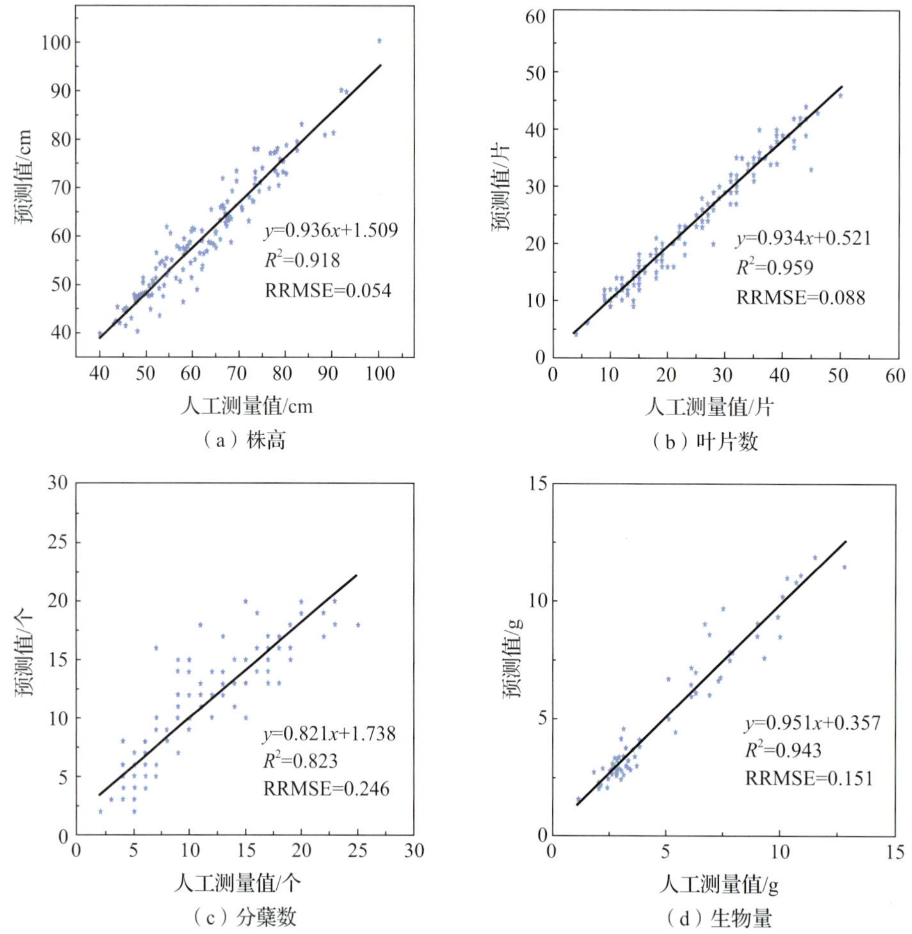

图4-47　水稻表型参数预测结果

4.3.4　未来室内高通量表型平台发展方向

未来室内高通量表型平台的发展方向主要有：多尺度表型监测不再局限于植株个体水平，会涵盖植物群体以提供更全面信息；开发非破坏性无损表型检测技术，减少对植株的影响并提高效率；智能化数据分析借助相关算法，快速分析挖掘海量数据，提取有价值信息；多学科交叉融合，多领域深度融合，推动创新发展；拓展应用领域，除农业领域外还可能在其他领域得到广泛应用；成本降低与普及化会随着技术进步和市场竞争实现，使平台更易推广应用。这些发展方向会进一步提升平台性能和应用价值，为农业及其他相关领域带来新机遇。

4.4 表型机器人[29]

4.4.1 表型机器人研究现状

机器人系统在现代农业中发挥着越来越重要的作用，并被认为是精准农业或数字农业的重要组成部分。近年来机器人已经接管了大量的农业操作，如收获、害虫和杂草控制、喷洒和修剪等重复劳动，自主移动机器人的应用在其中占相当大的比重。

自主移动机器人是可以实现自主导航和避障的智能机器人，在工业领域已得到了广泛的应用。不同于工厂的结构化环境，自主移动机器人在农业中的应用可能面临作业道路崎岖不平、任务路径随机多样、作业环境复杂多变等问题，对机器人的导航要求更高。经过近几十年的发展，农业自主移动机器人有了巨大的进展，但由于价格昂贵、作业效率低下等原因，并未能够投入实际生产应用。随着机器人行业迅速发展，高端技术壁垒被打破，硬件成本下降，市场的刚性需求、农业集约化的经营模式等进一步促进了农业机器人的迅猛发展。自主移动高通量植物表型巡检机器人是农业机器人的一个典型应用。如图4-48所示，北京农业智能装备研究中心、澳大利亚植物表型研究所、密苏里大学ViGIR实验室等分别研制出了可以应用于大田作物表型测量的机器人，大大提高了植物性状测量的容量、速度、覆盖范围、可重复性和成本效益。

（a）北京农业智能装备研究中心的AgriRover01

（b）澳大利亚植物表型研究所的PhenoMobile

（c）密苏里大学ViGIR实验室的Vinobot

图4-48 大田作物表型测量机器人

表型机器人能够长时间工作，且能够很好地靠近作物，是最适宜高通量获取单株作物精确表型数据的设备。移动机器人精确的定位和导航精度可以有效地提高表型测量的效率，为植物表型的多视角、长时间频繁监测提供了基础，近年来移动式表型机器人正逐渐成为田间移动表型技术发展的新方向。例如孙娜等在自主研发的小型农业机器人移动平台上搭载多线激光雷达获取玉米表型数据，并基于标靶板配准获取了大面积田块的玉米点云数据，成功获得了田间玉米的株高和行间距参数[30]；Paul等将2个RGB摄像机安装在机器人手臂上，从不同角度（顶部和侧面）获得番茄图像，利用投影获得番茄植株的叶面积和体积[31]。表4-15总结了近年来关于不同作物的植物表型测量的室内和室外机器人系统[30,32-45]。

表 4-15 近年来出现的植物表型机器人系统

机器人类型	研究者和时间	对应作物	获取参数	软件系统
室内机器人	Alenyà 等,2012	花烛(红)、花烛(白)、绿萝	叶片叶绿素含量	ROS
	Lu 等,2017	玉米	株高、叶长	基于 C++的 Qt 开发环境
	Atefi 等,2019	玉米、高粱	叶片叶绿素含量、钾含量、含水量、温度	MATLAB
	彭程等,2022	番茄	株高、茎粗、叶面积、叶倾角	ROS
室外机器人	Jay 等,2015	向日葵、卷心菜,花椰菜,抱子甘蓝	株高、叶面积	未记录
	Shafiekhani 等,2017	玉米、高粱	株高	ROS
	Abel,2018	高粱	茎淀粉、水分含量,叶片叶绿素含量	ROS
	Baweja 等,2018	高粱	茎数、茎粗	ROS
	Choudhuri 等,2018	高粱	茎粗	Python
	Vázquez-Arellano 等,2018	玉米	株高	未记录
	Vijayarangan 等,2018	高粱	叶面积、叶长、叶宽	ROS
	Bao 等,2019	玉米	株高、叶倾角	未记录
	Qiu 等,2019	玉米	株高	ROS
	Young 等,2019	高粱	株高、茎粗	未记录
	孙娜等,2019	玉米	作物行间距、株高	ROS
	Zhang 等,2020	玉米	植株计数	未记录

4.4.2 表型机器人的系统组成

4.4.2.1 表型机器人设计要求

表型机器人通常是传感器的搭载平台,搭载多种传感器构成表型检测系统实现作物表型信息的快速获取。常用于作物表型监测的传感器有彩色相机、激光雷达(light detection and ranging,LiDAR)或激光传感器、深度相机、光谱传感器和光谱相机、热成像仪、荧光传感器等[46],此类传感器都属于精密仪器,对所处环境的稳定性都有较高的要求,因此表型机器人应当具备优秀的平衡能力和减震功能。此外考虑到作物种类繁多,植株高度也存在一定的差异,表型机器人还应具备高度调节能力,以适应不同株高的作物。综上所述,作物表型机器人应该满足以下设计要求[47]:

(1)良好的运动性能:动力充足,行驶速度在一定范围内可调可控,具有良好的越障和平衡能力,可在室内或田间平稳运行,能够为传感器提供安全稳定的工作环境。

(2)一定的承载能力:能够搭载多种传感器,且安装可靠。

(3)适用性广:能够用于不同种植行距和株高的作物。

(4)高通量化:可同时监测多行作物表型信息。

4.4.2.2 表型机器人总体结构

表型机器人总体结构按照功能通常可分为导航和表型信息采集两大系统。

导航系统可由感知模块、决策模块、控制模块和执行机构组成，其中感知模块包含激光雷达、IMU 和里程计等导航传感器，负责感知周边环境信息；决策模块通常为工控机，负责基于感知到的环境信息，运行建图或导航算法，发出控制指令；控制模块主要指底层控制器，负责对控制指令进行解析和下发；执行机构即电机驱动器和电机，负责控制车轮的运动，执行控制指令实现导航。

表型信息采集系统同样也可以分为感知模块、决策模块、控制模块和执行机构，其中感知模块可以选择深度相机、激光传感器、热成像仪等表型监测传感器，通常采用机械臂或类似机械臂的结构搭载相应的传感器；决策模块通常为工控机，根据传感器信息对作物植株进行识别与定位，并根据植株位置进行机械臂运动规划；控制模块为机械臂控制器，负责根据运动规划结果驱动控制机械臂运动至植株表型信息采集位置；执行机构包括机械臂和传感器，在机械臂运动至合适采集位置后传感器采集表型数据。

表型机器人硬件结构如图 4-49 所示。

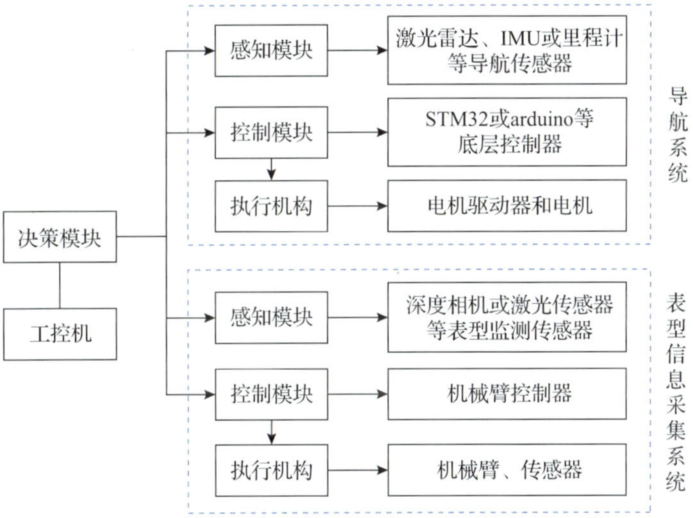

图 4-49　表型机器人硬件结构框图

4.4.3 用于番茄三维表型研究的表型机器人

彭程等设计开发了可在温室内自主导航的移动机器人，使用机械臂搭载番茄点云采集传感器，实现番茄三维点云数据的多角度、自动化采集；对采集的番茄点云数据进行处理，提取番茄表型参数，实现温室番茄表型数据的自动化测量。

4.4.3.1 硬件构成

根据 4.4.2.1 所述设计要求设计的机器人硬件结构如图 4-50 所示，选择 8F377VGGA-TD 嵌入式工业主板作为系统总工控机，安装 Ubuntu18.04 操作系统，运行 ROS melodic 对系统进行整体控制。开发以 STM32 单片机为核心的导航底层控制器，接收 ROS 系统指令，解析并发送给电机驱动器。激光雷达安装在机器人前端，直接与工控机进行数据交互；IMU 安装在机器人底盘中心位置，里程计数据通过对电机编码器数据积分得到，由底层控制器完成；遨博 AUBO-i5 六自由度机械臂单独安装在机器人底盘上部后端，最大化保留其运动空间；机械臂由机械臂控制器控制驱动，控制器与工控机进行数据交互；RGB-D 相机通过 3D 打印的法兰安装在机械臂末端，直接与工控机进行数据交互。为解决设备数量多、工控机接口不足的问题，安装以太网交换机实现激光雷达与机械臂等设备与工控机的通信。导航和表型数据采集均可由与工控机连接的显示屏进行可视化操作。

番茄表型机器人

机器人平台示意图和实物图如图 4-51 所示，该机器人平台动力充足，行驶速度可调可控，越障能力和平衡能力都较为优秀，机械臂上可搭载多种传感器，能够适应不同的种植行距和株高。

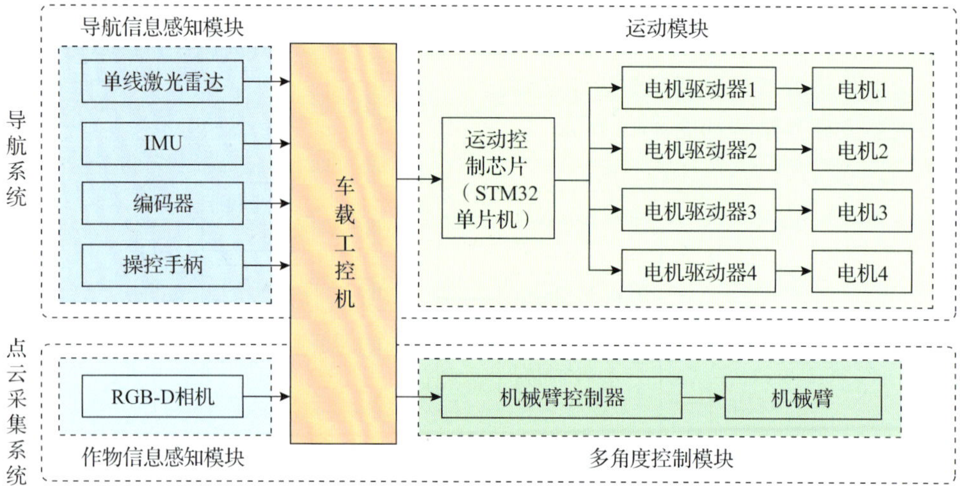

图 4-50　用于番茄三维表型研究的表型机器人硬件结构和数据交互

1. RGB-D 相机　2. 机械臂　3. 网络交换机　4. 工控机　5. IMU　6. 电机
7. 底层控制器　8. 激光雷达　9. 机械臂控制器　10. 显示屏

图 4-51　表型机器人平台示意图(左)和实物图(右)

4.4.3.2 软件功能

机器人软件系统主要有自动导航和基于机械臂的多角度番茄点云采集两大功能，导航使用的地图为提前通过 SLAM 建立的二维栅格地图。机器人自动化表型数据采集作业流程如图 4-52 所示。

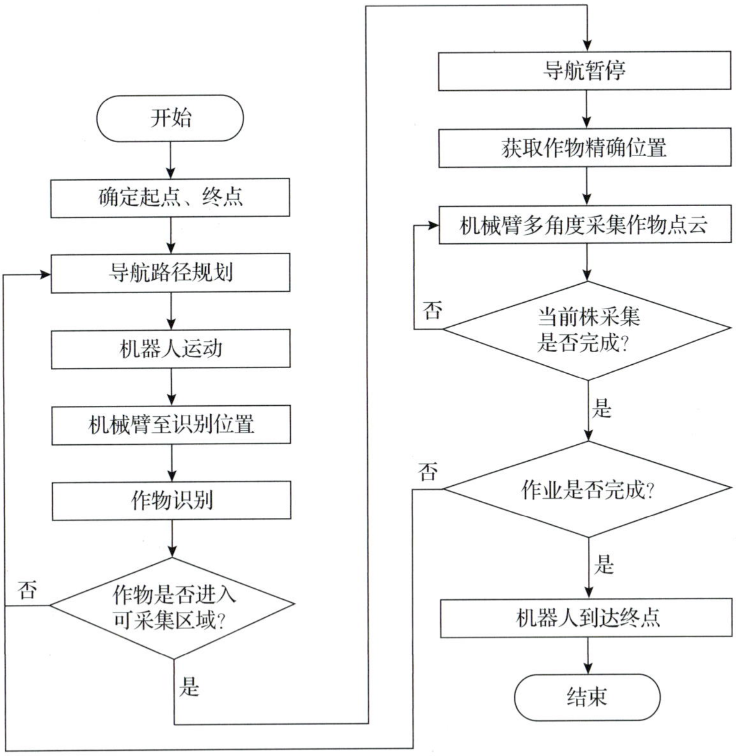

图 4-52 机器人自动化表型数据采集作业流程图

首先根据温室中需要测量的番茄植株位置确定表型测量作业的起点与终点，机器人根据起点、终点在地图中规划出作业路径。为了遍历温室中多个作物行，可设置多个终点，机器人会按顺序依次到达各个目标点。得到导航路径后机器人开始运动，同时机械臂运动至默认的作物检测位置。当机械臂末端的深度相机检测到作物进入可以进行表型采集的区域时，导航暂停，深度相机获取作物位置，机械臂通过运动规划到达采集位置，深度相机采集作物图像与点云，根据作物尺寸大小和数据需求进行多角度采集。单株番茄表型数据采集结束后，导航继续，直到机器人到达终点，表型数据采集任务完成。

4.4.3.3 点云数据获取及处理

在导航过程中，机械臂上安装的相机会调整至合适的检测位置。从侧面检测会有多株番茄进入视角，因此选择从番茄上方俯视拍摄，对植株进行识别与定位，并且根据植株高度和幅宽调整相机高度。采用 YOLOv5s 算法对番茄植株进行识别。YOLOv5s 算法在识别到作物后会生成检测框，调用 plot_one_box 函数可输出检测框位置信息。输出的坐标为像素坐标系下检测框左上角和右下角的位置坐标，如图 4-53 所示。

在检测到番茄植株的位置信息后，机械臂运动至采集位置会稳定保持姿态 5 s，供传感器采集并保存植株点云，如图 4-54 所示。RGB-D 相机以固定频率向外发送点云消息。在机械臂运动至点云采集位置时触发点云信息保存程序，将点云保存至固定的路径下，完成自动化点云采集。对苗期番茄植株，每个植株采集 2 幅侧面视角和 1 幅俯视视角的点云，如图 4-55 所示，每株采集时间 1～2 min。

图 4-53　检测到的番茄植株及其坐标

图 4-54　番茄植株原始点云

图 4-55　不同视角的点云采集

相机单次采集的点云因植株自身遮挡会存在部分缺失。为了获得完整的番茄植株点云，对机械臂从不同视角采集的同一株番茄的点云进行配准。配准分粗配准和精配准两步进行。粗配准的坐标变换矩阵通过机械臂记录的末端关节位姿计算获得，机械臂坐标系与相机坐标系如图4-56 所示，相机与机械臂末端固定，不影响坐标变换，直接使用末端关节位姿代表点云位姿。机械臂记录的末端关节位姿为其在机械臂基座坐标系下的三维坐标和旋转矩阵。若用 A 表示第一次采集时机械臂末端位姿坐标系，B 表示机械臂基座 base_link 位姿坐标系，C 表示第二次采集时机械臂末端位姿坐标系，通过 C→B→A 两次变换可求得两次采集的点云之间的位姿变换。

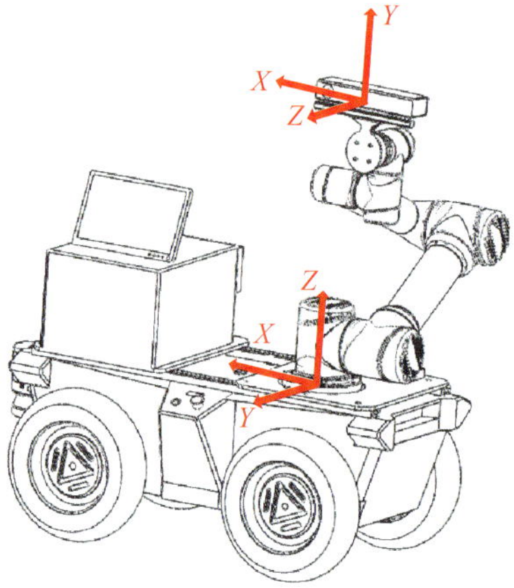

图 4-56　机械臂坐标系与相机坐标系

在粗配准的基础上进一步使用迭代最近点(iterative closest point，ICP)算法对番茄点云进行精配准。配准前、后点云如图 4-57 所示。

(a) 配准前植株点云　　(b) 配准后植株点云

图 4-57　番茄植株点云配准

4.4.3.4　表型信息提取

利用配准得到的完整番茄植株点云，可以对番茄植株株高、茎粗、叶面积等表型参数进行提取。

番茄的三维形态结构较为复杂，且不同植株间差异较大，难以通过固定的方法直接实现茎秆与叶柄的分割，因此首先对配准得到的完整番茄植株点云进行骨骼化处理，通过骨骼连接点实现主茎与叶柄的分割。经骨骼分割得到的番茄叶片由叶柄（叶轴）和奇数个羽状复叶构成，每一小叶各自具有小叶柄，通过区域生长和聚类的方法进行分割。利用配准后的植株点云和分割后的叶片点云提取番茄株高、茎粗和叶面积等表型参数。

株高和茎粗测量如图 4-58(a)所示。株高通过植株点云 Z 坐标最大值与最小值之差计算获得。番茄在营养生长期茎秆粗细不均匀，需要选择固定的生理位置作为茎粗测量部位。选择植株根部第一叶柄上方作为茎粗测量位置，在第一叶柄上方提取高度 2 mm 的茎秆片段，计算其包围盒在 XY 平面的最大尺寸作为植株茎粗。分割后的叶片通过贪婪投影三角化算法进行三角面片化，采用海伦公式计算每个三角面片的面积并求和作为叶面积，如图 4-58(b)所示。

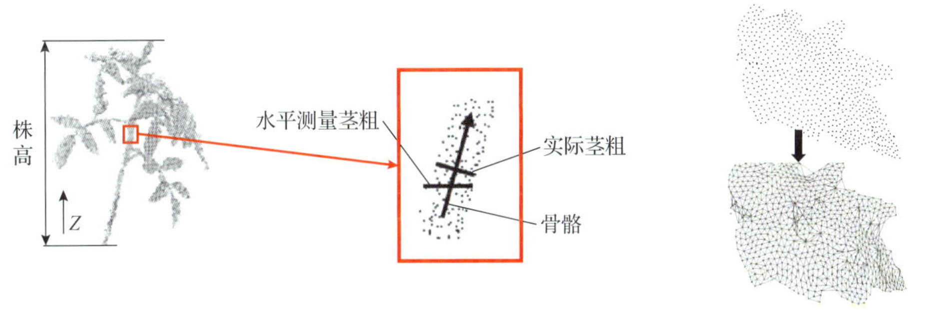

(a) 株高和茎粗测量示意图　　(b) 叶片点云三角面片化

图 4-58　株高、茎粗、叶面积参数测量

4.4.3.5　测量结果

采用表型机器人，对温室内移栽后 7、15、25 天的番茄苗进行株高、茎粗和叶面积的自动测量。番茄种植行距 130 cm，株距 40 cm。每个生长期各 10 株，共采集 30 株番茄苗的点云数据，表型机器人自动提取株高、茎粗和叶面积。

株高、茎粗的真值通过手动测量获得。叶面积真值通过拍摄带有已知面积标志物的叶片图像，并基于图像计算单个像素面积和叶片像素数量求得，叶片面积=(叶片像素数×标志物单位像素面积)/标志物像素数。

表型参数测量结果如图 4-59 所示。株高和叶面积测量值与真值之间具有较强的相关性，株高的决定系数 R^2 和均方根误差 RMSE 分别为 0.97 和 1.40 cm；叶面积的 R^2 和 RMSE 分别为 0.87 和 37.56 cm²；茎粗测量误差较大，R^2 和 RMSE 分别为 0.53 和 1.52 mm，主要原因是苗期番茄茎秆较细，受传感器自身精度影响较大。

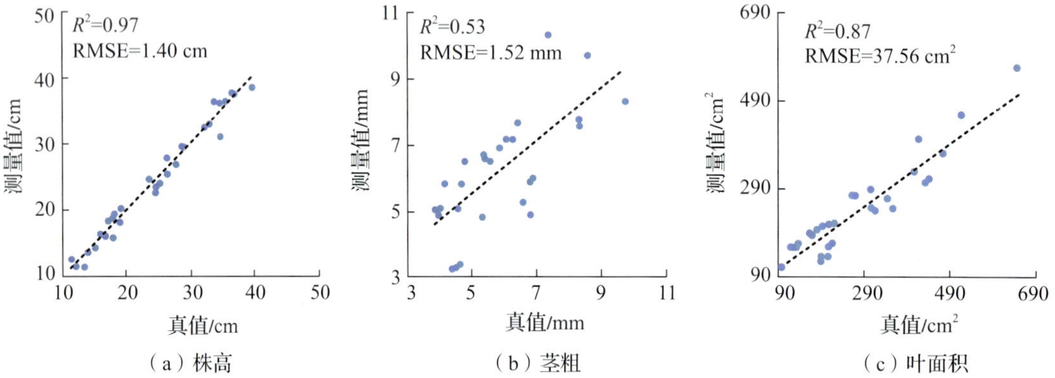

图 4-59　表型机器人测量结果

该表型机器人通过多帧番茄植株点云配准，解决了单帧点云对植株信息获取不完全的问题；针对番茄植株结构复杂、难以确定配准特征点的问题，使用机械臂记录的深度相机位姿进行配准，得到完整的番茄植株点云；通过点云骨骼化、区域生长和聚类等方法，对主茎和叶片进行分割，实现了植株株高、茎粗、叶面积等参数的测量。试验结果表明，该机器人自动提取的株高、茎粗和叶面积等表型参数与真值有较强的相关性。

近年来作物表型检测技术和作物表型检测平台技术发展迅速，但是仍然面临很多挑战。例如，农作物具有多样性，同一农作物在不同生长阶段的高度不同，种植方式也不同。有的表型平台被设计为仅适用于某种作物或某种种植方式，其高度和轮距是固定的，限制了应用范围。大部分数据处理和表型参数提取是在表型平台采集完成后进行的，无法实时决策，因此有必要增加实时数据处理系统。在复杂的野外环境下实现精确导航很困难，特别是在 GNSS 信号中断的情况下，因此导航还需要融合其他传感技术。

为了应对上述挑战，未来需要继续完善表型分析平台。主要可以从以下几个方向突破[48]：①模块化设计。模块化可以有效解决适应性差、维修成本高等问题。模块可以组合形成具有不同特性的机器人，不同配置的机器人可以适用于不同的场景，如露天、塑料大棚、温室等，从而将高价值模块应用于多种工作场景，提高使用效率。当某个模块损坏时，只需更换该模块，降低了维护成本。②传感器融合导航。农田环境复杂，使用单一传感器进行导航存在一些具体限制，如 GNSS 信号丢失、INS(inertial navigation system，惯性导航系统)误差随时间累积、MV(machine vision，机器视觉)受外部光照条件影响、LiDAR 难以应用于复杂的农田结构等。另一方面，每种传感器都有其优势，GNSS 可以提供定位，INS 不受外界干扰，MV 可以生成作物行导航线，LiDAR 可以提供可靠的距离数据，多传感器融合可以提供更准确、更稳健的导航性能。③地面表型平台搭载末端执行器进行田间取样或作业。仅使用自由移动表型平台进行数据采集会造成资源浪费,而多功能机器人的发展是未来的趋势。例如,针对小麦育种,由于育种人员需要将部分麦穗带回实验室进一步分析麦穗穗长、穗粒数等性状参数,需对麦穗进行取样,而人工采摘劳动强度大,因此可以通过在地面表型平台搭载麦穗采摘末端执行器来完成这一工作。此外,移动式表型平台还可以携带其他功能模块,例如用于测量土壤性质的土壤贯入仪模块、用于喷洒的杂草控制模块以及机械除草模块等,以实现更多功能。

参考文献

[1] Hickey L T, Hafeez A N, Robinson H, et al. Breeding crops to feed 10 billion[J]. Nature Biotechnology,2019,37(7):744-754.

[2] 苗艳龙.基于地基激光雷达的玉米植株点云分割和形态表型参数测量方法研究[D].北京:中国农业大学,2023.

[3] 仇瑞承,张漫,魏爽,等. 基于 RGB-D 相机的玉米茎粗测量方法[J]. 农业工程学报,2017,33(S1):170-176.

[4] Panagiotidis D, Abdollahnejad A, Slavík M. Assessment of stem volume on plots using terrestrial laser scanner: A precision forestry application[J]. Sensors, 2021, 21(1): 301. DOI:10.3390/s21010301.

[5] Qiu R C,Miao Y L,Zhang M, et al. Detection of the 3D temperature characteristics of maize under water stress using thermal and RGB-D cameras[J]. Computers and Electronics in Agriculture,2021,191:106551.

[6] Meron M, Tsipris J, Charitt D. Remote mapping of crop water status to assess spatial variability of crop stress[C]//Stafford J, Werner A. Precision Agriculture: Proceedings of the 4th European Conference on Precision Agriculture, Berlin, Germany. Wageningen: Academic Publishers, 2003:405-410.

[7] Tejero I F G, Costa J M, Da Lima R S N, et al. Thermal imaging to phenotype traditional maize landraces for drought tolerance[J]. Comunicata Scientiae,2015,6: 334-343.

[8] Jones H G, Stoll M, Santos T, et al. Use of infrared thermography for monitoring stomatal closure in the field: Application to grapevine[J]. J Exp Bot,2002,53(378): 2249-2260.

[9] 孟庆宽,何洁,仇瑞承,等.基于机器视觉的自然环境下作物行识别与导航线提取[J].光学学报,2014,34(7):180-186.

[10] Alcantarilla P F, Bartoli A, Davison A J. KAZE features[C]//Proceedings of the European Conference on Computer Vision, Florence, Italy, October 7-13,2012:214-227.

[11] 梁秀英,周风燃,陈欢,等. 基于运动恢复结构的玉米植株三维重建与性状获取[J]. 农业机械学报,2020,51(6):216-226.

[12] 王伟.双目视觉自动检测香蕉植株假茎茎高茎宽[D]. 南宁:广西大学,2020.

[13] 彭程,苗艳龙,汪刘洋,等.基于三维点云的田间香蕉吸芽形态参数获取[J].农业工程学报,2022,38(S1):193-200.

[14] 胡鹏程,郭焱,李保国,等. 基于多视角立体视觉的植株三维重建与精度评估[J]. 农业工程学报,2015,31(11):209 -214.
[15] Miao Y L, Wang L Y, Peng C, et al. Banana plant counting and morphological parameters measurement based on terrestrial laser scanning[J]. Plant Methods, 2022, 18(1):66.
[16] Yang W N, Guo Z L, Huang C L, et al. Combining high-throughput phenotyping and genome-wide association studies to reveal natural genetic variation in rice[J]. Nature Communications, 2014,5(1): 5087. DOI:10.1038/ncomms6087.
[17] 郭庆华, 吴芳芳, 庞树鑫, 等. Crop 3D:基于激光雷达技术的作物高通量三维表型测量平台[J]. 中国科学:生命科学, 2016, 46(10): 1210-1221.
[18] 郭庆华, 杨维才, 吴芳芳, 等. 高通量作物表型监测:育种和精准农业发展的加速器[J]. 中国科学院院刊,2018,33(9):940-946. DOI:10.16418/j.issn.1000-3045.2018.09.007.
[19] 胡伟娟, 凌宏清, 傅向东. 植物表型组学研究平台建设及技术应用[J]. 遗传, 2019, 41(11): 1060-1066. DOI:10.16288/j.yczz.19-277.
[20] Granier C, Aguirrezabal L, Chenu K, et al. PHENOPSIS: An automated platform for reproducible phenotyping of plant responses to soil water deficit in *Arabidopsis thaliana* permitted the identification of an accession with low sensitivity to soil water deficit [J]. New Phytologist, 2006, 169(3): 623-635. DOI: 10.1111/j.1469-8137.2005.01609.x.
[21] Fabre J, Dauzat M, Nègre V, et al. PHENOPSIS DB: An information system for *Arabidopsis thaliana* phenotypic data in an environmental context[J]. BMC Plant Biology, 2011, 11(1): 77. DOI:10.1186/1471-2229-11-77.
[22] Tisné S, Serrand Y, Bach L, et al. Phenoscope: An automated large-scale phenotyping platform offering high spatial homogeneity[J]. The Plant Journal, 2013, 74(3): 534-544. DOI:10.1111/tpj.12131.
[23] Zhao C J, Zhang Y, Du J J, et al. Crop phenomics: Current status and perspectives [J]. Frontiers in Plant Science, 2019, 10: 714.
[24] Sirault X, Fripp J, Paproki A, et al. PlantScan™: A three-dimensional phenotyping platform for capturing the structural dynamic of plant development and growth[C] //Proceedings of the 7th International Conference on Functional-Structural Plant Models, Saariselkä,Finland, June 9-14, 2013:45-48.
[25] Trachsel S, Kaeppler S M, Brown K M, et al. Shovelomics: High throughput phenotyping of maize (*Zea mays* L.) root architecture in the field[J]. Plant and Soil, 2011, 341(1): 75-87. DOI:10.1007/s11104-010-0623-8.
[26] Le Marié C, Kirchgessner N, Marschall D, et al. Rhizoslides: Paper-based growth system for non-destructive, high throughput phenotyping of root development by means of image analysis[J]. Plant Methods, 2014, 10(1): 13. DOI:10.1186/1746-4811-10-13.
[27] 李万万. 基于 3D 点云的水稻冠层光合相关表型参数获取与建模研究[D]. 北京:中国农业大学,2023.

[28] 张瑜. 基于时序点云的作物叶片实例分割与冠层光合作用量化研究[D]. 北京：中国农业大学，2024.

[29] 彭程. 温室番茄苗期形态参数测量机器人系统设计与开发[D]. 北京：中国农业大学，2022.

[30] 孙娜. 农田玉米高通量表型信息采集系统研究[D]. 保定：河北农业大学，2019.

[31] Paul K, Sorrentino M, Lucini L, et al. Understanding the biostimulant action of vegetal-derived protein hydrolysates by high-throughput plant phenotyping and metabolomics: A case study on tomato[J]. Frontiers in Plant Science, 2019, 10: 47.

[32] Alenyà G, Dellen B, Foix S, et al. Robotic leaf probing via segmentation of range data into surface patches[C]//Proceedings of the 2012 IROS Workshop on Agricultural Robotics: Enabling Safe, Efficient, Affordable Robots for Food Production, Vilamoura, Portugal: 1-6. http://www.iri.upc.edu/files/scidoc/1384-Robotic-Leaf-Probing-Via-Segmentation-of-Range-Data-Into-Surface-Patches.pdf.

[33] Lu H, Tang L, Whitham A S, et al. A robotic platform for corn seedling morphological traits characterization[J]. Sensors, 2017, 17: 2082. DOI: 10.3390/s17092082.

[34] Atefi A, Ge Y, Pitla S, et al. In vivo human-like robotic phenotyping of leaf traits in maize and sorghum in greenhouse[J]. Comput Electron Agric, 2019, 163: 104854. DOI: 10.1016/j.compag.2019.104854

[35] Jay S, Rabatel G, Hadoux X, et al. In-field crop row phenotyping from 3D modeling performed using structure from motion[J]. Comput Electron Agric, 2015, 110: 70-77. DOI: 10.1016/j.compag.2014.09.021.

[36] Shafiekhani A, Kadam S, Fritschi B F, et al. Vinobot and Vinoculer: two robotic platforms for high-throughput field phenotyping[J]. Sensors, 2017, 17: 214. DOI: 10.3390/s17010214

[37] Abel J. In-Field Robotic Leaf Grasping and Automated Crop Spectroscopy[D]. Pittsburgh, PA: Carnegie Mellon University, 2018.

[38] Baweja H S, Parhar T, Mirbod O, et al. StalkNet: A deep learning pipeline for high-throughput measurement of plant stalk count and stalk width[G]//Hutter M, Siegwart R. Field and Service Robotics. Cham: Springer International Publishing, 2018: 271-284.

[39] Choudhuri A, Chowdhary G. Crop stem width estimation in highly cluttered field environment[C]//Proc. Comput. Vis. Probl. Plant Phenotyping(CVPPP 2018), Newcastle: 6-13.

[40] Vázquez-Arellano M, Paraforos D S, Reise D, et al. Determination of stem position and height of reconstructed maize plants using a time-of-flight camera[J]. Comput Electron Agric, 2018, 154: 276-288.

[41] Vijayarangan S, Sodhi P, Kini P, et al. High-throughput robotic phenotyping of energy sorghum crops[G]//Hutter M, Siegwart R. Field and Service Robotics. Cham: Springer International Publishing, 2018: 99-113.

[42] Bao Y, Tang L, Srinivasan S, et al. Field-based architectural traits characterisation of maize plant using time-of-flight 3D imaging[J]. Biosyst Eng, 2019,178: 86-101. DOI: 10.1016/j.biosystem seng.2018.11.005

[43] Qiu Q, Sun N, Bai H, et al. Field-based high-throughput phenotyping for maize plant using 3D LiDAR point cloud generated with a "Phenomobile" [J]. Front Plant Sci, 2019,10:554. DOI: 10.3389/fpls. 2019.00554

[44] Young S N, Kayacan E, Peschel J M. Design and field evaluation of a ground robot for high-throughput phenotyping of energy sorghum[J]. Precis Agric, 2019,20: 697-722. DOI: 10.1007/s11119-018-9601-6

[45] Zhang Z, Kayacan E, Thompson B, et al. High precision control and deep learning-based corn stand counting algorithms for agricultural robot[J]. Autonomous Robots, 2020, 44:1289-1302.

[46] 仇瑞承.基于车载平台的田间作物表型测量研究[D].北京:中国农业大学,2019.

[47] 袁华丽. 作物表型监测机器人结构设计与实现[D].南京:南京农业大学,2019.

[48] Rui Z,Zhang Z,Zhang M,et al. High-throughput proximal ground crop phenotyping systems: A comprehensive review[J]. Computers and Electronics in Agriculture,2024, 224:109108.

第5章 土壤参数智能感知与处理技术

土壤是指地球表面风化的散碎外壳，是一种由大小不同的固体颗粒集合而成的具有空隙和孔隙的散粒体，属多孔介质。对于农作物来讲，土壤的主要功能是储存养分并将其供给作物，维持作物根系的健康生长。土壤的物理性质包括土壤的颜色、质地、结构、水分、热量和空气状况，土壤的机械物理性质和电磁性质等。土壤物理性质的测定为研究土壤特性、进行土壤改良及科学管理提供依据。用于描述土壤特性的参数主要有土壤质地、土壤氮素含量、土壤有机质含量、土壤电导率等。

作物的生长离不开土壤中的氮、磷、钾、钙、镁、硫、铜、铁、锌、锰等各种营养元素，其中氮、磷、钾是植物需要量和收获时带走量较多的营养元素，氮肥、磷肥、钾肥被称为大量元素肥料。一般认为氮素对植物生长发育的影响最为重要。当氮素充足时，植物可合成较多的蛋白质，促进细胞的分裂和增长，因此植物叶面积增长快，能有更多的叶面积用来进行光合作用。土壤中的氮素总量反映了土壤供给氮素营养的能力和潜力，是反映土壤肥力的重要指标。但土壤中大部分的氮以腐殖质这种有机的形式存在，不能直接被植物吸收(摄取)。能直接被植物吸收的氮素称作速效氮(例如铵态氮、硝态氮)，速效氮含量也是土壤分析的重要指标。土壤速效氮在作物生长期时空变化显著，比较而言速效磷和速效钾时空变化则相对平稳，施肥时可根据氮肥需要量按照平衡施肥原则确定磷肥和钾肥的施用量。因此，总氮和速效氮含量检测是土壤营养诊断的首要任务。

土壤电导率反映土壤的导电能力，与土壤含水率、土壤盐度、土壤粒度等密切相关。通过电导率可以了解土壤的理化性质，进而为精细农业和智慧农业管理提供依据。对于土壤质量评价和精细农业管理，土壤电导率的空间分布是非常有价值的信息。

5.1 土壤电导率智能感知与处理技术

土壤电导率(electrical conductivity, EC)是非常重要的土壤参数，包含着丰富的土壤信息，与土壤的含水率、盐度、粒度、有机碳含量、阳离子交换能力等土壤参数密切相关[1-4]，对评价和监测土壤质地、盐分、养分状况，预测植物生长等具有重要意义。快速获取农田土壤电导率的空间分布及其随时间的变化情况，对农业的精细管理有重要的参考价值。

土壤电导率检测的常用方法之一是电流-电压四端法，已经商业化的 Veris 3150、Veris 3100 和 Veirs P4000 车载式土壤电导率测量系统(Veris Technologies Inc，美国)采用的就是这种方法。基于电流-电压四端法，王琦等[5]开发了便携式土壤电导率测量系统。尽管便携式设备大大提高了测量速度，但工作量仍然较大。为了实现对大规模农田土壤电导率的实时、在线、准确检测，裴晓帅[6]、王懂[7]基于电流-电压四端法和近红外光谱信息相融合的方法，开发了车载式土壤电导率检测系统，该系统在电流-电压四端法的基础上，引入土壤光谱信息，利用土壤水分敏感波长的反射率信息，消除水分对电导率的影响。

5.1.1 基于电流-电压四端法的土壤电导率快速检测原理

电流-电压四端法原理如图 5-1 所示，采用一对电流探针（J 和 K）和两对电压探针（M 和 N，P 和 Q），稳幅正弦交流电流信号通过电流探针导入土壤，两对电压探针采集土壤的电压信号。电压信号在信号处理系统中转换成直流电压信号，用于计算土壤电导率。

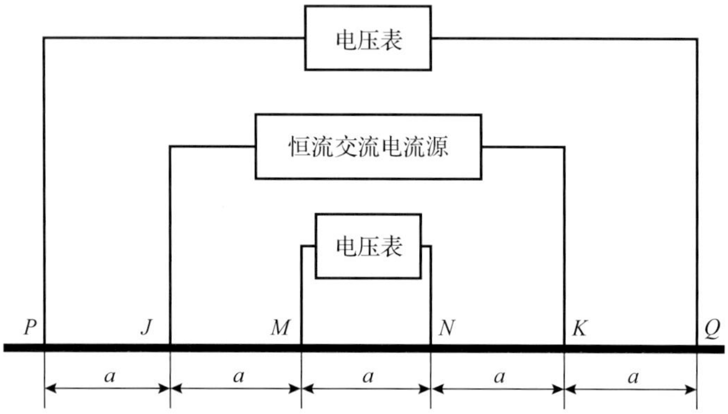

图 5-1 电流-电压四端法原理

利用探针 M 和 N 之间的电压可以计算浅层（0～40 cm）土壤的电导率，计算公式为

$$\sigma_{MN}=\frac{\left(\frac{1}{d_{JM}}-\frac{1}{d_{JN}}\right)-\left(\frac{1}{d_{KM}}-\frac{1}{d_{KN}}\right)}{2\pi}\frac{I}{V_{MN}}$$

$$=\frac{I}{2a\pi V_{MN}}=k(a)V_{MN}^{-1} \tag{5-1}$$

式中：σ_{MN} 为由探针 M 和探针 N 之间的电压计算得到的土壤电导率，S/m；d_{JM}、d_{JN}、d_{KM}、d_{KN} 分别为探针 J 和 M、J 和 N、K 和 M、K 和 N 间的距离，m；a 为两个相邻探针间的距离，m；V_{MN} 为探针 M 和探针 N 之间的电压，V。

同理，利用探针 P 和探针 Q 之间的电压 V_{PQ} 可以求出深层（40～70 cm）土壤的电导率 σ_{PQ}。

使用土壤近红外光谱反射率数据对土壤电导率的测量结果进行补偿，可以减少土壤含水率对土壤电导率测量结果的影响。在近红外光波长范围内，土壤中的水分子在 1 450 nm 和 1 940 nm 波段具有较强的近红外吸收（或者具有较低的近红外反射）。因此，通过测量土壤在 1 450 nm 或 1 940 nm 处的反射率，可以估计土壤水分的高低，利用反射率值对电导率的结果进行修正，可以有效提高电导率的测量精度。

5.1.2 车载式土壤电导率检测系统总体设计

基于电流-电压四端法与近红外光谱融合的车载式土壤电导率在线检测系统主要由机械

单元、光学检测单元和控制单元 3 部分组成。机械单元包括电器柜、载重支撑平台(车架)、六圆盘电极、深松犁、牵引装置。光学检测单元由暗室、蓝宝石玻璃、胶合滤光片、InGaAs 光电探测器、卤钨灯光源等组成,为了实现便捷化的操作,该单元被设计成可拆卸的模块,所有器件集成到深松犁上。控制单元包括硬件部分和软件部分,硬件部分由树莓派、DDS 信号发生器、功率放大器、交流电流检测模块、交直流电压检测模块、滤波模块、GNSS 模块等组成;软件部分利用 OneNET 云平台开发,用于实时数据显示与保存。整个系统由拖拉机通过机械单元上的牵引孔带动前进。

图 5-2 为车载式土壤电导率在线检测系统整体结构示意图,图 5-3 为系统的结构框图。

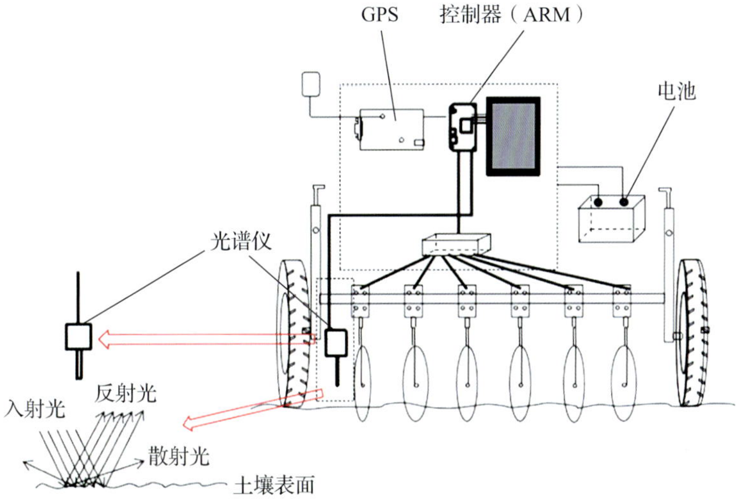

图 5-2 车载式土壤电导率在线检测系统整体结构示意图

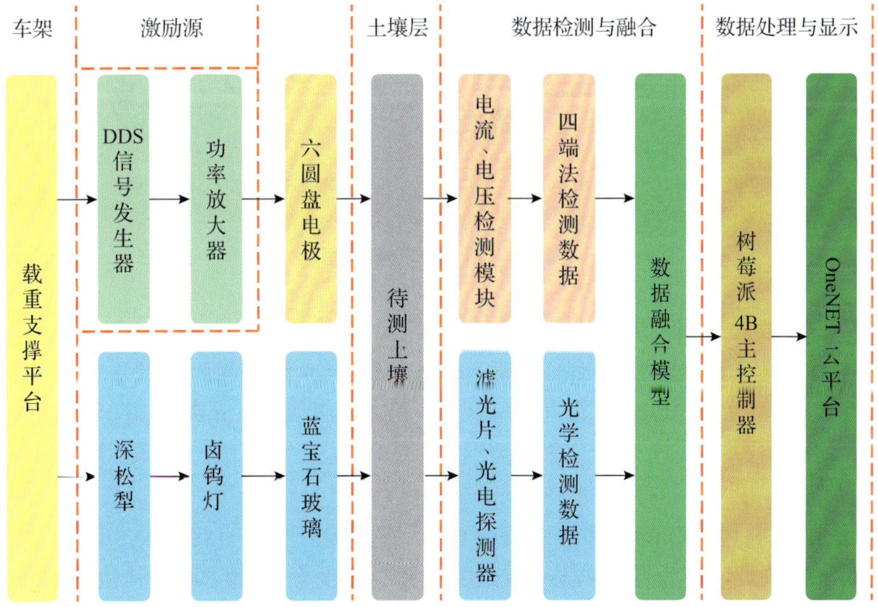

图 5-3 车载式土壤电导率在线检测系统结构框图

5.1.2.1 车载式土壤电导率检测系统机械单元设计

机械单元是保障整个检测系统在农田正常使用的关键部分，为整个检测系统提供支撑。如图 5-4 所示，机械单元主要由车架、配重块、圆盘电极、深松犁和电器柜组成。车架是机械单元的载体，一方面实现与拖拉机的牵引连接，另一方面实现机械单元的上下调节，改变圆盘电极和深松犁的入土深度，可调节范围为地上 0～10 cm，地下 0～15 cm。配重块能使圆盘电极和深松犁更易入土。圆盘电极上装有弹簧缓冲装置，保护圆盘电极在遇到硬物时不被损伤。深松犁的作用，一是犁尖破开表层土壤，使光学检测的土壤为 5～15 cm 的耕作层；二是集成光学检测单元的各元器件，同时提供暗室环境。深松犁与地面平行线有一个约 15°的夹角，以防犁尖入土时犁后端的暗室翘起，无法形成真正的暗室，引起测量误差。

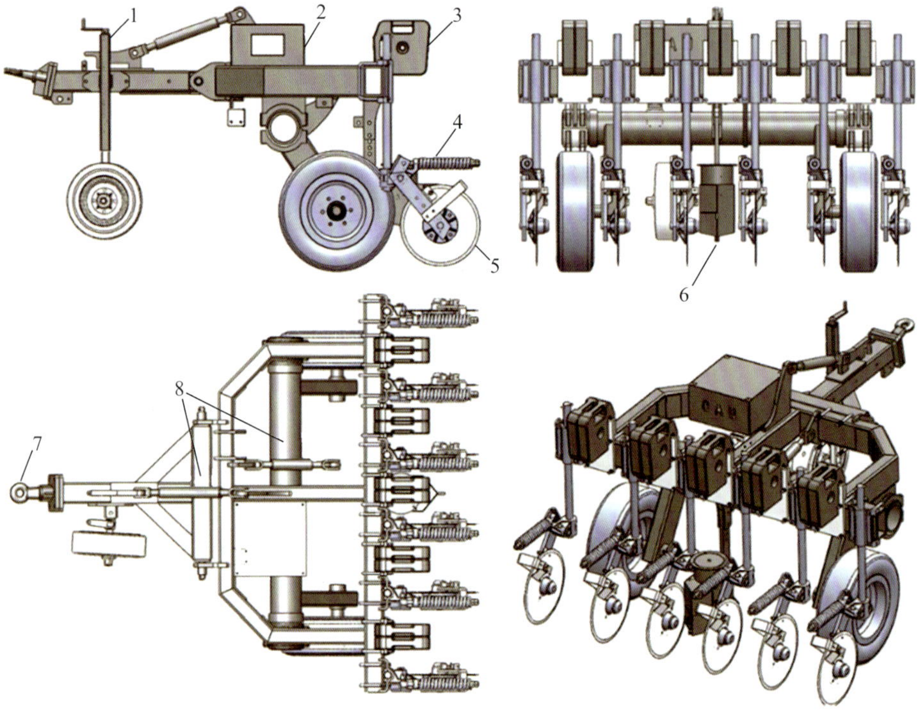

1. 前轮高度调节杆　2. 电器柜　3. 配重块　4. 弹簧缓冲装置　5. 圆盘电极
6. 深松犁　7. 牵引连接件　8. 两级深度调节杆

图 5-4　机械单元结构图

5.1.2.2 车载式土壤电导率检测系统光学单元设计

研究表明，在光强和稳定性方面，卤钨灯光源比 LED 光源和激光光源更好。经过性能、价格对比后，选择美国 Ocean Optics 公司的 HL-2000 型卤钨灯，该光源适用于 VIS-NIR(360～2 000 nm)，特点是致冷风扇散热、光源稳定、使用寿命长，且带有稳定电源、快门、TTL 和手动衰减器。

为了最大限度利用光源能量和缩减设备成本，将卤钨灯光源直接安装于深松犁的暗室中。如图 5-5 所示，暗室最下层为蓝宝石玻璃，蓝宝石玻璃硬度大、抗磨损，对其他元器件有保护作用；暗室中层为放置胶合滤光片(深圳纳宏光电科技有限公司)、InGaAs 光电探测器(北京敏光科技有限公司)和 HL-2000 型卤钨灯的亚克力洞洞板；最上层为防尘避光罩。

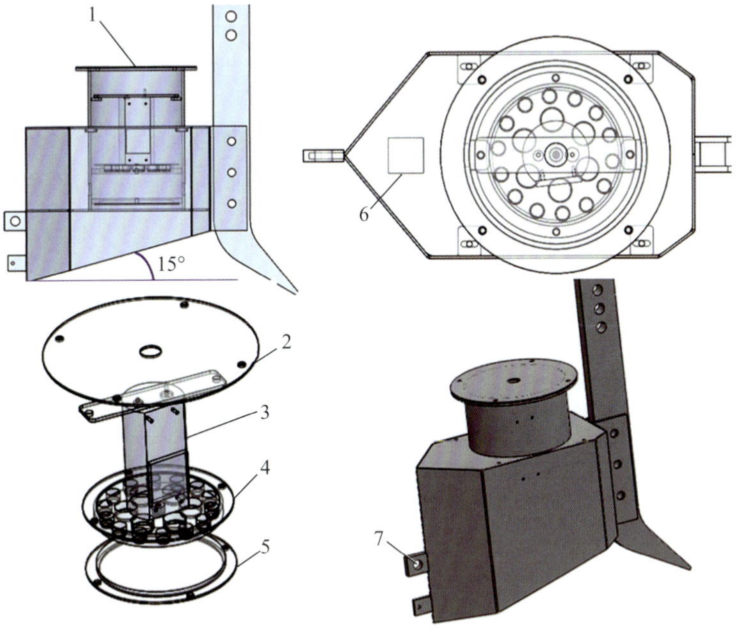

1. 深松犁暗室管　2. 防尘盖　3. 卤钨灯　4. 洞洞板　5. 蓝宝石玻璃
6. 摄像头安装孔　7. 压力传感器与小型圆盘电极安装孔

图 5-5　深松犁上的光学单元结构图

5.1.2.3　车载式土壤电导率检测系统电流源改进设计

虽然基于电流-电压四端法的土壤电导率检测仪抗干扰性强，但存在激励信号容易受环境和负载的影响、采集电信号的频率低、无法衡量仪器的信噪比等不足。为了克服上述不足，进一步提高土壤电导率的测量精度，提高仪器在农田中测量的稳定性，基于直接数字频率合成器(direct digital synthesizer，DDS)和数字示波器对信号源进行了改进。

基于 DDS 与数字示波器的信号系统结构如图 5-6 所示，系统由 DDS 信号发生电路、数字电流计、电极、数字示波器、数字滤波器、工控机等部分组成。数字示波器相应的数据采集软件与数字滤波器均在工控机上运行。DDS 信号发生电路产生交流正弦信号后，通过电极导入土壤中。数字电流计用于测量 DDS 信号发生电路所产生激励信号的电流强度，同步记录电流强度与土壤的反馈电信号。土壤的反馈电信号与受环境噪声影响产生的干扰电信号一同被数字示波器采集并记录，通过数字示波器的采集软件可以直观地观察土壤的反馈信号与噪声信号对土壤反馈电信号的影响。数字示波器采集软件记录的数据通过切比雪夫Ⅰ型数字滤波器组成的带通滤波器后，可以直观地观察滤波的作用。从测试的效果来看，数字滤波器起到了非常好的滤波作用，滤除了信号源频率外所有频率的噪声。滤波后的电信号近似于标准的正弦信号，将该信号的平均振幅作为反馈信号的测量结果，经过计算即可得到土壤电导率值。

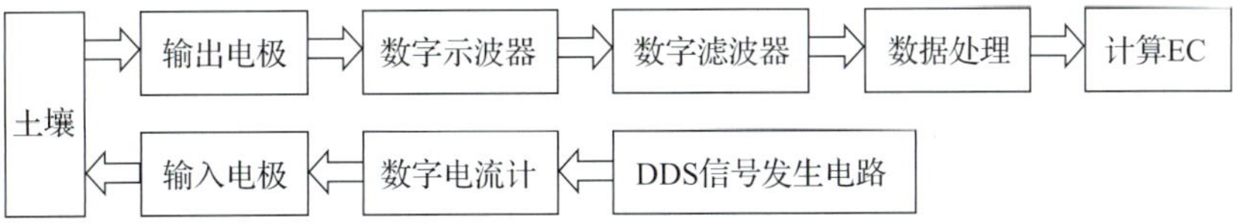

图 5-6　基于 DDS 和数字示波器的信号系统结构框图

DDS 信号发生电路遵从采样定理，首先对目标波形进行采样，将采样值作为查找表存储，使用时读取存储的数值，再经数模转换器合成波形。DDS 的工作过程如图 5-7 所示，频率寄存器可以串行或并行地存储频率码，相位累加器根据频率码计算相位值。相位值的个数满足采样定理要求，即采样频率为输出频率的 2 倍以上。波形存储器根据相位值查表得到相应的幅值，D/A 变换器将该幅值转换成模拟电信号，形成的阶梯信号经低通滤波得到连续的正弦信号。

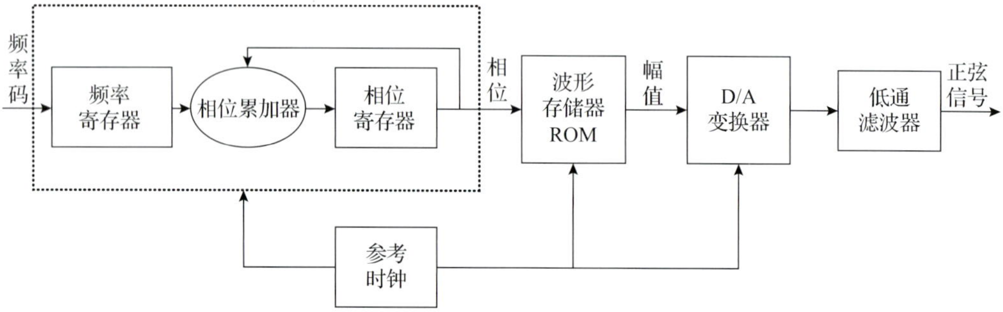

图 5-7　DDS 信号发生电路工作过程框图

系统中的 DDS 信号发生电路能够产生 1 Hz～65 kHz 的正弦波、方波、锯齿波、三角形波等多种波形，信号振幅为 0.5～14 V(峰峰值)，输出阻抗为 20～200 Ω。电路通过按钮与 LCD 屏幕进行波形、频率调节，振幅通过滑动变阻器调节。电导率检测中采用频率为 1 kHz、振幅为 14 V 的正弦信号作为系统的激励源。如图 5-8 所示，左侧为传统交流恒流源产生的信号，可以看出虽然信号的主要频率是 1 kHz，但包含了大量的噪声，信噪比较低，严重影响了电信号的波形；右侧为 DDS 信号发生电路产生的信号，可以看出不仅振幅要大得多，信噪比很高，信号的波形也比较标准。

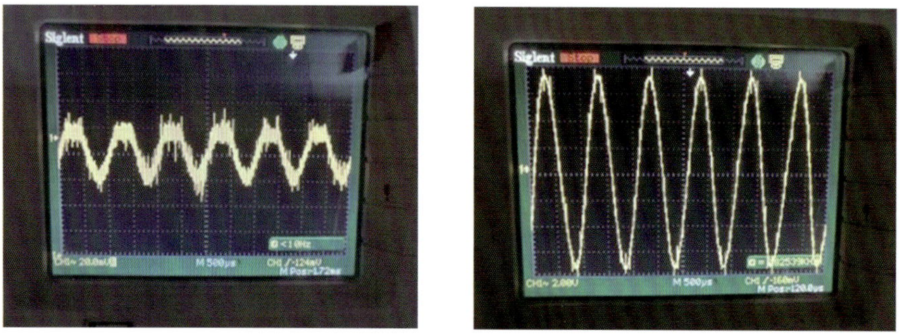

(a) 传统信号发生电路产生的激励信号　　(b) DDS信号发生电路产生的激励信号

图 5-8　传统信号发生电路与 DDS 信号发生电路电信号对比

5.1.3　车载式土壤电导率检测系统田间试验

为验证车载式土壤电导率检测系统的农田检测效果，于 2021 年 12 月在中国农业大学上庄试验站进行了田间试验。将试验田均分为 60 个方块区域，圆盘电极和深松犁入土深度约为 10 cm。用车载式检测系统测量每个区域的电导率，并在每个测量区域采集足量土样带回实验室测量，获得电导率真值。分析融合光谱信息的电导率预测模型与未融合光谱信息的一元电导率预测模型的预测结果，如图 5-9 所示，可以看出未融合的一元模型和融合后模型的 R^2 分别为 0.790 0 和 0.898 5，预测精度可以满足要求，融合后模型的精度比一元模型有所提高。

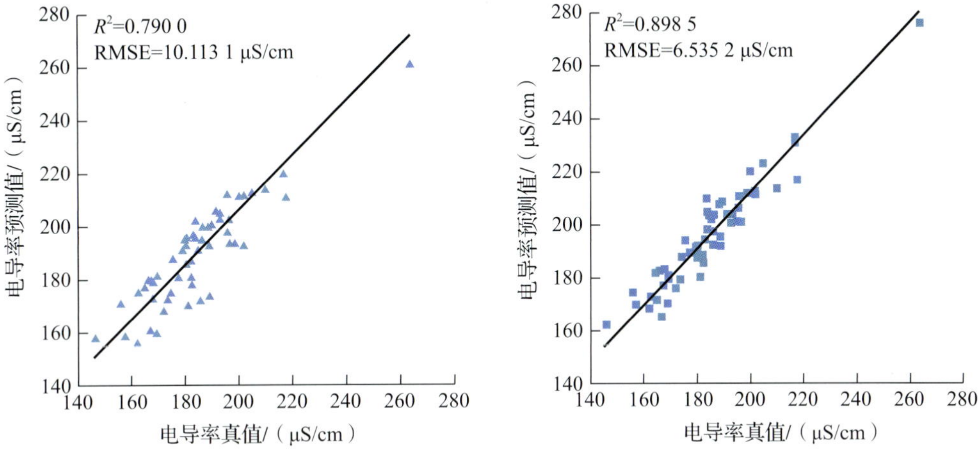

（a）一元模型土壤电导率预测结果　　（b）融合模型土壤电导率预测结果

图 5-9　车载式土壤电导率检测系统田间试验结果

5.2　土壤机械特性参数智能感知与处理技术

土壤质地与结构（土壤质构）是土壤的固有状态特性，影响土壤行为特性，比如土壤质地影响土壤持水能力和水力特性、土壤电导率、阳离子交换能力、土壤有机碳含量、除草剂的吸附能力。不同质地的土壤含有不同的矿物质，例如黏土较多的土壤含有较多的氧化铁和高岭石。土壤质地也会影响一些植物的根系抗拉强度。质地合适的土壤可以很好地调节作物生长过程中对水分、养分、空气和温度的需求，从而促进作物高产，例如重要的油料作物花生在质地粗糙的土壤中能更好地生长发育、开花结果。而土壤结构不仅影响植物生长所需要的水分和养分的供应，还控制着土壤中的气体交换、土壤有机质和养分动态、微生物活动和作物根系渗透。绝大多数农作物的生长、发育、高产和稳产都要求土壤质构状况良好，既能保水保肥，又能及时通气排水。

土壤紧实度（soil compactness）是指土壤颗粒松紧的程度，土壤压实是指负荷或施压所造成的土壤容重增加和孔隙度降低的过程，土壤硬度是指外物切入挤压时与垂直应力相当的土壤阻力，土壤坚实度是指土壤对挤压力的反应。这几个概念意思相近，一般情况下概念可以互换，其中土壤紧实度概念近年来应用更广泛。土壤紧实度是土壤的重要物理特性之一，也是评价土壤耕作条件、衡量土壤耕作质量的重要指标。土壤紧实度过大会阻止水分入渗，降低化肥利用率，影响植物根系生长，导致作物减产。

5.2.1　土壤紧实度在线测量系统

为了快速、准确地自动绘制土壤紧实度分布图，需要土壤紧实度在线测量系统。Liu 等设计了一种连续检测土壤机械阻力的多传感器装置[8]。Adamchuk 和 Morgan 等研制了一种安装在装有 GPS 的拖拉机上的土壤紧实度在线测量系统，利用立式叶片可以同时测量多个深度的土壤机械阻力，其测量值与标准圆锥指数仪测量值之间的相关系数为 0.95[9]。Sirjacobs 等设计了一种利用八角环传感器作为力敏元件同时测量土壤耕作工具的水平力、垂直力和弯矩的系统，得到圆锥指数与这 3 个参数的相关系数为 0.81[10]。Adamchuk 和 Christenson 开发了土壤物理性质综合制图系统，利用光学传感器、电容传感器进行测量，建立了反映土壤机械阻力随深度变化的二阶多项式模型[11]。但是现场测试得出的结论是，在大多数情况下，二阶关系并不显著。因此，土壤机械阻力与深度的线性关系假设可能更合适。

量化土壤紧实度的方法是测量土壤强度，因为土壤强度与紧实度和孔隙度密切相关[12]。土壤强度可以通过测量土壤的机械阻力来计算[13]，根据这一原理，郑杰开发了土壤耕作阻力在线测量系统[14]。测量系统包括 2 个测量单元：压力传感器和 3 组应变片桥，如图 5-10 所示。当深松犁在土壤中向前移动时，土壤的阻力首先作用于铲尖，随之传导至整个深松铲，导致深松铲发生微小变形，通过应变片桥测量深松铲的微小变形，可以测量出土壤耕作阻力。同时通过杠杆作用，土壤的阻力通过深松铲传送到位于车架横梁与深松铲之间的压力传感器，压力传感器也可以测量到土壤耕作阻力。

测量系统（图 5-11）由限深轮、横梁、深松铲、应变片、压力传感器、信号调节器、数据采集器、逆变器、电瓶、直流电源组成。

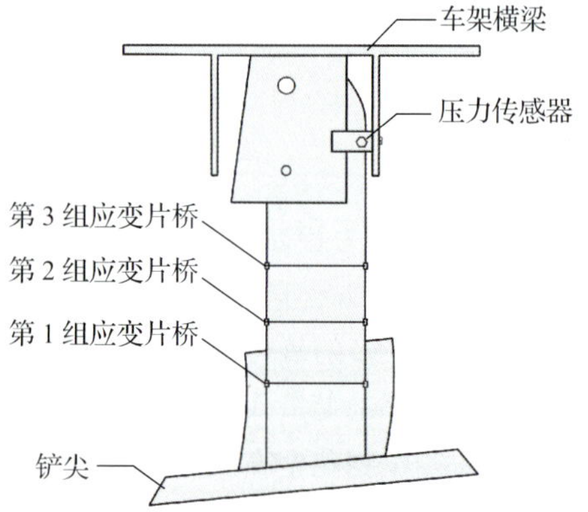

图 5-10　土壤耕作阻力在线测量系统测量单元构成示意图

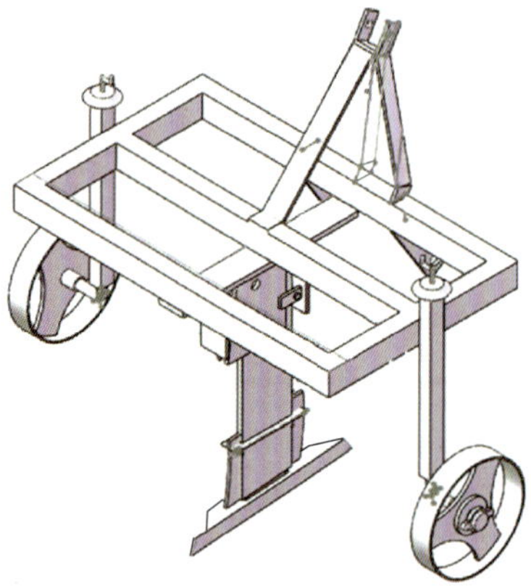

图 5-11　土壤耕作阻力在线测量系统组成示意图

土壤耕作阻力在线测量系统

数据采集器的型号为 USB2610（美国 smacq 公司）；应变片为德国威士（Vishay）公司生产，阻值为 350 Ω；压力传感器的型号为 C9C（德国 HBM 公司），量程为 10 kN，分辨率为1 mV/V。深松铲通过三点悬挂装置与拖拉机连接，用螺栓将压力传感器固定到横梁与深松铲之间，实际田间试验时通过拖拉机的液压系统和限深轮控制入土深度。如图 5-10 所示，3 组应变片桥分别布置于距离铲尖高度差为 28、35、43 cm 处。图 5-12 为测量单元受力等效图。

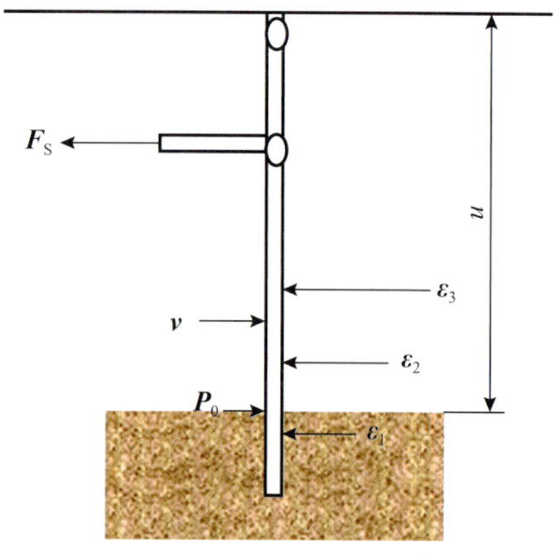

图 5-12　土壤耕作阻力在线测量系统测量单元受力等效图

根据等效图建立土壤机械阻力测量系统模型：

$$P_0 = f(F_s, \varepsilon_i, u, v) \tag{5-2}$$

式中：P_0 为土壤表面的机械阻力，N；F_s为压力传感器的受力，N；ε_i（i=1，2，3）为第 i 组应变片桥的受力，N；u 为横梁和土壤表面之间的距离，cm；v 为行进速度，km/h。

拖拉机的碾压可以改变土壤阻力或土壤压实度（紧实度），通过改变拖拉机的碾压次数验证在线测量系统的响应。图 5-13 所示为 3 组应变片桥和压力传感器测得的土壤耕作阻力随碾压次数增加而变化的曲线。由图可以看出，土壤耕作阻力随着碾压次数的增加而逐渐增加，土壤耕作阻力的增加主要是前 5 次碾压的结果，第 1 组应变片桥测得的土壤耕作阻力随碾压次数增加而变化的程度最大，为 834 N，其他两组应变片桥测得的土壤耕作阻力变化分别为 531、544 N。第 1 组应变片桥受影响最大的原因是第 1 组应变片桥直接接触土壤，第 2 组和第 3 组测量的主要是传导力。碾压 5 次后土壤耕作阻力基本保持稳定，不再随碾压次数增加而增大。

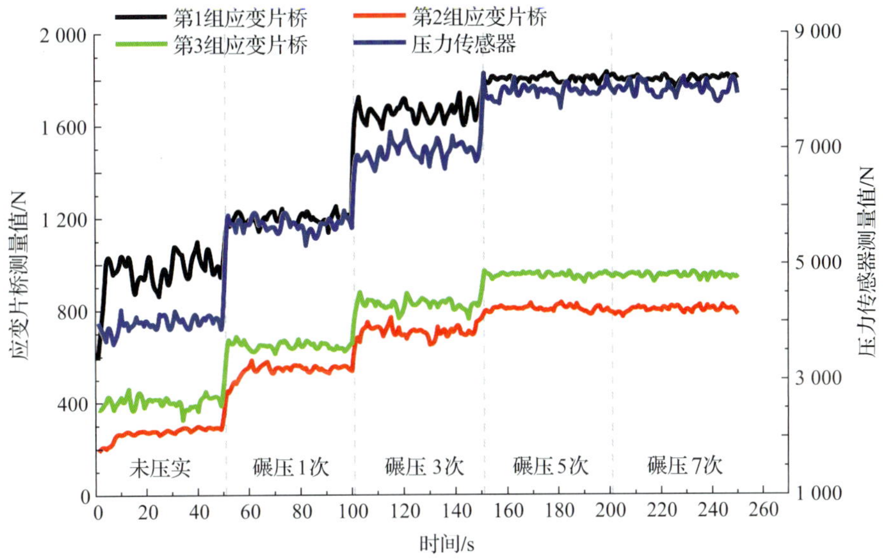

图 5-13　碾压次数对土壤耕作阻力的影响

田间试验表明土壤耕作阻力的变化能够反映土壤紧实度的变化，该在线测量系统通过标定可用于土壤紧实度测量。

5.2.2　车载式土壤质构参数检测系统

5.2.2.1　土壤质构参数与土壤 EC 等的相关性

土壤质地和机械结构（质构）直接构成作物根系的外部环境，对于作物生长具有直接的影响。因此，快速准确测量土壤质构参数对于改善土壤耕作性能和作物栽培条件具有重要意义。

孟超[15,16]通过对土壤机械组成、土壤容重与土壤电导率、土壤机械阻力、土壤图像的颜色参数和纹理参数之间相关性的分析，以及土壤容重与土壤机械组成之间相关性的分析，认为土壤 EC 能不同程度地反映土壤质地结构和孔隙度等的大小，根据土壤表面图像提取的 GLCM（灰度共生矩阵）纹理特征与土壤颗粒度有很强的联系，因此使用土壤 EC 和土壤表面图像数据可预测土壤质地参数；土壤机械阻力、土壤容重和土壤颗粒密度之间的相关性较高，为使用土壤机械阻力以及土壤表面图像提取的土壤颗粒纹理特征预测土壤容重提供了依据。

根据以上分析研究结果，孟超提出以土壤 EC、土壤机械阻力、土壤表面图像作为多源参数对土壤质构参数进行预测，并基于土壤 EC 测量装置、土壤机械阻力测量装置和机器视觉装置对车载式土壤质构参数检测系统进行集成开发。

5.2.2.2 车载式土壤质构参数检测系统组成

车载式土壤质构参数检测系统如图 5-14 所示，包括 2 个对称的设备箱、两侧的限深轮及其调节装置、圆盘电极、深松犁铲、工业相机和 GNSS 接收器。系统整体由后置式三点悬挂装置连接至拖拉机，两侧的限深轮可以和拖拉机液压升降器一起动作，用以调节入土深度。数据采集系统主要由 4 部分构成：测量土壤 EC 的圆盘电极、测量土壤阻力的深松犁铲、获得土壤表面图像的相机和系统电路（包括恒流源产生电路、数据采集卡、GNSS 等）。土壤 EC 测量采用电流-电压四端法，测量装置由圆盘电极、DDS 信号发生器、高速数据采集卡和信号处理电路组成。2 个外侧电极用作电信号输入端，该信号是来自 DDS 信号发生器的交流正弦信号。2 个外侧电极之间的距离为 160 cm。电信号穿过土壤，反馈信号由 2 个内侧电极接收，2 个内侧电极的距离为 80 cm。返回的信号经过放大、滤波、转换等处理后，由数据采集卡采集，用于计算 EC 值。土壤阻力采用压力传感器和应变片桥测量。控制部分主要由工业平板电脑、GNSS 模块等组成，将工业平板电脑采集的土壤 EC 测量值、图像特征值以及测量的土壤机械阻力输入土壤质构参数预测模型中，获取土壤质构信息。采集到的土壤信息可以通过工业平板电脑浏览，也可以通过手机 App 查看。系统工作流程如图 5-15 所示。

车载式土壤质构参数检测系统

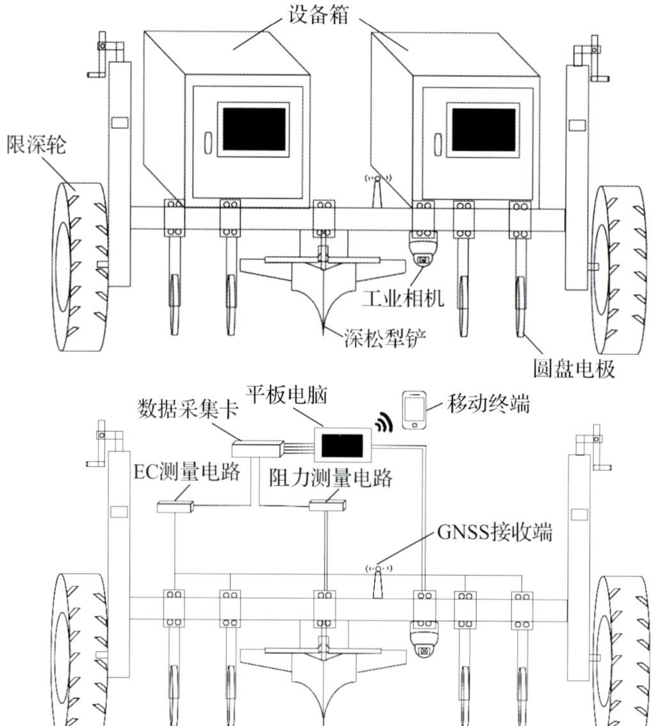

图 5-14　车载式土壤质构参数检测系统组成示意图

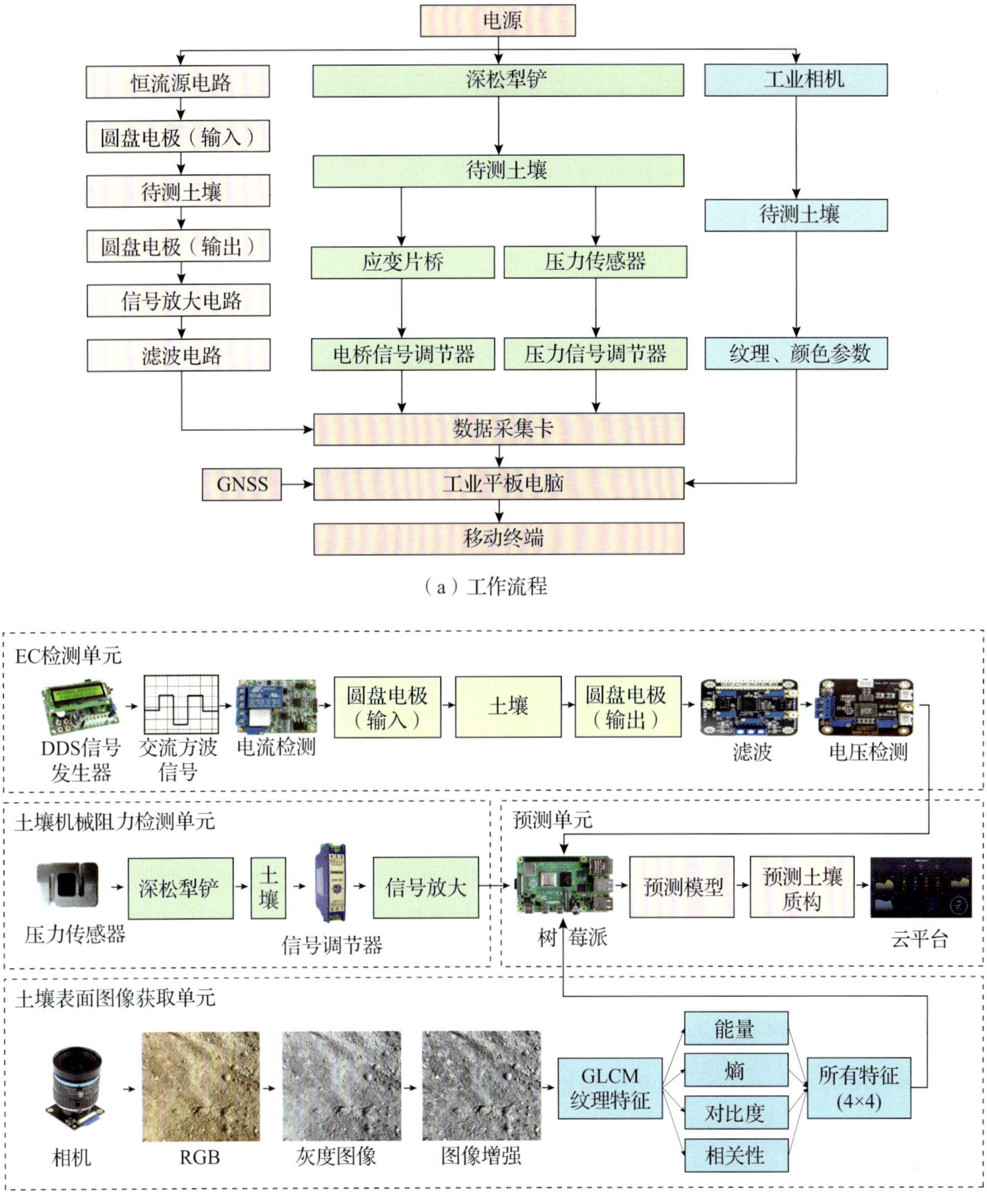

（a）工作流程

（b）技术方案

图 5-15　车载式土壤质构参数检测系统工作流程图

5.2.2.3　土壤质地检测

土壤质地预测模型采用 SVM 模型。SVM 在小样本量的情况下具有突出的优势，可以避免神经网络结构选择和局部最小点的问题，并具有优异的学习性能和良好的鲁棒性。模型使用的核函数是径向基函数（RBF），模型参数的优化结果为：惩罚参数 C 为 50.61，核函数参数 g 为 2.93。

分别以土壤 EC、从土壤表面图像中提取的 GLCM 纹理特征、土壤 EC+ GLCM 纹理特征为输入来预测土壤质地类型。共对 185 个土壤样品进行预测。采用激光粒度分析仪对样本进行检测，检测结果作为质地类型标准值。样本中砂壤土样本63个，轻壤土样本97个，中壤土样本25个。将车载式土壤质构参数检测系统的检测结果与标准值进行对比。仅使用土壤EC预测的正确率(判断正确样本数与样本总数的比率)为56.22%(104/185)，仅使用GLCM纹理特征预测的正确率为78.38%(145/185)。使用土壤EC+GLCM纹理特征预测的正确性较高，总正确率为84.86%(157/185)，如图5-16所示。其中砂壤土和轻壤土的预测正确率均在87%以上；中壤土的预测正确率为64%，有9个样本被错误地判断为轻壤土，其原因可能是：在卡钦斯基制土壤质地分类标准中，物理性黏粒(<0.01 mm)含量20%～30%的为轻壤土，物理性黏粒含量30%～40%的为中壤土。物理性黏粒含量约为30.5%的土壤样本位于两种质地类型的分界线上，差异很小，容易产生判断错误。

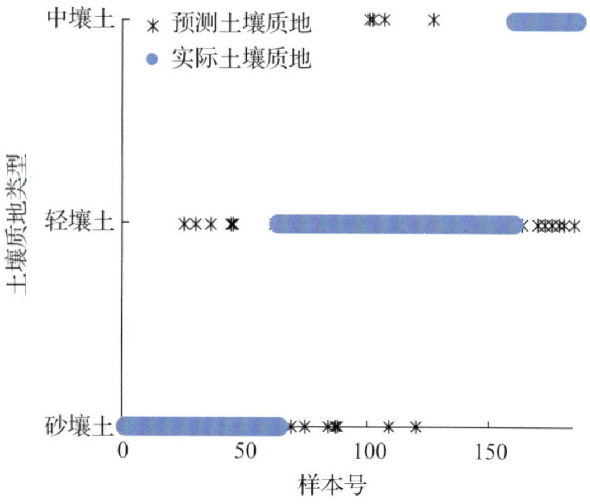

图 5-16　土壤质地类型预测结果

以上结果表明，车载式土壤质构参数检测系统可以利用原始农田信息预测土壤质地类型，融合土壤EC和土壤表面图像信息可以有效提高分类正确性。

5.2.2.4　土壤容重检测

针对土壤质构参数与土壤电导率、图像参数之间的耦合关系，探究了土壤机械组成与土壤电导率、土壤容重之间的关系，分析了土壤容重与土壤电导率、土壤机械阻力的关系，并研究了5种质地类型的土壤在7种不同含水率条件下的表面图像的颜色参数、纹理特征的差异以及土壤容重与图像纹理特征之间的关系，结果表明土壤机械阻力、EC与图像纹理特征可以用于估测土壤容重。

以土壤机械阻力、EC和GLCM纹理特征为输入，建立了提升决策树(gradient boosting decision tree，GBDT)检测模型，检测结果见表5-1。训练集的R^2为0.894，RMSE为0.047 g/cm^3；测试集的R^2为0.719，RMSE为0.090 g/cm^3。结果表明，该系统能够准确地估计土壤容重。

表 5-1　土壤容重检测结果

样本集	R^2	RMSE/(g/cm^3)	MAE/(g/cm^3)	MAPE/%
训练集	0.894	0.047	0.039	2.869
测试集	0.719	0.090	0.066	4.926

5.3　基于近红外光谱的土壤全氮含量智能感知与处理技术

氮素是植物生长的必需养分，当土壤氮素含量充足时，植物可以合成较多的蛋白质，促进新细胞的分裂和增长，使植物叶面积增长加快，增强植物光合作用。当作物缺少氮素时，在苗期一般表现为生长缓慢，植株矮小，叶片薄而小，叶片发黄；在生长后期则表现为果穗短小，籽粒不饱满。作物表现出缺氮症状，表明土壤所提供的氮素营养不能满足作物生长需求，此时就需要增施氮肥，以促进植物健壮生长。但是氮素用量不宜过多，过量施用氮素时叶绿素增多，能使植物叶片保持更长久的绿色，有延长生育期、贪青晚熟的趋势。对一些块根块茎作物，如甜菜等，氮素过多有时表现为叶子的生长量显著增加，但具有经济价值的块根产量却很少。对一些叶菜类作物，过量供给氮肥则会造成菜叶中硝酸盐过量聚集，达不到健康食品的标准。按需施肥是现代精细农业的核心之一，要实现这一目标，快速检测土壤氮素丰缺是基础。传统的开氏法、比色法不仅测量耗时，还需要具有专门技能的人才能胜任，而基于光谱分析的测量方法则可以弥补这些不足。

利用光谱分析技术的优势来测量土壤养分参数，再结合其他技术判定土壤养分的空间变异性，对于实现精细农业意义极其重大。

5.3.1 基于光谱分析的土壤全氮含量检测原理和模型研究

近红外光谱检测主要通过检测 C—H、O—H 和 N—H 功能键的能量吸收状况获得相应土壤养分含量等信息，土壤全氮含量的检测主要采用近红外漫反射光谱法。目前，土壤全氮含量的检测多采用美国 ASD 公司的 FieldSpec 3Hi-Re 波谱仪和德国布鲁克公司的 MATRIX-I 型傅里叶变换近红外光谱仪。

土壤样本是呈粉末状的不规则样品，对土壤的光谱检测通常采用漫反射光谱分析方法。漫反射与样本吸收之间的关系遵循 Kubelka-Munk 方程：

$$\frac{K}{S}=\frac{(1-R)^2}{2R}=f(R) \tag{5-3}$$

式中：K 为样本的吸收系数；S 为散射系数；R 为相对反射率，其值是试样的反射光强度与标准板的反射光强度之比。K、S 和 R 都是波长 λ 的函数。

通过分析发现，土壤含氮官能团的吸收带一般在 780～830 nm、1 020～1 060 nm、1 460～1 570 nm 以及 1 960～2 200 nm，但这些吸收带多是含氮官能团基准振动的 2 阶以上倍频或合频，吸光度系数都偏小，由于土壤的氮含量变化对光谱的影响也比较微弱，因此很少直接用全波长光谱检测土壤全氮含量，需要将光谱数据和化学计量学方法相结合。中国农业大学智慧农业研究中心通过研究确定了敏感波段，建立了预测模型，为便携式土壤全氮检测仪的开发提供了理论依据。

郑立华等采用 BP 神经网络、SVM、小波变换方法对土壤全氮含量进行检测[17-19]，通过大量试验，提出使用 26 波段 BP 神经网络对土壤全氮进行预测。这 26 个波段分别是 2 234、2 150、1 991、1 895、1 833、1 684、1 673、1 559、1 536、1 394、1 389、1 311、1 286、1 215、1 208、1 187、1 124、1 092、1 064、1 028、984、972、931、923、859 和 844 nm。

安晓飞使用 MATRIX-I 型光谱仪对土壤全氮含量的预测进行了进一步的研究[20]，使用郑立华等提出的 26 个波段中的部分波段进行组合搭配建模，寻找最优组合。在此基础上，经过多次试验和建模，最后选取一组新的波段组合，1 550、1 300、1 200、1 100、1 050 和 940 nm 6 个波段，使用 BP 神经网络方法建立了一个新的土壤全氮预测模型，该模型校正集相关系数和验证集相关系数分别为 0.85 和 0.77。

5.3.2 便携式土壤全氮含量检测仪

基于近红外光谱学原理的便携式土壤全氮含量检测仪，要求体积小、成本低、便于携带和能够进行田间远程采集。光谱辐射仪能够测量土壤的连续吸光度光谱曲线，通过光谱分析实现全氮含量的检测，但是光谱辐射仪属于精密仪器，价格昂贵，操作要求高，不适于农田现场的快速测量。以OEM光谱仪模块为核心开发的土壤养分快速检测仪也能实现土壤光谱吸光度快速测量，但便携性和田间适用性还有待进一步提高[21,22]。An等开发的便携式土壤全氮检测仪虽然达到了便携式检测的目的，但该仪器采用LED作为主动光源，波段单一，光强信号较弱，仪器信噪比难以提高[23]。为了克服以上不足，李民赞等设计开发了一款便携式土壤全氮含量检测仪，检测仪主要包括传感器、服务器数据库和移动终端，传感器包括光学单元和控制电路[24]。

检测仪的总体结构如图5-17所示，在机箱内集成了卤钨灯光源、光纤、滤光片、光电探测器、主控芯片、ZigBee终端节点、USB模块。百叶窗设计可以保证卤钨灯光源产生的热量充分散发，避免长时间工作时高温影响其他元器件工作的稳定性。USB模块可以进行程序的修改。

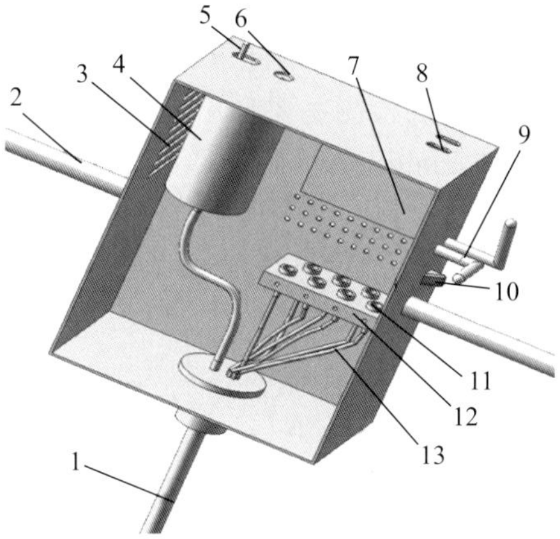

1.分叉型对地光纤　2.把手　3.百叶窗　4.高功率卤钨灯光源　5.卤钨灯电源开关
6.卤钨灯光源供电电池　7.主控芯片和ZigBee开发板　8.USB模块　9.开发板天线
10.内部电源开关　11.光电探测器　12.滤光片　13.一分六光纤

图5-17　便携式土壤全氮含量检测仪总体结构

光学单元主要由光源、光纤、不同波段滤光片及光电探测器组成。控制电路由多通道选择电路、I/U转换电路、放大电路、滤波电路、A/D转换电路、STM32单片机、ZigBee终端节点、GPS模块、ZigBee主协调器和4G模块等组成。

光学通路结构如图5-18所示。高功率卤钨灯光源发出的光信号通过入射光纤照射到耕层深度(5～30 cm)的土壤表面，一部分光信号被土壤吸收，一部分光信号进入土层后经过投射、散射又从土层射出作为漫反射光进入反射光纤。反射光通过一分六反射光纤传输至6个不同波段滤光片，不同波长的光再由光电探测器进行光电转换生成电信号。选取的6个敏感段为1 108、1 248、1 336、1 450、1 537、1 696 nm。

2018年8月20日，在中国农业大学上庄实验站玉米田，采用便携式土壤全氮含量检测仪进行了60个采样点的土壤全氮含量检测。检测时，首先将检测仪探头插到30 cm深的土壤中，打开开关进行检测，移动端进行土壤全氮含量的显示和存储。同时用保鲜袋保存采样点土壤样本，在实验室内用凯氏定氮仪进行每个土壤样本的全氮含量检测。便携式检测仪与凯氏定氮仪所测得的全氮含量的相关性如图5-19所示，相关系数r为0.828 0，作为田间实时检测仪测量精度较高，能够满足施肥指导的需要。

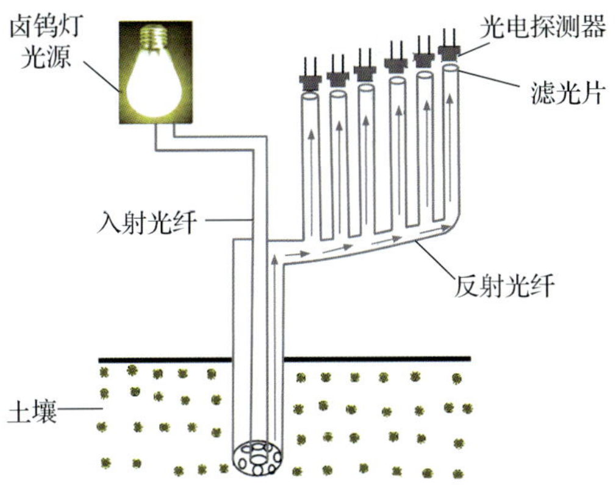

图 5-18 便携式土壤全氮含量检测仪光学通路

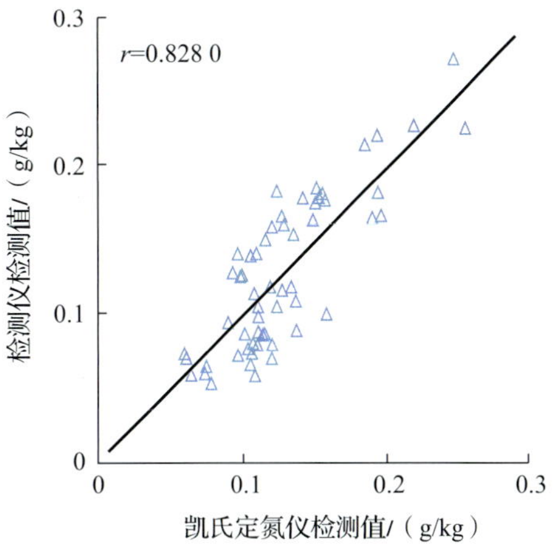

图 5-19 便携式土壤全氮含量检测仪田间试验结果

5.3.3 车载式土壤全氮含量检测仪

Kodaira 等开发了车载式可见-近红外光谱检测仪，检测结果经过后续复杂的数据处理，可以对全氮、有机质和含水率等土壤参数进行预测[25]。Maleki 等开发了基于可见-近红外光谱的车载式土壤磷元素检测仪，并根据检测结果开展了土壤磷元素的变量施肥作业研究[26,27]。但是这些检测仪无法满足田间生产实时原位测量的需要，价格也过于昂贵，只适合用于科学研究。

周鹏开发了车载式土壤全氮含量检测仪，其总体方案如图 5-20 所示[28]。根据前期的试验研究和便携式土壤全氮含量检测仪开发经验，确定用于检测土壤全氮含量和含水率的 7 个近红外敏感波长为 1 070、1 130、1 245、1 375、1 450、1 550 和 1 680 nm。

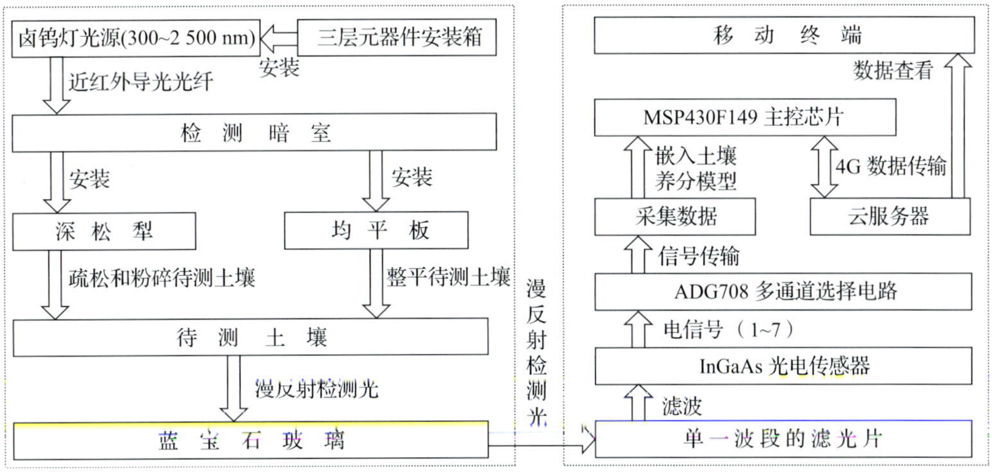

图 5-20 车载式土壤全氮含量检测仪总体方案

光学系统是车载式土壤全氮含量检测仪的核心，包括地上部分和地下部分(图 5-21)。地上部分主要由光源、光源转接法兰和近红外导光光纤组成，光通过近红外导光光纤传输到地下的检测土壤表面，由地下部分的检测总成实现光谱反射率的测量。检测总成主要由入射光出口端、InGaAS 光电探测器及 7 个敏感波长的滤光片、蓝宝石玻璃等组成。

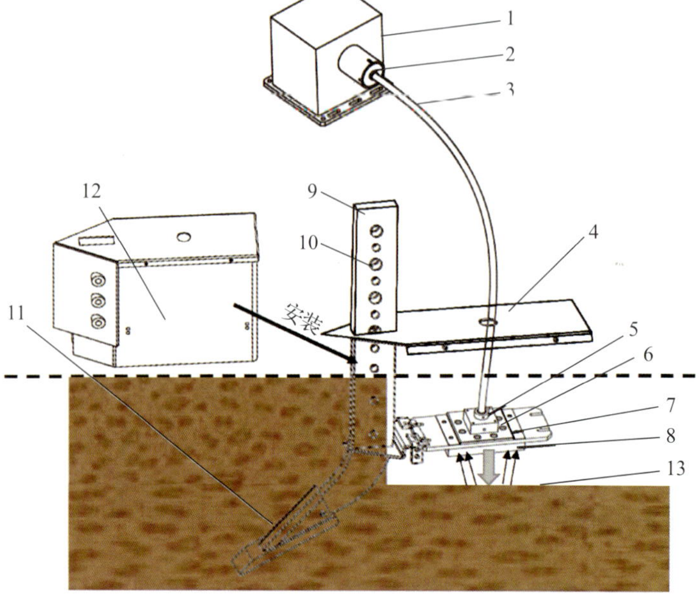

车载式土壤全氮含量检测仪光学系统

1. 卤钨灯光源　2. 发射端光源转接法兰　3. 近红外导光光纤　4. 遮光防尘罩　5. 入射端光源转接法兰
6. 电子元件安装孔　7. 电子元件保护罩　8. 检测总成　9. 犁柱　10. 深松犁位置调节孔
11. 深松犁　12. 检测暗室　13. 土壤

图 5-21　车载式土壤全氮含量检测仪光学系统示意图

检测光源对检测精度有着直接影响。根据对各种光源特性的分析，采用了与激光光源相比光照稳定性更好的卤钨灯光源（300～2 500 nm）。近红外导光光纤与卤钨灯光源及入射端都设计了光源转接法兰，保证检测光在传输过程中不受损失。检测总成底平面安装了蓝宝石玻璃板，保护 InGaAS 光电探测器和滤光片等不被土壤污染，保证检测仪的正常工作，同时使入射光和反射光的衰减最小。

除了核心的光学系统，检测仪还包括辅助机械系统和电子控制系统。辅助机械系统为整个检测仪提供平台支撑，主要由三点悬挂结构（连接拖拉机）、电子元器件安装箱、载重支撑平台等组成。整个检测仪固定在一台深松犁上，深松犁进行开沟作业，为检测总成提供测量所需的空间和待检测土壤平面。电子控制系统实现对近红外漫反射测量信号的采集及处理，主要有 MSP430F149 主控芯片模块、电路处理模块、GPS 模块等。主控芯片模块将电路处理模块传送的检测信息输入土壤养分预测模型，计算得到土壤参数检测值。图 5-22 是车载式土壤全氮含量检测仪组成示意图。

2019 年 5 月 16 日在中国农业大学通州实验站进行了田间试验。试验田面积为 3 000 m^2，每年冬小麦和夏玉米轮作。试验田土壤质地为粉砂壤土。使用车载式检测仪进行数据采集，行驶速度为 0.88 m/s，数据采集时间间隔为 1 s。总共检测 103 个点。在每个检测点采集土样 2 kg，用双层牛皮纸袋封装样本，防止水分散失，采集后立即送往实验室，用烘干法和凯氏定氮仪测定所采集土壤样本的全氮含量和含水量。

土壤含水率既是重要的土壤参数，又与光谱数据之间存在高度相关性。利用车载式检测仪在土壤水分敏感波段 1 450 nm 测得的 103 个农田土壤含水率值与烘干法测得的含水率的

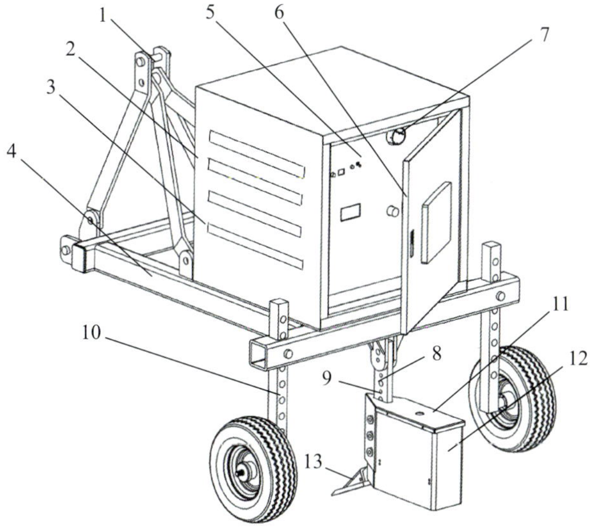

车载式土壤全氮
含量检测仪

1. 三点悬挂结构　2. 电子元器件安装箱　3. 散热通道　4. 载物支撑平台　5. 控制面板
6. 安装箱前门　7. 卤钨光源开关　8. 犁柱　9. 深松犁位置调节孔 1
10. 深松犁位置调节孔 2　11. 遮光防尘罩　12. 检测暗室　13. 深松犁

图 5-22　车载式土壤全氮含量检测仪组成示意图

关系如图 5-23 所示。从图中可以看出，土壤含水率检测值均匀地分布在回归线两侧，只有个别检测值距离回归线较远，相关系数 r 为 0.960 2，表明车载式检测仪的检测精度达到了较高的水平。

车载式土壤全氮含量检测仪嵌入的土壤全氮预测模型为极限学习机模型，在模型设置和网络训练过程中，只需设置隐层节点数并且在网络训练过程中不需要调整网络的输入权值以及隐元的设置，因此具有学习速度快、泛化性能好的优点。车载式土壤全氮含量检测仪测得的 103 个土壤全氮含量与凯氏定氮仪测得的土壤全氮含量的关系如图 5-24 所示，可以看到土壤全氮含量检测值均匀分布在回归线两侧，相关系数 $r=0.918\ 2$，表明车载式土壤全氮含量检测仪大田土壤全氮检测精度也达到了较高的水平，能满足农田参数实时原位测量的需要。

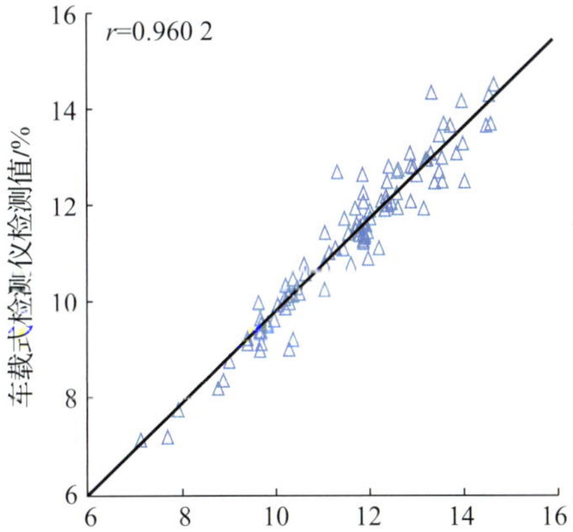

图 5-23　车载式检测仪土壤含水率检测值和烘干法检测值的比较

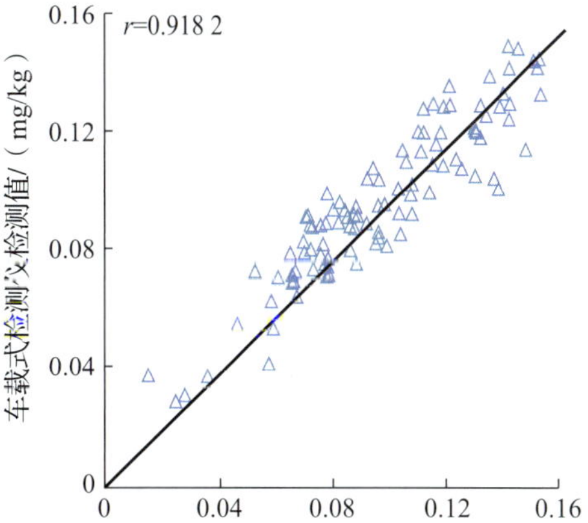

图 5-24　车载式检测仪土壤全氮含量检测值与凯氏定氮仪检测值的比较

5.3.4 土样粒度对光谱影响的消除方法

土壤粒度对离散近红外波段造成的干扰很难在线消除，周鹏[29]提出采用标准偏差法确定土壤粒度的特征波段，并采用SVM算法建立土壤粒度分类模型，对离散近红外波段光谱信号进行修正。

96个土壤样本分为2组，每组48个土壤样本。每组土壤样本包括4个土壤粒度类别，每个土壤粒度类别又分6个土壤全氮含量，每个含量有2个土壤样本。采用标准偏差法得出土壤粒度敏感波段为1 361和1 870 nm。采用2个敏感波段吸光度的比值R_P作为单一变量对土壤粒度进行预测。采用SVM算法构建土壤分类模型，经过多次尝试，确定分类模型惩罚参数C为2、核函数参数g为1时分类结果最优。

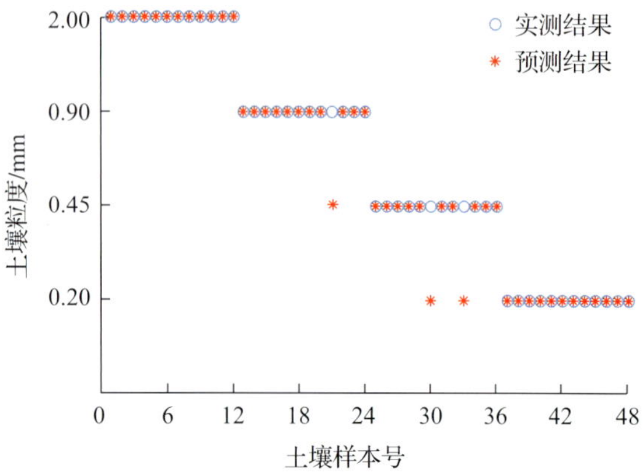

图 5-25 基于SVM算法的土壤粒度分类预测

图5-25为基于SVM算法的土壤粒度预测结果，4个土壤粒度类别整体分类准确率为93.8%。4个类别中，土壤粒度为2.00和0.20 mm时的分类准确率为100%，土壤粒度为0.90 mm时的分类准确率为91.7%，而土壤粒度为0.45 mm时分类准确率为83.3%。

基于以上结果，提出土壤粒度修正系数P_c对近红外光谱进行修正，消除土壤粒度对近红外光谱造成的干扰，提高近红外光谱法预测土壤全氮含量的精度。选择以0.20 mm土壤的光谱为基准光谱，土壤粒度修正系数

$$P_c=\frac{(A_{1870}/A_{1361})}{R_p} \tag{5-4}$$

式中：A_{1870}和A_{1361}分别为土壤光谱在1 870 nm和1 361 nm处的吸光度，R_p为粒度0.20 mm的土壤在1 870 nm和1 361 nm处的吸光度比值。

通过修正系数修正后的土壤光谱吸光度为

$$A_c = A \times P_c \tag{5-5}$$

式中：A为修正前的土壤吸光度，A_c为修正后的土壤吸光度。

以土壤全氮含量检测仪上使用的6个离散近红外波段(1 070、1 130、1 245、1 375、1 550、1 680 nm)下的吸光度对土壤粒度修正法进行验证。图5-26为土壤全氮含量为0.068 mg/kg的单一土壤样本在6个离散近红外波段的吸光度，5条曲线分别为原始土壤和粒度为2.00、0.90、0.45、0.20 mm的土壤的吸光度。对图5-26(a)和图5-26 (b)进行对比分析，例如在1 245 nm处，原始土壤和各粒度土壤未经修正的吸光度与粒度0.20 mm土壤的吸光度的差值分别为0.063 7、0.074 7、0.051 6、0.045 3，经过修正后差值分别为0.024 8、0.028 3、0.013 1、−0.000 9，差值在修正后分别降低了61%、62%、74%、102%，表明土壤粒度修正系数可以在较大程度上减小土壤粒度的干扰。

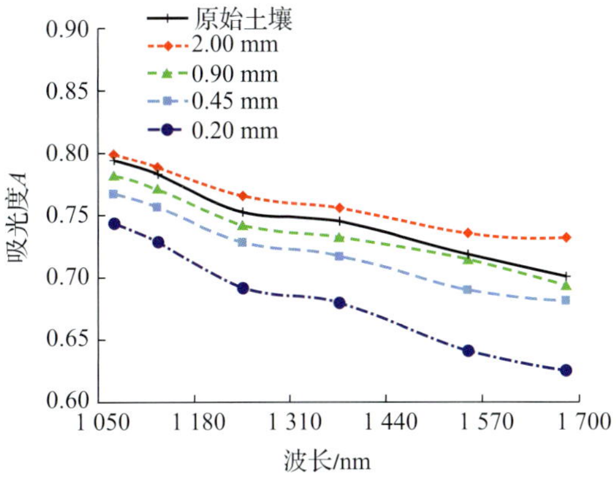

（a）原始吸光度

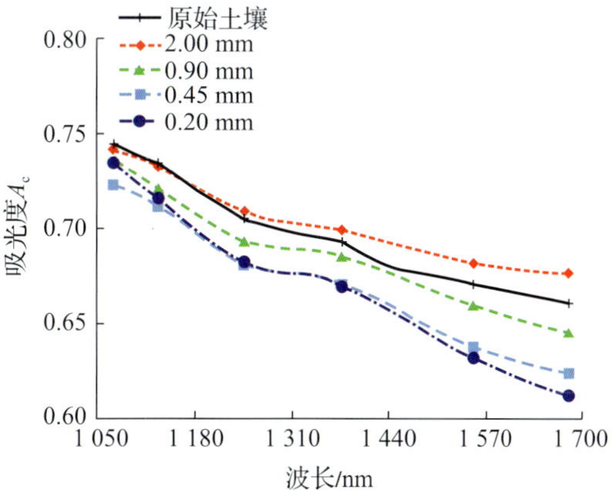

（b）校正后吸光度

图 5-26　6 个波段处的吸光度

5.4　基于离子选择电极的土壤硝态氮含量智能感知与处理技术

土壤氮素中的硝态氮作为土壤速效氮成分，其含量监测对于实施精细农业和智慧农业具有重要意义。硝态氮带负电荷，不受土壤胶体吸附影响，作物生长期含量变化显著，大多数旱作植物根系吸收硝态氮的偏好明显，蔬菜尤为显著[30]。不合理施氮首先将导致农田土壤硝态氮过量累积，在水分管理不当的情况下，表层土壤中的硝态氮将因淋溶作用迁移到深层土壤，进而引起地下水硝酸盐污染。自 20 世纪 70 年代就有文献报道在实验室条件下利用离子选择电极直接测定土壤浸提溶液中硝态氮含量的方法。离子选择电极法是将离子选择电极、参比电极和待测溶液组成二电极体系，通过测量电极的响应电动势计算溶液中待测离子的浓度，具有不易受溶液颜色、悬浊度、悬浮物等因素影响的优点，且样本前处理方法简单、易仪器化、响应速度快。由于土壤环境复杂，而且缺少稳定性和选择性较好的离子选择膜研究成果，该技术的推广应用受到制约。新型敏感材料及数据处理方法的快速发展为解决上述瓶颈问题提供了新的方法思路。

5.4.1　离子选择电极基本原理

根据国际纯化学与应用化学联合会（IUPAC）推荐定义，离子选择电极是一种响应电势与溶液中特定离子活度的对数呈线性关系的电化学传感器。单个离子选择电极的电势无法直接测量，需与电势保持恒定的参比电极共同放入待测溶液中，组成一个二电极体系（电化学电池），如图 5-27 所示，在零电流条件下，可用电势测量装置测出该体系的响应电动势[31]。

离子选择膜是离子选择电极的关键部分，由于存在离子活度（浓度）差异，离子选择膜的两侧表面会发生离子交换，形成浓差膜电势。膜电势是指不同两相接触、带电粒子的转移达到平衡时两相间产生的电势差，其形成原理如图 5-28 所示。

膜电势由两部分组成：

（1）膜内扩散电势：由于离子选择膜的对称性 $\varphi_d^{II}-\varphi_d^{I}\approx 0$，一般情况下膜内扩散电势 φ_d 很小，可近似视为零；

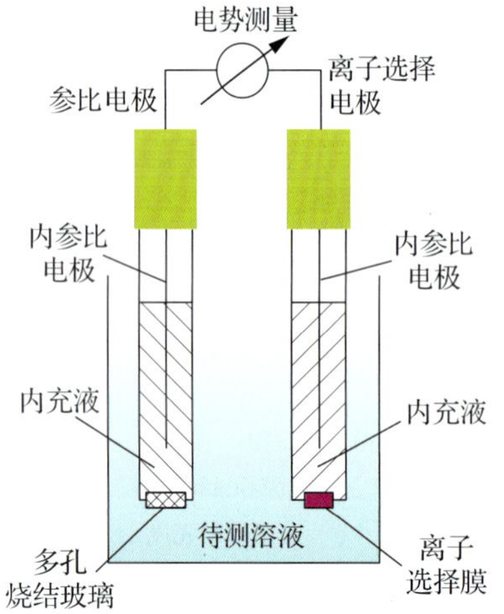

图 5-27　离子选择电极检测原理示意图

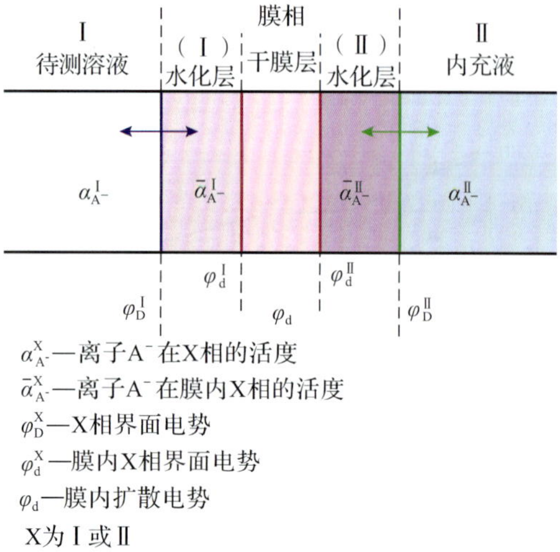

图 5-28　膜电势产生原理

(2)膜与电解质溶液之间形成的界面电势：这个界面电势是内外界面电势的代数差，它产生的机理是当膜与溶液接触时，膜相水化层中可活动离子与待测溶液中的特定离子发生有选择的相互交换，引起两相界面电荷的不均匀分布，产生双电层，从而形成界面电势差。

因此，膜电势 E 近似等于两相界面电势之差，即

$$E=\varphi_D^{II}-\varphi_D^{I} \tag{5-6}$$

能斯特方程(Nernst equation)可描述浓差膜电势与待测溶液中的特定离子活度间的关系，简化方程为

$$E=E_0\pm\frac{2.303RT}{zF}\lg\alpha \tag{5-7}$$

式中：E 为膜电势，mV；E_0 为标准电势，mV；R 为气体常数，$R\approx 8.314$ J/(mol·K)；T 为绝对温度，K；F 为法拉第常数，$F\approx 96\ 487$ C/mol；z 为离子电荷数，如 $z_{NO_3^-}=1$；α 为待测离子活度，mol/kg；阳离子取正号，阴离子取负号。

在 25℃时，方程的理论斜率 $\frac{2.303RT}{zF}$ 对于一价离子为 59.16 mV/dec，对于二价离子为 29.58 mV/dec。离子活度与浓度之间可通过离子活度系数来进行转化：

$$\alpha=\gamma c \tag{5-8}$$

式中：γ 为离子活度系数，L/kg；c 为离子浓度，mol/L。

离子活度系数不是常数，受溶液离子强度的影响，可通过向待测溶液中添加总离子强度调节剂[TISAB，主要由离子强度调节剂(ISA)、pH 缓冲剂和掩蔽剂组成]，使待测溶液的活度系数保持不变。在待测溶液的活度系数不变的情况下，式(5-7)可简化为

$$E=K+S\lg c \tag{5-9}$$

式中：K 为截距电势，mV；S 为电势响应斜率，mV/dec。

5.4.2 基于季铵盐的硝酸根离子选择电极[32]

5.4.2.1 电极的制备

制备聚氯乙烯离子选择电极的试剂包括四(十二烷基)硝酸盐(tetradodecylammonium，TDDA)、硝基苯辛醚(nitrophenyl octylether，NPOE)、聚氯乙烯(polyvinyl chloride，PVC)和四氢呋喃(tetrahydrofuran，THF)，均为瑞士 Fluka 产品。硝酸钾、硝酸钠等无机盐试剂均为分析纯。所有溶液均采用去离子水制备。室温下，以硝酸根离子选择电极为工作电极，以 Ag/AgCl 电极为参比电极，与不同浓度的标准硝酸钾溶液组成二电极体系，分别利用 CMCV 电化学分析系统和 PHS-3C 毫伏计测量不同硝酸根离子浓度下的硝酸根离子选择电极电势，进行硝酸根离子选择电极标定。

以 TDDA 为活性物质，以 NPOE 为增塑剂；将 TDDA(质量分数 15%)、NPOE(质量分数 40%)和 PVC(质量分数 45%)进行混合，溶解于适量的 THF 中，置于干燥器内 24 h，待 THF 挥发后，即可得到透明、有弹性的硝酸根离子选择膜[33]。

将硝酸根离子选择膜切成圆片，用 THF 粘贴到 PVC 电极杆的一端，注入 AgCl 饱和的 0.1 mol/L $NaNO_3$，作为内参溶液，插入 Ag/AgCl 内参比电极，即制成硝酸根离子选择电极。使用前，在 1×10^{-3} mol/L 的 $NaNO_3$溶液中活化 30 min 以上。

采用电势测定法研究硝酸根离子选择电极的电化学响应性能，并利用一元线性回归建立电极的数学模型，进行硝酸根离子选择电极试验研究。

5.4.2.2 试验与结果分析

室温下，硝酸根离子选择电极的电势与硝酸根离子浓度的关系如图 5-29 所示，在离子浓度为 1×10^{-5}～1 mol/L 时，CMCV 与 PHS-3C 在相同离子浓度下测量的电极电势相近，而且电极电势与离子浓度之间满足能斯特方程；在离子浓度为 1×10^{-6}～5×10^{-5} mol/L 时，电极电势与离子浓度之间明显偏离了能斯特方程。因此，该硝酸根离子选择电极的检测下限为 1.0×10^{-5}mol/L。

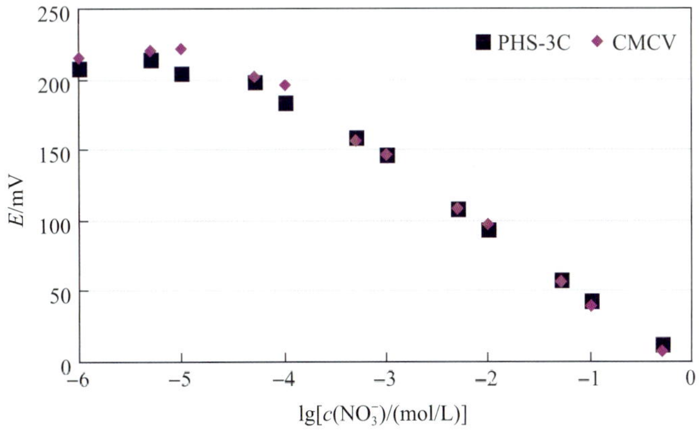

图 5-29 离子选择电极电势与硝酸根离子浓度的关系

为了进一步检验硝酸根离子电极的稳定性，对电极电势扫描曲线以 5 s 间隔采样，如表 5-2 所示。两组数据的最大相对误差分别为 0.34%(1×10^{-3} mol/L)和 0.56%(1×10^{-4} mol/L)，表明该电极的稳定性比较理想。

表 5-2　硝酸根离子选择电极电势的稳定性检验(室温)

硝酸钾浓度/(mol/L)	CMCV 测量电势/mV	硝酸钾浓度/(mol/L)	CMCV 测量电势/mV
1×10^{-3}	147	1×10^{-4}	195
1×10^{-3}	146	1×10^{-4}	196
1×10^{-3}	146	1×10^{-4}	196
1×10^{-3}	147	1×10^{-4}	196
1×10^{-3}	146	1×10^{-4}	195
1×10^{-3}	146	1×10^{-4}	196
1×10^{-3}	146	1×10^{-4}	196
1×10^{-3}	147	1×10^{-4}	196
1×10^{-3}	147	1×10^{-4}	197
1×10^{-3}	147	1×10^{-4}	196
平均值	146.5	平均值	195.9
最大相对误差	0.34%	最大相对误差	0.56%

由于土壤浸提溶液中存在一些干扰离子,对硝酸根离子选择电极产生交叉响应,影响硝酸根离子选择电极的电势测量精度,因此,采用固定干扰法,即在干扰离子浓度相同的条件下改变硝酸根离子浓度,分别测量电极电势,再与无干扰离子存在时的测量值比较,得到该硝酸根离子选择电极对一些主要干扰离子的选择系数,如表 5-3 所示。虽然卤素离子和碳酸氢根离子对硝酸根离子测量的影响较大,但是可以通过加入含有 Ag^+ 的缓冲溶液,使待测溶液中的卤素离子和碳酸氢根离子与 Ag^+ 发生反应,生产沉淀物,消除干扰。

表 5-3　硝酸根离子选择电极的选择系数

干扰离子	选择系数	干扰离子	选择系数
Cl^-	5×10^{-2}	$C_2H_3O_5^-$	3×10^{-4}
SO_4^{2-}	4×10^{-5}	Br^-	干扰
$H_2PO_4^-$	1×10^{-4}	I^-	干扰
HPO_4^{2-}	1.5×10^{-4}	HCO_3^-	干扰

根据全国第二次土壤普查数据,土壤硝态氮含量在 5～20 mg/kg,通常采用 10 mL 浸提剂提取约 2 g 土壤样本中的硝态氮,则土壤浸提溶液中硝酸根离子浓度在 $1\times10^{-4}\sim3\times10^{-4}$ mol/L,CMCV 系统的硝酸根离子检测范围为 $1\times10^{-5}\sim1$ mol/L,可以满足测量要求。

以季铵盐为电活性材料的离子选择电极,在实验室内取得了较好的检测精度和检测下限,电极的线性检测范围为 $1\times10^{-5}\sim1$ mol/L,检测下限约为 1×10^{-5} mol/L,是受季铵化合物亲脂性水平限制,常规离子选择膜对硝酸根离子的选择性不理想,易受卤素离子及高氯酸根等阴离子干扰。同时,季铵化合物价格偏高,在使用过程中存在逐渐向表面迁移并流失的趋势,电极性能易发生退化。聚氯乙烯离子选择电极支架内必须填充一定容量的溶液，电极的微小型化和集成化存在困难。

5.4.3 基于掺杂聚吡咯的硝酸根离子选择电极

20世纪90年代末，一些研究人员发现了一种基于掺杂硝酸根离子的聚吡咯 PPy(NO_3^-)的全固态离子选择膜制备方案，通过电化学介导分子印迹技术，PPy(NO_3^-)聚合敏感膜内部存在与硝酸根空间匹配的多重识别“空腔结构”，可实现对硝酸根离子的选择性识别[34]。基质吡咯单体材料易得，成本较低，可通过电聚合方式紧密键合在固态电极表面，改善了常规敏感膜的“离子跃迁”势垒影响，并可通过活化处理“再生”，提高电极寿命。全固态 PPy(NO_3^-)离子选择电极无须内充溶液，更易于微小型化和集成。

然而，掺杂硝酸根离子的聚吡咯所制成的全固态硝酸根离子选择电极稳定性差，寿命短，限制了其进行田间原位实时监测的发展，造成这一现象的主要原因是基底电极与离子敏感膜之间形成的水相层的存在。以金纳米颗粒(AuNPs)结合石墨烯(GR)的新型纳米复合材料再结合其他材料所制成的离子选择电极在灵敏度、稳定性、寿命、电子转移速率方面均有较大幅度提升，因此陈铭[35]提出了利用一步法还原石墨烯并沉积金纳米颗粒的方法，将两种材料混合形成的新型纳米复合材料作为电子介导层，以掺杂硝酸根离子的聚吡咯为离子选择膜材料，开发新型纳米复合材料硝酸根固态离子选择电极。

5.4.3.1 电极的制备

聚吡咯离子选择电极制备、优化及应用研究中使用的化学试剂包括：吡咯单体，用于制备全固态微小型离子选择电极；无水乙醇，用于清洗电极表面；亚铁氰化钾和氯化钾，用于配制循环伏安检测电解质溶液；氢氧化钠和磷酸，用于调节溶液 pH；浓盐酸和氯化银粉末，用于制备微小型 Ag/AgCl 参比电极；其他无机盐试剂，用于检测聚吡咯离子选择电极的电化学性能。在空气或光作用下，吡咯单体(淡黄色透明)易发生聚合，变为棕黑色低聚体，这种氧化作用将直接影响后续试验中吡咯单体聚合产物的结构，降低电极的精度及灵敏度。因此，放置时间较长的吡咯单体(棕黑色)在使用前需要进行常压二次蒸馏提纯，即标准大气压下，在氮气保护下，加热吡咯至133 ℃，蒸馏得到的无色(淡黄色)透明液体，即为提纯后的吡咯单体。为保持纯度，防止氧化，提纯吡咯需低温避光保存。

研究中使用的仪器有：低温恒温槽，用于验证溶液温度对电极的影响；超声波清洗机，用于清洁电极表面；磁力搅拌器和电子天平，用于配制溶液；直流恒电压源和恒电流源，用于验证电聚合方式对电极的影响；干燥箱、粉碎机及摇床，皆用于测土实验；电化学工作站(上海辰华)，用于循环伏安检测；数据采集器，用于采集电极检测数据。

将10 μL 氧化石墨烯(GO)分散液滴在玻碳电极(GCE)表面，随后将其放在红外灯下干燥。配备含有 $HAuCl_4$(1.25 mmol/L)的 PBS(0.1 mol/L)混合溶液。将玻碳电极、对电极(Pt)、参比电极(Ag/AgCl)分别与电化学工作站的红色、蓝色、黑色鳄鱼夹相连接，然后将其置于铁架台的支架上，并且底部没入配备好的0.1 mol/L 的 PBS-AuNPs 混合溶液中。打开电化学工作站，选取实验方法为计时电流法，设置外加电位 1.4 V，时间720 s，设置完成后即可开始试验。电化学一步还原石墨烯(ERGO)并沉积金纳米颗粒的示意图如图5-30所示。

聚吡咯离子选择电极(工作电极)的聚合溶液由一定浓度的吡咯单体（预提纯）和硝酸钠

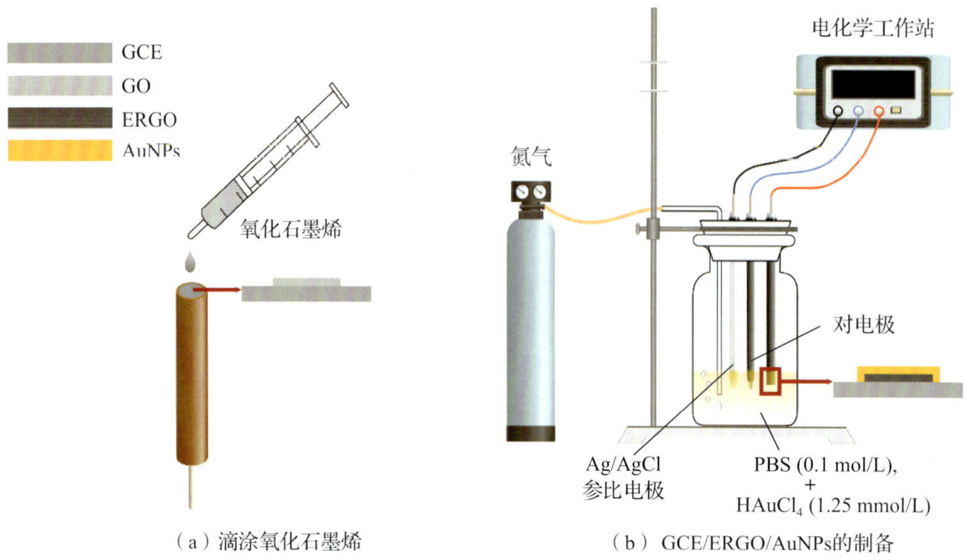

图 5-30　电化学一步还原氧化石墨烯并沉积金纳米颗粒过程示意图

混合溶液组成。在聚合反应前通入氮气 10 min，以除去电解质溶液中的氧气。电聚合过程中，在电解质溶液上方不断通入氮气，以排除反应环境中的空气，防止吡咯单体氧化。电聚合过程采用恒电流（电位）源，在水溶液中进行聚吡咯制备。在二电极体系中，工作电极采用自制碳棒电极，辅助电极选用铂片电极，在工作电极与辅助电极间通入恒定电流（或电压）。二电极体系如图 5-31 所示。

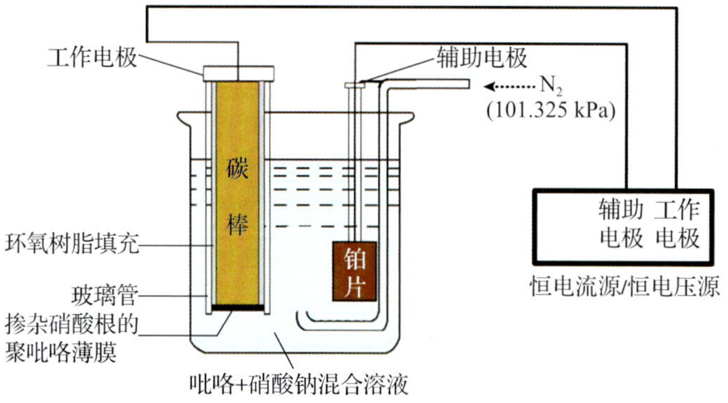

图 5-31　电聚合吡咯二电极体系

通电一段时间后，可以看见一层棕黑色的掺杂硝酸根的聚吡咯导电聚合物薄膜沉积在工作电极表面。电聚合后，需用去离子水缓慢冲洗工作电极表面，然后将电极放置于硝酸盐溶液中活化（活化浓度及时间需优化），活化后离子选择电极才能用于离子浓度测定。

5.4.3.2　试验与结果分析

用硝酸钠标准溶液（$1\times10^{-5}\sim1\times10^{-1}$ mol/L）对 GCE/ERGO/PPy 和 GCE/ERGO/AuNPs/PPy 的开路电势性能进行测试，每个梯度的溶液保持 300 s，采样频率为 2 Hz。不同浓度下两电极电势随时间的变化如图 5-32 所示。当标准溶液浓度为 1×10^{-1} mol/L 时，GCE/ERGO/AuNPs/PPy 和 GCE/ERGO/PPy 均可保持较长时间的稳定状态（大于 300 s）。

当标准溶液浓度为 $1\times10^{-5}\sim1\times10^{-2}$ mol/L 时，GCE/ERGO/PPy 在经受连续的溶液/膜相界面的变化时，其电势难以保持较长时间的稳定状态，而 GCE/ERGO/AuNPs/PPy 可以保持较长时间的稳定状态，且电极的电动势在溶液浓度改变后可以很快达到稳定状态，响应迅速，表明采用新型纳米复合材料(ERGO/AuNPs)所制备的电极稳定性提升明显。

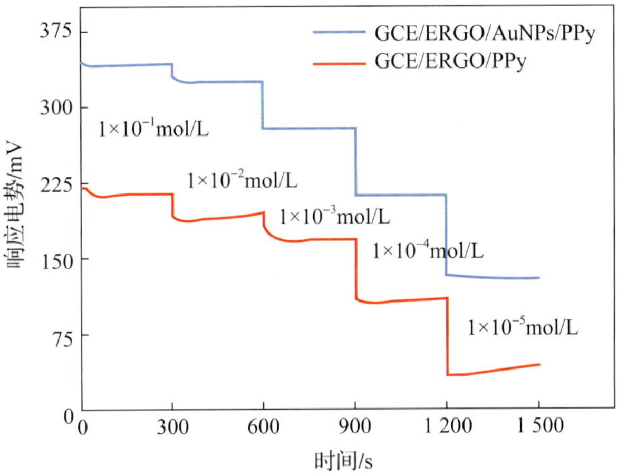

图 5-32　不同浓度下 GCE/ERGO/PPy 和 GCE/ERGO/AuNPs/PPy 的开路电势对比

依据土壤中可能存在的主要干扰离子(ClO_4^-、I^-、Br^-、Cl^-、F^-、CH_3COO^-、HCO_3^-、SO_4^{2-}、$H_2PO_4^-$)，对 GCE/ERGO/AuNPs/PPy 电极的选择系数采用匹配电势法进行研究，结果如表 5-4 所示。与已经报道的硝酸根离子选择电极[36]相比较，尽管无明显提升，但部分离子(Cl^-、HCO_3^-、SO_4^{2-}、$H_2PO_4^-$)的选择系数已优于已报道的硝酸根离子选择电极。

表 5-4　电极对主要干扰离子的选择系数

干扰离子	ClO_4^-	I^-	Br^-	Cl^-	F^-	CH_3COO^-	HCO_3^-	SO_4^{2-}	$H_2PO_4^-$
选择系数	1×10^{-1}	5×10^{-2}	1.1×10^{-1}	3×10^{-2}	1×10^{-2}	5.2×10^{-4}	5.5×10^{-4}	5.9×10^{-4}	6.4×10^{-5}

对 10 个土壤样品的浸提液进行硝态氮测定，采用选择电极测定的结果均以电极插入 60 s 后的电势数据为准。在测量开始前，先使用 2.5、5、25、100、250 mg/kg 的标准溶液进行标定，按此标定曲线根据能斯特方程计算出实际的硝态氮含量。同时用分光光度计测定，取 250 mm 波段的数据，3 次测量取平均值，按稀释比例进行反推，计算硝态氮含量。测定结果如图 5-33 所示，可见电极测量结果与分光光度计测量结果具有良好的一致性，可以满足田间原位实时硝态氮监测的需要。

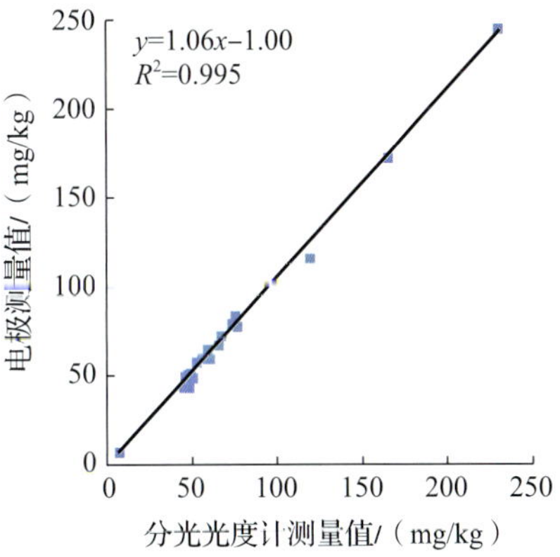

图 5-33　GCE/ERGO/AuNPs/PPy 电极测定硝态氮含量结果

5.4.4　柔性硝酸根离子选择电极[37]

根际是作物与生长环境进行能量和物质交换的关键

区域,根际环境信息的实时原位获取是开展作物生长动态监测与管理的保障。稳定、连续、准确地监测作物根际区域硝酸根含量,对指导施肥、促进作物健康生长以及维护良好生态环境都有至关重要的作用。柔性离子选择电极是将离子敏感膜附着于柔性导电基底表面,其测量机理与刚性电极一样。作为一种新型传感手段,因其基底柔软,具有微、轻、柔、韧、贴的突出特性,可以有效克服刚性传感器无法原位接近作物根系的缺陷,有望为作物根际连续监测提供技术保障。

柔性硝酸根离子选择电极的制备多基于直写打印或半导体制备工艺,主要包括柔性基底清洗、纳米金电极溅射、滴涂 GO、ERGO/AuNPs 介导层制备、掺杂聚吡咯电聚合等步骤。如图 5-34 所示。WE、CE、RE 分别表示工作电极、对电极、参比电极。

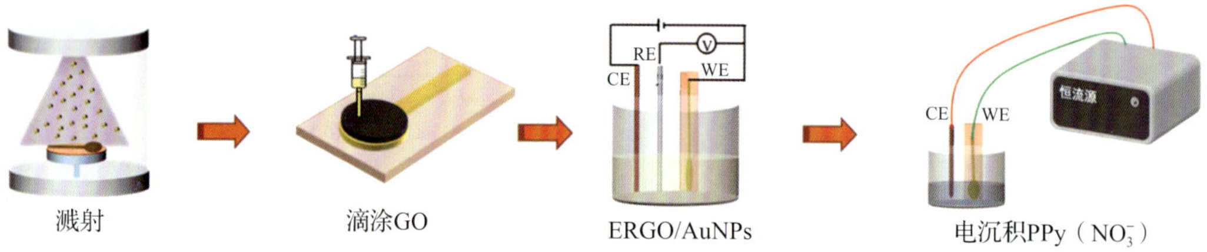

图 5-34　柔性硝酸根离子选择电极制备过程示意图

柔性硝酸根离子选择电极的检测范围、灵敏性、选择性与刚性电极一样,主要与离子敏感膜配方及制备工艺有关。柔性电极需具有良好抗弯折性能,保证电极在离子敏感膜表面形变的情况下依然可以提供稳定可靠的电势响应。柔性电极弯折测试如图 5-35 所示。

图 5-35　柔性电极抗弯折测试示意图

介导材料修饰也会对柔性电极的弯折性能产生影响,修饰后电极的抗机械弯折性能可从 3 000 次/8.85 mV 提高至 3 000 次/1.85 mV,修饰电还原氧化石墨烯介导层后柔性硝酸根离子选择电极经历 10 600 次弯折后的电位波动范围仍不超过 4 mV。

面向可穿戴式作物生境监测,可进一步研究柔性铵根离子、钾离子、钙离子等复合离子选择电极,同时开展深度学习算法建模研究,以期为作物根际环境连续监测提供技术保障。

5.5　土壤有机质含量智能感知与处理技术[38]

土壤有机质(soil organic matter, SOM)广义上是指土壤中丰富的营养物质,同时它可以改善土壤的理化特性,为作物的生长提供优质环境,因此被称为“土壤养分储藏库”。SOM 具体指的是土壤中以多种形式和状态存在的含碳有机物，一般是微生物分解、合成的腐殖质以及动、植物的残骸等。根据 SOM 的含量可以判断土壤的肥沃程度。SOM 在为植物提供生存必需的营养元素之外，还通过元素相互结合的方式来降低土壤黏性，使土壤变得松软，透气性好，更适宜植物生长。因此，要对农田进行精细化管理，就需要对 SOM 含量进行快速准确测定。

光谱分析利用光谱识别物质的化学成分，并通过物质在特征波长下的吸收率来确定相对含量，具有快速、准确和灵敏等特点。由于土壤中的有机官能团(P—H、N—H、C—H、O—H)的振动会吸收相应波长的能量，因此产生的能量跃迁可以通过光谱特征表现出来，因此利用近红外光谱技术可以有效检测土壤有机质含量。

5.5.1 便携式土壤有机质含量检测仪

便携式土壤有机质含量检测仪整体结构如图 5-36 所示，主要由机械部分、光路部分和控制部分组成，其中机械部分提供平台支撑，光路部分由光源、蓝宝石玻璃、滤光片和光电探测器组成，控制部分实现对土壤测量信号的采集控制和处理。光照射到土壤表面会发生漫反射现象，漫反射光携带了与土壤物理结构和化学组分相关的信息，通过对漫反射光的分析，可以反演出土壤的物理化学信息。蓝宝石玻璃可以防止滤光片和样本直接接触，脚踏板下面连接蓝宝石玻璃，可以调节采样点的土壤深度。

对于便携式检测仪器，非常重要的是便携、快速、准确，所以光源选择非常重要。选用上海闻奕光学公司的 LS-1 小体积卤素灯光源(图 5-37)，该光源具有体积小、光谱宽泛、寿命长、重量轻、功耗低等优点。卤素灯参数为：外形尺寸 4 cm×7 cm×5.5 cm，波长范围 360～2 500 nm，工作电压 5 V，最大功率 5 W，重量 0.2 kg，工作寿命 10 000 h。

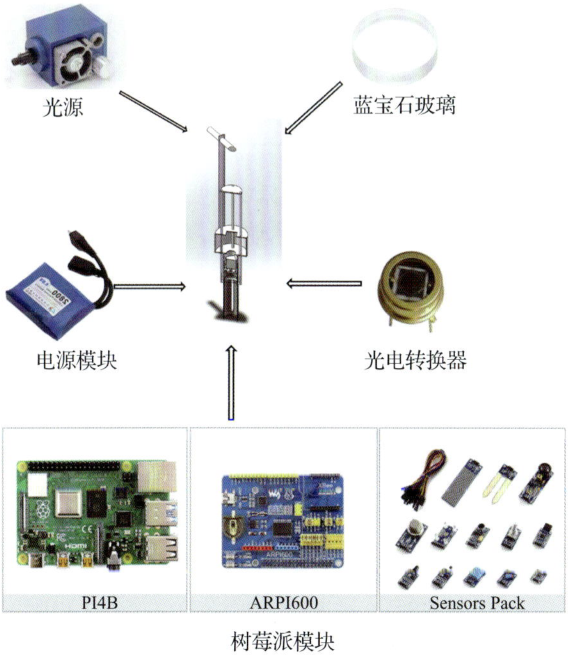

图 5-36 便携式土壤有机质检测仪整体结构

图 5-37 LS-1 小体积卤素灯

5.5.2 土壤有机质特征波长筛选

从土壤近红外光谱全谱中提取的土信息全面但杂乱，在建模时有些波长不仅会对其他波长造成干扰，而且提供的SOM相关信息也较少；有些波长会重叠在一起，这些波长的敏感性比较差，会对模型的准确性产生影响。因此，在模型构建之前，需要先选择用于建模的有效特征波长。

分别利用RF（随机蛙跳算法）、CARS（竞争性自适应重加权采样，competitive adaptive reweighted sampling）、MWPLS（移动窗口偏最小二乘法，moving window partial least square）和MCUVE（蒙特卡罗无信息变量消除法，Monte Carlo uninformative variables elimination）筛选特征波长，结果分别为30、42、23、30个。基于选择的特征波长建立PLS模型，并比较4种方法筛选出的特征波长构建的PLS模型的精度，如表5-5所示，可以看出PLS模型预测精度顺序为：RF＞CARS＞MWPLS＞MCUVE。其中采用RF选择的波长所建PLS模型的预测集 $R^2=0.8445$，RMSE＝0.042 4，模型预测效果最好。

表 5-5 利用4种算法筛选特征波长构建的PLS模型的精度

筛选方法	变量数量	训练集		预测集	
		R^2	RMSE/(g/kg)	R^2	RMSE/(g/kg)
RF	30	0.940 8	0.025 4	0.844 5	0.042 4
CARS	42	0.963 9	0.019 9	0.823 8	0.036 4
MWPLS	23	0.583 8	0.068 3	0.795 0	0.043 7
MCUVE	30	0.540 5	0.065 9	0.389 5	0.098 7

由于第一次筛选出的特征波长数量过多，不适合嵌入机器模型中使用，因此要进行进一步筛选。采用SPSS软件，使用多元逐步回归算法通过显著性检验对前面筛选出的波长进行再筛选。采用RF筛选出的通过显著性检验的波长为642、662、671、760 nm；采用CARS筛选出的通过显著性检验的波长为662、645、671、760 nm；采用MWPLS筛选出的通过显著性检验的波长为457、480、588、743、847 nm；采用MCUVE筛选出的通过显著性检验的波长为526、456、562 nm。基于这些特征波长构建的PLS模型的精度如表5-6所示，精度顺序为：CARS＞RF＞MWPLS＞MCUVE。因此选用CARS确定的4个波长（662、645、671、760 nm）作为土壤有机质检测特征波长。

表 5-6 特征波长再次筛选后构建的PLS模型的精度

筛选方法	变量数量	训练集		预测集	
		R^2	RMSE/(g/kg)	R^2	RMSE/(g/kg)
RF	4	0.712	0.058	0.578	0.053
CARS	4	0.672	0.061	0.611	0.064
MWPLS	5	0.615	0.065	0.335	0.085
MCUVE	3	0.514	0.077	0.276	0.071

5.5.3 试验结果分析

2021 年 4 月 20 日，在北京市海淀区中国农业大学上庄实验站的小麦田采集 60 个土壤样本，用保鲜袋将样本保存，运回实验室，在实验室烘干处理后将样本一分为二，一份用灼烧法测得含碳量进而得到有机质含量（实测值），一份用便携式土壤有机质含量检测仪进行检测（检测值）。检测结果如图 5-38 所示，相关系数 r 为 0.839。

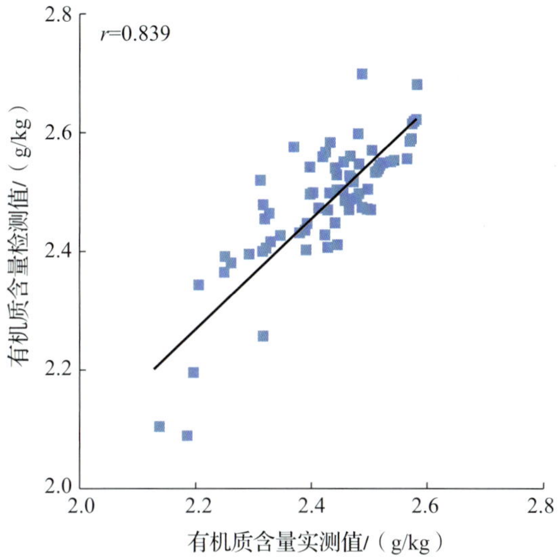

图 5-38 便携式土壤有机质含量检测仪检测结果

参考文献

[1] 朱成立，舒慕晨，张展羽，等. 咸淡水交替灌溉对土壤盐分分布及夏玉米生长的影响[J]. 农业机械学报，2017，48(10)：220-228,201.

[2] 刘峄，雷玲玲，刘慧芹，等. 2265FS 土壤原位电导仪测定结果与土壤含盐量的关系[J]. 湖北农业科学，2014，53(13)：3167-3169.

[3] 杨文奇. 大田土壤电导率快速检测系统研究[D]. 乌鲁木齐：新疆农业大学，2021.

[4] Corwin D L，Lesch S M，Segal E，et al. Comparison of sampling strategies for characterizing spatial variability with apparent soil electrical conductivity directed soil sampling [J]. Society of Exploration Geophysicists，2010，15(3)：147-162.

[5] 王琦，李民赞，汪懋华. 便携式土壤电导率测试系统的开发[J]. 中国农业大学学报，2003,8(4)：20-23.

[6] 裴晓帅. 车载式土壤电导率复合检测系统开发与试验研究[D]. 北京：中国农业大学，2019.

[7] 王懂. 电流-电压六端法和光谱分析技术融合的车载式土壤电导率检测系统开发[D]. 北京：中国农业大学，2023.

[8] Liu W，Upadhyaya S K，Kataoka T，et al. Development of a texture/soil compaction

sensor[C]//Proceedings of the 3rd International Conference in Precision Agriculture, Minneapolis, USA, 1996: 617-630.

[9] Adamchuk V I, Morgan M T, Sumali H. Application of a strain gauge array to estimate soil mechanical impedance on-the-go[J]. Transactions of ASAE, 2001, 44(6): 1377-1383.

[10] Sirjacobs D, Hanquet B, Lebeau F, et al. Online soil mechanical resistance mapping and correlation with soil physical properties for precision agriculture[J]. Soil & Tillage Research, 2002, 64(3-4): 231-242.

[11] Adamchuk V I, Christenson P T. An integrated system for mapping soil physical properties on-the-go: The mechanical sensing component[C]//Stafford J V. Precision Agriculture, Sixth European Conference on Precision Agriculture, Uppsala, Sweden, June 9-12, 2005. Wageningen(Netherlands):Wageningen Academic Publishers,2005.

[12] Chung S O, Sudduth K A, Plouffe C, et al. Soil bin and field tests of an on-the-go soil strength profile sensor[J]. Transactions of the ASABE, 2008, 51(1): 5-18.

[13] Chung S O, Sudduth K A, Hummel J W. Design and validation of an on-the-go soil strength profile sensor[J]. Transactions of the ASABE, 2006, 49(1): 5-14.

[14] 郑杰. 土壤耕作阻力在线测量系统研究开发[D]. 北京：中国农业大学，2019.

[15] 孟超. 车载式土壤质构参数复合测量系统研究开发[D].北京:中国农业大学,2020.

[16] 孟超. 农田土壤质构参数快速评价方法与装备关键技术研究[D]. 北京:中国农业大学,2023.

[17] 郑立华. 基于光谱学的土壤参数快速分析方法研究[D]. 北京：中国农业大学，2008.

[18] 郑立华,李民赞,潘娈,等.基于近红外光谱技术的土壤参数BP神经网络预测[J].光谱学与光谱分析,2008,28(5):1160-1164.

[19] 郑立华,李民赞,潘娈,等.近红外光谱小波分析在土壤参数预测中的应用[J].光谱学与光谱分析,2009,29(6):1549-1552.

[20] 安晓飞. 基于光谱学的便携式土壤全氮快速检测仪开发与研究[D]. 北京：中国农业大学，2013.

[21] 杨海清. 基于光谱技术的土壤成分和植物生长信息快速获取建模和仪器研究[D]. 杭州：浙江大学，2012.

[22] 章海亮. 基于光谱和高光谱成像技术的土壤养分及类型检测与仪器开发[D]. 杭州：浙江大学，2015.

[23] An X F, Li M Z, Zheng L H, et al. A portable soil nitrogen detector based on NIRS[J]. Precision Agriculture, 2014, 15(1):3-16.

[24] 李民赞，姚向前，杨玮，等. 基于卤钨灯光源和多路光纤的土壤全氮含量检测仪研究[J]. 农业机械学报，2019，50(11)：169-174.

[25] Kodaira M, Shibusawa S. Using a mobile real-time soil visible-near infrared sensor for high resolution soil property mapping[J]. Geoderma, 2013, 199: 64-79.

[26] Maleki M R, Mouazen A M, Ramon H, et al. Optimization of soil VIS-NIR sensor-based variable rate application system of soil phosphorus[J]. Soil & Tillage Research, 2007, 94(1): 239-250.

[27] Maleki M R, Mouazen A M, Ketelaere B D, et al. On-the-go variable rate phosphorus fertilization based on a VIS-NIR[J]. Biosystems Engineering, 2008, 99(1): 35-46.
[28] 周鹏，李民赞，杨玮，等. 基于近红外漫反射测量的车载式原位土壤参数检测仪开发[J]. 光谱学与光谱分析，2020，40(9)：2856-2861.
[29] 周鹏. 基于离散近红外的车载式土壤全氮快速检测仪开发与研究[D]. 北京:中国农业大学,2021.
[30] 朱兆良，孙波，杨林章，等. 我国农业面源污染的控制政策和措施[J]. 科技导报，2005，23(4)：47-51.
[31] Ammann D. Ion-Selective Microelectrodes: Principles, Design and Application[M]. Berlin: Springer-Verlag, 1986.
[32] 林建涵. 基于电化学原理的土壤养分快速检测方法与系统集成研究[D]. 北京：中国农业大学，2007.
[33] Kim H J. Ion-selective Electrodes for Simultaneous Real-time Analysis of Soil Macro-nutrients[D]. Columbia(Missouri,USA):University of Missouri,2006.
[34] Richard S H,Leonidas G B. Nitrate selective electrode developed by electrochemically mediated imprinting doping of polypyrrole[J]. Analytical Chemistry, 1995, 10(67): 1654-1660.
[35] 陈铭. 基于复合纳米介导固态电极的硝态氮原位监测系统研究[D]. 北京:中国农业大学，2020.
[36] 张森. 基于电化学原理的土壤硝态氮快速检测技术研究[D]. 北京：中国农业大学，2009
[37] 刘子雯. ERGO/AuNPs介导柔性电极制备及其根际养分监测可行性研究[D]. 北京:中国农业大学,2024.
[38] 崔玉露. 基于随机森林算法的土壤有机质含量检测系统开发[D] .北京:中国农业大学,2022.

第6章

农产品品质信息智能感知与处理技术

对农产品品质进行检测，并根据检测结果进行分级，是农产品商品化处理中的重要环节。随着经济的发展以及人们对食物营养和健康意识的增强，对农产品品质的要求也越来越高。消费者在选购农产品时不仅关注颜色、大小、形状等外观品质，而且对质地、风味等内在品质也非常重视，因此对农产品品质进行检测，按品质进行分级，是保证消费者品质消费、提高农产品国际竞争力的有效途径。

传统的农产品品质检测主要由人工完成，检测结果依赖检测者的经验，判断的准确性在一定程度上受到主观因素的影响，存在劳动强度大、检测效率低、检测结果不准确等问题。随着现代科技的不断发展和进步，人们尝试利用计算机视觉、光谱、声学振动、X 射线、磁共振等技术，基于农产品的光学、声学、机械等方面的特性，探索农产品的外观品质和内在品质的无损检测方法，以客观、准确地评价农产品品质，运用物联网、大数据、云计算、区块链、人工智能等新一代信息技术，构建农产品质量安全智慧监管云平台，实现基地智慧管理、生产数据溯源、生产过程监管等全链条管理，确保农产品的质量和安全。

综上所述，智能信息技术在农产品品质检测中的作用是全方位的，从提高检测效率到优化生产环境，再到实现全程追溯和质量安全监管，都发挥着重要作用。

6.1 基于机器视觉技术的农产品外观品质检测

农产品的外观品质不仅是农产品分级的重要依据，还是决定价格的主要因素。农产品的外观品质主要指颜色、大小、形状、光泽度、缺陷、损伤等。目前，农产品的外观品质检测主要是通过计算机视觉技术实现的。

视觉可以看作是从三维环境的图像中抽取、描述和解释信息的过程，可以划分为 6 个主要环节：感觉、预处理、分割、描述、识别和解释。用于农产品外观品质检测的典型计算机视觉系统（机器视觉系统）如图 6-1 所示，主要由光源、镜头、照相机（摄像机）、图像采集卡、计算机以及计算机内的图像处理和分析软件等组成。检测的目标不同，所采用的计算机视觉系统的光源、相机、成像方式、所获取的图像等都会有差异。

6.1.1 基于机器视觉技术的结球甘蓝外观品质检测

结球甘蓝营养丰富，价格低廉，在我国栽培面积非常大。李鸿强等开展了基于机器视觉技术的结球甘蓝外观品质检测技术研究[1,2]，通过图像处理技术提取结球甘蓝图像高度、宽度、长轴长、短轴长、面积、外接椭圆面积、外接矩形面积等形状参数，在此基础上尝试定义不同的

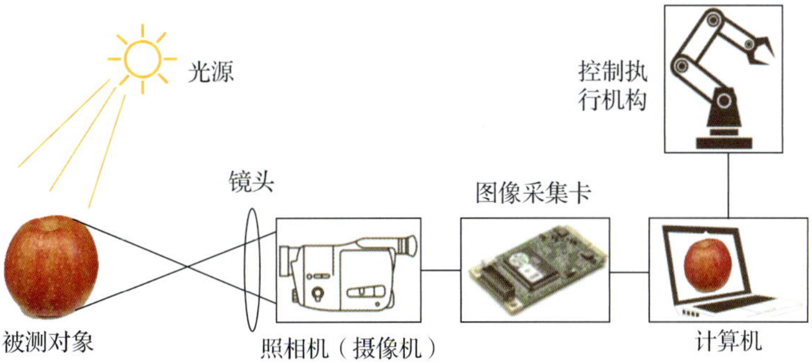

图 6-1　典型的计算机视觉系统配置

图像参数，再以不同的组合作为 BP 神经网络的输入，建立了基于 BP 神经网络的识别模型，可实现结球甘蓝叶球形状自动检测和自动分级。

6.1.1.1　结球甘蓝叶球形状检测

结球甘蓝叶球的形状大体可分为 3 种类型：尖头形，叶球的高度大于宽度，叶球底部宽，顶部呈尖形；圆头形，叶球宽度和高度相近，顶部呈圆形；平头形，叶球宽度明显大于高度，顶部扁平。结球甘蓝的规格和等级是在区分叶球形状的基础上确定的。

样本从中国农业大学东校区周边菜市场随机购买，3 种叶球形状的样本各 36 颗，共 108 颗，单体质量范围为 500～3 100 g，所有样本室温保存。

结球甘蓝的图像采集在以白炽灯为光源、背景为黑色的试验箱内进行。首次采样时，将结球甘蓝正对相机放置，调整物距和焦距，使相机采集到的图像达到最佳效果，固定参数以便后续图像采集。采集到的图像数据保存至计算机。

1. 结球甘蓝叶球图像参数定义和计算

决定结球甘蓝叶球形状类型的是叶球宽度和高度的比值及叶球顶部的形状。将叶球从背景中分割出来是识别叶球类型的关键步骤。利用相机获取的数字图像是 RGB 格式，RGB 颜色模式的主要缺点是颜色感知不均匀。为了克服 RGB 颜色模式的这个不足，在图像处理中采用 HIS 模式来描述颜色，各分量相互独立。H 分量表示颜色的种类，对 H 分量灰度图像进行中值滤波、二值化、形态学处理，利用 H 分量进行图像分割。图 6-2(a)为 H 分量灰度图像二值化结果，叶球部分和背景被有效分割，但背景部分有残留噪声。对二值化图像进行形态学图像处理，采用 r 为 10 的圆盘形结构元素进行开运算，平滑图像轮廓，断开细小连接部分，去除点状噪声，然后再用 r 为 1 的圆盘形结构元素进行闭运算，进一步平滑图像轮廓，填充孔洞，处理效果如图 6-2(b)所示。经过二值化和形态学处理后，甘蓝叶球部分与背景完全分开。

（a）二值化图像

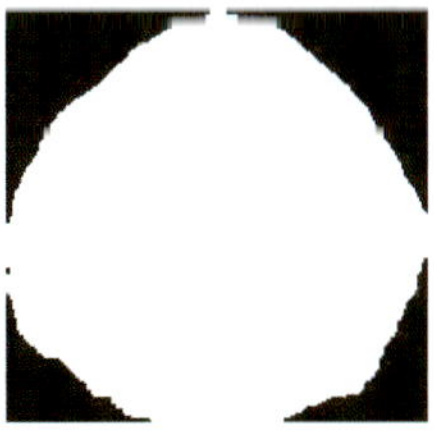
（b）形态学处理后图像

图 6-2　甘蓝叶球图像分割结果

基于图 6-2 计算表征叶球形状的特征参数：高度 h、宽度 w、长轴长、短轴长、面积、外接矩形面积、外接椭圆面积。在这 7 个描述叶球形状的绝对参数的基础上定义 5 个相对参数：高宽比、圆形度、椭圆度、矩形度、球顶形状参数。高度、宽度、面积、高宽比、球顶形状参数是对叶球形状的直接描述，称为直接参数，长轴长、短轴长、椭圆面积、矩形面积、圆形度、椭圆度、矩形度是对叶球形状的间接描述，称为间接参数。

面积和周长是块状图形大小的最基本特征，甘蓝图像中图形的面积可用同一标记的区域中像素的个数来表示，通过扫描图像、累加同一标记像素的个数得到，记作 A_0；图形的周长用同一标记的区域轮廓中像素的个数来表示，记作 l。等价直径是与区域具有相同面积的圆（等价圆）的直径，计算公式为

$$d = \sqrt{\frac{4A_0}{\pi}} \tag{6-1}$$

长轴长是像素意义下与对象图形具有相同标准二阶中心矩的椭圆的长轴长度，记作 l_{max}；短轴长是像素意义下与对象图形具有相同标准二阶中心矩的椭圆的短轴长度，记作 l_{min}。等价椭圆的面积为

$$A_1 = \frac{\pi \times l_{max} \times l_{min}}{4} \tag{6-2}$$

圆形度用来描述对象图形的形状接近圆形的程度，计算公式为

$$r_0 = \frac{4\pi A_0}{l^2} \tag{6-3}$$

椭圆度用来描述对象图形的形状接近椭圆的程度，计算公式为

$$r_1 = \frac{4A_0}{\pi \times l_{max} \times l_{min}} \tag{6-4}$$

矩形度用来描述对象图形的形状接近矩形的程度，计算公式为

$$r_2 = \frac{hw}{A_0} \tag{6-5}$$

将叶球上部 1/5 定义为叶球顶部，球顶形状指数定义为叶球最高点和叶球顶部最左点连线与最高点和最右点连线的夹角（图 6-3 中两虚线所夹角）度数与 180°的比值。

图 6-3　叶球球顶形状指数示意图

2. 结球甘蓝叶球图像参数筛选

测量 108 个样本的 12 个特征参数，对参数值进行统计分析，发现有的参数之间存在相关性，有数据冗余，需进行变量筛选。变量筛选的原则是：根据变量之间的相关程度，保留直接参数，剔除间接参数。根据相关分析可知，短轴长与高度、3 个面积、高宽比的相关系数均大于 0.9，剔除间接参数短轴长；面积与椭圆面积、矩形面积的相关系数大于 0.8，椭圆面积与矩形面积的相关系数大于 0.8，只保留直接参数面积，剔除间接参数椭圆面积和矩形面积。经过变量筛选后，保留

长轴长、高度、宽度、面积、圆形度、矩形度、椭圆度、高宽比、球顶形状指数 9 个参数用于建立叶球形状识别模型。

3. 结球甘蓝叶球形状识别

将长轴长、高度、宽度、面积 4 个绝对参数，圆形度、矩形度、椭圆度、高宽比、球顶形状指数 5 个相对参数，以及全部 9 个参数作为 3 组输入变量，利用线性和非线性判别分析模型进行叶球形状识别。将 108 个样本分为校正集和验证集，校正集 76 个样本，验证集 32 个样本。

输入为 4 个绝对参数时线性判别分析模型的识别结果如表 6-1 所示。校正集中尖头形 23 个样本的正确识别率为 91.30%，平头形 26 个样本的正确识别率为 84.62%，圆头形 27 个样本的正确识别率为 85.19%，校正集的总体正确识别率为 86.84%。验证集中尖头形 13 个样本的正确识别率为 100%，平头形 10 个样本的正确识别率为 10.00%，圆头形 9 个样本的正确识别率为 33.33%，验证集的总体正确识别率为 53.13%。

表 6-1　输入为 4 个绝对参数时线性判别分析模型的识别结果

实际形状	校正集结果			实际形状	验证集结果		
	尖头形	平头形	圆头形		尖头形	平头形	圆头形
尖头形	21	0	2	尖头形	13	0	0
平头形	0	22	4	平头形	2	1	7
圆头形	2	2	23	圆头形	6	0	3

输入为 4 个绝对参数时非线性判别分析模型的识别结果如表 6-2 所示。校正集中尖头形 23 个样本的正确识别率为 91.30%，平头形 26 个样本的正确识别率为 84.62%，圆头形 27 个样本的正确识别率为 81.48%，校正集的总体正确识别率为 85.53%。验证集中尖头形 13 个样本的正确识别率为 100%，平头形 10 个样本的正确识别率为 40.00%，圆头形 9 个样本的正确识别率为 33.33%，验证集的总体正确识别率为 62.50%。

表 6-2　输入为 4 个绝对参数时非线性判别分析模型的识别结果

实际形状	校正集结果			实际形状	验证集结果		
	尖头形	平头形	圆头形		尖头形	平头形	圆头形
尖头形	21	0	2	尖头形	13	0	0
平头形	0	22	4	平头形	2	4	4
圆头形	2	3	22	圆头形	6	0	3

输入为 5 个相对参数时线性判别分析模型和非线性判别分析模型的识别结果如表 6-3 所示。校正集有尖头形样本 25 个、平头形样本 25 个、圆头形样本 26 个，验证集有尖头形样本 11 个、平头形样本 11 个、圆头形样本 10 个。线性判别分析模型对校正集的总体正确识别率为 98.68%，对验证集的总体正确识别率为 84.38%；非线性判别分析模型对校正集的总体正确识别率为 97.37%，对验证集的总体正确识别率为 84.38%。

表 6-3　输入为 5 个相对参数时的识别结果

模型	实际形状	校正集结果			验证集结果		
		尖头形	平头形	圆头形	尖头形	平头形	圆头形
线性判别分析模型	尖头形	25	0	0	9	0	2
	平头形	0	24	1	0	8	3
	圆头形	0	0	26	0	0	10
非线性判别分析模型	尖头形	25	0	0	11	0	0
	平头形	0	24	1	0	11	0
	圆头形	0	1	25	0	5	5

输入为全部 9 个参数时线性判别分析模型和非线性判别分析模型的识别结果如表 6-4 所示。校正集有尖头形样本 22 个、平头形样本 28 个、圆头形样本 26 个，验证集有尖头形样本 14 个、平头形样本 8 个、圆头形样本 10 个。线性判别分析模型对校正集的总体正确识别率为 98.68%，对验证集的总体正确识别率为 81.25%；非线性判别分析模型对校正集的总体正确识别率为 98.68%，对验证集的总体正确识别率为 75.00%。

表 6-4　输入为全部参数时的识别结果

模型	实际形状	校正集结果			验证集结果		
		尖头形	平头形	圆头形	尖头形	平头形	圆头形
线性判别分析模型	尖头形	22	0	0	10	0	4
	平头形	0	27	1	0	8	0
	圆头形	0	0	26	0	2	8
非线性判别分析模型	尖头形	22	0	0	13	0	1
	平头形	0	27	1	1	7	0
	圆头形	0	0	26	6	0	4

可靠的识别模型应在校正集和验证集上都有较好的正确识别率。用验证集的正确识别率和校正集的正确识别率的比值作为参考，该比值越接近 1，说明识别模型性能在校正集和验证集上的一致性及模型识别能力的稳定性越好，可以有效避免校正集的过拟合问题。分析结果如图 6-4 所示，输入为 5 个相对参数时，非线性判别分析模型的该比值为 0.87，验证集的总体正确识别率为 84.38%，校正集的总体正确识别率为 97.37%。综合分析认为，输入为 5 个相对参数的非线性判别分析模型识别性能最好。

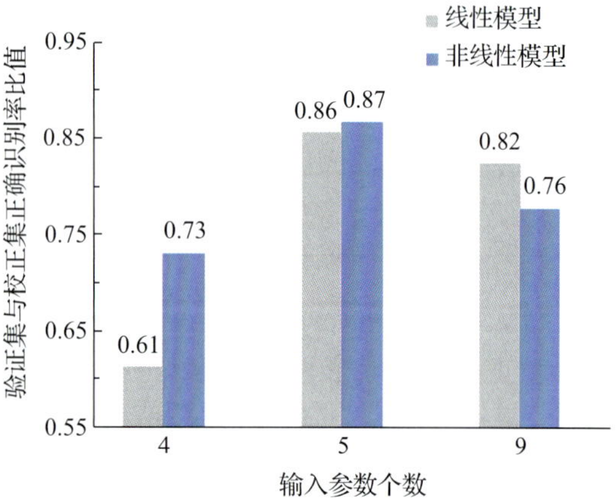

图 6-4　叶球形状识别模型性能指标比较

6.1.1.2 结球甘蓝分级

根据《结球甘蓝等级规格》(NY/T 1586—2008),结球甘蓝分为特级、一级和二级 3 个等级,各等级的评价指标见表 6-5。

表 6-5 结球甘蓝 3 个等级的评价指标

指标	特级	一级	二级
叶球大小	整齐	基本整齐	基本整齐
外观	一致	基本一致	相似
紧实度	紧实	较紧实	不够紧实
修整度	良好	较好	一般
老帮	无	无	少量
焦边	无	无	少量
侧芽	无	无	少量
机械损伤	无	无	少量
病害	无	少量	少量
虫害	无	少量	少量

1. 结球甘蓝等级评价图像特征参数

为基于机器视觉开展结球甘蓝等级评价,提出形状特征、颜色特征和纹理特征 3 个方面的 22 个图像特征参数。

形状特征参数有面积、周长、长轴长、短轴长、等价直径、圆形度、椭圆度、长轴与 x 轴的夹角、扩展度、偏心率、平滑度、体积,颜色特征参数有色度、饱和度、亮度的均值和绿色像素比例,纹理特征参数有帮-叶比、斑纹比,惯性矩、相关性、能量、同质性。

长轴与 x 轴的夹角是等价椭圆的长轴与 x 轴的夹角,描述结球甘蓝的对称性,其值越接近 $-90°$ 或 $90°$,表明结球甘蓝越对称。

扩展度是同时在区域和其最小外接矩形中的像素的比,可作为结球甘蓝紧实度的描述,扩展度大说明结球甘蓝比较松散,紧实度小;扩展度小说明结球甘蓝比较紧实,紧实度大。

偏心率指等价椭圆的离心率,偏心率大表明结球甘蓝的修整度差,外观扁平。

平滑度是等价圆的周长与区域周长的比值,用来描述甘蓝外表面的光滑程度。平滑度大说明甘蓝表面光滑,平滑度小说明甘蓝表面褶皱多。

体积是等价椭圆和等价圆所对应的旋转体的体积的平均值,计算公式为

$$\mathrm{vol} = \pi \times \frac{l_{\max} \times l_{\min}^{0} + l_{\max}^{0} \times l_{\min}}{12} \tag{6-6}$$

将 RGB 空间图像转换成 HSV 空间图像,分别获得 H、S、V 分量图像,求得各个分量图像的灰度均值,分别记作 H_m、S_m、V_m。饱和度 S 表示某种颜色的含量,体现人眼对某种颜色的感觉程度。新鲜、健康的结球甘蓝表面以绿色为主,有老帮、焦边、机械损伤、病害、虫害等损伤的结球甘蓝,损伤部位的颜色表现为非绿色,绿色像素在图形范围内的比例(绿色像素比例)可反映结球甘蓝外表的新鲜、健康程度,定义绿色像素比例为 $90 \leqslant H \leqslant 150$ 且 $S \geqslant 0.2$ 的像素数

和与图形其他像素数和的比值。

结球甘蓝最主要的纹理特征就是它的帮和叶的分布情况，可用帮-叶比描述。虽然甘蓝的帮、叶的色调同为绿色，但是绿色的“深浅”不一样，即饱和度不同。对结球甘蓝 HSV 空间图像的 S 分量图像进行阈值分割，将结球甘蓝表面的帮和叶区分开来。帮叶分割处理效果如图 6-5 所示。图像范围内零值像素数与图像范围内所有像素数的比值即帮-叶比。

通过纹理滤波，获取结球甘蓝的斑纹图像，如图 6-6 所示。斑纹图像中非零值的像素数与结球甘蓝图像范围内所有像素数的比值为斑纹比。

纹理特征参数中的惯性矩、相关性、能量、同质性基于灰度共生矩阵计算。

分析结球甘蓝等级评价指标与图像特征参数的对应关系，结果如表 6-6 所示。

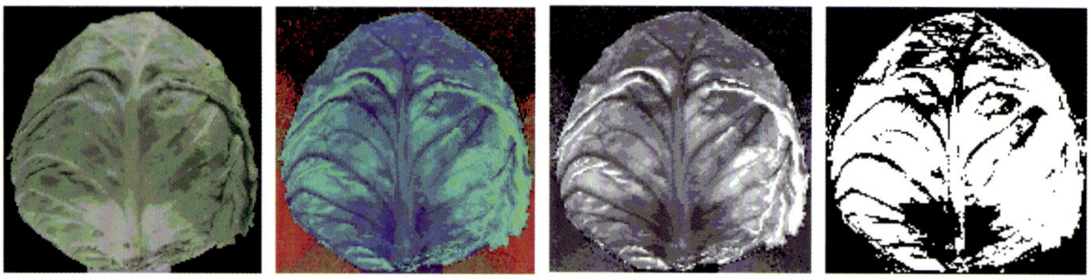

RGB图像　　HSV图像　　S分量图像　　分割后图像

图 6-5　帮叶分割处理效果

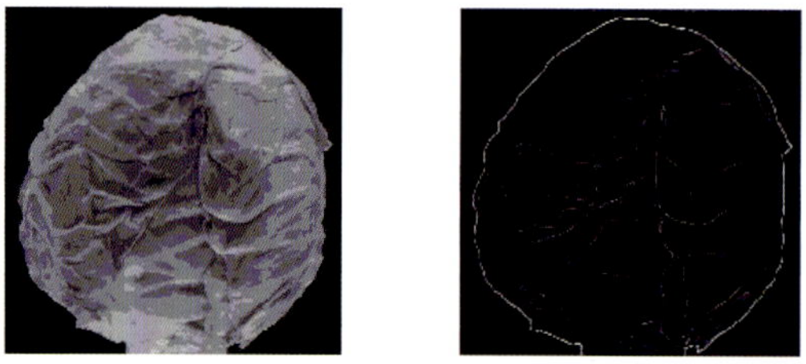

灰度图像　　斑纹图像

图 6-6　斑纹图像提取

表 6-6　结球甘蓝等级评价指标与图像特征参数的对应关系

评价指标	图像特征		
	形状特征	颜色特征	纹理特征
叶球大小	面积、长轴长、短轴长、等价直径、体积、周长		
外观、修整度、侧芽	长轴与 x 轴的夹角、扩展度、偏心率、平滑度		
老帮、焦边、机械损伤、病害、虫害		绿色像素比例、色度均值、饱和度均值、亮度均值	帮-叶比、斑纹比、惯性矩、相关性、能量、同质性
紧实度	椭圆度、圆形度		

2. 结球甘蓝分级与识别方法和结果

《结球甘蓝等级规格》中将结球甘蓝分为 3 个等级，但 3 个等级之间没有明确的界限，因此采用模糊聚类分析方法建立结球甘蓝分级模型，根据结球甘蓝形状、颜色、纹理特征对结球甘蓝进行聚类，利用模糊聚类方法确定聚类中心，求解待识别样本与各等级聚类中心的欧氏距离，以最小距离决定待识别样本的等级。分级及识别流程见图 6-7。

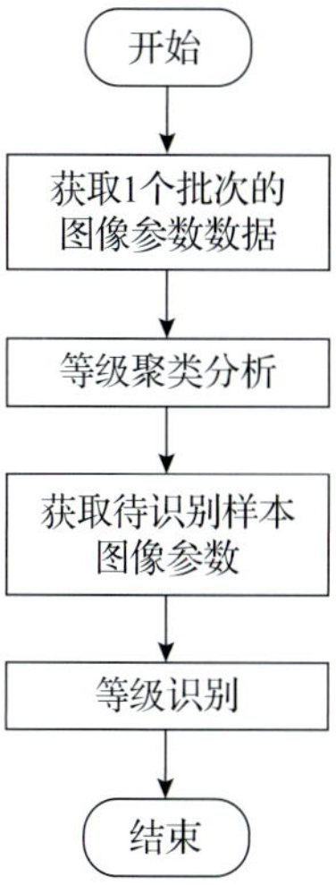

图 6-7　结球甘蓝分级及识别流程

分级试验所用结球甘蓝为圆头结球甘蓝，共计 108 个样本。所有样本的 22 个特征参数的均值、标准差如表 6-7 所示。纹理特征参数中的相关性衡量共生矩阵在行或列的方向上的相似程度，相关性的标准差为 0，表明此参数各样本几乎没有差别，对等级划分没有贡献，在后续分析中将此参数剔除。

108 个样本中的 80 个用于聚类（校正集），另外的 28 个用于等级识别（验证集）。通过 MATLAB R2017b 模糊逻辑工具箱（Fuzzy Logic Toolbox）的 fcm 函数实现结球甘蓝模糊聚类。模糊聚类结果为 3 类，其中第 1 类有 18 个样本，第 2 类有 32 个样本，第 3 类有 30 个样本。

根据表 6-5 的等级评价指标，叶球大小、外观、紧实度和修整度的评价强调的是同等级内样本之间的一致性，即标准差小，这些指标对应的图像特征有面积、长轴长、短轴长、等价直径、体积、周长、长轴与 x 轴的夹角、扩展度、偏心率、平滑度、椭圆度和圆形度，均为形状特征。3 类样本的标准差统计值见表 6-8。将这些特征的标准差求倒数，作出类别雷达图，如图 6-8 所示，第 3 类除平滑度外，其他参数基本都向最外层圆圈扩展延伸，在雷达图上覆盖面积较大；第 1 类的平滑度、椭圆度、圆形度 3 个参数表现突出，但是整体连线覆盖区域较小；第 2 类在第 1 类、第 3 类之间。从反映叶球大小、外观、紧实度、修整度指标的图像特征参数和 3 类样本的标准差大小可以确认，第 3 类样本是特级结球甘蓝，第 2 类样本是一级结球甘蓝，第 1 类样本是二级结球甘蓝，聚类分析结果可信。

表 6-7　样本图像特征参数统计值

统计量	面积	长轴长	短轴长	等价直径	长轴与 x 轴的夹角	周长	圆形度
均值	294 529.742	628.144	598.497	611.139	−33.466	2 036.768	0.889
标准差	6 276.606	4.196	14.131	5.969	75.848	53.475	0.035

统计量	扩展度	椭圆度	偏心率	平滑度	体积	H_m	S_m
均值	0.765	0.993	0.288	0.944	120 274 116.878	108.512	0.443
标准差	0.010	0.005	0.063	0.016	3 699 559.854	14.322	0.020

统计量	V_m	绿色像素比例	帮-叶比	惯性矩	相关性	能量	同质性	斑纹比
均值	0.420	75.234	28.825	0.269	0.990	0.125	0.938	129.850
标准差	0.035	17.720	13.736	0.033	0	0.014	0.004	23.104

注：各参数单位略。

根据表 6-5 的等级评价指标，老帮、焦边、机械损伤、病害和虫害的评价强调的是绝对数量上的差别，反映这些指标的是图像特征的均值大小，这些指标对应的图像特征有 H_m、S_m、V_m、绿色像素比例、帮-叶比、惯性矩、能量、同质性和斑纹比，为颜色特征和纹理特征。第 3 类样本

表 6-8　3 类样本的标准差统计值(标准化值)

类别	面积	长轴长	短轴长	等价直径	长轴与 x 轴的夹角	周长	圆形度	扩展度	椭圆度	偏心率	平滑度
第 1 类	1.28	0.92	0.76	0.97	1.00	1.15	0.68	0.86	0.80	0.84	0.73
第 2 类	0.93	0.81	0.99	0.79	0.84	0.93	0.93	1.12	1.00	0.96	0.93
第 3 类	0.82	0.91	0.76	0.95	0.86	0.83	0.78	0.83	0.91	0.80	1.19

类别	体积	H_m	S_m	V_m	绿色像素比例	帮-叶比	惯性矩	能量	同质性	斑纹比
第 1 类	0.90	0.89	1.03	1.16	1.17	1.00	1.23	0.71	0.81	0.84
第 2 类	0.84	0.91	1.01	0.89	0.84	0.97	1.10	1.07	1.06	0.86
第 3 类	0.84	0.80	0.88	0.96	0.93	0.99	0.89	1.08	0.88	1.18

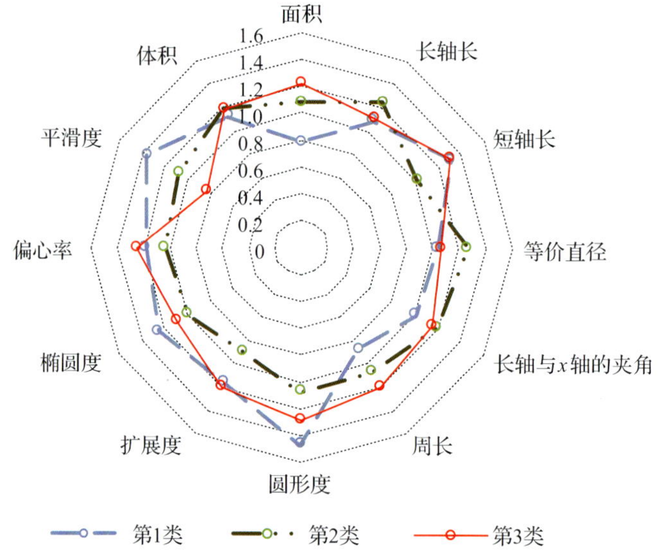

图 6-8　反映叶球大小、外观、紧实度和修整度的图像特征参数的标准差雷达图

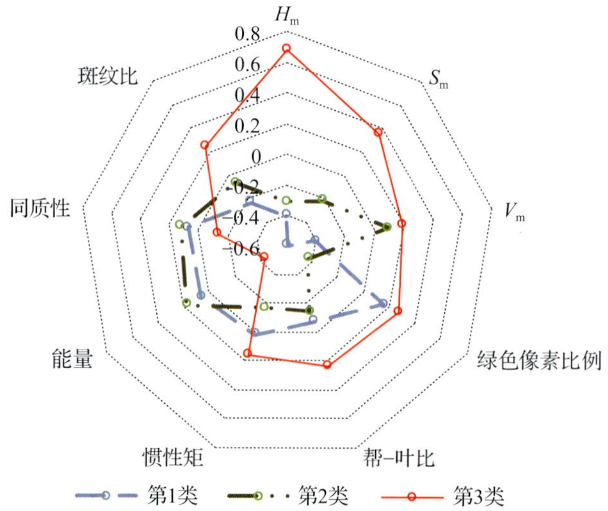

图 6-9　反映老帮、焦边、机械损伤、病害和虫害的图像特征参数的均值雷达图

H_m、S_m、V_m、绿色像素比例、帮-叶比、惯性矩和斑纹比的均值最大。图 6-9 是反映老帮、焦边、机械损伤、病害、虫害的图像特征参数的均值雷达图，第 3 类除能量参数外，其他参数基本都向最外层圆圈扩展延伸，在雷达图上覆盖面积最大；第 2 类除惯性矩、帮-叶比、绿色像素比例之外，其他参数都比第 1 类的参数更向外扩展，雷达图上所覆盖面积大于第 1 类。综合以上分析再次确认，第 3 类样本是特级结球甘蓝，第 2 类样本是一级结球甘蓝，第 1 类样本是二级结球甘蓝。通过模糊聚类获得 3 个等级的聚类中心。

计算验证集 28 个样本与各等级聚类中心之间的欧氏距离，以距离最小判定样本的等级。测试结果见表 6-9。特级样本 13 个，一级样本 11 个，二级样本 4 个，样本比例与用于聚类的校正集样本等级比例基本一致。

表 6-9　验证集样本等级识别结果统计

等级	样本数量	占比
二级	4	14.3%
一级	11	39.3%
特级	13	46.4%

6.1.2　基于机器视觉和深度图像信息的马铃薯外观品质检测

马铃薯是仅次于小麦、水稻、玉米的世界第四大主要粮食作物，马铃薯的快速无损检测将有利于其综合加工，增加马铃薯的附加值。利用机器视觉进行马铃薯分选不仅可以排除机械分选时对马铃薯的二次损伤，还能避免人工分选时对马铃薯各项指标的模糊判别，减小分级误差，提高生产率和分级精度。

正常马铃薯表皮颜色变化小，彩色图像无法完全反映其表面形态变化，深度图像包含检测样本外形、高度等轮廓特征信息，弥补了彩色图像的不足。因此，Su 等提出一种依据深度图像构建马铃薯三维模型的方法，并依此模型分析马铃薯外观信息及品质[3-5]。

6.1.2.1　材料和图像采集方法

样本为从北京蔬菜市场购买的 110 个冀张薯 8 号马铃薯，其中 78 个为外形较规则的马铃薯，32 个为表面有凸起或凹陷的不规则马铃薯。使用清水洗净后人工测量的信息见表 6-10，外观示例见图 6-10。

表 6-10　马铃薯样本信息

薯型	个数	最大质量/g	最小质量/g	平均质量/g	最大长度/mm	最小长度/mm	平均长度/mm	最大宽度/mm	最小宽度/mm	平均宽度/mm	最大高度/mm	最小高度/mm	平均高度/mm
规则	78	627	100	203.49	169	63	103.9	94	50	62.54	86	35	52.62
不规则	32	623	127	278.63	168	81	113.9	95	52	70.50	115	49	65.13

图像采集系统使用 PrimeSense Carmine 1.09 相机，该相机包括一个红外发射器、一个 RGB 彩色相机和一个 CMOS 红外相机，可同时采集彩色图像和深度图像，深度相机一个像素对应的面积为 1 mm^2。拍摄时，先将马铃薯放置在相机正下方，获取上表面深度图像和彩色图

像，随后将马铃薯翻转 180°，获取下表面图像。图 6-10 所示样本的彩色及深度图像如图 6-11 所示。规则马铃薯深度图像的灰度值变化均匀，从最高处向四周逐渐递减；不规则马铃薯的深度图像中，凸起、凹陷部位的灰度有别于周边灰度，灰度值由表面凹凸程度决定，说明深度图像能反映出物体表面高度的变化。而在相应的彩色图像中，由于马铃薯表皮色差不明显，马铃薯表面高度变化无法直接获得。

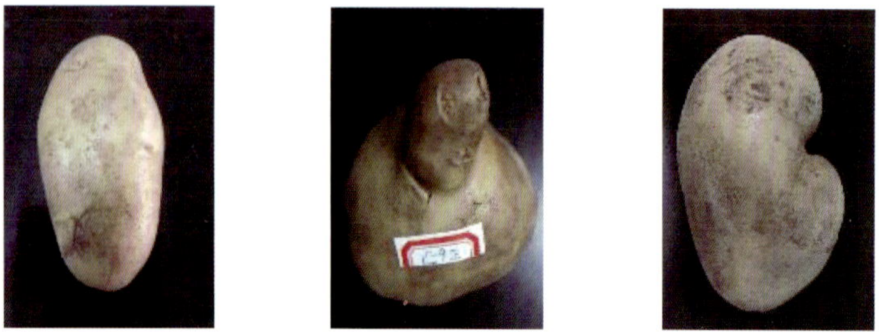

（a）表面规则　（b）表面有凸起　（c）表面有凹陷

图 6-10　马铃薯样本外观示例

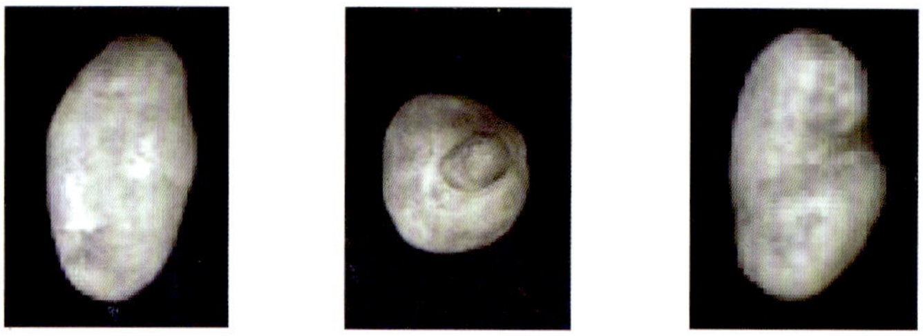

（a）马铃薯彩色图像

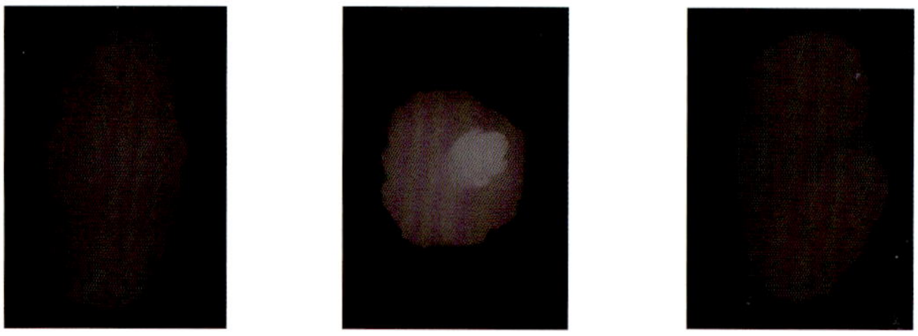

（b）马铃薯深度图像

图 6-11　图 6-10 马铃薯样本的彩色和深度图像

6.1.2.2　基于深度图像的马铃薯特征提取

1. 马铃薯表面高度图像

深度相机可以获得马铃薯表面各点离相机的距离，马铃薯表面各点的实际高度按式(6-7)计算：

$$h(x,y)=b(x,y)-f(x,y) \tag{6-7}$$

式中：$h(x,y)$为马铃薯表面高度图像函数；$b(x,y)$为背景深度图像函数，即无检测物时拍摄的深度图像，其值为背景中各点到相机的距离；$f(x,y)$为马铃薯深度图像函数，其值为马铃薯表面和空白背景到相机的距离。

单次拍摄获取的深度图像 $f(x,y)$ 包含一定噪声，为减少干扰，对马铃薯表面拍摄 3 次，计算 $h(x,y)$ 的均值 $H(x,y)$ 作为测量结果。对表面高度图像 $H(x,y)$ 进行腐蚀、膨胀和高斯平滑处理，消除边缘毛刺及图像中的噪声点，处理后马铃薯外的背景区域灰度值设为 0。

2. 马铃薯高

马铃薯高即表面高度图像 $H(x,y)$ 的最大值。通常马铃薯并非完全对称生长，其上、下表面高度图像中的最大值不一定相同，取二者中较大值作为薯高。

3. 马铃薯最大截面积

马铃薯区域由马铃薯表面高度图像 $H(x,y)$ 中所有非 0 像素构成，该区域的面积即最大截面积，由式(6-8)和式(6-9)计算。

$$g(x,y)=\begin{cases}1 & H(x,y)\geqslant H_{\min}\\0 & \text{其他}\end{cases} \tag{6-8}$$

式中：$H_{\min}$ 为马铃薯表面高度图像 $H(x,y)$ 中的最小非 0 值，即马铃薯表面的最小高度。$g(x,y)$ 为二值图像函数。

$$S=\sum_{x}\sum_{y}g(x,y) \tag{6-9}$$

式中：S 为上表面或下表面的最大截面积。

4. 马铃薯长和宽

定义马铃薯长、宽为表面高度图像 $H(x,y)$ 中马铃薯区域最小外接矩形的长和宽。如图 6-12 所示。

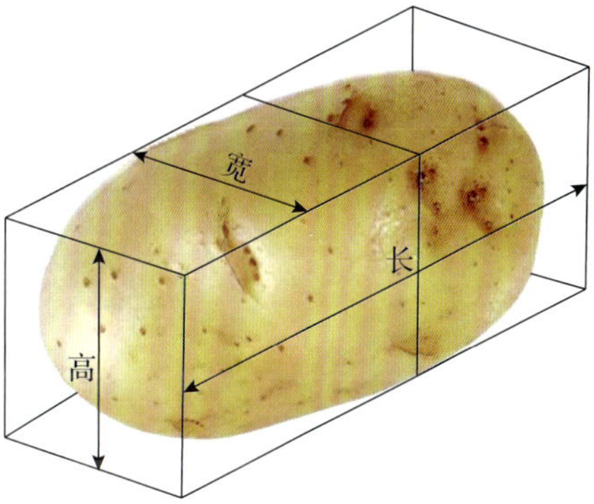

图 6-12　马铃薯长、宽、高示意图

5. 马铃薯体积

表面高度图像 $H(x,y)$ 的像素灰度值为该点距离背景平面的高度，如果马铃薯形状为柱体，其像素面积与其灰度值乘积即为该像素区域的体积(mm^3)。实际上马铃薯形状并非柱体，深度图像中马铃薯区域的最小高度对应马铃薯赤道面(截面积最大的截面)。因此，表面高度图像中马铃薯区域的各点高度值，分别与该图像中马铃薯区域的最小高度作差再求和，再乘以单位像素面积，可得到高度图像 $H(x,y)$ 中半个马铃薯的体积。每个马铃薯体积为上、下表面高度图像计算的体积之和。

$$V=xyH(x,y)-H_{\min}\times 1 \tag{6-10}$$

$$V_{total}=V_{up}+V_{down} \tag{6-11}$$

式中：V 为表面高度图像 $H(x,y)$ 计算出的半个马铃薯体积，V_{total} 为马铃薯的体积，V_{up}、V_{down} 分别为依据上、下表面高度图像计算出的马铃薯上半部分体积和下半部分体积。

6. 马铃薯质量

体积是直观反映马铃薯大小的特征值，常用来预测马铃薯质量，在通过一定量样本建模计算出马铃薯的体积密度 ρ 之后，可使用体积 V 和 ρ 预测马铃薯质量 m：

$$m=\rho V \tag{6-12}$$

6.1.2.3 马铃薯外观品质分析

1. 马铃薯长、宽、高预测

以 110 个马铃薯样本为研究对象，长、宽、高实测值与基于深度图像的预测值如图 6-13 所示，虽然散点分布线性明显，但大部分散点落在红色 1∶1 线下方，表明依据深度图像模型预测的长、宽值小于实测值。

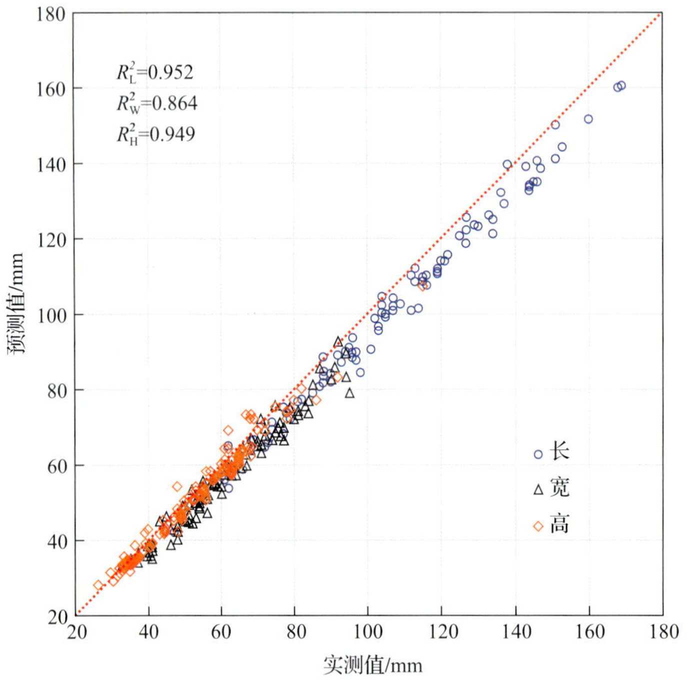

图 6-13　马铃薯长、宽、高预测值与实测值对比

为验证模型的正确性，将同步拍摄的深度图像和彩色图像中的马铃薯区域进行对比，对比方法如式(6-13)所示：

$$c(x,y)=\begin{cases}c(x,y).[\text{blue}]=255 & H(x,y)=0\\ c(x,y) & \text{其他}\end{cases} \tag{6-13}$$

式中：$c(x,y)$为彩色马铃薯图像函数，$c(x,y).[\text{blue}]$为 $c(x,y)$在点(x,y)处的蓝色分量。将 $c(x,y)$与 $H(x,y)$中马铃薯区域重合部分的蓝色分量设为 255，即可对比面积差异。如图 6-14 所示，由于马铃薯边缘倾斜角大，深度相机发出的激光散斑在边缘区域无法完全反射回 CMOS 红外相机，因此深度图像中的马铃薯区域小于其真实区域，造成长和宽预测结果小于实测值。

马铃薯的最高点基本位于果实的非边缘部位，不存在散射光斑无法反射回深度相机的状况，如图 6-13 所示，散点分布在红色 1∶1 线两侧，线性特性显著。

针对马铃薯长度和宽度的预测误差，为了提高预测精度，建立原预测值的校正模型。从 110 个试验样本中随机选取 40 个校正样本(29 个规则样本和 11 个不规则样本）建立线性回归模型：

$$L=l\times 1.058\,2 \tag{6-14}$$

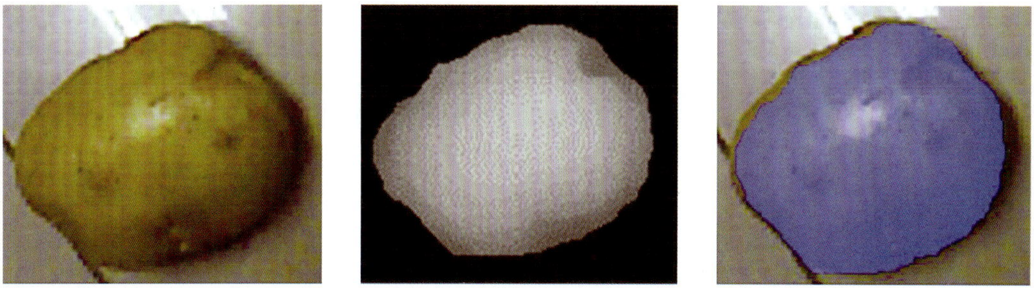

（a）彩色图像　　（b）深度图像　　（c）处理后图像

图 6-14　彩色图像与深度图像区域对比

$$W = w \times 1.0769 \tag{6-15}$$

式中：L 和 W 分别为校正后的长度和宽度预测值，l 和 w 分别为根据深度图像轮廓计算的长度和宽度。

利用其余 70 个样本对校正模型进行验证，如图 6-15 所示。长度和宽度预测校正集的 R_c^2 分别为 0.985 和 0.984，验证集的 R_v^2 分别为 0.974 和 0.973，预测结果与人工测量结果高度相关。

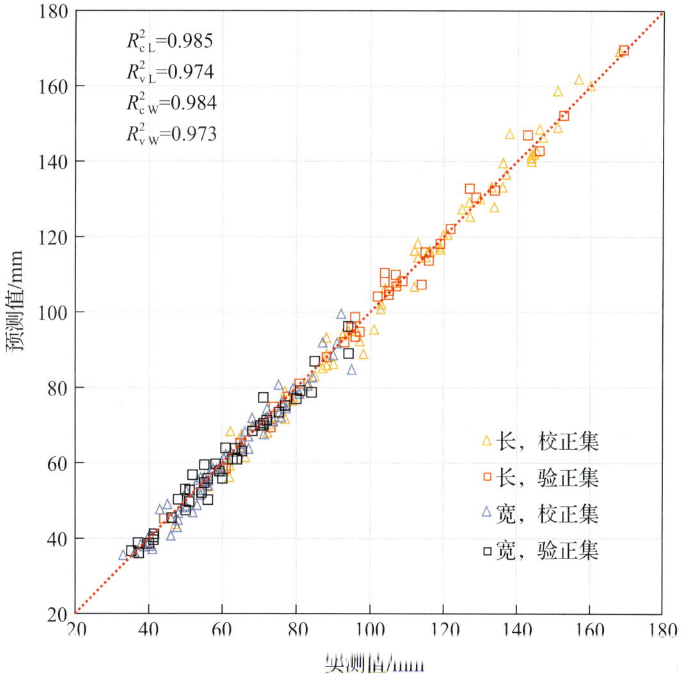

图 6-15　校正后马铃薯长、宽、高预测值与实测值对比

2. 马铃薯质量预测和分级识别

采用长、宽、高预测值，计算马铃薯体积和质量。

根据《马铃薯等级规格》(NY/T 1066—2006)，马铃薯按质量分为 3 种规格，小粒薯 100 g 以下，中粒薯 100～300 g，大粒薯 300 g 以上。从 70 个验证集样本中每次随机抽取 30 个马铃薯进行 4 轮自动分级测试，结果如表 6-11 所示，自动分级正确率达到 93%。4 轮测试中的

34 例不规则马铃薯样本均为大粒薯或中粒薯，识别正确率为 100%，表明薯型对预测精度没有影响。

表 6-11　基于深度图像的马铃薯质量分级识别结果　　个

轮次	类别	人工分级结果			自动分级结果			
		小	中	大	小	中	大	误差
1	总体	5	14	11	8	11	11	3
	不规则	0	3	4	0	3	4	0
	规则	5	11	7	8	8	7	3
2	总体	5	12	13	4	13	13	1
	不规则	0	6	4	0	6	4	0
	规则	5	6	9	4	7	9	1
3	总体	9	9	12	8	10	12	1
	不规则	0	4	4	0	4	4	0
	规则	9	5	8	8	6	8	1
4	总体	8	14	8	9	13	8	3
	不规则	0	7	2	0	7	2	0
	规则	8	7	6	9	6	6	3

6.2　基于光谱分析技术的农产品内在品质检测

结球甘蓝富含维生素 C(以下简记为 Vc)和可溶性糖。Vc 是一种抗氧化剂，是人类的必需营养素，可以保护身体免受自由基的威胁。可溶性糖是易溶于水的糖，常见的有葡萄糖、果糖、麦芽糖和蔗糖，是蔬菜、水果口感的有效调节剂，也是人类可以吸收利用的有效碳水化合物。GB 5009.86—2016 推荐的食品中 Vc 含量的测定方法、样品预处理操作烦琐，化学试剂耗费量大，测定结果的准确性受限于操作者的技术水平。可溶性糖的检测与 Vc 检测情况类似。传统的蔬菜内在品质指标检测依靠湿化学方法，都存在检测过程烦琐、污染环境、不能实时获得等弊端。

近红外光谱分析技术因其无污染、非破坏性、分析速度快等诸多优点，广泛应用在药品、果蔬中 Vc 和可溶性糖的定量检测，但是利用近红外光谱技术预测结球甘蓝 Vc 和可溶性糖含量的研究鲜有报道。因此，李鸿强等[1,6]应用近红外光谱分析技术结合偏最小二乘(PLS)回归、逐步回归(SR)和多元线性回归方法开展了结球甘蓝 Vc 和可溶性糖含量的预测模型研究，用于快速评价结球甘蓝的品质。

6.2.1　基于近红外光谱分析技术的结球甘蓝维生素 C 含量检测

1. 材料和方法

结球甘蓝光谱测定使用 ASD FieldSpec® Handheld™2 便携式分光辐射光谱仪，波长范围为 325～1 075 nm，测量参数为反射率，光谱分辨率 1 nm，积分时间 30 ms，视场角 25°。使用

HH2 Sync应用程序将采集的光谱数据导入外部计算机中储存备用。

样本的光谱采集选择在晴朗无云或少云的天气进行。为了减小太阳高度角变化对光谱测量结果的影响，测量时间选为北京时间10:00—14:00，此时间段太阳高度角大于45°。测量时，仪器探头保持垂直向下，探头与目标的垂直距离控制在30 cm之内。每次采集目标光谱前进行一次白板校正，每个样本重复采集3次光谱，取3次测量的平均值作为该样本的原始反射光谱。光谱采集后，采用GB 5009.86—2016推荐的2,6-二氯靛酚滴定法测定结球甘蓝Vc含量，作为真实值。

由于外界环境和光谱仪自身的稳定性等方面因素的影响，采集的光谱中除有用信息外，还包含了其他无关的信息和噪声。为了消除这些无关信息和噪声，保证光谱和待测量之间具有良好的相关性，采用一阶导数(first derivative, FD)和二阶导数(second derivative, SD)方法对原始光谱进行预处理。

从市场上购买71个结球甘蓝样本。利用K-S(Kennard-Stone)算法将样本集划分为校正集和验证集，划分原则是校正集样本的化学组分浓度变化范围大于验证集样本、组分浓度均匀分布，校正集有60个样本，验证集有11个样本。表6-12为两样本集Vc含量的统计结果。

表6-12　样本集Vc含量统计结果

样本集	样本数量	最大值/(mg/100 g)	最小值/(mg/100 g)	平均值/(mg/100 g)	标准差/(mg/100 g)
校正集	60	58.13	27.51	43.08	8.02
验证集	11	57.36	30.19	40.54	8.39

2. 模型的建立和评价

由于近红外光谱主要反映倍频和合频的吸收，光谱信息重叠严重，因此需要在纷繁复杂的光谱信息中剔除冗余信息，提取有用信息。从提高建模效率、减少建模变量的角度采用逐步回归和偏最小二乘回归方法建模，用模型决定系数R^2、交互验证均方根误差(root mean squared error of cross validation, RMSEcv)、预测均方根误差(root mean squared error of prediction, RMSEp)作为模型精度评价指标。

图6-16所示为325～1 075 nm波段范围71个样本的原始反射光谱。受叶绿素影响，在450 nm蓝色光谱中心、700 nm红色光谱中心附近表现为强吸收，550 nm绿色光谱中心附近表现为强反射，符合绿色植物的光谱特性。图6-17为各波长处反射率与Vc含量的相关系数：可见光区，相关系数为−0.2～0.15，弱相关；短波近红外区，相关系数为0.4～0.5，中等相关；690～750 nm波段相关系数急速上升，然后又趋于稳定，近红外区相对于可见光区包含更多的Vc信息，相关系数相对高于可见光区，550 nm附近出现相关系数的峰值，但相关系数只有0.1水平，其他波长处相关系数没有出现明显的峰值，通过相关系数无法确定建模波长，因此不能用特征峰建模，需要在全谱范围内寻找建模波长。为了消除首尾波段因仪器不稳定存在的噪声，在后续数据处理分析时选择波长在350～1 025 nm的数据进行分析，共676个波长。

分别采用FD、SD对结球甘蓝的原始反射光谱进行预处理，比较不同预处理方法对所建PLS模型的影响。结果见表6-13，原始光谱的PLS模型，校正集和验证集的模型决定系数

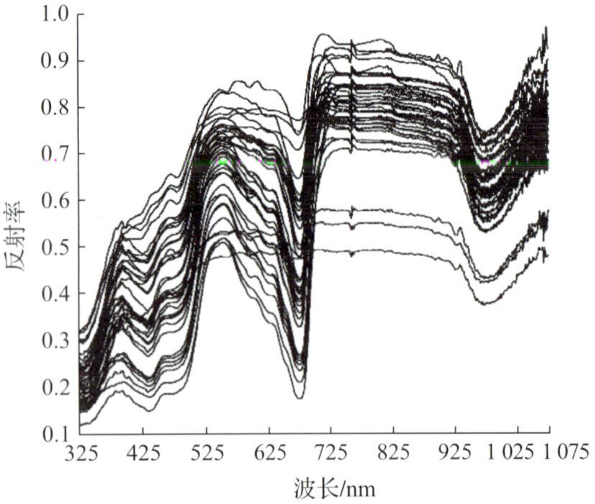

图 6-16 结球甘蓝样本的原始反射光谱

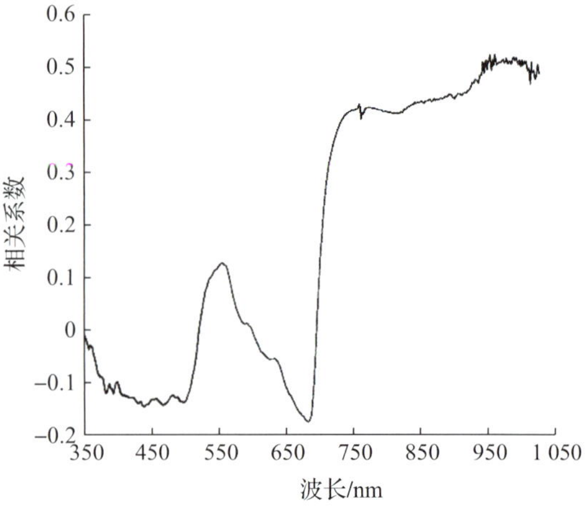

图 6-17 各波长处光谱反射率与 Vc 含量的相关系数

表 6-13 不同预处理方法 Vc 含量 PLS 模型结果比较

预处理方法	主成分数	校正集		验证集	
		RMSEcv /(mg/100 g)	R_c^2	RMSEp /(mg/100 g)	R_v^2
无	14	0.565 8	0.96	1.985 9	0.85
FD	7	0.658 0	0.92	1.620 4	0.96
SD	6	0.720 1	0.89	2.760 0	0.80

分别为 0.96、0.85，经过 FD 处理后的光谱数据建模效果较好，校正集 R_c^2 为 0.92，RMSEcv 为 0.658 0 mg/100 g；验证集 R_v^2 为 0.96，RMSEp 为 1.620 4 mg/100 g。

7 个主成分 PLS 模型结果如图 6-18 所示。FD 光谱预处理方法有效消除了基线漂移和平滑背景对光谱的干扰，利用处理后的数据建模性能明显提高。同时，FD 光谱预处理方法能够提高光谱分辨率，在原始光谱的上升沿和下降沿肩部出峰，降低了原始光谱的谱宽，使得光谱轮廓更加清晰，提高了信噪比。FD 光谱预处理有效消除了多重共线性，主成分数减少，预测效果好。

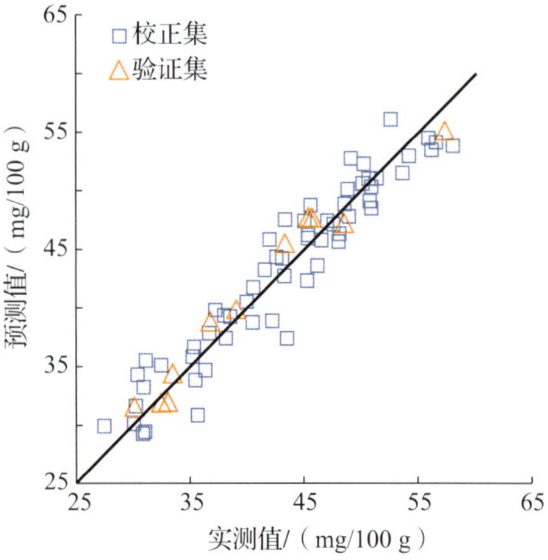

图 6-18 Vc 含量 PLS 模型预测值和实测值比较

6.2.2 基于近红外光谱分析技术的结球甘蓝可溶性糖含量检测

1. 材料和方法

从超市随机购买结球甘蓝 20 颗，去除外层腐烂和不规整叶片，每颗结球甘蓝由外向内依次取 7～8 个叶片，所有叶片统一编号，共获得 161 个样本。

光谱采集使用德国布鲁克公司的 MATRIX-I 型傅里叶变换近红外光谱仪，波数范围 12 800～

4 000 cm^{-1}(波长 780～2 500 nm),采用积分球漫反射测量方式,样品杯旋转采样。测量时将切碎的结球甘蓝均匀填入样品杯中,装至 3/4 杯。仪器参数设置为分辨率 8 cm^{-1},扫描次数 32。环境温度 23 ℃。测量 3 次取平均值。每次扫描重新装样并保持装样均匀。

样本的近红外光谱测量结果如图 6-19 所示,各样本的光谱曲线十分接近,在波数 10 310、8 540、6 900、5 200 cm^{-1}附近出现吸收峰,分别对应 O—H 键二倍频伸缩振动、C—H 键二倍频伸缩振动、O—H 键一倍频伸缩振动和 C ═O 键一倍频伸缩振动,同时,样本的吸收峰较宽,不同基团吸收重叠严重。

可溶性糖含量真实值的测定采用蒽酮比色法[7]。取 1.0 g 结球甘蓝样本研磨后用 25 mL 蒸馏水移入 50 mL 离心管中,沸水浴中加热 20 min,取出后冷却,离心 15 min,将上清液转入 50 mL 容量瓶中,定容至刻度。从容量瓶中取 0.5 mL 样液置于试管中,依次加入 0.5 mL 蒸馏水和 5 mL 蒽酮试剂,沸水浴中加热 10 min,流水冷却静置 10 min,620 nm 处比色测定光密度 OD(optical density)值,根据标准曲线计算可溶性糖质量分数。

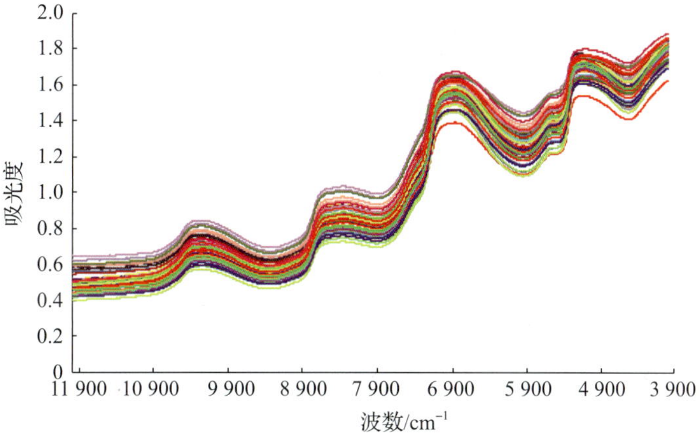

图 6-19　可溶性糖建模样本的原始近红外光谱

图 6-20 是根据蒙特卡罗交叉验证法剔除异常样本后的结果。首先计算所有样本 RMSEp 的均值(Mean,M)和标准差(Std,S),再计算各自的均值(μM、μS)和标准差(σM、σS)。如果某个样本满足 $M \geqslant \mu M+3\sigma M$ 或 $S \geqslant \mu S+3\sigma S$,就认为是奇异样本并将其剔除。图 6-20 左下区域

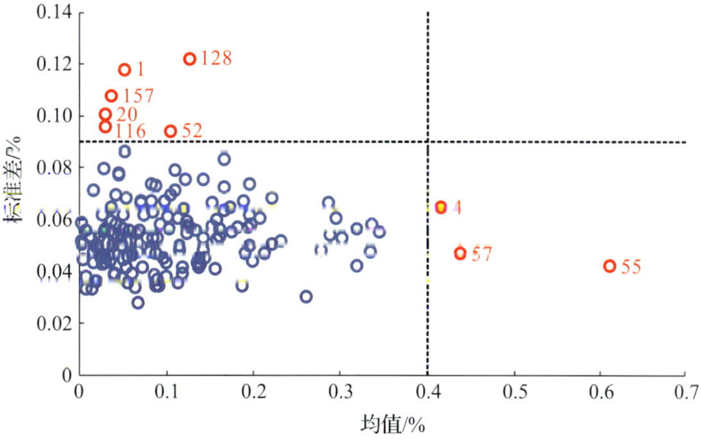

图 6-20　可溶性糖样本 RMSEp 的均值-标准差分布图

属于正常样本；右下区域样本的 RMSEp 的均值较大，属于糖含量异常样本；左上区域样本的标准差较大，属于光谱异常样本；右上区域样本属于光谱和糖含量均异常的样本。

图 6-21 是各个样本到样本中心的马氏距离分布图，以马氏距离的均值加上 3 倍马氏距离标准差为阈值，超出阈值的作为异常样本剔除。

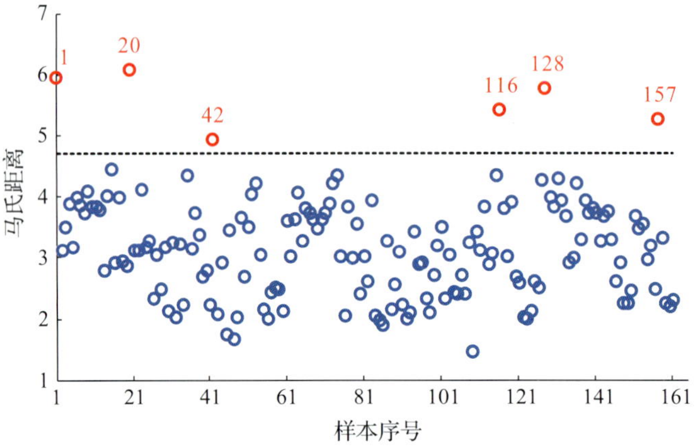

图 6-21　可溶性糖样本马氏距离分布图

异常样本剔除后，通过 K-S 法将样本按照约 3∶1 的比例划分为校正集和验证集，校正集和验证集样本可溶性糖的实测值统计结果见表 6-14，110 个校正集样本基本涵盖了现有的结球甘蓝可溶性糖含量的分布范围，验证集糖含量在校正集糖含量范围之内。

表 6-14　建模样本可溶性糖含量统计结果

样本集	样本数	可溶性糖含量/%	平均值/%	标准差/%
校正集	110	0.339～1.433	0.972	0.050
验证集	41	0.497～1.376	0.996	0.046

2. 结果和分析

共采用 12 种光谱预处理方法对结球甘蓝的原始光谱进行预处理，在全光谱范围内分析比较各种预处理方法对 PLS 模型的影响。12 种预处理方法是：SG(Savitzky-Golay 滤波)、FD、SD、MSC (多元散射校正，multiplicative scatter correction)、SNV(标准正态变量变换，standard normal variate transformation)、SG＋FD、SG＋SD、SG＋MSC、MSC＋FD、MSC＋SD、SNV＋FD、SNV＋SD。采用 MSC＋FD 预处理后光谱所建的 PLS 模型综合最优，主成分数为 6，RMSEcv＝0.157 2%，R^2＝0.93，RMSEp＝0.132 8%。MSC 可以消除样本不均匀性对光谱的影响，FD 可以消除基线平移和平缓背景的干扰，MSC＋FD 预处理可以有效减少光谱的随机和系统误差，提高信噪比。

在 12 000～10 000 cm^{-1} 区域，存在 O—H 键二倍频和 C—H 键三倍频伸缩振动吸收，此区域主要的背景信息为水和其他含氢基团，如图 6-22 所示，通过 MSC＋FD 进行光谱预处理后，此区域的一阶导数光谱谱峰密集，信息丰富。竞争性自适应重加权采样法(CARS)运行结果显示，此区域共包含 36 个选定的波数，如图 6-23 所示，其中 12 个波数处的校正系数为负值，代表了背景的光谱信息，选取这些波数对应的吸光度参与校正模型，可以对背景信息进行模型内部校正。在 9 900～6 100 cm^{-1} 区域,存在糖类和水的 O—H 键一倍频伸缩振动吸收、葡萄糖 O—H 键的一倍频伸缩振动吸收,包含 15 个选定的波数,只有 1 个波数处的校正系数为负值,表明此区域是包含可溶性糖成分的主要光谱区域,背景影响较小。5 800～4 000 cm^{-1} 区域与 12 000～10 000 cm^{-1} 区域相似。在建模过程中,引入代表背景信息的光谱,可使校正模型适应性更强。

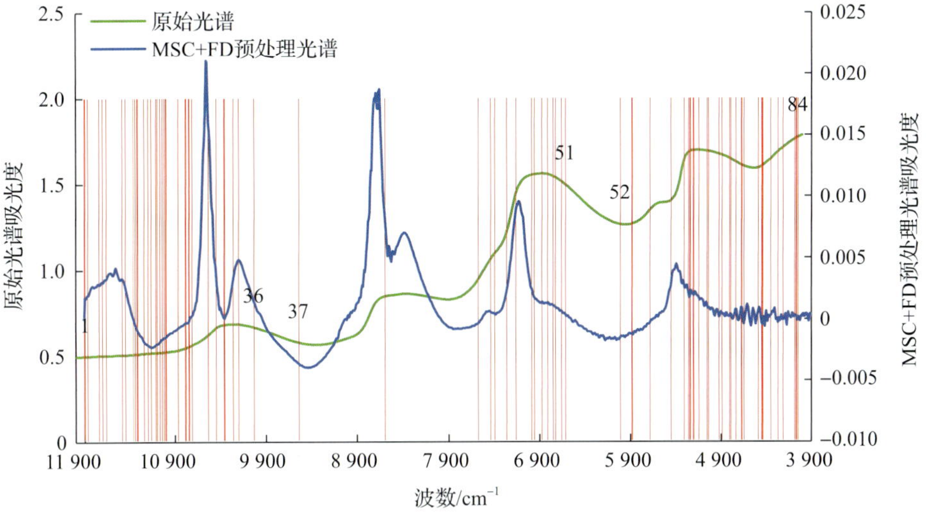

图 6-22　可溶性糖建模波数优选结果

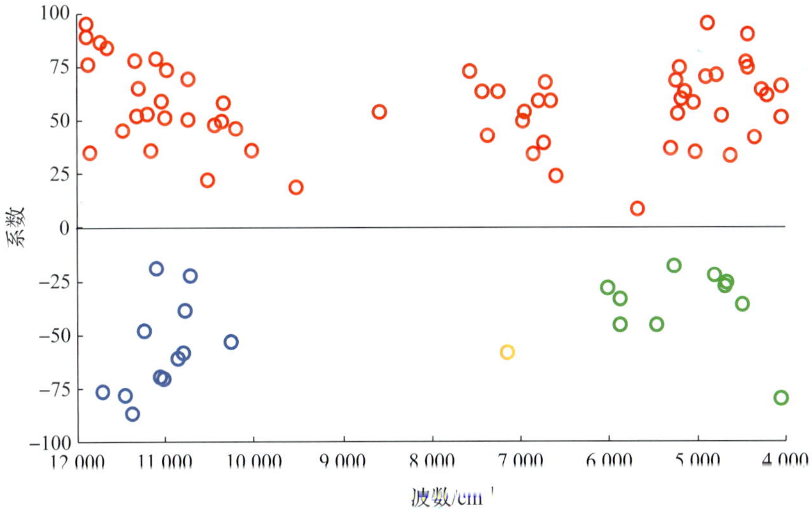

图 6-23　可溶性糖预测模型系数分布图

在采用 MSC+FD 分别消除校正集和验证集光谱的噪声之后,采用 CARS 方法选定的 84 个波数处的吸光度作为校正变量,选取主成分数为 5,建立结球甘蓝可溶性糖含量的 CARS-PLS 定量校正模型,结果如图 6-24 所示。与未进行波数优选的全光谱 PLS 模型相比,利用优选波数所建模型的 R_c^2 从 0.93 提高到 0.96,RMSEcv 减小到 0.076 8%;R_v^2 为 0.86,RMSEp 为 0.059 4%,表明用筛选后的光谱数据建立的模型预测效果良好。

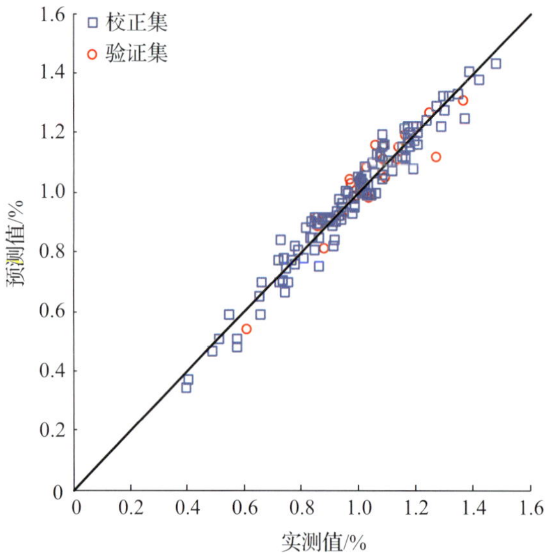

图 6-24　可溶性糖 CARS-PLS 模型预测值和实测值比较

6.2.3　基于光谱结构特征的马铃薯贮藏期病害识别

商品马铃薯贮藏期间易发生干腐病和疮痂病。腐烂和疮痂病是《马铃薯商品薯分级与检验规程》(GB/T 31784—2015)中规定的检测项目,是商品薯定级的重要依据。机器视觉作为农产品品质无损检测的重要技术之一,在马铃薯外部缺陷自动检测方面发挥了重要作用。高光谱成像技术是光谱技术与图像技术的有机结合,一方面可以表征待测物体空间分布的图像特征,另一方面由于光谱信息能够反映缺陷的性质,高光谱图像既可以区分正常样本与缺陷样本,也可以识别某一种类特定缺陷(如马铃薯青皮、黑心病等)。

李鸿强[1]利用近红外高光谱成像技术获取正常马铃薯样本和感染干腐病、疮痂病马铃薯样本 860～1 745 nm 的光谱,对 3 类马铃薯分类检测进行研究,实现了正常、干腐病和疮痂病马铃薯的分类识别,为高光谱成像技术用于马铃薯特定外部缺陷检测提供参考。

1. 材料和方法

马铃薯样本购于超市,目测挑选正常马铃薯 46 个,感染干腐病马铃薯 42 个,感染疮痂病马铃薯 28 个,2/3 样本用于建模,1/3 样本用于验证。各类马铃薯样本如图 6-25 所示。

(a) 正常马铃薯

(b) 感染干腐病马铃薯

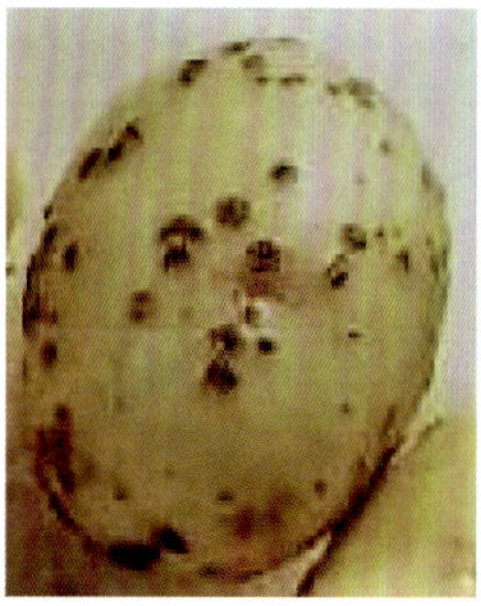
(c) 感染疮痂病马铃薯

图 6-25　3 类马铃薯样本示例

马铃薯去除表面杂质和泥土，常温静置 24 h 以上。高光谱成像数据采集采用卓立汉光盖亚(GaiaSorter)高光谱分选仪，其高光谱相机为 Image-λ“谱像”系列。成像系统主要由镜头(OL23)、面阵 CCD 侦测器(LT365)、光谱仪(V17E)、均匀光源(2 套溴钨灯)、电控移动平台、计算机及控制软件等组成。摄像头分辨率为 320×256 pix，光谱范围为 860～1 745 nm，光谱分辨率为 5 nm，光谱采样点为 6.3 nm，光谱通道数为 256。高光谱图像数据采集时的仪器参数为：镜头高度 26.5 cm，前进速度 0.75 cm/s，回退速度 3 cm/s，曝光时间 25 ms。

利用系统自带 Spec View 软件进行采集控制，每个样本对应一个包含影像信息和光谱信息的三维数据立方体。利用 Spec View 软件进行黑白校正，使用 ENVI5.1 软件从校正后的图像中获取 5～6 个 10×10 pix 的感兴趣区域(ROI)，计算平均光谱反射率，作为原始反射光谱数据。数据处理均在 MATLAB R2013b 环境中进行。

光谱曲线上的极值点反映该波长对物质的强反射或深度吸收，极值点间的中点限定了光谱曲线的变化趋势，极值点间的连线反映光谱曲线的渐进变化，这些特征表征光谱曲线结构，可以作为光谱的“指纹”特征，是确定光谱曲线的关键点。利用关键点对应的反射率或者关键点间连线的斜率组成用于分类的模式特征向量。获得 3 类样本的平均光谱，以关键点处 3 类样本的平均光谱反射率或者关键点间连线的斜率形成标准模式特征向量，计算待测样本的模式特征向量和 3 种标准模式特征向量之间的马氏距离，以最小马氏距离判定样本的归属。

对去噪后的光谱数据进行主成分分析(principal component analysis, PCA)，分别利用主成分得分、特征波长反射率和特征波长反射率的不同组合作为输入，采用线性判别分析[8,9](linear discriminant analysis, LDA)和贝叶斯分类器[10](Bayesian classifier, BC)方法进行分类识别。

识别模型性能通过错误识别率来评判，数值越小表示模型性能越好。

$$\text{错误识别率}=\frac{\text{未被接受的样本个数}}{\text{应该被接受的样本个数}}\times 100\% \tag{6-16}$$

2. 分类识别结果和分析

图 6-26 为正常、干腐病和疮痂病样本的平均光谱曲线。860～890 nm 范围内，正常样本与干腐病样本的光谱曲线基本重合，疮痂病样本的反射率低于其他两类样本；890～940 nm 范围内，干腐病样本的反射率大于其他两类样本，疮痂病样本的反射率小于其他两类样本，正常样本居中；940～1 384 nm 范围内，缺陷样本的反射率高于正常样本，干腐病样本的反射率高于疮痂病样本；1 384～1 650 nm 范围内，缺陷样本的反射率仍然高于正常样本，但是干腐病样本的反射率低于疮痂病样本；1 650 nm 以后，干腐病样本和疮痂病样本的反射率基本重合，缺陷样本的反射率依然高于正常样本。970、1 200、1 450 nm 附近 3 类样本均出现反射谷，表现出强吸收特性。970 和 1 450 nm 处主要是水的 O—H 键的二倍频和一倍频吸收，正常样本比缺陷样本的吸收强度大，与实际相符，因为这两种缺陷均属于缺水性病变；970 nm 处干腐病样本的反射率高于疮痂病样本，1 450 nm 处干腐病样本的反射率低于疮痂病样本，反映出这两种缺陷还是有本质区别的。总体观察 3 类样本的光谱曲线，3 条曲线起点、终点、转折点等关键点具有相似性，可以理解为 3 类样本本质上是同性的，但是因为病变引起了相关化学成分的量变。考虑到光谱重合不利于样本的分类，同时光谱信号首尾段信噪比较低，确定后续分析光

谱范围为 890～1 650 nm。分别使用 MSC、SNV、FD 方法对原始光谱进行去噪处理。

利用主成分分析对经过 FD 处理的光谱进行数据压缩，前 2 个主成分的累积贡献率为 84.9%。基于前 2 个主成分得分的样本散点图如图 6-27 所示，可以看出，利用第 1 主成分可以将正常马铃薯和干腐病马铃薯分开，利用第 2 主成分可以将正常马铃薯和疮痂病马铃薯分开，两种缺陷马铃薯之间存在重叠现象；在前 2 个主成分得分二维空间内，3 种样本具有很好的聚类性，这是分类识别的基础。MSC 和 SNV 都是用来校正因散射而引起的光谱误差的，但是当因样本化学成分变化而引起光谱出现显著变化时，采用 MSC 和 SNV 校正的效果不理想，马铃薯正常样本和缺陷样本之间，干腐病样本和疮痂病样本之间，化学成分变化较大，限制了 MSC 和 SNV 的效果。经过 MSC 和 SNV 方法处理后的光谱，利用 PCA 分析识别效果不理想，后续分析以 FD 处理后的光谱为基础。

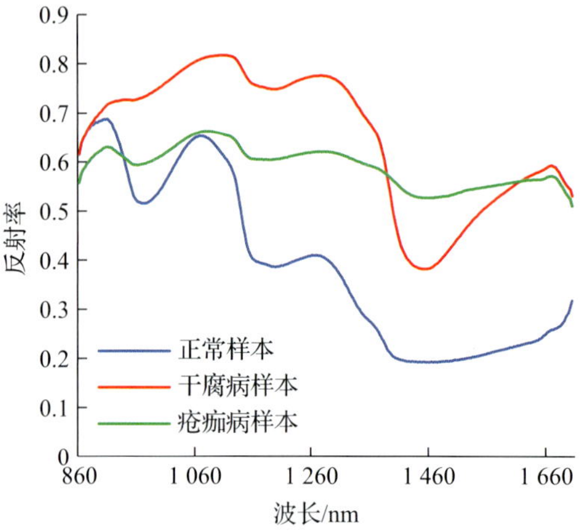

图 6-26　3 类样本的平均光谱曲线

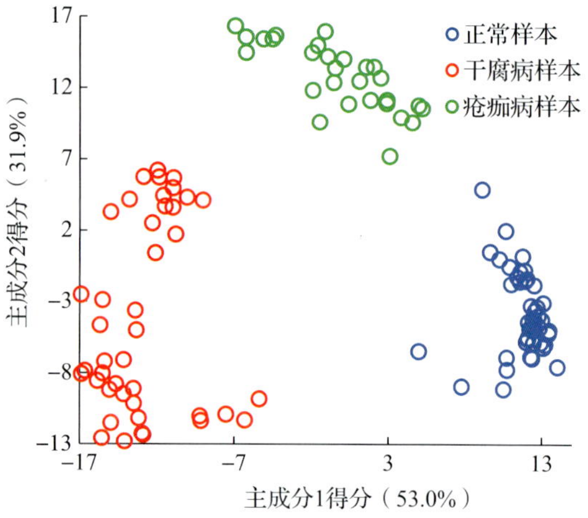

图 6-27　前 2 个主成分得分图

由于物体的反射光谱具有“指纹”效应，不同物不同谱，同物一定同谱，相同物质有相似的光谱结构，物质浓度的变化只是引起相同波长处反射率值的变化，表现为同种样本的光谱曲线沿纵轴上下平移，形成曲线簇。曲线的轮廓形状主要由起始点、极值点、极值点间的中间过渡点等关键点决定，极值点决定曲线的峰谷位置，极值点间的中间过渡点决定曲线的走向，极值点间连线的斜率可以用来表示曲线的走向。图 6-28 中每条曲线圆圈标记处为样本光谱曲线的关键点。经统计，正常样本关键点对应波长为 894、911、942、973、1 020、1 068、1 135、1 199、1 235、1 269、1 387、1 500、1 650 nm，干腐病样本关键点对应波长为 894、955、1 034、1 108、1 169、1 199、1 239、1 275、1 364、1 452、1 552、1 650 nm，

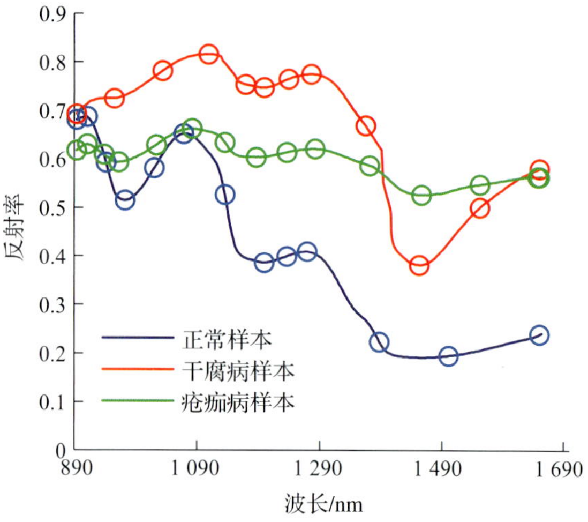

图 6-28　3 类样本光谱曲线关键点

疮痂病样本关键点对应波长为894、911、938、962、1 024、1 081、1 135、1 185、1 235、1 282、1 370、1 455、1 552、1 647、1 650 nm。

(1)识别方法1:利用3类样本光谱曲线关键点处的反射率,形成3类样本的标准模式特征向量,正常样本的向量长度为13,干腐病样本的向量长度为12,疮痂病样本的向量长度为15。获取待测样本相应波长处的反射率,计算待测样本与各模式向量之间的马氏距离,以距离最小判断待测样本所属类别。3类样本的错误识别率均为0。从识别率来看,关键点处的反射率可以代表样本的特征。

但是,这种方法根据图6-28为3类马铃薯各自建立标准模式特征向量,每个模型的波长位置和波长数均不一样,不仅给模型的推广造成困难,也不利于开发具有普适性的便携式马铃薯品质检测仪器。

(2)识别方法2:将3类样本光谱曲线关键点处的波长形成一个波长组合,波长数为31,利用统一的波长组合建立3类样本各自的标准模式特征向量。获取待测样本相应波长处的反射率,计算待测样本与3个标准模式特征向量之间的马氏距离,以距离最小判断待测样本所属类别。正常样本的错误识别率均为0;干腐病样本的错误识别率为14.3%,错者均被识别成疮痂病样本;疮痂病样本的错误识别率为0。这种方法存在冗余数据,数据点的增多增加了异类样本之间的贴合度,缩小了两类病害样本之间的距离,降低了两类病害样本之间的区分度。

(3)识别方法3:3类样本光谱曲线有基本相同极值点位置,对应波长为911、962、1 081、1 199、1 269、1 455 nm,共计6处。如图6-29中极值点连线(图中黑色折线)所示,各类样本极值点间曲线的走向基本一致,但是起伏程度不同。计算相邻两点间连线的斜率(计算时将波长进行归一化,消除量纲影响),由斜率组成模式向量,获取待测样本相应的斜率,计算待测样本与各标准模式向量之间的马氏距离,以距离最小判断待测样本所属类别。从6个波长中可以分别选择其中2、3、4、5、6个点进行组合,分别有15、20、15、6、1种组合方式,共有57种组合方式。

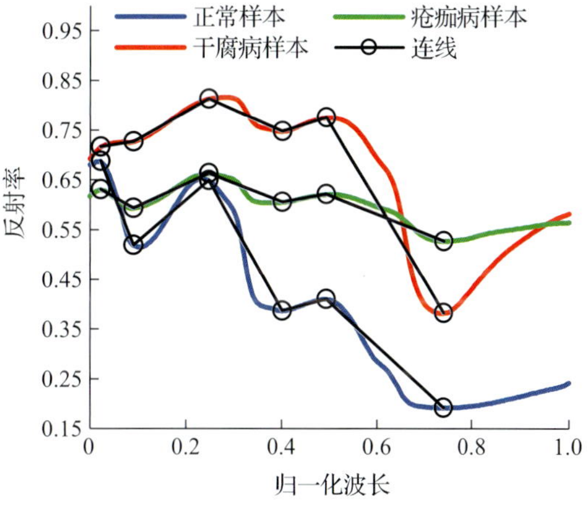

图6-29 光谱曲线极值点间连线

统计分析发现,911、1 269、1 455 nm 3个波长的组合,是所有组合中错误识别率最低的组合,正常样本的错误识别率为0;干腐病样本的错误识别率为2.4%,有1个样本被识别为正常样本,原因可能是病区较小或者病情较轻,在选取感兴趣区域时圈入正常区域面积所占比例较大,使得平均光谱更接近正常样本;疮痂病样本的错误识别率为0。911 nm附近存在蛋白质C—H键的二倍频伸缩振动吸收,1 269 nm附近存在C—H键的二倍频伸缩振动吸收,1 455 nm附近存在淀粉和水的O—H键的一倍频伸缩振动吸收。如图6-30所示,各类样本波形起伏程度不同,反映的是内部物质的变化,以上3点之间连线的斜率正好能反映出正常样本和病害样本之间以及两类病害样本之间的成分变化。

这种方法只使用了3个波长,为便携式分析仪器的开发和推广打下了基础。

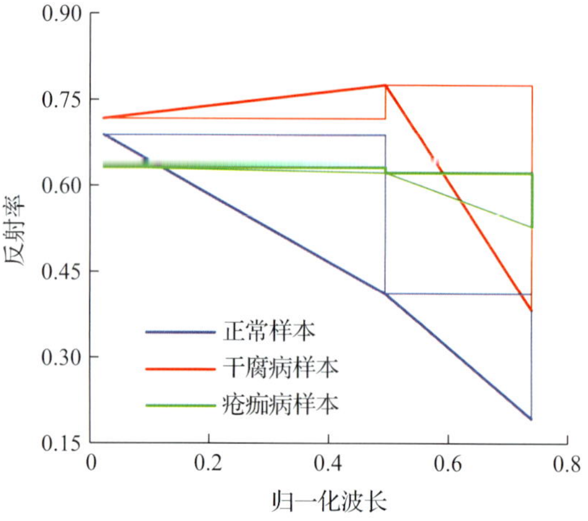

图 6-30　911、1 269、1 455 nm 处光谱连线变化趋势

6.2.4　基于三维荧光光谱特征的冷鲜猪肉品质识别

中国是世界猪肉生产和消费大国，市场上实际销售的猪肉(除腊肉外)主要有热鲜猪肉、冷鲜猪肉与冷冻猪肉三大类。其中，冷鲜猪肉又称冷却排酸猪肉，是指严格执行兽医检疫制度，对屠宰后的猪胴体迅速进行冷却处理，使胴体温度在 24 h 内降为 0～4 ℃，而后上市或进行后续加工的生鲜猪肉。冷鲜猪肉的营养损失少、口感佳、附加值高，深受消费者的青睐。

猪肉在贮藏过程中新鲜度会逐渐下降，直至腐败变质。常规肉品新鲜度的检测方法大致分为感官检测、物理检测以及化学检测。随着科技的发展，无损检测技术逐渐用于肉品新鲜度的检测，主要包括超声波技术、荧光技术、高光谱图像技术、可见/近红外光谱技术、电子鼻技术等。三维荧光光谱技术是一种面向复杂体系解析的新型荧光分析技术，因其灵敏度高、选择性好、操作简便等而受到关注。任梦佳等研究了冷鲜猪肉在不同温度条件下三维荧光光谱随时间变化的规律，为实现猪肉新鲜度无损快速检测提供理论基础和数据支撑[11]。

1. 样本制备和三维荧光光谱采集

研究选用冷鲜猪肉的背最长肌(俗称通脊)。背最长肌组织均匀性较好，且体量较大，便于分割出初始条件相近的多个样本，可以减少样本间的差异对结果的影响。由于脂肪部分荧光物质产生的荧光强度较大，因此测量的是背最长肌脂肪含量丰富的部位。

试验用冷鲜猪肉从超市购买，为当天上市的同一品种猪的背最长肌。购买后立即运回实验室，在无菌条件下分割成 80 mm×50 mm×5 mm 的长方体样本，共得到 106 个样本。用透气聚乙烯保鲜袋把每个样本单独密封包装，将 60 个样本放在 4 ℃的恒温箱中保存，27 个放入 20 ℃的恒温箱中保存。其余 19 个在 5 min 内进行光谱采集，作为保存开始时的荧光光谱数据(第 0 天)。之后每 24 h 采集一次光谱，4 ℃保存的样本共采集 6 次，每次取样本 10 个；20 ℃保存的样本共采集 3 次，每次取样本 9 个。

利用 JASCO FP-8300 型三维荧光分光光度计采集样本的三维荧光光谱。该仪器的光源为 150 W 氙灯，激发波长 λ_{Ex} 的范围为 200～500 nm，发射波长 λ_{Em} 的范围为 210～750 nm，扫描间隔均为 5 nm，扫描速度为 5 000 nm/min，响应时间为 50 ms。利用 JASCO Spectra Manager 软件(ver. 2.0)进行三维荧光光谱的采集和分析。

每个样本的三维荧光光谱数据中包含 61 个激发波长、109 个发射波长下的荧光强度值。

2. 冷鲜猪肉三维荧光光谱特征

(1)保存开始时(第 0 天)样本三维荧光光谱特征：为了揭示不同温度条件下冷鲜猪肉三维荧光光谱的变化规律，首先对保存开始时样本的三维荧光光谱进行分析。保存开始时(第 0 天)样本三维荧光光谱图(荧光强度等高线图)如图 6-31 所示，所有样本的三维荧光光谱图中只有 1 个荧光峰(荧光峰 A)，位于 $\lambda_{Ex}/\lambda_{Em}=250\sim310$ nm/$300\sim400$ nm，即图中的白色区域(荧光强度测量值大于最高测量限 1 000)，最大值出现在 $\lambda_{Ex}/\lambda_{Em}=$ 290 nm/335 nm 处。

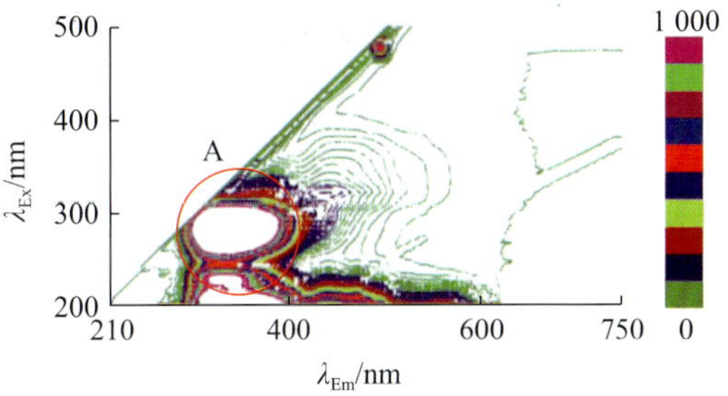

图 6-31　保存开始时(第 0 天)样本的三维荧光光谱图

(2)20 ℃保存样本三维荧光光谱特征：由于猪肉在 20 ℃保存时极容易腐败变质，因此试验周期为 3 天(第 1～3 天)。27 个样本在 20 ℃保存 3 天的三维荧光光谱变化如图 6-32 所示。保存 1 天后，样本的三维荧光光谱图中出现了第 2 个荧光峰(荧光峰 B)，位于 $\lambda_{Ex}/\lambda_{Em}=$ 300～450 nm/400～550 nm，最大值出现在 $\lambda_{Ex}/\lambda_{Em}=320$ nm/470 nm 处。随着保存时间的增加，最大值出现的位置发生迁移，到第 3 天时最大值出现在 $\lambda_{Ex}/\lambda_{Em}=390$ nm/470nm 处。

(3)4 ℃保存样本三维荧光光谱特征：4 ℃保存时猪肉不易变质，试验周期为 6 天。60 个样本在 4 ℃存储第 2、4、6 天的三维荧光光谱如图 6-33 所示，到第 4 天时样本的三维荧光光谱图中出现第 2 个荧光峰(荧光峰 B)，所处的位置与 20 ℃保存样本一致，最大值出现在 $\lambda_{Ex}/\lambda_{Em}=$ 320 nm/470 nm 处。

3. 冷鲜猪肉荧光峰强度变化规律与品质识别

由图 6-31 至图 6-33 可知，保存前后猪肉样本的三维荧光光谱图中都有荧光峰 A；在保存过程中猪肉样本的三维荧光光谱图中出现了荧光峰 B。

根据荧光峰 A 的位置，并结合已有的文献报道可知，荧光峰 A 为类蛋白荧光，对应的主要荧光物质为色氨酸[12]。不同保存温度条件下，荧光峰 A 在 $\lambda_{Ex}/\lambda_{Em}=250\sim310$ nm/300～400 nm 区域内荧光强度的平均值 $\bar{I}_A$ 随时间变化的曲线如图 6-34 所示。由图可知，不同保存温度下 $\bar{I}_A$ 都随保存时间的增加而下降。产生上述变化的原因是：猪肉中存在的色氨酸具有荧光特性，且在所有的氨基酸中，色氨酸荧光量子产率最高，在购买当天样本色氨酸的荧光强度最高。在含氧环境下，嗜冷假单胞菌是引起猪肉腐败的主要细菌。在保存过程中，嗜冷假单胞菌首先分解猪肉中的葡萄糖，当猪肉中的葡萄糖无法为大量的嗜冷假单胞菌提供足够的能量时，色氨酸就会被分解。猪肉表面色氨酸的分解会使荧光强度下降，所以随着保存时间的增加，$\bar{I}_A$ 会逐渐下降。

从图 6-34 中还可以看出，保存温度不同，$\bar{I}_A$ 下降的速度不同。20 ℃保存时，$\bar{I}_A$ 在保存第 1 天下降较快，变化率为 27.9%，在后面 2 天下降较慢，变化率为 17.1%；4 ℃保存时，$\bar{I}_A$ 在整

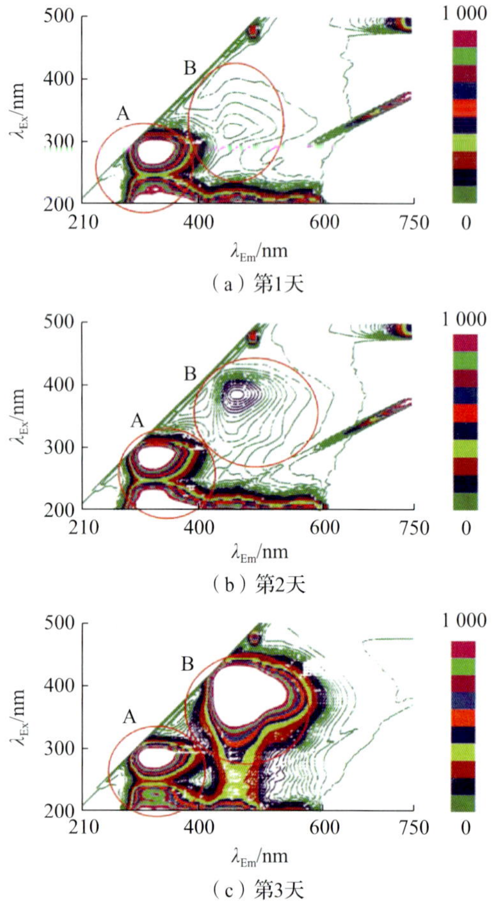

图 6-32　20 ℃保存第 1、2、3 天样本的三维荧光光谱图

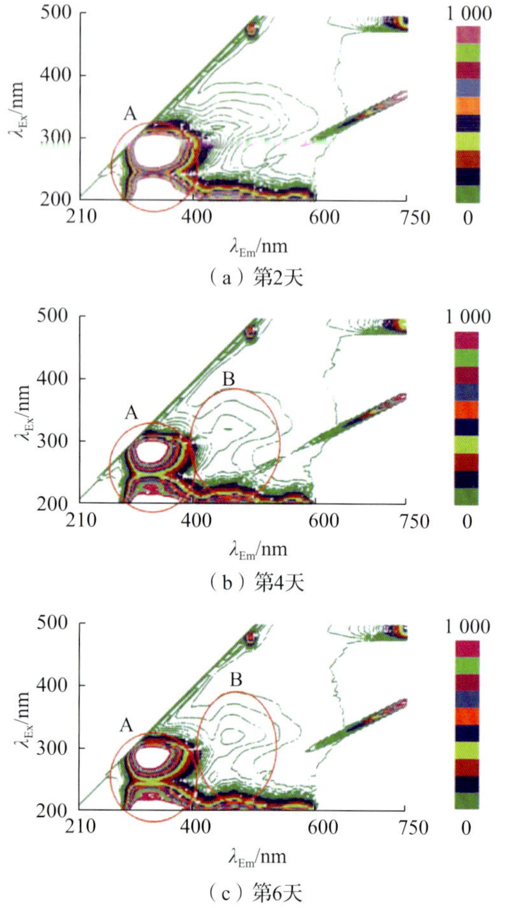

图 6-33　4 ℃保存第 2、4、6 天样本的三维荧光光谱图

个试验周期内呈波动下降的趋势，总的变化率为 17.9%。

两种温度条件下荧光峰 B 在 $\lambda_{Ex}/\lambda_{Em}$=300～450 nm/400～550 nm 区域内荧光强度的平均值 $\bar{I}_B$ 随时间变化的曲线如图 6-35 所示。由图可知，不同保存温度下 $\bar{I}_B$ 均随保存时间的增

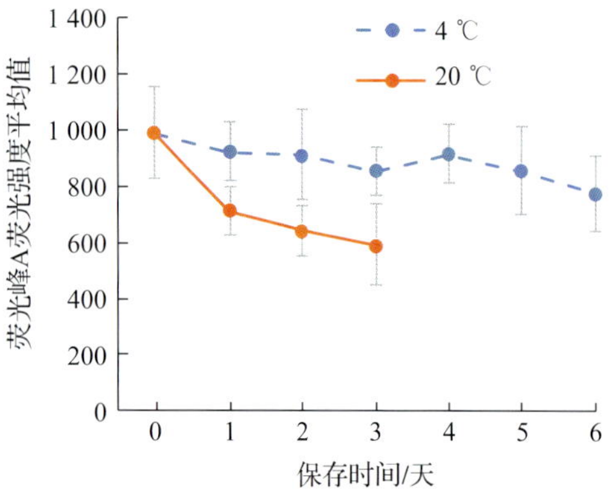

图 6-34　荧光峰 A 荧光强度平均值的变化趋势

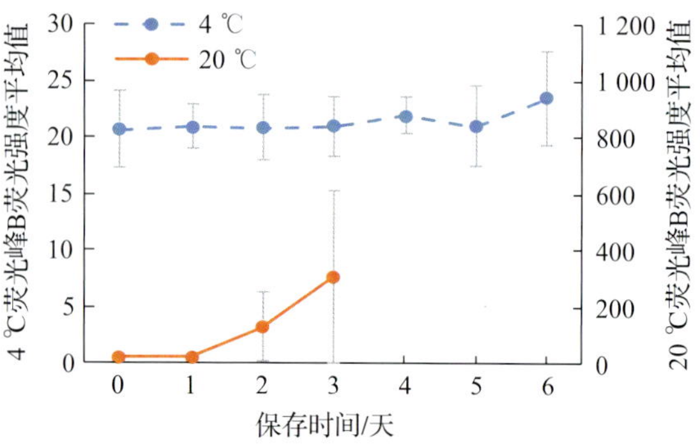

图 6-35　荧光峰 B 荧光强度平均值的变化趋势

加而增大，4 ℃保存时的 $\bar{I}_B$ 远低于 20 ℃保存时的 $\bar{I}_B$。结合已有的文献报道可知，荧光峰 B 为脂质氧化产物荧光，对应的荧光物质为脂质氧化产物。产生上述现象的原因是：随着存储时间的增加，脂质氧化产物逐渐增多。而在低温下保存时，脂肪含量高的猪肉样本的衰变过程较缓慢，氧化反应较弱，脂质氧化产物比 20 ℃保存时产生得少，因此，随着保存时间的增加，$\bar{I}_B$ 逐渐增大，但 4 ℃的 $\bar{I}_B$ 远低于 20 ℃的。

从图 6-35 中曲线还可以看出，保存温度不同，$\bar{I}_B$ 上升的速度不同。20 ℃保存时，$\bar{I}_B$ 在第 1 天上升较慢，变化率为 5.9%，第 2～3 天上升较快，变化率为 1 206.7%；4 ℃保存时，$\bar{I}_B$ 在整个试验周期内变化较小，总的变化率为 14.0%。

由以上结果可知，根据猪肉三维荧光光谱中荧光峰的位置和峰区域内的荧光强度，可以对脂肪含量较高的冷鲜猪肉的新鲜度进行检测和评价。

6.3 基于声学振动的农产品内在品质检测

声学振动法是指通过对物体施加冲击力或者周期性的力使之振动，用传感器测量物体在 0～20 kHz 频率范围内的振动响应，根据共振频率、声波传播速度等振动响应的特征参数对农产品内部品质进行检测。基于声学振动法检测农产品内部品质的实验装置通常由激振单元和测振单元两个部分组成，激振单元用于施加振动，测振单元的传感器主要有加速度传感器、麦克风和激光多普勒测振仪。典型的基于声学振动法检测农产品内在品质的装置如图 6-36 所示。

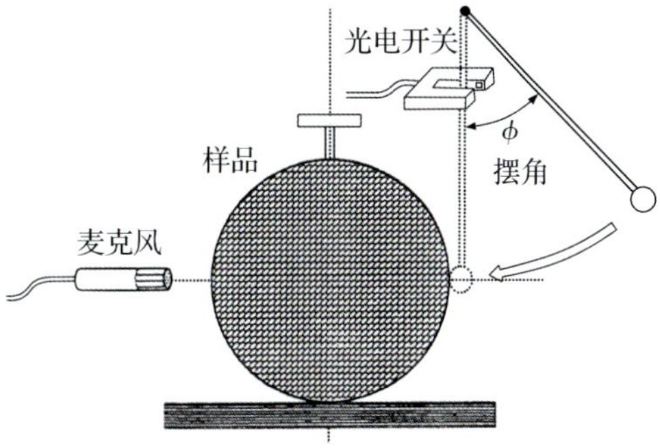

图 6-36 典型的基于声学振动法检测农产品内部品质的装置

6.3.1 基于激光多普勒效应的梨果实质地检测研究

具有一定频率成分的波（声波、电波或者光波）对准某一移动物体，则反射波的频率会随物体的速度成比例地发生变化（频移），这就是多普勒现象或者称为多普勒效应。现代测量多采用激光多普勒测振技术（laser Doppler vibrometer technology，LDV 技术），其原理如图 6-37 所示。将频率为 f_0 的激光照射到移动着的被测物体上，从移动物体表面反射或散射回来的光会产生多普勒效应，产生频移 f_D（发射波频率与反射波频率之差），称为多普勒频率。通过分析反射波的特性可以探测农产品的内在品质。

Zhang 等利用激光多普勒测振技术开展了梨果实质地的探测方法研究[13,14]。质地（硬度）代表了水果的新鲜度或成熟度，是评估水果质量和可接受性的关键品质属性之一。基于果肉的力-变形（F-D）特性的压力试验是目前应用最广泛的水果质地分析方法，如万能试验机和质地分析仪，将探头以一定的速度压入待测物体，记录完整的 F-D 曲线数据。但是这种破坏性的方法耗时、浪费，因此 Zhang 等提出了基于激光多普勒效应的梨果实质地快速、无损检测方法。

梨样本包括果园现采梨和经过冷藏保存的梨，有玉冠、黄金和丰水 3 个品种。梨样本的质地标准值使用英国 Stable Micro System 公司的 TA-XT2i 质构仪测量，样本有去皮和带皮 2 种状态。图 6-38 是质构仪测量得到的典型梨质地 F-D 曲线。

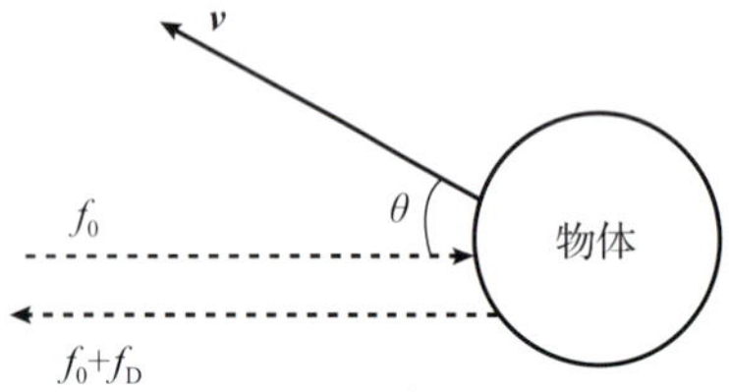

图 6-37　激光多普勒测振原理

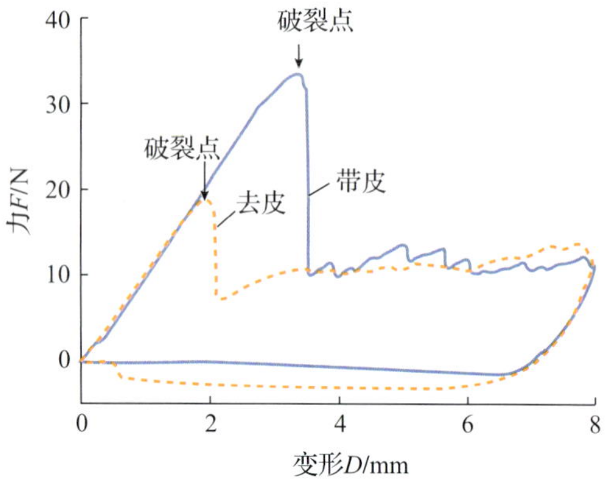

图 6-38　质构仪测量得到的典型梨质地 F-D 曲线

质地评价最常用的指标有：最大贯入力(maximum force, MF)；破裂点后力的平均值，也称为果肉硬度(flesh firmness, FF)；破裂点前斜率，也称为果肉弹性率(stiffness, Stif)。Stif 的计算公式为

$$\mathrm{Stif}=\frac{F_{\mathrm{rup}}-60\%F_{\mathrm{rup}}}{d_2-d_1} \tag{6-17}$$

式中：F_{rup} 为破裂点处的力，d_1 为破裂点前 60%F_{rup} 对应的变形，d_2 为破裂点处的变形。

图 6-39 是基于激光多普勒测振技术的水果振动特性检测平台示意图。该检测平台由振动控制系统、振动信号采集系统和信号分析软件 3 部分组成，计算机通过振动控制器发出控制

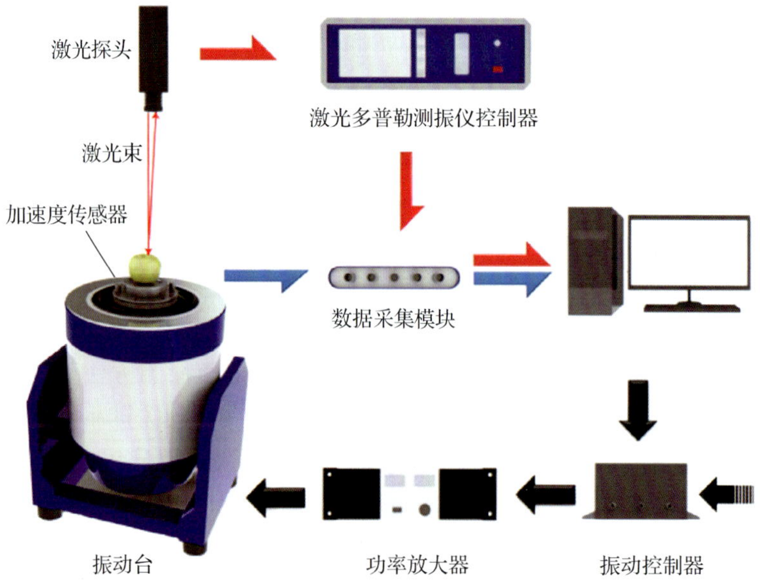

图 6-39　基于激光多普勒测振技术的水果振动特性检测平台示意图

信号至功率放大器，该信号经放大后激励振动台工作，放置在试验托台上的水果随之一起振动，加速度传感器将测得的实际振动信号反馈给振动控制器形成闭环控制。同时，加速度传感器将测得的试验台的振动信号送到数据采集模块的通道 1，激光多普勒测振仪测得的水果振动信号送到数据采集模块的通道 2，数据采集模块将采集到的两路振动信号送至计算机通过信号分析软件进行处理。

利用该检测平台分析了 3 个品种（玉冠、黄金、丰水）梨的质地，并对梨品种进行了识别。图 6-40 所示为质地不同的梨果实的典型幅频特性和相频特性曲线。可以看出，较软样本的共振频率向低频方向偏移，而相频则高于较硬的样本。从幅频响应中提取第二和第三谐振频率（f_2 和 f_3）以及 f_2 和 f_3 处的振幅（A_2 和 A_3），并计算弹性指数：

$$\mathrm{EI}_i = f_i^2 m^{2/3} \qquad i=2,3 \tag{6-18}$$

式中：m 为样本质量。

分别对带皮梨和去皮梨进行穿刺试验，检测梨的质地。从力-变形（F-D）曲线中提取最大贯入力（MF）、果肉硬度（FF）和果肉弹性率（Stif）等质地指标。

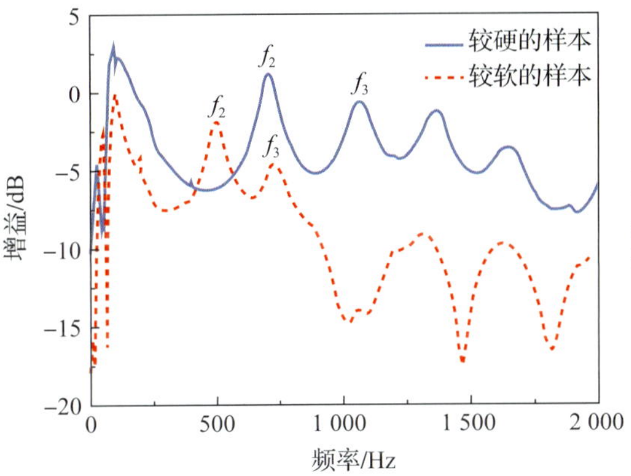

(a) 幅频特性曲线

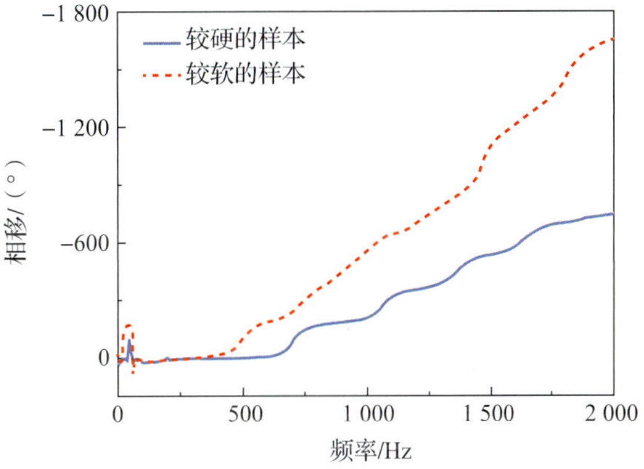

(b) 相频特性曲线

图 6-40　质地不同的梨的典型振动特性曲线

表 6-15 为 3 个品种梨的质地指标与振动参数之间的相关性。由于梨皮和果肉的组织结构不同，梨皮可能部分影响梨的振动特性，因此分别分析了振动参数与去皮梨和带皮梨质地指标的相关性。结果表明，去皮梨和带皮梨的质地指标与振动参数的相关系数无明显差异和规律性。3 个品种梨的质地指标均与 EI 呈良好的相关关系（$P<0.05$），无论去皮梨还是带皮梨，EI 与 Stif 的相关系数（$r=0.866\sim0.962$）均高于与 FF 和 MF 的相关系数，表明用振动参数估计 Stif 可以获得更高的精度。振幅与质地指标的相关系数远低于 EI，表明振幅不是梨质地预测的良好指标。

采用逐步多元线性回归、BP 神经网络和主成分-BP 神经网络等方法建立果实内在品质指标的定量预测模型，并融合多个振动特征参数提高模型的预测精度。图 6-41 所示为梨果实全部样本的振动参数 EI_2 和质地指标 Stif 的相关性，可以看出 3 种梨的 Stif 与 EI 相关性良好。因此，用 LDV 法对不同品种梨果实的质地进行无损检测是可行的。

表 6-15　3 个品种梨的振动参数与质地指标的相关系数 r

品种	是否去皮	质地指标	振动参数			
			EI_2	EI_3	A_2	A_3
王冠	去皮	MF	0.609**	0.620**	0.494**	0.485**
		FF	0.748**	0.747**	0.427**	0.450**
		Stif	0.929**	0.926**	0.334*	0.410**
	带皮	MF	0.514**	0.546**	0.412**	0.348**
		FF	0.812**	0.814**	0.408**	0.453**
		Stif	0.869**	0.866**	0.436**	0.504**
黄金	去皮	MF	0.408**	0.402**	0.060	−0.104
		FF	0.681**	0.672**	−0.159	−0.398**
		Stif	0.962**	0.956**	−0.291*	−0.370**
	带皮	MF	0.324*	0.322*	−0.021	−0.217
		FF	0.749**	0.744**	−0.176	−0.370**
		Stif	0.936**	0.929**	−0.267*	−0.366**
丰水	去皮	MF	0.794**	0.771**	−0.037	−0.034
		FF	0.865**	0.848**	−0.064	−0.016
		Stif	0.938**	0.928**	−0.304*	−0.184
	带皮	MF	0.642**	0.612**	0.102	0.054
		FF	0.869**	0.853**	−0.059	0.010
		Stif	0.959**	0.950**	−0.166	−0.085

** 相关性极显著(P<0.01)；* 相关性显著(P<0.05)。

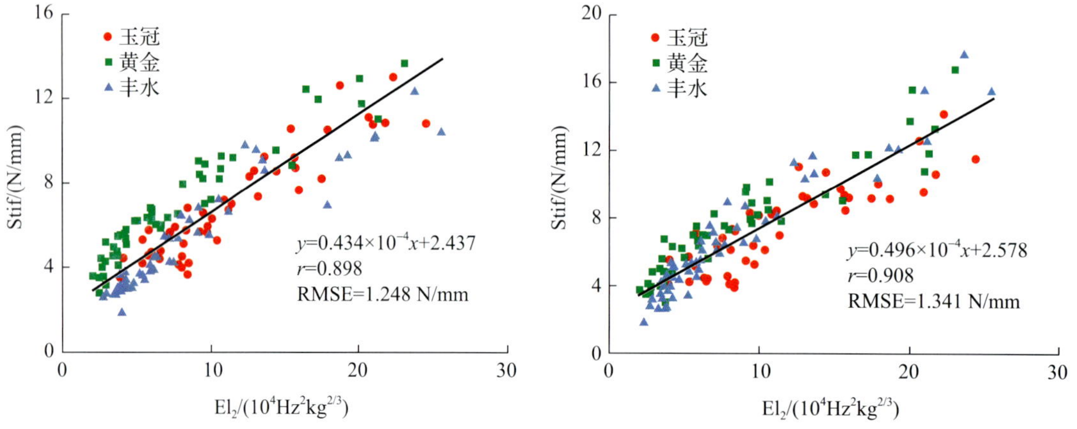

(a) 去皮梨果实　　(b) 带皮梨果实

图 6-41　梨果实全部样本的振动参数 EI_2 和质地指标 Stif 的相关性

6.3.2 基于声振分析和多普勒效应的梨果实硬度在线检测系统

在上述研究的基础上，Ding 等开发了基于声振分析和多普勒效应的梨果实硬度在线检测系统[15]，如图 6-42 所示。系统主要由输送单元、麦克风模块、扬声器模块、LDV 和分析软件组成。输送单元由 2 个气缸、1 个正反向传动机构、2 台步进电机和 2 个传送链条组成。传送链条的速度可以由电机控制单元控制。正反向传动机构主要由传送带和步进电机组成，可以将托盘送到直线气缸的顶部或将其移出。在测量中，水果托盘在被传输到检测位置时，止动气缸控制托盘停止运动，然后顶升气缸将托盘从传送链条上托起。之后，扬声器产生 50～2 000 Hz 的扫频正弦波信号，以每秒 3 次的频率刺激梨。麦克风记录来自扬声器的声音信号作为输入信号，LDV 设备通过数据采集单元记录水果表面的振动响应信号作为输出信号，输入和输出信号的单位分别为 Pa 和 m/s。对 2 个信号进行快速傅里叶变换(FFT)从时域转换到频域，其比值被视为频率响应函数(FRF)。

(a) 检测单元

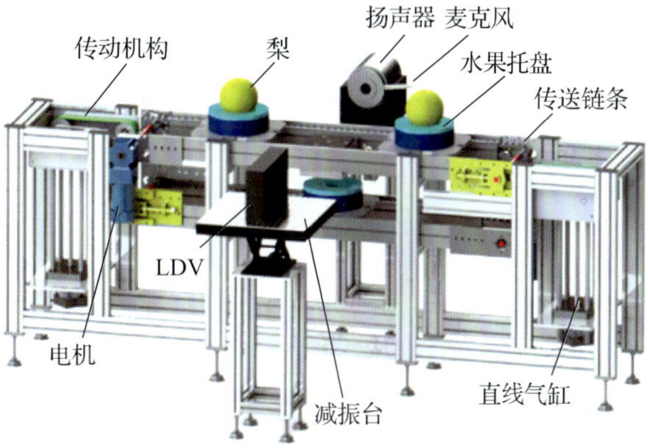

(b) 系统示意图

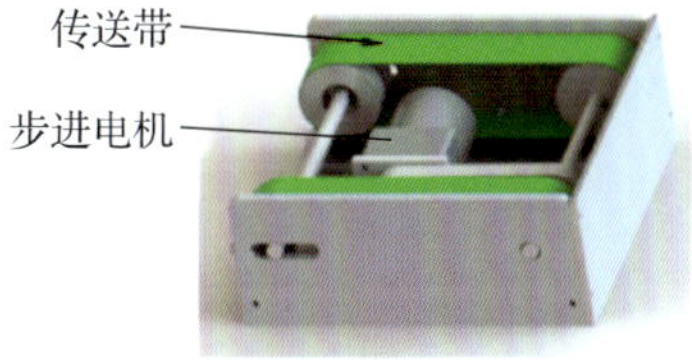

(c) 正反向传动机构

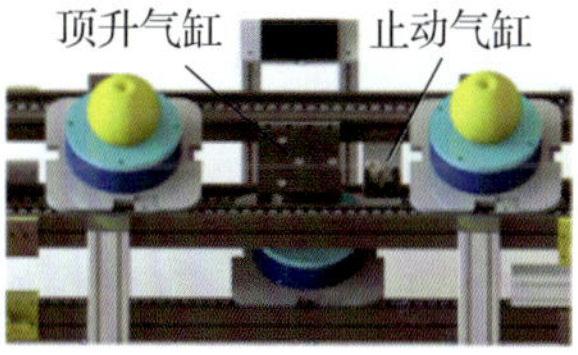

(d) 升降装置

图 6-42 基于声振分析和多普勒效应的梨果实硬度在线检测系统

梨果实的典型频率响应曲线如图 6-43 所示，从中提取 4 个振动参数，即峰值 A、第二共振频率 f_2、半高峰宽 w 和峰面积 $S(=Aw)$，按式(6-18)计算与果实物理结构和力学性能密切相关的弹性指数 $EI_i(i=2,3)$，根据 EI_i 就可在线估测水果的硬度。

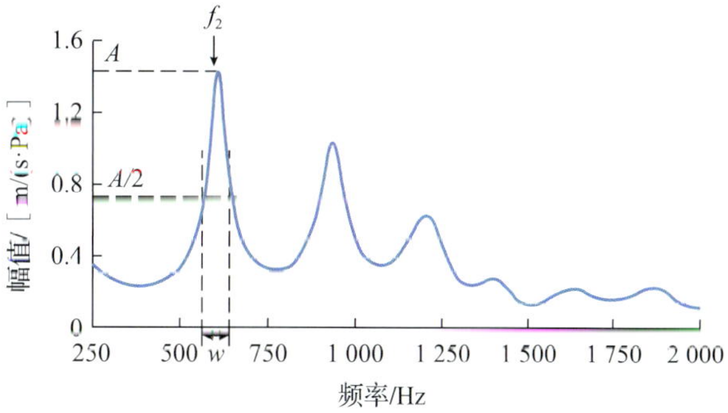

图 6-43 梨果实的典型频率响应曲线

6.4 基于机器视觉的苹果田间分级分选技术与装备

苹果在世界各地广泛种植，是产量最高的水果之一。高品质的苹果在市场上很受欢迎，售价也比较高。苹果在大小、颜色和缺陷等方面存在差异，这些属性也影响销售价格。人们通常会根据这些属性将苹果分为不同的等级，然后再推向市场。苹果分级不仅满足了客户的不同要求，而且可以使果农经济利益最大化。

目前，苹果分级主要在室内环境中进行，很多公司已经将苹果分选机商业化，如挪威的Compac Spectrim、荷兰的Ellips和中国的绿萌等。室内分级模式下，田间采摘后不同品质的苹果混放储存，当有订单时，从仓库中取出苹果，经室内分级线分级、销售。由于储存之前没有进行分拣、分级，如有患病苹果会导致交叉感染，可能造成巨大损失。而田间分级可以在储存前对苹果进行分级，能够有效避免交叉感染的问题。此外，室内分级装备价格昂贵、庞大且复杂，国内大部分果农无法负担，如果开发体积小、结构紧凑、简单、成本低廉的田间分级设备，能够有效减轻果农经营成本。

6.4.1 苹果田间分级分选系统

Zhang 等根据田间分级的需求，开发了基于机器视觉的苹果田间分级分选系统[16,17]。田间分级装备一般由硬件和分级算法组成，硬件主要包括输送机、成像室和分选执行机构。输送机的功能是运输和分离苹果。由于分级要求收集的图像覆盖苹果的整个表面，因此输送机的另一个功能是旋转苹果，水果杯、滚筒、双锥滚筒和螺旋输送机是输送苹果的常用设备。成像室通常由恒定照明的光源、工业相机和图像处理系统组成。开发的相应算法用于从图像背景中分割、检测和跟踪苹果，然后对苹果进行评级；评级后根据评级结果触发分选执行器，将苹果引导到不同的果箱中。

1. 苹果的分离、旋转和传送

首先需要对苹果进行分离和准确分选。如果苹果没有以有序的方式分离和排列，基于机器视觉的分级系统难以从采集的图像中将苹果准确识别出来，苹果重叠或紧挨在一起会导致分级结果不准确。因此，在拍摄图像进行分级之前，需要将苹果一个一个分开并以特定格式排列。一种广泛采用的分离方法是通过多条不同速度的皮带传送苹果，当从低速带换到高速带时，苹果会因加速而物理分离。另一种方法应用液体介质输送苹果，使用V形输送机和空竹形元件(两端较高、中心较低)进行水果分离。还有将苹果喂入旋转的圆盘中、利用离心力进行分离的。但是这些分离方法主要是为包装厂使用而设计的，设备体积庞大、结构复杂、成本高昂，不适于田间分级分选。

田间分级需要考虑系统总体尺寸、简单性和可靠性等因素，适合采用紧凑的机构。Zhang等开发了新型变螺距螺旋输送机，具有水果分离、旋转和传送3种功能。输送机有3条变螺距螺旋输送通道(图6-44)，每条由一对覆盖有软泡沫(13 mm厚)的铝管(直径32 mm)组成，螺纹由多用途氯丁橡胶泡沫条(16 mm宽，9 mm高)制成，从输送机的水果入口侧到出口侧螺距($D_1=83$ mm，$D_2=102$ mm，$D_3=121$ mm)从83 mm增加到121 mm(螺旋输送机总长度为1 560 mm)。3条输送通道在同一方向上同步，当收获的苹果以随机模式(聚集或分开)从收获机送入螺旋输送机时，由于通道沿水果移动方向的螺距增加，苹果逐渐分散，直到被完全分离成串联排列。由于成对的输送通道沿同一方向旋转，水果和软泡沫表面之间的摩擦使苹果相对于输送通道反方向旋转，接近输送通道的最后一段（螺距为 D_3）时苹果完全分离以备成像。该系统设计还考虑到集成应用于可容纳 6 名工人的自走式收获作业平台。试验证明，变螺距螺旋输送机在三通道配置下每秒能够处理超过 15 个苹果（每个通道每秒 5 个苹果），足以满足自走式收获作业平台的要求。

苹果田间分级分选系统

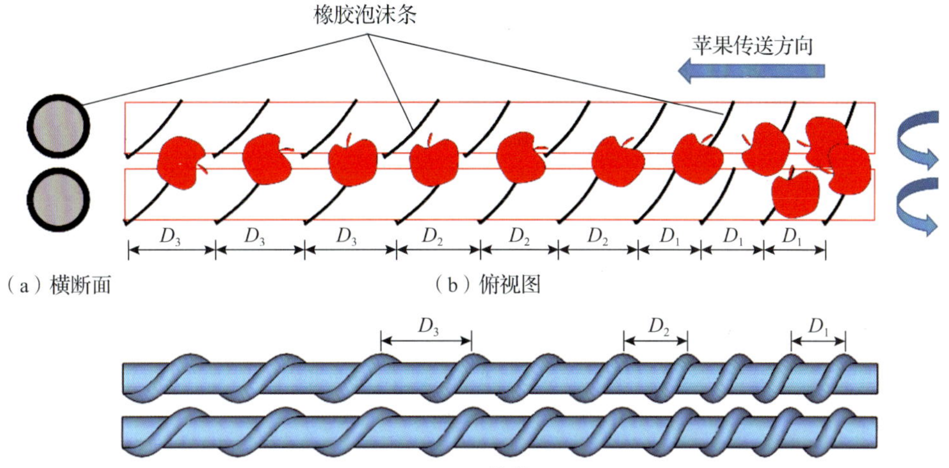

图 6-44　可实现苹果分离、旋转和传送的变螺距螺旋输送通道

2. 苹果果实成像与分级

螺旋输送机的末端设置了一个成像室，成像室顶部安装一台低成本 CCD 彩色摄像机（Fire i，Unibrain，美国），摄像机镜头垂直向下，覆盖 3 条螺旋输送通道，视场面积约为 460 mm×340 mm（长×宽），与螺旋输送通道的垂直距离约为 600 mm。4 对长度为 609 mm 的14 W 白色 LED 灯安装在 3 条通道上方和沿线，为进入成像室的苹果提供均匀照明。图形用户界面（GUI）软件是在 Qt 5.10 环境中开发的，用于控制视觉和分选系统，其中部署了 OpenCV 3.4.5 库用来执行图像处理任务。当苹果进入螺旋输送通道的最后一段时，成像室获取 3 条通道上的苹果图像用于分级。

视觉系统根据大小和颜色属性将苹果分为 2 个质量等级，即鲜食和加工。图 6-45 为基本的图像处理和苹果分级程序。采用 RGB 像素强度训练的 2 类线性判别分类器将果实从传送背景中分割出来，然后进行大小和颜色评估。根据对果梗、花萼方向的检测，通过计算最大赤道直径来估计苹果大小。再将获取的 RGB 图像转换为 HSV 模式，基于 H 分量确定苹果颜色。定义 2 个阈值（$t_1=15$，$t_2=30$）将图像像素分为 3 个颜色类别，即红色（$H<t_1$）、条纹（$t_1 \leqslant H \leqslant t_2$）和绿色（其他）。用户也可以通过程序的 GUI 设置其他的颜色和尺寸分级标准。当分选系统吞吐量为每秒 9 个苹果时，成像系统拍摄的图像能够覆盖每个苹果的完整表面 2 次以上，不受品种和大小的影响。苹果的旋转模式也基本不受果实形状（或品种）的影响；在完成 360°旋转时，小苹果通常比大苹果旋转得快。因此，对于系统设置的每秒 7.5、9.0、10.5 个苹果的吞吐量，成像系统拍摄的图像预计将覆盖每个苹果的完整表面至少 2 次。

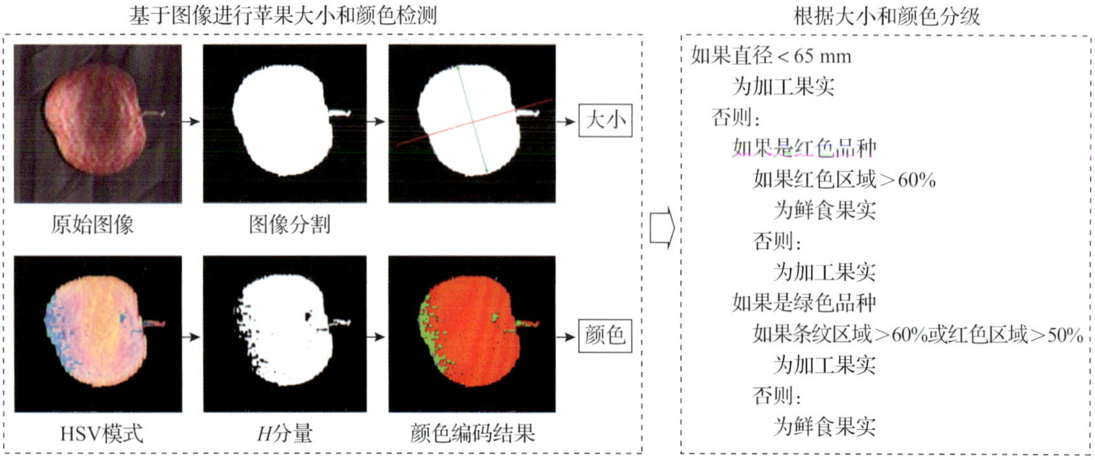

图 6-45　基于图像分析的苹果分级流程

采用 SVM 和 Ostu 法检测果实大小，当苹果上附着有果梗时，会把它当作果实的一部分，检测到的果梗和花萼末端用于协助确定果实大小。当果实中没有果梗时，将通过分析苹果轮廓的梯度变化来识别果梗和花萼末端。苹果等值截面的最大直径被认为垂直于检测到的果梗-花萼末端连线。果实大小检测算法对不同大小和品种苹果最大直径的检测误差在±1.8 mm 内。

3. 桨式分选机

在分析比较了杯式分选机和旋转分选机等不同分选机结构后，Zhang 等设计了一种简单的高通量桨式分选机[18,19]，可将苹果分为加工和鲜食 2 个质量等级，如图 6-46 所示。该分选机的主要部件是一个带 12 V DC 电源的旋转电磁阀驱动的铝制桨叶，桨叶尺寸为 75 mm×51 mm(长×宽)，旋转行程为 40°，扭矩为 0.11 N·m。桨叶上包裹 3 mm 厚的泡沫，可避免在主动改变苹果运动方向时将苹果碰伤。如果苹果被判断为鲜食等级，桨式分选机的桨叶保持打开模式[图 6-46(c)]，桨叶不干扰苹果的运动方向，苹果通过一个短的倾斜通道直接进入鲜食果箱。如果苹果用于加工，电磁阀激活，桨叶转为关闭模式，如图 6-46(d)所示，将苹果侧向推到相邻的倾斜通道，进入加工果箱。图 6-46 (e)为桨叶分选机实际工作状态的顶视图，其中 1 个桨叶打开(中间通道)、2 个桨叶关闭(两侧通道)。

与杯式或旋转式分选机相比，这种桨式分选机有以下优点：①鲜食级苹果离开传送通道后直接进入倾斜通道，不接触处于打开模式的叶片，能够避免给优质苹果带来额外损伤。②对于加工级苹果，只需要很小的力就可以将向前移动的苹果侧向推到相邻的通道，因此当电磁阀被激活时预计不会挤伤苹果。③分选机的整体高度仅为 111 mm(旋转电磁阀和桨叶高度分别为 60 mm 和 51 mm)，结构设计简单紧凑。

4. 分级分选系统

将独立的分级和分选单元集成，构建了苹果田间分级分选系统，包括底座和成像室两部分。底座为分离、旋转、传送机构和桨式分选机，尺寸为 2 400 mm×350 mm×610 mm(长×高×宽)。整个系统集成在一台专门设计的自走式苹果收获机上，收获机上有苹果箱自动装卸系统以及 2 个高度可调的采摘平台。成像室具有梯形横截面，底部 610 mm×610 mm(长×宽)，高度 610 mm，采用模块化设计和制造，可以很方便地安装在底座上或从底座上拆下。底

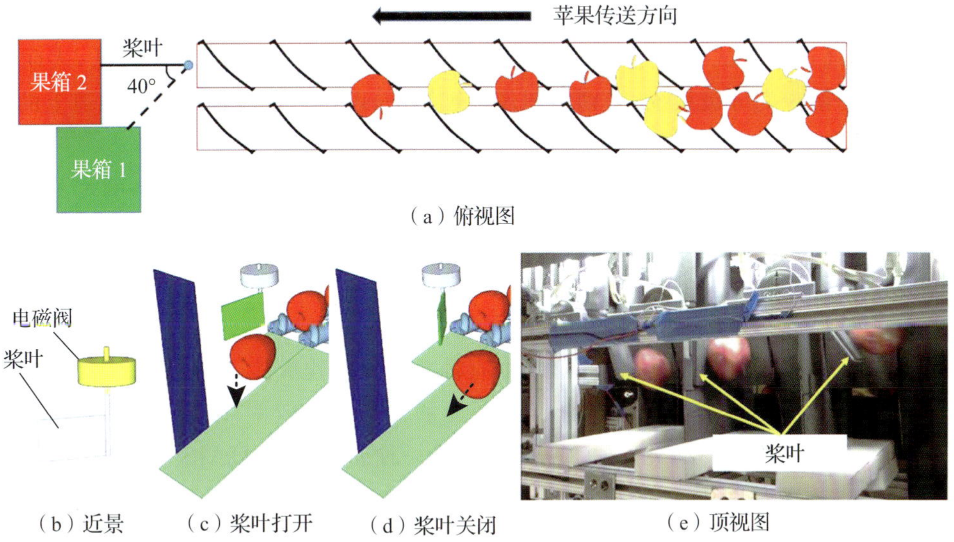

图 6-46　螺距可变螺旋输送机的桨式分选机

座上还安装了一台微型计算机用于数据处理，同时使用 PCI 扩展适配卡将相机与计算机连接以进行实时图像采集。

如图 6-47 所示，分级分选系统主要由 3 个部分组成，即三通道分级输送机、成像室和桨式分选机。分级输送机从主传送带和 2 个上部平台收获传送带接收苹果，将苹果分散到 3 条变螺距螺旋输送通道上，苹果在到达成像室之前向前移动时逐渐分散、分离并保持旋转，使整个水果表面都能被检测到。成像室中装有一台低成本彩色相机，以 30 f/s 的速度获取苹果图像，8 个 12 W 白光 LED 灯为成像区域提供均匀的照明。当苹果移出相机视野时，软件对水果颜色和大小进行分析，确定果实质量等级（鲜食或加工）。苹果到达分选机后，根据分级结果被准确引导到鲜食或加工通道，送入相应的果箱。

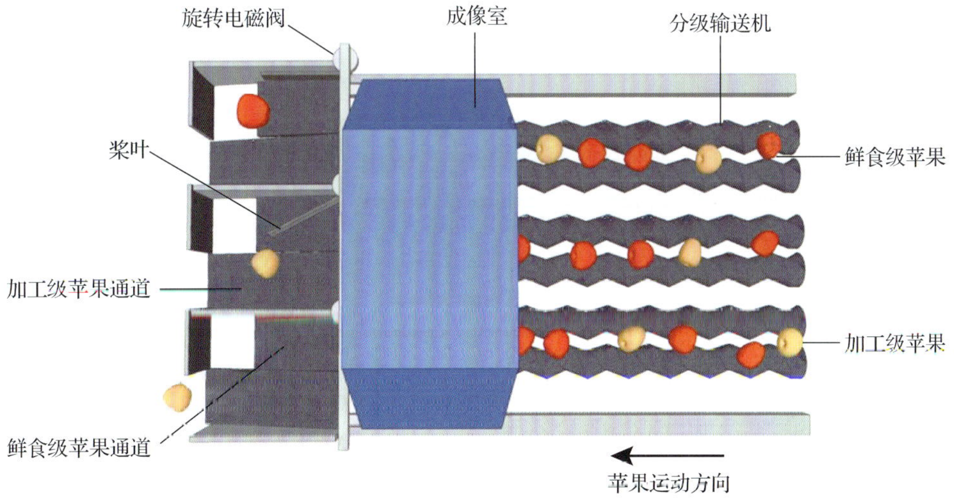

图 6-47　基于彩色图像处理的苹果田间分级分选系统（俯视图）

在实验室内对开发的苹果田间分级分选系统进行性能评价试验，以评估系统的分级可重复性、水果碰伤率和分选准确性。基于图像的分级系统在通道内测试中实现了 90%以上的分级可重复性，在通道间测试中也达到了 81%以上。通道间测试的可重复性较低，表明仍需要进一步改进基于图像的分级系统，特别是图像处理算法，以更一致地评估 3 条通道上的水果颜色和大小。系统已经达到或超过水果碰伤的工业要求，分选后的苹果 100%达到可上市的等级果水平，其中 55%以上没有任何碰伤。总体而言，分级分选系统性能稳定，满足苹果田间分级分选的要求，因此具有商业应用的潜力。

6.4.2 苹果收获分级一体机

苹果人工采摘生产成本高，收获的苹果中有很高比例的残次品，因此苹果辅助收获和田间分选(harvest assist and in-field sorting，HAIS)能够提高收获效率，节省收获和收获后成本，对苹果行业具有重要意义。Zhang 和 Lu 等开发了一种新的苹果 HAIS 原型机[20,21]，实验室测试和田间试验结果表明，该机在水果分级分选以及果实装箱和装卸方面具有优越的性能。

1. HAIS 机的结构和工作过程

新型 HAIS 机的主要目标是提供收获辅助和田间分选功能的完全集成系统，以提高劳动效率和水果田间分级、分选和装卸能力。如图 6-48 所示，整个机器系统可容纳 6 名工人(每侧 3 名工人)在不同高度采摘苹果，还有 1 名操纵机器和计算机的操作员。该机主要由 1 对地面收获传送带、两侧各 2 个高度可调的采摘平台、1 个操作平台、1 条主传送带、1 套基于彩色成像的分级分选系统(图 6-47)、1 台带数据采集装置的触摸屏计算机、1 条加工级苹果传送带、3 个果实装箱机、1 组液压驱动的链条和果箱挡块以及用于控制果箱装卸的红外传感器(图中未显示)组成。机器内部可容纳 4 个果箱，分别为加工果箱、鲜食果箱、备用箱和空箱。

如图 6-48 所示，站在地面的工人采摘低矮处的苹果，下部平台上的工人采摘树中间高度的苹果，上部平台上的工人采摘高处的苹果。收获的苹果从地面收获传送带和平台收获传送带运送到主传送带，然后运送到基于计算机视觉的分选系统，在那里苹果被分离、分级和分选为 2 个等级(鲜食和加工)。分选后的苹果从桨式分选机排出，通过果箱装箱机分装到相应的

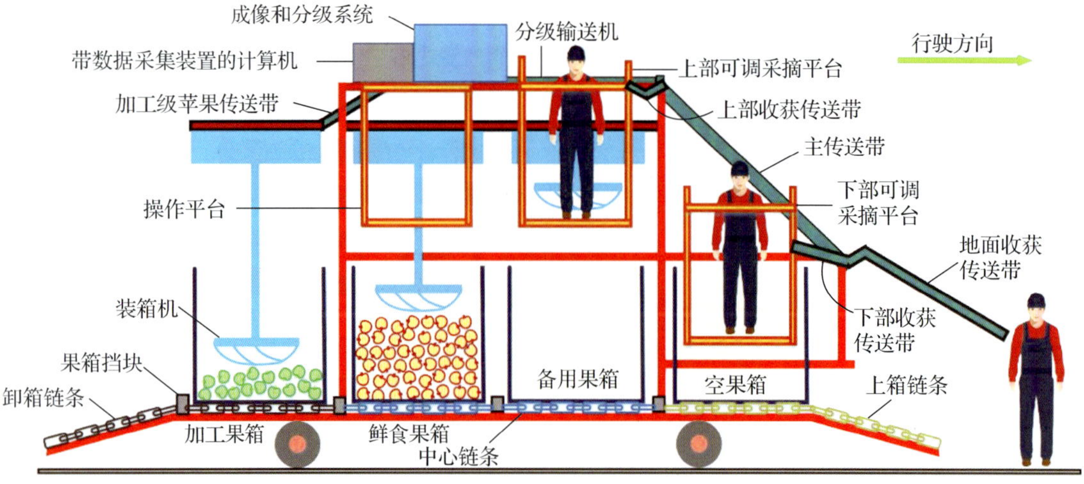

图 6-48　苹果辅助收获和田间分选(HAIS)机

果箱中。根据果箱装箱状态启动果箱装卸程序,卸下装满的果箱,或装上空果箱。

2. 装箱机

装箱是将分选后的苹果传送、装填到相应类别的果箱中,由装箱机完成。由于可靠性、整体尺寸、兼容性和成本问题,装箱机一般只用于室内包装线,很少有装箱机适合田间收获作业。装箱机还要能将苹果均匀地分布到果箱中,并且不能造成擦伤碰伤。

Zhang 和 Lu 等设计的适用于苹果 HAIS 机的果实装箱机如图 6-49 所示。上部的一对泡沫辊迅速排出传送过来的苹果,确保它们垂直落在下方的一对泡沫辊上且苹果之间不会发生碰撞。从下部泡沫辊中出来的苹果沿着导向通道滚到旋转的叶轮上,叶轮将水果轻轻地、均匀地分布到果箱里。在装箱过程中,根据实际填充状态,自动控制机构通过电动推杆自动提升装箱机的底部部件,直到果箱完全装满。

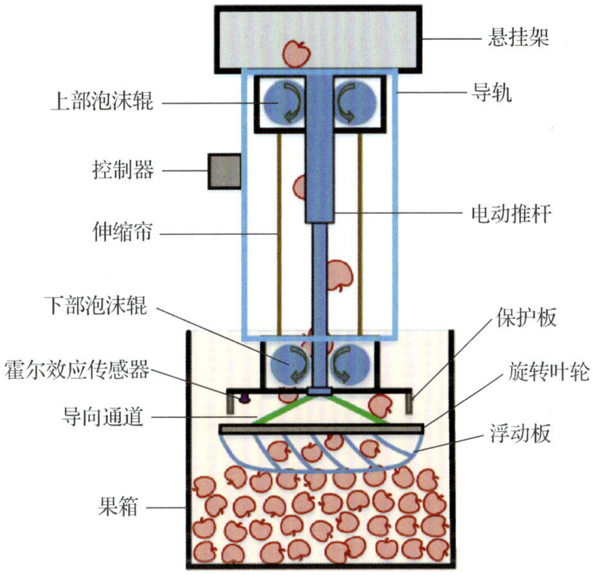

图 6-49　HAIS 机的果实装箱机

果实装箱机采用一个霍尔效应(Hall effect, HE)传感器监测叶轮转速,在装箱过程中,随着叶轮靠近果实,拖曳力增加,叶轮转速降低,电动推杆升高,直至完全装满箱。

在实验室和田间对这种新型苹果 HAIS 原型机的性能进行了检测,在每秒 9～10 个苹果的工作流量下,在水果碰伤方面的性能和装箱机的性能均令人满意,导致苹果降级的情况只有 0.4%,达到了行业对收获引起的水果碰伤的要求。

参考文献

[1] 李鸿强. 基于高光谱分析的蔬菜品质检测方法研究[D]. 北京:中国农业大学,2018.

[2] 李鸿强,孙红,李民赞. 基于机器视觉的结球甘蓝形状鉴别方法[J]. 农业机械学报,2015,46(S1):141-146.

[3] Su Q H, Kondo N, Li M Z, et al. Potato feature prediction based on machine vision and 3D model rebuilding[J]. Computers and Electronics in Agriculture, 2017,137:41-51.

[4] Su Q H, Kondo N, Li M Z, et al. Potato quality grading based on machine vision and 3D shape analysis[J]. Computers and Electronics in Agriculture, 2018,152:261-268.
[5] Su Q H, Kondo N, Al Riza D F, etal. Potato quality grading based on depth imaging and convolutional neural network[J/OL]. Journal of Food Quality, 2020: 8815896. https://doi.org/10.1155/2020/8815896.
[6] 李鸿强,孙红,李民赞.基于可见/短波近红外光谱检测结球甘蓝维生素C含量[J].农业工程学报,2018,34(8):269-275.
[7] 刘海英,王华华,崔长海,等.可溶性糖含量测定(蒽酮法)实验的改进[J].实验室科学,2013,16(2):19-20.
[8] 谢中华.Matlab统计分析与应用:40个案例分析[M].北京:北京航空航天大学出版社,2010.
[9] 孙俊,蒋淑英,毛罕平,等.基于线性判别法的生菜农药残留定性检测模型研究[J].农业机械学报,2016,47(1):234-239.
[10] 史崇升,汤全武,汤哲君.贝叶斯分类器在马铃薯外品质检测中的应用[J].食品与机械.2014,30(4):129-132.
[11] 任梦佳,丁城桥,Kondo N,等.冷鲜猪肉的三维荧光光谱特征研究[J].光谱学与光谱分析,2018,38(11):3434-3438.
[12] Oto N, Oshita S, Makino Y, et al. Non-destructive evaluation of ATP content and plate count on pork meat surface by fluorescence spectroscopy[J]. Meat Science, 2013, 93(3): 579-585.
[13] Zhang W, Cui D, Ying Y B. Nondestructive measurement of pear texture by acoustic vibration method[J]. Postharvest Biology and Technology, 2014, 96:99-105.
[14] Zhang W, Cui D, Ying Y B. Nondestructive measurement of texture of three pear varieties and variety discrimination by the laser Doppler vibrometer method[J]. Food Bioprocess Technology, 2015, 8:1974-1981.
[15] Ding C Q, Wu H L, Feng Z D,et al. Online assessment of pear firmness by acoustic vibration analysis[J]. Postharvest Biology and Technology, 2020, 160:111042.
[16] Zhang Z, Lu Y Z, Lu R F. Development and evaluation of an apple in-field grading and sorting system[J]. Postharvest Biology and Technology, 2021,180:111588.
[17] Anand P K, Zhang Z, Lu R F. Evaluation of a new apple in-field sorting system for fruit singulation, rotation and imaging[J]. Computers and Electronics in Agriculture, 2023,208:107789.
[18] Pothula A K, Zhang Z, Lu R F. Design features and bruise evaluation of an apple harvest and in-field presorting machine[J]. Transactions of the ASABE, 2018,61(3): 1135-1144.
[19] Lu R F, Pothula A K, Mizushima A, et al. Syatem for sorting fruit:US9919345B1[P]. 2018-03-20.
[20] Zhang Z, Pothula A K, Lu R. Development and preliminary evaluation of a new bin filler for apple harvesting and in-field sorting machine[J]. Transactions of the ASABE,

2017,60(6):1839-1849.
[21] Lu Y Z, Lu R F, Zhang Z. Development and preliminary evaluation of a new apple harvest assist and in-field sorting machine[J]. Applied Engineering in Agriculture, 2022, 38(1):23-35.

第7章

设施园艺参数智能感知与处理技术

7.1 概　述

设施园艺是指利用保温、防寒或降温、防雨设施、设备，人为地创造适宜园艺作物生长发育的小气候环境，不受或少受自然季节的影响而进行的园艺作物生产。设施园艺也称为设施栽培或保护地栽培，是一种环境可控制的农业生产方式，通过利用特定的设施（如温室、大棚等）提供优质、高产、稳产的蔬菜、花卉、水果等园艺产品，以满足市场需求。

设施园艺按技术类别一般分为大型连栋温室、日光温室、塑料大棚和小拱棚（遮阳棚）4类[1]。大型连栋温室具有自动化、智能化、机械化程度高的特点，温室内部具备保温、照明、通风和喷灌设施，可进行立体种植，属于现代化温室，主要制约因素是建造成本过高。日光温室的优点是采光和保温性能好、取材方便、造价适中、节能效果明显，适合小型机械作业。塑料大棚造价低于日光温室，安装拆卸方便，通风透光效果好，缺点是棚内立柱过多，无法应用现代化农机具，防灾能力弱，一般多用于春提前和秋延后的农作生产，不用于越冬栽培。小拱棚的特点是制作简单，投资少，作业方便，管理省时省力，缺点是不宜进行机械化操作，劳动强度大，抗灾能力差，增产效果不显著。

对温室的环境参数进行全面感知、智能处理和精准控制，一直是农业信息化的关键技术。由于作物对环境的要求是动态的，因而温室控制系统也应具有一定的灵活性，可以满足作物生长环境动态变化的要求。另一方面，环境参数之间是相互联系的，因此温室控制要同时考虑到环境因素之间的内在关系，才能实现精确的控制。长期的温室自动化研究与实践表明，作为设施园艺自动化和信息化的必要条件，设施园艺参数检测与传感技术是非常必要的。这些参数包括温度、湿度、光照强度和 CO_2 浓度等环境参数，也包括作物长势参数，病虫害预警参数，土壤、基质、营养液的营养成分等农情参数。

植物工厂是现代设施农业发展的高级阶段，是一种高投入、高技术、精装备的生产体系，它集生物技术、工程技术和系统管理于一体，使农业生产从自然生态束缚中脱离出来，可以按计划周年性进行植物产品生产。如图 7-1 所示，植物工厂是工厂化农业生产系统，利用计算机和多种传感装置对设施内温度、湿度、光照强度、光照时间和 CO_2 浓度、营养液配方进行自动调控，使产品的数量和质量大幅度提高。植物工厂集成了最新的信息感知和处理技术，是吸收应用高新技术成果最具活力和潜力的领域之一，代表着未来农业的发展方向之一[2,3]。

（a）补光

（b）立体无土栽培

图 7-1　植物工厂

7.2　设施园艺环境参数智能感知与处理技术

温室作物生产不同于大田，温室中作物的生长更多依赖人工制造的小气候环境，因此，温室环境参数的监测和控制至关重要。要想为作物提供适宜的生长环境，就需要对各环境因子进行实时、准确的监测和控制。此外，控制系统也需要获得各种控制参数，如灌溉水压力、灌溉用水量、肥料的浓度等。

传统的温室监控系统以有线通信方式为主，如 CAN 总线通信等，这种方式布线复杂，维护困难，传感器节点不能随作物变更，部署不灵活。无线传感器网络（wireless sensor networks，WSN）具有节点规模大、体积小、成本低、可自组网等特点，在环境监测领域有广阔的应用前景。

7.2.1　温室环境参数检测与传感技术

空气的温度、湿度是温室中重要的环境因素。温室典型特点是昼夜温差大，白天可能温度很高，夜晚有可能很低。空气温度过低，植物的生长发育会放缓，温度过高又容易造成植物叶片的灼伤，适宜的温度才能为植物的生长提供动力。由于土壤水分的蒸发和植物的蒸腾作用，温室的另一个典型特点是湿度偏高。温室湿度过高不利于植物生长，并且容易诱发病害，因此湿度的检测与控制也是温室调控重点之一。

目前比较常用的温度传感器有电阻式温度传感器、热电偶温度传感器和半导体温度传感器。电阻式温度传感器利用的是金属材料的电阻值随温度的升高而增大的原理，常用的金属材料是铂、镍或铜。热电偶温度传感器是将两种不同的材料熔接在一起形成敏感结，利用温度变化产生的热电势差测温，常用的金属材料有铂、铂铑合金、铁、铜、镍铬合金等，石墨和碳化硅等非金属也可以作为热电偶材料。半导体温度传感器可分为热敏电阻型和 PN 结型两种。热敏电阻的阻值随温度的变化存在非线性关系，需要进行线性修正。PN 结型温度传感器利用的是电压与温度的线性关系，不需要进行补偿，是现代温度传感器的主要发展方向之一。温度测量已经是很成熟的技术，市场上已有很多空气温度传感器可用于温室温度检测和精准控制。

空气湿度的指标有 3 个，即绝对湿度、饱和湿度和相对湿度。绝对湿度指单位容积的空气里所含的水蒸气量。饱和湿度是指在一定温度和气压下单位容积空气中所能容纳的水蒸气量的最大值,如果超过这个限度,多余的水蒸气就会凝结,变成水滴。相对湿度(relative humidity,RH)为绝对湿度与同温度、同气压下的饱和湿度的比值(%)。温室环境湿度多用相对湿度表示。

温室湿度传感器主要分为电阻式和电容式两种。当空气中的水蒸气吸附在感湿材料上后,感湿材料的阻值、介电常数会发生变化,这是湿度传感器测量的基本原理。电阻式湿敏元件主要有氯化锂湿敏元件、碳湿敏元件、陶瓷湿敏元件、氧化铝湿敏元件等,电容式湿敏元件主要有高分子聚合物、氯化锂和金属氧化物等。电阻式湿度传感器响应速度快,体积小,线性度好,较稳定,灵敏度高,但产品的互换性差;电容式湿度传感器响应速度快,湿度的滞后量小,产品互换性好,灵敏度高,便于制造,容易实现小型化和集成化,但精度较电阻式湿度传感器低。所以这两者各有优缺点,应根据需求来选择。

除了空气和土壤(基质)温湿度参数之外,作物叶片表面微环境参数同样非常重要。在传统科学研究及种植实践中,往往采用环境温度来替代作物叶表或体表温度。但在温室温度过高或过低、湿度过大或过小时,用作物叶片温度、叶片湿度等参数比用植株之间的空气温湿度更准确。

叶片表面微环境参数传感器按测量方式可分为接触式和非接触式,接触式传感器可以方便地测量叶片表面的温度或湿度,但是由于传感器需要接触叶片表面和夹持,无法实现自动测量,还会干扰作物的生长。因此从温室监控自动化和信息化出发,非接触测量方式更有意义。

综合国内外研究及商用化产品发现,大部分产品温湿度分立测量,部分产品虽集成温湿度测量功能,但是多采用数字温湿度一体传感器,精确度不高,且大多使用环境温湿度替代叶面温湿度参数,并不能真实反映作物叶片的微环境。因此,张猛开发了作物叶面温湿度一体化测量系统,如图 7-2 所示,可用于温室作物叶面微环境参数检测[4]。

(a) 实物图

(b) 应用场景

图 7-2 作物叶面温湿度一体化测量系统

1. 系统总体架构

测量系统硬件部分包括测温模块、测湿模块、自组网通信模块、远程通信模块、现场监测模块、电源转换模块、太阳能供电模块、光照模块、U 盘存储模块。测量系统可用于移动测量和定点分布式测量,数据可用 U 盘存储,温湿度曲线现场成图。系统硬件框图如图 7-3 所示,系统软件框图如图 7-4 所示。

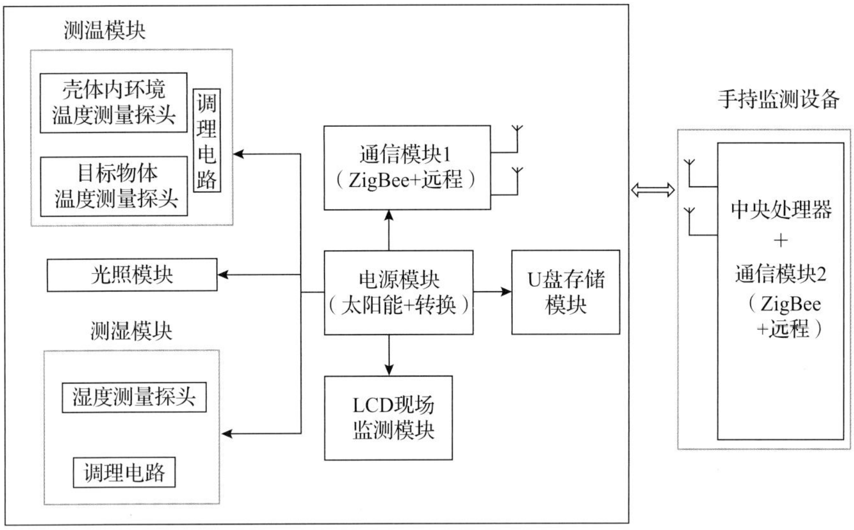

图 7-3　作物叶面温湿度一体化测量系统硬件框图

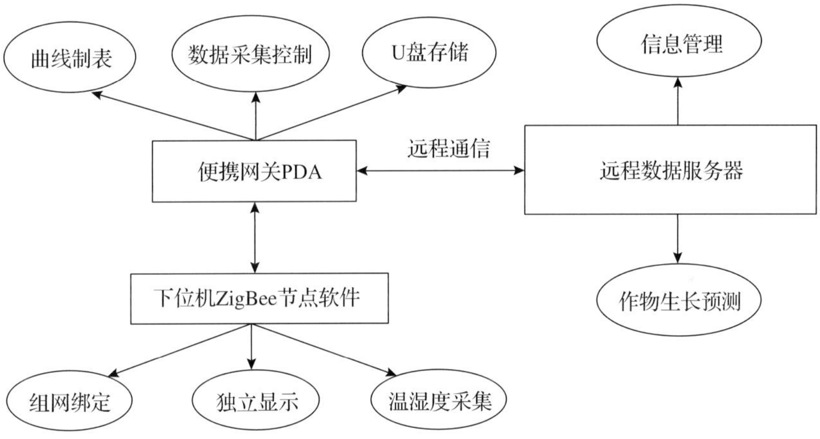

图 7-4　作物叶面温湿度一体化测量系统软件框图

2. 非接触式作物叶面温度测量

非接触式温度测量基于热电偶原理，所采用的敏感元件是热电堆，如图 7-5 所示。热电堆由硅芯片上的一些小热电偶组成[图 7-5(a)]，能够吸收能量并产生输出信号，可以在一定距离外通过检测物体的红外辐射能来测量温度，物体温度越高，产生的红外辐射能越多。进入 MEMS 传感器时代，先进的半导体工艺能够在极小的空间内加工出成百上千个热电偶，红外热电堆传感器尺寸变得很微小，灵敏度和响应时间等性能大大提高。

图 7-5(b)是美国 PerkinElmer 公司生产的 A2TPMI 334 L5.5 OAA300 非接触式测温传感器，该传感器是一种内部集成了专用信号处理电路以及环境温度补偿电路的多用途红外热电堆传感器，它将目标的热辐射转换成模拟电压，通过热辐射源与传感器紧密接触的外壳之间的温度差异而产生输出电压，通过一个 8 位分辨率的可编程放大器放大。为了输出只与目标温度有关的信号，环境温度的任何改变必须进行适当的输出信号校准，因此需在信号调理电路中进行温度补偿。传感器技术参数见表 7-1。

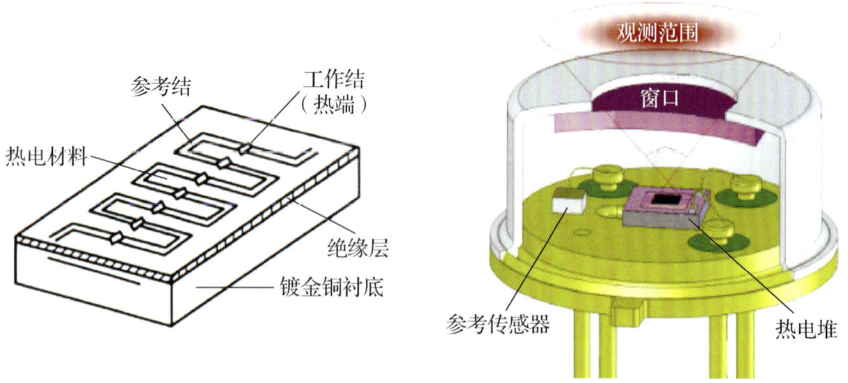

（a）热电堆结构　　（b）A2TPMI 334 L5.5 OAA300 传感器

图 7-5　基于热电偶原理的非接触式作物叶面温度测量

表 7-1　A2TPMI 334 L5.5 OAA300 传感器技术参数

参　数	最小值	典型值	最大值
电源电压 V_{DD}/V	4.5	5.0	5.5
电源电流 I_{DD}/mA		1.5	2.0
输出电压 V_o/V	0.25		$V_{DD}-0.25$
响应时间 T_{resp}/ms		90	150
光敏区域面积 S/mm²		0.7×0.7	
视场角 FOV/(°)		60	70
光轴 OA/(°)		0	±10

为了消除测温过程中的干扰，保证只有与温度紧密相关的红外光进入传感器，传感器入射窗口设置了滤光镜片，不同波长下滤镜透射率曲线如图 7-6 所示。在远红外测温波长范围滤镜有较高的透射率，而在其他波长范围透射率则很低，满足传感器测温并消除干扰的要求。

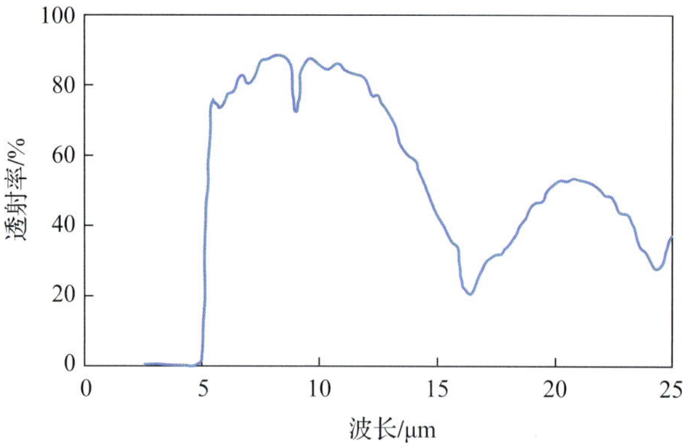

图 7-6　不同波长下传感器滤镜透射率

传感器调理电路如图 7-7 所示，采用 LMV358AD 运算放大器实现滤波放大。运算放大器内含 2 个运算模块，两路运放分别实现目标温度电压 $V_{obj\text{-}out}$ 输出和环境温度电压 $V_{amb\text{-}out}$ 输出。

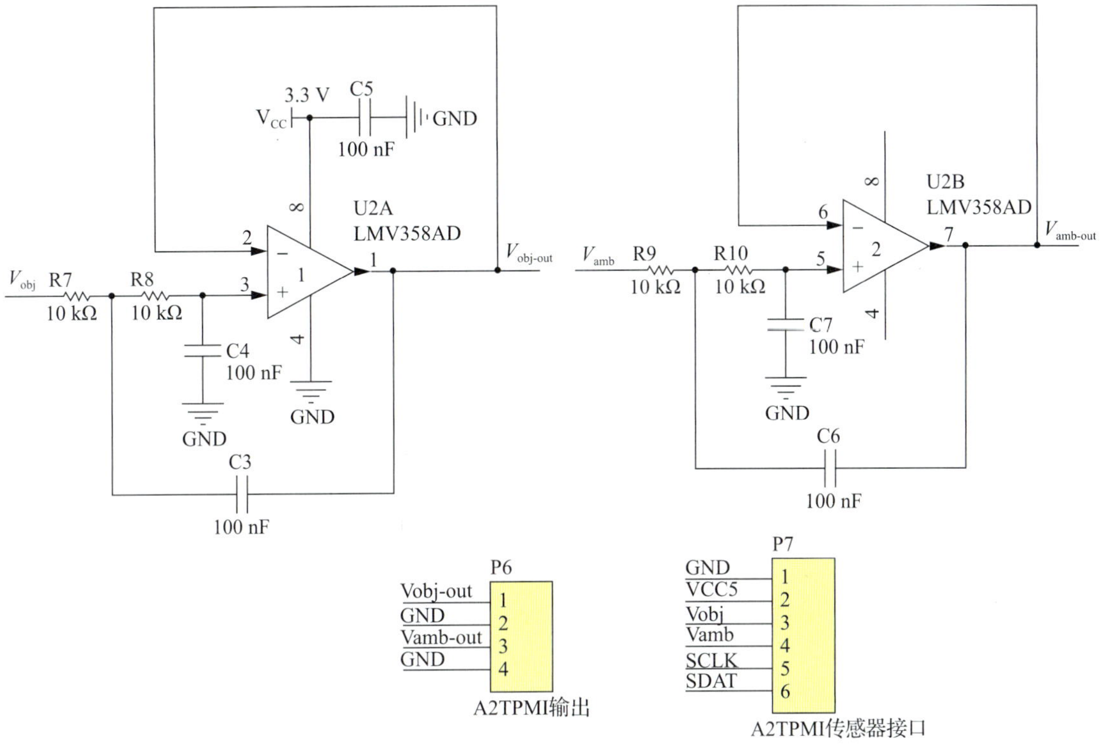

图 7-7　A2TPMI 334 L5.5 OAA300 传感器调理电路图

3. 接触式作物叶面湿度测量

由于相对湿度参数本身波动性较大，如果传感器距离叶片表面距离过大，则相对湿度测量误差较大，故叶片表面相对湿度测量采用接触式测量方式(传感器与叶片间距 0～2 cm 范围内可调)。

传统湿度测量多采用湿敏电阻(如 HF3223 湿敏电阻)或者数字集成传感器(如瑞士盛世瑞恩公司集成性 SHT1X 系列传感器)。湿敏电阻使用较为复杂，调理电路庞大，且多批产品一致性不好，使用时需要单独标定。数字集成传感器使用较为方便，基本不需标定，产品一致性较好，但是精度不如模拟传感器。本测量系统选用 HIH-4000-003 模拟湿度传感器(Honeywell，美国)，如图 7-8 所示。传感器采用热固塑料型电容传感元件，用于测量相对湿度，线性电压输出，功率低，精度高，响应速度快。传感元件的多层结构对应用环境的不利因素，如潮湿、灰尘、污垢、油类和环境中常见的化学品等，具有很好的抗性。

图 7-8　HIH-4000-003 模拟湿度传感器

4. 光照模块

环境光照对温湿度的测量过程有影响，需要根据光照情况对温湿度的测量结果进行修正。传感器节点集成光照度传感器模块，采集作物叶片表面温湿度的同时记录作物周围环境的光照。传感器采用 BPW34S 硅光电池(OSRAM，德国)作为光敏元件，响应波长范围为 400～1 100 nm，光敏面积约 7 mm^2(2.65 mm×2.65 mm)，响应时间 20 ns，表贴式安装，造型小巧，不易损坏。硅光电池传感器采用模拟输出，输出电压范围为 10 mV～0.8 V，通过 TLV2372

精密运算放大器(德州仪器,美国)放大3倍,为JN5139模块提供30 mV~2.4 V的采样电压。

5.性能试验

由于温度、湿度及光照在短时间内(相对于MCU采样时间,ms级)不会发生突变,为了减小随机误差,剔除明显数据异常点,提高测量精度,需要进行数据平滑滤波。采用递推中位值平均滤波算法,具体步骤如下:①把连续 n 个采样值看作一个数据队列,队列长度固定为 N;②每次采样到一个新数据放在队首,并扔掉原来队尾的一个数据(先进先出原则);③把队列中的 n 个数据先去掉一个最大值和一个最小值,然后计算 $n-2$ 个数据的平均值。

设 U_0 为传感器最新采样值。原数据队列中有 $U_1,U_2,\cdots,U_n$ 共 n 个采样值。设 $U_{\min}$ 为 n 个采样值中的最小值,$U_{\max}$ 为 n 个采样值中的最大值,$\overline{U}$ 为该数据队列的平均值,$\overline{U}_{\mathrm{new}}$ 为滤波计算后的输出值,则:

当 $U_n \neq U_{\min}$ 且 $U_n \neq U_{\max}$ 时

$$\overline{U}_{\mathrm{new}}=\begin{cases}\overline{U}+\dfrac{U_0-U_n}{n-2} & U_{\min}\leqslant U_0\leqslant U_{\max}\\[2ex] \overline{U}+\dfrac{U_{\min}-U_n}{n-2} & U_0<U_{\min}\\[2ex] \overline{U}+\dfrac{U_{\max}-U_n}{n-2} & U_0>U_{\max}\end{cases} \tag{7-1}$$

当 $U_n=U_{\max}$ 时

$$\overline{U}_{\mathrm{new}}=\begin{cases}\overline{U} & U_0\geqslant U_{\max}\\[1ex] \overline{U}+\dfrac{U_0-U'_{\max}}{n-2} & U_{\min}<U_0<U_{\max}\\[2ex] \overline{U}+\dfrac{U_{\min}-U'_{\max}}{n-2} & U_0\leqslant U_{\min}\end{cases} \tag{7-2}$$

$$U'_{\max}=U_{\max}(U_0,U_1,\cdots,U_{n-1})$$

当 $U_n=U_{\min}$ 时

$$\overline{U}_{\mathrm{new}}=\begin{cases}\overline{U} & U_0\leqslant U_{\min}\\[1ex] \overline{U}+\dfrac{U_0-U'_{\min}}{n-2} & U_{\min}<U_0<U_{\max}\\[2ex] \overline{U}+\dfrac{U_{\max}-U'_{\min}}{n-2} & U_0\geqslant U_{\max}\end{cases} \tag{7-3}$$

$$U'_{\min}=U_{\min}(U_0,U_1,\cdots,U_{n-1})$$

滤波前和滤波后输出值对比见图7-9,可知滤波对随机误差剔除效果明显,提高了检测系统的稳定性。

对测量系统进行标定,以确定其精确性和稳定性。对测温模块采用"水浴法"进行标定,标准仪器采用Victor 86D数字温度计(带可拆卸热电偶探头)。将待标定探头和标准温度计探头同时固定在金属容器同一点,将金属容器内水从室温23 ℃加热至70 ℃左右,然后自然冷却,冷却过程中同时记录标准温度计温度值和测温模块电压值。标定曲线如图7-10所示,可以看到传感器线性度较好。

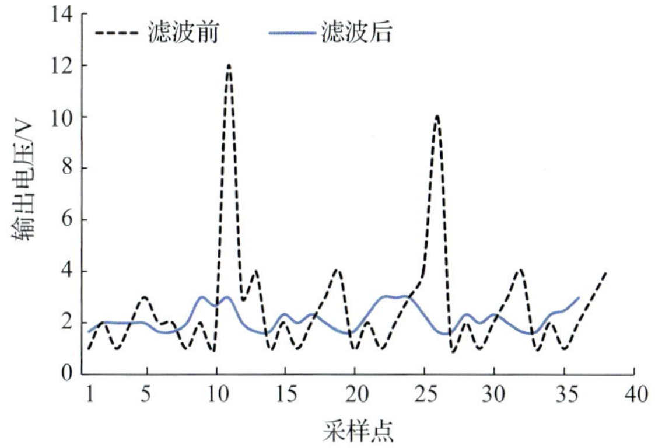

图 7-9　滤波前与滤波后传感器输出电压对比

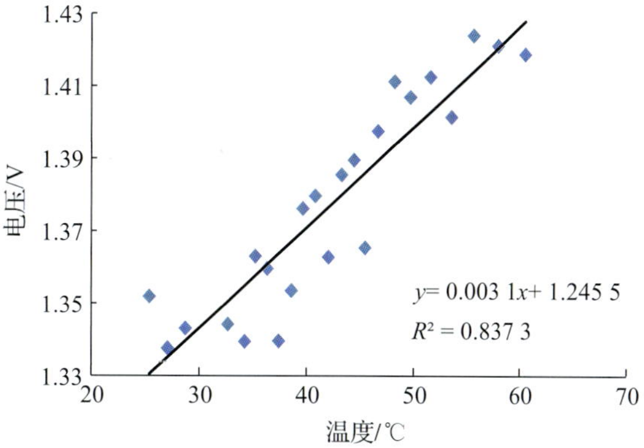

图 7-10　测温模块标定

对测湿模块进行标定，标准仪器采用德国 testo625 精密数字湿度计。将传感器探头和标准仪器探头固定在恒温密封箱中，每隔 10 min 向密封箱中喷水雾，静置 5 min 后读取测湿模块电压值和箱内湿度值，共测 9 组值，标定曲线如图 7-11 所示。

对光照模块进行标定，标准仪器采用胜利 VC1010A 照度计。将照度计探头与光照模块并排放置，测量室外环境光照，共测量 16 组数据，标定曲线如图 7-12 所示。

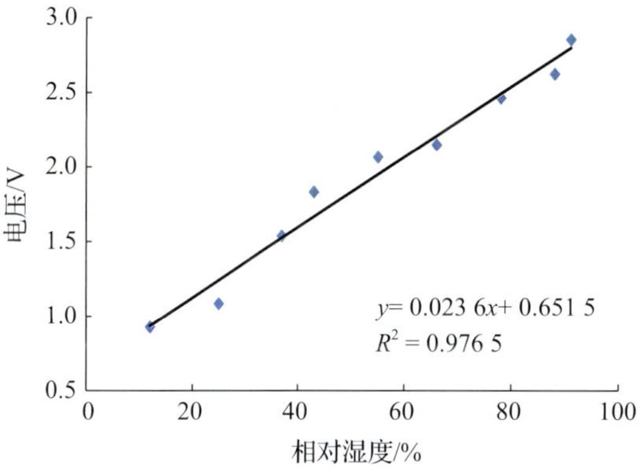

图 7-11　湿度模块标定

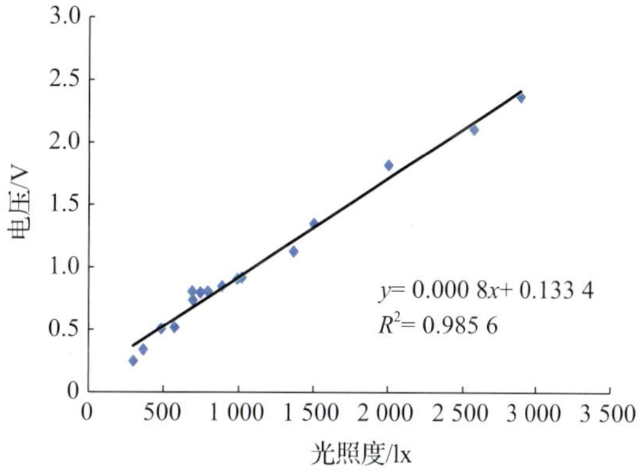

图 7-12　光照模块标定

6. 应用试验

土壤水分含量是植物生长发育的关键因素，传统研究一般通过实时监测土壤相对含水率、然后根据实际经验确定灌溉时机。随着植物生理学研究的发展，通过检测作物本身的一些生理指标更能有效地获得作物水分胁迫状态，与检测土壤参数相比，这种立足于作物本身的检测更加精准。叶片是作物比较重要的水分耗散器官，检测其表面微环境参数时空变化规律对研究作物需水程度、指导科学灌溉具有重要意义。

以单株玉米叶片温度及叶气温差日变化规律研究为例。为了探索玉米各层叶片表面温度日变化规律，同时考虑土壤水分对作物植株温度的影响，选择 3 株 V14 期玉米植株进行试验，2 株进行水分胁迫，1 株正常浇水。土壤水分含量均使用 FDS100 水分传感器进行在线测定，进行试验时正常组土壤相对含水率为 30%±3%，水分胁迫组 13%±3%。为了使温度变化更明显，试验数据采集时间为 7:00、10:00、13:00、16:00、19:00，共进行 5 次。每株玉米设上层

(第 12～14 叶)、中层(第 8～10 叶)、下层(第 3～5 叶)3 层,每层玉米随机测量叶片中部表面温湿度值 3 次,取平均值。正常组叶片叶气温差日变化曲线如图 7-13 所示,水分胁迫组叶片叶气温差日变化曲线如图 7-14 所示。

通过对比正常组叶片与水分胁迫组叶片的叶气温差日变化曲线,可以得到以下特征:

①正常组叶片叶气温差曲线呈现“先升高后降低再升高”的波浪形变化。7:00—10:00,植物叶片温度跟随空气温度升高,叶气温差逐渐减小;10:00—13:00,随着环境温度的进一步升高,植株蒸腾作用进一步旺盛以防止植株过热,温差增大,植株下层叶片温差率先达到峰值,植株中上层由于空气对流较好,温差继续增加;13:00—16:00,植物下层温差逐渐变小,跟随环境温度变动,而中上层温差则达到最大值;16:00—19:00,各层温差都逐渐减小,逐渐趋近于环境温度值,达到平衡。

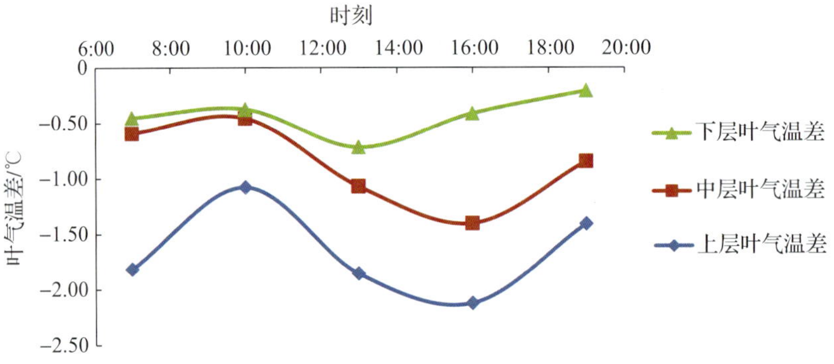

图 7-13　正常组叶片叶气温差日变化曲线

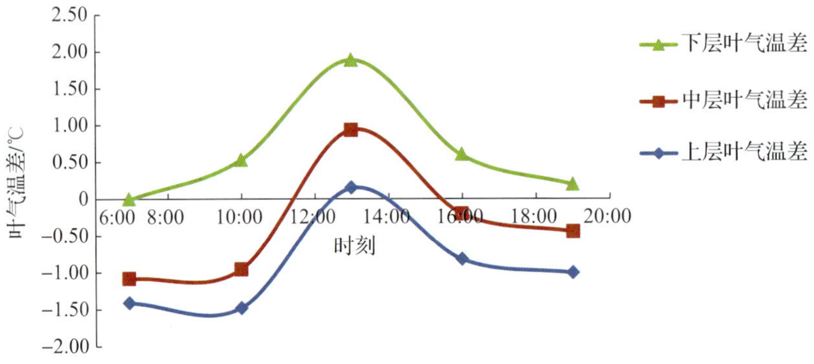

图 7-14　水分胁迫组叶片叶气温差日变化曲线

②水分胁迫组叶片叶气温差曲线则呈现“先升高后降低”的单峰形状。7:00—10:00,中上层叶气温差变化平缓,基本维持在－1.5～－1.0℃,而下层叶气温差为正值并逐渐增大,这可能是因为在水分胁迫情况下,中上层位置较好,叶片娇嫩,对水分利用能力强,控制叶温能力较强,而下层叶片较老,受土壤积温等影响较大,对水分利用能力不强,温度升高快;10:00—13:00,中上层叶片叶气温差先减小后快速增大并达到峰值,由负温差变为正温差,下层叶片叶气温差继续增大并达到峰值,这可能是因为随着太阳辐射的增加,植物蒸腾需水增加,但由于土壤处于水分胁迫状态,叶片为防止水分过度散失,只能关闭气孔降低蒸腾,最终导致叶片温度高于环境温度,试验时观察到此时中下层叶片有轻微卷曲现象;13:00—19:00,随着太阳辐

射的减少，植株叶面温度快速下降，在16:00，上、中、下层叶面温度已经接近或低于环境温度，而后温差变化趋缓，达到动态平衡。

7.2.2 日光温室基质水分运移规律与精准灌溉控制策略

在土壤-植物-大气(soil-plant-atmosphere continuum，SPAC)水分传输机制中，水分经由土壤到达作物根系，通过植物茎秆到达叶片，经蒸腾作用散发到空气中。在无土基质栽培中，作物根系水分的获取则要通过栽培基质，作物根系分布范围内基质的水分含量决定作物能否获得生长需要的足够水分，水分的分布也直接影响根系的分布，两者关系密不可分。灌溉的目标是作物而不是基质，所以精准灌溉的核心是适时适量地向作物供水，减少水的浪费。使用最少的灌溉水量来保证植物的正常生长是节水灌溉的最终目标。

杨成飞以日光温室番茄无土基质栽培滴灌方式下实现节水灌溉为出发点，利用农业物联网、传感器等技术结合机器学习算法，探究滴灌方式下水分在基质中的运移规律，建立不同深度基质含水率变化预测模型，了解番茄地上植株的生长状况、地下根系的分布范围，最终确定传感器的布设位置、灌溉阈值及灌溉量，制定合理的灌溉策略实现灌溉的精量控制，对减少水资源浪费、提高水分利用效率具有重要实际意义[5]。

7.2.2.1 基于HYDRUS-2D模型的日光温室无土栽培基质水分运移规律

HYDRUS-2D是一个在Windows系统界面开发的二维可变饱和介质中水、热和溶质运动模拟软件包，由美国国家盐土实验室(U. S. Salinity Laboratory)开发，用于模拟土壤、基质等多孔介质中的水流、溶质运移、根系吸水和溶质吸收以及热量传输等现象[6]。

基质水动力学参数是了解基质水分运移的基础，基质容重、饱和导水率等是重要影响因素，不同的基质配比具有不同的物理特性及水动力学参数，因此杨成飞对由草炭、蛭石、珍珠岩按体积比3∶1∶1混合的无土栽培基质的理化性质及水动力学参数进行测定，利用HYDRUS-2D软件包对不同灌溉条件下基质水分运移进行数值仿真，并与实际试验结果进行对比分析，探究滴灌方式下基质中水分运移规律。

1. 试验地点与试验设计

试验在中国农业大学信息与电气工程学院小型试验日光温室进行，分别在番茄不同生长时期进行了不同灌溉条件下的水分运移试验。栽培植物为番茄，采用滴灌方式，通过阀门控制出水压力来控制滴头流量，流量通过测量出水稳定后5 min内的出水量来确定。番茄管理方式除灌溉管理外与实际生产管理方式完全一致，保证番茄正常生长发育，无病虫害。试验设施示意图如图7-15所示。

基质水分监测采用EC-5传感器(Decagon，美国)，它是一种电容式土壤水分传感器，由于体积较小，能有效减少对栽培基质容重、水分运移的影响。如图7-16(a)所示，EC-5传感器的有效测量范围为一直径5 cm的圆柱体，为准确测定不同深度基质含水率，在栽培桶中心位置垂直向下，每下沉5 cm作为一层，水平放置一个标定后的EC-5传感器，监测基质体积含水率，其布置点如图7-16(b)所示。使用EM60型数据采集器进行数据采集和存储，数据采集间隔为1 min。各基质层之间进行打毛，均匀压实，尽量减小传感器放置对栽培基质结构造成的影响。

2. HYDRUS-2D模型

试验主要应用该模型的水分运移模拟功能，探究滴灌方式下栽培基质中水分运移规律。

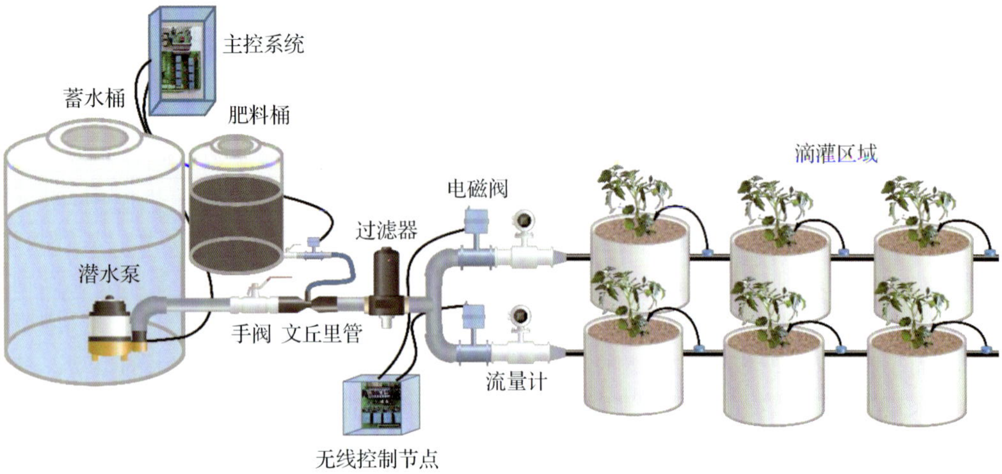

图 7-15　日光温室无土栽培基质水分运移试验设施示意图

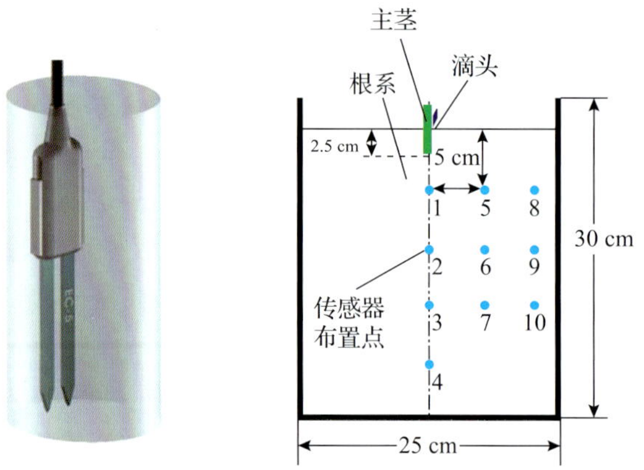

（a）传感器测量范围示意图　　（b）传感器布置示意图

图 7-16　EC-5 传感器测量范围及布置示意图

水分入渗和再分配的运移过程可以采用式(7-4)所示的 Richards 水流控制方程描述[7]：

$$\frac{\partial\theta}{\partial t}=\frac{\partial}{\partial x}\left[K(\theta)\frac{\partial\varphi}{\partial x}\right]+\frac{\partial}{\partial z}\left[K(\theta)\frac{\partial\varphi}{\partial z}-1\right] \tag{7-4}$$

式中：x 为横向坐标；z 为垂向坐标；θ 为基质体积含水率，cm^3/cm^3；t 为入渗时间，min；φ 为基质势，cm；$K(\theta)$ 为非饱和导水率，cm/min。

土壤水力特性参数采用 Van-Genuchten 模型描述[8]，如式(7-5)至式(7-7)所示：

$$\theta=\begin{cases}\theta_r+\dfrac{\theta_s-\theta_r}{(1+|\alpha\varphi|^n)^m} & h<0\\ \theta_s & h\geqslant 0\end{cases} \tag{7-5}$$

$$K(\theta)=K_sS_e^{\lambda}\left[1-(1-S_e^{1/m})^m\right]^2 \qquad m=1-\frac{1}{n} \tag{7-6}$$

$$S_e=\frac{\theta-\theta_r}{\theta_s-\theta_r} \tag{7-7}$$

式中：θ_r 为残余含水率，cm^3/cm^3；θ_s 为饱和含水率，cm^3/cm^3；K_s 为饱和导水率，cm/min；α、m、n、λ 为拟合经验参数，$\lambda=0.5$。

实际的滴灌是一个三维的水流动问题，其水分运移规律取决于滴头流量、滴灌时间、初始体积含水率和混合基质物理性质等，研究中通常将滴灌中的滴头进一步概念化为一个线源，进而将水分渗透和运移转换为一个二维过程[9]。本试验中的水源只由一个滴头提供，所以水分运移的过程可以看作是轴对称过程，故在数值模拟时只考虑右侧水分运移情况。

3. 数值模拟结果分析

首次模拟试验滴头流量为 0.75 L/h，基质初始体积含水率设置与实际试验中 EC-5 传感器测量值保持一致，灌溉开始时间为计时开始后 5 min，灌溉时长为 15 min，各边界条件都与实际试验保持一致，模拟结果如图 7-17 所示。

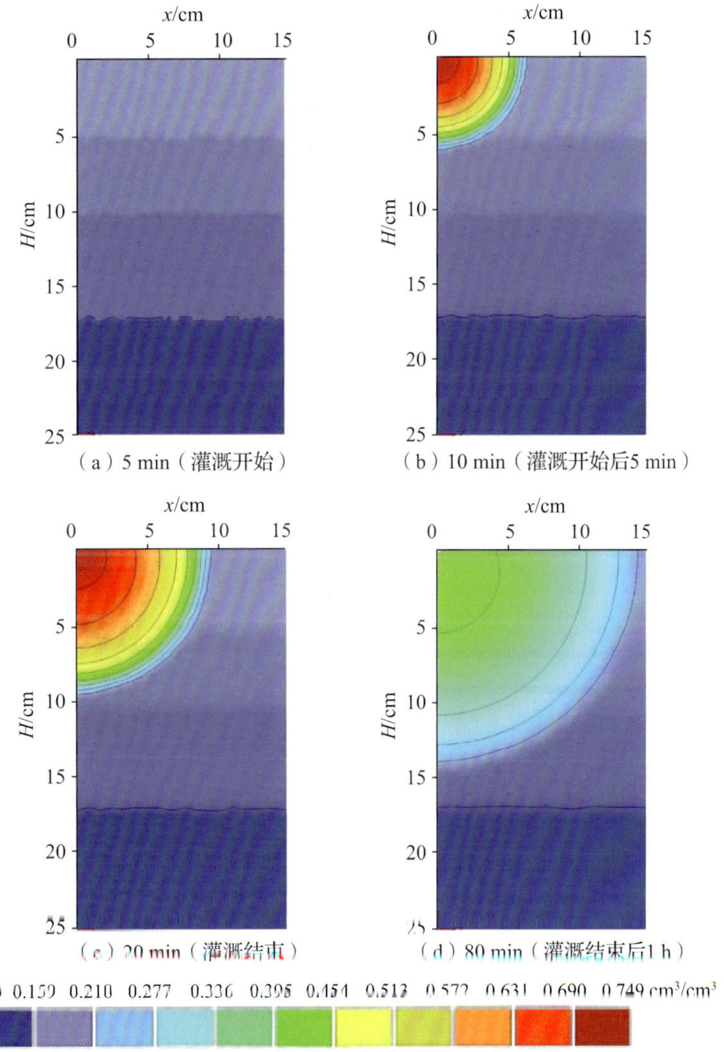

图 7-17　基质水分运移示意

滴灌初期，随着灌溉时间的增加，基质湿润锋在垂直及水平方向逐渐运移，基质湿润体形状近似为一个 1/4 椭圆形（实际基质湿润体的形状近似于一个 1/2 的椭球体），在灌溉结束时

(20 min时),湿润锋在垂直方向上运移距离为9.6 cm,水平方向最大运移距离为9.4 cm。灌溉结束后,可以明显发现基质湿润锋继续向未到达的区域运移,1 h后湿润锋在垂直方向上的运移距离达14.1 cm,水平方向上的最大运移距离接近15 cm。

在模拟区域中设置了10个含水率监测点(Port1～Port10),其分布位置与实际传感器布置点(见图7-16)一致。仿真结束后输出10个监测点的基质含水率数据,与实际测量的各监测点基质含水率进行对比分析,探究垂直与水平方向各监测点基质体积含水率变化规律。

垂直方向上监测点的含水率变化曲线如图7-18所示,在滴灌开始后5 min时Port1含水率开始上升,并在20 min灌溉结束时达到最高点,为62.3%,随后开始下降,即此处水分逐渐扩散至其他区域;Port2含水率在灌溉结束后2 min才开始上升,在35 min时达到稳定状态,约为35.8%,此过程中Port1的含水率持续下降。各点含水率趋于稳定的时间在1 h左右,表明在灌溉结束后水分将继续向湿润锋未到达的区域运移,约1 h后趋于稳定。

同一灌溉条件下水平方向上观察到变化的监测点只有Port5、Port6、Port9,各点处基质体积含水率变化曲线如图7-19所示。Port5含水率上升时间比Port2要早,且其最大含水率高于Port2的最大值,这是因为Port5距离滴头的直线距离小于Port2;达到最大值后含水率开始下降。Port6与Port9分别是此次滴灌中监测到水分变化的垂直方向与水平方向距离滴头最远的监测点,其含水率上升的时间分别为灌溉结束后的15 min和35 min左右,表明灌溉结束后上层基质中的水分需要花费更多的时间才能运移至距离滴头较远的位置,因此在制定灌溉策略时应将水分运移的迟滞性考虑在内。

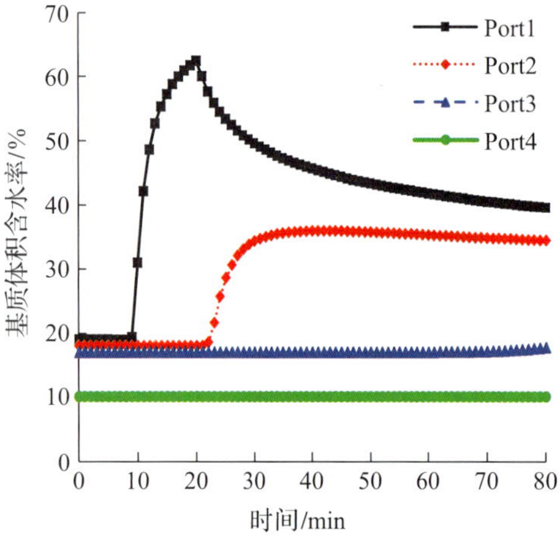

图7-18　垂直方向监测点含水率变化曲线

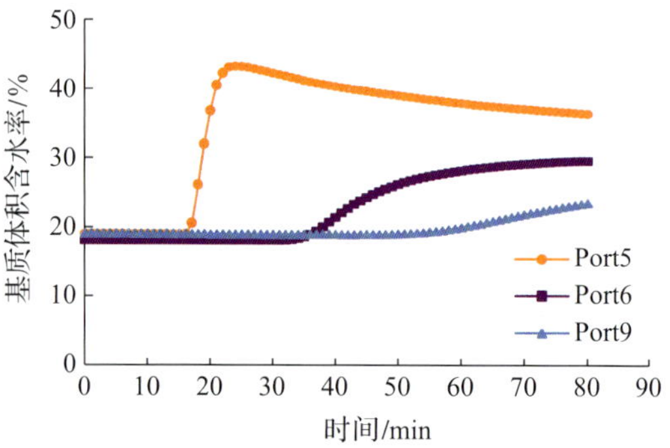

图7-19　水平方向监测点含水率变化曲线

数值模拟的边界条件、灌溉时间、基质初始含水率、滴头流量(线源通量)等与实际试验保持一致,选用具有代表性的两次试验数据进行分析,两次试验滴灌流量分别为0.75、1.0 L/h,灌溉时间均为15 min,将监测到含水率变化的各传感器实际测量值与模拟值进行比较分析。误差分析结果如表7-2所示,两次试验中2个监测点的平均绝对误差(MAE)在0.03 cm^3/cm^3以下,RMSE均在0.04 cm^3/cm^3以下,即在垂直方向上HYDRUS-2D模型能较好地反映实际水分运移规律,表明HYDRUS-2D模型可以用于对垂直方向实际水分运移的模拟计算。

表 7-2　模拟值与实际测量值误差分析

滴头流量/(L/h)	监测点	MAE/(cm^3/cm^3)	RMSE/(cm^3/cm^3)	R^2
0.75	Port1	0.027	0.032	0.948
	Port2	0.004	0.008	0.961
1.0	Port1	0.028	0.031	0.951
	Port2	0.010	0.019	0.902

模拟结果中水平方向监测点 Port5 与 Port6 均有明显变化，但实际测量中相应监测点传感器数据变化较小，表明 HYDRUS-2D 模型在水平方向上的模拟结果与实际差别较大，造成误差的原因可能是自然沉降、根系生长等导致的基质物理性质改变，或传感器测量误差等。基质物理性质会导致水平方向运移变缓，因此在实际试验数据分析及模型建立中主要考虑基质水分在垂直方向上的运移情况。

4. 不同垂向深度基质含水率变化规律

灌溉试验开始于 2019 年 9 月 27 日 9:25，持续 20 min 至 9:45，得到各层基质体积含水率如图 7-20 所示。第 1 层(5 cm)基质含水率首先迅速上升，第 2 层(10 cm)基质含水率延迟 10 min 在 9:35 左右开始上升，表明灌溉开始 10 min 后垂向水分运移 5 cm；第 3 层(15 cm)基质含水率在 9:55 左右开始上升，表明灌溉结束后 10 min 湿润锋垂向运移 10 cm；第 4 层(20 cm)基质含水率在 10:20 左右有小幅度上升，在此期间第 1 层基质含水率持续下降，第 2、3 层略微下降。

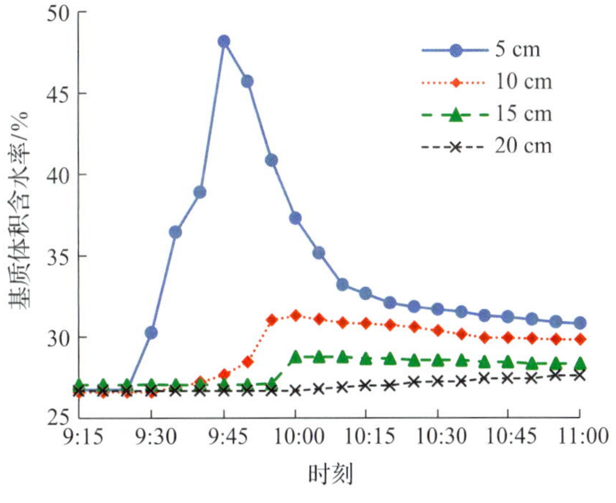

图 7-20　不同深度基质含水率变化曲线

9:45 灌溉结束时第 1 层基质含水率达到最高峰 48.5%，随后第 1 层基质含水率开始持续下降，表明此时第 1 层基质水分在重力作用下逐渐运移至下层；第 2 层基质含水率继续上升至 9:55，峰值为31.3%，此时水分继续向下运移至第 3 层，第 3 层基质含水率开始上升，5 min 后(10:00)达到峰值 28.8%；第 1 层基质含水率持续下降至 10:55，之后趋于稳定，第 2、3 层基质含水率在达到最高峰后有略微下降，直至 10:15 第 4 层基质含水率才略微上升，即此时有部分水分运移至第 4 层。试验全程采取覆膜灌溉，水分运移期间的蒸发量可忽略。灌溉期间湿润锋未达到的深层基质含水率会在灌溉结束后逐渐升高，表明在重力作用下，灌溉结束后基质中水分逐渐下渗至深层。

灌溉结束一段时间后各层基质含水率均达到稳定水平，表明此时水分快速运移阶段结束。水分快速运移阶段大致持续至灌溉结束后 1 h，深层基质含水率将提升至根系有效水范围(25.3%及以上)，如果灌溉时间太长，会导致水分运移至更深层无根系处或造成底层渗漏，浪费水肥资源。因此在制定灌溉策略时应考虑灌溉结束后由于重力等作用造成的水分运移现象。

5. 不同滴灌量对垂向基质含水率变化的影响

为探究不同灌溉量下垂向基质水分运移规律，选择同一滴头流量（0.75 L/h）灌溉 15 min 和灌溉 20 min，观察不同深度基质含水率的变化，如图 7-21 所示。

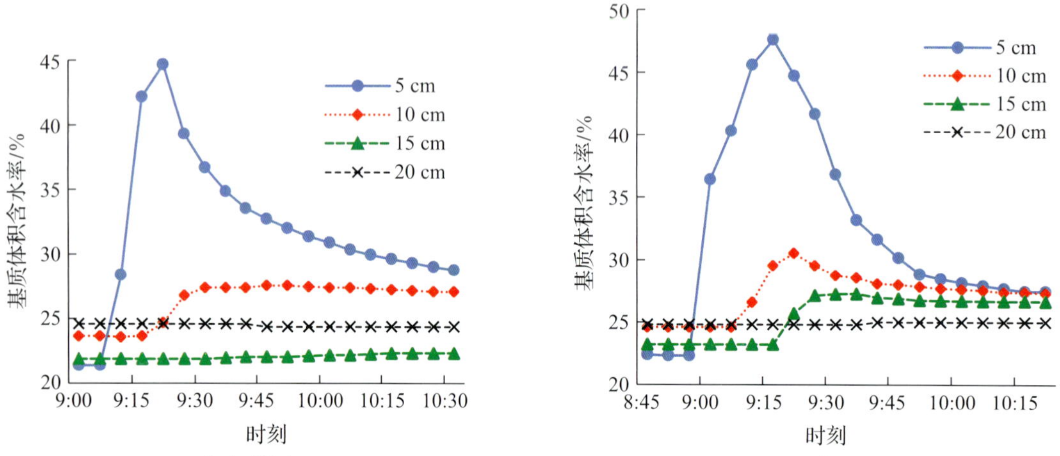

（a）灌溉15 min　　（b）灌溉20 min

图 7-21　不同灌溉量下基质含水率变化曲线

随着灌溉量的增加，基质湿润的深度增大。灌溉 15 min 的情况下，水分最终只湿润到第 2 层，第 3 层基质含水率在灌溉结束后只略微增加，可以忽略不计，但灌溉 20 min 的情况下第 3 层基质含水率在灌溉结束后有明显增加，这表明相同滴头流量下湿润锋深度随着灌溉量的增加而增大，灌溉停止后水分将运移至更深基质层，如果灌溉量过大，水分将运移至没有根系分布的基质层，或造成底层渗漏，浪费水肥资源。

7.2.2.2　日光温室番茄灌溉策略

基于蒸腾量的灌溉策略，在既定的时间内通过预测模型预测番茄蒸腾量，按蒸腾量的 100%进行灌溉。这种灌溉方法存在一些问题，例如：若在一次灌溉结束后、下次灌溉开始前受环境影响番茄蒸腾量过大，则基质含水率在灌溉之前将处于较低的水平，会影响番茄根系吸收水分，不利于番茄发育生长。而如果按较大蒸腾量的 100%比例进行灌溉，则灌溉量较大，将会造成底层渗漏或过多的水分沉积于基质底部不能被番茄有效吸收，造成水资源浪费。目前无土基质栽培多采用水肥一体化灌溉方式，在灌溉的同时进行施肥，如果灌溉量过大，将会造成肥料浪费和营养供给过剩。根据以上分析，需要制定基于番茄蒸腾量预测模型与基质水分运移模型融合的日光温室番茄灌溉优化策略。

1. 灌溉基质含水量区间确定

根系对水分主动吸收与被动吸收都是利用根系与土壤的水势差进行的，在无土栽培基质与土壤栽培中，基质势（matric potential）是一个反映根系能否吸水的通用指标。Zheng 等[10]的研究结果表明，在番茄不受或仅受轻度水分胁迫的情况下番茄大果率较高，基质势范围为 −40～−30 kPa，当土壤基质势＜−40 kPa 时番茄产量会有所下降。因此选择 −40 kPa 作为灌溉阈值下限，将基质势控制在 −40～−30 kPa。

根据基质水分特征曲线，可将基质势阈值范围转换为对应的基质体积含水率范围，通过水分传感器监测基质含水率的变化来确定灌溉启动时刻。基质势与基质体积含水率的对应关系如表 7-3 所示，番茄能利用的有效水基质势范围下限为－100 kPa，对应的基质含水率为 25.3%。

表 7-3　混合基质的基质势与含水率对应关系

基质势/kPa	－20	－30	－40	－50	－100
基质体积含水率/%	41.5	36.5	33.5	31.5	25.3

当基质含水率低于 25.3%时，番茄已受重度胁迫，基质含水率最低限应设为 25.3%。－40 kPa 与－30 kPa 对应的基质含水率分别为 33.5%与 36.5%，这时番茄受轻度胁迫，理想情况是使基质含水率保持在 33.5%～36.5%。

2. 番茄根系分布及传感器位置确定

番茄在苗期根系主要分布在 0～10 cm 基质层，在开花初期根系主要分布在 0～15 cm 基质层，在开花末期根系主要分布在 0～20 cm 基质层，且在整个生长期根系中心的密度较大，进入果期之后番茄需水量较大，根系不断生长，果期番茄根系几乎充满了基质槽。

如表 7-4 所示，将番茄苗期、花期各分为 2 个阶段，苗期第一阶段为定植后 2 周，包含 1 周的缓苗期，苗期第二阶段为定植后 3～4 周，花期第一阶段为定植后 5～6 周，花期第二阶段为定植后 6～7 周。以 5 cm 为 4 个时期根系主要分布基质层的深度差异，因此在苗期第一阶段需保证 0～5 cm 基质层基质含水率保持在最佳范围，苗期第二阶段需保证 0～10 cm 基质层基质含水率保持在最佳范围，花期第一阶段需保证 0～15 cm 基质层基质含水率保持在最佳范围，花期第二阶段需保证 0～20 cm 基质层基质含水率保持在最佳范围。由于单个 EC-5 水分传感器的测量范围不能涵盖整个苗期与花期内番茄根系的分布范围，需要布设多个传感器，在实际生产中需要尽可能地减少传感器数量，节约生产成本，因此需确定传感器的数量及布设位置。

表 7-4　番茄不同生长时期根系分布

生长期	阶段	根系分布基质层/cm	根区半径/cm
苗期	第一阶段	0～5	4.0
	第二阶段	0～10	7.5
花期	第一阶段	0～15	10.0
	第二阶段	0～20	12.5

第一层基质初始含水率是预测不同深度基质含水率的基础，且在整个苗期与花期生长时期内，根系在 0～5 cm 基质层都有分布，因此将 EC-5 传感器布设在栽培桶中心垂直向下距滴头 5 cm 的监测点处。

3. 番茄蒸腾量预测模型

番茄根系吸水的主要驱动力是蒸腾作用，陈卜旺等研究了一种基于作物相对叶面积指数(relative leaf area index，RLAI)的番茄蒸腾量预测模型[11]，此模型采用随机森林回归算法，将空气温度、空气湿度、光照强度和番茄相对叶面积指数(RLAI)作为模型输入，将番茄实时蒸腾量作为输出，分别预测番茄苗期和花期的蒸腾量，预测结果 R^2 分别为 0.947 2 和 0.965 4，能够很好地反映实际蒸腾量，因此采用这种方法对番茄蒸腾量进行预测。

RLAI是番茄蒸腾量预测模型的关键输入参数，通过树莓派控制安装在番茄正上方的相机拍摄番茄冠层图像，用图像处理的方法获取RLAI。拍摄装置所拍摄的番茄冠层RGB图像通过Python语言使用OpenCV库进行处理，处理后的图像如图7-22所示。处理步骤如下：

①通过RGB相机拍摄番茄冠层图像；

②图像锐化处理，并将RGB图像转化为HSV图像；

③设定色相通道、饱和度通道等参数，通过掩模参数获取HSV图像中的绿色通道图像；

④进行高斯滤波处理；

⑤对绿色通道图像进行图像分割、灰度化和二值化处理；

⑥遍历二值化图像的像素点，计算作物相对叶面积指数RLAI。

（a）原始图像　（b）绿色通道图像　（c）二值化图像

图7-22　图像处理获取相对叶面积指数

RLAI的计算公式为

$$\mathrm{RLAI}=\frac{S_L}{S_A} \tag{7-8}$$

式中：S_L为处理后叶片的像素数，S_A为图像所有像素数总和。生长过程中保持相机镜头与番茄植株顶层距离固定，苗期固定为30 cm，花期固定为40 cm。

4. 日光温室番茄灌溉策略

优化后的日光温室无土栽培番茄灌溉策略流程如图7-23所示，具体步骤如下：

①读取5 cm基质层基质体积含水率，当含水率低于灌溉阈值下限33.5%时，准备启动灌溉。

②使用基于RLAI的番茄蒸腾量预测模型对上次灌溉至此时的番茄蒸腾量作出预测，按照蒸腾量100%比例确定预计灌溉量，将预计灌溉量除以滴头流量，确定预计灌溉时长t_1。

③使用不同深度基质含水率预测模型，对此时番茄根系分布最深层基质含水率进行预测，确认能否达到适合番茄生长最佳含水率范围阈值上

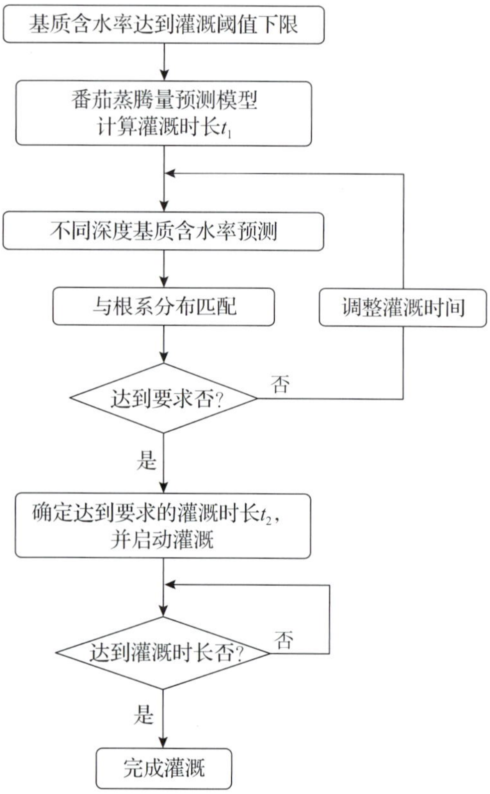

图7-23　优化后的灌溉策略流程图

限 36.5%，若未达到，则以 1 min 为间隔增加或减少预计灌溉时间，直至确定能达到此阈值的最短灌溉时长 t_2。

④启动灌溉，灌溉时长为 t_2。

7.2.2.3 日光温室智慧灌溉系统集成

日光温室番茄基质栽培智慧灌溉系统总体结构如图 7-24 所示。

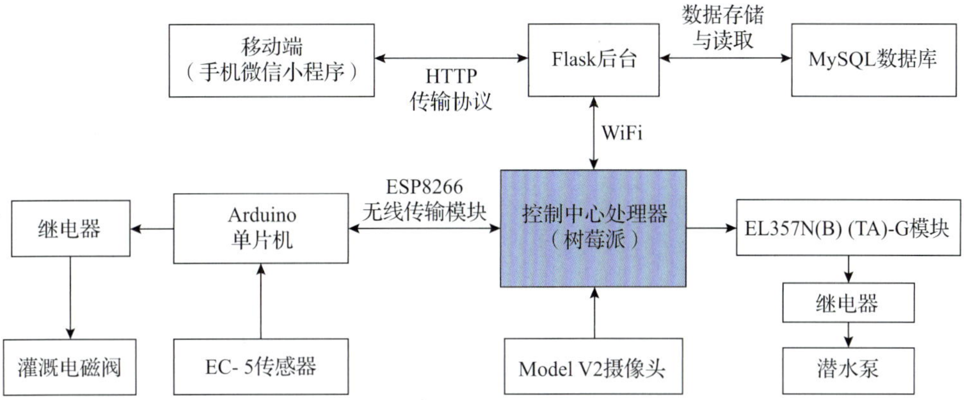

图 7-24　日光温室智慧灌溉系统总体结构框图

水分传感器将采集到的数据通过 ESP8266 无线传输模块传输到系统控制中心。树莓派控制图像采集模块实时采集作物冠层生长信息，通过控制 GPIO 口输出电压，通过直流电磁阀驱动模块控制潜水泵的启停；树莓派将所有的传感器数据汇总，通过 WiFi 上传至云平台存储。

智慧灌溉系统软件平台包括阿里云后台服务器与微信小程序两部分，后台服务器程序用 Python 编写，使用 Flask 框架，微信小程序采用微信官方提供的微信开发者工具开发，界面及其美化分别采用 WXML 及 WXSS 语言编程，后台逻辑控制采用 JavaScript 语言编写，两部分之间通过 HTTP 协议进行通信，后台服务器与树莓派控制中心通过 Flask-SocketIO 模块通信。

Flask 框架作为智慧灌溉系统的软件后台，负责与树莓派的连接控制、与移动端微信小程序的连接控制以及网页前端界面的连接控制，是整个智慧灌溉系统实现云服务与移动服务的关键，其主要内容包括：

①处理树莓派传输至云平台的数据，并按时间序列将数据存储在 MySQL 数据库中；

②调用 MySQL 数据库中的数据(空气温湿度、光照、作物生长参数等)，传输给网页前端及微信小程序进行数据可视化展示；

③将微信小程序及网页前端发来的控制命令发送至树莓派，树莓派发出相应动作指令，进行灌溉、通风等。

移动端的微信小程序软件平台框图如图 7-25 所示，主要功能有查看温室环境数据、任务设置、控制操作等。

①传感器信息传输模块：实现温室环境数据、基质含水率等信息可视化显示。

②手动控制功能模块：实现现场手动控制系统进行灌溉、通风、加湿等操作。

③定时任务设置模块：实现用户对系统进行定时任务设置，在设定时间进行灌溉、通风、加

湿等操作。

④智慧控制选择模块：实现用户对智慧控制策略的选择，如智慧灌溉、智慧补光等。

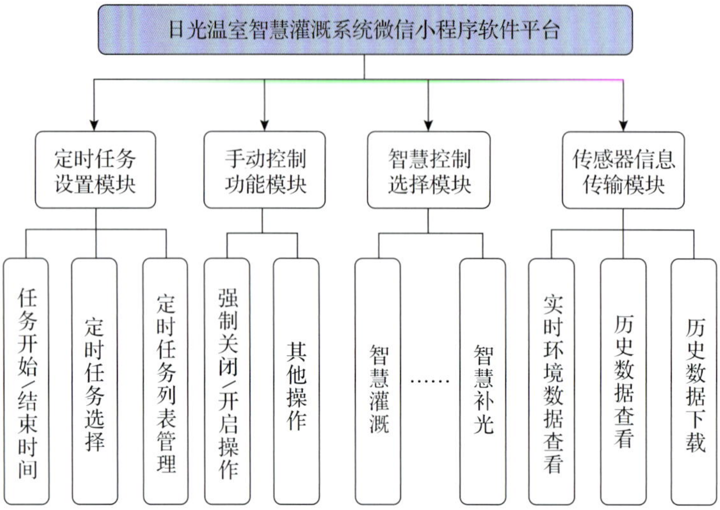

图 7-25　日光温室智慧灌溉系统微信小程序软件平台框图

7.2.2.4　日光温室番茄灌溉试验

1. 试验设计

智慧灌溉系统试验在中国农业大学信息与电气工程学院小型试验日光温室进行，供试番茄品种为粉冠。受限于传感器数量及温室面积，选择 12 株番茄分为 2 个处理(T1 与 T2)进行试验，均采用直径为 20 cm、高度为 25 cm 的栽培桶，栽培基质由草炭、蛭石、珍珠岩按体积比 3∶1∶1 构成。选 5～6 叶壮苗移栽定植，移栽后立即浇足水进行缓苗。在 T2 组中选择 2 个栽培桶布置水分传感器，布置位置如图 7-16(b)中 1～4 点所示，中心位置垂直向下，以 5 cm 为间隔布置 4 个 EC-5 传感器监测不同深度基质含水率变化。试验采用流量为 1 L/h 的滴头进行滴灌，T1 采用定期灌溉策略，灌溉量为 100％蒸腾量，T2 采用前面制定的日光温室番茄灌溉策略进行灌溉，除灌溉管理之外的其他管理与实际生产管理方式完全一致，保证番茄正常生长发育，无病虫害。

自定植后每周分别测定一次每组番茄的形态指标，包括株高、茎粗、相对叶面积指数；每次灌溉后统计本次的灌溉量。

(1)株高：用钢尺测量植株由茎基部到主茎顶端生长点的自然长度，分别测量 2 组各番茄株高后取平均值；

(2)茎粗：用游标卡尺测量茎基部 1 cm 处直径，分别测量 2 组各番茄茎粗后取平均值；

(3)相对叶面积指数 RLAI：采用前文介绍的方法，分别测量 2 组各番茄 RLAI 后取平均值；

(4)灌溉量：每次灌溉时分别记录 2 组的灌溉量。

2. 试验结果与分析

定植后 1～4 周番茄植株形态参数变化如图 7-26 所示。由图 7-26(a)可知，在缓苗 1 周后，番茄株高增加明显，T1 与 T2 处理间无显著性差异($P>0.05$)。在定植后 2～4 周两个处理下株高分别增加了 22.1 cm 和 21.5 cm，两种灌溉策略对番茄株高影响不显著。由图 7-26

(b)可知，番茄茎粗增加不明显且 T1 与 T2 处理间无显著性差异（$P>0.05$），在定植 4 周后两个处理下番茄茎粗分别增加了 1.6 mm 和 2.0 mm，两种灌溉策略对番茄茎粗影响不显著。

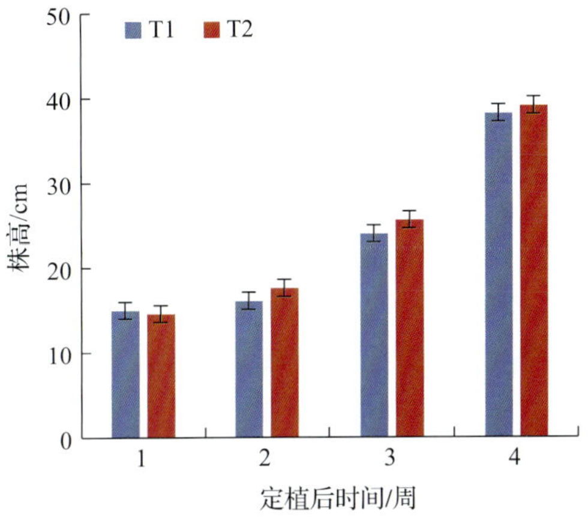

(a) 不同处理对番茄株高的影响

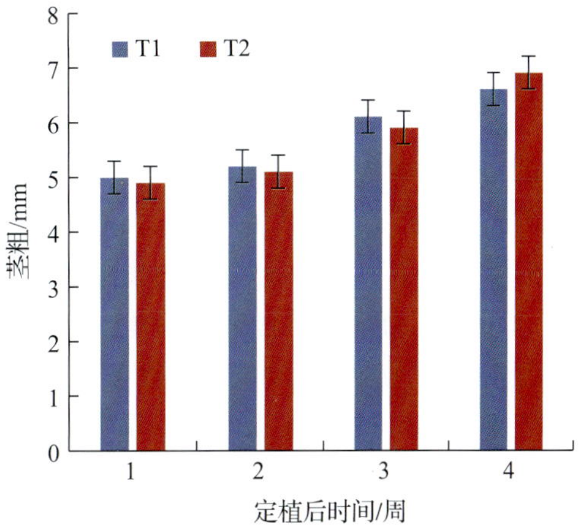

(b) 不同处理对番茄茎粗的影响

图 7-26　不同处理对番茄株高、茎粗的影响

图 7-27 为不同处理对番茄相对叶面积指数(RLAI)的影响，由图可知，在定植后 2～3 周内 RLAI 增加明显，3～4 周增加放缓，T1 与 T2 处理间无显著性差异（$P>0.05$）。定植后 2～3 周两个处理下 RLAI 分别增加 17.62%和 17.15%，两种灌溉策略对番茄 RLAI 的影响不显著。

两个处理下灌溉量和灌溉次数如表 7-5 所示，T2 的灌溉次数明显多于 T1，但 T2 的累计灌溉量比 T1 少 16.9%。

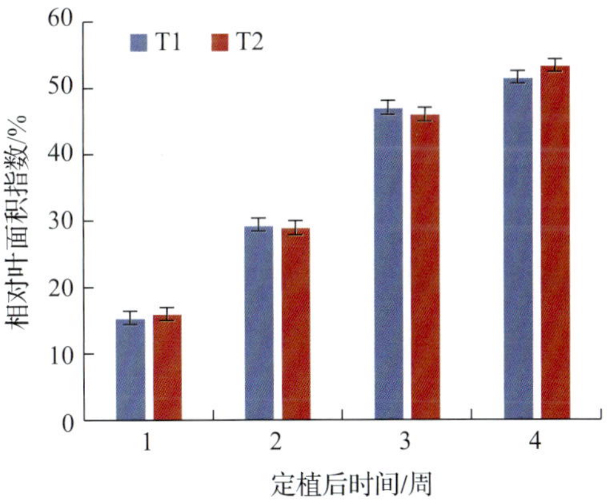

图 7-27　不同处理对番茄相对叶面积指数的影响

表 7-5　不同处理下灌溉量和灌溉次数统计

处理	累计灌溉量/mL	灌溉次数
T1	2 378	14
T2	1 976	22

两个处理下苗期番茄生长状况无显著差异，T2 在节水上优于 T1，说明采用优化的日光温室灌溉控制策略在番茄苗期灌溉管理中更合理高效。

7.3 设施园艺水肥一体化灌溉调控技术

7.3.1 水肥一体化灌溉概述

精细农业和智慧农业要求基于生产环境和过程的时空变异实施差异化管理，因此精细施肥和精细灌溉都是精细农业（智慧农业）的核心。水资源紧缺，以及对农业生产中减少农药、化肥用量的关注，催生了水肥一体化技术。水肥一体化技术是灌溉与施肥融为一体的农业新技术，它借助于压力系统将可溶性固体或液体肥料，按土壤养分含量、作物的需肥规律和需肥特点配兑肥液，再与灌溉水一起，通过可控管道系统和滴灌系统，完成灌溉＋施肥。水肥一体化技术的优势是节水、节肥，肥效快，养分利用率提高。

温室封闭式栽培系统为设施园艺水肥一体化灌溉调控技术推广提供了基础条件。封闭式栽培是在无土栽培的基础上提出的一种栽培模式，通过对营养液 EC、pH 及营养成分的分析，能够更加精确地调控营养供应，有效避免肥料和灌溉水的流失，提高水肥利用率。如何保证营养液（混合后的水肥）的有效供给，既提供作物生长所需养分，又降低经营成本、减少对环境的不良影响，是温室可持续健康发展需要解决的关键问题。目前营养液调控策略研究可大致归纳为三大类，即基于 EC 和 pH 的营养液管理方式、基于养分添加的营养液管理方式和基于作物模型的营养液管理方式。

（1）基于 EC 和 pH 的营养液管理方式：温室水肥一体化控制系统一般采用反馈控制模式，通过比较输出和输入并将其差作为控制参数，基于反馈信号进行调控。有许多参数可以作为反馈信号，其中最常用的是营养液的 EC 和 pH 的测量值。EC 被认为与营养液中的养分浓度呈正相关，水培作物的推荐 EC 值范围为 0.8～3.0 mS/cm，因此，精确稳定地测量 EC 值（及 pH）对于水肥一体化过程的反馈控制非常重要。

（2）基于养分添加的营养液管理方式：基于养分添加的营养液管理方式是将作物生长所需的各种养分制成母液并分别放置在不同的母液罐中，按照作物的实际生长需要，在计算机程序的控制下按照不同的抽取比例从母液罐中抽取母液进行混合，混合完毕的营养液可以满足作物生长的养分需求。在保证产量和品质一致的情况下，这种方式的需水量比基于 EC 管理模式少，肥料利用率高。

（3）基于作物模型的营养液管理方式：基于作物模型的营养液管理方式现在还处于研究的初步阶段，这种方式首先需要建立较为精确的作物生长模型和蒸腾模型，然后利用生长模型对每个阶段的作物干物质含量进行预测，根据预测结果决定营养液的配比方案，最后根据蒸腾模型预测的作物需水量进行灌溉。在作物生长模型和蒸腾模型精准的前提下，这种方法是理想的方法。

第二和第三种模式尚有一些普遍性问题没有解决，例如作物生长模型和蒸腾模型的普适性还不能满足要求，没有结合作物根区吸收养分的环境等指标进行营养液供给的优化计算，也没有结合作物蒸腾和环境因素对营养液吸收状况的影响调控供给量。第一种方式中的 EC 和 pH 指标与营养液的营养成分含量有着相当高的线性关系，且营养液的 EC 和 pH 传感器相当成熟，方便测量和控制，目前的水肥一体化系统仍采用基于 EC 和 pH 的营养液管理方式。

7.3.2 水肥一体化智能调控系统结构与特征

1. 系统总体架构

温室小气候环境对于作物的生长起着至关重要的作用。一个封闭式栽培系统需要考虑基质、环境和营养液 3 个方面。因此,日光温室封闭式栽培系统主要由基质栽培子系统、环境监控子系统和水肥一体化营养液灌溉子系统构成。袁洪波开发了基于水肥一体化智能调控系统的封闭式栽培日光温室,其架构如图 7-28 所示[12]。

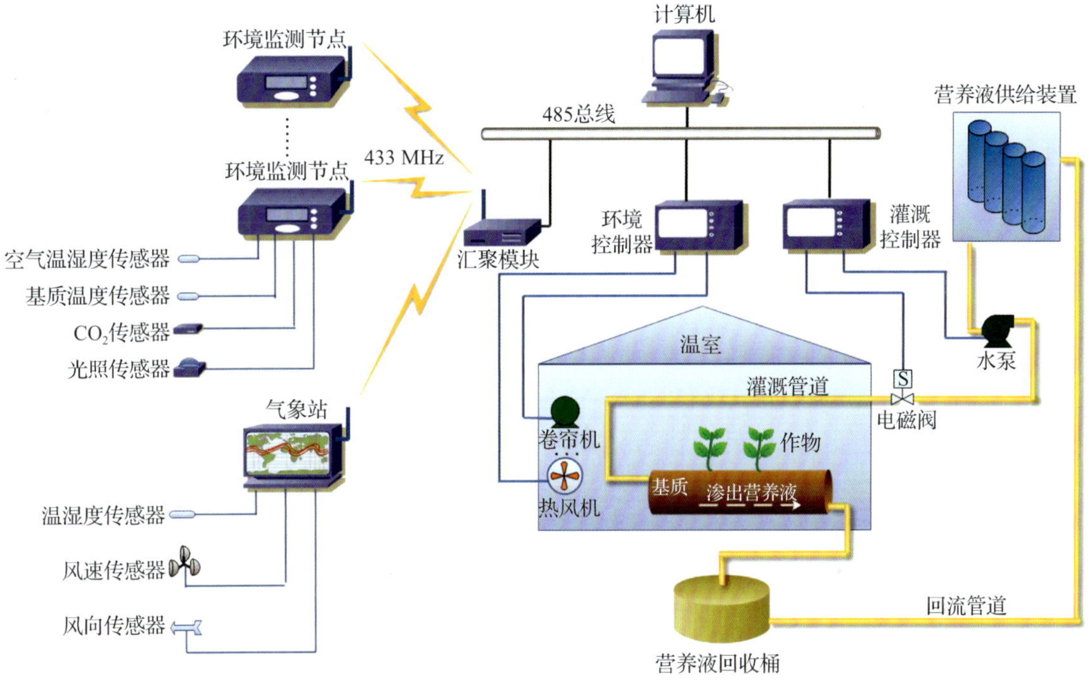

图 7-28 基于水肥一体化智能调控系统的封闭式栽培日光温室架构

日光温室内采用基质代替土壤,为作物根系提供支撑、存蓄水分和供给营养物质,为作物的生长创造一个适宜的根区环境。基质使用基质袋或塑料薄膜完全包裹,保证与外界的隔离,同时也有利于营养液回收,基质渗出的多余的营养液通过过滤装置和回流管道回收,基质、包裹材料、过滤器和回流管道构成基质栽培子系统。

2. 环境监控子系统

环境监控子系统为水肥一体化智能调控系统提供必需的数据,也是保证温室作物正常生长的关键。日光温室自身的结构特点决定了其环境监控系统的构建与其他类型温室不同,尤其是在封闭式栽培系统中,环境监控系统的构建应该遵循以下原则。

(1)要根据作物需求设计环境监控系统:水肥一体化智能调控系统根据作物长势调节灌水量和施肥量,作物生长受到温度、湿度、光照、CO_2浓度等多种环境因素的影响,需要进行自动化的主动环境调控。为了更好地实现营养液的精确供给,还需要测量基质的温度以及回收的营养液的 EC 和 pH。

(2)要根据日光温室的结构特点部署传感器:现代化的连栋温室结构规范,温室内环境的调节主要依靠控制设施来进行，具备完备的加热、通风、降温、遮阳和空气循环系统，温室内温湿度分布相对均匀，除了边界区域之外，传感器可以均匀部署在温室中。日光温室与现代化的连栋温室不同，北墙和地面土壤承担着主要的蓄热功能，墙体和土壤内温度与空气温度存在一定的差异，而且靠近北墙的空气温度与靠近南墙的空气温度也存在一定的差异，靠近地面的空气温度与靠近顶部通风口的空气温度也不相同。所以，日光温室中传感器的位置要根据温室自身的特点进行部署。

（3）要根据作物类型设计环境监控网络：温室环境监控常用的无线传输方式有 ZigBee、蓝牙、WiFi、射频 433 MHz 等技术，表 7-6 所示为这几种无线传输方式的性能比较。生产型日光温室种植较多的是番茄、黄瓜等枝叶茂密的作物，会影响信号的传输，因此需要采用穿透性强、传输距离远、功耗小、成本低、组网灵活的无线传输方式。目前应用相对广泛的无线组网技术是 ZigBee，但是 ZigBee 传输的穿透性较弱，WiFi 和蓝牙等无线传输方式在实际的温室生产中也不适用。因此，构建日光温室封闭式栽培系统时，建议采用射频 433 MHz 技术来组网。

表 7-6　常用无线传输方式性能比较

项目	ZigBee	蓝牙	WiFi	射频 433 MHz
载波频带	2.4 GHz	2.4 GHz	2.4 GHz	433 MHz
传输距离	30 m～1.6 km	10～100 m	30～45 m	200 m～3 km
数据速率	250 kb/s	1 Mb/s	11～54 Mb/s	9 600 b/s
功耗	低	中等	高	低
价格	低	低	高	低
调制方式	DSSS，CSMA/CA	FHSS	DSS/CCK，OFDM	FSK/GFSK
数据安全	128 位密钥	64/128 位密钥	128 位密钥	128 位密钥

图 7-29 所示为服务于水肥一体化智能调控系统的监控网络结构，主要由监测模块、传输模块、调控模块和后台服务器等 4 部分组成。

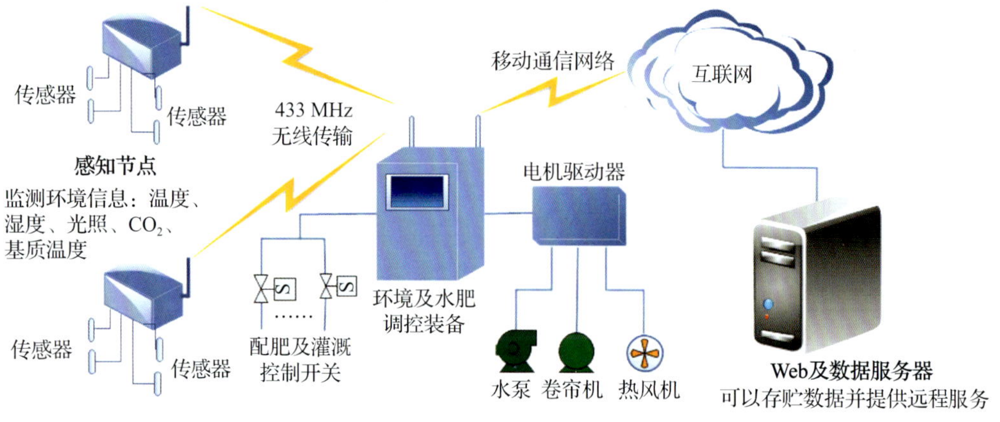

图 7-29　水肥一体化智能调控系统的监控网络结构

（1）监测模块：监测功能主要由传感器及感知节点来实现，传感器测量温室内环境参数——温度、相对湿度、光照强度、CO_2 浓度，此外还需要测量基质的温度以及回收营养液数量及其 EC、pH。所有的传感器和感知节点相连，感知节点对传感器的数据进行汇聚和初步处理后，通过集成到内部的 433 MHz 无线设备发送到环境及水肥调控装备。

(2)传输模块：传输模块包括 WSN 和移动通信（4G/5G）两种无线网络，WSN 网络连接了所有的传感器和主机，能够保证数据的实时传输。433 MHz 无线网络可以实现无线感知节点的自由添加和去除，而且其穿透性较强，传输距离较远，感知节点和主机的通信无须通过中继，可以直接传输数据。通过移动通信网络，可将本地数据传输到后台服务器，用户可以随时查询所有温室当前及历史数据，还可以通过移动通信网络实现远程控制。

(3)调控模块：调控功能通过环境及水肥调控装备实现，该装备集成了计算机和环境及水肥主控制器(主控器)，主控器通过 433 MHz 无线网络接收感知节点传输的各种数据，根据环境信息自动控制卷帘机、热风机等设施运行，还可以根据设置控制营养液的配比、灌溉线路的开合并能够实现自适应灌溉控制。计算机可以显示各种参数信息，并为用户提供良好的交互界面，方便用户对主控器进行设置。

(4)后台服务器：后台服务主要包括两项功能——数据服务和 Web 服务。环境及水肥调控装备通过移动通信网络将本地数据上传到后台服务器的 MySql 数据库，利用上传的数据可以对温室的历史信息进行查询和分析，包括环境参数、灌溉用水量、产量等，并且可以进行远程管理，远程控制环境及水肥调控装备的启停和设置等。

3. 水肥一体化营养液灌溉子系统

图 7-30 所示为水肥一体化营养液灌溉子系统结构图，包括灌溉控制器、母液供给部分、混肥部分、灌溉及回收管路等。其核心是集成在环境及水肥调控装备中的灌溉控制器，包括营养液配比和灌溉控制两个功能模块。营养液配比模块检测营养液的 EC 和 pH，并根据程序设定的参数控制配肥时每一种母液的抽取比例。灌溉控制模块可以控制每一条灌溉线路电磁阀的

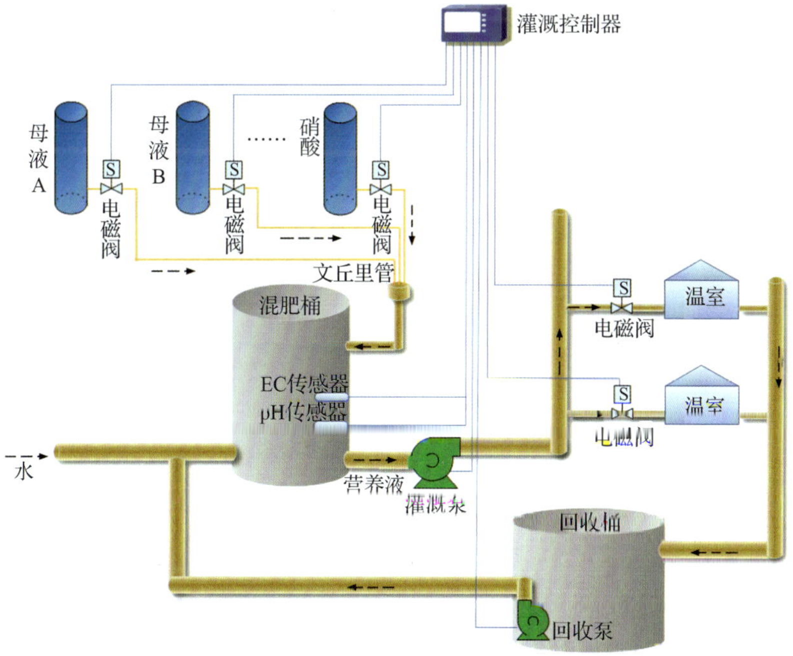

图 7-30　水肥一体化营养液灌溉子系统结构图

开合、灌溉泵及回收泵的启停。

灌溉控制器的功能是按照设定的程序进行肥料的配比计算和灌溉控制。母液供给部分由母液桶和电磁阀构成，不同肥料投放到对应的母液桶之中，母液桶之外还有一个盛放硝酸的酸桶，各母液桶的肥料及酸液的抽取通过灌溉控制器控制电磁阀的开合来实现。抽取到的母液通过文丘里管混合后流入混肥桶中。混肥桶内置 EC 和 pH 传感器，可以实时检测营养液的制备情况，然后根据程序设定的不同参数进行不同类型营养液的配制。配制完毕的营养液在灌溉泵的控制下流向温室，每个温室的灌溉量、灌溉时间及频率通过灌溉控制器操作电磁阀的开合进行控制，多余的营养液回流到回收桶中，并通过回收泵抽取到混肥桶中，实现营养液的循环利用。

7.3.3 水肥一体化智能调控系统算法

7.3.3.1 水肥一体化营养液制备模型[12,13]

营养液的制备是水肥一体化灌溉的关键之一，营养液中各种养分的含量是通过其中不同离子的浓度反映出来的，可以采用特定的离子传感器来检测，比如离子选择电极(ion selective electrode, ISE)和离子选择性场效应管(ion selective field effect transistor, ISFET)传感器。但是，在实际中应用这些传感器仍然面临着一系列的问题，特别是其稳定性以及高昂的成本，所以营养液浓度的检测常以检测其 EC 值得到溶液中溶解离子的总含量的办法代替。

注射装置是营养液制备的核心部件，简易文丘里管是广泛采用的注射装置之一，其工作原理如图 7-31(a)所示。文丘里管利用文丘里原理(在高速流动的气体或液体附近会产生低压，从而产生吸附作用)吸肥，不需要消耗电力，而且肥料在文丘里管里经过混合后流入混肥桶，而不是直接流入水中，这样制备的营养液浓度相对均匀。

营养液制备的目的是为不同种类、不同生长阶段的作物提供生长所需的适宜的养分，制备的过程是肥料母液和水充分混合并达到预设值的动态过程，如图 7-31(b)所示。

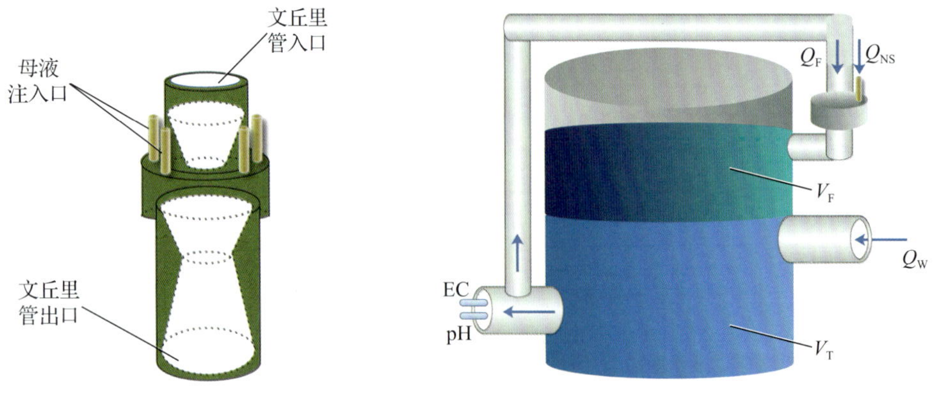

(a) 文丘里管原理图　　(b) 混肥桶工作过程示意图

图 7-31　营养液制备模型

水以流量 Q_W 注入混肥桶中，设有效混合体积为 V_T，则需要时间 $T_r = V_T / Q_W$ 才能注满。混肥桶中各种液体混合有两种不同的模式，即平流和理想搅拌。平流是指各种液体利用重力、渗透等自然方式进行混合，需要较长时间才能混合均匀。理想搅拌指液体通过搅拌等剧烈扰动，在瞬间达到均匀状态。平流模式可以用一个零阶系统来模拟，系统的延迟时间等于 T_r；理想搅拌模式可以用一个一阶系统来模拟，系统的时间常数等于 T_r。而实际系统可以看成是这两种模式的结合，因此可以用一个带有时间延迟的一阶系统来模拟，此外还应该加上液体在管道中流动所带来的时间延迟。式（7-9）为实际营养液制备过程的一阶滞后传递函数模型：

$$\frac{\mathrm{EC}(s)}{Q_{\mathrm{NS}}(s)}=G_{\mathrm{P}}(s)\mathrm{e}^{-\tau s}=\frac{K_1}{T_{\mathrm{P}}s+1}\mathrm{e}^{-\tau s} \tag{7-9}$$

式中：EC(s)为期望的营养液电导率，即制备过程的输出值；$Q_{\mathrm{NS}}(s)$为肥料母液的流量，即制备过程的输入值；$G_{\mathrm{p}}(s)$为传递函数中不含纯滞后特性的部分；K_1为制备过程的增益，$K_1=1/Q_{\mathrm{W}}$；T_{p}为制备过程的时间常数，$T_{\mathrm{p}}=\gamma T_r$；$\tau$ 为滞后时间，包括液体在管道中的流动时间和混合时间，$\tau=(1-\gamma)T_r$；平流模式 $\gamma=0$，理想搅拌模式 $\gamma=1$。

营养液的制备要求响应快速、精确度高和鲁棒性强，同时还应该控制成本。以图 7-28 所示系统为例，营养液的制备过程采用开关电磁阀进行控制，利用脉宽调制（PWM）控制各肥料母液供给电磁阀的开合时间，并采用闭环控制模式进行控制。根据式（7-9）建立的模型，为了达到较高的控制精度，混肥桶的容积需具有足够的缓冲空间，不会因为肥料母液的注入而引起 EC 的剧烈变化，但是如果混肥桶过大，也会带来其他的问题，比如会导致 EC 的调整速度变慢，灵活性较差等。根据经验，每次注入的肥料母液的量不大于混肥桶中肥料量的 5%为宜。假设混肥桶中溶液的 EC 值为 $\mathrm{EC_M}$，肥料母液的 EC 值为 $\mathrm{EC_S}$，向混肥桶中注入的母液流量为 Q_{NS}，吸肥电磁阀单次开启时间为 T_{C}（如 $T_{\mathrm{C}}=5$ s，意味着电磁阀单次工作时间为 5 s，单次开启时间不可过短，这样设定是为了避免频繁动作带来的器件磨损），则有

$$\mathrm{EC_S}\times Q_{\mathrm{NS}}\times T_{\mathrm{C}}\leqslant 0.05\times \mathrm{EC_M}\times V_{\mathrm{T}} \tag{7-10}$$

根据式（7-10）的约束条件，营养液制备系统需要满足 $Q_{\mathrm{NS}}\approx 0.01Q_{\mathrm{W}}$，$V_{\mathrm{T}}\geqslant Q_{\mathrm{W}}\times 100$ s。例如，如果 $Q_{\mathrm{W}}=1$ L/s 或者 $Q_{\mathrm{NS}}=0.01$ L/s，那么混肥桶的容积需要不低于 100 L。如果实际中 Q_{W} 更大，则需要更大的混肥桶。文丘里管的使用相当于引入了预处理装置，在混肥桶中增加了一个虚拟的容积 V_{F}，这样同时意味着增加了系统的滞后时间，由此，整个系统上升为一个二阶滞后系统，如式（7-11）所示：

$$\frac{\mathrm{EC}(s)}{Q_{\mathrm{NS}}(s)}=G_{\mathrm{P}}(s)\mathrm{e}^{-\tau s}=\frac{K_2}{(T_{\mathrm{F}}s+1)(T_{\mathrm{P}}s+1)}\mathrm{e}^{-\tau' s} \tag{7-11}$$

式中，$K_2=1/(Q_{\mathrm{F}}+Q_{\mathrm{W}})$，$T_{\mathrm{F}}=V_{\mathrm{F}}/Q_{\mathrm{F}}$，$Q_{\mathrm{F}}$ 为流入文丘里管的流量，τ' 为新的滞后时间。$Q_{\mathrm{NS}}\ll Q_{\mathrm{F}}<Q_{\mathrm{W}}$。

7.3.3.2 灌溉肥液自适应灌溉控制方法

水肥一体化灌溉的目的是在作物的生长过程中不间断地提供适宜的养分，封闭式基质栽培条件下灌溉肥液的优化控制是实现温室作物高产的关键之一，此外，合适的灌溉模式还能够降低生产成本并减少对外界环境的污染。要制定一套合适的灌溉控制策略，必须了解作物生长过程对于水和营养物质的实际需求。作物通过根系吸收水分，通过叶片的蒸腾作用散失水分，尤其是在温室栽培过程中，蒸腾作用散失的水分占水分失去总量的 90%。因此，可以根据

作物的蒸腾状态来制定灌溉方法及策略，大多数的灌溉控制理论也是基于作物的蒸腾模型来实现的，但是已经建立的蒸腾模型基本都是静态的模型，而且根据蒸腾模型建立的开环控制系统缺乏反馈环节，无法进行误差修正，而温室内的环境和作物生长是动态过程，也具有季节性的变化，需要随时对控制系统进行调整和修正。因此，需要构建一种封闭式栽培条件下的作物动态蒸腾模型，并在此基础上实现自适应灌溉控制。

1. 作物蒸腾模型的构建

作物的蒸腾模型大多数建立在 Penman-Monteith（PM）公式的基础之上[14]。当前所用 PM 公式由 FAO 于 1990 年 5 月发布，它综合考虑了光照、最高和最低气温、饱和水汽压、风速等环境因素，如式(7-12)所示：

$$\mathrm{ET}_0=\frac{0.408\Delta(R_n-G)+\gamma\dfrac{900}{T+273}u_2(e_s-e_a)}{\Delta+\gamma(1+0.34u_2)} \tag{7-12}$$

式中：ET_0 为作物参考蒸腾量，mm/d；Δ 为空气实际水汽压与空气温度关系曲线的斜率，kPa/℃；R_n为作物表面净辐射量，MJ/(m² · d)；G 为土壤热通量，MJ/(m² · d)；γ 为湿度计常数，kPa/℃；T 为地面上方 2 m 高处空气平均温度，℃；u_2为地面上方 2 m 高处风速，m/s；e_s为空气饱和水汽压，kPa；e_a为空气实际水汽压，kPa。

PM 公式是一种半经验半理论的公式，需要测定很多参数才能精确计算作物的蒸腾量，很多人根据 PM 公式进行了一些简化，但是仍然很难应用于实际的生产控制之中，因此需要采用一些相对简单的方法对作物的蒸腾模型进行研究。在日光温室封闭式栽培系统中，灌溉系统是一个封闭的循环系统，渗出的多余的营养液可以进行回收，因此可以利用超量灌溉的思路，通过测量排出量构建作物蒸腾模型。

假设作物的需水量为$(1-f)V_0$，则提供的灌溉量为 V_0，fV_0为超出的灌溉量。在封闭式栽培系统中进行超量灌溉是必要的，这样可以保证根区清洁，防止盐分富集，保持良好的生长环境，而且营养液从供给到回收是一个循环使用过程，多余的营养液不会被浪费。$f\in(0,1)$，其值的确定取决于灌溉用水的水质、根区的温度、基质的类型及其他因素，一般来说，f 的取值在 0.1～0.2 之间。若实际蒸腾速率为 $\mathrm{ET_r}$，则在某一时间段 T 内蒸腾的总量为

$$\mathrm{CET_r}=\int_t^{t+T}\mathrm{ET_r}\,dt=(1-f)V_0 \tag{7-13}$$

设蒸腾模型对应的蒸腾速率

$$\mathrm{ET_m}=a\mathrm{SR}+b\mathrm{VPD_a}+c \tag{7-14}$$

式中：$\mathrm{ET_m}$为蒸腾速率，kg/(m² · s)；SR 为太阳辐射强度，W/ m²；$\mathrm{VPD_a}$为空气饱和水汽压差，kPa；a、b、c 均为系数，a 代表光照能量获取比例，与叶面积指数 LAI 有关，b 代表叶面蒸腾阻力，c 代表其他因素如作物种类、生长阶段、LAI 等的影响。根据式(7-14)可以计算某一时间段 T 内蒸腾的总量 $\mathrm{CET_m}$，如果建立的蒸腾模型能够准确模拟实际的蒸腾过程，则 $\mathrm{CET_m}$应该和 $\mathrm{CET_r}$相等：

$$\mathrm{CET_m}=\mathrm{CET_r}=(1-f)V_0 \tag{7-15}$$

2. 营养液灌溉控制模型的构建

在封闭式栽培系统中，栽培基质完全与外界隔离，水分的流失完全通过作物的蒸腾作用来实现，所以可以根据排水量 V_d 计算蒸腾量，如图 7-32 所示。

图 7-32　蒸腾量计算模型原理

由图 7-32 可知，作物实际蒸腾量

$$CET_r = V_0 - V_d \tag{7-16}$$

某一时间段 T 内的蒸腾总量

$$CET_m = \int_t^{t+T} (a\mathrm{SR} + b\mathrm{VPD_a} + c)\mathrm{d}t \tag{7-17}$$

式(7-17)即为营养液灌溉控制系统的模型，计算系统蒸腾总量 CET_m，当达到设定值 $(1-f)V_0$ 时，开启灌溉程序进行第 k 次灌溉(灌溉量为 V_0)，并测量排出的营养液总量，然后计算灌溉量 V_0 和排出量 V_d 的差值，该差值即为实际蒸腾量。根据 CET_m 和 CET_r 之间的误差，调整 a、b、c 的值，重新开始计算 CET_m，当达到设定值 $(1-f)V_0$ 时，开启第 $k+1$ 次灌溉，并再次调整 a、b、c 的值，直至作物蒸腾模型接近实际蒸腾过程。根据这种营养液灌溉控制方法可以实现灌溉量及灌溉频率的动态调整。

3. 基于神经网络的营养液自适应灌溉控制方法

根据式(7-14)计算蒸腾量，需要测量空气饱和水汽压差 $\mathrm{VPD_a}$ 值。$\mathrm{VPD_a}$ 是指一定温度下饱和水汽压与空气中实际水汽压之间的差值，它表示的是实际空气距离水汽饱和状态的程度，直接影响植物气孔的闭合，对其蒸腾作用有着重要影响。$\mathrm{VPD_a}$ 可以由空气的相对湿度和温度估算出来，因为封闭式栽培系统已经采集空气的温度 T 和相对湿度 RH，所以，可以将式(7-14)转换为式(7-18)：

$$ET_m = a\mathrm{SR} + bT + c\mathrm{RH} + d \tag{7-18}$$

温室本身是一个多变量、高耦合的非线性复杂系统，式(7-14)和式(7-18)都是对于复杂系统的近似的线性化描述，可以使用神经网络进行非线性复杂系统的建模。

图 7-33 是基于人工神经网络(ANN)的营养液自适应灌溉控制算法程序流程图。

基于人工神经网络的营养液自适应灌溉控制算法，可以根据温室小气候环境的温度、相对湿度和光辐射强度对作物蒸腾量进行计算，当计算的蒸腾量达到设定阈值时开启灌溉程序，并根据计算的蒸腾量和排出的多余营养液量的比较结果对神经网络进行修正，以实现灌溉量的自适应调控。

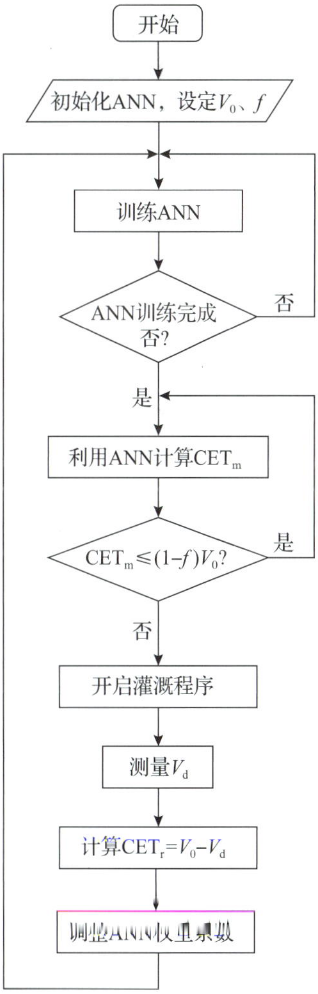

图 7-33　基于 ANN 的营养液自适应灌溉控制算法程序流程图

7.3.4 水肥一体化智能调控系统应用

7.3.4.1 环境及水肥调控装备

环境及水肥调控装备是整个封闭式栽培系统控制环节中最为关键和核心的部分，它不但负责汇聚各个感知节点传输的环境参数并上传到后台服务器，还承担着环境调控、营养液配比及灌溉控制等功能，同时还具备良好的人机交互功能。图 7-34 为基于图 7-28 架构开发的环境及水肥调控装备，由中国农业大学(CAU)和希腊雅典农业大学(AUA)联合研制[15,16]。

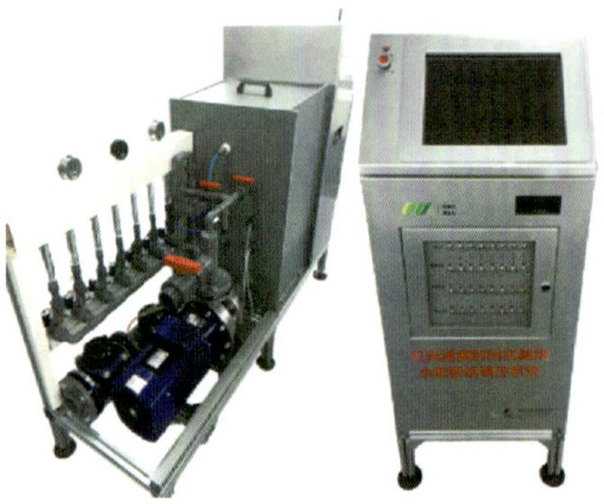

图 7-34 环境及水肥调控装备实物图(CAUA-12)

水肥一体化智能灌溉

环境及水肥调控装备由计算机、主控模块、无线传输模块、EC&pH 测量模块和驱动控制模块构成，其中无线传输模块包括 433 MHz 无线传输模块、移动网络、短信报警模块，驱动控制模块分为营养液配比驱动、环境控制驱动和灌溉控制驱动 3 个模块，如图 7-35 所示。

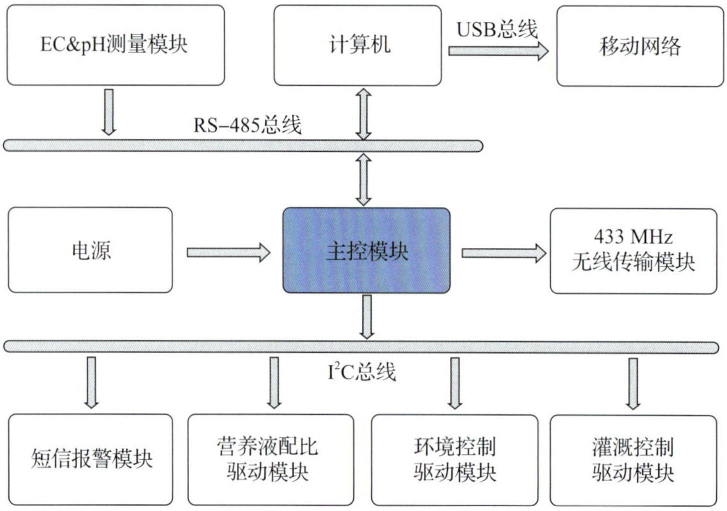

图 7-35 环境及水肥调控装备结构

环境及水肥调控装备通过 433 MHz 无线模块接收感知节点传输的环境参数，并通过主控模块对之进行分析和计算，同时利用移动通信网络将这些参数上传到后台服务器进行备份。当环境参数超过限定值或者调控装备出现故障时，可以使用短信方式发送报警信息到温室管理者的手机。主控模块和其他模块之间的数据交互主要通过 I^2C 和 RS-485 两种总线模式。

EC&pH 测量模块负责检测营养液的 EC 和 pH，并通过 RS-485 总线将数据发送到主控模块，主控模块参照程序设定的值操作营养液配比驱动模块，利用电磁阀的开合控制每一路母液的抽取比例。环境控制驱动模块和灌溉控制驱动模块都是通过 I^2C 总线和主控模块进行信息传输，主控模块通过控制对应继电器对环境调节设备的电动机、灌溉泵及回收泵、灌溉线路的电磁阀进行控制，达到相应的控制目的。

7.3.4.2 环境及水肥管理系统软件

环境及水肥调控装备装载了环境及水肥管理系统软件，该软件包括硬件设置、参数设置和温室管理程序设置 3 个主要功能模块。硬件设置模块可以对系统的常用硬件设备进行配置，参数设置模块可以对系统的控制方式及产生的控制参数进行设置，温室管理程序设置模块可以对温室的日常管理程序进行设定。图 7-36 为环境及水肥管理系统软件结构图，图 7-37 为环境及水肥管理系统软件主界面。

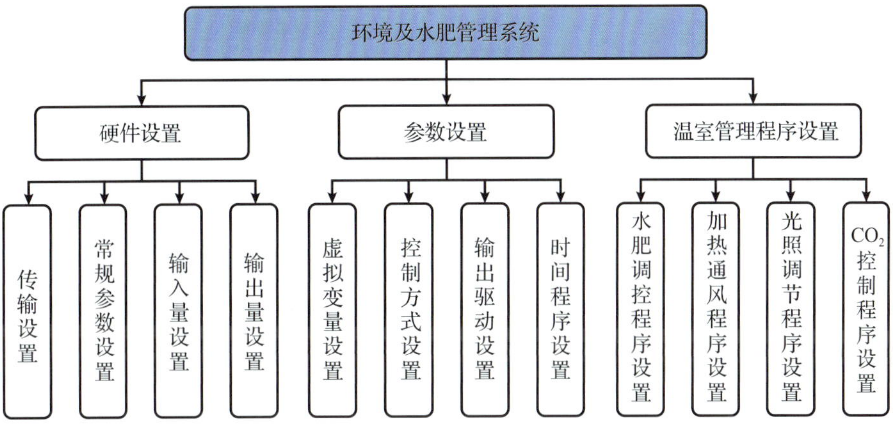

图 7-36　环境及水肥管理系统软件结构图

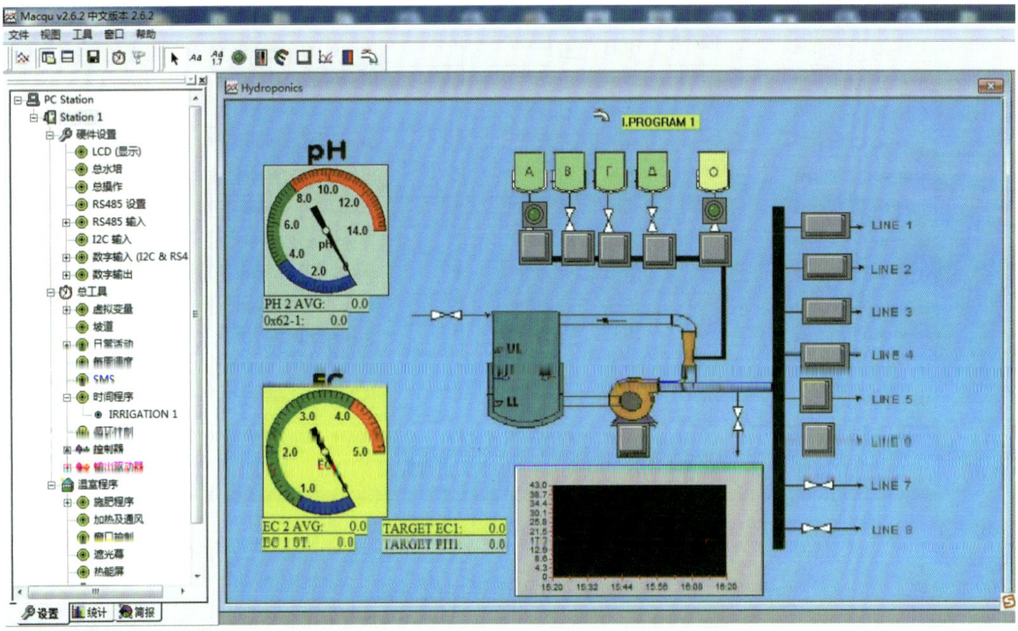

图 7-37　环境及水肥管理系统软件主界面

1.硬件设置模块

硬件设置模块的功能主要是传输设置、常规参数设置、输入和输出量设置。传输设置中可以对上位机和下位机的通信模式以及各个传感器节点的信号传输进行设置,如图7-38所示。图7-38(a)为通信设置界面,在此界面中可以对RS-485的传输模式进行设定,确保上位机和下位机之间的通信顺畅;图7-38(b)为各个传感器节点的信号控制界面,可以开启和关闭指定的传感器节点数据通信链路,并对其进行参数设置。

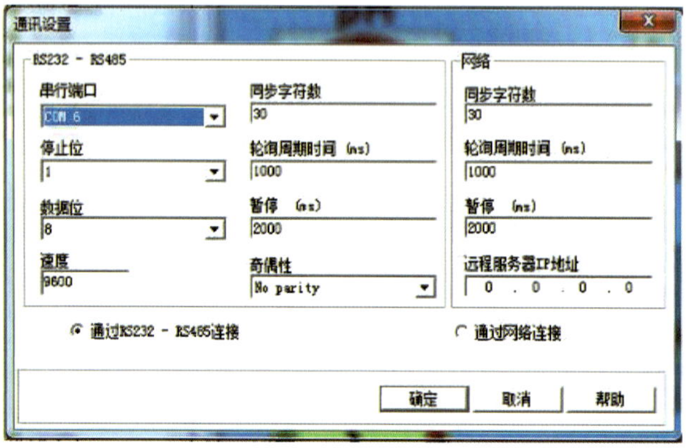

(a)通信设置

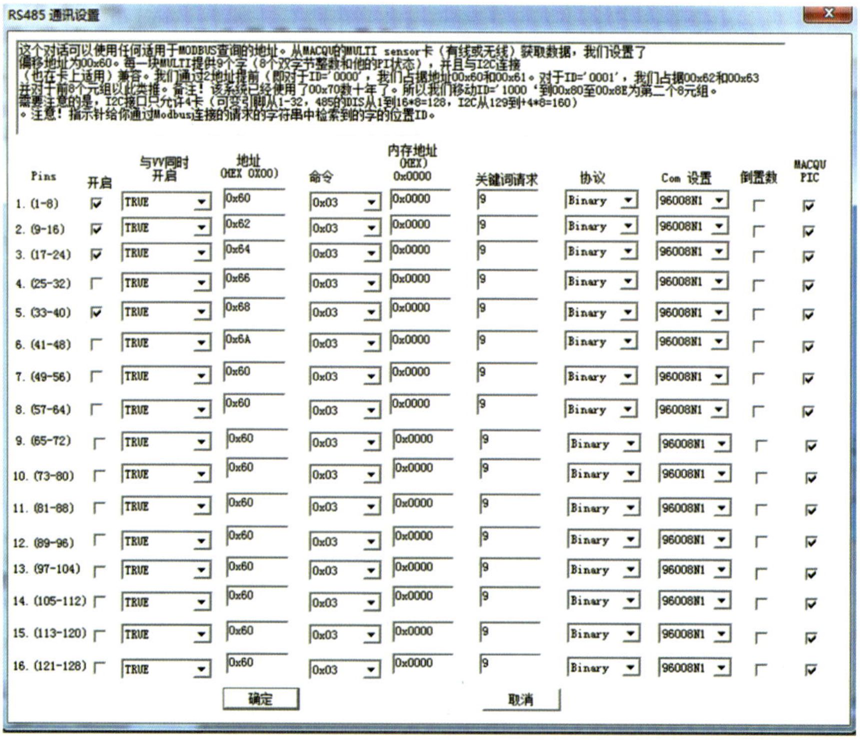

(b)节点控制

图7-38 传输设置功能界面

常规参数设置可以对封闭式栽培系统中常用的控制参数进行设定,包括EC、pH的设定

（和虚拟变量设置配合使用），混肥桶的水位设定，以及各个肥料母液桶电磁阀开关变量控制设定等。输入输出量设置的功能主要是对系统的各个输入量（如混肥桶的水位传感器、数字式水表等）和各个输出量（母液桶的电磁阀、灌溉线路电磁阀等）进行控制 ID 的设定，方便在后续温室管理控制程序中进行变量的引用和控制。

2. 参数设置模块

参数设置模块是环境及水肥管理系统软件的核心部分，它包括虚拟变量设置、控制方式设置、输出驱动设置和时间程序设置 4 个主要功能。

虚拟变量设置可以对系统控制过程中的中间变量进行设定，如对 EC、pH 的设定、改变、计算，对环境控制设定点的计算，蒸腾量的计算等。

控制方式设置可以对 EC 和 pH 的调控方式进行设定，如利用 PID 算法进行调控，需要控制营养液的 EC 和 pH 保持在要求的设定值，图 7-39 所示为 PID 控制模式和 PID 控制参数设定界面。PID 控制方法是按照闭环系统误差的比例、积分和微分进行控制调节，使被控量能够快速准确地接近控制目标的一种控制方法。图 7-39（b）中的 Kp 为比例放大系数，Ki 为积分系数，Kd 为微分系数。当系统选用 PID 控制模式时，3 个系数可以在图 7-39（b）所示的界面中进行设置。

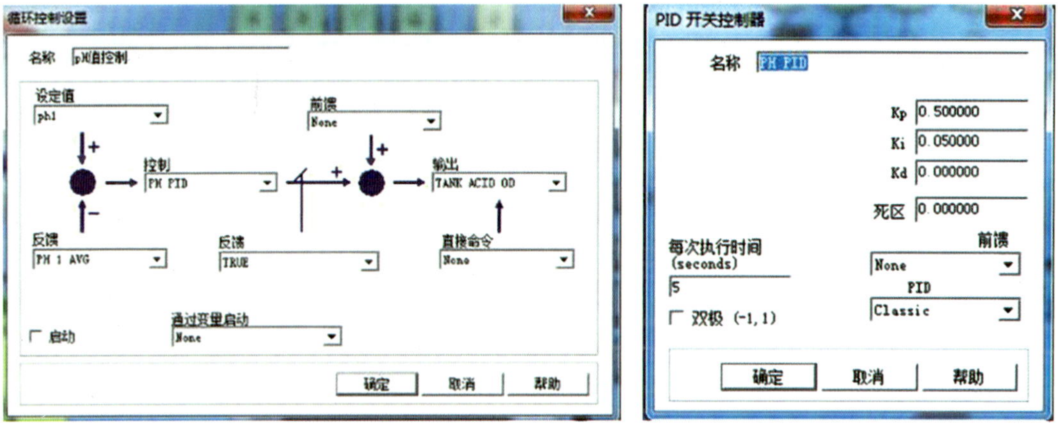

（a）PID控制模式设定界面　　（b）PID控制参数设定界面

图 7-39　PID 控制模式和控制参数设定界面

输出驱动设置主要是对各个电磁阀的控制模式进行设定，比如在控制母液桶的电磁阀工作时，对其开关的控制模式进行设定，包括开关控制模式、PWM 控制模式和 PDW（pulse description word，脉冲控制字）控制模式等。

时间程序设置主要用来对灌溉程序进行设定，包括营养液配比计划的选择、灌溉控制模式选择（按照时间表模式还是蒸腾模型模式进行灌溉），周灌溉计划及日灌溉计划的设定，灌溉线路设定等。图 7-40 所示为时间程序设置界面。

3. 温室管理程序设置模块

温室管理程序设置模块可以对温室管理中的营养液配比、加热和通风、光照调节、CO_2控制等程序进行设定。图 7-41 所示为营养液配比程序设置界面，可以对每一种母液的抽取比例进行设定，并且可以根据设定的 EC、pH 期望值按照 PID 等控制算法进行精确的调控。

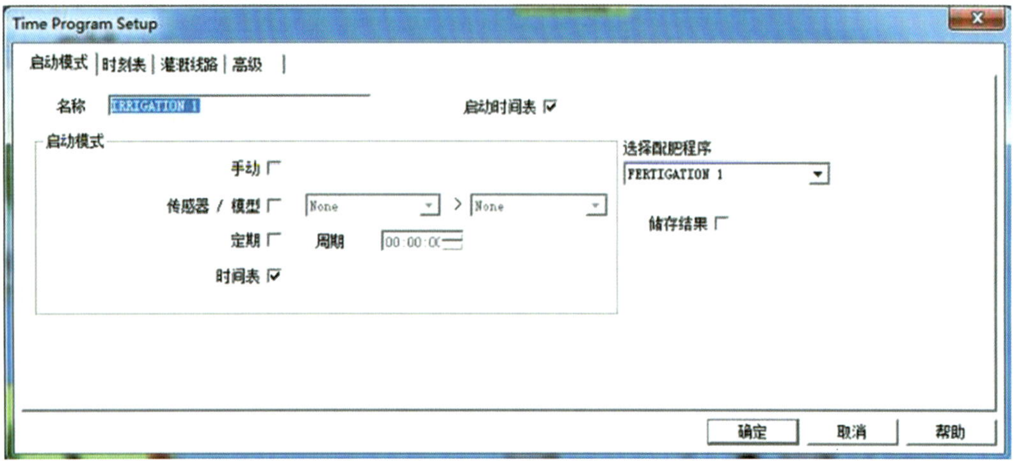

（a）灌溉模式设定界面

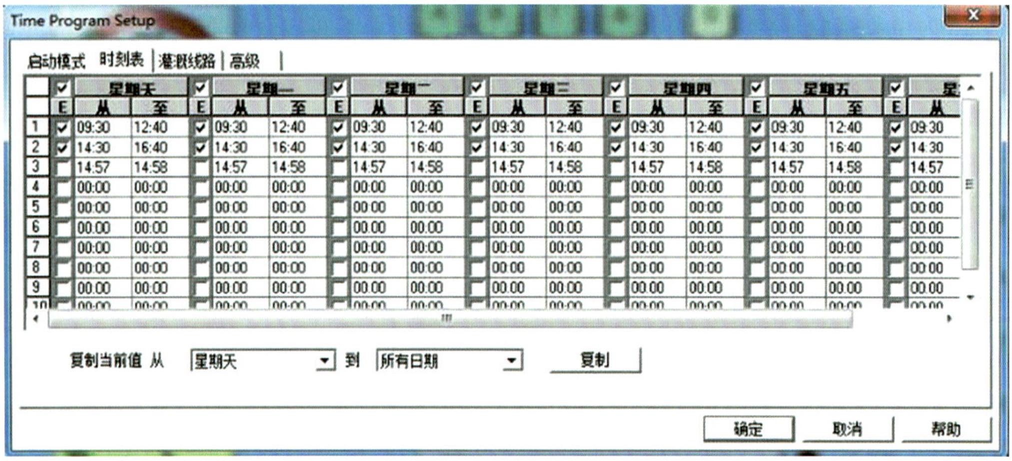

（b）灌溉时刻表设定界面

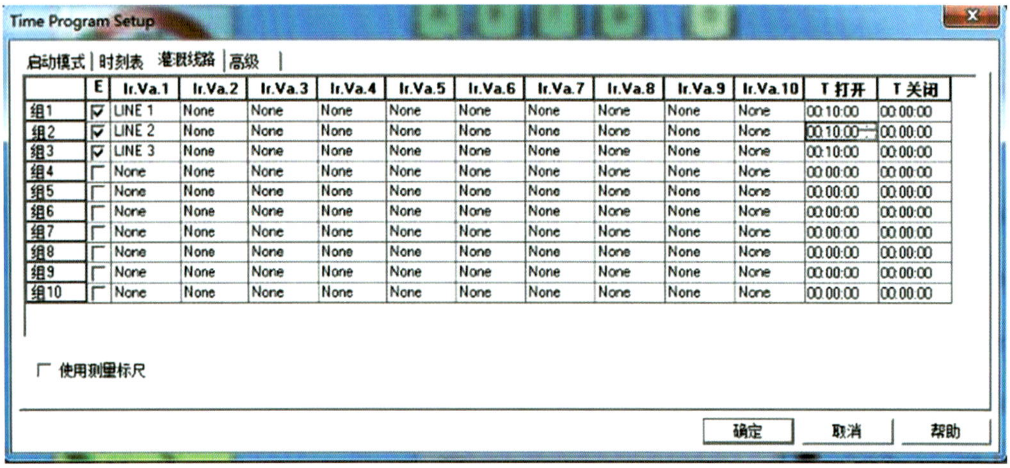

（c）灌溉线路设定界面

图 7-40　时间程序设置界面

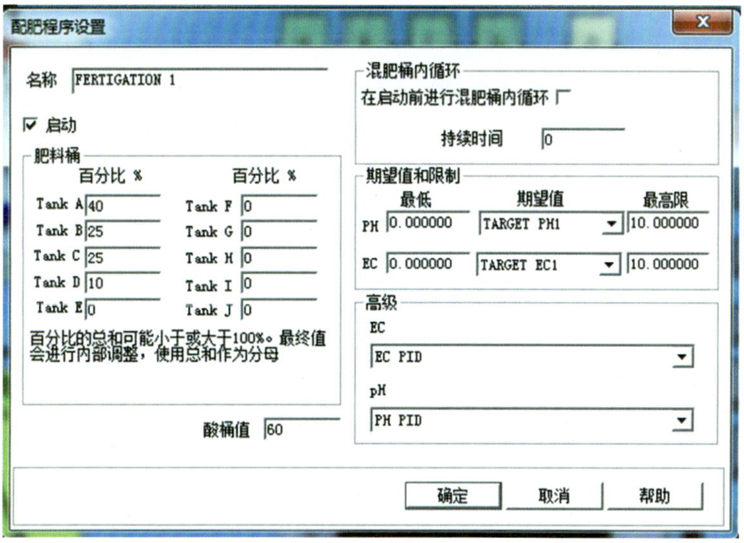

图 7-41　营养液配比程序设置界面

温室的实际生产中，能量消耗是一个主要支出项目，所以需要根据温室生产的实际情况来制定环境调控策略。因此，有必要对温室环境调节和作物生长能量消耗之间的规律进行研究，根据环境调节-作物生长-能量变化之间的关系，以相对较佳的生长环境和相对较小的能量消耗为原则进行环境调控，降低温室环境调控的投入成本。此外，在温室环境调节的过程中，温度、相对湿度等环境因素是相互耦合的，针对单一环境因子进行调节的过程不可避免地会影响到另外一些环境因子，因此，针对温室环境的调节还需要综合考虑各影响因子之间的相互耦合作用。

当前在实际生产中对水肥一体化系统营养液的调控还是以控制 EC 和 pH 为主，但是作物对于营养液的吸收和利用与其生长状态、生长环境有关，封闭式栽培条件下排出的多余营养液中离子成分是不断变化的。所以对循环利用的营养液，即便能够保证其 EC 和 pH 达到规定的要求，也并不一定能够保证其中的养分比例是和作物需求完全一致的，因此需要探索更加合理的营养液调控方法。此外，在进行营养液调控的时候还需要考虑营养液多元素的耦合关系和营养液的成分组成等多方面因素。

在大规模的日光温室群管理中，需要充分借鉴知识服务和云服务的思想，构建管理知识云服务平台，结合作物生长模型、环境信息、作物实际长势，提供专家级知识服务，为温室的生产提供一套包括环境控制、营养液调配、作物栽培的整体解决方案。

7.4　设施园艺 CO_2 供给智能调控技术

7.4.1　CO_2 增施概述

日光温室 CO_2 气肥供给需求研究表明，1 000 μmol/mol 的 CO_2 浓度适宜作物生长[17]，而自然状态下温室 CO_2 浓度约为 400 μmol/mol，在高密度栽培的日光温室内 CO_2 浓度更低，远远达不到作物正常生长的需要。为了有效提高温室的生产效率，需要建立温室环境条件下CO_2浓度与作物光合速率之间的关系，获取作物不同生长阶段的最适CO_2浓度指标，以指导温室CO_2施肥决策。研究表明，温室适当增施CO_2可将C3植物的生物量积累提升50%[18]，将C4植物的生物量积累提高12%[19]，提高果蔬作物的光合作用效率、果实品质及产量[20,21]。Jones等[22]通过研究番茄生长发育与环境因子(如CO_2浓度、温度、太阳辐射等)的关系设计了著名的TOMGRO温室番茄生长发育模型，该模型能够给出当前温室环境控制的最优策略，并预测其产量。另一方面，随着CO_2浓度升高，作物光合作用效率会逐渐达到饱和且生物量也不会持续增长，因此温室增施CO_2必须安全有效，用量准确，在节约资源的前提下获取最大的经济效益。

7.4.2 温室环境信息自动监控系统

1. 系统总体构成

关于CO_2气肥精确增施与优化调控已有大量研究，为推广设施园艺CO_2供给智能调控技术提供了保证[23,24]。李婷[25]面向CO_2增施开发了温室环境信息自动监控系统，如图7-42所示。系统主要由分布在不同区域的监控节点、网关节点和CO_2浓度调控管理平台组成，可实时监测温室内各区域的环境信息，并可发送到远程服务器，完成数据分析、智能决策等下一步工作。

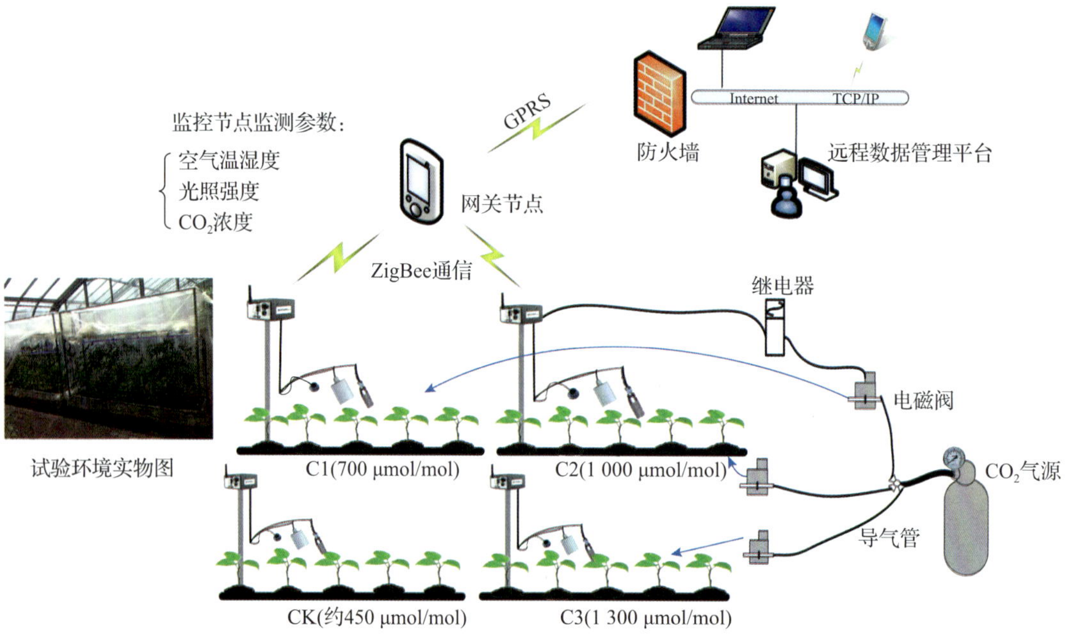

图7-42 温室环境信息自动监控系统

(CK为对照组，C1、C2、C3为3个试验组)

监控节点是WSN的感知节点和执行机构，分别连接空气温湿度传感器、光照传感器和CO_2浓度传感器，协同完成对环境信息的实时感知，采样周期为30 min。监控节点由微控制模块、传感模块及电源等组成，其中微控制模块的主控芯片为内嵌ZigBee无线传输模块的Jennic

5139 芯片，具有多跳、自组网、低功耗等特点，实现与网关节点及其他监控节点的实时通信，另外通过主控芯片的 I/O 口连接电磁阀，控制 CO_2 气肥的定时、定量增施。

网关节点由微控制模块、远程通信模块及电源等组成，主要用来完成与底层节点的实时数据传输以及与远程服务器端的通信，在整个系统中起路由节点的作用。

CO_2 浓度调控管理平台包括数据收发模块、显示模块和控制模块等。数据收发模块通过 TCP/IP 通信协议建立服务器端与底层节点间的网络通信通道，实现数据和控制命令的实时传送。软件采用“套接字”(Socket)实现服务器端的数据接收，采用 SQL Sever 数据库对数据进行存储。显示模块通过列表或图形的形式显示温室内实时环境情况，用户界面更加友好。控制模块可根据时间及当前 CO_2 传感器的测量值自动控制 CO_2 增施开关[26]。

2. 作物光合速率分析

作物光合速率分析建模是实施温室 CO_2 浓度智能调控的基础。自动监控系统采用 LI-6400XT 便携式光合速率仪(LI-COR，美国)采集净光合速率数据。LI-6400XT 可实现作物光合作用、呼吸作用、蒸腾作用、荧光参数等多项测量，它测量的参数可分为作物生理指标和作物生长环境参数两类。作物生理指标包括净光合速率(Pn)、蒸腾速率(Trmmol)、细胞间隙 CO_2 浓度(Ci)、气孔导度(Gs)，环境参数包括大气 CO_2 浓度(Ca)、相对湿度(RH)、空气温度(Air Temp)、光合光量子通量密度(photosynthetic photon flux density，PPFD)、叶温(TL)。LI-6400XT 主要基于红外气体分析(infrared gas analysis，IRGA)原理，利用 CO_2 和 H_2O 对红外光谱的吸收特性，精确测量目标环境中两者的具体浓度。植物光合作用通常伴随着 CO_2 吸收和 O_2 释放，相关气体的测定是精确测量光合作用的关键。系统通过开路式气路测量原理直接测定被测叶片与周围环境之间的气体交换。如图 7-43 所示，测量时植物叶片被置于一个与周围环境直接相连的叶室(leaf chamber)内，叶室内气体条件与外部环境基本保持一致。在开路式系统中，光合作用的气体交换过程会直接影响叶室内的气体浓度，光合速率仪通过精确测量叶室内 CO_2 和 H_2O 浓度的变化，并结合仪器所集成的温度、光照强度等环境传感器，实时计算作物的光合速率、呼吸速率以及蒸腾速率等关键指标。此外，光合速率仪的开路式气路设计还采用了差分式测量原理，通过精确测量样品室和参比室之间气体浓度的差异，进一步提高测量的精度和稳定性。同时，系统还具有匹配功能，能够在短时间内将样品室与参比室的气路改变，使之通入同一样品气体，并将两个检测器的读数自动调整一致，从而消除系统内部误差，确保在控制环境条件改变的情况下数据准确可靠。

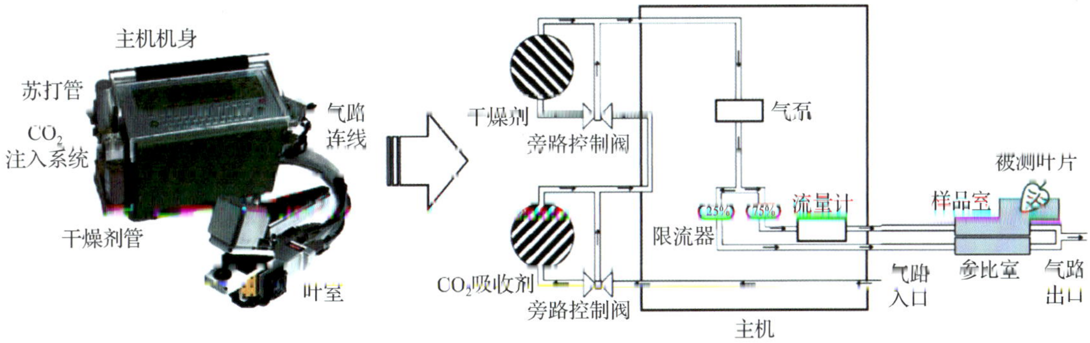

图 7-43　光合速率仪气路结构与测量原理

气体通过进气口进入仪器主机，经过内部的流速测定计后一分为二，75%进入样品气体分析仪，25%进入参考气体分析仪，完成测量后各自排出仪器。根据试验数据可以分析建立 CO_2 浓度-Pn 关系曲线。在一定的环境条件下，通过改变 CO_2 浓度进行光合速率预测，进而得到最优 CO_2 浓度值；再通过与实测 CO_2 浓度曲线相比较，可实现 CO_2 浓度的精细管理。以某次试验为例，空气温度为 32.53 ℃，相对湿度为 46.87%，PPFD 为 900 μmol/(m^2 · s)，CO_2 浓度设置为 100、150、200、400、600、800、1 000、1 300、1 500、1 800 μmol/mol，由光合速率仪测得一组 CO_2 浓度-Pn 关系（实测值）。依上述条件，将 CO_2 浓度设置为 100～1 800 μmol/mol，采用所建立的 SVM 净光合速率预测模型预测出 CO_2 浓度-Pn 关系曲线，如图 7-44 所示。预测曲线与实测值基本吻合，且得到的 CO_2 饱和浓度约为 1 200 μmol/mol，该饱和点处于高 CO_2 浓度处理组（1 000～1 300 μmol/mol），说明光合速率预测模型对番茄植株的 CO_2 需求管理具有实际指导意义[27,28]。

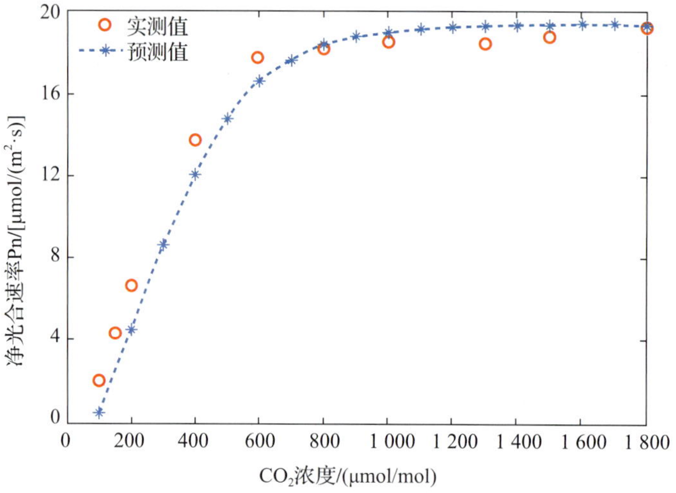

图 7-44　CO_2 浓度与番茄净光合速率 Pn 的关系曲线

7.4.3　设施园艺 CO_2 供给智能调控系统

7.4.3.1　基于光合速率的设施园艺 CO_2 供给智能调控算法

图 7-45 是 CO_2 供给智能调控系统流程[25]。CO_2 气肥增施效果与增施时的作物生长环境密切相关，系统采用温室环境信息自动监控系统长期监测环境参数，每隔 30 min 将采集的数据经移动通信网络发送到 CO_2 浓度调控管理平台，同时手动获取生长指标等参数。为了研究不同浓度 CO_2 气肥增施效果，将环境信息预处理后作为输入变量，以 Pn 值作为输出变量，利用 SVM 建立作物光合速率预测模型，在准确预测 CO_2 浓度-Pn 曲线的基础上，建立 CO_2 浓度优化调控模型。将 CO_2 优化调控模型嵌入管理平台，可根据模型智能决策，为温室 CO_2 气肥增施提供理论指导。

为根据当前温室环境信息及作物生物量迅速计算作物所需的最佳 CO_2 浓度，以光合速率预测模型为基础，利用偏最小二乘法(PLS)拟合 CO_2 气肥增施数学表达式，从而构建番茄作物不同生长阶段（苗后期、盛花期、初果期）的 CO_2 浓度优化调控模型。

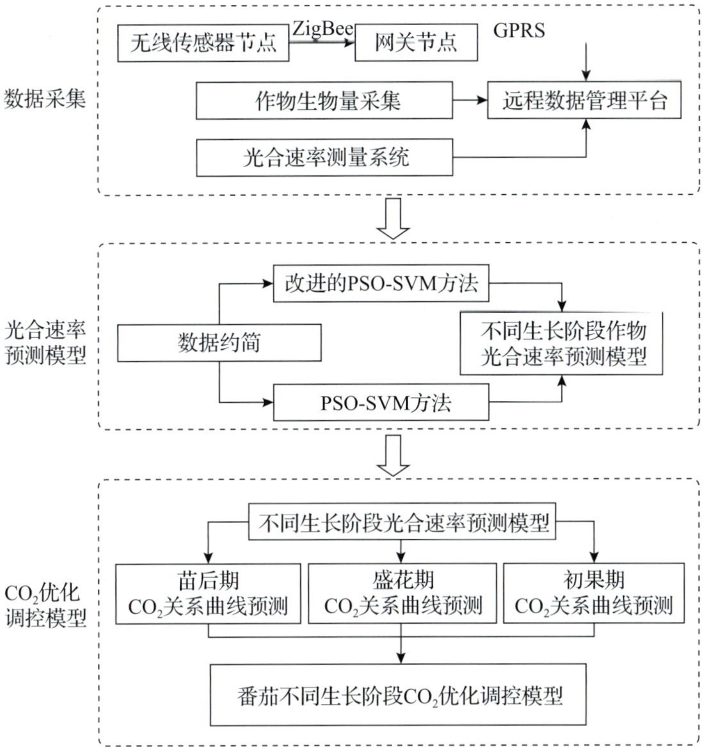

图 7-45 CO_2供给智能调控系统流程

7.4.3.2 系统整体架构

温室 CO_2 供给智能调控系统由监控节点、智能网关和远程管理软件三部分组成。系统的整体框架如图 7-46 所示，其中监控节点是系统的采集终端与执行机构，通过连接各种传感器采集温室内的环境信息，并能够控制电磁阀的开关。智能网关是监控节点与远程管理软件之间的桥梁，通过 ZigBee 网络汇聚监控节点采集的环境信息，还可向监控节点发送控制指令；通过移动通信网络将环境信息发送给远程服务器，并接收远程管理软件发送的指令。智能网关

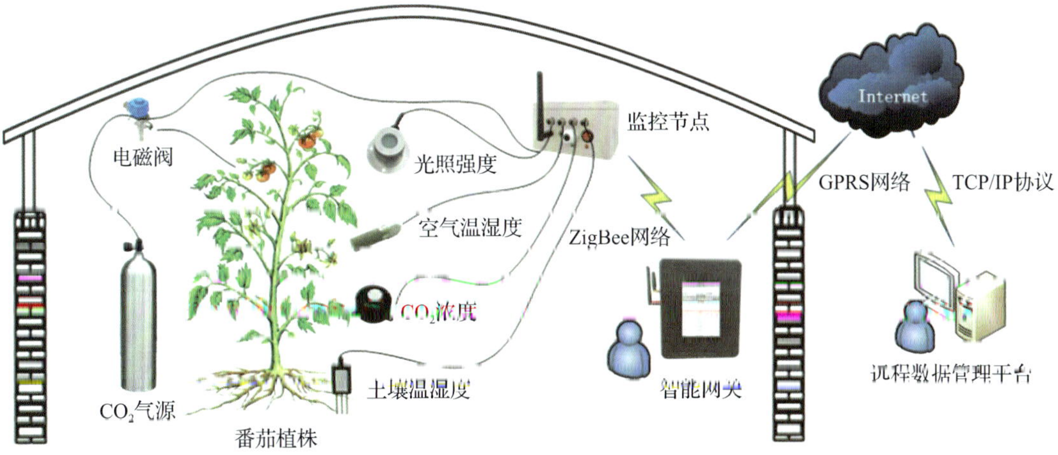

图 7-46 基于 WSN 的温室 CO_2 供给能调控系统整体框架

还能完成温室内的数据存储与显示、传感器与 CO_2 气阀控制。远程管理软件是系统的管理中心，能够完成数据库存储、环境信息查询、曲线图绘制、CO_2 自动调控等功能，特别是内嵌了光合速率预测模型，通过模型预测最适宜的 CO_2 浓度，实现温室 CO_2 气肥的智能调控。

7.4.3.3 功能模块设计

CO_2 供给智能调控系统远程数据管理平台的功能模块如图 7-47 所示，主要包括数据收发模块、数据浏览模块、自动控制模块和智能控制模块。

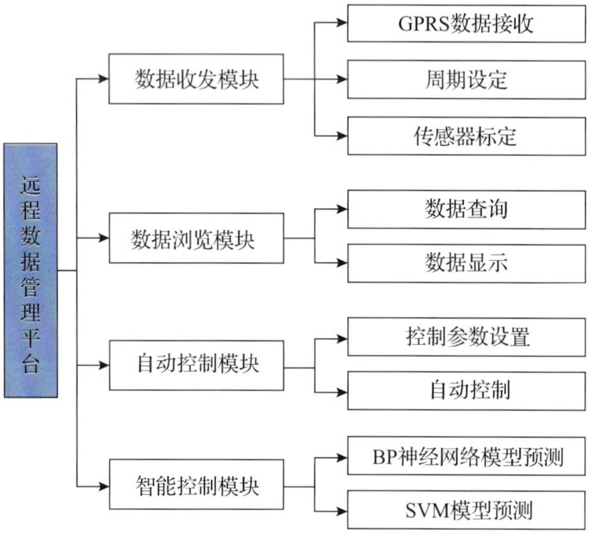

图 7-47 远程数据管理平台功能模块

1. 数据收发模块

数据收发模块使用 Socket 网络编程技术实现，通过 TCP/IP 协议通信。管理平台运行在具有固定 IP 与端口号的服务器上，作为 TCP 的服务器端提供数据的发送接收服务。用户必须输入服务器的固定 IP 与可用端口号才能开启远程数据管理平台的数据服务。服务开启后软件一直处于监听状态，通过建立一个新的子线程来检测移动通信模块的连接请求，成功建立连接后，软件周期性查询 Socket 是否有数据传入，若有就进行有效性分析，对有效数据进行存储、显示等操作。同时，软件可在与移动通信模块建立 Socket 连接之后向底层硬件下发设置命令。

2. 数据浏览模块

数据浏览模块包括数据的列表查询及图形显示，可用于环境信息监测节点或者 CO_2 浓度监测节点的实时数据查询。在数据浏览界面，对应于不同的生长季、生长阶段的温室番茄，该模块可利用列表选择功能进行监测变量及显示时间的选择，从而进行信息查询、删除以及以数据表形式导出当前值等操作。为了使效果更直观简明，可使用 Chart 控件进行曲线显示，根据监测区域和监测项目不同，在选定时间内可进行同一区域的不同监测项目查询，或者不同监测区域的同一项目查询、显示。

3. 自动控制模块

自动控制模块可进行温室内 CO_2 浓度的自动调控，实现 CO_2 气肥增施。软件运行界面如图 7-48 所示，设定控制参数后，点击“开始”按钮启动自动控制，当 CO_2 浓度低于浓度下限时气阀开关打开，高于浓度上限时气阀开关关闭，使温室内 CO_2 浓度维持在目标浓度范围内。

用户界面上的参数设置如下：

选择节点：温室不同区域布置多个 CO_2 浓度监测节点，根据实际需要选择要操作的单个或多个节点，选中的节点状态通过界面上的红绿指示灯显示，绿色代表节点所连接 CO_2 气阀开关打开，红色代表关闭。

选择时间：选择 CO_2 增施起始、结束时间。

目标浓度获取方式：目标浓度获取方式分手动输入和模型计算两种。手动输入即给定目标值进行 CO_2 增施，模型计算则通过智能控制模块计算获取作物生长所需最优 CO_2 浓度。

偏移量：为了避免由于传感器数值波动造成的气阀频繁开关现象，指定改变气阀状态的目标浓度的上下延迟量。

检测间隔：指定 CO_2 传感器的采集周期，同时指定发送气阀开关命令的周期。

控制依据：指定实测值或者平滑值作为 CO_2 浓度控制的标准，通常选择实测值。

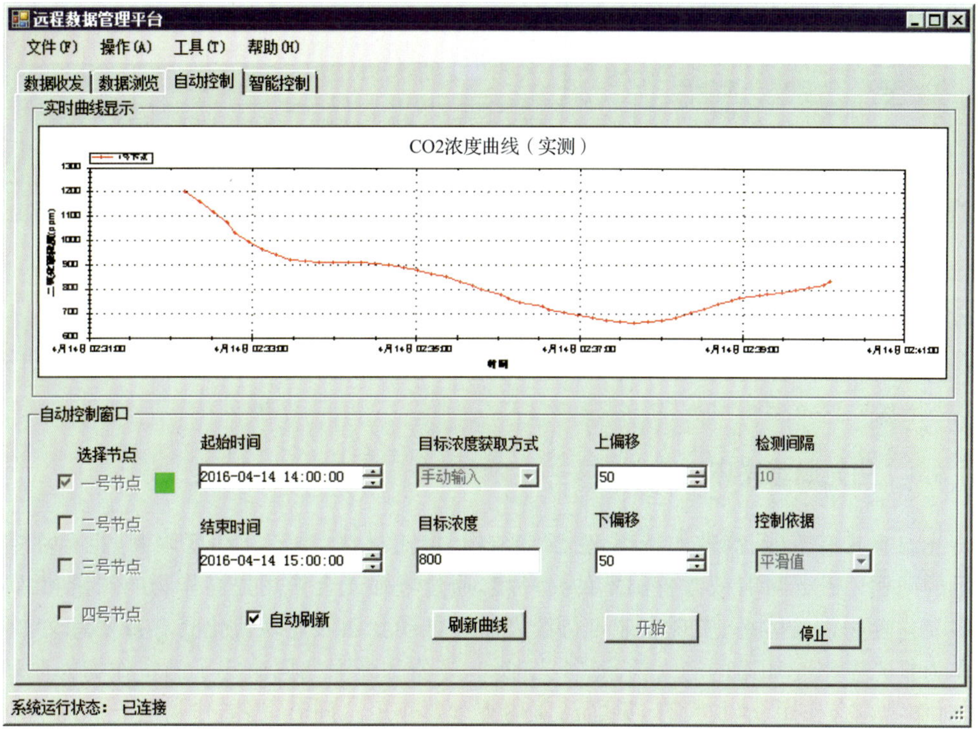

图 7-48　自动控制模块的运行界面

4. 智能控制模块

在智能控制模块(图 7-49)将系统已训练好的光合速率预测模型生成 dll 文件及 CO_2 浓度优化调控模型表达式嵌入调控系统远程数据管理平台，进行 CO_2 浓度的智能决策。在选择特定的栽培作物及生长期的情况下，选择适当的模型进行光合速率预测，模块界面会显示 CO_2 浓度-光合速率关系曲线图。针对不同的生长阶段或不同的训练模型，其输入变量略有差异。根据关系曲线图，利用直角双曲线方法计算作物的最优 CO_2 浓度控制量，从而给出 CO_2 增施建议，然后利用自动控制模块进行控制和调节。

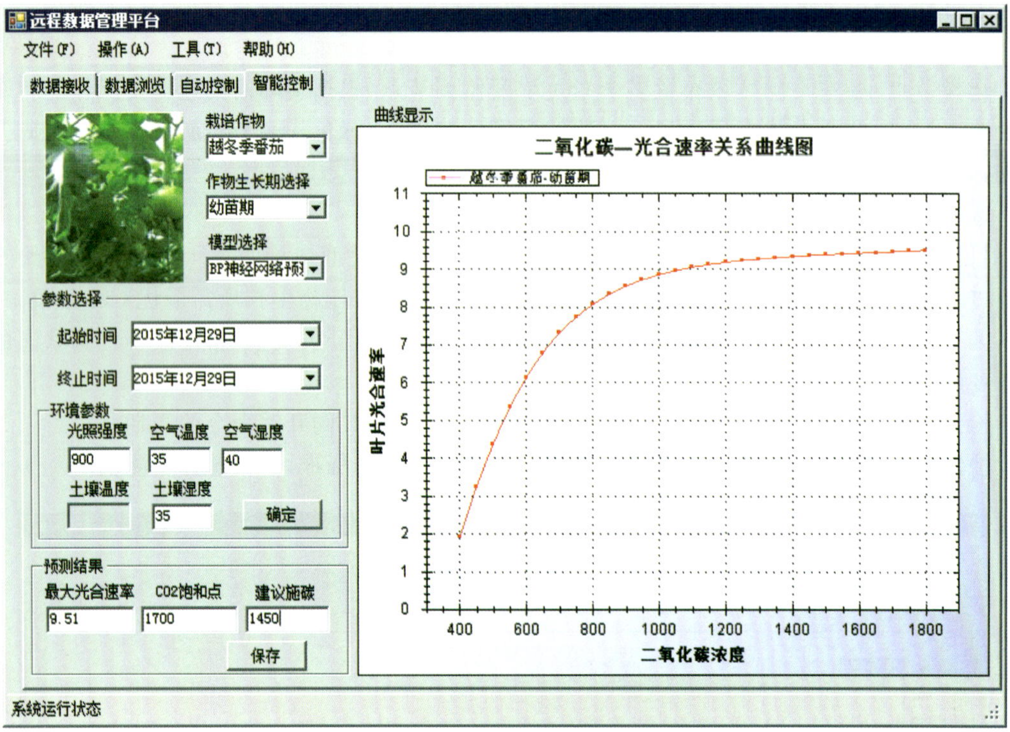

图 7-49 智能控制模块的运行界面

7.5 基于双因素随机区组试验的日光温室番茄最优日间补光时间研究

7.5.1 日光温室光环境及补光

日光温室具有节能、高效的特点，受温室结构、覆盖材料、季节和纬度限制，也存在室内光照不足的问题。补光可有效改善温室的光环境，通过增强光合作用提高作物的产量和品质，对构建多元化食物供给体系、实现农业可持续发展和推动我国农业现代化具有重要意义。

作为日光温室光环境的三大要素，补光时间、光质和光强共同决定了温室作物光照环境的质量，对作物光合作用、生长发育、果实品质均有重要作用。同时，温室作物对光照的响应规律受到作物种类和其他环境因素的影响，多因子交互作用下的作物响应规律存在差异，因此，需结合种植作物和温室环境特征，通过试验揭示补光时间、光质和光强对作物的影响。此外，光环境通过影响光合作用气体交换过程调控植株的形态和产量，研究应从光照对稳态光合的作用机理出发，揭示作物光合对光质、光强等环境变量的响应机理，并和不同光环境长期补光处理下作物的差异性相结合，为基于作物和环境交互作用的补光决策优化提供理论依据。

补光时间是日光温室光环境最重要的参数之一，一方面补光时间决定了作物光照环境的光周期，通过影响植物昼夜节律调节作物的生长发育；另一方面，日光温室光照等环境因素的时间变异性显著，补光时间及其与温室环境因素的交互作用对作物形态学指标和光合生理过程存在直接和间接影响，合理的补光时间设置可以通过提高植物的光合速率弥补日光温室中光照不足的问题。按补光方式不同，补光主要分为延长光照时间和日间同步补光两种。延长光照时间的补光方式多在清晨或傍晚补光，即通过增加作物光照时间达到提高作物光合速率和产量的目的。值得注意的是，作物受昼夜节律的影响，在白天通过光合作用吸收光能并制造能量，而在夜间则通过呼吸作用分解葡萄糖并释放能量，以维持正常的代谢活动。在昼夜节律的影响下，作物夜间的呼吸速率通常较白天高，这导致作物在夜间对能量的需求较高，当补光时间延长至夜间或凌晨时，就打破了作物正常的昼夜节律，作物可能无法有效地在白天进行光合作用积累能量，进而导致植物的生长和发育受到抑制，对植株正常生长发育产生影响。此外，补光时间延长还可能因扰乱作物昼夜节律而影响植物开花和结果，对植物正常的激素合成和代谢产生消极作用。因此，需要结合作物光照需求选择合理的补光方式和补光时间，并通过补光时段和时长优化提高补光效率，提高补光所带来的经济价值。日间同步补光将补光时间设置在日间全天或日间的不同时段，秋冬季日光温室中光照条件较差，连阴寡照的天气会影响植株的正常生长，采用日间补光的方式可有效保证满足日间作物的光照需求，对植株生长发育有重要意义。

上午是植物进行光合作用的主要时段之一，随着太阳逐渐升起，光照强度逐渐增强，植物开始活跃地进行光合作用。此时，植物叶片中的叶绿体能够充分吸收和利用光能，将光能转化为化学能并合成有机物，为植物提供生长所需的能量和物质。同时，在经过夜间作物的呼吸作用和土壤微生物活动后，上午温室内 CO_2 浓度较高，此时良好的光照环境将为作物高效的光合作用提供支持。因此，有必要聚焦上午时段，通过考虑补光时长和时段，设置不同补光处理，研究温室最优日间补光时间。此外，基质相对含水率直接关系到植物根系的吸水能力和植株的整体生长状况，同样是影响温室植物生长的主要环境因素之一，合理的水分管理也是温室补光试验开展的前提。适宜的水分环境有助于植物根系对营养元素的吸收和利用。

综上，牛源艺等以日光温室番茄植株为研究对象，选择补光时间和基质水分两个因素，设置不同补光和水分处理，通过测量不同区块作物的光合和株型差异，揭示光照和水分交互下补光时间对番茄植株的影响，确定最佳补光时间和水分管理标准[29-31]。

7.5.2 试验材料和方法

1. 试验总体设计

为分析补光时间和基质水分对温室番茄的影响，设计了双因素随机区组试验，试验总体设计如图 7-50 所示，因素 1 设置 4 个处理 L1～L4，因素 2 设置 3 个处理 M1～M3，每个处理设置 5 个重复。试验收集温室植物的光合和株型数据，并同步采集温室环境数据。为了分别揭示作物生长阶段和日间环境变化两个时间尺度下补光对番茄植株的影响，将重复测量和方差分析相结合，探讨试验处理及其与持续时间交互作用所产生的效应。同时，测量不同处理植株的光合速率日变化数据（光合日动态），通过分析不同时间段数据曲线特征、光合与环境参数的相关性，揭示试验处理，尤其是补光时间，对番茄光合日动态的影响。此外，同步采集作物株高、茎粗、叶面积指数等参数，并结合重复测量方法，分析不同生长阶段各处理组间的差异，以及试验处理对作物株型变化的影响。

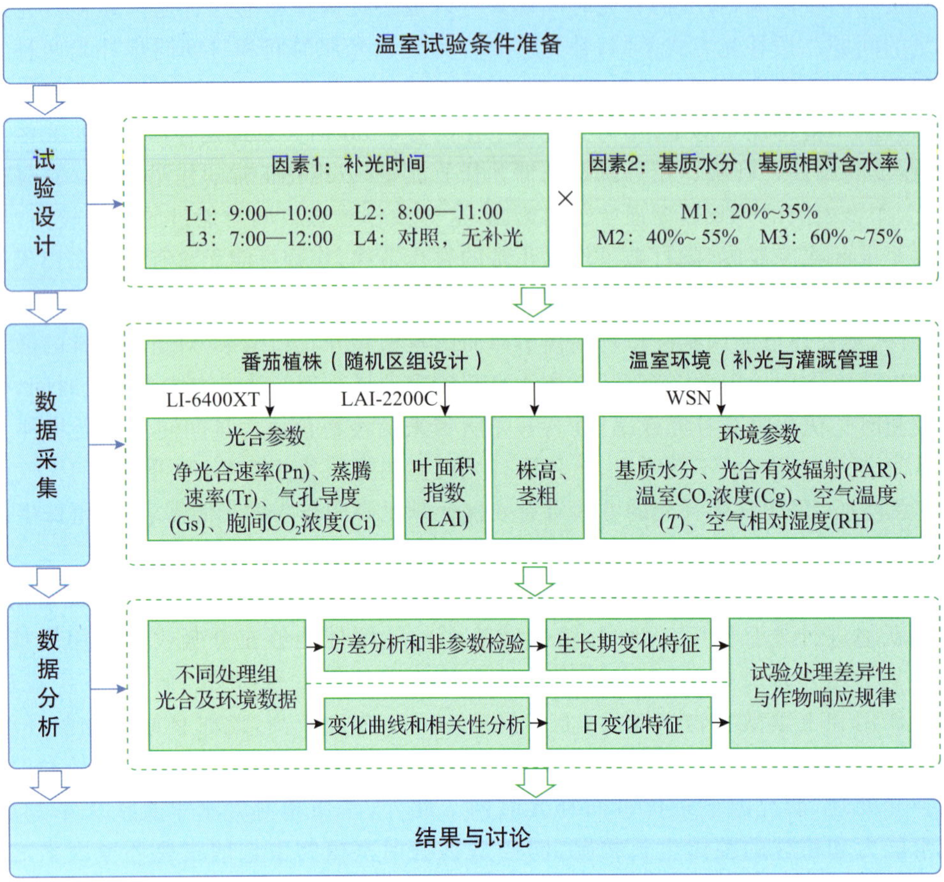

图 7-50　基于双因素随机区组试验的最优日间补光时间研究总体设计

2. 种植条件

试验于 2019 年 9—11 月在中国农业大学信息与电气工程学院小型试验温室开展，温室类型为被动式太阳能温室，仅通过日光保证室内温度在适宜范围，试验期间不额外使用其他热源。温室为桁架尖顶结构，长 12.5 m，宽 7 m，高 5 m。温室外壁为透光聚碳酸酯材质，遮阳网为高密度聚乙烯材质。试验期间，室外最高温度平均为 20.7℃，最低温度平均为 9.8℃。试验作物为无限生长型番茄，品种为“腾源 117”。番茄苗出现 4～6 片真叶时，随机选择 80 株长势一致的幼苗移栽至温室中。栽培方式为吊蔓式盆栽，种植盆直径约 20 cm、深度约 35 cm，使用单干整枝法培育，生长过程中不保留侧芽，到 4～5 花序时进行打顶处理，植株高度控制在约 2 m。种植所使用的基质为椰糠、蛭石和珍珠岩混合基质。

对于补光处理植株，除自然光外，使用植物补光灯管（WR-LED5/1，盛阳谷）辅助照明。补光灯基于 LED 技术，其白色与红色（峰值波长 662 nm）灯珠数量之比为 5∶1，在 300～800 nm 光谱范围内补光灯的 PPF（photosynthetic photon flux，光合光量子通量）为 34.53 μmol/s。紫外光（300～399 nm）、蓝光（400～499 nm）、绿光（500～599 nm）、红光（600～699 nm）和远红光（700～800 nm）的比例分别为 0.72%、15.41%、37.88%、42.98%和 3.01%，光谱特征如图 7-51 所示。LED 光合光量子效率（photosynthetic photon efficacy，PPE）为 2.10 μmol/(s·W)。补光灯垂直安装在作物正上方，采取顶部补光方式

对作物冠层进行补光。灯具安装在升降机上，随作物生长调节补光灯和冠层之间的距离，保持在约 15 cm。基于光量子传感器（LI-910SB，LI-COR，美国）测得作物冠层位置的 PPFD 约为 128 μmol/（m^2 · s）。

为保证冠层位置补光的均匀性，各补光处理均使用 4 个 LED 灯管，3 个补光组共使用 12 个灯管。单个灯管额定功率为 16 W，试验期间 L1、L2、L3 的日用电量分别为 65.64、196.92 和 328.20 W · h，总用电量分别为 4.14、12.41 和 20.68 kW · h。试验期间，晴天和阴天温室内正常阳光辐射的 PPFD 平均值分别为 614.94 和 464.55 μmol/（m^2 · s），温室内日光积分（daily light integral，DLI）分别为 5.05 和 3.81μmol/（m^2 · d），L1、L2 和 L3 处理补光所提供的 DLI 分别为 0.46、1.38 和 2.30 μmol/（m^2 · d），补光在日总辐射中的占比分别为 8.37%～10.78%、21.50%～26.61%和 31.34%～37.67%。上述试验处理均在幼苗移植至温室 1 周后开始进行。

采用土壤湿度计（Trime-pico-IPH，IMKO，德国）获取基质的体积含水率，并以基质饱和含水率为基础，计算基质相对含水率，记为基质水分。如图 7-52 所示，测量时以被测作物为圆心，在半径为 5 cm 的圆周上均匀选择 3 个位置，将传感器探针插入基质内，保证探针完全没入后读数，取 3 个位置的平均值为该作物当前的基质水分。

冠层 PPFD、空气温度（T）、空气相对湿度（RH）、温室 CO_2 浓度（Cg）等环境数据则通过温室内部署的 WSN 自动监控，数据采集频率为 30 min。

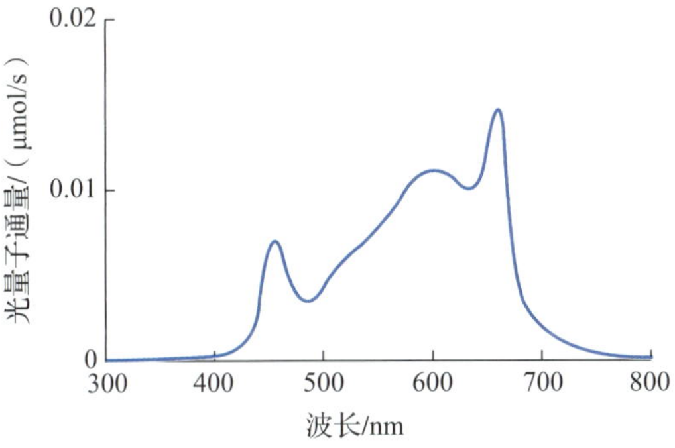

图 7-51　补光灯光谱特征

图 7-52　基质水分测量示意图

3. 光合测量方法

需要获取的作物数据主要包括作物光合参数和株型参数。为满足重复测量的要求，按处理后天数（days after treatment，DAT）计，在 8 、28 和 49 DAT 3 次测量光合参数，株型参数在 9、29 和 53 DAT 测量，分别对应于番茄的苗期、花期和果期 3 个生长期。

光合数据的测量包括重复测量的作物光合参数和光合日动态数据。使用 LI-6400XT 便携式光合速率仪及其子模块完成基于活体样本的单叶光合测量。在受控环境下，使用配有红蓝光源的标准叶室子模块（6400-02B）开展重复测量的作物光合数据获取试验，叶室长 3 cm、宽 2 cm，有效测量叶面积为 6 cm^2。6400-02B 红蓝光源具有光照强度可调、光源稳定、光谱选择性好、体积小和整合性好等优点，其输出可以在 0～2 000 μmol/（m^2 · s）连续变化。该光源能耗较低[在 2 000 μmol/（m^2 · s）时功率小于 8 W]，有助于减少试验过程中光源发热对测量结果的影响。使用 CO_2 注入系统子模块（6400-01）控制叶室内 CO_2 浓度，该模块有控制精确、响应快速、调节广泛的优点，最大可控 CO_2 浓度达 1 800 μmol/mol，能够在短时间内使叶室达到并维持所设定的 CO_2 浓度值，确保试验的准确性和效率。使用系统集成的半导体温控模块精确调节和维持叶室内的空气温度，该模块利用半导体的热敏效应和电热效应，通过电流控制半导体材料的加热或制冷，可实现基于环境温度的 6 ℃范围内温度调节，具有响应速度快、控制精度高等优点。

测量中各模块对应的参数设置如下：叶室温度（T）20 ℃，PPFD 400 μmol/（m^2 · s），样品室 CO_2 浓度 420 μmol/mol，空气流速 500 μmol/s。测量数据包括净光合速率 Pn、气孔导度 Gs、胞间 CO_2 浓度 Ci 和蒸腾速率 Tr。

受控环境测量试验前，首先对光合速率仪进行开机预热与检查，确保设备正常运行。设备需要一定的预热时间才能达到稳定的工作状态，预热至少 30 min，同时通过观察系统压力或流量检查系统的气密性，确保叶室和气路之间没有漏气现象。重点检查传感器与探头情况，确保完好无损且没有污垢或遮挡物。然后，对 6400-01 CO_2 注入系统进行校准：分别将 CO_2 过滤管和 H_2O 过滤管置于“接通”和“旁路”状态，保证叶室内 CO_2 浓度完全可控。检查所使用 CO_2 气瓶的气体浓度，高于 2 000 μmol/mol 视为良好，并基于系统校准程序根据实际气瓶气体浓度对 CO_2 控制信号进行校准。

在非受控环境下，使用未配光源的透明标准叶室（透明底叶室）子模块（6400-08）开展光合日动态数据获取试验。为减少气体分析中的环境波动对测量的干扰，使用容积为 1.5 L 的气体缓冲瓶稳定非受控环境下叶室气体流量。缓冲瓶放置于被测作物周围并保持开放状态，将光合速率仪的气路入口接入缓冲瓶内，以允许气体在进入仪器之前进行混合和平衡，从而提高测量的准确性和稳定性。测量过程中，关闭温度和光强控制模块，测量时尽量保持被测叶片原有位置不发生改变，并使叶室的进光透明窗水平向上，以确保叶室内环境对当前光照环境的代表性。

光合试验的被测对象为植株从上向下第三叶序列的顶叶，所选叶片需平整而无明显卷曲，以保证不同测量对象的叶面积一致。测量在两因素交互下共有 12 个处理组，每个处理组下至少包括 3 个不同样本以消除个体差异。在每次测量前，提前将叶室环境调整为设定状态，并放入待测叶片进行诱导。等待 Pn 和 Ci 值稳定，即参数随时间变化的曲线没有呈现单调增加或下降趋势，样品室和参比室的 CO_2 和 H_2O 浓度稳定，且 CO_2 浓度波动小于 0.2 μmol/mol，Pn 波动小于 0.1 μmol/（m^2 · s），Ci 和 Tr 值均大于 0，Gs 值在区间 [0,1] 内。测量时，重复记录 3 次并取平均，避免数据波动影响。此外，连续测量时更换叶片和改变叶室环境设置将带来累计误差，因此，在每次叶室环境改变后执行匹配操作：打开匹配阀将样品室和参比室的气路连通，并通过匹配程序将相关传感器读数调整一致，待叶室环境参数稳定后恢复匹配阀状态，完成匹配操作，进行正常测量和计数。

4. 株型测量方法

为了研究试验处理对植被和株型特征的影响，使用便携式叶面积指数仪（LAI-2200C，LI-COR，美国）测量单株作物的叶面积指数（LAI），并分别用米尺和游标卡尺测量植株的株高和茎粗参数。从植株基部位置开始，测量植株垂直方向上最高点距离地面的高度，记为株高。测量地面上方 1 cm 处水平面上植株主茎的直径，记为茎粗。LAI-2200C 叶面积指数仪的测量原理如图 7-53 所示，光学传感器能够接收来自植物冠层不同角度内 320～490 nm 的透射光线，通过非接触和非破坏性的方式获取数据，具有高速传输和可遥测等特点。在植物冠层中，光线会受到吸收、反射和散射影响，测量过程中叶面积指数仪通过辐射转移模型对基于光学传感器获取的原始光线数据进行处理和分析，通过对比作物冠层上方光照值（*A* 值）和冠层下方光照值（*B* 值）模拟光线在植物冠层中的传播路径和强度变化，进而推导出 LAI。

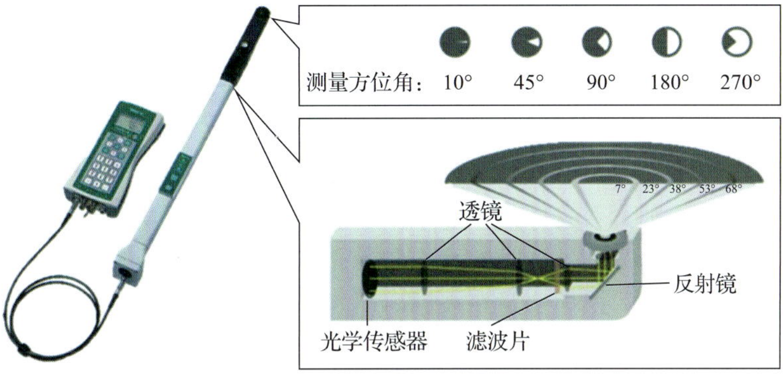

图 7-53　叶面积指数仪主要结构与测量原理

5. 数据分析方法

为揭示和解释不同试验处理之间的差异，为温室管理决策和光环境优化研究提供支持，使用相关性分析、方差分析（analysis of variance，ANOVA）和非参数检验等方法，探讨补光时长、生长期、基质水分以及不同处理交互作用对作物光合作用和生长的影响。

为了分析试验处理植株的差异性，采用双因素方差分析（two-way analysis of variance）研究补光时间和多因素交互对作物的影响。将控制因素引起的系统误差与其他随机误差进行比较，以推断样本之间是否存在显著性差异。每组样本的平均值 $\overline{X}_j$ 和方差 s_j^2，总体的平均值 μ，由处理引起的组间均方（mean square due to treatments，MSTR）和由误差引起的组内均方（mean square due to error，MSE），计算公式如下：

$$\overline{X}_j = \sum_{i=1}^{n_j} \frac{x_{ij}}{n_j} \tag{7-19}$$

$$s_j^2 = \frac{\sum_{i=1}^{n_j} (x_{ij} - \overline{X}_j)^2}{n_j - 1} \tag{7-20}$$

$$\mu = \frac{\sum_{j=1}^{k} \sum_{i=1}^{n_j} x_{ij}}{\sum_{j=1}^{k} n_j} \tag{7-21}$$

$$\mathrm{MSTR} = \frac{\sum_{j=1}^{k} n(\overline{X}_j - \mu)^2}{k - 1} \tag{7-22}$$

$$\mathrm{MSE} = \frac{\sum_{j=1}^{k} (n_j - 1) s_j^2}{n_{\mathrm{T}} - k} \tag{7-23}$$

式中：j 为处理组号，处理组总数量 $k=12$；i 为组中的样本号，每组中所抽取的独立样本数量 $n=3$，且 $n_T=n_1+n_2+\cdots+n_k$。

设检验假设(H_0)为"各处理组方差相等"，而备择假设(H_1)为"各处理组方差不相等"。如果H_0为真，则 MSTR 与 MSE 的比率遵循 F 分布，MSTR 与随机误差引起的变异相似，MSTR 与 MSE 的比率应该接近 1，对应的 F 分布的分子具有 $k-1$ 个自由度，分母则有 n_T-k 个自由度。定义显著性水平 $\alpha=0.05$，F 分布的临界值为F_α。当$F=(\mathrm{MSTR}/\mathrm{MSE})>F_\alpha$时，则拒绝原假设$H_0$。

为研究不同生长期重复测量数据的差异性，使用重复测量方差分析的方法研究同一番茄植株的同一指标在不同生长期的数据。将因变量的变异分解为 4 个部分，包括研究对象内的变异(测量时间的效应)、研究对象间的变异(试验处理因素的效应)、上述两者的交互作用以及随机误差变异，从而更深入地理解数据的结构，并找出影响观察指标变化的关键因素。试验被测因变量满足唯一性和连续性，因变量在被试内因素各水平上没有极端异常值且服从近似正态分布。此外，通过 Mauchly 方法检验数据是否满足球形假设，即因变量的方差-协方差矩阵在被试内因素各水平组合上相等，采用式(7-24)计算协方差矩阵 **V**，当检验结果 $P<0.05$ 时，认为数据符合球形假设。

$$\mathbf{V}=\begin{pmatrix} s_{11}^2 & s_{12}^2 & \cdots & s_{1a}^2 \\ s_{21}^2 & s_{22}^2 & \cdots & s_{2a}^2 \\ \vdots & \vdots & \ddots & \vdots \\ s_{a1}^2 & s_{a2}^2 & \cdots & s_{aa}^2 \end{pmatrix} \tag{7-24}$$

式中：a 为测量时间点。矩阵的对角元素为方差，非对角元素为协方差。

7.5.3 补光处理的光合差异性分析

1. 光合速率差异性分析

环境波动或仪器等因素的影响不可避免地会导致试验数据出现误差，如测量环境中不稳定气流的扰动、短时内的光强变化等，可能导致数据出现较大漂移。因此，首先基于四分位距(interquartile range, IQR)法消除数据集中的异常样本。

分析重复测量下不同试验处理植株的光合差异，如图 7-54 所示。在 8 DAT 时，各水分处理下 L1 的 Pn 均高于 L2、L3 和 L4，且差异显著(LSD，$P<0.01$)；L4 与补光组的 Pn 相差较大，且差异显著(LSD，$P<0.01$)，而 L2 与 L3 之间的差异无统计学意义。总之，补光处理中 L1 对应的 Pn 为最高水平，M3L1 组 Pn 最高，且在不同水分下补光处理组的 Pn 分布未观察到明显变化。在 28 DAT 时，随着作物生长，各组间的差距逐渐缩小，在 M1 和 M2 组中 L2 略高于 L1，L4 和 L3 之间的差距没有继续扩大，各组间差异不显著，不同处理组的 Pn 趋于一致。在 49 DAT 时，L3 和 L4 之间均有显著性差异(LSD，$P<0.01$)。在基质水分充足的条件下，长期补光使得 M3 中 L2 和 L3 之间的差距增大，且随着补光处理的持续，果期补光处理植株与对照组差异显著，其中在低水分处理下 L2 对应的 3 h 补光对光合作用改善最明显，在中、高水分处理下 L3 对应的 5 h 补光对光合作用改善最明显。

分析各处理随生长期的变化情况，结果表明补光和水分处理对植株存在持续影响，8、28

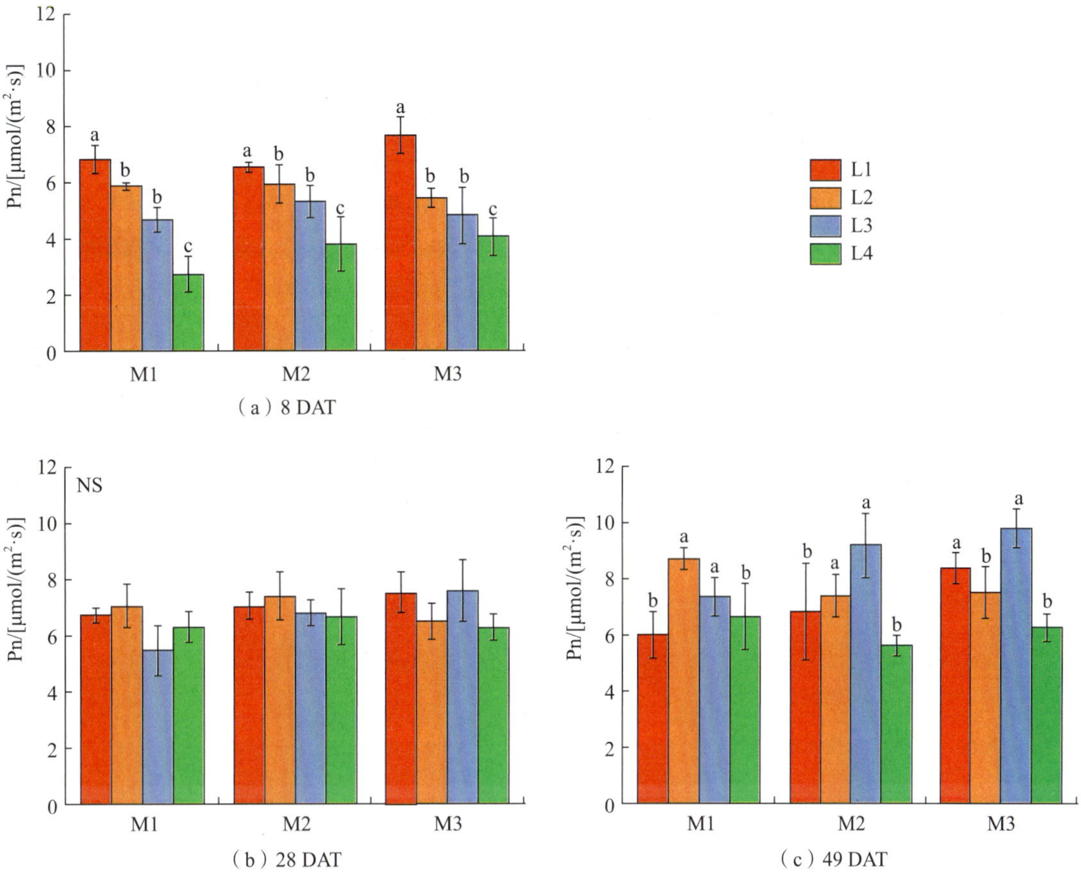

图 7-54　不同水分处理下补光时间对番茄单叶光合作用的影响

注：误差棒表示数据的标准差，字母 a、b、c 表示不同组或类别之间的差异显著性水平，字母不同表示在统计上差异显著，NS 表示不存在显著性差异。

和 49 DAT 之间的 Pn 存在显著性差异（$P<0.001$）。在中、高水分条件下植株 Pn 高于低水分处理组。随着植物的生长，不同水分处理下植物对光照的需求均在增加，在 8 DAT 之前，增加补光时间并没有显示出较大的优势，但在 28 DAT 时，长补光时间的处理组存在优势。然而，在低水分的情况下，补光并没有显著改善植株的光合作用，这可能是因为此时限制植株光合作用的主要环境因素是基质水分而不是环境光照。49 DAT 时，各处理组差异显著，且补光时间长的处理组 Pn 明显较高。

结合重复测量下的光合速率测量结果，分析处理时间和基质水分对植株光合作用的影响，结果如表 7-7 所示。在 8、28 DAT 时，各水分处理间无显著性差异；在 49 DAT 时，不同水分处理下 Pn 值最高的补光组分别为 L2M1、L3M2 和 L3M3，且与无补光对照组相比有显著性差异（LSD，$P<0.05$）。此外，统计结果表明补光时间和处理时间的交互作用对光合作用有显著影响（$P<0.01$），但暂未发现基质水分和处理时间的交互作用对光合作用存在显著影响，此外，同样未观察到三者交互作用存在显著影响。结果进一步表明，处理时间对 Pn 的影响呈线性关系（$P<0.001$），补光时间与处理时间交互作用对 Pn 的影响也呈线性关系（$P<0.01$）。

表 7-7 补光时间和基质水分交互作用对单叶光合作用的影响

处理组		Pn/[μmol/(m² · s)]		
		8 DAT	28 DAT	49 DAT
M1	L1	**6.80±0.47** a	6.76±0.25	6.04±0.81 b
	L2	5.83±0.11 b	**7.08±0.77**	**8.74±1.39** a
	L3	4.67±0.42 b	5.49±0.89	7.39±0.68 a
	L4	2.75±0.63 c	6.32±0.54	6.68±1.17 b
M2	L1	**6.52±0.16** a	7.08±0.48	6.72±1.19 b
	L2	5.94±0.69 b	**7.42±0.85**	7.42±0.76 a
	L3	5.31±0.56 b	6.80±0.45	**9.21±1.14** a
	L4	3.80±0.97 c	6.69±0.98	5.64±0.35 b
M3	L1	**7.64±0.65** a	7.54±0.72	8.39±0.55 a
	L2	5.42±0.34 b	6.51±0.63	7.54±0.91 b
	L3	4.81±0.98 b	**7.60±1.08**	**9.80±0.68** a
	L4	4.05±0.65 c	6.31±0.46	6.30±0.49 b
显著性	补光时间	**	NS	**
	基质水分	NS	NS	*
	两者交互	NS	NS	NS

注：* 表示 $P<0.05$，** 表示 $P<0.01$；a、b、c、NS 含义同图 7-54。

2. 叶片气孔与水分代谢分析

为了全面评估各处理对植株能量转换效率和胁迫状态的影响，结合光合数据，计算分析作物的水分利用效率和气孔导度 Gs。气孔是植物叶片与外界进行气体交换的主要通道，它在控制水分损失和获得碳素即生物量产生之间的平衡中起着关键的作用。气孔导度表示气孔张开的程度，它是影响植物光合作用、呼吸作用及蒸腾作用的主要因素。在生物量产生的许多研究中，测定气孔开张的大小(气孔孔径)或由气孔造成的二氧化碳和水汽在大气和叶片内部组织间的传输阻力(气孔阻力)是重要的。气孔导度 Gs 可以直接由 LI-6400XT 测量。

重复测量下补光时间和基质水分对叶片气孔的影响趋势如图 7-55 所示。8 DAT 时不同补光处理下 M2L1 与 M2L4 之间的差异显著(LSD，$P<0.05$)，其中 M2L1 的气孔开放程度较高，而不同水分处理间的 Gs 无显著性差异。在 28 DAT 时，M2L3 的 Gs 最高，其次是 M2L2；在 49 DAT，M2L3 和 M2L4 之间的 Gs 有显著性差异(LSD，$P<0.05$)，而 M2L1 和 M2L2 之间无显著性差异，M3L2 的 Gs 值最高，表明充足的基质水分有助于气孔开放，气孔导度增大，此时植物叶片与外界的气体交换增强，有利于光合作用和呼吸作用的进行。

温室环境复杂且多变，多种环境因素共同决定作物的生长情况，且不同环境因子间存在交互作用，增加了温室环境管理的复杂度。除光照外，基质水分同样影响着作物的光合作用。作为光合作用的原料之一，H_2O 参与光反应中的电子传递和暗反应中的物质合成。当土壤水分充足时，番茄叶片的气孔导度增大，有利于叶片气体交换，促进光合作用。基于此，在设置补光时间处理的同时，增加了基质水分处理，以探讨两者交互作用对作物光合作用的影响。果期数

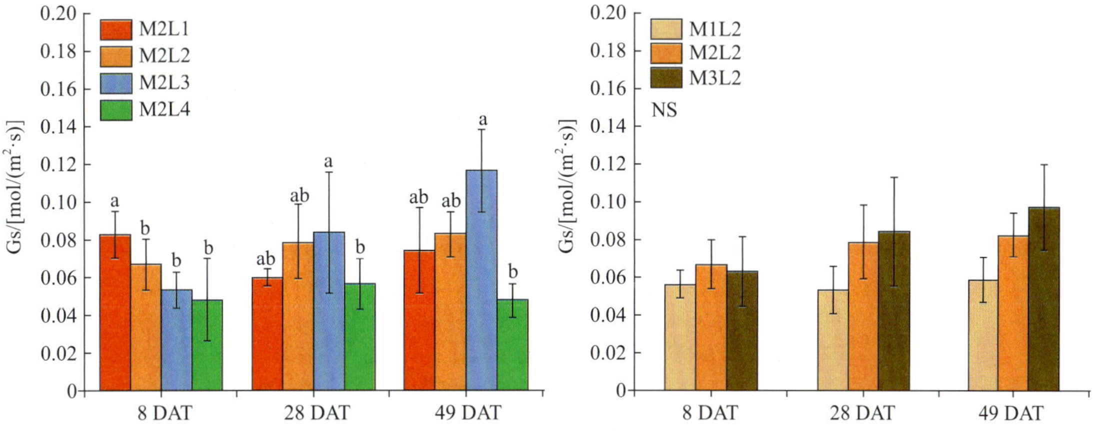

（a）补光时间处理组差异　　（b）基质水分处理组差异

图 7-55　重复测量下补光时间和基质水分对叶片气孔导度的影响

注：误差棒表示数据的标准差，字母 a、b、c 表示不同组或类别之间的差异显著性水平，字母不同表示在统计上差异显著，NS 表示不存在显著性差异。

据表明，20%～35%基质水分处理下，补光 3 h 处理对应的 Pn 值最高，而 40%～55%和 60%～75%处理下补光 5 h 处理对应的 Pn 值最高，且与对照组相比均存在显著性差异。不同水分处理下补光时间对作物光合的影响不同，当基质水分充足时，加长补光时间可显著提高 Pn，但在低水分处理下，与 3 h 补光相比，5 h 补光并未进一步显著提高作物的光合速率。这可能由于低水分处理下作物存在潜在的水分胁迫。光合作用是一个复杂的过程，需要充足的水分来维持叶片的正常功能和气孔的开放。当基质水分含量较低时，作物的叶片可能因缺水而失去膨压，导致气孔关闭或开放受限，从而限制 CO_2 进入叶片内部。同时，缺水还会影响叶绿体的结构和功能，降低光合色素的含量和活性，进一步影响光合作用的效率。此外，水分胁迫还可能引起作物体内一系列的生理反应，如产生逆境激素，这些物质可能会与光合作用相关的酶或代谢途径产生交互作用，从而影响光合作用的进行。以补光 3 h 处理为例，观察到 3 个生长期中 M1 处理的 Gs 水平均为最低，苗期 M2 处理 Gs 最高，花期、果期 M3 最高，说明低水分下作物气孔开放受到了限制，影响了植物的光合和呼吸作用。在这种情况下，由于作物光合作用受到水分胁迫的限制，即使增加补光时间，Pn 也无法得到有效提升。因此，为了提高作物的 Pn，在合理控制补光时间的同时，需要注意确保基质水分适宜，以满足作物正常的生理需求，促进补光对作物光合速率的提高。

3. 光合速率的日动态变化规律

基于非受控环境的测量方法，使用光合速率仪测量番茄植株的单叶光合日动态数据，测量时间为 7:00—17:00，测量频率为 1 h，每个处理至少包含 3 个样本，每个样本重复测量 3 次取平均。为了观察补光处理对光合日动态的具体影响，使用插值法近似逼近光合日动态函数并绘制函数曲线。光合日动态函数有明显的分段特征，需要选择恰当的方法使得拟合结果有较好的连续性和稳定性，并保证各分段函数的良好衔接。三次样条插值法(cubic spline interpolation)作为逼近离散函数的一种重要方法，有着明显的分段特征，插值曲线由多个分段组成，每段由独立的多项式表达；同时，该方法克服了分段插值曲线在子区间断点处的不光滑问题，分段函数基于三次函数来构造，使得插值曲线在衔接处具有连续可导的性质，保证了曲线的平滑性和连续性，避免了在衔接处可能出现的突变或跳跃。因此，基于三次样条插值法拟合光合日动态曲线。

光合日动态函数拟合结果如图 7-56 所示，对应的基质水分为 40%～55%。8 DAT 时，各

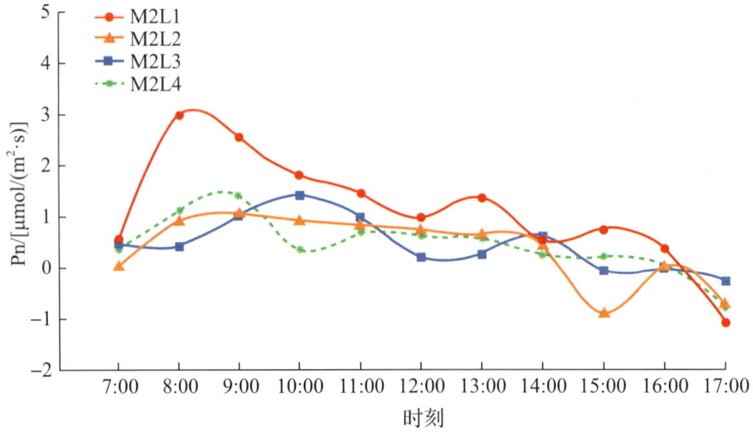

（a）8 DAT

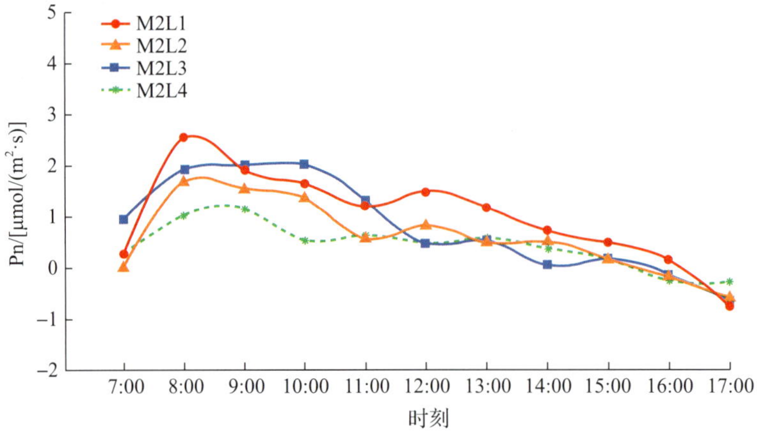

（b）28 DAT

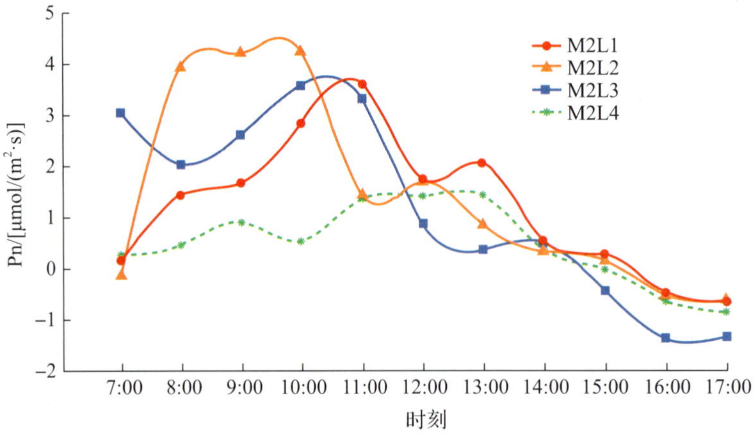

（c）49 DAT

图 7-56　补光时间对番茄单叶光合日动态变化规律的影响

补光处理组的日动态曲线均为单峰特征，其中 M2L1 和 M2L3 在 12:00 有小幅下降，但各组均未出现明显的光合抑制现象。M2L1 的峰值时间为 8:00[2.96 μmol/(m² · s)]，M2L2 的峰值时间为 9:00 [1.05 μmol/(m² · s)]，M2L3 为 10:00[1.38 μmol/(m² · s)]，M2L4 为 9:00 [1.37 μmol/(m² · s)]。M2L1 的 Pn 日均值最高，为 1.09 μmol/(m² · s)；M2L3 其次，为 0.44 μmol/(m² · s)；M2L4 和 M2L2 的较低，分别为 0.42 和 0.34 μmol/(m² · s)。

28 DAT 时，M2L2 的日动态曲线特征改变，单峰特征不再明显。M2L3 在补光时间内光合水平更高，其曲线的单峰特征未明显改变。M2L1 和 M2L2 在 11:00 略有下降，相比之下 M2L1 的 Pn 下降发生的时间更早，其他组在正午时未出现明显下降。出现峰值的时间，较早的是 M2L1 和 M2L2，均在 8:00，对应的 Pn 分别为 2.53 和 1.66 μmol/(m² · s)；M2L3 的峰值出现在 8:00—10:00，对应的 Pn 为 1.90 μmol/(m² · s)；M2L4 的峰值出现在 9:00，Pn 为 1.13 μmol/(m² · s)。Pn 日动态均值，M2L1 的最高，为 0.97 μmol/(m² · s)；M2L3 其次，为 0.76 μmol/(m² · s)；M2L2 和 M2L4 较低，分别为 0.56 和 0.41 μmol/(m² · s)。

49 DAT 时，中午前后 M2L1、M2L2 和 M2L3 的 Pn 均出现不同程度下降，M2L4 的则降幅不明显。M2L2 光合日动态曲线峰值出现最早，在 10:00，对应的 Pn 为4.50 μmol/(m² · s)；M2L3 和 M2L1 其次，在 11:00，对应的 Pn 分别为 3.75 和 3.70 μmol/(m² · s)；M2L4 最晚，在13:00前后，对应的 Pn 为 1.49 μmol/(m² · s)。M2L2 对应的 Pn 日动态均值最高，为 1.40 μmol/(m² · s)；M2L3 和 M2L1 其次，均约为1.18 μmol/(m² · s)；M2L4 最低，为 0.45 μmol/(m² · s)。

温室内光照环境存在日变化规律，一天之内，早、晚太阳高度角小，日光斜射且温室内水汽浓度较大，光照条件较差；中午太阳高度角大，大气透明度高，温室内光照强度更大。随温室光照环境的变化，番茄光合日动态特征主要表现为光合速率随光照强度变化而呈现出相应的波动。光合日动态特征可以概括为以下几个阶段：清晨时段，光照强度随日出逐渐增强，作物光合作用开始逐渐从休眠状态恢复，Pn 逐渐上升，虽然此时温室内 CO_2 浓度较高，但受到光照等条件限制，Pn 还处于较低水平。上午时段，随着温室光照强度的进一步增大，Pn 继续增大，逐渐达到日峰值水平，该时段番茄光合作用旺盛，作物能够充分利用光能进行物质合成和能量积累。正午时，温室光照水平达到日峰值，叶片蒸腾作用加剧，可能造成叶片失水，导致叶片气孔导度降低，从而通过影响叶片气体交换降低 CO_2 的吸收，使作物出现光合抑制现象。此外，该时段光合作用也受到温度和 CO_2 浓度等条件的影响，高温引起催化暗反应的有关酶钝化、变性，导致叶绿体结构发生变化和受损，使得该时段内作物的 Pn 降低。下午时段，温室光照强度和 CO_2 浓度逐渐降低，Pn 呈下降趋势。下午时段低 CO_2 浓度条件促进了光呼吸提高，而光呼吸与光合作用同时竞争底物和能量，因此对作物光合作用有消极影响。

不同补光处理的光合日动态平均值分布如图 7-57 所示，补光处理结束前，即 49 DAT 时，M2L2 组光合日动态平均值最高，为 1.40 μmol/(m² · s)，其次为 M2L1 和 M2L3，

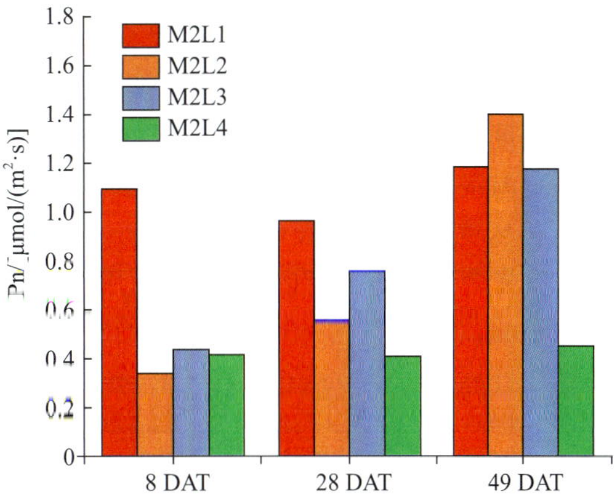

图 7-57　不同补光处理的光合日动态平均值对比

均约为 1.18 μmol/(m² · s)，而对照组 M2L4 最低，为 0.45 μmol/(m² · s)。49 DAT 时各补光时段内的光合日动态如表 7-8 所示，与无补光对照组相比，在 9:00—10:00 和 10:00—11:00 时段，各补光处理组 Pn 提高较多，平均值分别比对照组高约 2.54 和 2.41 μmol/(m² · s)，其次为 8:00—9:00 及 7:00—8:00 时段，Pn 平均值分别提高 1.94 和1.49 μmol/(m² · s)。在 11:00—12:00 时段，补光处理组 Pn 平均值提高仅 0.64 μmol/(m² · s)，各补光处理组 Pn 均出现一定程度的下降，说明该时间段限制作物光合速率的主要因素不再是光照，因此补光对光合作用的提升效果有限。

表 7-8　作物果期补光时间段光合日动态对比

处理组	Pn/[μmol/(m² · s)]				
	7:00—8:00	8:00—9:00	9:00—10:00	10:00—11:00	11:00—12:00
M2L1	0.83	1.54	2.14	3.43	2.65
M2L2	2.06	4.20	4.38	2.84	1.40
M2L3	2.45	2.19	3.10	3.64	2.10
M2L4	0.29	0.70	0.67	0.89	1.41

光合日动态测量结果表明，苗期 1 h 补光对上午时段光合作用提升明显，而花果期补光 3 h 和 5 h 提升明显，与重复测量下不同处理的 Pn 分布相似。进一步分析发现，与无补光对照组相比，7:00—10:00 补光对 Pn 的提升效果明显，补光处理组比对照组 Pn 平均值提高 3 倍多，其中 7:00—8:00 对照组基数最小、增长最大，与对照组相比平均增加了约413.79%，而11:00—12:00 Pn 平均值仅增加了约 45.39%。以上结果显示了上午时段的光合日动态特征，即光合速率随光照强度的增加而增大。因此，上午时段作物光合作用的主要限制因素很可能仅来自光照，此时温室 CO_2 浓度和温度均适宜，但光照并未达到需要值，因此补光对 Pn 的改善作用显著，而且统计分析结果表明补光带来的光强提高和光合速率的增大存在显著性关系。在中午时段，观察到各处理组均有不同程度的光合抑制，与相关研究中的“光合午休”现象相印证，即光合日动态曲线呈双峰特征，波谷通常出现在正午前后。与对照组相比，补光似乎没有减轻中午时段的光合抑制，例如花期日动态结果中 L1 和 L3 均在 11:00 前后出现 Pn 下降的现象。因此，有理由推断，与上午相比，中午时段影响光合作用的主要环境因素发生了改变，中午高温条件通过影响作物蒸腾、气孔状态，对叶片气体交换和光合作用存在消极影响。同时，各处理组光合日动态曲线在正午之后均呈下降趋势。所以，除光照和温度影响外，不能忽视作物持续进行光合作用对温室 CO_2 浓度的影响。与上午时段相比，在中午和下午时，增加温室通风将改善作物生长环境，通过提高温室内 CO_2 浓度、降低空气温度促进作物光合作用。

4. 环境与光合参数的关系分析

在光合日动态分析的基础上，利用相关分析法进一步分析补光时间内试验处理对光合参数的影响。基于 7:00—12:00 测量的环境和光合参数，两类变量之间的相关性通过皮尔逊相关系数(Pearson correlation coefficient，r)进行定量分析：

$$r_{(u,v)}=\frac{\mathrm{cov}(u,v)}{\delta u\delta v} \tag{7-25}$$

式中：u 和 v 为区间变量，δu 和 δv 为方差，$\mathrm{cov}(u,v)$ 为协方差。

设检验假设为“变量间相关性为零”，取显著性水平为 0.05，当相关系数大于或等于临界值，则可以拒绝原假设，认为变量之间的相关性显著存在。

重复测量下不同补光时间处理的相关分析结果如表 7-9 至表 7-11 所示。在 8 和 28 DAT 时，Pn 和 PPFD 呈显著正相关，对应的 r 分别为 0.709($P<0.001$)和 0.904($P<0.001$)；Ci 与 Cg 也呈显著正相关，对应的 r 分别为 0.523($P<0.05$)和 0.939($P<0.001$)。此外，Tr 与 Gs ($r=0.863$，$P<0.001$)、Tr 与 T($r=0.499$，$P<0.05$)在 8 DAT 时也呈显著正相关，而 Ci、Gs、Tr 和 PPFD 之间未观察到显著相关性。在 49 DAT 时，Pn 与 PPFD 呈显著正相关($r=0.915$，$P<0.001$)，与 Tr 也呈显著正相关($r=0.447$，$P<0.05$)；Pn 与 Ci 则呈显著负相关($r=-0.479$，$P<0.05$)，Ci 与 PPFD 也呈显著负相关($r=-0.625$，$P<0.01$)，而 Tr 与 Gs 呈显著正相关($r=0.826$，$P<0.01$)。综上，在补光时间段内，Pn 随着作物光照环境 PPFD 的提高而同步增大。随着处理时间增加，在花期和果期时，除观察到 Pn 与 PPFD 的正向显著关系外，还发现 PPFD 与 Ci 存在显著关系。Ci 随 PPFD 的提高同步下降，而 Pn 与 Ci 呈负相关，说明补光增强了叶肉细胞的光合活性，对应地提高了 Pn，降低了 Ci，且随着处理时间的增加，该效应更加显著。

表 7-9　苗期作物光合与环境参数的相关性分析

	Pn	Gs	Ci	Tr	PPFD	Cg	T	RH
Pn	1							
Gs	0.191	1						
Ci	−0.121	0.34	1					
Tr	0.176	0.863***	0.035	1				
PPFD	0.709***	0.247	−0.149	0.254	1			
Cg	0.465	0.193	0.523*	−0.066	0.432	1		
T	0.155	0.084	−0.605**	0.499*	0.212	−0.508*	1	
RH	−0.092	−0.049	0.556*	−0.465	−0.159	0.506*	−0.991***	1

注：* 表示 $P<0.05$，** 表示 $P<0.01$，*** 表示 $P<0.001$。

表 7-10　花期作物光合与环境参数的相关性分析

	Pn	Gs	Ci	Tr	PPFD	Cg	T	RH
Pn	1							
Gs	0.434*	1						
Ci	−0.167	0.135	1					
Tr	0.433*	0.921***	−0.131	1				
PPFD	0.904***	0.214	−0.672***	0.381	1			
Cg	−0.108	−0.073	0.939***	−0.34	−0.619	−0.108		
T	−0.24	−0.715***	−0.166	−0.600**	−0.152	0.068	1	
RH	−0.083	0.066	0.943***	−0.253	−0.579	0.922***	−0.197	1

注：* 表示 $P<0.05$，** 表示 $P<0.01$，*** 表示 $P<0.001$。

表 7-11　果期作物光合与环境参数的相关性分析

	Pn	Gs	Ci	Tr	PPFD	Cg	*T*	RH
Pn	1							
Gs	0.377	1						
Ci	-0.479^{*}	0.412^{*}	1					
Tr	0.447^{*}	0.826^{**}	0.042	1				
PPFD	0.915^{***}	0.144	-0.625^{**}	0.269	1			
Cg	−0.194	0.295	0.842^{***}	−0.169	−0.304	1		
T	0.245	−0.246	-0.766^{***}	0.226	0.319	-0.932^{***}	1	
RH	−0.225	0.291	0.783^{***}	−0.199	−0.315	0.939^{***}	-0.995^{***}	1

注：* 表示 $P<0.05$，** 表示 $P<0.01$，*** 表示 $P<0.001$。

7.5.4　补光处理的株型差异性分析

基于均匀冠层作物行的 LAI 测量方法，获取不同处理下植株的 LAI 值，如图 7-58 所示。为避免稠密冠层下的信号缺失，使用方位角为 270°的广角帽完成测量。测量在阴天进行，以消除阳光直射对测量的直接干扰。测量 *A* 值（作物冠层上方光照值）时，为避免作物对仪器采集光线的遮挡，选择作物冠层上方平面内与作物平行的直线段作为测量线，假设温室入射光分布均匀，在线段中点位置读数，重复 3 次取平均值，得到该行所有样本的代表性 *A* 值。测量 *B* 值（冠层下方光照值）时，单株样本的测量位置与基质水分测量位置（图 7-52）相同，每个位置重复读数 3 次取平均值，测量时均匀沿作物行方向移动，保证人工测量方向一致。这种方法在计算同行作物 LAI 时使用共享 *A* 值，避免了由冠层上方温室结构或测量位置带来的随机误差，在提高不同处理组数据真实性和可比性的同时提高了测量的效率。

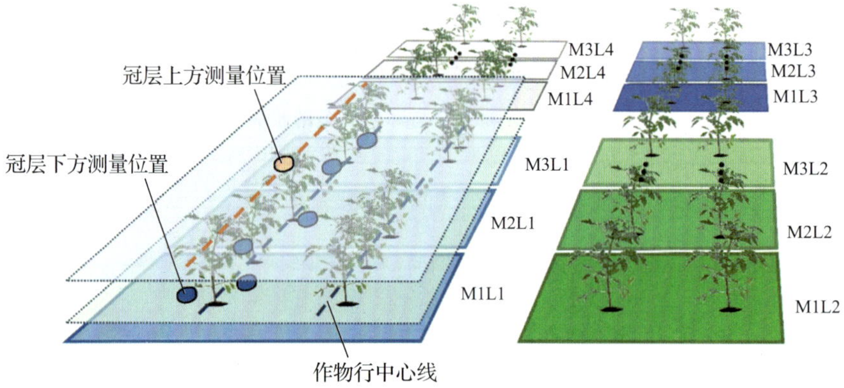

图 7-58　基于均匀冠层作物行的 LAI 测量方法

试验处理组 LAI 变化规律（以 M2 为例）如图 7-59 所示。9 DAT 时，M2L1 最高，为 1.067，其次是 M2L4，为 0.927，但各组间差异不显著；29 DAT 时，M2L3 和 M2L2 的 LAI 增长显著，但 M2L1 仍最高，为 1.172，其次是 M2L3，为 1.108；53 DAT 时，M2L3 最高，为 1.433，

M2L1与M2L2其次，分别为1.260和1.196，但各组间差异仍不显著(LSD，$P>0.05$)。LAI表征了单位地表面积上作物叶片的总面积，是作物辐射拦截、能量转换过程的核心指标，随着植株生长，作物的光照需求发生变化。苗、花期L3处理下作物的LAI较小，而果期L3处理下作物LAI较大，对应样本的植被覆盖更密集。总之，补光一定程度上提高了作物LAI，通过改善密集冠层的光照环境增加了光合初级生产力，促进了作物生长。

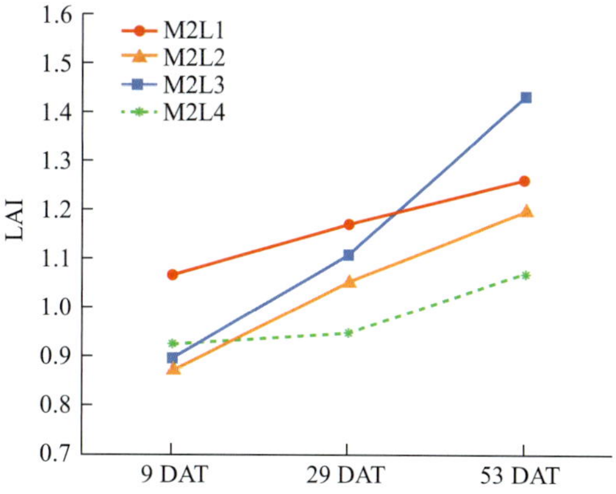

图7-59 重复测量下补光时间对作物LAI的影响

株型测量结果(以M2为例)如图7-60所示，在9 DAT时，M2L1的株高最大，其次是M2L4和M2L2。随着作物生长，各组的株高均呈增长趋势，且增长速度相似，对应排名基本不变。在53 DAT时，M2L2的茎粗最大，为6.04 cm，M2L4和M2L1其次，分别为5.92和5.90 cm，三者相差不大；M2L3最细，为5.29 cm。补光对茎粗的影响是显著的(LSD，$P<0.05$)，对株高也有显著影响(LSD，$P<0.001$)，L1的株高为较高水平。

此外，对比不同水分处理发现，M2处理下的株高和茎粗最大，但水分处理对茎粗的影响不显著，且补光和水分交互作用对株高和茎粗均无显著性影响。补光处理对株高和茎粗均有显著性影响，且对不同生长期作物的影响存在差异。苗期作物冠层叶片相对年轻，新生叶片对环境相对比较敏感，长时间补光并未显著改善株高或茎粗。因此，对于把光源设置在作物冠层上方的补光方式，需要考虑到新生叶片对光环境的适应性，适当调整补光时间以避免过量补光对植株造成潜在伤害，但对于冠层来说，延长补光时间一定程度上提高了冠层叶片密度，对于密集种植环境的作物生长有促进作用。

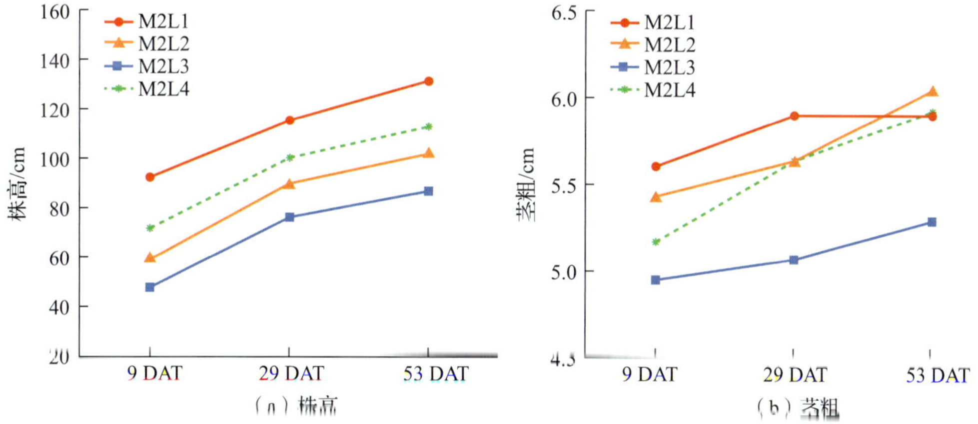

图7-60 补光时间对作物株型的影响

参考文献

[1] 叶长榄. 关于设施农业温室大棚发展的思考[J]. 福建农机，2020(4)：6-10，17.

[2] 周增产，董微，李秀刚，等．植物工厂产业发展现状与展望[J]．农业工程技术，2022，42(1)：18-23.
[3] 杨其长．植物工厂现状与发展战略[J]．农业工程技术，2016，36(10)：9-12.
[4] 张猛．农林植物生物特性参数和生长环境信息采集技术与平台研究[D]．北京：中国农业大学，2016.
[5] 杨成飞．日光温室基质水分运移规律与灌溉控制策略优化研究[D]．北京：中国农业大学，2020.
[6] Provenzano G. Using HYDRUS-2D simulation model to evaluate wetted soil volume in subsurface drip irrigation systems[J]. Journal of Irrigation and Drainage Engineering, 2007, 133(4): 342-349.
[7] Han M, Zhao C Y, Feng G, et al. Evaluating the effects of mulch and irrigation amount on soil water distribution and root zone water balance using HVDRUS-2D [J]. Water, 2015, 7(6):2622-2640.
[8] Shan G, Sun Y, Zhou H, et al. A horizontal mobile dielectric sensor to assess dynamic soil water content and flows: Direct measurements under drip irrigation compared with HYDRUS-2D model simulation[J]. Biosystems Engineering, 2019, 179:13-21.
[9] Ghazouani H, Rallo G, Mguidiche A, et al. Assessing Hydrus-2D model to investigate the effects of different on-farm irrigation strategies on potato crop under subsurface drip irrigation[J]. Water, 2019, 11(3):540
[10] Zheng J H, Huang G, H Jia D D, et al. Responses of drip irrigated tomato (*Solanum lycopersicum* L.) yield, quality and water productivity to various soil matric potential thresholds in an arid region of Northwest China [J]. Agricultural Water Management, 2013, 129:181-193.
[11] 陈士旺．基于封闭式基质栽培的日光温室灌溉策略研究[D]．北京：中国农业大学，2020.
[12] 袁洪波．日光温室封闭式栽培系统关键技术研究[D]．北京：中国农业大学，2015.
[13] 袁洪波，李莉，王俊衡，等．温室水肥一体化营养液调控装备设计与试验[J]．农业工程学报，2016，32(8)：27-32.
[14] Allen R G, Pereira L S, Raes D, et al. Crop evapotranspiration: Guidelines for computing crop water requirements[M]. Rome: Food and Agriculture Organization of the United Nations, 1998.
[15] 袁洪波，王海华，庞树杰，等．日光温室封闭式栽培系统的设计与试验[J]．农业工程学报，2013，29(21)：159-165
[16] 袁洪波，程曼，庞树杰，等．日光温室水肥一体灌溉循环系统构建及性能试验[J]．农业工程学报，2014，30(12)：72-78
[17] 项美晶，张荣标，李萍萍，等．基于BP神经网络的温室生菜CO_2施肥研究[J]．农机化研究，2008 (12)：17-20.
[18] Prior S A, Runion C B, Rogers H H, et al. Elevated atmospheric CO_2 effects on biomass production and soil carbon in conventional and conservation cropping systems[J]. Global Change Biology, 2005, 11(4): 657-665.

[19] Poorter H, Navas M L. Plant growth and competition at elevated CO_2: On winners, losers and functional groups[J]. New Phytologist, 2003, 157(2):175-198.

[20] Thongbai P, Kozai T, Ohyama K. CO_2 and air circulation effects on photosynthesis and transpiration of tomato seedlings[J]. Scientia Horticulturae, 2010, 126(3): 338-344.

[21] De la Mata L, Cabello P, De la Haba P, et al. Growth under elevated atmospheric CO_2 concentration accelerates leaf senescence in sunflower (*Helianthus annuus* L.) plants [J]. Journal of Plant Physiology, 2012, 169(14): 1392-1400.

[22] Jones J W, Dayan E, Allen L H, et al. A dynamic tomato growth and yield model (TOMGRO)[J]. Transaction of ASAE, 1991, 34(2): 663-672.

[23] 周庆珍. 基于光温耦合的温室二氧化碳调控系统设计[D]. 西安:西北农林科技大学, 2014.

[24] 魏珉. 日光温室蔬菜 CO_2 施肥效应与机理及 CO_2 环境调控技术[D]. 南京:南京农业大学, 2000.

[25] 李婷. 基于无线传感器网络的温室 CO_2 浓度优化调控研究[D]. 北京:中国农业大学, 2016.

[26] 张漫, 李婷, 季宇寒, 等. 基于BP神经网络算法的温室番茄 CO_2 增施策略优化[J]. 农业机械学报, 2015, 48(8):239-245.

[27] Li T, Ji Y H, Zhang M, et al. Comparison of photosynthesis prediction methods with BPNN and PLSR in different growth stages of tomato[J]. Transactions of the Chinese Society of Agricultural Engineering, 2015, 31(S2):241-245.

[28] 李婷, 季宇寒, 张漫, 等. CO_2 与土壤水分交互作用的番茄光合速率预测模型[J]. 农业机械学报, 2015, 46(S1):208-214.

[29] 牛源艺. 日光温室番茄光环境优化方法与调控系统研究[D]. 北京:中国农业大学, 2024.

[30] Niu Y Y, Lyu H H, Liu X Y, et al. Photosynthesis prediction and light spectra optimization of greenhouse tomato based on response of red-blue ratio[J]. Scientia Horticulturae, 2023, 318:112065.

[31] Niu Y Y, Lyu H H, Liu X Y, et al. Effects of supplemental lighting duration and matrix moisture on net photosynthetic rate of tomato plants under solar greenhouse in winter[J]. Computers and Electronics in Agriculture, 2022, 198:107102.

第 8 章

农业与食品有害微生物信息智能感知与处理技术

8.1 概 述

食品安全是关系国计民生的大事。食物中毒通常是由病原微生物、化学物质、有毒动植物及毒蘑菇等引起的，其中有害的病原微生物主要包括细菌、病毒、寄生虫和朊病毒等。食源性致病菌污染引起的食品中毒事件时有发生，已成为全球关注的公共卫生问题。根据世界卫生组织（WHO）的数据，全球每年约有 6 亿人患食源性疾病，其中 42 万人死亡；腹泻是最常见的食源性疾病，全球每年约 5.5 亿人患病、23 万人死亡，主要病原微生物为细菌，其中最常见并可致严重后果的有沙门菌、弯曲杆菌和肠出血性大肠埃希菌（大肠杆菌），不如这几种病菌常见但会致流产、脑膜炎等严重或致命后果的有单核细胞增生李斯特菌，会致严重脱水和死亡的有霍乱弧菌。我国 2015—2021 年食物中毒人数如图 8-1 所示，其中微生物性食物中毒人数比例较高，主要食源性致病菌为沙门菌、副溶血性弧菌、金黄色葡萄球菌和蜡样芽孢杆菌、大肠埃希菌等。食源性致病菌筛查是预防食物中毒的一个关键点，也是食品安全隐患“早发现、早控制、早处理”的前提，因此研究食源性致病菌快速检测技术具有重要科学意义和实际应用前景。

图 8-1 2015—2021 年我国食物中毒人数统计

（根据国家卫生健康委员会编各年份《中国卫生健康统计年鉴》整理）

食源性致病菌检测通常包括 3 个环节：样本采集、细菌分离和细菌检测。样本采集通常采用《食品安全国家标准　食品微生物学检验》(GB 4789 系列)的方法，如图 8-2 所示，将 25 g(固体)或 25 mL(液体)样本置于 225 mL 稀释液或生理盐水中均质后取上清液。细菌分离主要有过滤、离心和免疫磁分离等方法，过滤和离心分别基于目标细菌的大小和质量进行分离，缺乏特异性；免疫磁分离基于抗原抗体免疫反应，具有特异性。细菌检测主要有平板计数(plating counting)、酶联免疫吸附测定(enzyme-linked immunosorbent assay，ELISA)、聚合酶链式反应(polymerase chain reaction，PCR)等方法，其中平板计数法是“金标准”方法，灵敏度高，但耗时长，通常需要 2～3 天；ELISA 是国家标准推荐方法，检测通量较高，检测速度也较快，一般需要 2～4 h，但灵敏度偏低，通常为 10^3～10^4 CFU/mL，且假阳性率偏高；PCR 也是国家标准推荐方法，灵敏度较高，通常为 10^2～10^3 CFU/mL，检测速度也较快，一般需要 3～6 h，但需要复杂的核酸提取过程。

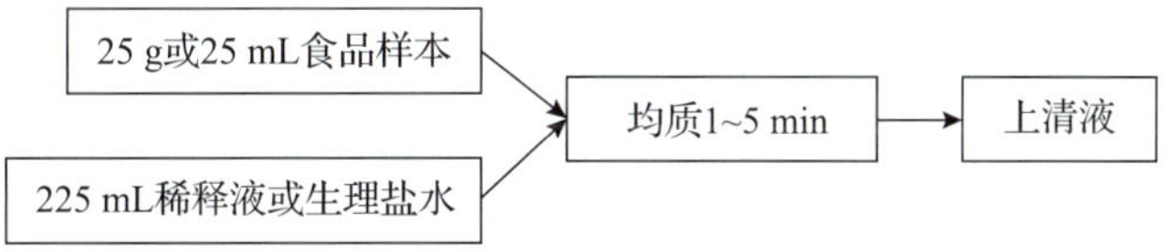

图 8-2　食品样本采集过程

在现行的食品安全国家标准中，很多常见的食源性致病菌(如大肠埃希菌 O157：H7、沙门菌、单增李斯特菌等)都要求不得检出。可见，食源性致病菌的检测限要求非常低。然而，现有的细菌检测方法基本无法达到这么高的灵敏度，因此通常在细菌检测之前进行 4～8 h 甚至更长时间的前增菌来提高细菌浓度，从而降低对细菌检测灵敏度的要求，但这也显著增加了细菌检测的总时间。因此，要实现食源性致病菌的快速准确筛查需要同时从细菌分离和细菌检测两个环节入手。

8.2　微生物分离技术

食品样本背景比较复杂，包含蛋白质、脂肪和其他大分子等物质，容易对病原微生物检测造成干扰，影响检测结果。同时，日常筛查中，病原微生物浓度通常很低，现有检测方法的灵敏度基本无法满足需求。因此，在检测之前，需要进行病原微生物的分离和富集。目前微生物分离方法主要包括过滤、离心和免疫磁分离等。过滤和离心采用的过滤膜和离心设备如图 8-3所示。过滤主要利用病原微生物与干扰物质在粒径方面的差异，通过过滤膜截留粒径较大的病原微生物(或干扰物质)，实现病原微生物与干扰物质的分离。过滤分离法具有简单、快速、方便等特点，但是存在无特异性、易堵塞、难洗脱等问题。离心分离法主要利用病原微生物与干扰物质在沉降系数方面的差异，通过高速旋转产生强大的离心力。由于病原微生物与干扰物质的沉降速度不同，质量较大的先沉降，质量较小的后沉降，因此可以通过调整旋转速度，实现病原微生物与干扰物质的分离。离心分离法会使病原微生物及与其质量相似的干扰物质同时沉降，造成病原微生物黏附或沉淀于干扰物质上，无法实现病原微生物与干扰物质的分离，而且往往还需要充分洗涤才能除去杂质，但这也会造成部分微生物的损失。因此，离心分离法适用于背景较简单的食品。过滤分离法和离心分离法均基于病原微生物的物理性质进行分离，无法区分病原微生物与相似粒径和质量的干扰物质，因此基本无法对病原微生物进行特异性分离。免疫磁分离主要利用抗体或其他生物识别元件修饰的磁性材料对样本中的目标微生物进行捕获，实现特定微生物的分离，具有特异性，目前已广泛应用于微生物的特异分离和高效富集，包括细菌、病毒和细胞等。

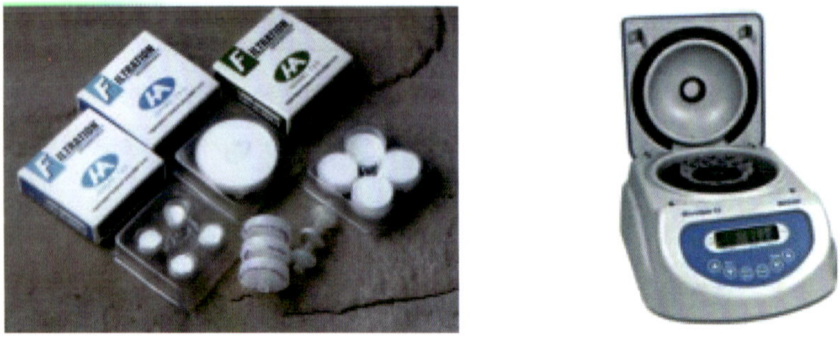

（a）过滤膜　　（b）离心设备

图 8-3　微生物分离采用的过滤膜和离心设备

8.2.1　常规免疫磁分离

磁分离技术最早应用于铁矿石中磁性物质与非磁性物质的分离，后拓展应用于污水中沙、泥、微生物等的净化处理。常规免疫磁分离技术主要基于抗原抗体免疫反应，是目前食源性致病菌特异分离和高效富集最有效的方法之一，如图 8-4 所示，它通常先利用抗体修饰的免疫磁珠(immunomagnetic bead,IMB)与待测样本中的目标细菌进行免疫反应，形成磁珠-细菌复合体（简称“磁细菌”），再施加磁场对背景中的目标细菌进行分离，最后撤去磁场，将磁细菌复溶于少量缓冲液中，从而实现细菌的纯化与富集。

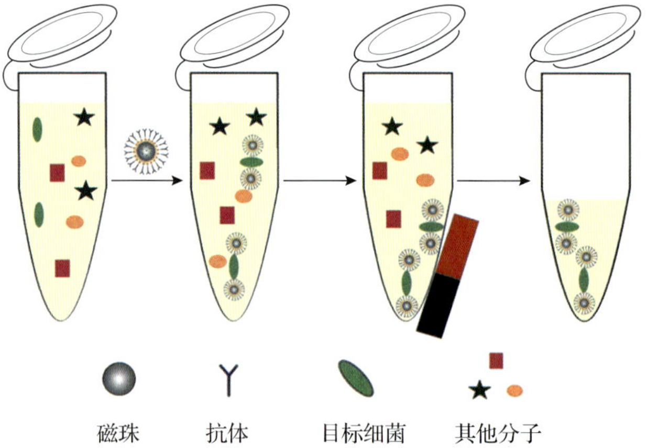

图 8-4　常规免疫磁分离示意图[1]

Wang 等[2]利用免疫磁分离技术进行了单增李斯特菌的特异分离与高效富集。首先，将链霉亲和素化的磁珠与生物素化的抗体旋转孵育反应 30 min，通过链霉亲和素-生物素之间的结合使纳米磁珠修饰上捕获抗体，并通过磁分离除去多余游离的抗体，得到免疫纳米磁珠；然后，将免疫纳米磁珠与 1 mL 的细菌样本旋转孵育 45 min，通过抗原抗体之间的特异结合使纳米磁珠捕获目标细菌，形成磁细菌；最后，利用磁分离除去样本的背景溶液，并利用小体积的磷酸盐溶液复溶，得到纯化和富集的磁细菌。试验结果表明，这种免疫磁分离方法可以在 1 h 内分离超过 85%的目标细菌，富集倍数约为 10，通过改变抗体可以拓展应用于各种不同微生物的分离。

与传统的离心分离法和过滤分离法相比，免疫磁分离技术具有两个明显的优点：①该技术利用抗体与目标细菌进行选择性结合，因此具有很好的特异性；②该技术使用少量缓冲液进行目标细菌复溶，因此具有较高的富集倍数。然而，免疫磁分离技术也存在一定的局限性：①空间距离的增加会使磁场强度迅速衰减，因而磁场对纳米磁珠的作用距离通常仅在 1 cm 之内，无法实现大体积样本中目标微生物的分离；②纳米磁珠尺寸较小，要求精细的人工操作，需要训练有素的技术人员。

8.2.2 高梯度免疫磁分离

由于日常筛查的食品中存在的食源性致病菌通常非常少，现有的细菌检测方法基本上都无法直接检出。通常先将采集到的细菌样本进行培养，增菌 4～8 h 或更长时间，使细菌浓度增加至 10^2 CFU/mL 或更高，使小体积样本也具有足够多的细菌。这种方式不仅增加了检测步骤和成本，还极大地延长了检测时间。为了在较短时间内从待测细菌样本中获得更多的细菌，还有一种方法是从大体积样本中分离并富集，如将用于分离的细菌样本体积从原来的 1 mL 增加至 10～100 mL 甚至更多[按照 GB 4789，将 25 g(固体)或 25 mL(液体)样本置于 225 mL 稀释液或生理盐水中均质后取上清液，每个待测食品样本经过前处理可以得到约 250 mL 细菌样本]。然而，由于磁场作用范围有限，很难直接利用常规纳米磁分离技术进行大体积样本中目标细菌的分离，这已成为微生物分离的共性难题。虽然从理论上大体积样本可以分成多个小体积样本再实施细菌分离和富集，但这需要很大的工作量和较长的时间，实际应用难度很大。因此，研究大体积微生物分离技术具有重要意义和应用价值。

高梯度磁分离(high gradient magnetic separation，HGMS)是一种传统的大体积磁分离方法[3]。如图 8-5 所示，以充满了小铁球或细铁丝的管子作为捕获和分离通道，①施加磁场使铁球或铁丝表面产生局部高梯度磁场，固定免疫磁珠；②利用固定在通道内的免疫磁珠捕获流过通道的目标细菌，形成磁细菌，实现目标细菌与样本背景的分离；③撤去磁场，并利用少量缓冲液将磁细菌冲出通道，实现目标细菌的富集。

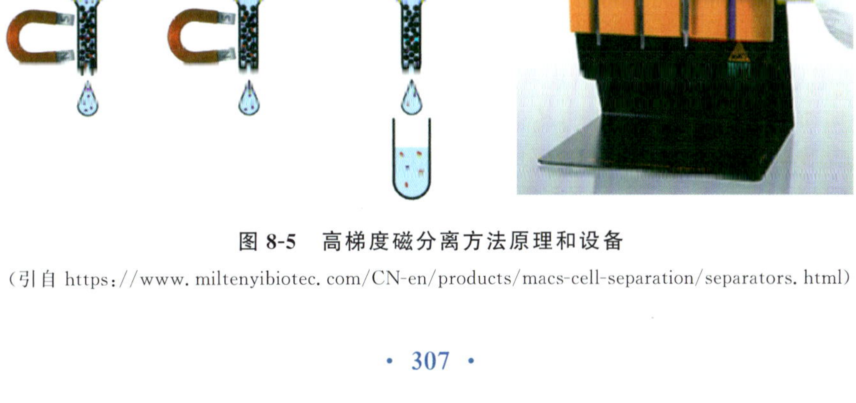

图 8-5 高梯度磁分离方法原理和设备

(引自 https://www.miltenyibiotec.com/CN-en/products/macs-cell-separation/separators.html)

与免疫纳米磁分离相比，高梯度磁分离具有样本处理量较大和分离时间较短等优势，但由于食品样本背景一般比较复杂，易引起通道堵塞和非特异性吸附等问题，且铁球和铁丝在撤去磁场后仍存在剩磁而很难释放所有磁细菌，因此该技术应用于食品样本中致病菌的分离仍有一定难度。

8.2.3 免疫磁泳分离

磁泳分离(magnetophoretic separation，MPS)是一种新型的大体积磁分离方法[4]。如图 8-6 所示，先利用免疫磁珠对待测样本中的目标物(如细菌、病毒等微生物)进行特异性捕获，形成磁性目标物；然后以磷酸盐缓冲液作为鞘液注入磁泳分离通道，样本会被挤压在通道底部，但在梯度磁场作用下，结合了目标物的免疫磁珠(磁性目标物)和未结合目标物的免疫磁珠(游离磁珠)等磁性物质会产生向上偏移，而样本背景等非磁性物质会保持在底部，从而实现磁细菌的连续流动分离。

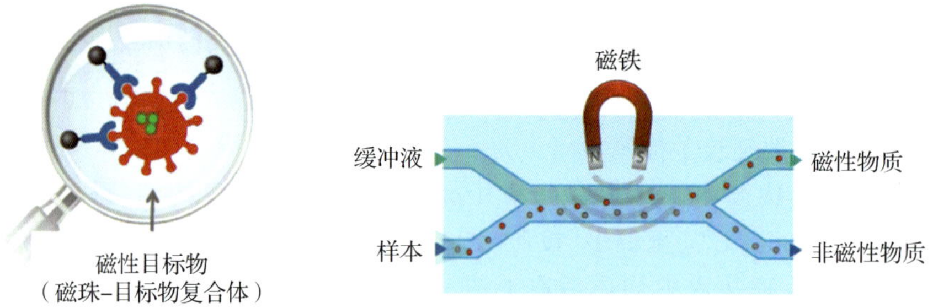

图 8-6 免疫磁泳分离技术

(引自瑞士 rqmicro 公司的 CellStream 全自动微生物样品制备仪说明书)

相对于免疫磁分离，免疫磁泳分离具有更突出的优点，主要体现在：免疫磁分离通常是静态分离，目前基本上是由人操作完成，对操作人员要求较高，且样本处理量有限，一般不超过 1 mL；免疫磁泳分离可以实现流动分离，样本处理量大，且操作基本可实现自动化。目前，免疫磁泳分离研究主要集中在生物医学领域，通过与微全分析系统(micro total analysis systems，μTAS)、微机电系统(MEMS)和芯片实验室(lab on a chip，LOC)结合，在微流控通道中进行单核细胞、癌细胞和红细胞等不同细胞的流动分离。但微流控系统的流速一般都很小(mm/s 级)，只适于处理微升级或更小体积的样本，处理大体积样本需要很长时间。针对上述问题，Ding 等提出了一种新型磁泳分离系统，在高流速下实现了磁细菌与游离磁珠的快速分离[5]。如图 8-7 所示，首先，利用铂纳米颗粒修饰的免疫纳米磁珠(PtMNB)将目标细菌特异分离出来，得到游离磁珠与磁细菌的混合物。然后，将该混合物(外侧)与鞘液(内侧)一起在高流速下泵入半圆形磁泳分离通道，在处于圆心的旋转磁场作用下，磁细菌与游离磁珠在通道内产生不同的偏移，但由于流速较快，仅使大部分磁细菌在通道出口处偏移至最内侧，而游离磁珠保留在外侧，从而实现磁细菌与游离磁珠的连续流动分离。最后，利用回收的磁细菌上的铂纳米颗粒对三甲基苯(trimethylbenzene，TMB)底物进行催化，生成 TMB 氧化物(TMBox)，并通过比色测定目标细菌的数量。结果表明：在优化条件下，该传感器可在 40 min 内检出低至 41 CFU/mL 的鼠伤寒沙门菌。

免疫磁泳分离技术可以实现大体积食品样本中目标细菌的流动分离，但需要大量的免疫

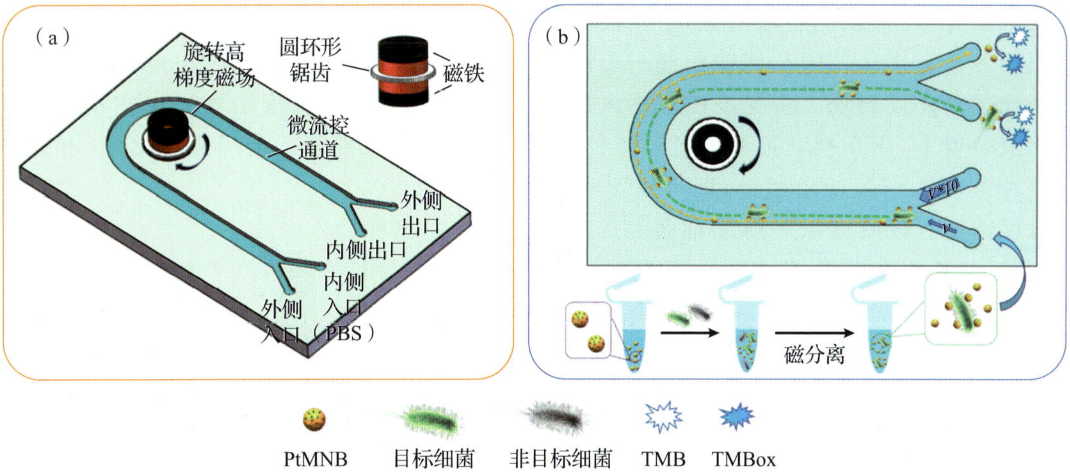

图 8-7　采用免疫磁泳分离方法分离鼠伤寒沙门菌[5]

磁珠预先对目标细菌进行特异捕获，这大大增加了细菌分离的成本，也是免疫磁泳分离实际应用面临的最大难题。

8.2.4　免疫磁流动分离

磁流动分离(magnetic flow separation，MFS)是一种大体积磁分离方法，有多种不同的表现形式，一般做法是先利用磁场将免疫磁珠固定在分离通道内的特定位置上，对流过通道的样本中的目标物(如细菌、病毒等微生物)进行特异性捕获，形成磁性目标物，再清洗除去样本背景，最后撤去磁场，利用少量缓冲液将磁性目标物冲出通道，收集到纯化和富集的目标物，实现目标物的连续流动分离。

Xue 等研究了同轴通道内的免疫磁流动分离方法[6,7]。如图 8-8 所示，两根不同直径的玻璃

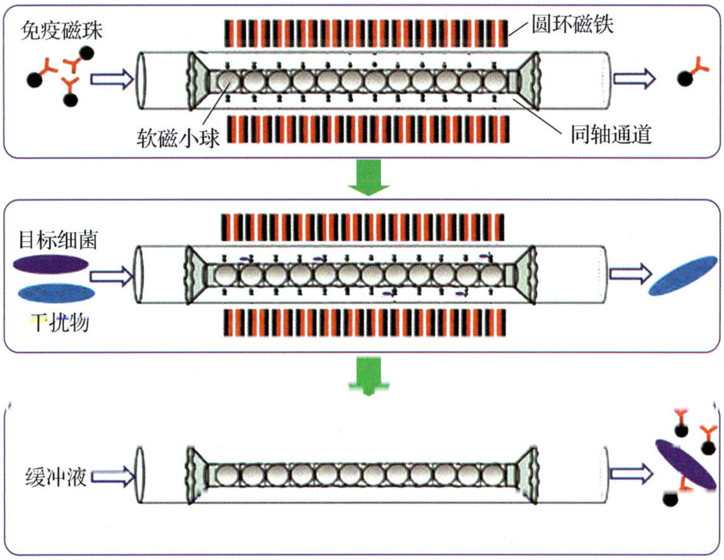

图 8-8　同轴通道免疫磁流动分离方法示意图[7]

管同轴放置，两根玻璃管之间形成一个圆环通道。内玻璃管填充软磁小球，在玻璃管外利用两两相互排斥的圆环磁铁构建一个高梯度磁场将小球磁化，使每个小球周围都产生一个局部高梯度磁场。将免疫磁珠注入圆环通道，磁珠将被高梯度磁场固定在小球对应的通道位置上，用于捕获连续流过通道的目标细菌，形成磁细菌。最后撤去磁场，利用少量缓冲液将磁细菌冲出通道，即可得到纯化和富集的目标细菌。该研究以大肠埃希菌 O157：H7 为目标细菌，试验结果如图 8-9 所示，可在 1 h 内连续流动分离10 mL 样本中超过 80％的目标细菌。然而，该方法中免疫磁珠被磁化的小球捕获在通道内时容易聚集在一起，仅在外面的免疫磁珠可与流过的目标细菌结合，影响捕获效率。另外，由于免疫磁珠在通道中所占空间比例较小，且通道中流体呈层流状态，因此需要较长的通道和较低的流速才能保证足够的碰撞概率和免疫结合，得到较高的目标细菌分离效率。

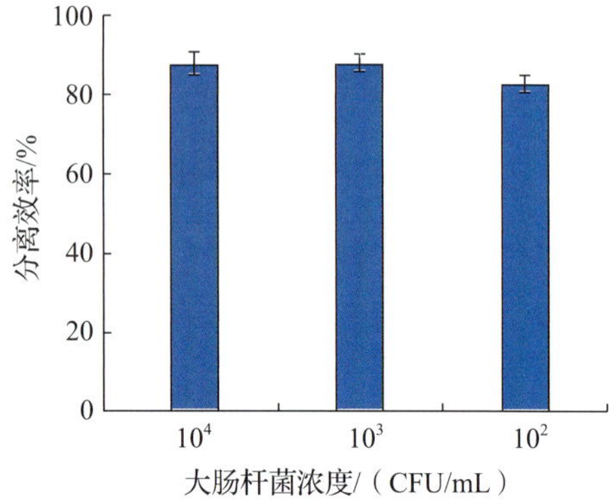

图 8-9　同轴通道免疫磁流动分离大肠埃希菌试验结果[7]

免疫磁流动分离方法还可用于食源性致病菌的核酸提取[8]。如图 8-10 所示，以大肠埃希菌 O157：H7 为目标细菌，先利用圆环磁场磁化内玻璃管中的小铁球，在圆环通道内产生局部高梯度磁场，用于捕获硅基磁珠（magnetic silica bead，MSB）。然后将细菌裂解液样本注入通道，细菌核酸会被硅基磁珠捕获在通道内。再利用洗涤液（酒精）除去残留的样本背景，实现核酸与样本背景的分离。最后用少量的洗脱液（超纯水）将核酸从磁珠上重新洗脱下来，利用 PCR 技术进行核酸测定。试验结果表明，该方法可在 2 h 内检出低至 10^2 CFU/mL 的目标细菌。

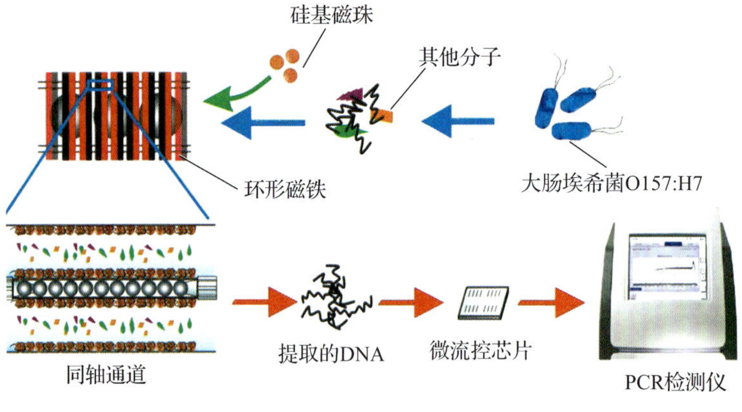

图 8-10　同轴通道磁流动分离核酸并结合 PCR 检测大肠埃希菌示意图[8]

Cai 等提出了磁栅流动分离方法[9]。如图 8-11 所示，利用磁铁磁化带锯齿薄铁片，在锯齿尖处产生局部高梯度磁场，将免疫磁珠注入通道并置于磁场上方后，磁珠会在磁场作用下以链状立于通道中。当细菌样本注入通道时，目标细菌会被磁珠链上的抗体捕获，实现细菌与样本背景的分离。撤去磁场后，利用少量的缓冲液将细菌冲出通道，实现细菌的分离和富集。试验结果如图 8-12 所示，免疫磁珠在不超过 200 μL/min 的流速条件下形成链状分布，有效增加了免疫磁珠在分离通道的空间分布和捕获范围，提高了对目标细菌的分离效率。该研究以鼠伤寒沙门菌为研究对象，可在 45 min 内流动分离出 500 μL 样本中 80%的沙门菌。

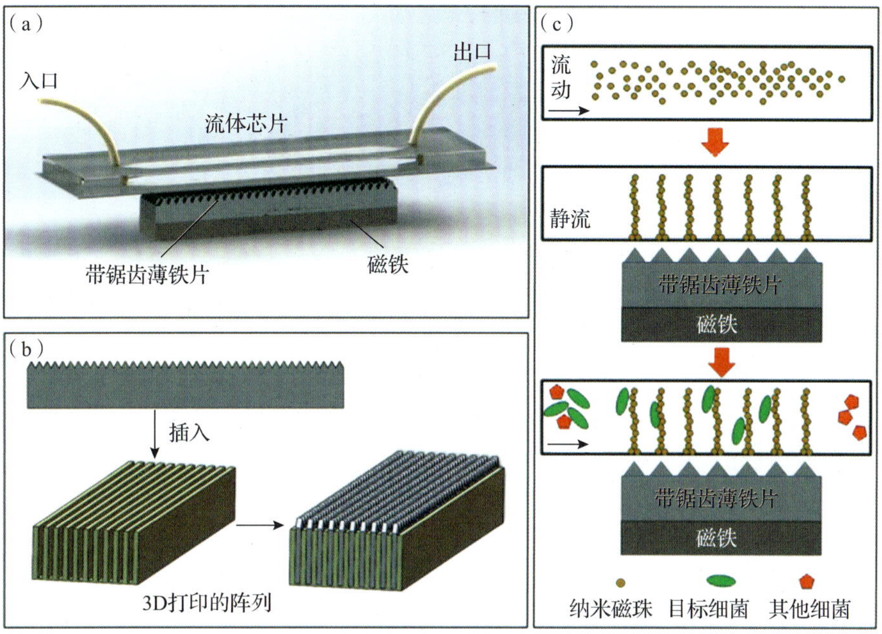

图 8-11 免疫磁栅流动分离技术[9]

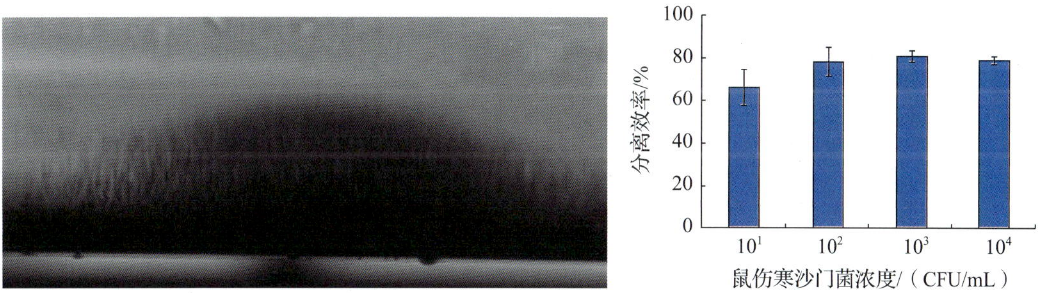

（a）免疫磁珠在微流控通道内形成链（v=100 μL/min）　（b）不同浓度鼠伤寒沙门菌的分离效率

图 8-12 免疫磁栅流动分离鼠伤寒沙门菌试验结果

Xue 等基于上述磁栅流动分离方法，结合创制的磁珠定位器，实现了大体积样本中沙门菌的特异分离和高效富集[10,11]。如图 8-13 所示，首先，利用磁珠定位器将免疫纳米磁珠精确注入环形分离管道的外围，使磁珠在高梯度磁场作用下均匀成链分布，形成若干磁珠链阵列。然后，将 10 mL 样本溶液连续注入通道，免疫磁珠上的抗体特异性捕获样本中的目标细菌，形成磁珠细菌复合物，而其他背景杂质随溶液流出通道，实现目标细菌的特异分离和高效富集。试验结果表明，该免疫磁流动分离方法可在 20 min 内从 10 mL 样本中分离 60%的沙门菌，有效提高了免疫纳米磁珠的利用率，提升了样本处理能力。

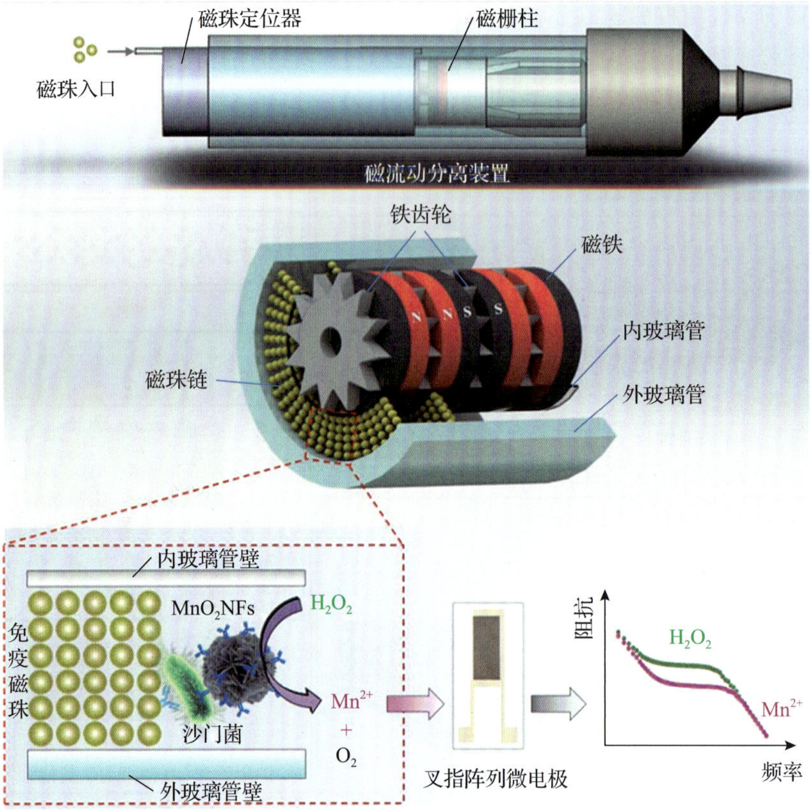

图 8-13 采用免疫磁栅流动分离技术分离沙门菌[11]

8.3 微生物电化学检测技术

生物传感器是目前微生物检测技术的一个研究热点。国际纯粹化学与应用化学联合会(International Union of Pure and Applied Chemistry, IUPAC)对生物传感器的定义为:A biosensor is a self-contained integrated device which is capable of providing specific quantitative or semi-quantitative analytical information using a biological recognition element (biochemical receptor) which is in direct spatial contact with a transducer element。如图 8-14 所示,生物传感器的主要元件是生物敏感识别材料和换能器,其作用是特异性定量或半定量分析目标物。当样本中存在目标物时,目标物会与生物敏感识别材料发生结合,引起换能器产生可检测的信号;当样本中不存在目标物时,干扰物即使与生物敏感识别材料很接近也不会被捕获,换能器也不会产生可检测的信号。电化学生物传感器是目前研究最多的一类生物传感器,一般通过分析电极界面的

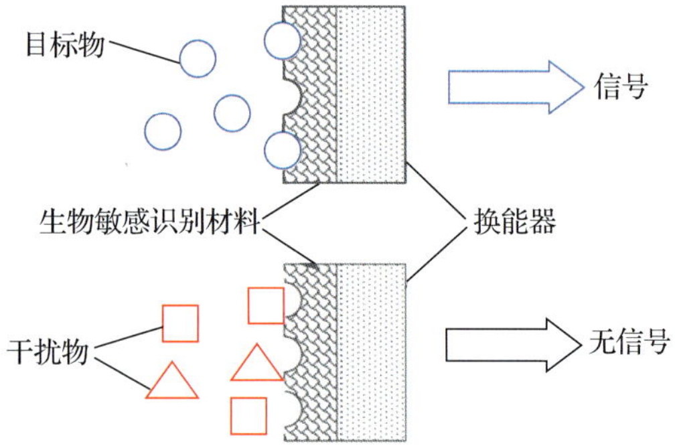

图 8-14 生物传感器基本结构示意图

信号变化来实现目标物检测，具有检测速度较快、灵敏度较高、成本较低、操作较简单等优点。根据检测信号，电化学生物传感器还可分为阻抗型、电势型和电流型等。

8.3.1 阻抗型生物传感器

阻抗型生物传感器通常通过监测微电极表面的电化学阻抗变化来实现目标物的检测。叉指阵列微电极（interdigitated array microelectrode，IDAM）是阻抗型生物传感器最常用的换能器之一，它具有信噪比较高和尺寸较小等特点，指电极和指间距通常在微米级，电极材料通常为金、铂或碳。微电极制作通常采用微加工工艺，如图 8-15 所示：先在清洗干净的玻璃或硅基底上旋涂一层正性感光胶；然后将微电极掩膜置于感光胶上，用紫外光照射，实现微电极的图形转移；再利用显影液除去曝光后可溶的感光胶；最后溅射上一层钛钨（TiW）或铬（Cr）作为连接层，溅射一层金作为电极层，移除多余的感光胶后即可得到微电极。

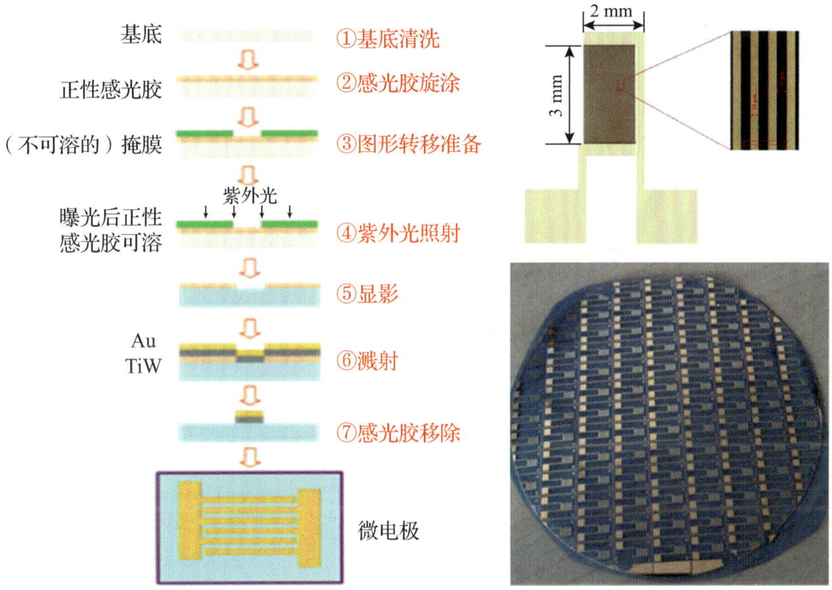

图 8-15 微加工工艺及微电极

图 8-16 所示为一种常见的阻抗型生物传感器的原理[7,12]，图 8-16(a)为电极的生物修饰过程：先通过静电作用等方式将蛋白 A 吸附到微电极（金）表面；然后利用免疫球蛋白 IgG 的 Fc 段与蛋白 A 特异性结合使 Fab 段朝外，更加容易与目标抗原相结合；再利用牛血清白蛋白（bovine serum albumin，BSA）对残留的结合位点进行封闭，减少非特异性反应；最后利用抗体将目标物捕获在电极表面，并在有氧化还原探针的条件下通过检测电极表面的阻抗变化来测定目标物数量。图 8-16(b)所示为电极表面的电化学阻抗谱（electrochemical impedance spectra，EIS），可以看出，当目标物的浓度增加时，在特征频率（10～100 kHz）范围的阻抗幅值也相应增大。当微电极表面没有固定任何生物材料时，如图 8-17 所示，在电极的两端施加交流电，电子在存在氧化还原探针［常用 5～10 mmol/L 的 $K_3Fe(CN)_6$ 和 $K_4Fe(CN)_6$］的条件下可在电极间转移，阻力较小，也就是电极所测的阻抗较小；当电极表面上逐层固定蛋白 A、抗体和

BSA 后，电子在电极间转移受到这些生物材料的阻碍，阻力增大；当电极表面上捕获到目标物时，电子转移阻力进一步增大，即阻抗进一步增大，这部分增加的阻抗正是由目标微生物引起的，因此可以通过检测阻抗变化来测定目标微生物[13]。

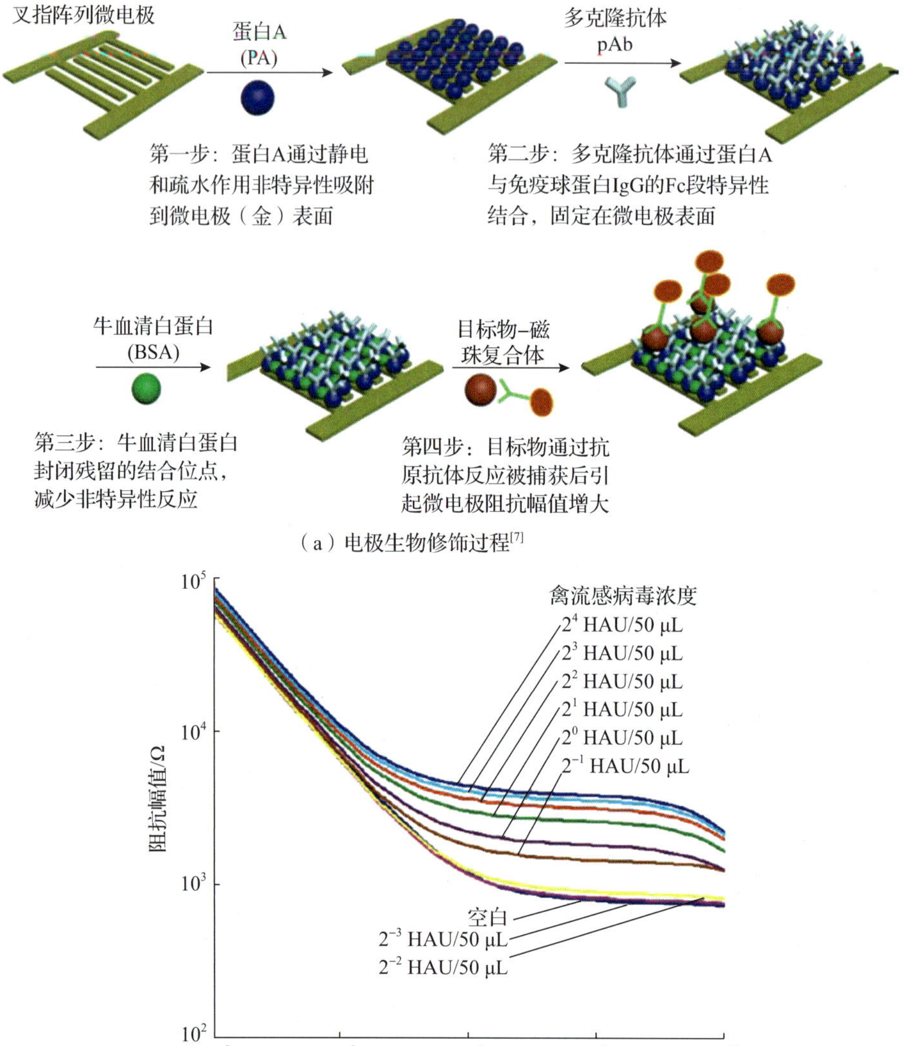

（b）电化学阻抗谱（EIS）[12]

图 8-16　阻抗型生物传感器原理示意图

阻抗型生物传感器通常可以在 2 h 内实现低至 10^3 CFU/mL 的食源性致病微生物的定量检测。它虽然具有检测时间短的优势，但也存在着一些明显局限性：①电极需要经过复杂的生物修饰过程，因此重复性和稳定性有限；②电极修饰生物材料后往往很难进行重复利用，检测成本较高；③电极上修饰的抗体等生物识别材料与待测样本中目标物的反应属于固相-液相反应，效率较低，导致检测灵敏度较低或检测时间较长。

针对上述阻抗型生物传感器存在固相-液相免疫反应速度较慢、电极无法重复利用等问题，Chen 等提出一种解决策略[1]。如图 8-18(a)所示，先利用免疫纳米磁珠将目标细菌从样本

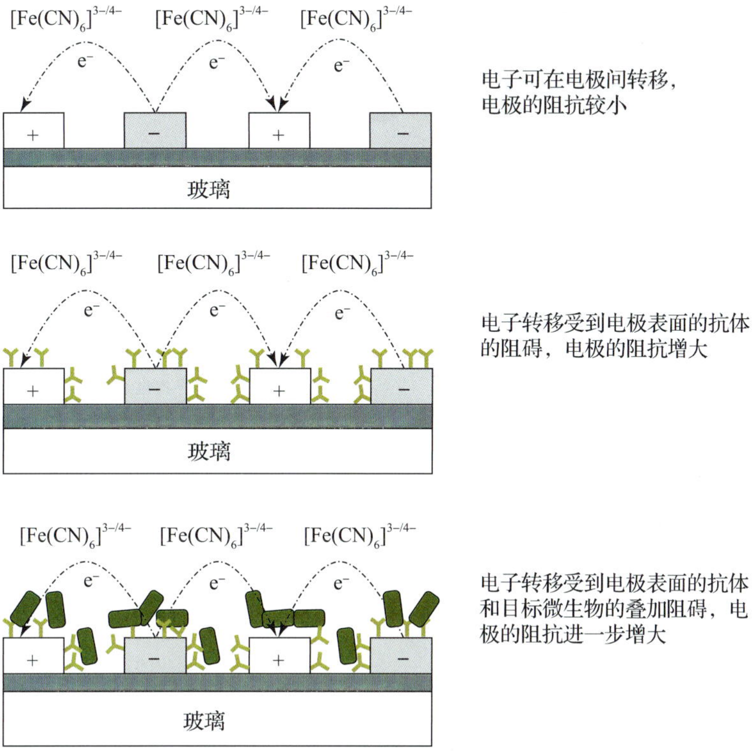

图 8-17　微电极阻抗变化分析[13]

中分离并富集，形成磁细菌；再利用脲酶修饰的免疫纳米金颗粒对磁细菌进行标记，形成酶细菌；然后，利用酶细菌上的脲酶催化高阻抗的尿素产生低阻抗的碳酸铵，从图 8-18(b)和(c)可以看出，不同浓度的尿素与超纯水具有非常接近的阻抗，而不同浓度的碳酸铵则有明显的阻抗差异；最后，利用微电极测量催化产物(包含催化产物碳酸铵和剩余催化底物尿素)的阻抗，测定碳酸铵的浓度，从而推断脲酶的数量，进而得到目标细菌的数量。研究以单增李斯特菌为目标细菌。由于采用脲酶对阻抗信号进行了有效放大，这种改进的酶阻抗生物传感器可以在 2 h 内检出低至 3×10^2 CFU/mL 的单增李斯特菌。另外，由于微电极没有做任何表面修饰，用超纯水清洗后即可重复使用，可有效降低检测成本。

叉指阵列微电极通常在玻璃或硅基底上通过光刻和刻蚀技术进行加工，电极成本相对较高且容易破碎，因此阻抗型生物传感器的换能器也有采用丝网印刷电极(screen printed electrode，SPE)[图 8-19(a)][2]和印刷电路板电极(printed circuit board electrode，PCBE)[图 8-19(b)][14]的，虽然它们在阻抗检测稳定性方面比叉指阵列微电极稍差一些[图 8-19(c)][15]，但是成本和制作难度显著降低。Jiang 等将 PCB 叉指电极与微流控芯片相结合，将基于磁栅的细菌分离与基于酶催化的信号放大相结合，探索了一种用于沙门菌灵敏检测的阻抗生物传感器[16]。如图 8-20 所示，首先，将免疫磁珠、目标细菌和经葡萄糖氧化酶(GOx)修饰的免疫聚苯乙烯微球充分混合，形成磁珠-细菌-微球复合物；然后，将这些复合物注入芯片，在磁栅增强的磁场作用下，复合物在电极上方形成复合链；随后，将不导电的葡萄糖注入芯片，经复合链上葡萄糖氧化酶催化后产生导电的葡萄糖酸和不导电的过氧化氢，产物从复合链周围迅速扩散到电极表面；最后，通过实时监测产物阻抗变化，测定细菌浓度。结果表明，该传感器可在

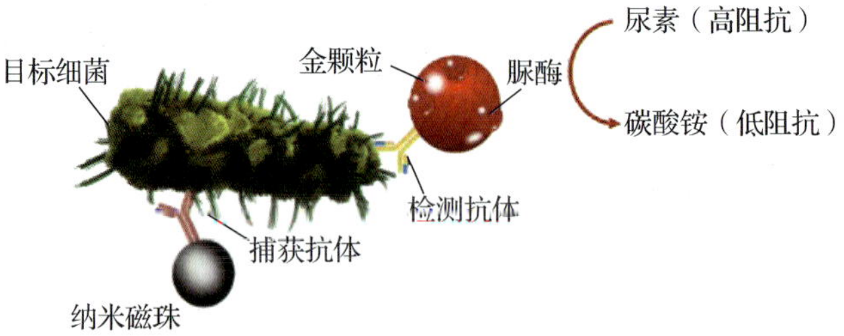

（a）酶阻抗生物传感器原理图

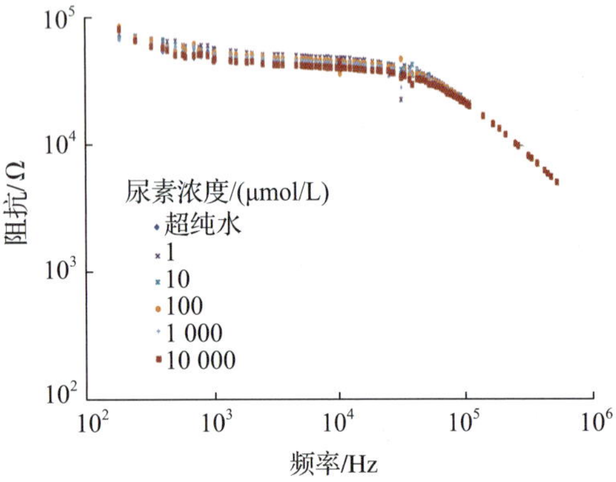

（b）尿素浓度-阻抗变化情况

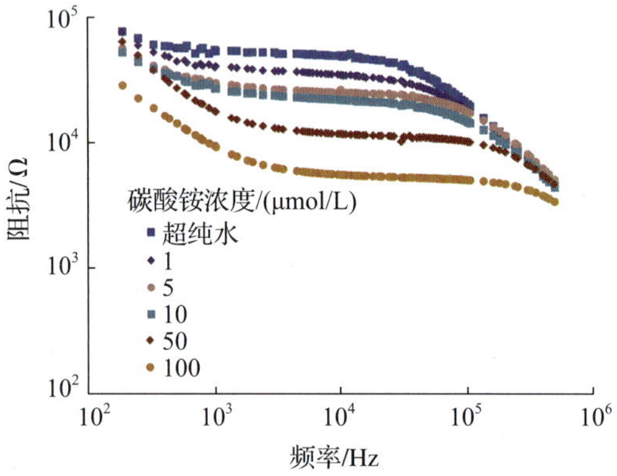

（c）碳酸铵浓度-阻抗变化情况

图 8-18　酶阻抗生物传感器

（a）丝网印刷电极[2]

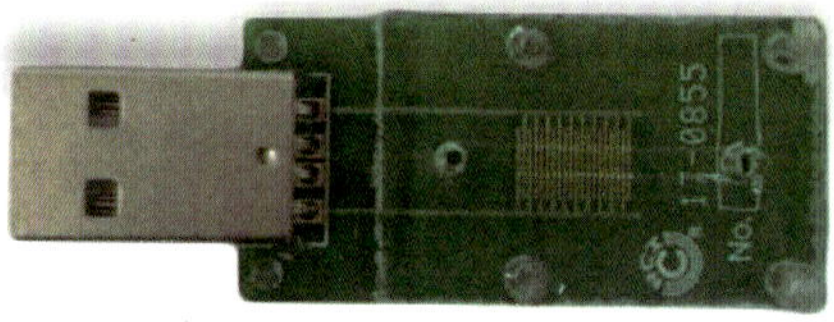

（b）印刷电路板电极[14]

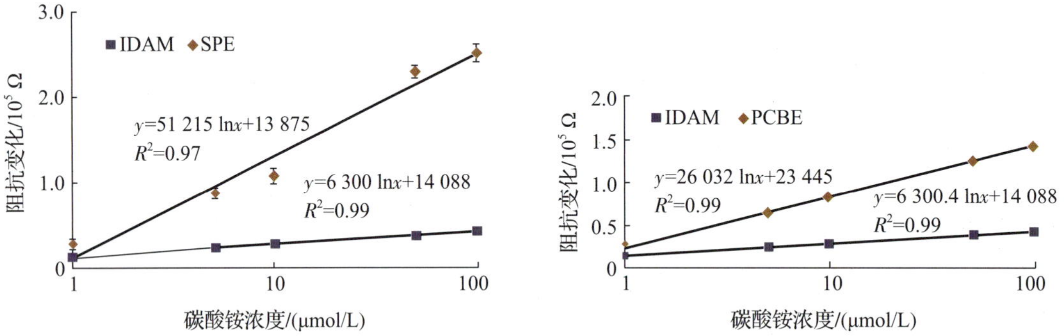

（c）丝网印刷电极（SPE）、印刷电路板电极（PCBE）与叉指阵列微电极（IDAM）的性能比较[15]

图 8-19　改进的阻抗生物传感器

1 h 内检测 50 CFU/mL 的沙门菌。

阻抗有两个关键参数：幅值和相角。目前，绝大多数研究都是基于阻抗幅值进行微生物检测，对阻抗相角研究相对较少。如图 8-21 所示，当碳酸铵浓度增加时，电极的阻抗相角会向高频方向平移[17]。因此，通过测量阻抗相角的平移也可以实现目标微生物的定量分析。以单增李斯特菌为目标细菌，结合微流控免疫磁分离技术，这种阻抗相角分析方法可以在 1 h 内实现 $10^2 \sim 10^5$ CFU/mL 范围内单增李斯特菌的定量检测，检测限可达到 160 CFU/mL。

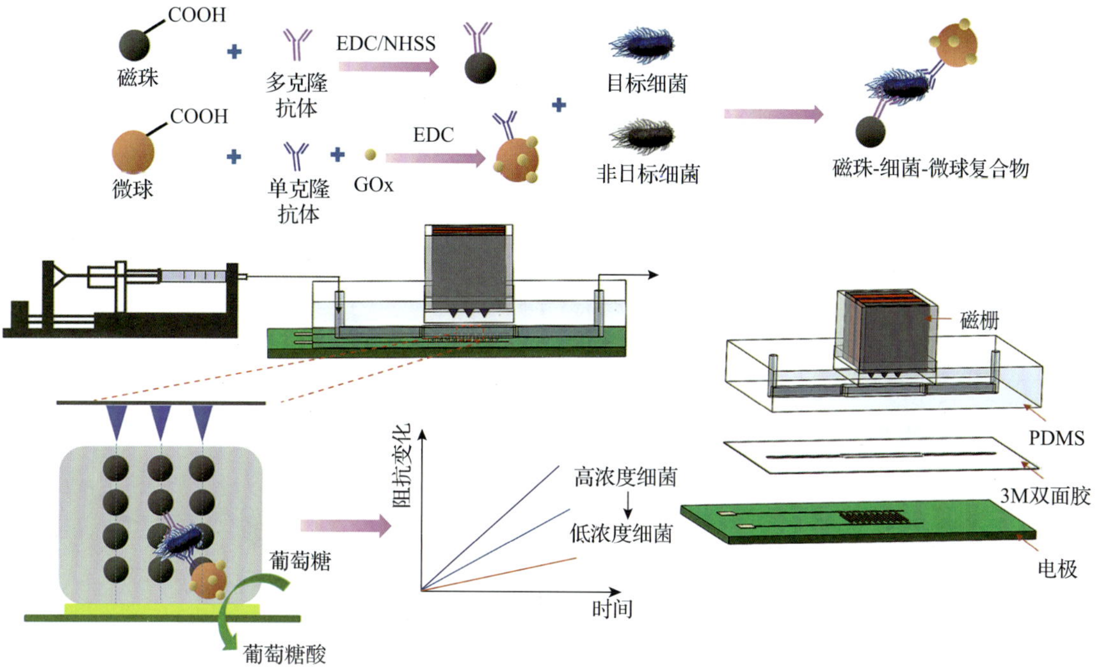

图 8-20　PCB 叉指电极与微流控芯片相结合的阻抗生物传感器[16]

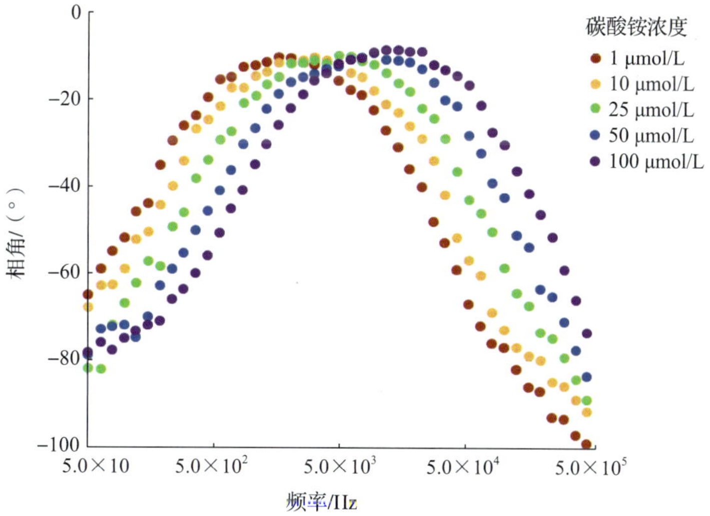

图 8-21　阻抗相角变化规律[17]

引入脲酶或葡萄糖氧化酶使阻抗型生物传感器的检测信号得到明显放大，灵敏度也有明显提升；结合微流控技术基本解决了操作复杂的问题，提高了免疫反应效率。但免疫反应过程仍存在较多的盐离子(如 PBS)，仍会对阻抗检测造成较严重的干扰。

8.3.2 电势型生物传感器

针对上述阻抗生物传感器易受到盐离子等背景条件干扰等问题，一种解决方法是采用具有选择性的离子检测技术代替阻抗检测[18,19]。如图 8-22 所示，先利用免疫纳米磁珠对样本中目标细菌进行特异分离和有效富集，形成磁细菌，并通过磁分离除去样本背景；再利用以磷酸钙晶体为骨架的蛋白-无机物杂交免疫纳米花对磁细菌进行标记，形成磁珠-细菌-纳米花双抗夹心复合体，并通过磁分离除去多余的纳米花；然后利用强酸（1 mol/L 的 HCl）对该双抗夹心复合体进行复溶，释放出钙离子；最后利用钙离子选择电极对释放的钙离子进行测定，从而实现目标细菌的定量分析。以鼠伤寒沙门菌为目标细菌，该方法可在 2 h 内检出低至 28 CFU/mL 的目标细菌。

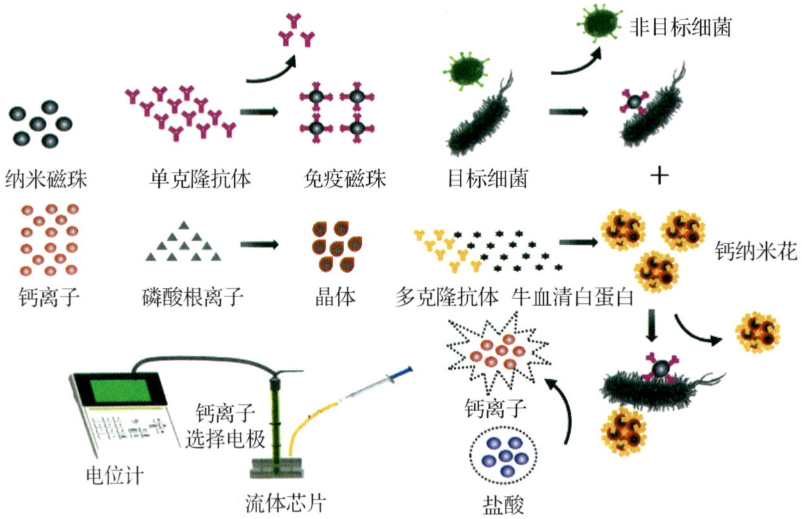

图 8-22 酶电势型生物传感器原理示意图[9]

这种电势型生物传感器利用高负载量的纳米花实现了信号的放大，利用离子选择电极实现特定离子的检测，有效抑制了其他离子的干扰，最终实现高灵敏的细菌检测。这种传感器的局限性是：①纳米花的形成很难精确控制，会在一定程度上影响重复性；②离子选择电极所需样本体积通常较大，会降低检测灵敏度；③离子选择电极使用之前需要活化和校正，在一定程度上增加了操作复杂性。

8.3.3 电流型生物传感器

目前商业化最成功的生物传感器是血糖仪，它是一种电流型生物传感器，先利用葡萄糖氧化酶（glucose oxidase，GOx）催化葡萄糖（glucose）产生葡萄糖酸（gluconic acid）和过氧化氢（H_2O_2），再通过电流法测定过氧化氢，实现葡萄糖的定量分析。

$$\text{葡萄糖} + O_2 + H_2O \xrightarrow{\text{葡萄糖氧化酶}} \text{葡萄糖酸} + H_2O_2$$

由于血糖仪具有成本低、便携、操作简单等优点，因此也有不少研究利用血糖仪进行食源性致病菌检测。如图 8-23 所示，Huang 等将血糖仪与同轴通道磁分离相结合[20,21]，先利用磁铁磁化同轴通道内置的小铁球链，使其产生局部高梯度磁场，将捕获抗体修饰的纳米磁珠固定在环形通道内；再利用磁珠上的抗体对流过通道的目标细菌进行特异性捕获，使目标细菌与样本背景分离；然后利用转化酶纳米团簇对目标细菌进行标记，冲洗除去未结合的纳米团簇后，利用蔗糖转化酶对注入的蔗糖进行催化，得到葡萄糖；最后利用血糖仪对葡萄糖进行测定，从而实现目标细菌的定量分析。以大肠埃希菌 O157:H7 为目标细菌，该方法可在 2 h 内检出低至79 CFU/mL 的目标细菌。

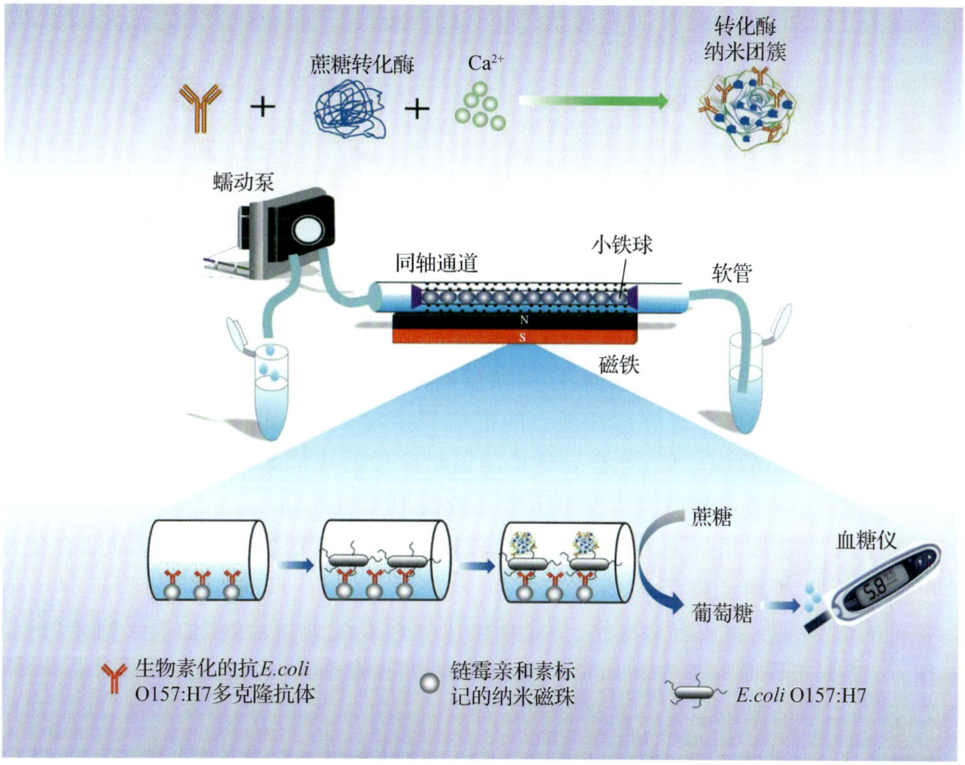

图 8-23　电流型生物传感器原理示意图[20]

8.4　微生物光学检测技术

光学生物传感器是目前研究最多的生物传感器之一，它利用光的吸收、折射、反射等现象进行检测，具有非接触、灵敏度高、操作简单和仪器小型化、易集成等优点。根据检测信号不同，光学生物传感器可分为比色、荧光、表面等离子体共振等类型。

8.4.1　比色生物传感器

酶联免疫吸附测定(ELISA)是一种经典的微生物检测技术，可用于检测抗原，也可用于检测抗体(蛋白)。其原理如图 8-24 所示：将被检抗原/抗体物理性地吸附于固相表面，并且保持其免疫活性；酶标抗体/抗原(抗体/抗原与酶通过共价键形成的酶的结合物)与被检抗原/抗体结合;加入酶对应的底物发生颜色变化,颜色的深浅与样本中被检抗原/抗体的量成正比。

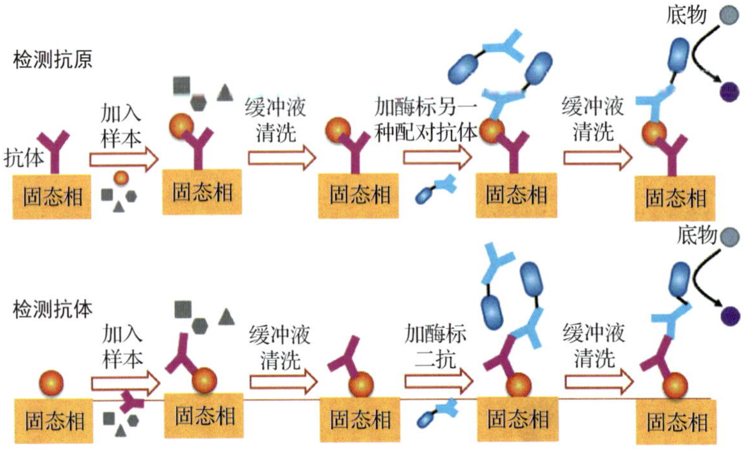

图 8-24 双抗夹心 ELSIA 原理[22]

ELISA 方法由于具有高通量和自动化操作等优势,在医学、食品安全等领域得到了广泛的应用,但也存在着一些明显的局限性:①灵敏度有限,一般只能实现 10^3～10^5 CFU/mL 的食源性致病菌的定量检测;②包埋在固相板上的抗体等生物识别材料与待测样本中目标物的反应属于固相-液相反应,效率较低,这会导致检测灵敏度较低或检测时间较长;③每一步免疫反应后都需要清洗,步骤繁多且易因清洗不干净导致假阳性结果等。

针对 ELISA 方法固相-液相免疫反应速度较慢、清洗步骤复杂等问题,陈奇结合免疫磁分离技术开发了液相-液相免疫反应的比色生物传感器,并利用颜色变化物质研究了信号策略[17]。常见的颜色变化物质有酶底物、贵金属纳米颗粒及酸碱指示剂(如溴甲酚紫)等。如图 8-25(a)所示,基本工作原理是先利用免疫纳米磁珠将目标细菌从样本中分离出来并富集,形成磁细菌;再利用脲酶修饰的免疫纳米金颗粒对磁细菌进行标记,形成酶细菌;然后利用酶细菌上的脲酶催化尿素产生碳酸铵,引起溶液 pH 升高,再利用酸碱指示剂(溴甲酚紫)的颜色变化实现对目标细菌的定量分析。从图 8-25(b)可以看出不同浓度的尿素与超纯水具有非常接近的光强,而不同浓度的碳酸铵与溴甲酚紫反应则颜色明显不同[图 8-25(c)、(d)]。最后,利用光谱仪测量反应产物的吸光度,根据在特征波长(588 nm)对应的吸光度[图 8-25(e)]测定碳酸铵的浓度,从而推断脲酶的数量,进一步得到目标细菌的数量。以单增李斯特菌为目标细菌,从图 8-25(f)可以明显看出不同浓度的单增李斯特菌结合了不同数量的脲酶,从而催化产生不同浓度的碳酸铵,使其与溴甲酚紫反应产生的颜色不同。由于采用脲酶对信号进行了有效放大,这种比色生物传感器可以在 2 h 内检出低至 10^2 CFU/mL 的单增李斯特菌。

由于比色生物传感器的信号表现为颜色变化,容易分辨,而且是非接触检测,因此微流控芯片和智能手机也可以用于比色生物传感器中[23],还能提高反应效率,并使操作简单化、仪器小型化。如图 8-26 所示,首先,将免疫磁珠(修饰有捕获抗体的磁珠)、免疫酶微球(修饰有过氧化氢酶和抗体的聚苯乙烯微球)和待测样品同时注入芯片,通过抗体与目标细菌的免疫结合,形成磁珠-细菌-微球复合物,并通过外加磁场将其捕获在分离腔中,去除样品中杂质和多余的免疫酶微球后,通入过氧化氢进行催化反应。然后,注入胶体金与交联剂混合物,在检测

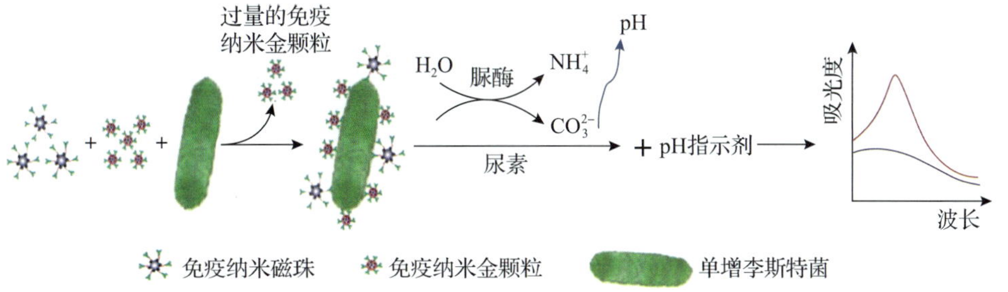

（a）比色生物传感器原理示意图

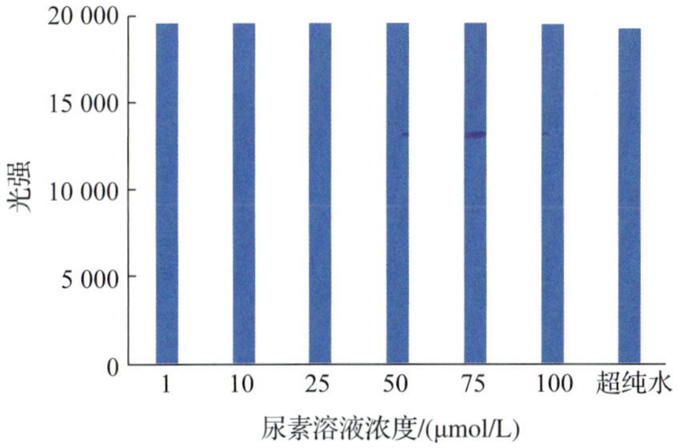

（b）光强与尿素浓度的关系

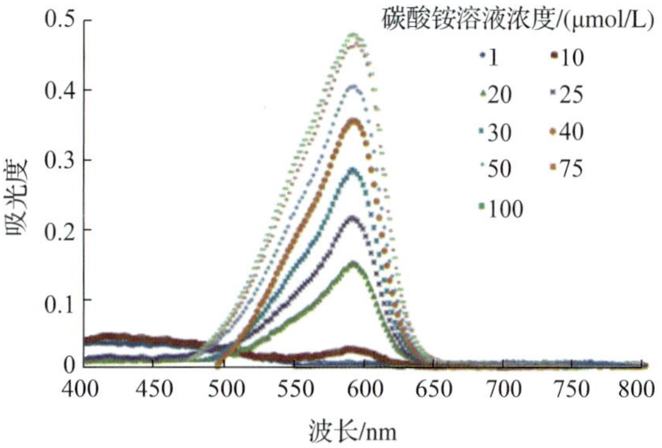

（c）溴甲酚紫与不同浓度碳酸铵溶液反应后在波长400~800 nm的吸光度

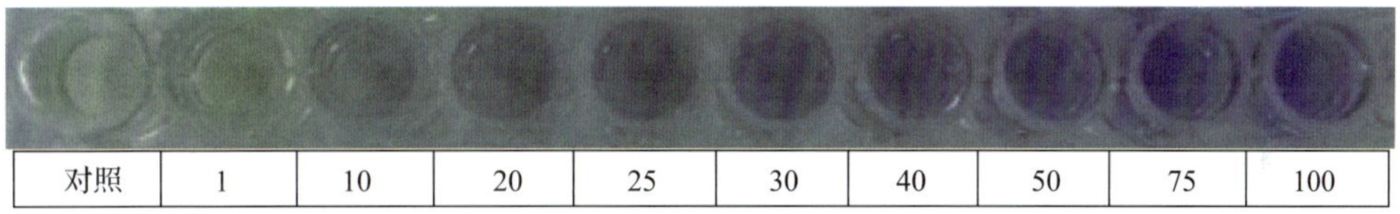

（d）溴甲酚紫与不同浓度（1~100 μmol/L）碳酸铵溶液反应后溶液颜色的变化

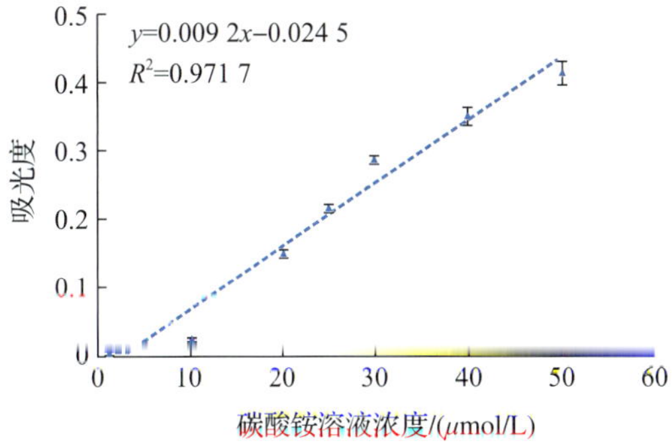

（e）溴甲酚紫与不同浓度碳酸铵反应后特征波长588 nm处吸光度与碳酸铵浓度的关系

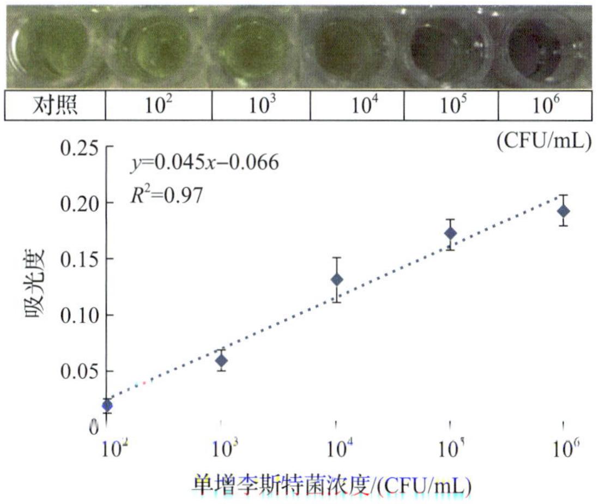

（f）不同浓度单增李斯特菌对应的溴甲酚紫的颜色变化及特征波长处吸光度

图 8-25　基于免疫磁分离、酶催化和酸碱指示的比色生物传感器[17]

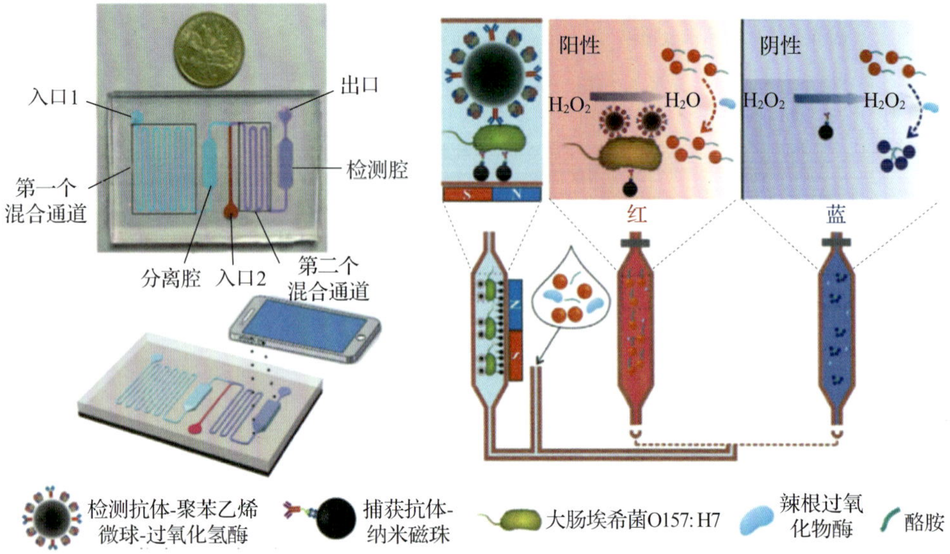

图 8-26　基于微流控芯片和手机的比色生物传感器工作原理示意图[23]

腔中反应孵育后观察溶液颜色变化。交联剂只有在过氧化氢存在的情况下才能触发胶体金产生聚集反应。当待测样品中含有目标细菌时,复合物上的过氧化氢酶会催化消耗过氧化氢,胶体金会呈现红色(此时胶体金呈分散状态);当待测样品中没有目标细菌时,胶体金会在过氧化氢及交联剂的作用下发生聚集,并呈现蓝色。最后,利用手机拍照,并用自主开发的手机 App 进行数据分析。这种方法可以在 1 h 内实现 10^1～10^4 CFU/mL 范围内大肠埃希菌 O157:H7 的定量检测,检测限可达到 50 CFU/mL。

8.4.2　无酶比色生物传感器

随着各种酶的引入,比色生物传感器的检测信号得到明显的放大,灵敏度也有明显的提升,结合微流控技术,也基本解决了操作复杂的问题,提高了免疫反应效率。但由于酶催化一般需要一定的时间和合适的温度,酶活性受温度、pH 等因素影响比较大,且酶通常要被修饰在纳米材料(如胶体金、聚苯乙烯微球)上,可能影响酶活性。这些问题会导致检测时间长或灵敏度不高等。为了解决酶活性易受环境影响导致的问题,研究人员将一些色素[21,24,25]用于比色生物传感器,这样的传感器即无酶比色生物传感器。

姜黄素(curcumin, CUR)是一种橙黄色的天然色素,不溶于水,溶于乙醇、丙二醇,易溶于冰醋酸和碱溶液,具有降血脂、抗肿瘤、抗炎、利胆、抗氧化等作用,常用于医学临床。由于姜黄素耐酸耐碱,且高温下颜色没有变化,因此可用作光学生物传感器的信号标记物。如图 8-27(a)所示,不同浓度的姜黄素的吸光度存在很好的线性关系,证明了姜黄素作为标记物的可行性。如图 8-27(b)所示,先用牛血清白蛋白(BSA)包裹姜黄素(CUR),再利用 Tz-TCO(四嗪-反式环辛烯)点击化学反应使姜黄素复合物变大,实现信号放大。利用免疫纳米磁珠对样本中目标细菌进行特异分离和有效富集,形成磁细菌,并利用磁分离除去样本背景;再利用修饰有抗体的姜黄素复合物对磁细菌进行标记,形成磁珠-细菌-姜黄素双抗夹心复合物(CUR-Tz-TCO 细菌),并利用磁分离除去多余的姜黄素复合物;然后,利用强碱(NaOH)对该双抗夹心复合物进行复溶，释放出姜黄素；最后，对释放的姜黄素进行颜色测定，从而实现目标细菌的定量分析。以鼠伤寒沙门菌为目标细菌，采用这种方法可在 2 h 内检出低至 50 CFU/mL 的目标细菌。

这种比色生物传感器利用点击化学反应实现了信号的放大，利用环境适应性好的姜黄素实现了无酶标记，有效解决了酶的耐受性及活性损失问题，最终实现高灵敏的细菌检测，但也存在一些局限性：①利用点击化学反应合成姜黄素复合物很难精确控制，会在一定程度上影响重复性；②操作步骤较多，自动化程度低，会在一定程度上影响重复性和稳定性。

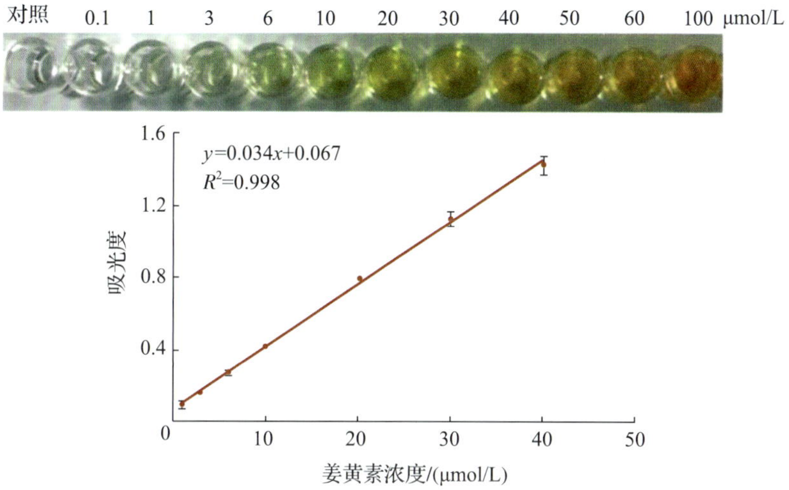

（a）姜黄素浓度与吸光度的线性关系

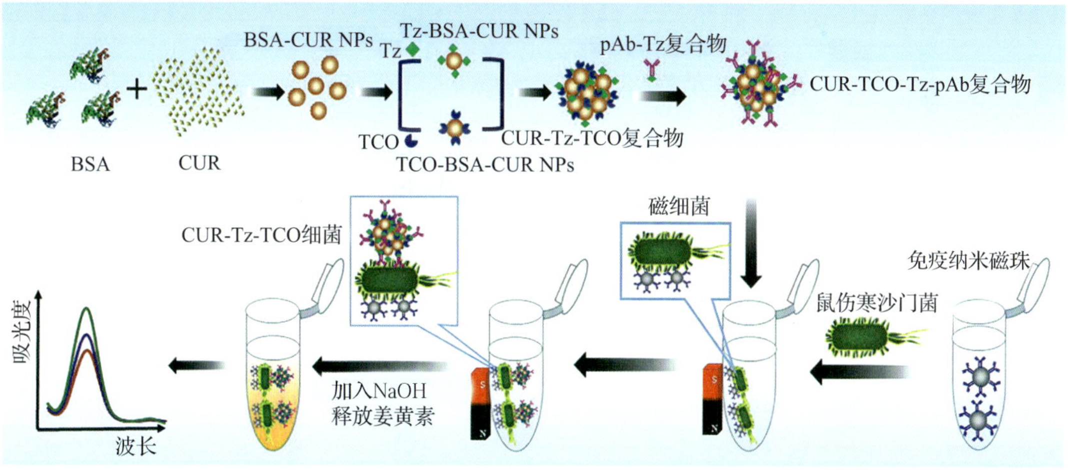

（b）基于姜黄素的无酶比色生物传感器原理

图 8-27　基于姜黄素的无酶比色生物传感器[21]

目前，微流控技术已经广泛与光学生物传感器结合，提高了自动化水平，可以快速检测大体积样本中的食源性致病菌，具有较高的检测灵敏度，但是需要借助蠕动泵等流体控制器件，存在易遭受交叉污染和难以实现现场检测等问题。因此，Zhang 等[26]利用毛细管将整个反应过程集成到一起，不使用蠕动泵，以普鲁士蓝（亚铁氰化铁）作为颜色标记物。如图 8-28 所示，首先在毛细管内依次注入免疫纳米磁珠（magnetic nanoparticle，MNP）、铁纳米花（Fe-nanocluster，FNC）、PBST（含吐温的磷酸盐缓冲液）洗液和 HCl，利用空气柱间隔使它们形成独立的液柱；然后，通过外部环形磁铁将免疫磁珠转移到细菌样本中，利用免疫磁珠对目标细菌（鼠伤寒沙门菌）进行捕获，形成磁细菌（MNP-*Salmonella*）；再通过外部环形磁铁将磁细菌转移到纳米花液柱内，使磁细菌与铁纳米花免疫结合，形成纳米磁珠-鼠伤寒沙门菌-铁纳米花复合结构（MNP-*Salmonella*-FNC）。经过 PBST 两次清洗后，用盐酸溶解该复合物，纳米花上的 Fe^{3+} 会被释放出来，再利用亚铁氰化钾与其反应生成蓝色的普鲁士蓝（PB）；最后，利用手机相机进行图像采集，并利用基于 HSL 色彩模型的手机 App 进行数据处理，实现对鼠伤寒沙门菌的定量检测。这种方法可在 2 h 内检出低至 14 CFU/mL 的鼠伤寒沙门菌。

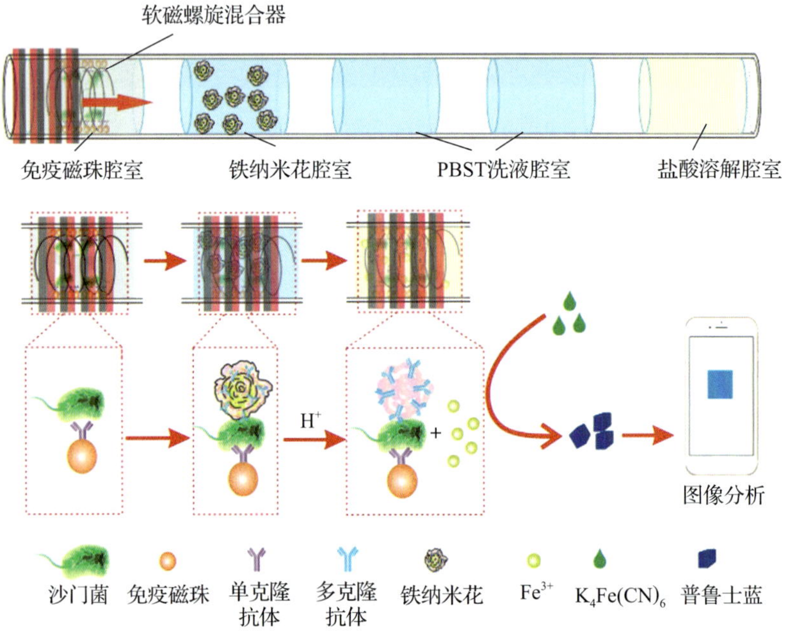

（a）基于毛细管的无酶比色传感器原理

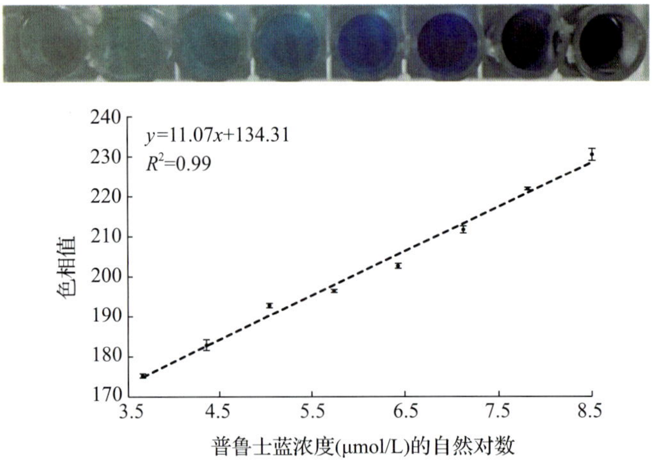

(b) 普鲁士蓝和色相值的线性关系

图 8-28　基于毛细管的无酶比色生物传感器[26]

8.4.3 荧光生物传感器

荧光生物传感器的基本工作原理是：通过免疫结合等方式将荧光物质引入检测体系，利用荧光强弱与样本中目标物的浓度成正比的关系实现对目标物的定性或者定量分析。量子点是近年来比较常见的一种荧光材料，它是 3 个维度尺寸均在纳米级的材料，呈球状或类球状，通常由半导体材料（CdS、CdSe、CdTe、ZnSe、InAs 等）制成，粒径一般在 2～20 nm，受激后可以发射荧光，主要应用在太阳能电池、发光器件、光学生物标记等领域，如图 8-29 所示。

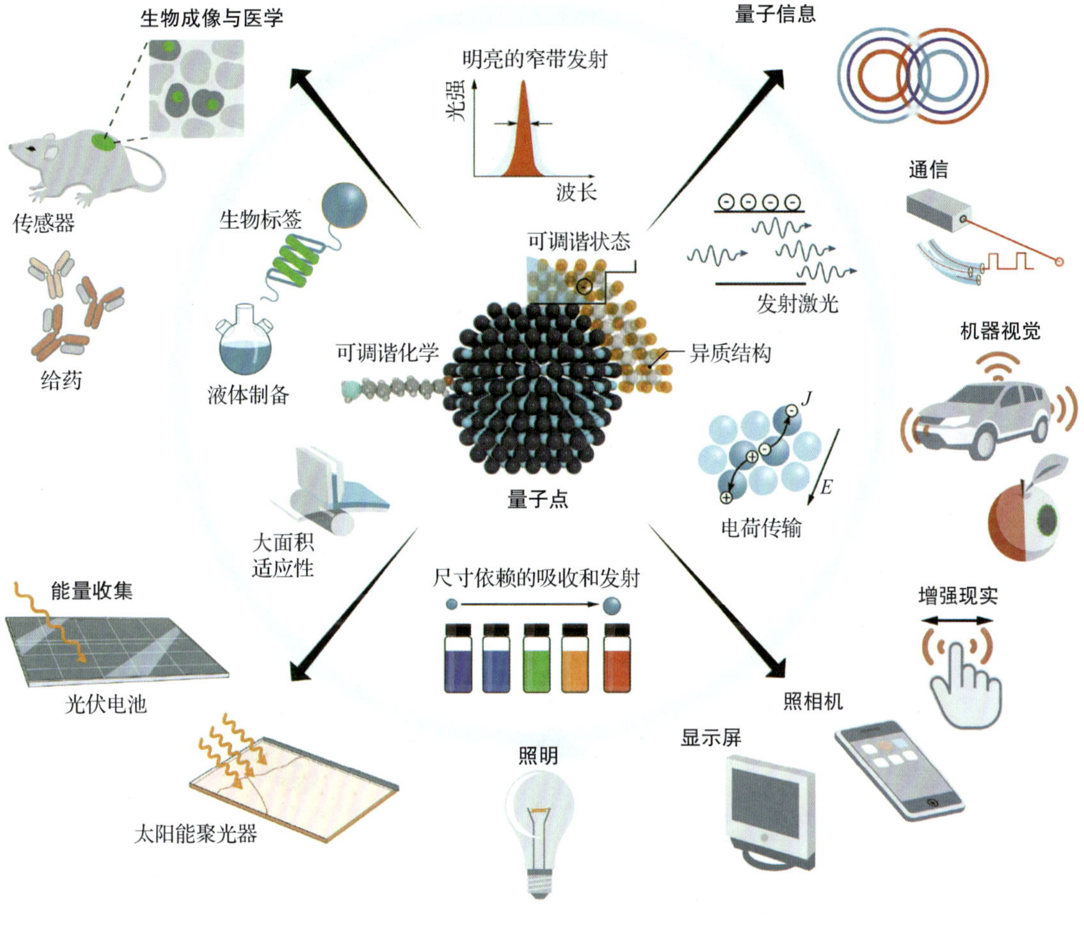

图 8-29 常见的量子点应用场景[27]

Xue 等结合同轴毛细管磁流动分离和荧光量子点标记，研制了一种荧光生物传感器[6]。如图 8-30 所示，先利用环形高梯度磁场将免疫纳米磁珠捕获在同轴毛细管内，对流过的待测样本中的目标细菌进行流动分离和富集；然后注入免疫量子点对目标细菌进行特异性标记，形成双抗夹心复合体；最后撤去高梯度磁场，利用少量缓冲液将该复合体冲出毛细管，并在激发光的照射下进行荧光测定，实现目标细菌的定量检测。这种方法可在 2 h 内检出低至 14 CFU/mL 的大肠埃希菌 O157:H7。

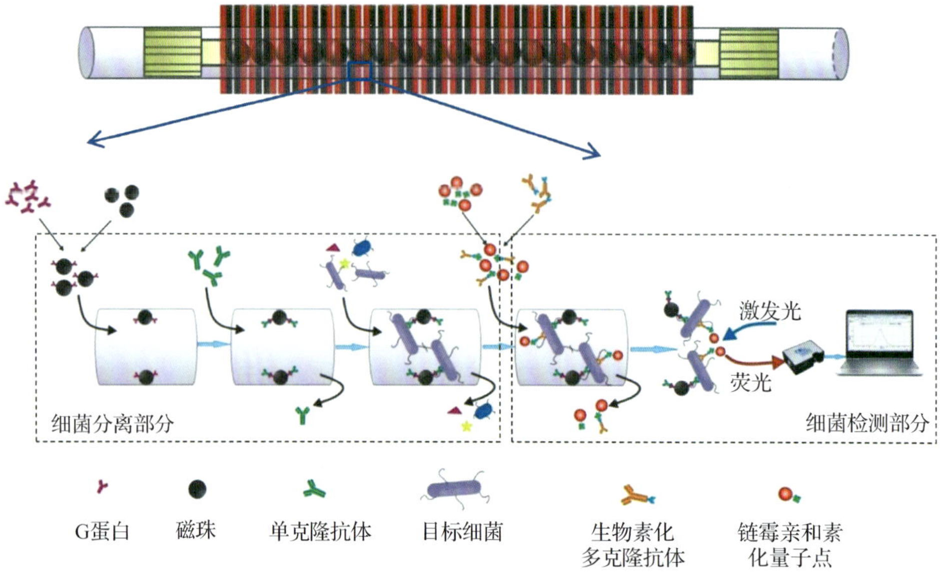

图 8-30　基于同轴毛细管的荧光生物传感器[6]

Wang 等结合微流控芯片、荧光标记和视频分析，开发了一种微流控荧光生物传感器[28]。如图 8-31 所示，先利用免疫纳米磁珠对待测样本中的目标细菌进行免疫磁分离，除去样本背景干扰；然后，利用免疫荧光微球对目标细菌进行特异性标记，形成双抗夹心复合体；最后匀速注入微流控芯片，使该复合体在绿色 LED 灯的激发下产生荧光信号，并利用自制的光学放大器和智能手机采集视频，通过比对视频帧间差异判定是否有荧光信号。当一个复合体流过微流控通道时，经过视频分析会出现一个脉冲，因此可以通过计算脉冲的数量判定目标细菌的数量。这种方法可在 2 h 内检出低至 58 CFU/mL 的鼠伤寒沙门菌。

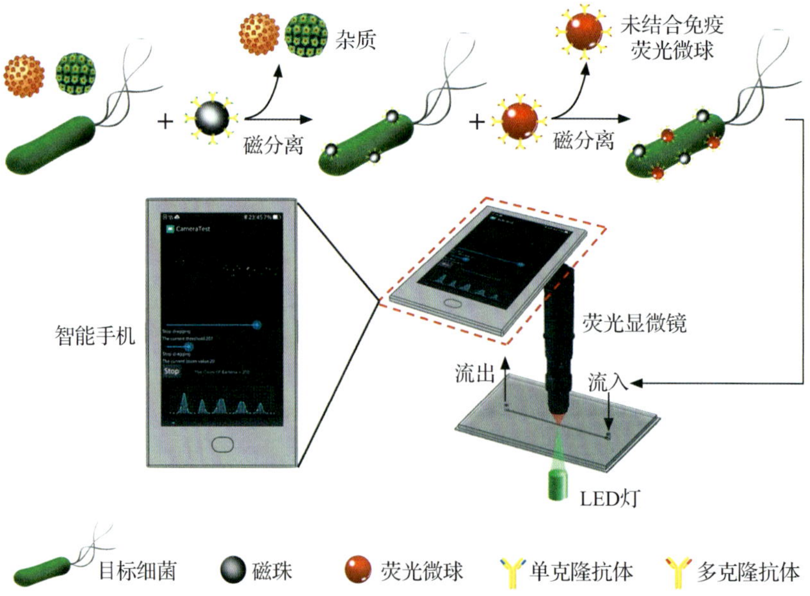

图 8-31　基于微流控芯片和视频分析的荧光生物传感器[28]

8.5 未来微生物检测技术

随着纳米技术、生物技术和工程技术的不断进步和交叉融合，未来微生物检测技术必将迎来快速发展。根据 2023 年世界生物传感器大会的预测，微生物检测技术今后的发展方向主要集中在以下方面：

(1)微流控芯片：目前微加工技术已可实现微米级甚至纳米级的精度，可定量、定向、定时操作生物检测过程涉及的所有试剂和样本，实现检测过程的自动化。

(2)智能手机：智能手机已在全球得到了广泛普及，它集成了图像采集与分析、定位、无线传输等功能，已成为最理想的检测仪器。

(3)核酸适配体：抗体等生物识别材料需要较高的制备成本、较长的检测周期（一般需要数月甚至数年的时间）以及严格的保存条件（一般需要保存在 −20 ℃），可通过人工合成的核酸适配体则制备成本很低，特异性较好，已成为替代抗体的理想材料之一。

(4)纸基芯片：检测成本一直是很多新兴的微生物检测技术无法得到实际应用的主要原因之一，一般检测芯片的制作成本太高，采用纸基芯片是降低检测成本的重要途径。

(5)互联网＋：互联网＋将传感器与互联网直接连接，必将加快信息流通，减少信息传输的迟滞，加快食品安全和动物疫情的响应速度，促进微生物风险的关口前移，提高防控水平。

参考文献

[1] Chen Q, Lin J H, Gan C Q, et al. A sensitive impedance biosensor based on immunomagnetic separation and urease catalysis for rapid detection of *Listeria monocytogenes* using an immobilization-free interdigitated array microelectrode[J]. Biosensors and Bioelectronics, 2015, 74: 504-511.

[2] Wang D, Chen Q, Huo H L, et al. Efficient separation and quantitative detection of *Listeria monocytogenes* based on screen-printed interdigitated electrode, urease and magnetic nanoparticles[J]. Food Control, 2017, 73: 555-561.

[3] Andre D, Simon L, Laibinis P E, et al. High-gradient magnetic separation of magnetic nanoclusters[J]. Industrial & Engineering Chemistry Research, 2005, 44: 6824-6836.

[4] Wang Y, Li Y B, Wang R H, et al. Three-dimensional printed magnetophoretic system for the continuous flow separation of avian influenza H5N1 viruses[J]. Journal of Separation Science, 2017, 40(7): 1540-1547.

[5] Ding Y, Yuan J, Wang L, et al. Semi-circle magnetophoretic separation under rotated magnetic field for colorimetric biosensing of *Salmonella*[J]. Biosensors and Bioelectronics, 2023, 229: 115230.

[6] Xue L, Zheng L Y, Zhang H L, et al. An ultrasensitive fluorescent biosensor using high gradient magnetic separation and quantum dots for fast detection of foodborne pathogenic bacteria[J]. Sensors and Actuators B: Chemical, 2018, 265: 318-325.

[7] 薛丽. 基于磁流动分离和量子点标记的荧光生物传感器研究[D]. 北京：中国农业大

学，2018.
[8] Zhang H L, Huang F C, Cai G Z, et al. Rapid and sensitive detection of *Escherichia coli* O157:H7 using coaxial channel-based DNA extraction and microfluidic PCR[J]. Journal of Dairy Science, 2018, 101(11): 9736-9746.
[9] Cai G Z, Wang S Y, Zheng L Y, et al. A fluidic device for immunomagnetic separation of foodborne bacteria using self-assembled magnetic nanoparticle chains[J]. Micromachines, 2018, 9(12): 624.
[10] Xue L, Guo R Y, Huang F C, et al. An impedance biosensor based on magnetic nanobead net and MnO_2 nanoflowers for rapid and sensitive detection of foodborne bacteria [J]. Biosensors and Bioelectronics, 2021, 173: 112800.
[11] 薛丽. 基于磁珠链和 MnO_2 纳米花的致病菌快速检测生物传感器研究[D]. 北京：中国农业大学，2023.
[12] 颜小飞. 基于阻抗型免疫传感器的禽流感病毒快速检测技术研究[D]. 北京：中国农业大学，2013.
[13] Yang L J, Li Y B, Erf G F. Interdigitated array microelectrode-based electrochemical impedance immunosensor for detection of *Escherichia coli* O157:H7[J]. Analytical Chemistry, 2004,76:1107-1113.
[14] Wang L, Huang F C, Cai G Z, et al. An electrochemical aptasensor using coaxial capillary with magnetic nanoparticle, urease catalysis and PCB electrode for rapid and sensitive detection of *Escherichia coli* O157: H7 [J]. Nanotheranostics, 2017, 1(4): 403-414.
[15] 王丹. 基于丝网印刷电极和脲酶的阻抗生物传感器研究[D]. 北京：中国农业大学，2017.
[16] Jiang F, Wang L, Jin N N, et al. Magnetic nanobead chain-assisted real-time impedance monitoring using PCB interdigitated electrode for *Salmonella* detection [J]. iScience, 2023, 26(11): 108245.
[17] 陈奇. 基于免疫磁分离及酶促反应的致病菌检测用生物传感器研究[D]. 北京：中国农业大学，2018.
[18] Wang L, Huo X T, Guo R Y, et al. Exploring protein-inorganic hybrid nanoflowers and immune magnetic nanobeads to detect *Salmonella* Typhimurium[J]. Nanomaterials, 2018, 8(12): 1006.
[19] 王蕾. 基于免疫磁流动分离的食源性致病菌快速检测生物传感技术研究[D]. 北京：中国农业大学，2021.
[20] Huang F C, Zhang H L, Wang L, et al. A sensitive biosensor using double-layer capillary based immunomagnetic separation and invertase-nanocluster based signal amplification for rapid detection of foodborne pathogen[J]. Biosensors and Bioelectronics, 2018, 100: 583-590.
[21] 黄凤春. 基于纳米材料信号放大的生物传感器及在食源性致病菌检测中的应用研究[D]. 北京：中国农业大学，2020.
[22] 白珊珊. 基于芯片实验室和光谱分析的酶检测生物传感器研究[D]. 北京：中国农业大

学,2017.
[23] Zheng L Y, Cai G Z, Wang S Y, et al. A microfluidic colorimetric biosensor for rapid detection of *Escherichia coli* O157:H7 using gold nanoparticle aggregation and smart phone imaging[J]. Biosensors and Bioelectronics, 2019,124-125:143-149.
[24] Huang F C, Guo R Y, Xue L, et al. An acid-responsive microfluidic *Salmonella* biosensor using curcumin as signal reporter and ZnO-capped mesoporous silica nanoparticles for signal amplification[J]. Sensors and Actuators B: Chemical, 2020,312:127958.
[25] Huang F C, Xue L, Zhang H L, et al. An enzyme-free biosensor for sensitive detection of *Salmonella* using curcumin as signal reporter and click chemistry for signal amplification[J]. Theranostics, 2018,8(22): 6263-6273.
[26] Zhang H L, Huang F C, Xue L, et al. A capillary biosensor for rapid detection of *Salmonella* using Fe-nanocluster amplification and smart phone imaging[J]. Biosensors and Bioelectronics, 2019,127:142-149.
[27] García De Arquer F P, Talapin D V, Klimov V I, et al. Semiconductor quantum dots: Technological progress and future challenges [J]. Science, 2021, 373(6555): eaaz8541.
[28] Wang S Y, Zheng L Y, Cai G Z, et al. A microfluidic biosensor for online and sensitive detection of *Salmonella* typhimurium using fluorescence labeling and smartphone video processing[J]. Biosensors and Bioelectronics,2019,140:111333.

第 9 章

畜禽健康养殖生理生态信息智能检测与处理技术

畜禽健康养殖以安全、优质、高效、无公害为主要内涵，利用当代先进科学技术，为养殖对象营造良好的、有利于快速生长的生态环境，提供充足的全价营养饲料，实现数量、质量、效益和生态和谐发展。现代信息技术的发展为实施健康养殖创造了条件，物联网、无线通信、传感器、大数据等技术的迅速发展，使畜禽健康、环境健康、产品健康、人类健康和产业链健康有了技术保证。例如，利用计算机视觉技术能够准确掌握畜禽生育进程和生长动态，对畜禽生长动态以及各生育阶段的长势进行动态监测和趋势分析，提高健康养殖、智慧养殖和栋舍管理的能力，促进食品健康和畜禽增产。

畜禽养殖环境和养殖生理生态信息检测是实施健康养殖和智慧养殖的前提与基础，采用先进的传感技术、音视频监控技术、计算机技术等多维信息感知技术，可以实现畜禽养殖环境信息、畜禽个体生理信息、动物行为信息等的实时监测，有利于提高健康养殖的信息化与智能化。

9.1 生猪体温自动检测

体温是反映生猪健康状况的一项基本指标，对生猪早期疾病的预防与治疗具有重要的指导意义。生猪体温测量的传统方法是人工测量生猪的直肠温度，这种方法不仅效率低，而且容易造成生猪应激反应和疾病传染。近年来，红外热成像技术作为一种非接触式体表温度测量技术，已经被广泛用于动物行为分析、疾病检测以及畜舍温度调控等领域。在利用红外热成像技术获取生猪体表温度的研究中，多采用手动标记方式获取 ROI(region of interest)温度，这种方法自动化水平低，耗费时间长。有些学者采用红外热成像结合图像处理的方法，自动提取生猪 ROI 温度，利用生猪特定部位的体表温度来估算直肠温度，研究分析表明生猪耳根温度与直肠温度显著相关，可用耳根温度表征体温。因此，利用红外热成像技术自动获取耳根温度成为目前生猪体温检测研究的热点。冯彦坤等采集生猪热红外视频，研究了生猪耳根温度的检测方法[1-3]。

9.1.1 猪只体温热红外数据采集方法

为了采集不同生长阶段的生猪热红外视频数据，在北京市天鹏兴旺养殖场搭建了育肥期生猪热红外视频数据采集平台。试验猪舍中装有生猪自动饲喂系统，生猪需要穿过饲喂栏通道才能进入采食区，如图 9-1 所示。生猪进入自动饲喂系统时，首先在饲喂栏通道中进行体重测量，然后进入采食区觅食。为了方便生猪耳根温度自动检测，在饲喂栏通道上方架设红外热像仪采集热红外视频数据。其中，饲喂栏通道长约 1.0 m，宽约 0.5 m，高约 0.5 m，生猪可以逐头单向通过饲喂栏通道进入采食区，采食完成后通过单向门返回生活区。生猪的热红外视频数据采集平台如图 9-2 所示。该采集平台包括 RFID 阅读器、FLIR A615/A310 红外热像仪、ISOTECH R982A 黑体辐射源、HOBO U14-001 温湿度记录仪以及连接并控制该采集平台的计算机。

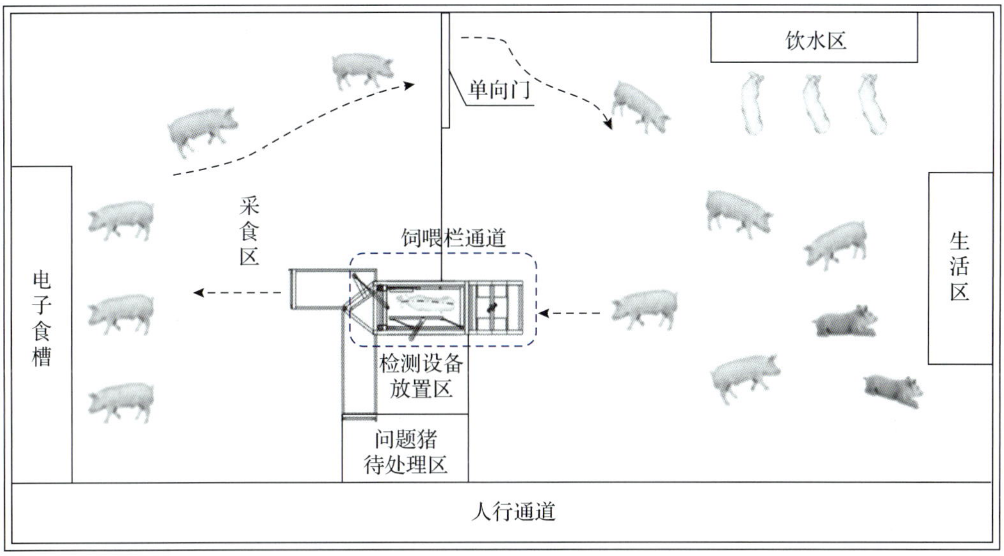

图 9-1　试验猪舍示意图

养猪场数据采集系统

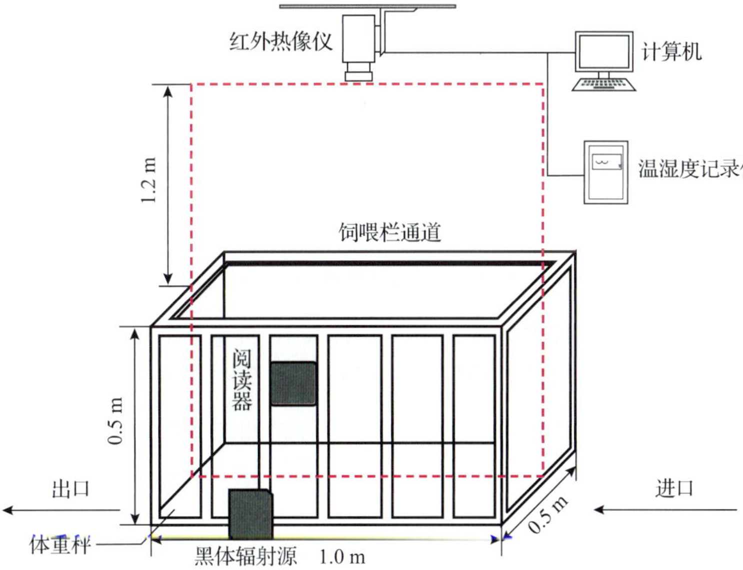

图 9-2　热红外视频数据采集平台示意图

由于与被测物体的距离会影响红外热像仪测温的准确性，为了降低距离对热像仪的影响且能同时拍摄到生猪头部和黑体，经测试将红外热像仪架设到通道上方约 1.2 m 高度，并将热像仪与通道中心线对齐；RFID 阅读器安装在靠近通道出口处，用于读取生猪的耳标信息；黑体安装在通道的一侧，用于校准热像仪温度。生猪进入饲喂栏通道后，通道进出口门锁死，确保通道中有且仅有一头生猪。系统接收到生猪体重信息后，红外热像仪开始采集生猪的俯视热红外视频（图 9-3），RFID 阅读器获取当前生猪耳标，以时间戳和耳标号命名采集到的热红外视频数据。对 51 头育肥期生猪进行热红外视频数据采集。采集的视频数据以 seq 格式存储于计算机硬盘中，红外热像仪帧频为 6.5 f/s，视频分辨率为 640×480 pix。

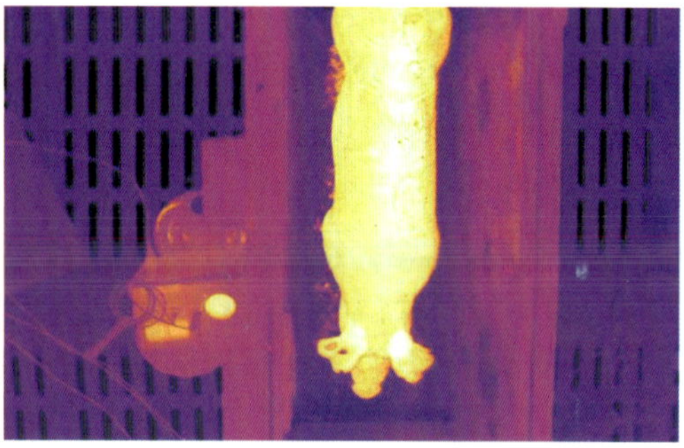

图 9-3　生猪行走热红外视频图像

9.1.2　最佳耳根测温区域划分算法

通过对生猪行走热红外视频及生猪进出饲喂栏通道时的头部姿态进行观察分析，发现生猪在行走过程中头部姿态多变，如图 9-4 所示。其中，生猪进入饲喂栏通道时，头部姿态变化较大，常常偏离通道中线呈歪斜状态，如图 9-4(a)所示。在饲喂栏通道行走的过程中，只有头部姿态相对端正时才能精确定位耳根，如图 9-4(b)所示。在等待饲喂栏通道出口门打开时，头部在饲喂栏通道中线两侧左右晃动，姿态变化也较大，极易导致耳根被遮挡，耳根出现遮挡时头部呈现的 3 种姿态如图 9-4(c)至图 9-4(e)所示。

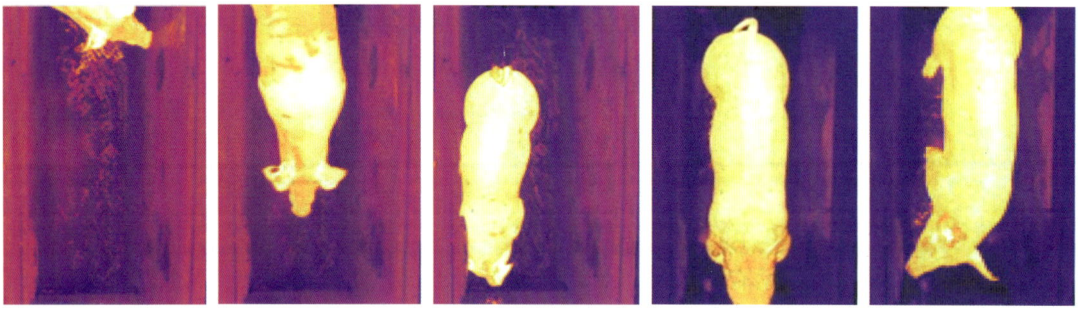

(a) 头部歪斜　(b) 头部端正　(c) 耳根遮挡一　(d) 耳根遮挡二　(e) 耳根遮挡三

图 9-4　饲喂栏通道内不同区域的头部姿态

从获取的生猪热红外视频数据中随机选取 10 头生猪的视频数据，对生猪在等待饲喂栏通道出口门打开时耳根区域的遮挡情况进行统计，结果如图 9-5 所示，85%以上的图像中耳根区

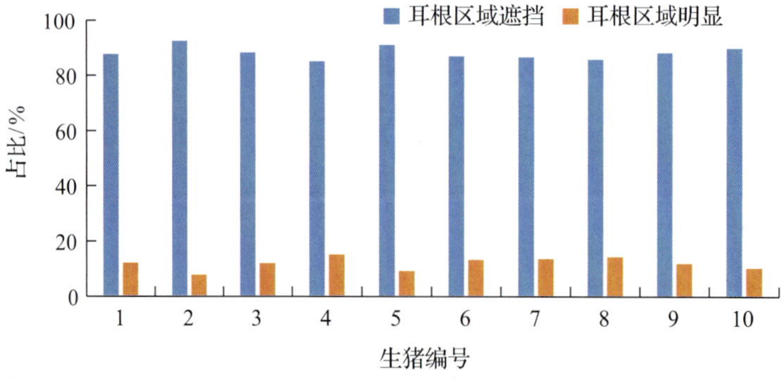

图 9-5　耳根区域遮挡情况统计

域存在遮挡，不能准确定位耳根，测温的误差较大。因此，冯彦坤等提出一种最佳耳根测温区域划分算法，根据视频数据中生猪头部的运动轨迹，对图像中饲喂栏通道进行区域划分，筛选出头部姿态相对端正且耳根区域明显的饲喂栏通道区域，可提高耳根温度的检测效率和准确率。

将热红外视频数据通过视频剪辑软件截取为 jpg 格式的图像，手动标记图像中头部位置。在图像中建立二维空间坐标系，根据生猪头部位置坐标获取头部运动轨迹，如图 9-6 所示，其中中间的红线代表饲喂栏通道的中线，两侧的橙线和绿线为饲喂栏通道的 2 条四等分线，设定饲喂栏通道的宽度为 W 像素，饲喂栏通道的长度为 H 像素。

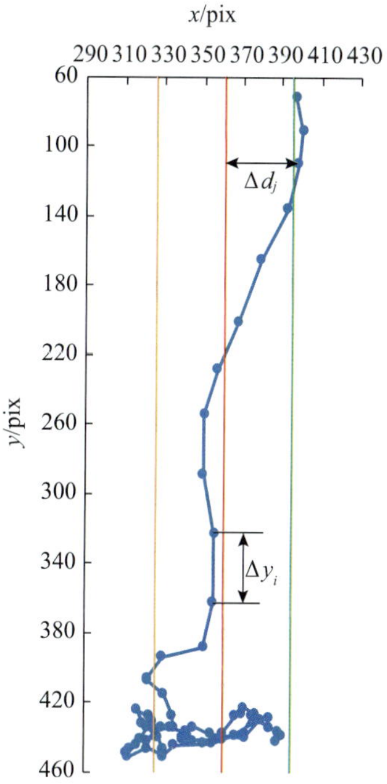

图 9-6　生猪头部运动轨迹

分析视频数据中的生猪头部运动轨迹，发现在生猪头部刚进入饲喂栏通道时，前几帧图像中生猪头部到饲喂栏通道中线的距离 Δd_j 较大，头部运动轨迹偏离中线程度较大，头部姿态歪斜，不易定位耳根。在生猪头部刚刚进入饲喂栏通道以及生猪在通道中行走阶段，相邻两帧图像中生猪头部纵坐标差值 Δy_i 较大，而在等待出口门打开时 Δy_i 较小，即生猪行走的速度相对变慢，头部开始出现在饲喂栏通道中线两侧来回晃动的现象，姿态多变，易导致耳根遮挡。根据这一特性，对饲喂栏通道进行划分，即设定头部姿态相对端正且耳根区域明显的饲喂栏通道区域为最佳耳根测温区域。

以生猪行走方向为正方向，最佳耳根测温区域的下边界可以利用 Δd_j 进行计算，下边界纵坐标计算公式如下：

$$\left.\begin{aligned} &y_{\mathrm{A\_down}} = \min(y_j \mid y_j \leqslant y_{\mathrm{T\_down}}) \\ &\text{s.t.}\begin{cases} \Delta d_j = x_j - x_{\mathrm{Q}} \\ \Delta d_j > \Delta d_{\mathrm{T\_max}} \\ \Delta d_{j+1} \leqslant \Delta d_{\mathrm{T\_max}} \end{cases} \end{aligned}\right\} \tag{9-1}$$

式中：$y_{\mathrm{A\_down}}$ 为最佳耳根测温区域下边界纵坐标；$y_{\mathrm{T\_down}}$ 为最佳耳根测温区域下边界划分阈值；x_j 为视频数据中第 j 帧图像中生猪头部横坐标，j 的取值范围为 $1 \sim n$，n 为视频中图像的帧数；x_{Q} 为饲喂栏通道中线横坐标；$\Delta d_{\mathrm{T\_max}}$ 为头部与饲喂栏通道中线距离阈值。

最佳耳根测温区域的上边界可以利用 Δy_i 进行计算，上边界纵坐标计算公式如下：

$$\left.\begin{aligned} &y_{\mathrm{A\_up}} = \min(y_j \mid y_j \geqslant y_{\mathrm{T\_up}}) \\ &\text{s.t.}\begin{cases} \Delta y_i = y_{i+1} - y_i \\ \Delta y_{\mathrm{avi}} = \dfrac{\sum \Delta y_i}{n-1} \\ \Delta y_i \leqslant \Delta y_{\mathrm{avi}} \end{cases} \end{aligned}\right\} \tag{9-2}$$

式中：$y_{\mathrm{A\_up}}$ 为最佳耳根测温区域上边界纵坐标；$y_{\mathrm{T\_up}}$ 为最佳耳根测温区域上边界划分阈值；

y_i 为视频数据中第 i 帧图像中生猪头部纵坐标，i 的取值为 1～$(n-1)$；y_{avi} 为头部纵坐标差值的平均值。

从采集的生猪热红外视频中随机选取 30 头生猪的视频数据进行统计分析，当 Δd_{T_max} 取 $W/4$、y_{T_down} 取 $H/4$、y_{T_up} 取 $5H/6$ 时，能够计算出 y_{A_down} 和 y_{A_up} 的值，即可得到最佳耳根测温区域。据此将整个饲喂栏通道沿纵向划分为区域Ⅰ、区域Ⅱ和区域Ⅲ 3 部分，区域Ⅱ为最佳耳根测温区域，如图 9-7 所示。

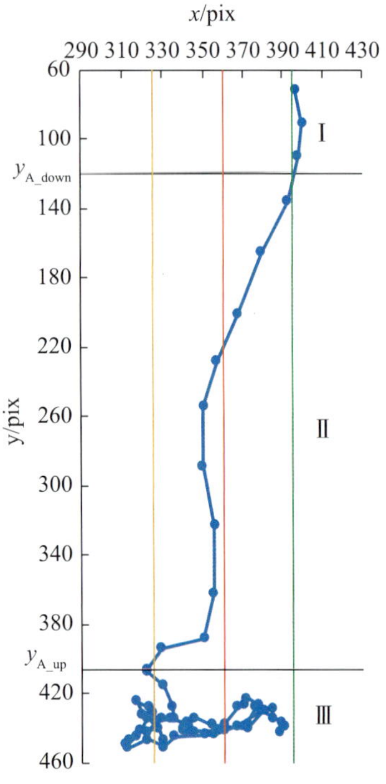

图 9-7　最佳耳根测温区域

9.1.3　位置偏移算法

在获取最佳耳根测温区域的基础上，分析视频数据中的头部姿态端正帧（head posture correct frame，HPCF）和其对应的头部运动轨迹，发现 HPCF 图像中头部坐标和其相邻下一帧图像中头部坐标的连线与饲喂栏通道中线的夹角较小，生猪头部偏离饲喂栏通道中线的距离较小。此外，由于生猪头部骨架宽度约为 $W/4$，生猪头部到饲喂栏通道中线的距离大于 $W/4$ 时，会导致其中一个耳根被遮挡。根据这一特性，提出了一种位置偏移算法，用以检测最佳耳根测温区域中的 HPCF。

设相邻两帧图像中生猪头部坐标的连线与饲喂栏通道中线的夹角为 A_m，夹角 A_m 计算公式如下：

$$A_m = \begin{cases} \arctan\left|\dfrac{x_{m+1}-x_m}{y_{m+1}-y_m}\right| & \text{其他} \\ \dfrac{\pi}{2} & x_{m+1} > x_m, y_{m+1} = y_m \end{cases} \tag{9-3}$$

式中：(x_m, y_m)、(x_{m+1}, y_{m+1}) 为相邻两帧图像中生猪头部坐标。

利用 A_m 和 Δd_j 两个参数进行 HPCF 的筛选，满足以下条件的图像视为 HPCF：

$$\left.\begin{aligned} \Delta d_j &\leqslant \frac{W}{4} \\ A_m &\leqslant A_{T\_angle} \end{aligned}\right\} \tag{9-4}$$

式中：A_{T_angle} 为 HPCF 的角度阈值。

随机选取 30 头生猪的热红外视频数据进行统计分析，当 A_{T_angle} 取 $\pi/10$ 时即可在最佳耳根测温区域中筛选出 HPCF。由此得出 HPCF 的判定条件，即

$$\left.\begin{aligned} \Delta d_j &\leqslant \frac{W}{4} \\ A_m &\leqslant \frac{\pi}{10} \end{aligned}\right\} \tag{9-5}$$

当视频数据中的图像满足上述条件时，判定该图像为 HPCF。

9.1.4 基于 HPCF 的耳根温度自动获取方法

利用上述最佳耳根测温区域划分和位置偏移算法检测 HPCF，首先需要获取生猪头部位置。为了自动获取 HPCF 的耳根温度，构建了基于 YOLOv4 算法的目标检测模型，可自动检测生猪头部和耳根区域。

YOLOv4 算法选择 CSPDarknet53 作为主干网络，并引入空间金字塔池化模块(spatial pyramid pooling，SPP)，显著地扩大了感受野，可将最重要的上下文特征提取出来，而网络处理速度没有明显的下降；采用路径聚合网络(path aggregation network，PAN)替换特征金字塔网络(feature pyramid network，FPN)进行多通道特征融合，提升了模型的检测效果，有利于更加精准定位生猪的头部和耳根。因此，出于对检测精度和检测速度的综合考虑，选用 YOLOv4 算法对生猪头部和耳根区域进行检测。

为适应有限的训练样本，采用迁移学习策略，引入预先训练好的模型，结合训练集中标注数据进行微调，得到生猪头部和耳根检测模型，可从输入图像中检测出头部和耳根的矩形框坐标，如图 9-8 所示。

HPCF 耳根温度自动获取流程如图 9-9 所示，主要步骤如下：

(1)运动目标定位：使用训练好的模型进行生猪头部和耳根定位。

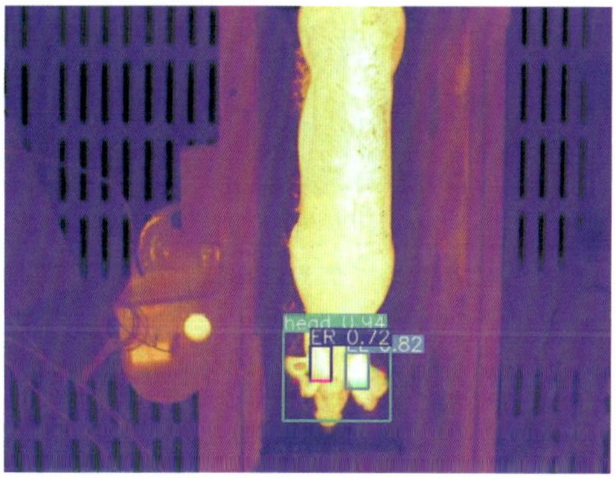

图 9-8 头部和耳根检测结果示例

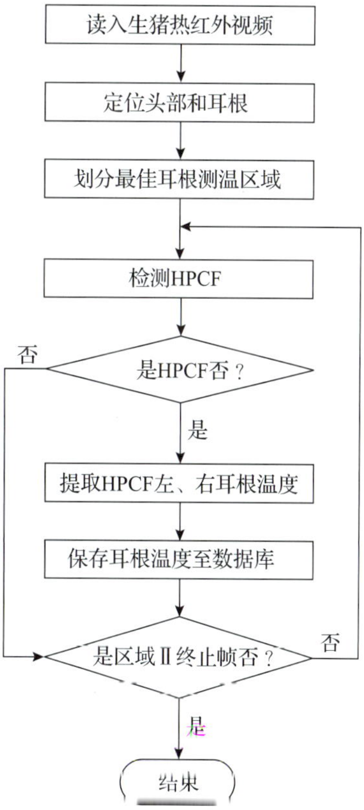

图 9-9 HPCF 耳根温度自动获取流程

(2)最佳耳根测温区域划分：利用 9.1.2 节的最佳耳根测温区域划分算法，对饲喂栏通道进行区域划分。

(3)HPCF 自动检测:利用 9.1.3 节的位置偏移算法,自动检测最佳耳根测温区域中的 HPCF。

(4)耳根温度提取:分别提取 HPCF 中左、右耳根检测框内的最高温度,作为左、右耳根温度。

左耳根温度 T_L 和右耳根温度 T_R 的计算公式如下:

$$T_L = \max\left[\boldsymbol{T}(x_{el}, y_{el})\right] \tag{9-6}$$

$$T_R = \max\left[\boldsymbol{T}(x_{er}, y_{er})\right] \tag{9-7}$$

式中:$\boldsymbol{T}(x_{el}, y_{el})$ 为左耳根检测框温度矩阵,$\boldsymbol{T}(x_{er}, y_{er})$ 为右耳根检测框温度矩阵。

9.1.5 耳根温度提取试验分析

从采集的生猪热红外视频数据中随机选取 5 头生猪的视频数据,检验耳根温度自动获取算法的准确性。以通过 FLIR Tools 软件手动提取的耳根温度 T_{FL} 和 T_{FR} 为真值,从热红外图像自动提取的耳根温度测量值与真值的误差为 $\delta_L = |T_{FL} - T_L|$,$\delta_R = |T_{FR} - T_R|$。

从 5 头生猪的视频数据得到 120 张 HPCF,误差 δ_L 和 δ_R 的分布如图 9-10 所示。120 张 HPCF 中,能以 100%准确率获取左、右耳根温度的图像数分别占总数的 77%、79%,误差在 0.3 ℃以内的图像数分别占 97%和 98%,耳根温度误差最大值不超过 0.5℃。分析表明根据热红外图像可以实现生猪耳根温度的自动提取,其精度可用于生猪体温异常监测。

图 9-11 为耳根温度最大误差超过 0.3 ℃的示例。图 9-11(a)为非 HPCF,被错误地识别为 HPCF,左耳根被错误地定位到耳内,导致 δ_L 较大;图 9-11(b)虽然是 HPCF,但由于生猪耳部姿态的变化,左耳根区域不明显,定位不准,造成 δ_L 偏大。

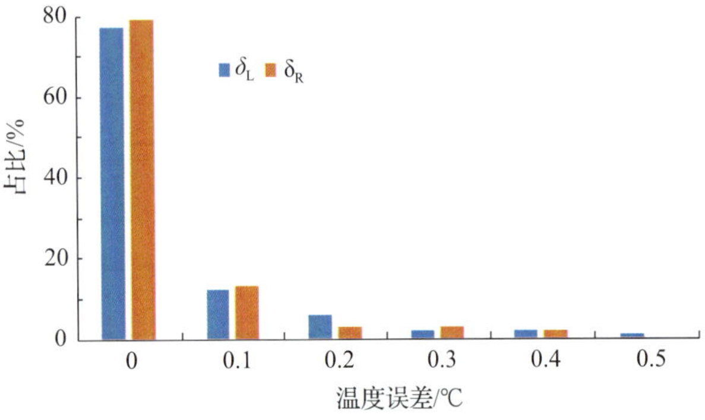

图 9-10 耳根温度误差分布

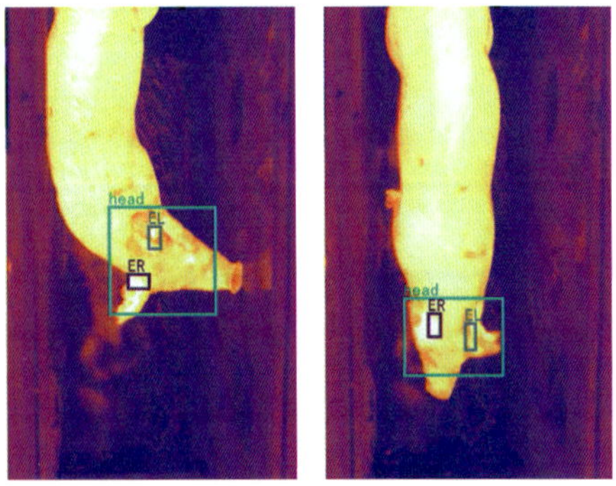

(a) 非HPCF (b) HPCF

图 9-11 耳根温度误差较大的图像示例

9.2 生猪体尺自动检测[4]

在猪的生长过程中,猪的体尺参数能够反映猪的生长发育状况,是衡量猪生长发育的一个主要指标。例如母猪的体长、体高、胸围等体尺参数可以用来评价其繁殖性能,且通过体尺测量能够筛选出体型较好的后备母猪,提高生产率。对于育肥猪而言,通过体尺测量对弱小的猪只进行单独饲喂和照顾，使其能够实现同进同出，提高出栏率。人工测量生猪体尺和体重不仅耗时耗力，而且影响生猪的正常生长，难以满足规模化生猪养殖的需要。因此，基于计算机视觉的生猪体尺体重自动测量技术已成为当前重要研究方向之一。

9.2.1　基于 3D 相机的猪只群体视频采集方法

为了在不干扰生猪正常活动的前提下研究群养生猪体尺自动测量方法，采用顶部架设 Azure Kinect DK 深度相机的方式采集群养生猪图像数据。在河南丰源和普农牧股份有限公司的试验猪栏内搭建了数据采集系统，该系统包括 Azure Kinect DK 深度相机、数据延长线、本地工控机、大容量数据存储硬盘和高性能机器学习服务器等，如图 9-12 所示。在中国农业大学信息与电气工程学院实验室以远程控制的方式操作养殖场内的工控机进行数据采集，首先，控制养殖场内工控机运行 Azure Kinect DK 深度相机的采集程序，获取经过配准的群养生猪可见光图像和深度图像；其次，将数据存储在本地的大容量数据存储硬盘中；最后，通过百度网盘实现试验数据远程获取。

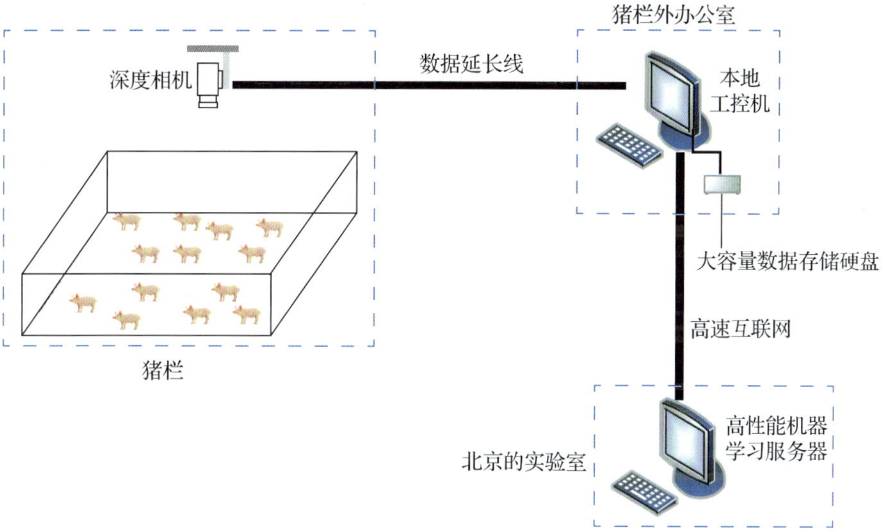

图 9-12　群养生猪图像数据采集系统总体结构示意图

深度相机获得的深度图像为灰度图像，这导致人眼难以直观地识别物体以及感知深度的变化。采用 OpenCV 库中预定义的颜色映射功能，将灰度深度图像转换为伪彩色图像。通过将不同深度值映射到不同的颜色上，使深度信息更直观地呈现出来，能够更容易地识别物体并感知深度的变化。采集到的部分图像数据如图 9-13 所示。

9.2.2　群养生猪体尺测点检测模型

生猪体尺测量的前提是要找到检测的关键点，因此需要建立关键点检测模型。目前主流的关键点检测模型有 YOLOv5-pose、YOLOv7-pose、YOLOv8-pose、RTMPose、Centernet 等，其中 YOLOv5-pose 模型通过一次前向传播即可完成目标检测和关键点检测任务，具有实时性和高效性，但在应用到群养生猪体尺测量关键点提取时还存在以下问题：首先，在猪舍内多

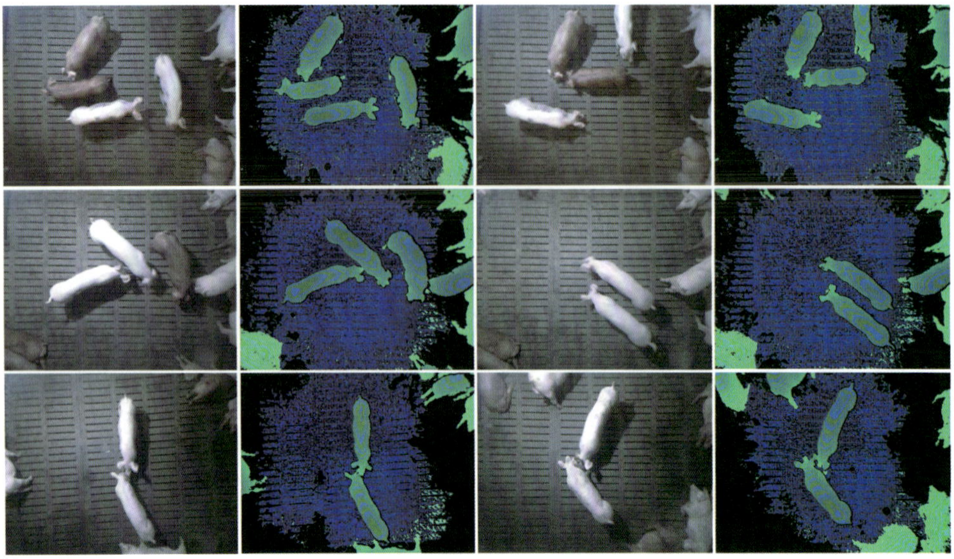

图 9-13 群养生猪深度图像和伪彩色图像数据示例

头猪存在的情况下，容易出现关键点误检和漏检的问题；其次，由于存在多头猪相互遮挡、生猪姿态多变以及不同生长阶段生猪体尺差异较大等情况，关键点检测的准确性降低；最后，模型的计算量较大，难以满足养殖场对实时性的应用需求。因此曾雪婷以 YOLOv5-pose 模型为基础，融合卷积块注意力模块(convolutional block attention module，CBAM)，将其 Neck 层的 C3 模块替换为 C3Ghost 轻量级模块，在其 Head 层引入 DyHead(dynamic head)目标检测头，得到改进的 YOLOv5-pose 模型，并利用该模型检测群体中目标猪的体尺测量关键点。

1. 增加 CBAM 注意力机制

YOLOv5-pose 是基于 YOLOv5 目标检测框架的深度学习网络，包含 Focus 模块、CBS 模块、C3 模块、SPP 模块、Conv 模块、上采样层和 Concat 层等，能够实现端到端的关键点检测。为解决在猪舍内因多头猪相互遮挡使得提取群养生猪体尺测点时易出现的误检、漏检和精度低的问题，在主干网络中引入 CBAM 模块，该模块是一种轻量级的注意力机制模块，其结构如图 9-14 所示。通过巧妙地运用空间注意力机制和通道注意力机制，CBAM 模块能够动态地优化特征图中空间和通道的权重分配。这种优化使模型在处理复杂场景时能够更加精准地聚焦于关键特征，同时有效地抑制无关信息的干扰。CBAM 模块的引入，显著提高了模型的表达能力和泛化能力，使其更加专注于提取生猪个体和体尺测点特征，提升了模型的检测精度。

2. 融入 C3Ghost 模块

YOLOv5-pose 模型中的 Neck 层采用 C3 模块，它能够有效地提取图像中的特征。但 C3 模块引入了大量的模型参数，这会导致计算量增加。为了有效减少模型计算量和参数量，提升生猪体尺测量关键点提取速度，便于检测模型的实际部署应用，在 C3 模块中融入 GhostNet 网络，形成 C3Ghost 模块。C3Ghost 模块能够以更少的参数和计算量，高效获得更多的特征映射，在保持模型精度基本不变的情况下，显著减少模型的计算复杂度。GhostNet 是一种轻量型神经网络，其轻量化过程如图 9-15 所示。

3. 引入 DyHead 目标检测头

对群养生猪的监测时间较长，猪体尺变化较大，为准确获得体尺测量关键点，进一步改进

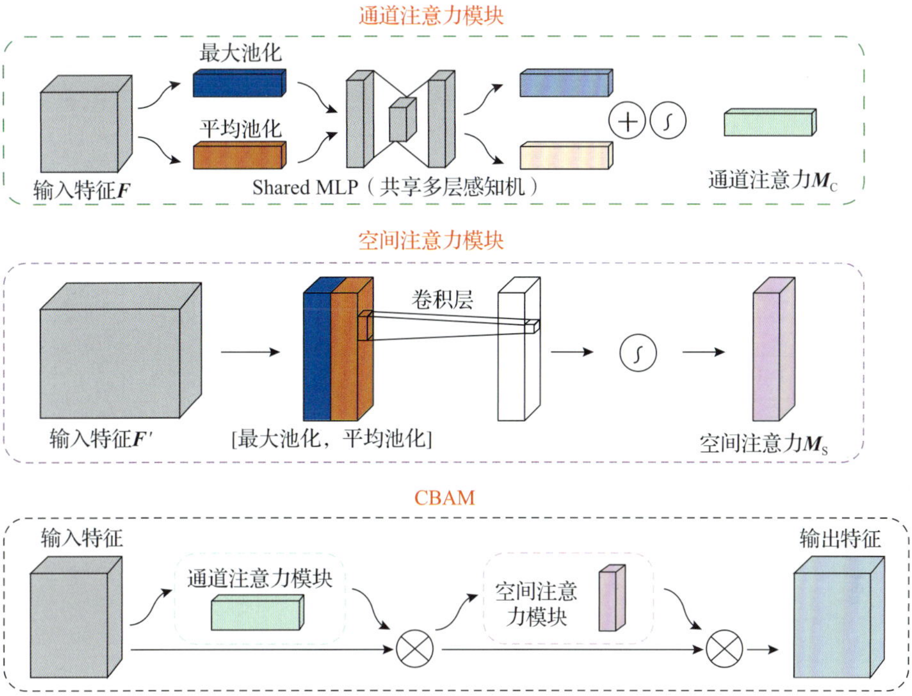

图 9-14　CBAM 模块结构图

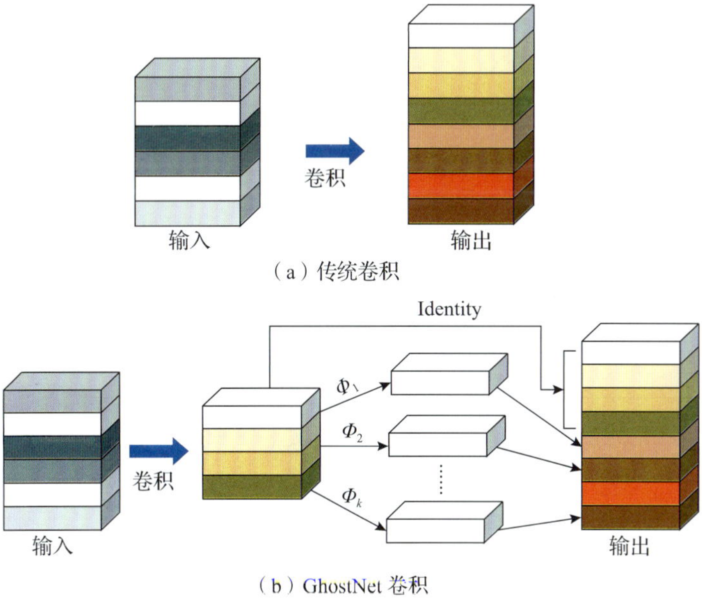

图 9-15　传统卷积与 GhostNet 卷积原理对比

YOLOv5-pose 模型，在 Head 层引入 DyHead 目标检测头，其结构如图 9-16 所示。该检测头统一尺度感知（π_L）、空间感知（π_S）和任务感知（π_C）3 种注意机制，以提升目标检测的表达能力。DyHead 利用多尺度特征图的融合策略，实现对生猪空间尺度信息的有效获取；利用可变形卷积，实现对特征图中体尺测量关键点坐标信息的提取，通过全连接网络完成对特征图关键点检测任务的感知。引入 DyHead 目标检测头大大提升了对生猪体尺关键点位置特征的表达能力，从而获得了更准确的关键点坐标信息。

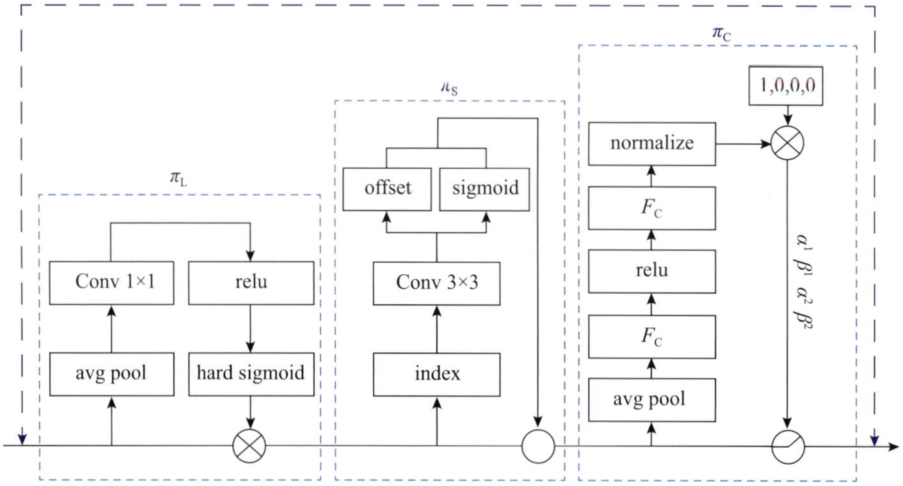

图 9-16　DyHead 目标检测头结构

经过上述改进和优化，得到了改进的 YOLOv5-pose 模型，结构如图 9-17 所示。与其他经典关键点检测模型相比，改进的 YOLOv5-pose 模型表现出更高的精度和更好的鲁棒性，并且计算复杂度也更低。

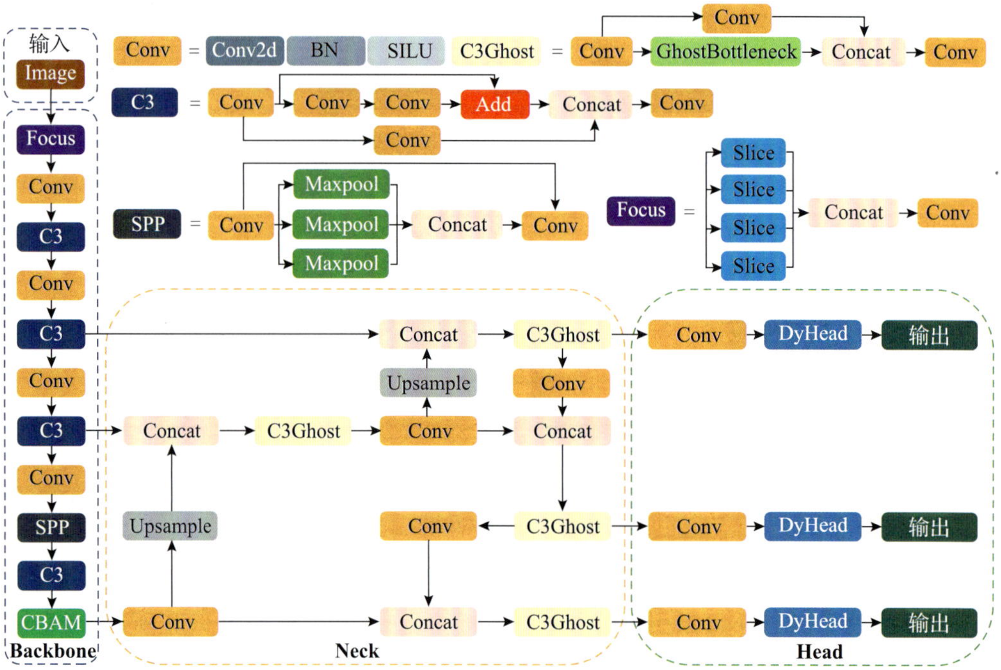

图 9-17　改进的 YOLOv5-pose 模型结构

9.2.3 基于 RGB-D 数据的群养生猪体尺测量方法

改进的 YOLOv5-pose 模型有效解决了聚集程度高、姿态多变和非标准站立姿态下体尺测量关键点漏检和误检的问题，且显著提升了聚集程度低和标准站立姿态下体尺测量关键点检测的精度。利用改进的 YOLOv5-pose 模型，可高精度提取群养生猪体尺测量关键点，并在深度图像上结合 DK 相机内外参，将体尺测量关键点的像素坐标转换到世界坐标系下，分别计算群养生猪的体长、体宽、臀宽、体高和臀高参数。

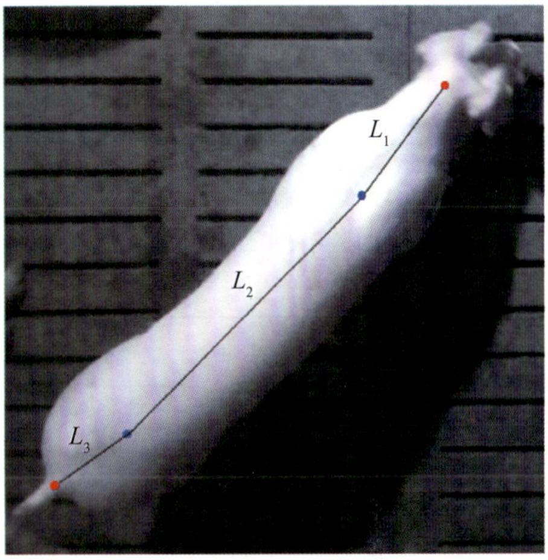

图 9-18 体长测量示意图

考虑到生猪群体在自由运动状态下姿态多变，利用求多段线之和的方法测量体长，如图 9-18 所示。设两耳根连线中点到体高测点的欧氏距离为 L_1，体高测点到臀高测点的欧氏距离为 L_2，臀高测点到尾根中点的欧氏距离为 L_3，则生猪体长 $L=L_1+L_2+L_3$。此外，利用两个测点之间的欧氏距离来计算生猪的体宽和臀宽。三维空间下欧氏距离公式如下：

$$\rho=\sqrt{(x_2-x_1)^2+(y_2-y_1)^2+(z_2-z_1)^2} \tag{9-8}$$

式中：(x_1,y_1,z_1) 和 (x_2,y_2,z_2) 为空间中任意两点的三维坐标。

测量中使用的是 Azure Kinect DK 深度相机，根据该相机的工作原理可知，当相机垂直向下采集图像时，像素点在世界坐标系下的 Z 坐标反映了该点的深度值。因此，在世界坐标系下计算体高测点和地面上某点 Z 坐标的差值，将该差值作为生猪的体高值。同理测得臀高值。

9.2.4 体尺测量结果分析

采用平均绝对误差(mean absolute error，MAE)和平均绝对百分比误差(mean absolute percentage error，MAPE)作为群养生猪体尺参数测量结果的评价指标，计算公式如下：

$$\mathrm{MAE}=\frac{1}{n}\sum_{i=1}^{n}\left|\hat{y}_i-y_i\right| \tag{9-9}$$

$$\mathrm{MAPE}=\frac{1}{n}\sum_{i=1}^{n}\left|\frac{\hat{y}_i-y_i}{y_i}\right|\times 100\% \tag{9-10}$$

式中：n 为试验猪只总数，$\hat{y}_i$ 为自动测量值，y_i 为人工标注真值。

对测试集中的 240 帧群养生猪图像数据进行测试，共得到 486 头不同体型生猪的体长、体宽、臀宽、体高和臀高值。考虑到利用测量工具到猪舍手动测量生猪体尺难度大且精度也不会高的实际情况，采用了三次 CloudCompare 软件标注取均值的方法获得体尺参数真值。测量值与真实值的平均绝对误差和平均绝对百分比误差如表 9-1 所示。体长、体高和臀高的平均绝对百分比误差均小于3%，而体宽和臀宽的测量误差较大，平均绝对百分比误差分别为11.53%和12.29%。体尺测量误差分布如图9-19所示，体高和臀高的测量精度较高，而体长、体宽、臀宽测量误差较大。宽度测量误差较大的主要原因是边缘处体尺测点难以提取，容易误检到猪体之外的空间点，需进一步提升体尺测点的提取精度，特别是对猪体边缘处体尺测点的提取。

表9-1　生猪体尺测量统计结果

指标	体长	体宽	臀宽	体高	臀高
平均绝对误差/cm	4.61	5.87	6.03	0.49	0.46
平均绝对百分比误差/%	2.69	11.53	12.29	0.90	0.76

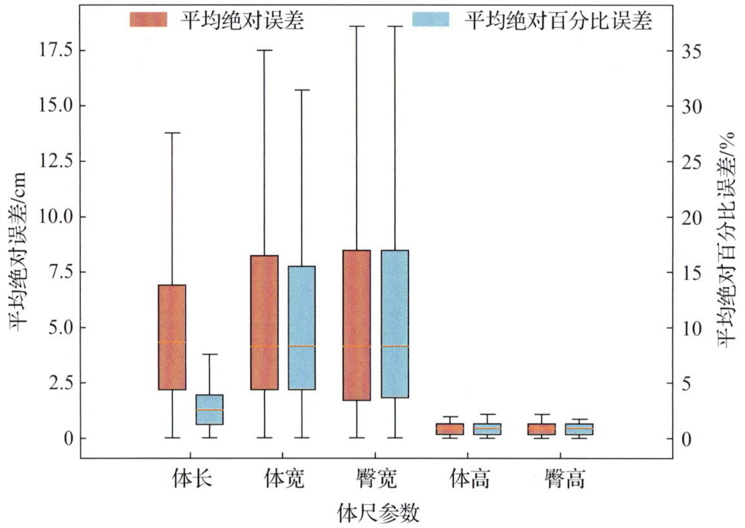

图9-19　生猪体尺测量平均绝对误差和平均绝对百分比误差箱线图

9.3　奶牛体重自动检测[5-7]

在奶牛的健康监测指标中，体重是一项重要的生长发育指标。奶牛体重是测定奶牛生产性能、实现精细饲养、确定营养供给、明确用药剂量、探寻初配年龄、判断繁殖性能、预测分娩时间以及实现疾病预警等的依据，因此奶牛自动化称重是奶牛智慧养殖的重要内容。

传统的奶牛称重主要依靠静态称重方式，将奶牛驱赶至静态称重设备上，例如带有围栏的地磅，并在尽头设置障碍使奶牛作短暂停留，趁机读取体重。通过这种方式得到的体重数据一般较为准确，缺点是在驱赶时可能引起奶牛的应激反应，导致奶牛出现产奶量下降或者其他健康问题，而且过于依赖人工，效率低下。近年来，随着计算机技术的应用以及机器学习技术的快速发展，自动化、智能化的奶牛自动化称重成为可能。自动化称重方法有计算机视觉预估称重、机器人称重和压力传感器称重等多种。基于压力传感器的奶牛动态称重技术，兼顾了误差与成本，同时也更加高效便捷。该技术是将称重设备放在奶牛进出挤奶厅或牛舍的必经之路上，无须阻碍奶牛行进，利用压力传感器获取奶牛动态称重数据，采用一定的算法计算后获得奶牛体重。

9.3.1 基于压力传感器的奶牛体重数据采集方法

为了提高在奶牛非平稳运动状态下的动态称重精度，贺志将[5]提出了一种基于阵列式秤台的奶牛动态称重方法，采集奶牛在非平稳运动状态下经过阵列式秤台的压力信号，并设计了一种四蹄压力分蹄转化方法，将阵列式秤台的压力信号转换为奶牛四蹄压力信号，以此获得奶牛在运动过程中的四蹄压力分布信息。以奶牛四蹄压力信号为特征，以奶牛的真实体重为标签，建立了 GRU(gated recurrent unit，门控循环单元)奶牛体重预测模型。为了尽可能减少对奶牛行走过程的干扰，将基于阵列式秤台的动态称重平台和传统平台秤的静态称重平台连在一起，布置在挤奶厅的出口通道上，当奶牛走到传统平台秤时，用一个活动横杆拦截，让奶牛短暂停留，采集奶牛体重的真实值数据，然后再放行让奶牛离开通道。数据采集平台如图 9-20 所示，由 RFID、上下斜坡、动态称重平台、静态称重平台、围栏、控制箱以及计算机等组成。

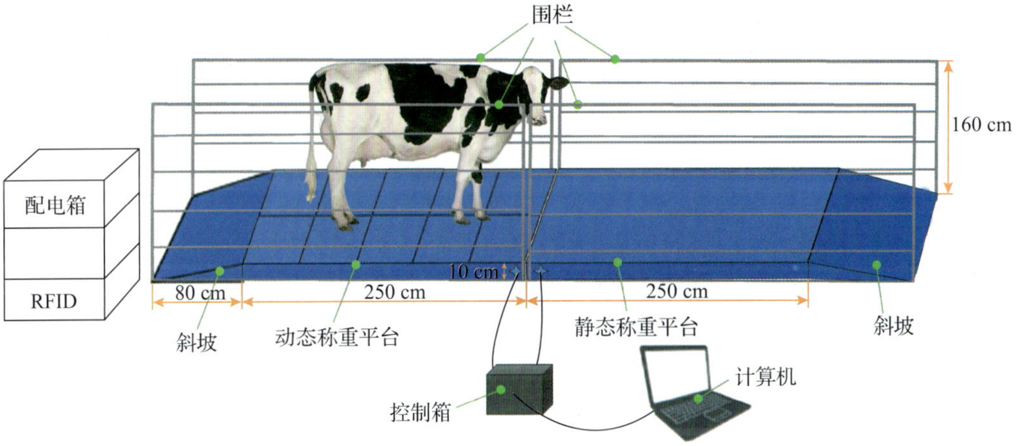

图 9-20　奶牛动态称重系统数据采集平台示意图

1. 秤板设计

阵列式秤台由多块面积较小的秤板组合而成。由于大多数养殖场的固定通道宽度都在 90 cm 左右，组合后的称重平台整体宽度需要控制在 90 cm 以内，而每块秤板之间还需留出 1 cm 左右的空隙，以防秤板之间的碰撞对称重造成影响，因此秤板的宽度设计为 43 cm。秤板实物如图 9-21 所示。为了能够完整地采集到奶牛走过称重平台的动态压力数据，结合试验场地实际情况，设计的动态称重平台总长度为 250 cm，由 10 块 50 cm×43 cm 的秤板以 5 行 2 列的方式组合为阵列式秤台，每块秤板底部有一只量程为 500 kg 的压力传感器，用于采集奶牛行走时的动态压力数据。

2. 压力传感器选型

阵列式秤台需要 10 个量程为 500 kg 的压力传感器，且 10 个传感器需要能够同时独立地与上位机通信，这对传感器本身质量及其与上位机通信方式的响应速度有较高的要求。因此，选用足立 NA3 型压力传感器，如图 9-22 所示，其额定载荷为 500 kg，精度等级为 C3，即其分度值为 500 kg/3 000≈0.167 kg，主要参数如下：额定载荷 500 kg，工作电压 5～12 V DC，灵敏度(2.0±0.02) mV/V，工作温度－20～60℃，安全负载为额定载荷的 150%，极限负载为额定载荷的 200%，输出阻抗(350±5)Ω，输入阻抗(410±15)Ω。

图 9-21　秤板

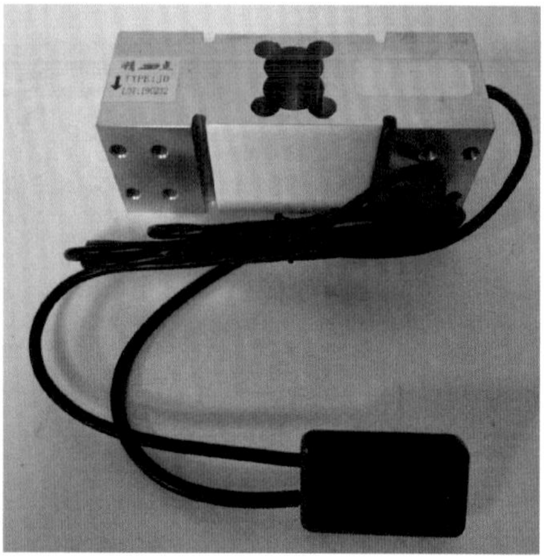

图 9-22　足力 NA3 型压力传感器

该压力传感器为电阻应变式传感器，可直接输出调制后的数字信号，通过 Modbus-RTU 协议与上位机的 RS-485 接口连接，响应速度较快，能够满足阵列式秤台的应用需求。

上位机与各压力传感器的通信方式为指令应答方式，当连接好硬件接口后，上位机设置合适的参数并打开相应串口就可以与阵列式秤台的 10 个传感器进行通信：通过串口将读取命令报文同时发送至各传感器，同时开启中断；各传感器校验命令报文成功后将称重数据以应答报文的格式返回上位机，上位机收到 10 个传感器的应答报文后中断结束；上位机解析各应答报文，获取称重数据，至此完成一次通信。

9.3.2　奶牛动态称重数据预处理方法

1. 阈值处理方法

奶牛踏上秤台后，总重信号将从 0 开始逐渐增加，当四蹄全部踏上秤台后，信号将开始在一定幅度上下震荡，直到奶牛开始下秤，之后信号将逐渐减小直至为 0，如图 9-23 左侧部分所示。奶牛上秤与下秤部分的信号为无效数据，需要剔除，因此研究中设定阈值 $M=\alpha f_{\max}$，其中 $f_{\max}$ 为称重平台总重量信号中的最大值，$\alpha=0.8$。

2. 四蹄压力分蹄转化方法

经阈值处理后，得到奶牛在称重过程中的有效数据，以随机挑选的一头奶牛的有效数据为例，其各分重量如图 9-23 所示。

每个采样时刻获得秤板 1 至秤板 10 的称重值，对应重量 1 至重量 10。同一个采样时刻各秤板的称重值大小不同：被牛蹄踩中的秤板的称重值相对较大，将这种被牛蹄踩中的秤板的称重值称为主要称重值；没有被牛蹄踩中的秤板，受防滑垫的影响，也可能会出现相对较小的称重值，将这种称重值称为次要称重值；有的牛蹄可能会同时踩中两个秤板，此时受压面积较大的秤板比受压面积较小的秤板的称重值大，将前者视为主要称重值，后者视为次要称重值。

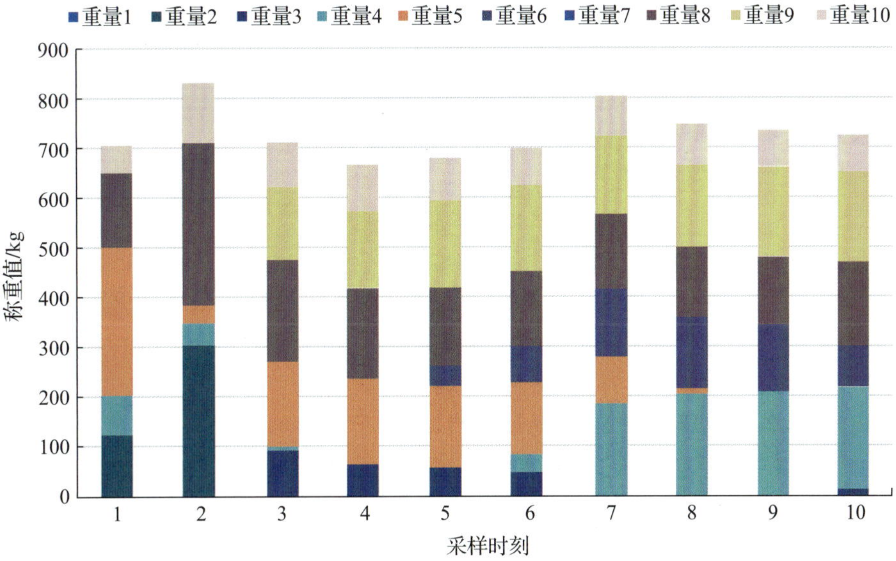

图 9-23　奶牛称重有效数据中各分重量

总之，因为数量与位置不确定的次要称重值的存在，在各个采样时刻都会有位置多变、重量较小的分重量。

由于分重量组成成分的多变性与复杂性，无法直接利用所有分重量对奶牛体重进行预估，因此提出一种分蹄算法，将 10 个成分复杂的分重量转化为形如(左前蹄，右前蹄，左后蹄，右后蹄)的四蹄压力，便于后续的体重预测，具体转化流程如图 9-24 所示。

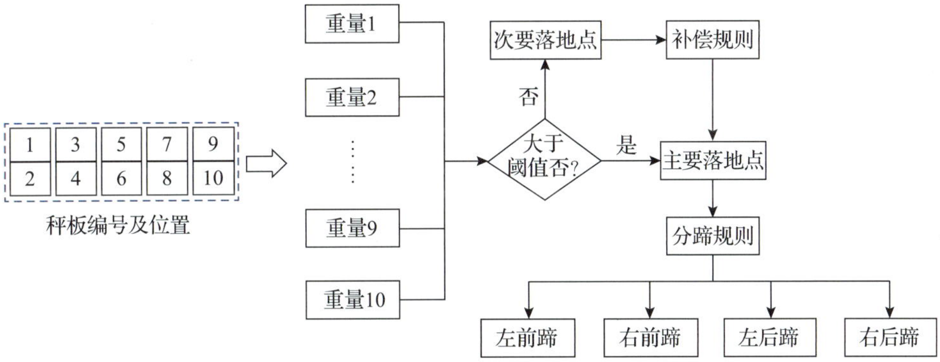

图 9-24　奶牛四蹄压力分蹄转化流程图

①划分主要称重值与次要称重值。通过仔细观察分析奶牛动态称重数据，发现主要称重值的数值一般都不低于同一时刻称重平台所受总压力的 1/10，因此以各采样时刻称重平台所受总压力的 1/10 为阈值，在每个采样时刻将 10 个分重量划分为两组，重量高于阈值的为主要称重值，低于阈值且不为 0 的为次要称重值。

②将次要称重值按照一定规则补偿给主要称重值。由于次要称重值的重量本质上是由主要称重值的重量分摊而来，因此可以将次要称重值的重量补偿给主要称重值，补偿规则如表 9-2 所示。该表图例中红色标记的秤板为次要称重值所在秤板，蓝色标记的秤板为主要称重值所在秤板，红圈标记的秤板即为被补偿的主要称重值所在秤板。

表 9-2　次要称重值补偿规则

序号	补偿条件	补偿规则	图例
说明	计算每个次要称重值所在秤板与所有主要称重值所在秤板的距离	距离即秤板编号之差，各秤板编号见本行图例	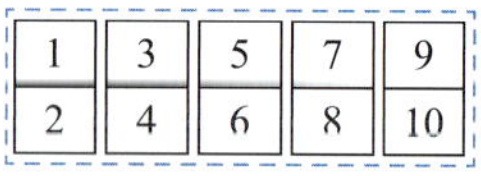
1	某个次要称重值有一个距离为 1 的主要称重值和一个距离为 2 的主要称重值	结合行走视频分析发现，这种情况下的次要称重值一般是牛蹄落点位置过于靠近缝隙或者踩在缝隙上导致，因此优先补偿给距离为 2 的主要称重值	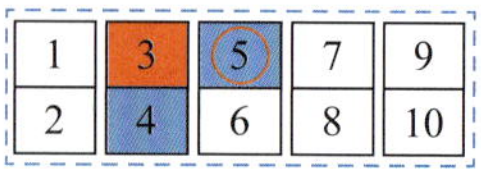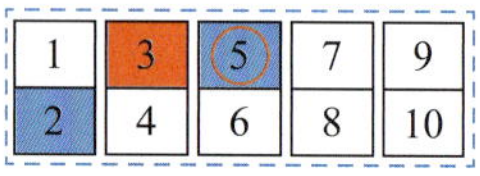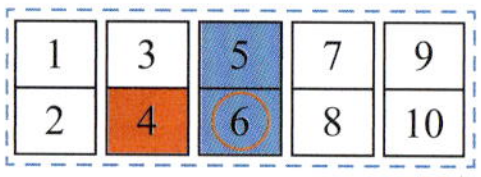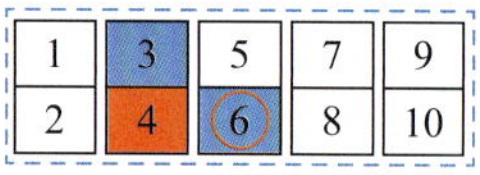
2	某个次要称重值的最近距离是两个距离同为 1 的主要称重值	优先补偿给同一行的主要称重值	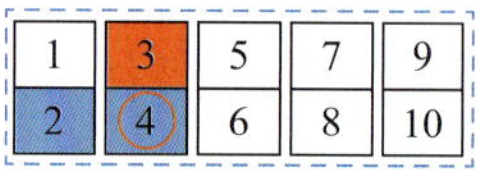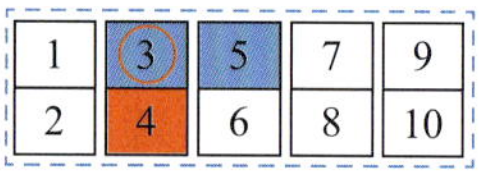
3	某个次要称重值的最近距离是两个距离同为 2 的主要称重值	结合行走视频分析发现，这种情况一般是后蹄在向前行进时踩中缝隙导致，因此优先对后蹄落点即编号较小的秤板对应的主要称重值进行补偿	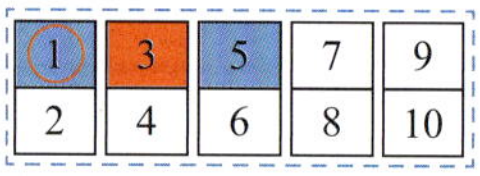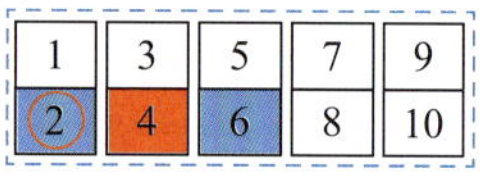
4	有少数次要称重值的最近距离是两个距离同为 3 的主要称重值	优先对与次要称重值所差行数最小的主要称重值进行补偿	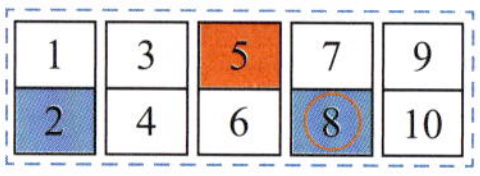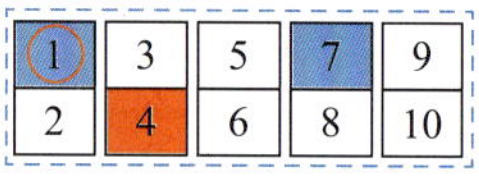

③将主要称重值按照分蹄规则分为不同的蹄部，最终转化为(左前蹄，右前蹄，左后蹄，右后蹄)的数据格式。每个时刻奶牛至少有 2 只蹄落地，因此主要称重值数量为 2～4 个，根据主要称重值数量的不同，对应分蹄规则如下：a)若有 2 个主要称重值，则其中必有一只前蹄和一只后蹄，可先根据落点位置编号的奇偶判断左蹄、右蹄，在奇数位置的为左蹄落地点，在偶数位置的为右蹄落地点，然后再根据前后位置的不同区分前蹄与后蹄；b)若有 3 个主要称重值，首先根据所在位置的奇偶判断左蹄、右蹄，两个奇偶性相同的主要称重值之间按照位置前后判断前蹄、后蹄，另一个奇偶性不同的主要称重值将根据与其他两个落地点距离的远近来判断前后，即与距离最近的落地点前后相同，若与其他两落地点距离相同，则以落地点所在行数相差大小来判断前后，即与行数相差最小的落地点的前后相同；c)若有 4 个主要称重值，则首先根

据所在位置的奇偶判断左蹄、右蹄，再对有相同奇偶性的主要称重值进行前后位置的判断。

9.3.3 基于 GRU 的奶牛体重预测模型

GRU 是 LSTM(long short-time memory，长短期记忆)网络的一种变体，如图 9-25 所示，它将 LSTM 的输入门、输出门和遗忘门合并为重置门和更新门，这样不仅减小了计算成本，也缓解了传统 RNN 的梯度消失和梯度爆炸的问题。GRU 主要由重置门 r_t 与更新门 z_t 两个门控机制组成，其输入输出结构与传统 RNN 相同，存在外部输入 x_t 及作为上个节点输出的隐藏状态 h_{t-1}，后者保留了前一序列节点的信息，同时也作为本节点 GRU 的输入值之一。

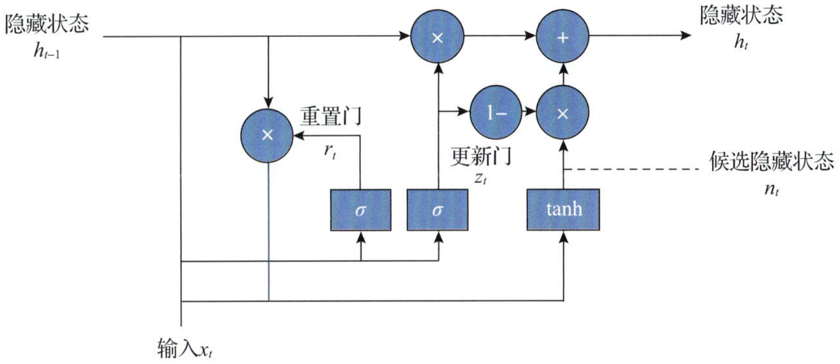

图 9-25 GRU 单元结构示意图

重置门 r_t 决定了当前时刻对前一时刻信息的遗忘程度，其计算方法如式(9-11)所示；n_t 用于存储当前时刻所记忆的信息，以 tanh 为激活函数，计算方法如式(9-12)所示；h_t 的作用是将当前时刻的信息传递至下一个时刻中参与对应运算，计算方法如式(9-13)所示；更新门 z_t 决定了以往的信息被带入至当前时刻的数量，用于捕获信号的长期依赖关系，计算方法如式(9-14)所示。

$$r_t = \sigma(W_r \cdot [h_{t-1}, x_t] + b_r) \tag{9-11}$$

$$n_t = \tanh\left[W_x(r_t \cdot h_{t-1}) + W_h x_t + b_n\right] \tag{9-12}$$

$$h_t = (1 - z_t) \cdot n_t + z_t \cdot h_{t-1} \tag{9-13}$$

$$z_t = \sigma(W_z \cdot [h_{t-1}, x_t] + b_z) \tag{9-14}$$

式中：x_t 为 t 时刻的输入，h_{t-1} 为 $t-1$ 时刻或初试时刻的隐藏状态，W_r、W_x、W_h 和 W_z 为权重参数，b_r、b_n 和 b_z 为偏置参数，σ 为 sigmoid 激活函数，tanh 为非线性激活函数。

将预处理后得到的奶牛四蹄压力数据作为特征，以奶牛的体重真值作为标签建立数据集 $f=\{(i_1, i_2, i_3, i_4), m\}$，其中 i_1 至 i_4 代表奶牛四蹄压力，m 代表奶牛体重真值。GRU 模型的整体架构如图 9-26 所示。

采集 152 头奶牛在阵列式秤台上行走时的动态称重数据，随机取其中 20% 用于测试，其余全部用于模型训练。在对模型进行训练时，设置 batch_size 为 1，epoch 为 300，学习率为动态调整，初始值为 0.001，若连续迭代 20 轮损失不下降，则自动降低一半。训练完成后对测试数据进行预测，结果如图 9-27 所示。

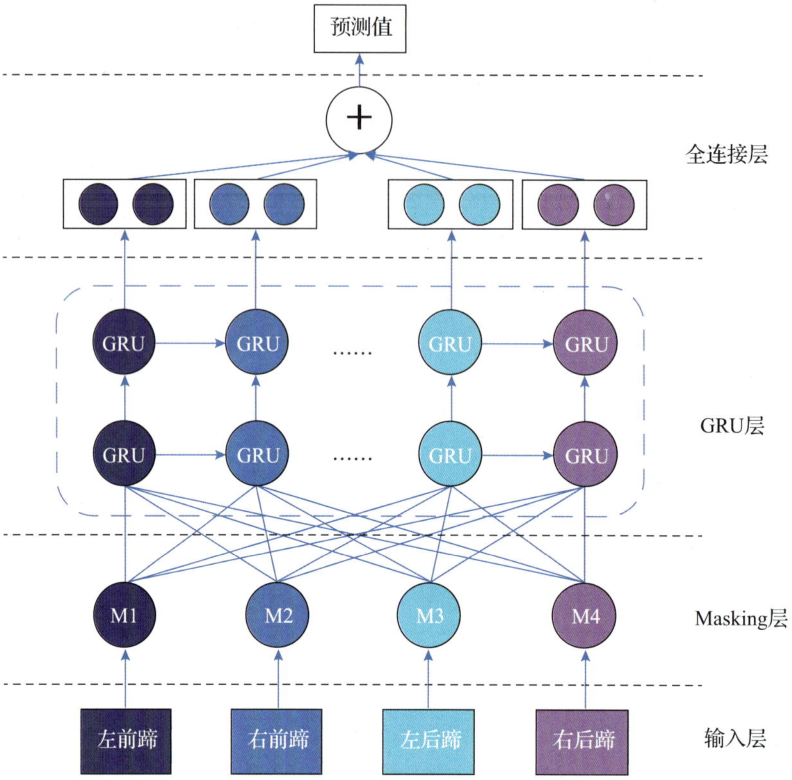

图 9-26　GRU 模型的整体架构

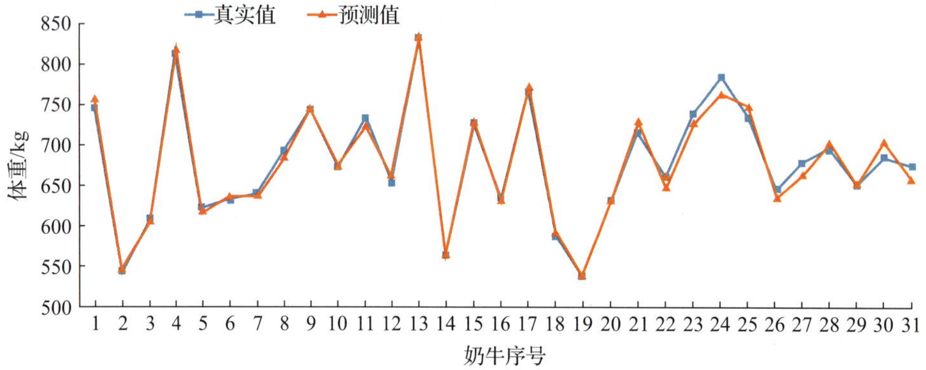

图 9-27　模型预测结果

对采用 LSTM 方法得到的静态称重数据与基于 GRU 模型得到的预测数据进行比较分析，性能指标如表 9-3 所示。可以看出，当奶牛处于非平稳运动状态时，奶牛体重动态预测结果的均方根误差、平均绝对百分比误差以及平均绝对误差分别为 9.59 kg、1.14%和 7.88 kg。

表 9-3　两种方法性能指标对比

数据来源	预测算法	RMSE/kg	MAPE/%	MAE/kg
静态称重数据	LSTM	33.61	3.76	25.82
四蹄压力数据	GRU	9.59	1.14	7.88

与静态称重信号相比，四蹄压力信号中蕴含更加丰富的深层信息，GRU 奶牛体重预测模型的各性能指标均优于 LSTM 静态预测方法。

9.4 奶牛跛行自动检测[8-11]

基于计算机视觉的奶牛跛行检测系统中，准确提取奶牛关键部位的位置信息是后续跛行检测分类的前提。由于环境、光照的影响及算法精度的限制，传统图像处理方法无法准确获取奶牛的步态特征。深度学习算法具有精度高、速度快的优点，不仅可以实现图像中目标的准确定位，还可以自动从数据中判断相关特征来实现分类，因此研究人员开展了基于深度学习的相关研究。但是，当将整个奶牛视频作为深度学习网络的输入时，视频中存在的大量与跛行无关的信息（如奶牛的身体信息、颜色信息等），将会干扰深度学习的分类结果，因此，康熙等提出用于奶牛跛行检测的降维时空网络（dimension-reduced spatiotemporal network，DRSN），采用 YOLOv4 算法精确检测牛蹄位置；通过对奶牛行走图像的降维消除大部分干扰信息，仅保留奶牛行走的步态空间信息；结合时间序列信息，生成奶牛的时空步态图像，有效地表征奶牛的步态时空信息；利用 DenseNet 深度学习网络，对奶牛时空步态图像进行分类，实现奶牛跛行的检测。

2020 年 9 月 26—28 日，在河北某商业养殖场采集奶牛行走视频数据，采集对象为处于泌乳期的荷斯坦奶牛。奶牛在挤奶后需要依次经过通道走出挤奶厅，故在通道适宜位置安装高分辨率可见光摄像机（Panasonic DC-GH5S），调整焦距和角度使相机可以完整录制奶牛行走过程，并连接工控机收集奶牛行走视频。可见光摄像机分辨率为 1 920×1 080 pix，帧率为 50 f/s，每头奶牛的行走视频时长为 5～10 s。

9.4.1 基于降维时空网络的奶牛跛行自动检测模型

1. 总体网络结构

基于 DRSN 的奶牛跛行自动检测模型的网络结构如图 9-28 所示，主要可以分为 3 个部分：第一部分是牛蹄定位模块（黄色），其输入原始图像数据是 1 920×1 080×3（RBG）×f（帧数）的 4 维张量，利用 YOLOv4 算法检测奶牛牛蹄的位置。第二部分是降维模块（粉色），根据奶牛牛蹄的位置，构建大小为 500×150 pix 的奶牛时空步态图像。第三部分是分类模块（棕色），使用 DenseNet 网络将奶牛时空步态图像分为 3 类：健康、轻度跛行、重度跛行。

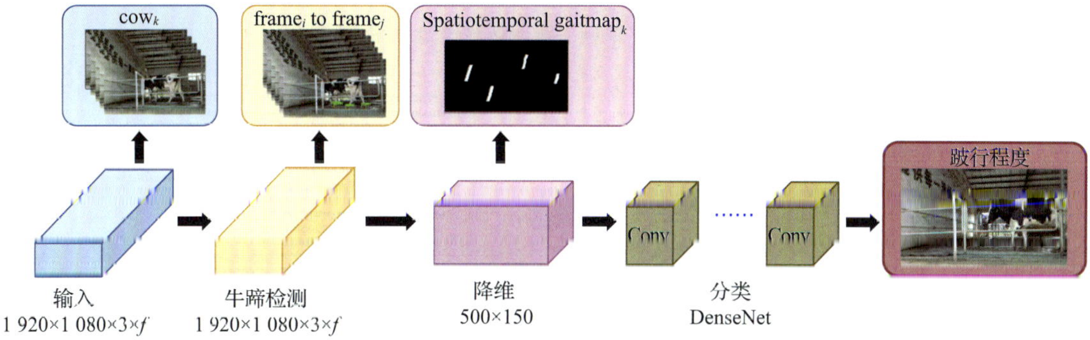

图 9-28　奶牛跛行自动检测模型网络结构

2. 奶牛牛蹄检测模块

YOLOv4 算法以 CSPDarknet53 为主干网络，引入空间金字塔池化模块(SPP)，以扩大感知域，在保证检测速度的同时提高特征提取能力。YOLOv4 算法引入 Bag of freebies 和 Bag of specials 模块，大大提高了目标检测的准确性。所以采用 YOLOv4 算法实现图像中奶牛牛蹄的位置检测。奶牛行走视频被分解成序列帧，通过 YOLOv4 算法检测每一帧中奶牛牛蹄的位置坐标，如图 9-29 所示。训练过程中，批量设置为 32，初始学习率为 0.001，学习停止时衰减为当前学习率的 1/10。当迭代次数达到 1 600 次时，批量设置为 4，学习率随着模型迭代不断降低，在损失稳定时最大值达到 1 800 次。输入数据是 1 920×1 080×3×f 的 4 维张量，其中 f 表示输入特征的时间维度，输出数据是包含牛蹄位置信息的边界框。

图 9-29　奶牛牛蹄位置检测效果图

3. 时空降维模块

步态是指目标运动时产生的姿态变化过程，反映肌肉系统、骨骼系统以及神经系统的协调性。健康奶牛自然行走时，其步态发生有规律的变化，而跛行奶牛在行走过程中会表现出一定的非自然步态特征，以补偿其行走稳定性、缓解疼痛。这些步态特征主要体现在 4 只蹄子的着地位置和接触地面的时间上，可以用侧视图中关于蹄踏位置的水平信息和时间信息来表示。因此，将奶牛行走视频中的单帧二维图像降维至单一的水平维度，仅保留了奶牛的蹄踏位置，该一维信息被定义为步态图(gaitmap)，如图 9-30 所示。单帧的一维步态图按视频中的时间帧序纵向组合在一起，构成具有时间信息的蹄踏图像，如图 9-31 所示，这些包含了时间信息和

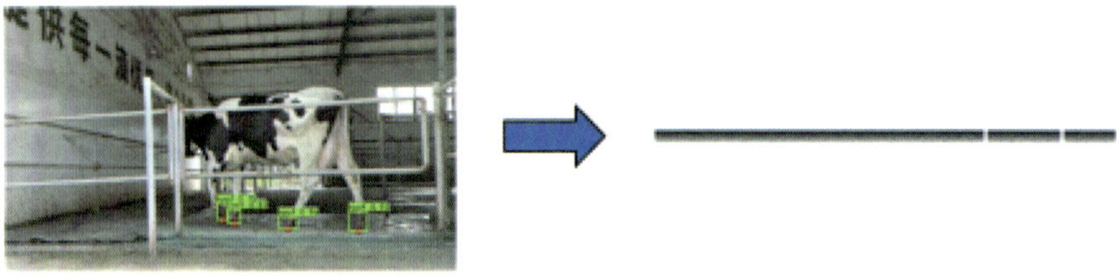

图 9-30　单帧二维图像降维示意图

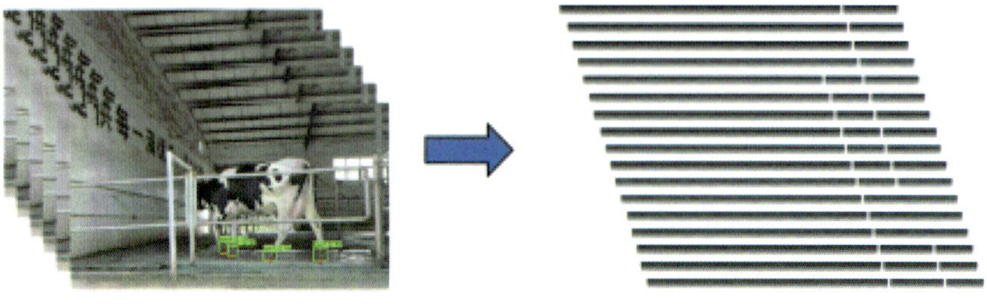

图 9-31　一维步态图纵向组合示意图

空间信息的步态图称为时空步态图(spatiotemporal gaitmap),3 类健康状态奶牛的时空步态图如图 9-32 所示。降维模块的主要作用就是将一头奶牛的行走视频数据降维至时空步态图。在降维的过程中,大多数与跛行无关的信息(如身体信息、颜色信息)都被去除,保留并突出步态信息,如轨迹跟踪、支撑相和相对步长等特征均可以很容易地从步态图中获取。

健康　　轻度跛行　　重度跛行

图 9-32　奶牛的 3 类时空步态图

降维模块需要通过奶牛行走过程中牛蹄的位置来构建时空步态图,主要包括两个过程:时空步态图的提取和时空步态图的规范化。奶牛行走过程中,其步态周期可以分为支撑相和摆动相两个阶段,时空步态图所需要的是支撑相阶段中牛蹄踏地的位置信息。因此,降维模块的第一部分用于从 YOLOv4 算法所检测的牛蹄位置信息中提取牛蹄完全踏地的位置信息。研究中选择牛蹄边界框下边界的中心点作为牛蹄位置点 Point(x, y)。牛蹄下落过程中,当前采样点的 y 值小于等于前一个采样点的 y 值时,前一个采样点被视为牛蹄落地的起始位置。设置阈值 $\text{left}_{\text{threshold}}$ 来判断牛蹄离开地面的时间。阈值 $\text{left}_{\text{threshold}}$ 为蹄长度的一半,当取样点的 x 值超过阈值 $\text{left}_{\text{threshold}}$,牛蹄就被判断为离开地面,如图 9-33 所示。从完全落地到离开地面的过程为牛蹄的支撑相过程,通过对牛蹄落地和离地位置的检测,可以获取奶牛牛蹄的支撑相信息。

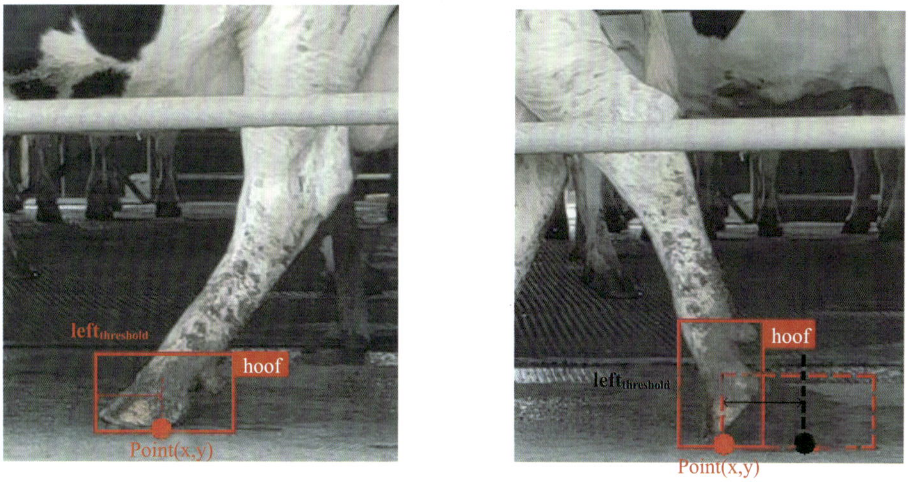

牛蹄落地　　牛蹄抬起

图 9-33　牛蹄的支撑相过程

基于牛蹄着地信息,如果单帧牛蹄的采样点 (x_{stay}, y_{stay}) 处于完全着地状态,则在步态图中它将被显示为高亮 (x_{stay}, 1)。利用一幅图像 frame_i 中所有牛蹄的支撑相信息构建步态图的流程如图 9-34 所示。步态图的长度为 1 920 pix,与原图长度相同,宽度为 1 pix。时空步态图的提取需要遍历奶牛行走视频的每一帧,得到多个步态图。这些步态图根据视频帧序排列并垂直叠加,构成一个长为 1 920 pix、宽为帧数 f 的时空步态图。

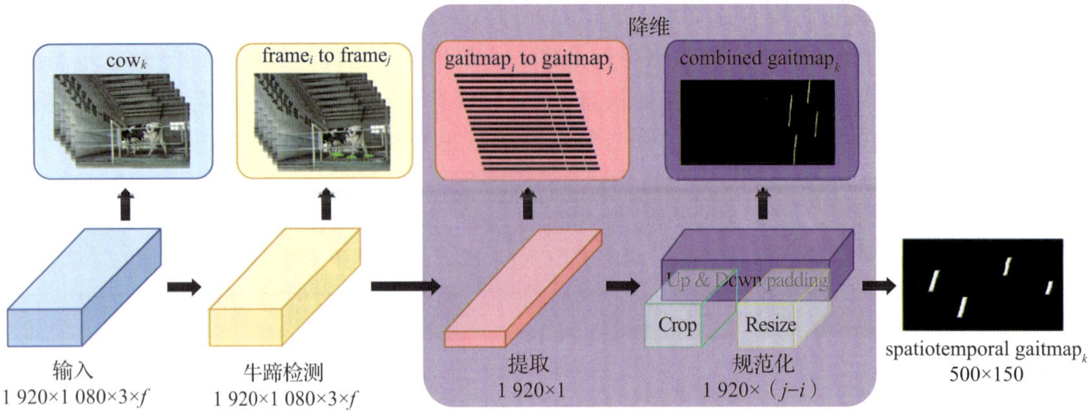

图 9-34 时空步态图构建流程

当前所获取的时空步态图大小为 1 920 pix×f，不同奶牛行走视频包含不同数量的可用帧，即 f 不同。为了满足分类算法的输入要求并且避免图像大小不同对分类结果造成影响，需要对时空步态图的大小进行规范化处理。通过对时空步态图的上下填充，将其宽度统一为一个常数。通过分析奶牛行走步态周期结合所用摄像机帧频，将时空步态图的目标宽度设置为 150，上下填充的公式如式(9-15)和式(9-16)所示。

$$\mathrm{uppadding} = \mathrm{floor}[(150 - \mathrm{frame}_k)/2] \tag{9-15}$$

$$\mathrm{downpadding} = \mathrm{ceil}[(150 - \mathrm{frame}_k)/2] \tag{9-16}$$

式中：floor[·] 表示取小于括号内计算值的最接近整数，ceil[·] 表示取大于括号内计算值的最接近整数。

时空步态图可以表示奶牛行走过程中步态的位置信息与时间信息，而所采集的奶牛行走视频图像长度为 1 920 pix，图像长度较大，因此需要对其进行裁剪以强调步态信息，裁剪后使步态信息图像位于图像中心，最终得到大小为 500×150 pix 的时空步态图。

时空步态图中仅包含奶牛行走的步态时空信息，因此，后续的分类模型只需要对时空步态图进行图像分类，即可根据奶牛步态的不同实现跛行的分类检测。为了帮助模型更好地理解时空步态图并消除无关信息，在图像分类之前进行数据扩增，扩增方法为水平和垂直平移。首先，前面的上下填充为步态信息的垂直平移提供了可行空间。在实际视频中，垂直平移反映了奶牛出现在视频中的时间变化，不改变牛蹄支撑相的相对位置和时间。因此，垂直平移可以扩增时空步态图数据而不改变步态信息。其次，因为在图像的检测区域中，从第一个到最后一个牛蹄踏地点的总长度小于检测区域的长度，所以有空间将步态信息水平平移到图像的左侧和右侧。水平平移改变了相对于实际视频中检测区域的第一个踏地位置，但并不改变牛蹄完全着地的相对位置和时间。

4. 跛行分类模块

时空步态图可以直观地表征奶牛步态信息，同时消除大部分与跛行无关的信息，因此跛行的检测转化为时空步态图的分类问题。采用 DenseNet 分类网络对时空步态图进行分类。

DenseNet 网络是基于 ResNet 网络开发的深度学习网络，DenseNet 通过减少参数数量并且广泛使用特性复用实现了比 ResNet 更好的结果。网络中大量的旁路连接使得 DenseNet

当前层的输入来自所有先前层的输出，从而加强了特征的复用。每一层都可以直接访问来自损失函数和原始输入信号的梯度，从而实现隐式深度监督，缓解了梯度消失和过拟合的问题。时空步态图包含与跛行高度相关的信息，故选择 DenseNet 作为骨干网络进行分类。训练中批量大小为 16，初始学习速率为 0.01，每经过 10 000 次迭代就降低到原来速率的 1/10。经过 30 000 次迭代认为训练完成。此外，还使用 L_2 正则化来惩罚过拟合情况下的损失函数。输入是由降维模块生成的时空步态图，输出是跛行程度的 3 个等级。

9.4.2 奶牛跛行自动检测结果与分析

为了验证 DRSN 奶牛跛行检测方法的优势和有效性，进行了 3 项对比试验。首先，对比了 YOLOv3、YOLOv5 系列和 EfficientDet 系列算法与 YOLOv4 算法对牛蹄位置检测的准确性；然后，将 ResNet 系列、RepVGG 和 MobileNet 系列与 DenseNet 分类模型进行比较，以验证跛行分类的准确性；最后，使用 C3D、R2plus1D 和 R3D 算法直接对奶牛行走视频进行分类，将结果与采用 DenseNet 网络的检测结果进行对比。

1. 目标检测算法对比

奶牛牛蹄检测是跛行检测中的重要步骤，因为它会影响跛行分类的准确性。选择了几种最先进的(state-of-the-art, SOTA)目标检测算法与 YOLOv4 算法进行比较，包括 YOLOv3、YOLOv5 系列和 EfficientDet 系列算法。使用精确率(precision)、召回率(recall)、每秒帧数(FPS)和平均精确率(mAP)来评估模型。

这些算法在同一数据集上进行评估和对比，该数据集包含 3 045 张带有牛蹄标记的图像，其中 70%用于训练，20%用于验证，10%用于测试。训练时采用 NVIDIA Tesla P100 显卡，为了贴合实际应用，测试时采用 NVIDIA GeForce RTX 2070 Super 显卡，运行内存为 16 GB，显存容量为 8 GB，CPU 型号为英特尔 12 核 i7-10750H，编程框架为 PyTorch 深度学习框架。所有的结果都基于相同的交并比(IoU)和置信度，阈值均设置为 0.5。表 9-4 给出了 YOLOv3、YOLOv4、YOLOv5 系列和 EfficientDet 系列算法的检测结果。在所有的算法中，EfficientDet 系列算法精确率最高，但 FPS 和召回率较低，这意味着它们相对不适用于实时系统。YOLOv5 系列包括 YOLOv5n(nano)、YOLOv5s(small)和 YOLOv5m (middle)，YOLOv5m 和 YOLOv4 的 mAP 值较高，均优于 EfficientDet 系列和 YOLOv3 模型。在检测速度方面，YOLOv4 和 YOLOv3 都超过 19.7 f/s。YOLOv5s 虽然在版本测试中速度较快，但在牛蹄检测中并没有较好的表现，其原因可能在于检测对象较为单一，并且仅使用了常规的计算机设备进行测试，无法发挥出其速度的优势。总体来说，在所有算法中，针对设定的检测目标和设备环境，YOLOv4 的检测精度和速度比较优秀和平衡。

为了更加直观地对比结果，绘制了几种目标检测算法的 mAP 与 FPS 关系图，如图 9-35 所示。奶牛跛行检测系统为实时检测系统，对检测算法的要求是同时具备高精度和高速度。因为奶牛牛蹄检测只是整个模型的一部分，所以最大限度地减少其时间消耗是很重要的。与 YOLO 系列相比，EfficientDet 系列的检测精度下降不多，但检测速度下降较多。YOLO 系列在检测精度和速度方面均较好。与 YOLOv4 相比，YOLOv3 的速度和精度略低，因此没有选择 YOLOv3 作为牛蹄检测算法。YOLOv4 和 YOLOv5 系列各有自己的优势：YOLOv4 的 FPS 最高，精度也很好，但 YOLOv5 系列随着网络的加深，在速度下降的同时精度有所上升，YOLOv5m 的检测精度超过了 YOLOv4，两种算法都适合用于牛蹄检测，综合考虑后选择

表 9-4　各目标检测算法牛蹄检测结果对比

检测算法	mAP/%	精确率/%	召回率/%	FPS/(f/s)
YOLOv3	91.49	90.91	89.62	19.72
YOLOv4	92.39	91.16	92.45	19.96
YOLOv5n	89.32	87.22	89.72	18.24
YOLOv5s	91.30	86.20	92.12	17.14
YOLOv5m	93.21	91.21	92.10	16.52
EfficientDet D0	80.55	88.32	70.04	14.44
EfficientDet D1	91.27	94.50	72.88	11.24
EfficientDet D2	91.42	96.13	77.42	10.02
EfficientDet D3	91.66	92.29	97.50	7.65

YOLOv4 作为牛蹄检测算法。相对于其他算法，YOLOv4 算法有效地平衡了速度和精度，CSPDarknet53 主干网络可以更好地利用残差数据，有效缓解梯度消失问题，保证推理速度和精度的同时减小了模型尺寸，PANet 特征提取网络引入了自底向上的路径，使得底层信息更容易传递到高层顶部，相对于 EfficientDet 系列所使用的 FPN 网络，计算量显著减少。虽然选择 YOLOv4 作为牛蹄检测算法，但可以通过进一步研究来增强 YOLOv4 的 mAP 或改善 YOLOv5m 的 FPS，并确定 YOLOv4 是否可以被更好的算法取代，以改善整体算法的跛行检测效果。

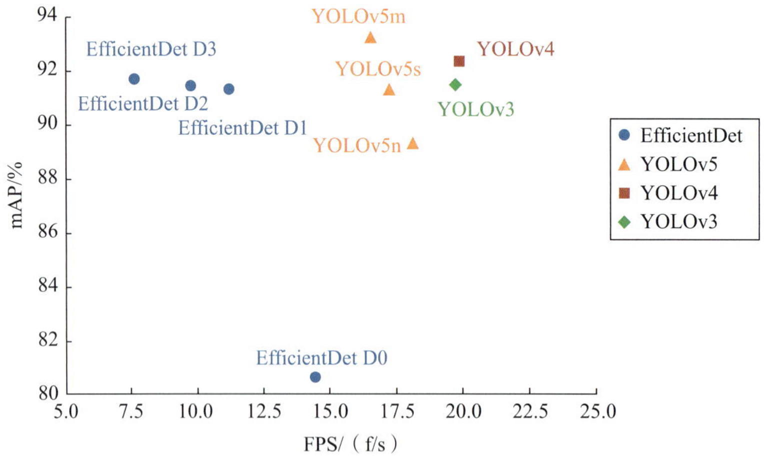

图 9-35　各目标检测算法的 mAP 和 FPS 对比图

2. 分类算法对比

为了验证 DenseNet 算法对时空步态图的分类效果，与 ResNet18、ResNet34、ResNet50、ResNet101、RepVGG、MobileNet V2、MobileNet V3 算法进行比较。在包含 23 994 个时空步态图的相同数据集上测试这些分类算法，数据集中包括 7 998 张健康奶牛的时空步态图、7 998 张轻度跛行奶牛的时空步态图和 7 998 张严重跛行奶牛的时空步态图，其中 60%用于训练，

20%用于验证，20%用于测试。训练时采用 Tesla P100 显卡，测试时采用 GeForce RTX 2070 Super 显卡。

表 9-5 给出了 ResNet 系列、MobileNet 系列、RepVGG 和 DenseNet 算法的检测结果，其中的灵敏度和特异度是 3 个步态类别检测结果的平均值。可以看出，所有算法都有很好的分类性能，mAP 值均在 95%以上；DenseNet 在所有算法中效果最好，具有最高的 mAP、灵敏度和特异度，虽然其分类速度最低，但是分类的目标为奶牛个体，而非单张图片，因此可以满足检测实时性的要求。构建 4 个有代表性方法（DenseNet、ResNet34、RepVGG 和 MobileNet V3）的精确率-召回率曲线（P-R 曲线）和 Macro-F_1 曲线，如图 9-36 所示，可以看出 4 种算法对于时空步态图的分类均具有较好的效果，其中 DenseNet 的分类表现相对更优。

表 9-5　时空步态图分类结果对比

分类算法	mAP/%	灵敏度/%	特异度/%	FPS(f/s)
ResNet18	95.72	94.38	97.50	250.0
ResNet34	97.06	96.18	98.28	166.7
ResNet50	96.89	95.95	98.20	90.9
ResNet101	96.16	94.95	97.76	71.4
RepVGG	96.66	95.73	98.07	285.7
MobileNet V2	95.89	94.59	97.60	142.9
MobileNet V3	97.45	96.66	98.51	126.7
DenseNet	98.50	98.50	99.25	55.6

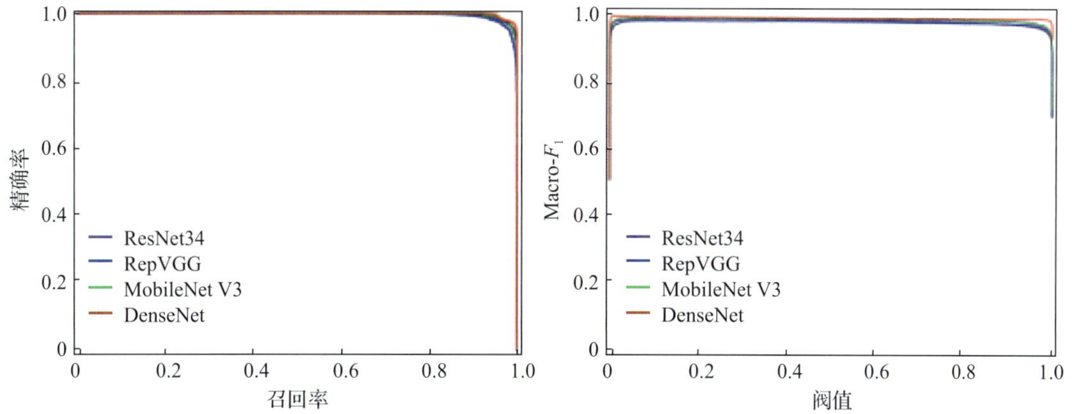

图 9-36　分类算法的 P-R 曲线和 Macro-F_1 曲线

3. 跛行分类对比

将基于 DenseNet 网络的分类方法与基于视频分类算法的经典深度学习模型进行比较。视频分类算法包括 C3D、R2plus1D 和 R3D 算法。在包含 456 段视频的数据集上进行测试，数据集包括 152 段健康奶牛的行走视频、152 段轻度跛行奶牛的行走视频以及 152 段严重跛行奶牛的行走视频，其中 60%用于训练，20%用于验证，20%用于测试。训练时采用Tesla P100

显卡，测试时采用 GeForce RTX 2070 Super 显卡，结果如表 9-6 所示。C3D 和 R2plus1D 算法的 mAP 均为 57.62%，R3D 中使用了 ResNet 模型，效果有所提升，mAP 达到 70.86%。相比之下，基于 DenseNet 网络的模型比其他分类模型具有更好的跛行分类效果。

基于 DRSN 的奶牛跛行分类混淆矩阵如表 9-7 所示，对 3 个跛行等级均实现了较好的分类效果。具体而言，对健康奶牛的分类效果最好，灵敏度为 100%，特异度为 99.97%；轻度跛行的特异度和重度跛行的灵敏度相对较低，但仍然达到了 97.78% 和 95.56%。主要的错误是一些重度跛行的奶牛被归类为轻度跛行，可能是因为研究中仅根据步态是否均匀判断跛行。虽然步态不均匀是奶牛跛行最突出的特征，但是如果考虑其他特征的信息会改善分类效果。

表 9-6　跛行分类结果对比

输入	方法	mAP/%
视频	C3D	57.62
	R2plus1D	57.62
	R3D	70.86
时空步态图	DenseNet	98.50

表 9-7　基于 DRSN 的奶牛跛行分类混淆矩阵

真实类别	DRSN 分类结果			总数	灵敏度/%
	健康	轻度跛行	重度跛行		
健康	1 600	0	0	1 600	100
轻度跛行	1	1 599	0	1 600	99.94
重度跛行	0	71	1 529	1 600	95.56
特异度/%	99.97	97.78	100		

对于奶牛跛行及其他奶牛疾病，通常越早开展治疗效果越好，因此养殖人员很关心轻度跛行的识别效果，但由于轻度跛行的临床表现较为轻微，传统检测方法难以实现准确识别。奶牛步态的变化是跛行最早的症状，DRSN 算法能够准确检测步态并根据步态对跛行进行分类，对轻度跛行诊断效果较好，分类灵敏度和特异度达到 99.94% 和 97.78%。在后续的研究中将探索如何有效地提取背弓等其他特征以更好地对奶牛跛行进行分类。

9.5　家禽养殖场巡检机器人[12]

9.5.1　巡检机器人总体结构

近年来，家禽养殖业逐渐朝着规模化和标准化方向发展，传统的人力劳动已经无法满足家禽养殖业迅速发展的需要，这使得家禽养殖场巡检机器人在未来有着广大的应用空间。中国农业大学智慧农业研究中心开发的鸡舍巡检机器人如图 9-37 所示，机器人硬件平台整体框架如图 9-38 所示。该机器人主要由导航系统和死鸡检测系统两部分组成。导航系统由感知模块、控制模块和执行机构组成，其中感知模块包括超声波传感器和多线激光雷达，负责感知周边环境的障碍物信息；控制模块主要包括 STM32 控制器，负责对控制指令进行解析和下发，同时读取编码器的输出信息；执行机构包括电机和驱动器，通过 PID 控制(proportional integral derivative control)算法完成对机器人驱动轮的控制。死鸡检测系统由感知模块、死鸡识别模块、控制模块和执行机构组成，其中感知模块由双目可见光相机和热红外相机组成，负责采集环境中鸡的可见光和热红外图像信息；识别模块的主体是搭载有识别算法的 PC 机，负责识别鸡场中的死鸡；控制模块同样是 STM32 控制器，负责控制指令的解析和下发；执行机构包括升降台和相机云台，根据来自 STM32 的控制指令移动相机。

鸡舍巡检机器人

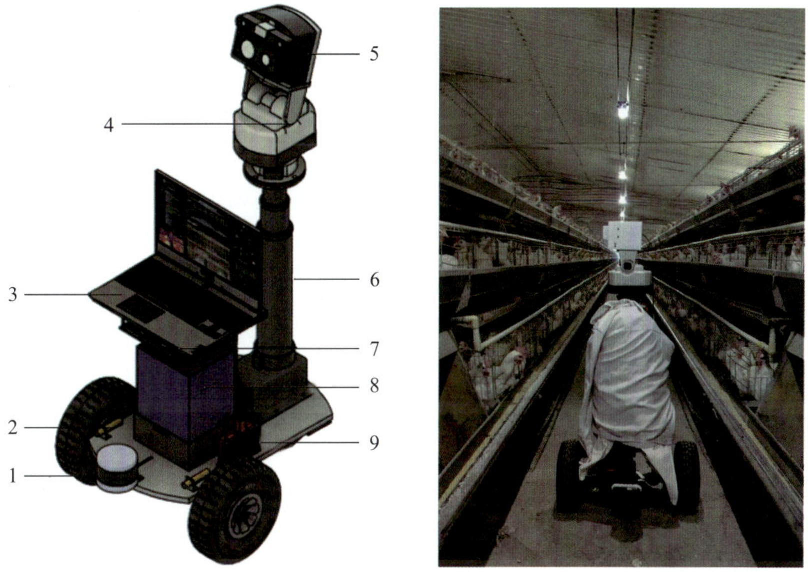

1. VLP-16 多线激光雷达　2. 超声波传感器　3. PC 机　4. 相机云台　5. 双目可见光相机和热红外相机　6. 升降台　7. STM32 控制器　8. 锂电池　9. 电机及电机驱动器

图 9-37　鸡舍巡检机器人

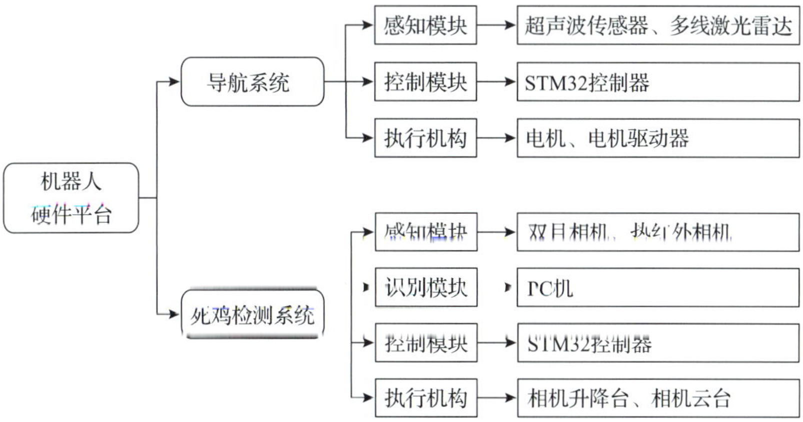

图 9-38　鸡舍巡检机器人硬件平台整体框架

9.5.2 导航系统

鸡舍巡检机器人主要应用在笼养型鸡舍中，使用基于激光雷达的室内导航方法。即时定位与地图构建(simultaneous localization and mapping，SLAM)是机器人导航技术的关键技术之一，可以实现笼养鸡舍环境地图构建，用于后续的自动导航和避障。为了应对笼养鸡舍地面凹凸不平、走廊过长导致单独使用里程计累积误差过大等问题，融合里程计、IMU 和室内 UWB 传感器等信息，对巡检机器人进行综合定位，提高建图和导航精度。

在已知环境地图的情况下，巡检机器人结合自身的位姿数据进行路径规划，并根据路径规划发出速度控制指令，实现导航。机器人内部集成了 ROS(robot operating system，机器人操作系统)，通过订阅激光雷达、地图服务、AMCL(adaptive Monte Carlo localization，自适应蒙特卡罗定位)等话题数据，下发机器人的速度控制指令，实现机器人导航。

9.5.3 传感器系统

家禽养殖场巡检机器人的主要功能之一是采集鸡舍和鸡的各种数据，监测对象多是运动物体，感知模块应能够在昏暗环境以及运动物体的干扰下准确识别个体鸡的姿态和行为。移动巡检机器人的感知模块——传感器系统，采用双目可见光图像和热红外图像配准的方法获取鸡的生理或者行为数据，如图 9-39 所示，该系统主要由主控模块、图像采集模块、补光模块、运动监测模块、网络传输模块和电源管理模块组成。

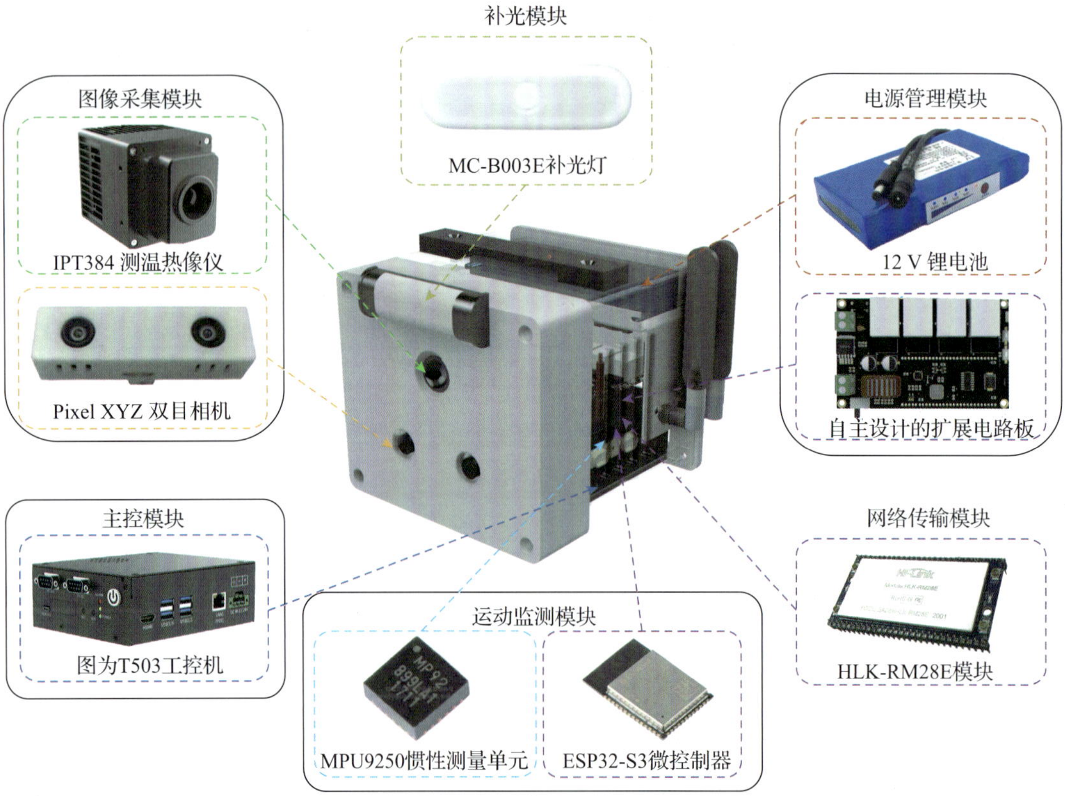

图 9-39 家禽养殖场巡检机器人传感器系统结构框图

主控模块采用图为 T503 工控机。图像采集模块由 Pixel XYZ 双目相机和高德 IPT384 网络型测温热像仪组成。补光模块为公牛 MC-B003E 补光灯,能够在昏暗的蛋鸡舍环境下提供稳定的光源从而获取清晰的可见光图像。运动监测模块由 InvenSense MPU9250 惯性测量单元和乐鑫 ESP32-S3 微控制器芯片组成,采用 ESP-IDF(Espressif IoT Development Framework)的开发工具读取 MPU9250 惯性测量单元的运动监测数据并实时传输给主控模块。网络传输模块采用 HLK-RM28E 千兆路由 WiFi 模块,能够同时提供 2.4 GHz 频段、5.8 GHz 频段的 WiFi 网络和 4 路百兆以太网接口。电源管理模块采用基于 Altium Designer 软件设计的电路板,可以同时为主控模块、图像采集模块、补光模块、运动监测模块和网络传输模块供电。系统使用 ROS 软件框架,创建了双目相机节点、热红外相机(热像仪)节点、时间同步节点和运动数据监测节点,通过话题/订阅的通信模式,实现不同节点的数据交互和时间同步,可以在蛋鸡舍环境下获取多模态图像。

9.5.4 笼养蛋鸡舍死鸡识别和定位方法

鸡舍中死鸡如果不及时发现和处理,可能会成为鸡舍疾病传播的源头,进而影响其他健康的鸡只个体。巡检机器人基于图像采集系统获取的 RGB 图像,利用深度学习方法识别鸡只个体,通过可见光图像和热红外图像融合,获取鸡的温度信息,判断该鸡是否死亡。

1. 死鸡识别算法

死鸡识别算法如图 9-40 所示,主要步骤为:

①标定双目相机和热红外相机,进行双目畸变矫正。

②采用 YOLOv5 目标检测算法获取鸡在二维图像中的位置。

③采用深度学习多模态配准方法[12]配准可见光图像和热红外图像,获得鸡在热红外图像中的位置。

④根据温度判断鸡的死活状态,同时输出其对应的三维坐标。

死鸡识别算法的性能用百分比误差 P_d来评价:

$$P_d = \frac{|n_d - \bar{n}_d|}{|n_d|} \times 100\% \tag{9-17}$$

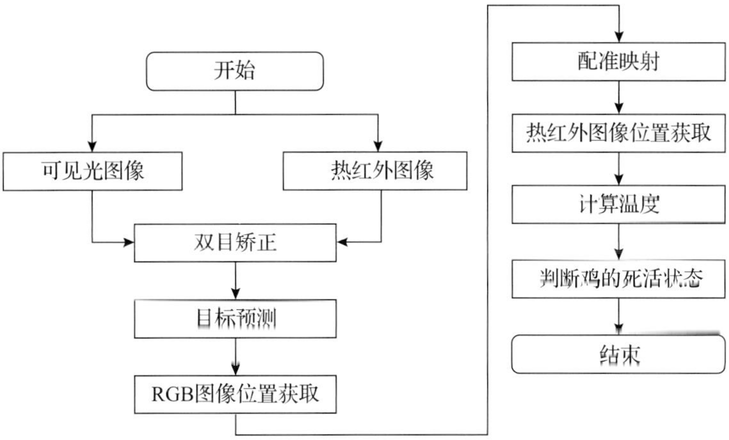

图 9-40 死鸡识别算法框架

式中：n_d 为死鸡数真实值，$\overline{n}_d$ 为死鸡数算法识别值。

2. 基于 ORB-SLAM3 的蛋鸡定位方法

ORB-SLAM3 是一种高度先进的即时定位与地图构建的算法，它在 ORB-SLAM 系列前面版本的基础上进一步进行扩展和优化，具有鲁棒性更强和准确度更高的三维环境映射与自我定位功能。ORB-SLAM3 通过使用单目相机、双目相机以及深度相机，能够构建多种不同类型的环境场景甚至包括动态场景。目前 ORB-SLAM3 在机器人导航、增强现实和自动驾驶等多个领域中均有应用。

在 ORB-SLAM3 的基础上添加自定义的语义地图构建线程，使得 ORB-SLAM3 配合 YOLOv5 既能够找到蛋鸡在二维图像中的位置，还能够找到其在世界坐标系下的三维坐标，如图 9-41 所示。

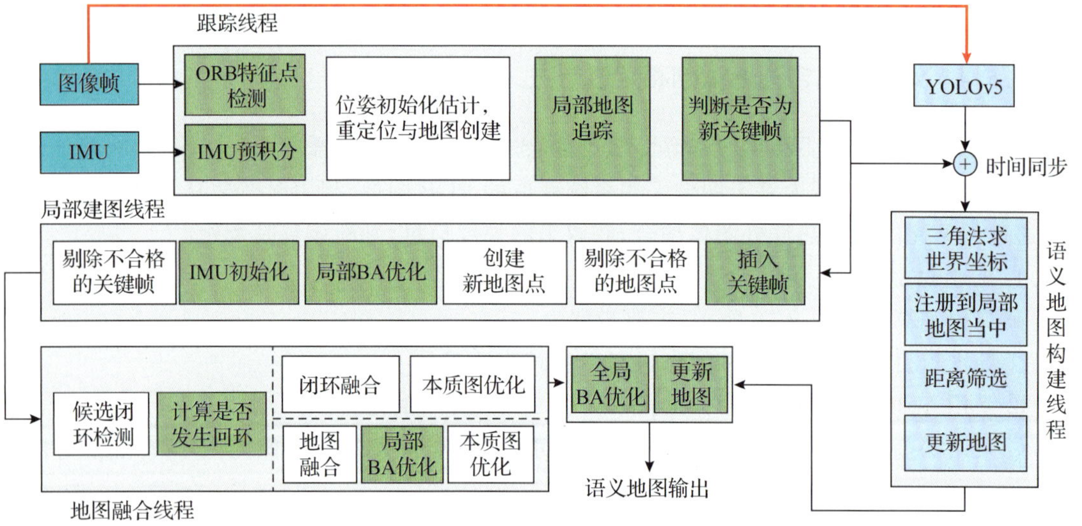

图 9-41　添加了语义地图构建线程的 ORB-SLAM3 算法框架

首先对于图像原始帧在送入跟踪线程的同时进行 YOLOv5 目标检测，获取蛋鸡在图像中的位置框，将该坐标与跟踪线程输出的关键帧进行时间同步，找到蛋鸡位置框中对应的特征点，利用三角法求得特征点的三维坐标作为蛋鸡坐标。对于连续的图像关键帧，会在地图上多次标注同一只鸡的位置，采用距离筛选的方式，当多个位置相近时用一个点来代替，最后更新地图与全局地图融合，获取最终的语义地图。

蛋鸡定位算法的性能用横向坐标的百分比误差 P_{odom} 来评价，以蛋鸡计数的百分比误差 P_n 为辅助评价指标：

$$\left.\begin{aligned} P_{odom} &= \frac{|x-\overline{x}|}{|x|}\times 100\% \\ P_n &= \frac{|n-\overline{n}|}{|n|}\times 100\% \end{aligned}\right\} \tag{9-18}$$

式中：x 和 $\overline{x}$ 分别为蛋鸡位置横向坐标的真实值和算法计算值，n 和 $\overline{n}$ 分别为蛋鸡数的真实值和算法计数值。

9.5.5 死鸡识别和定位试验

试验在蛋鸡养殖场进行，试验场景如图 9-42 所示。

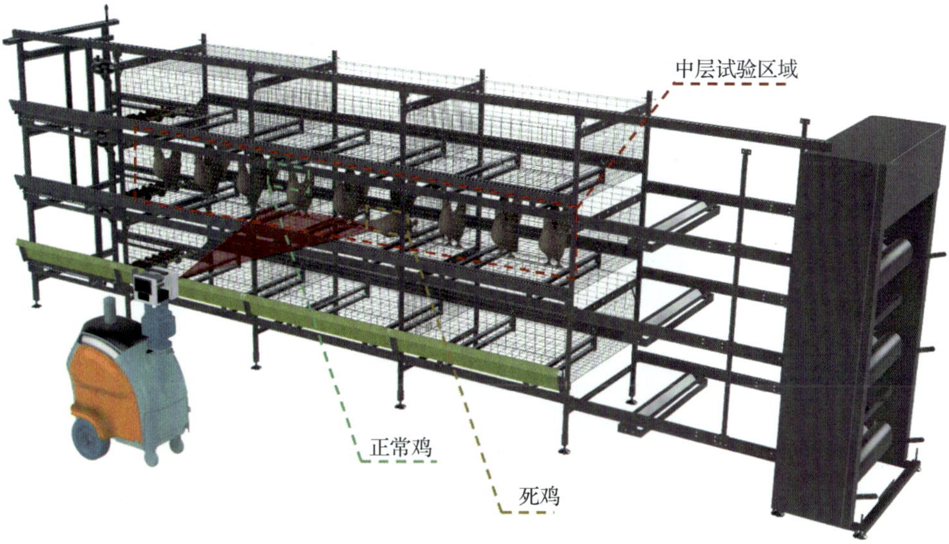

图 9-42 死鸡识别与蛋鸡定位试验场景

1. 死鸡识别试验

死鸡识别试验分为 2 组，分别识别 3 只死鸡和 4 只死鸡，如图 9-43 所示。

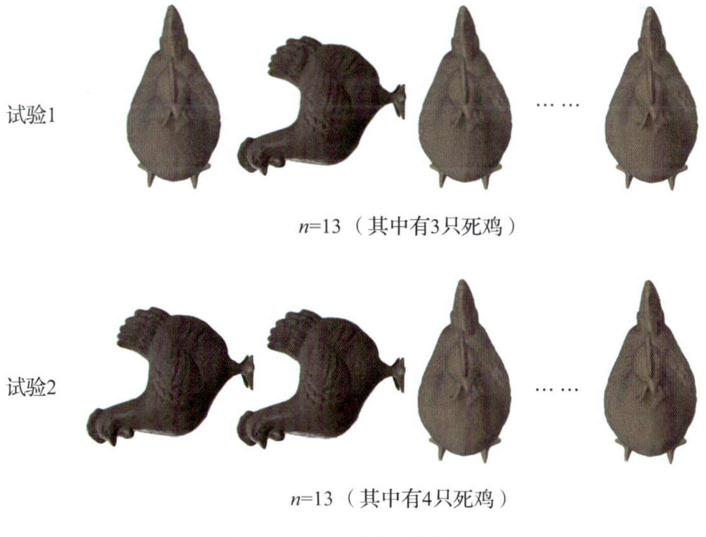

图 9-43 死鸡识别试验

由于鸡舍中光线较暗，开启传感器系统的补光灯进行光照补偿，确保拍摄到清晰的可见光图像。巡检机器人以 0.1 m/s 的速度匀速直线行驶，镜头距离鸡笼的水平距离为 0.6～1.0 m，行驶过程中基本保持不变。

使用 ROS 中的记录系统记录传感器系统采集的图像数据。将采集到的数据拷贝至笔记本电脑中进行温度分析，判断死鸡。

死鸡识别算法运行的结果如图 9-44 所示，首先通过 YOLOv5 算法找到鸡在二维图像中的位置，随后对可见光图像和热红外图像进行配准，完成图像的融合叠加，进而计算出目标框的平均温度作为鸡的温度来判断鸡是活鸡还是死鸡。正常鸡温度一般在 40 ℃左右，但死鸡的温度一般与环境温度接近。死鸡识别结果如表 9-8 所示，试验 2 的识别率仅有 75%，原因在于笼养鸡舍中养殖密度大，很容易出现遮挡，导致在目标检测时检测不到被活鸡遮挡住的死鸡而发生漏检。

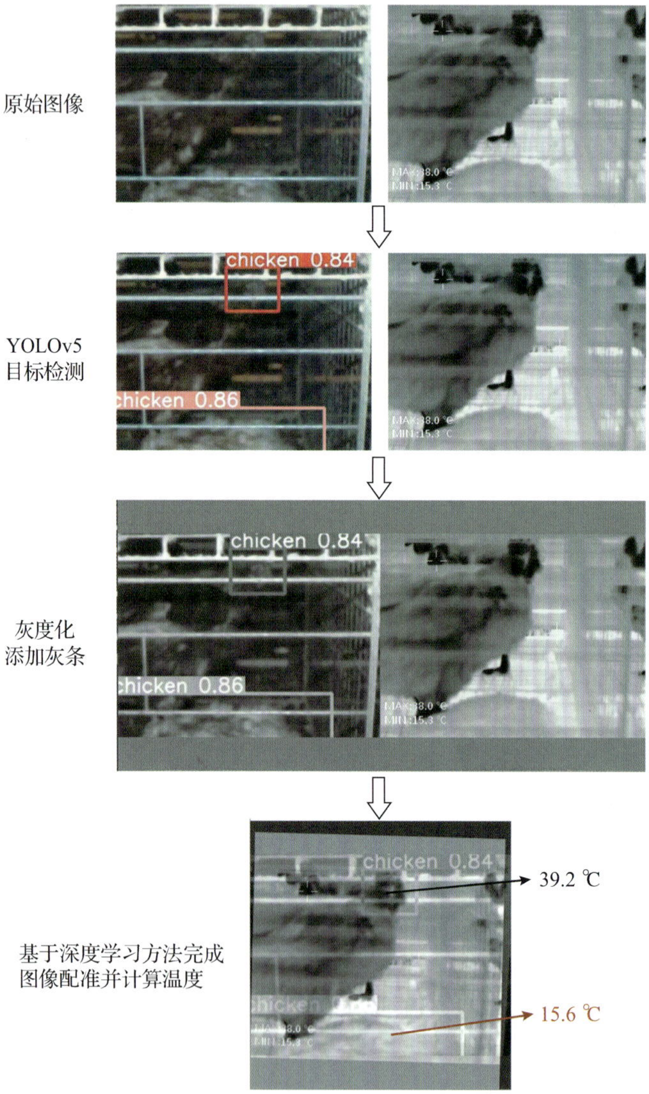

图 9-44　死鸡识别算法运行结果

表 9-8　死鸡识别结果

试验序号	死鸡数识别值	死鸡数真实值	P_d/%	识别率/%
试验 1	3	3	0	100
试验 2	3	4	25	75

2. 蛋鸡定位试验

试验时开启传感器系统的补光灯进行光照补偿，确保拍摄到清晰的可见光图像。巡检机器人以 0.15 m/s 的速度沿直线匀速前进，镜头距离鸡笼的水平距离为 0.6～1 m，行驶过程中基本保持不变。使用 ROS 中的记录系统记录传感器系统采集的图像数据和 IMU 数据。将采集到的数据拷贝至笔记本电脑中分析蛋鸡位置。

试验中共采集了 12 只蛋鸡的定位数据，其中包括 1 只死鸡。算法运行过程如图 9-45 所示，包括 YOLOv5 目标检测、ORB 特征点检测、语义地图构建、点云地图构建 4 个部分，其中 YOLOv5 负责找到蛋鸡在可见光图像的位置，ORB 特征点检测用于估计相机的里程位置，同时与 YOLOv5 找到的鸡的位置进行对应，利用三角法进一步找到鸡的三维坐标，构建语义地图和点云地图。

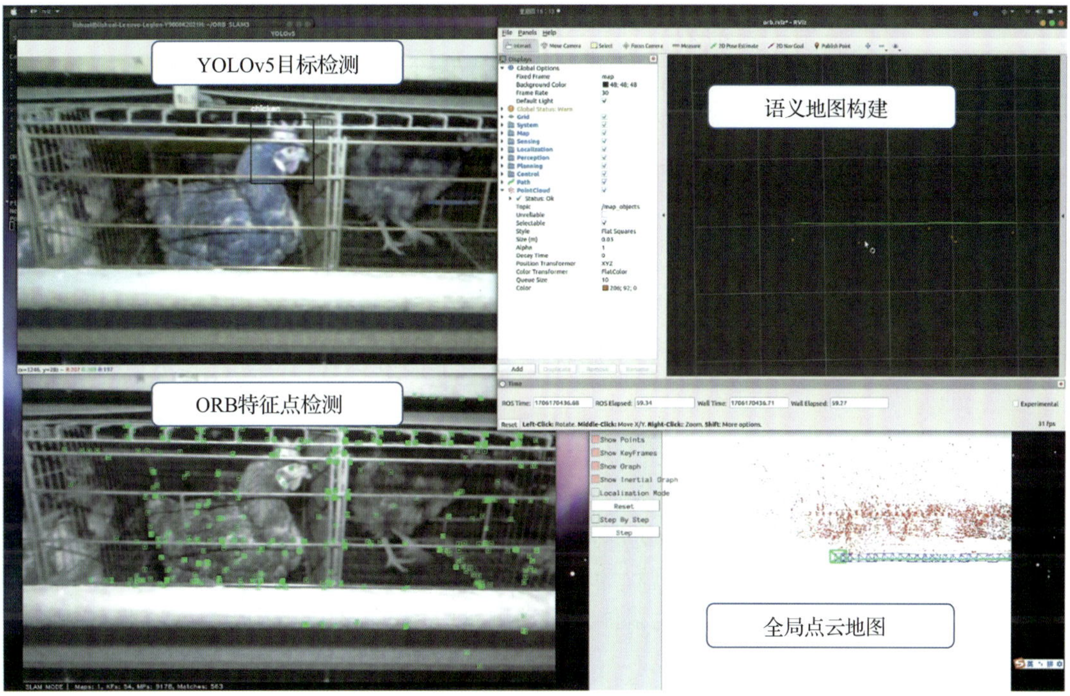

图 9-45　蛋鸡定位算法运行过程

基于改进 ORB-SLAM3 算法进行蛋鸡定位，融合 IMU 数据前后的定位误差分析如图 9-46 所示，可知融合 IMU 数据后的定位更加准确。融合前算法的平均定位误差为 0.081 m，百分比误差为 2.3%；融合后算法的平均定位误差为 0.046 m，百分比误差为 1.6%。

计数结果如表 9-9 所示，改进 ORB-SLAM3 算法能够在蛋鸡定位的基础上准确识别蛋鸡的数量，融合 IMU 数据后计数更加准确。

表 9-9　蛋鸡计数结果

算法名称	算法计数值	真实值	P_n/%	识别率/%
ORB-SLAM3	11	12	8.33	91.67
ORB-SLAM3+IMU	12	12	0	100

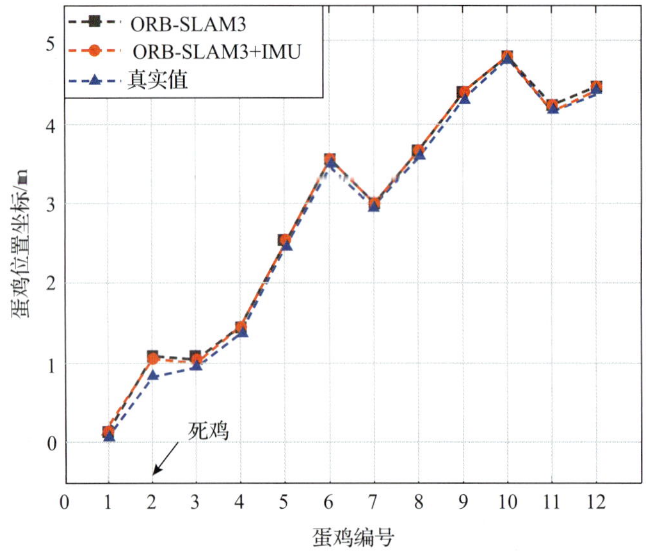

图 9-46　蛋鸡定位误差分析

参考文献

[1] 冯彦坤. 基于热红外视频数据的生猪体温自动检测方法研究[D]. 北京:中国农业大学，2022.

[2] 刘刚，冯彦坤，康熙. 基于改进 YOLOv4 的生猪耳根温度热红外视频检测方法[J]. 农业机械学报，2023，54(2)：240-248.

[3] 刘晓文，曾雪婷，李涛，等. 基于改进 YOLOv7 的生猪群体体温热红外自动检测方法[J]. 农业机械学报，2023，54(1)：267-274.

[4] 曾雪婷. 基于 DK 相机的群养生猪体尺自动测量与体重预估方法研究[D]. 北京:中国农业大学，2024.

[5] 贺志将，李前，王彦超，等. 基于 VMD-LSTM 的奶牛动态称量算法[J]. 农业机械学报，2022，53(S2):234-240.

[6] 贺志将. 基于压力传感器的奶牛动态称重技术研究[D]. 北京:中国农业大学，2024.

[7] He Z J, Li Q, Chu M Y, et al. Dynamic weighing algorithm for dairy cows based on time domain features and error compensation[J]. Computers and Electronics in Agriculture, 2023, 212:108077.

[8] Kang X, Li S D, Li Q, et al. Dimension-reduced spatiotemporal network for lameness detection in dairy cows [J]. Computers and Electronics in Agriculture, 2022, 197: 106922.

[9] 康熙. 基于计算机视觉的奶牛跛行检测关键技术研究[D]. 北京:中国农业大学，2022.

[10] 康熙,张旭东,刘刚,等. 基于机器视觉的跛行奶牛牛蹄定位方法[J]. 农业机械学报，2019，50(S1):276-282.

[11] 康熙，李树东，张旭东，等. 基于热红外视频的奶牛跛行运动特征提取与检测[J]. 农业工程学报，2021，37(23)：169-178.

[12] 李帅. 面向移动机器人的死鸡检测传感器系统设计与开发[D]. 北京：中国农业大学，2024.

第 10 章

农业物联网技术及其应用

10.1 概　述

10.1.1 移动通信网络和无线传感器网络

现代通信系统是用电信号或光信号传递和交换信息的系统，是人类进行信息交流与传递的重要形式。现代通信系统的代表是移动通信网络，它是实现移动用户与固定点用户之间或移动用户之间通信的介质。移动通信网络具有移动性、自由性，以及不受时间、地点限制等特性，在现代通信领域中，它是与卫星通信、光通信并列的三大重要通信手段之一。

我国移动通信技术经历了 1G 到 5G 的历程。5G 作为第五代移动通信技术，峰值传输速率可达数十 Gbps，比 4G 网络快数百倍，在大量用户同时浏览一个网页时，能够根据用户需求对网络流量进行合理分配，减少卡顿，减少缓冲过程，大大改善用户体验。5G 信号辐射距离更远，用户能够随时随地享受高速上网。5G 同时也解决了使用移动服务时电量消耗太快的问题，通过云计算（cloud computing）和 SDN（software defined network，软件定义网络）技术，对在数据使用过程中产生的信息进行审核并屏蔽无用信息，降低电量的消耗。

在推广普及 5G 通信技术的同时，无线通信技术领先国家已经开展了 6G 通信技术的研发。目前国内外 6G 通信技术正处于标准制定阶段，预计在 2030 年左右投入商用。6G 技术不仅是速度的提升，更是通信网络的全面进化，它将支持超高的数据传输速率和极低的延迟，能够实现亚毫秒级的延迟，支持高分辨率的视频传输、虚拟现实（VR）、增强现实（AR）等应用。6G 还将实现真正的全球无缝连接，包括地面、空中和海洋的覆盖，支持全息通信、超高清实时视频传输、智能物联网等应用场景。

与远程无线通信技术相对应的是近距离无线通信网络，特别是近距离无线通信网络和传感器融合形成的无线传感器网络（wireless sensor network，WSN），在信息获取领域发挥着重要作用。WSN 是随着微电子技术、无线通信技术、计算技术、自动化技术的快速发展和日益成熟而产生的重要新技术。WSN 由部署在监测区域内的大量价格低廉的微型传感器节点组成，通过无线通信方式组成多跳自组织网络系统。典型的无线传感器网络如图 10-1 所示，主要包括传感器节点、汇聚节点（网关节点）、通信网络和远程监控系统。

传感器节点是 WSN 的基本功能单元，主要功能是连接多种传感器定期采集信息，因其体积较小、携带方便，可大量放置于特定工作区域，进行多点测量。同时传感器节点还具备路由器的数据传输功能，可转发、管理来自其他节点的数据信息。大量的传感器节点分布在监测区

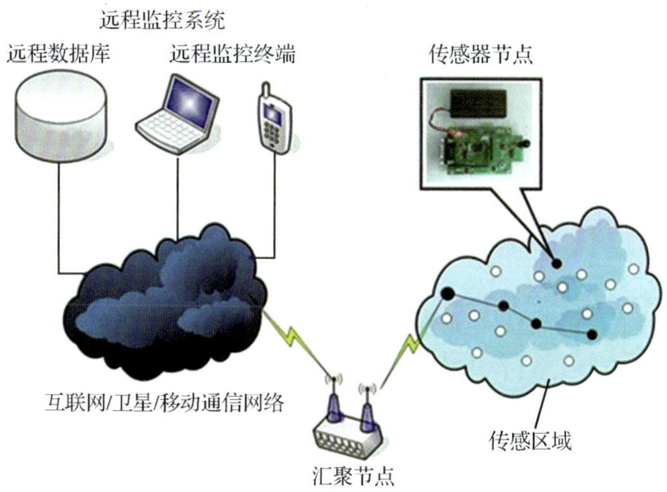

图 10-1　典型无线传感器网络

域内，通过自组织方式构成无线网络。传感器节点从环境中获得信息(数据)，然后沿着其他传感器节点逐跳地进行传输，在传输过程中，监测数据可能经过多个节点处理，多跳后路由到汇聚节点。WSN 可以协作感知、采集、处理和传输网络覆盖地理区域内被感知对象的信息，并最终把这些有价值的信息发送给用户。

汇聚节点位于底层传感器节点和远程监控终端之间，连接 WSN 核心网络和用户，可将来自传感器节点的数据转发到远程服务器上，是 WSN 与现有网络通信的关键环节。汇聚节点本身也可作为一个具有增强功能的传感器节点。汇聚节点能够将传感器节点中的错误数据剔除，并可将相关的数据加以融合，对发生的事件进行判断，最后通过互联网、卫星等传输到远程监控系统。用户可通过监控软件对 WSN 进行配置和管理，发布监测任务和收集数据等。

WSN 技术的出现为农田环境信息的实时采集、传输、处理、分析提供了集成化解决方案，为农业信息自动监测开拓了全新的研究思路。WSN 技术具有以下优点：①智能化程度高。WSN 中的所有传感器节点，从信息获取、传输到处理分析，采用全自动化的工作模式，整个过程无须人工干预，能够极大地提高工作效率，节约人力物力。②信息时效性强。WSN 的节点被部署在监测区域内，根据设定间隔连续采集传感器数据，采样间隔甚至可达到秒级，这使农田环境信息的动态获取、数据快速更新成为可能。③覆盖广域空间。WSN 能够容纳成千上万个传感器节点，分布式获取监测区域中的环境信息，并且节点具有多跳自组织能力，这样的技术特点能够很好地满足缺乏基础结构的农田广域空间环境监测的应用需求。④支持多路传感器数据同步采集。WSN 中的每个传感器节点可以提供多路传感器 A/D 转换通道，支持多个环境参数信息的同步采集，这有利于信息融合与数据互补，综合分析农田中不同环境要素之间的相互影响，实现科学管理决策。⑤灵活性强。由于田间的工作环境比较复杂，采用有线网络进行数据传输，整个工作过程必然受到系统本身以及外界环境中多种复杂因素的影响，而 WSN 采用了无线通信技术，节点部署灵活、易于维护，且降低了监测系统成本。⑥产品成本低。随着信息与通信技术的飞速发展，无线传感器产品的成本在不断下降。⑦系统可扩展性好。WSN 可以与无线广域网、互联网技术相结合，组成集信息采集、处理、发布、远程监控、查询的多层次立体化应用服务体系，实现包括地理空间信息数据、土地资源数据和作物生长数据等各类农业信息资源的整合与共享，符合农业信息化的发展趋势。

无线传感器节点是在传感器的基础上增加数据采集和传输功能的，虽然由于测量参数和性能要求的不同而种类繁多，但实现的功能基本一样。无线传感器节点的典型结构如图 10-2 所示，主要包含处理芯片、存储单元、射频模块、电源模块、外部接口和若干传感器。

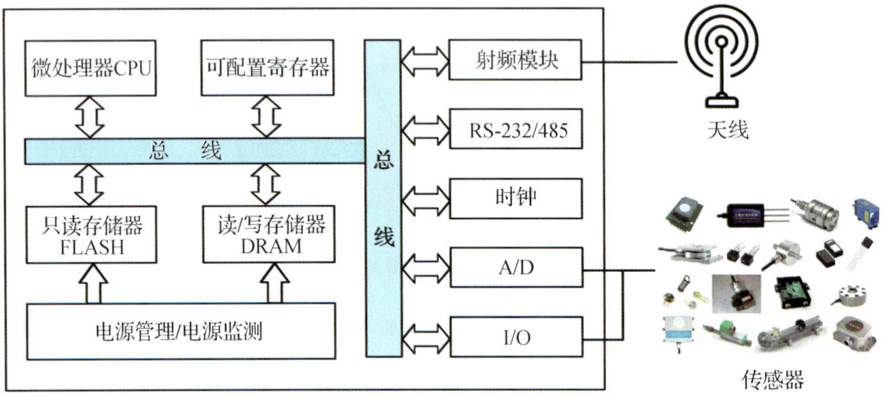

图 10-2　无线传感器节点的典型结构

WSN 为农业各领域的信息采集与处理提供了新的思路和有力手段，能够弥补以往传统数据监控的缺点，已经成为农业科技工作者的研究热点。已经有多个 WSN 协议被广泛应用在智慧农业领域，通过使用这些协议，可以更方便地进行信息获取，并作出更有效的决策，以监控作物的生长。

智慧农业领域常用的无线传感器网络除了 4G/ 5G 移动通信网络外，还有 WiFi、蓝牙、ZigBee、RFID、LoRaWAN(远距离无线广域网)、WiMax(全球微波接入互操作性)、LR-WPAN(低速无线个人区域网)等，其中 ZigBee 和 RFID 在农业 WSN 中应用尤其广泛。

ZigBee 是一种低功耗、低成本、低复杂度、低速率的近程无线网络通信技术，适用于传输距离短、数据传输速率低的一系列电子元器件/设备之间的通信。ZigBee 协议在满足条件的情况下会自动组网。ZigBee 组网有两个鲜明的特点：①一个 ZigBee 网络的理论最大节点数是 2^{16} 即 65 536 个节点，远远超过蓝牙的 8 个和 WiFi 的 32 个。②网络中的任意节点之间都可进行数据通信；在有模块加入和撤出时，网络具有自动修复功能。

RFID(radio frequency identification)即射频识别技术，利用射频信号通过空间耦合(交变磁场或电磁场)实现无接触信息传递，并通过所传递的信息达到自动识别的目的。RFID 可工作于各种恶劣环境，在农业上主要用于动物跟踪与识别、数字养殖、精细作物生产、农产品流通等。

RFID 系统组成及工作原理如图 10-3 所示，RFID 系统由电子标签(TAG)、阅读器(读卡器)和信息处理系统 3 个部分组成。电子标签是识别的主体，根据是否搭载电池分为有源式、无源式两种类型。有源电子标签又称为主动标签，由内部电池供电，电池的部分能量转换为电子标签与阅读器通信所需的射频能量，不同的标签使用不同数量和形状的电池。无源标签也称为被动标签，当无源标签靠近阅读器时，无源标签的天线将接收到的电磁波能量转换成电能，激活电子标签中的芯片，并将芯片中的数据发送出来。

（a）电子标签　（b）阅读器　（c）RFID系统工作原理

图 10-3　RFID 系统组成及工作原理

10.1.2　农业物联网及其关键技术

国际电信联盟（International Telecommunication Union，ITU）2005 年在突尼斯举办的信息社会世界峰会上发布《ITU 互联网报告 2005：物联网》[1]，正式提出物联网（internet of things，IoT）的概念。所谓物联网技术，是指通过信息传感器、射频识别技术、全球定位系统、红外感应器、激光扫描器等各种装置与技术，对任何需要监控、连接、互动的物体或过程，实时采集其声、光、热、电、力学、化学、生物、位置等各种需要的信息，通过各类可能的网络接入，实现物与物、物与人的泛在连接，实现对物体和过程的智能化感知、识别和管理。物联网是在互联网基础上延伸和扩展的网络，可实现任何时间、任何地点人、机、物的互联互通。

典型的物联网网络架构由感知层、网络层和应用层组成，如图 10-4 所示。感知层包括感知控制子层和通信延伸子层，感知控制子层实现对物理世界的智能感知识别、信息采集处理和自动控制，通信延伸子层通过通信模块直接或组成延伸网络后将物理实体连接到网络层和应

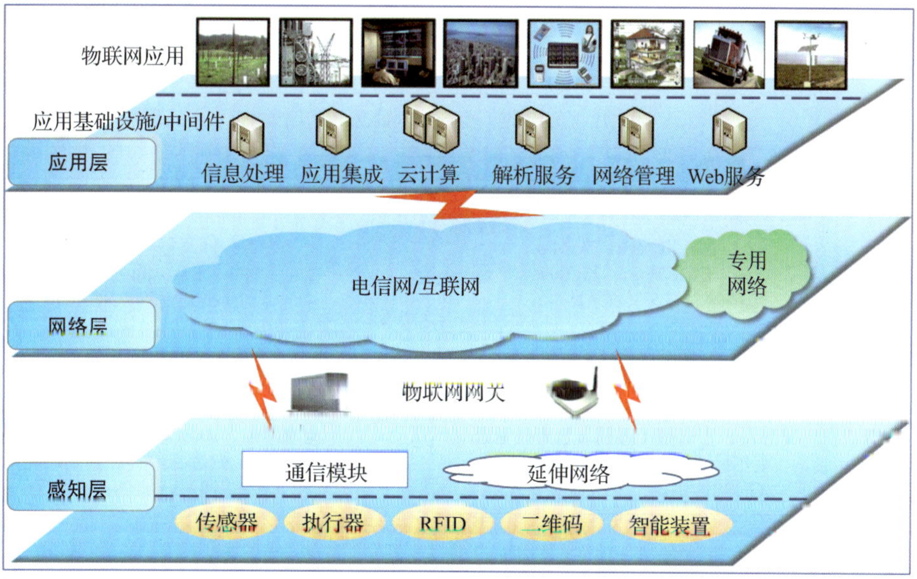

图 10-4　物联网的网络架构

用层。网络层主要实现信息的传递、路由和控制，包括接入网和核心网。网络层可依托公共电信网和互联网，也可依托行业专用通信网络。应用层包括应用基础设施/中间件和各种物联网应用。应用基础设施/中间件为物联网应用提供信息处理、计算等通用基础服务及资源调用接口，以此为基础实现物联网在众多领域的各种应用。

网络向物理世界的延伸构成物联网存在的前提条件，因此，任何一种物联网拓展应用必然依托于感知层面的技术。归纳物联网的共性关键技术主要集中在感知、控制、网络通信、微电子、计算机、软件、嵌入式系统、微机电系统等技术领域，其中传感器和 RFID 技术是物联网感知物理世界、获取信息的首要环节。

物联网技术在水土资源可持续利用、生态环境监测、农业生产过程精细管理、农产品与食品安全追溯，以及大型农业机械作业服务调度、远程工况监测与故障诊断等农业生产领域得到了广泛应用。农业物联网可实现农业资源信息的实时获取和数据共享，有助于大区域农业的合理统筹和规划，可节约大量人力、物力，提高农业资源利用率。在农业生产过程中，农业物联网将可实时获取农作物、畜禽水产的生长信息和与生产过程直接相关的环境参数，并将其作为作业管理智慧决策的依据，实现农业生产过程管理精细化，并将监测结果直接与农产品安全溯源系统相关联。农业物联网发展还将形成更加完善的农产品质量安全追溯体系。以 RFID 为代表的追踪识别技术能为可追溯系统的建设提供保障，通过标识编码、标识佩戴、身份识别、信息录入与传输、数据分析和查询，实现生产、屠宰加工、储运、交易、消费等各个环节的可追溯性。

农业物联网是一个复杂的系统，涉及电子、通信、计算机、农学等学科和领域，其关键技术如图 10-5 所示。感知/物理层包括各类农业传感器和执行器，以获取丰富的农业信息和对农

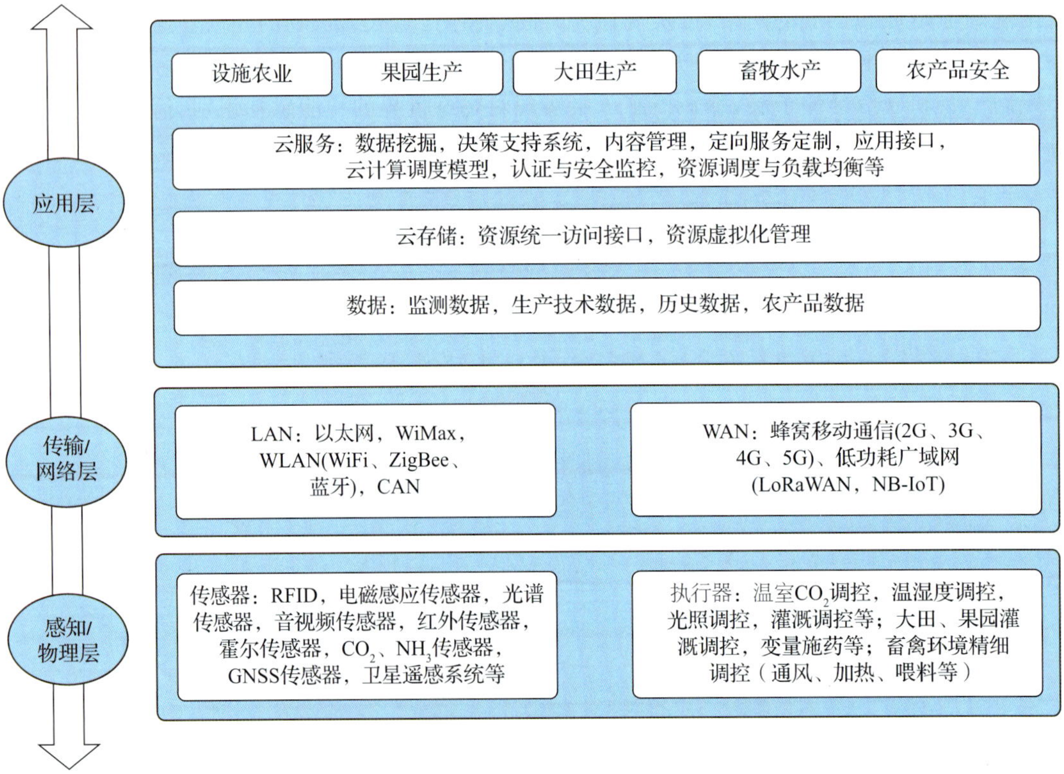

图 10-5　农业物联网关键技术

业生产过程进行调控。传输/网络层的各类无线传感器网络可提高农业物联网信息感知的效率和精度，各类广域网络实现感知层和应用层的农业信息上传和控制指令下传。应用层利用云计算、大数据、人工智能等现代信息技术分析获得的信息并形成管理决策，用于设施农业、果园生产、大田生产、畜牧水产、农产品安全等农业重点领域。农业物联网重点解决农业个体识别、情景感知、异构设备组网、多源异构数据处理、知识发现、决策支持等问题。在农业物联网中，不同种类的农业设备、传感器突破数据共享屏障，通过 M2M 通信技术共享运行参数，遵循基于大数据与人工智能的控制策略实现农业全过程的最优自动化控制。

随着信息技术的发展，现代农业对农业物联网提出了新的需求。大数据、云计算、人工智能等前沿技术为农业数据管理和分析提供了新的解决方案。例如，利用历史环境信息和植物生长信息，建立大田或者温室作物疾病预警系统，指导农民提前采取预防措施。未来，物联网将作为智慧农业的关键组成部分，深入结合大数据、云计算、边缘计算、人工智能等技术，提高控制策略的准确性，最终提高农产品产量和自然资源利用率，实现农业可持续发展。

10.2 物联网技术在大田农业生产中的应用

农业物联网技术是实现智慧农业不可缺少的重要技术之一，在大田农业生产中，农业物联网通过将信息采集、远程传输等传感设备有机结合起来构成监控网络，对农业生产的土壤、环境、水肥、空气、光照等的信息进行采集、分析，实现自动化、智能化、远程控制。例如，大田物联网系统可以实时监测大田作物的生长环境和病虫害情况，通过云计算技术进行分析和预警，从而实现智能化管理。管理人员可以通过手机 App、计算机等互联网产品实时监控大田作物生长环境，同时可以对灌溉等设备进行远程控制，从而实现大田智能化远程监管，有效降低劳动强度，实现农产品的优质和高产。物联网技术在农业生产中的应用，让农业生产更显“智慧”。

10.2.1 农田土壤水分监测物联网

土壤墒情是农田管理最重要的参数之一，因此基于物联网技术的土壤墒情研究最深入，应用也最广泛。目前，墒情和农业气象监测网络获取的实时数据已开始服务于农业环境监测及大田节水灌溉等方面，指导农民“何时灌水”及“灌多少水”。世界各国都高度重视对农业墒情信息（气候、土壤和水）的自动采集和发布工作，有的已经形成了进行墒情信息采集—信息传输处理—决策制定—信息发布的物联网平台，为农民实时提供节水灌溉建议[2]。

10.2.1.1 端能云一体化土壤水分监测与智能管理系统

中国农业大学石庆兰团队针对传感器“测不准、测不稳”等问题，在技术上进行了创新并专为农业物联网、大数据研发了集端（传感器端）、能（太阳能板）、云（平台）于一体的多深度土壤水分监测与智能管理系统[3]，采用太阳能板与传感器的一体化设计，将功耗降至 mW 甚至 μW 级。系统构成如图 10-6 所示。作为核心的土壤水分传感器实现了模拟感知、A/D 转换、无线发送及太阳能供电等模块的一体化设计，是一款可以对土壤多个深度的水分、温度及空气的温湿度、大气压等参数同时测量的物联网传感器。传感器中首次采用了灵敏度高的“高频双调谐回路检测法”，可以很灵敏地捕获土壤水分的微小变化。此外采用“多深度时分多路复用检测”技术、“去冗余电路消除非线性失真”技术，消除多个分立检测电路相互干扰、一致性差等缺点，提高了传感器的精准度、稳定性及可靠性。

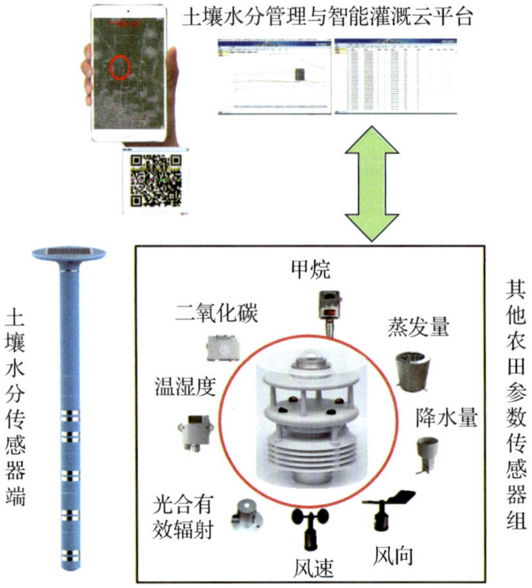

图 10-6　端能云一体化多深度土壤水分监测与智能管理系统构成

端能云一体化多深度土壤水分监测与智能管理系统不仅实现了远程监测、传输与控制，而且兼容微信功能，用户可通过微信扫码登录服务器查看监测数据。系统硬件平台内置了多路土壤水分/温度检测电路、MCU、移动通信网络、蓝牙及 GNSS 模块，将土壤水分/温度信息、定位经度/纬度/高程、测量参考时间以及状态监测信息组包，通过移动通信网络发送给云服务器，同时硬件平台接收并响应云服务器发送的检测指令。系统具有远距离、低功耗、低运行维修成本等特点，真正实现了大区域物联网的低成本覆盖。系统还提供了基于扩频的超远距离 NB-IoT 技术方案以支持海量用户。传感器安装后无须外组网，直接与云平台、物联网、大数据连接，实现海量用户和传感器互联互通，用户可以借助任何移动终端随时随地查询传感器的测量数据、工作状态、历史数据折线图、散点图等，同时还能查询全国范围内由传感器监测到的土壤墒情地图。

10.2.1.2　田间水利用系数自动测算物联网系统

张嘉栋利用图 10-6 所示的系统开发了田间水利用系数自动测算物联网系统[4]。

1. 田间水利用系数

田间水利用系数是水资源管理的一项重要指标。现有的田间水利用系数测算方法主要是靠人工测算，实时性较差，无法实时指导节水灌溉。

田间水利用系数是田间有效利用的水量与送入田间水量之比。通过田间水利用系数可以分析出一个灌区内农作物对灌溉用水的利用程度，合理地节约灌溉用水。我国节水灌溉中田间水利用系数常用式(10-1)进行测算[5]。

$$\eta=\frac{mA}{W} \tag{10-1}$$

式中：η 为田间水利用系数；m 为计划湿润层内实际灌入的水量，m^3/亩；A 为灌溉面积，亩；W 为流入田间的净灌溉水量，m^3。

计划湿润层指在灌溉中植物根系所在土层，通常主要指植物根系最密集区域所在深度的土层。植物根系所能吸取的水分来自计划湿润层。计划湿润层内实际灌入的水量可由灌溉前后计划湿润层土壤含水量之差计算得到，不包括土壤水的深层渗漏与灌溉时的田面泄水量。

田间水利用系数可由式(10-2)计算[6]：

$$\eta=\frac{\Delta W}{W} \tag{10-2}$$

式中：ΔW 为由灌溉引起的计划湿润层土体内含水量的变化，即计划湿润层土壤水的增加量，m^3；W 为流入田间的灌溉水量，m^3。

W 可由式(10-3)计算：

$$W=\sum_{i=1}^{M} w_i A_i \tag{10-3}$$

式中：w_i 为灌区同种灌溉类型下同种作物的亩均灌溉用水量，m^3/亩；A_i 为第 i 种植田块的面积，亩；$i=1,2,3,\cdots,M$，M 为田块总数。

ΔW 可用式(10-4)计算[7]：

$$\Delta W=\frac{\sum_{j=1}^{n}\sum_{k=1}^{N}(\theta_{k,j}-\theta_{k,j}^{0})\gamma_j B H_j L_k}{100} \tag{10-4}$$

式中：$\theta_{k,j}$ 为灌溉后测点(k,j)的土壤质量含水率，%；$\theta_{k,j}^{0}$ 为灌溉前测点(k,j)的土壤质量含水率，%；γ_j 为第 j 层土壤干容重，t/m^3；B 为所划分灌溉网格畦块的宽度，mm；H_j 为测点(k,j)的土层厚度，mm；L_k 为测点(k,j)的田块长度，mm；下标 j 代表土壤的第 j 层($j=1,2,3,\cdots,n$)，以计划湿润层深度为 800 mm 为例，将测点土层深度按照 100、200、400、800 mm 进行划分，则 $n=4$，每个测点的土层深度分别为 100、200、400、800 mm；下标 k 代表灌溉区第 k 块田块($k=1,2,3,\cdots,N$)。

可知，只要能获得灌区内不同田块指定监测点灌溉前后的土壤墒情(含水率)，就可估算出灌区的田间水利用系数。

2. 田间水利用系数自动测算物联网系统结构

田间水利用系数自动测算物联网系统为基于中国移动 OneNET 物联网进行二次开发的墒情数据系统，从土壤墒情数据采集、墒情数据传输存储、墒情与设备数据可视化到田间水利用系数可视化均可自动执行。田间水利用系数自动测算物联网系统的感知层是土壤墒情监测系统，网络层为窄带物联网(NB-IoT)与消息队列遥测传输协议(MQTT，Message Queuing Telemetry Transport)，平台服务层为中国移动 OneNET 云平台与因特网信息服务器(IIS，Internet Information Server)，应用层将田间水利用系数等信息可视化展示并应用。对系统的总体需求如下：

① 针对现有的土壤墒情大数据实时采集频次高、数据量大、数据分散、通信协议不统一、没有得到集中管理的问题，进行统一的数据管理。

② 针对传统的田间水利用系数通过人工测算方法费时长、耗资大的问题，降低数据采集

难度，降低人工测算成本。

③田间水利用系数测算对农田灌溉具有指导意义，因此必须在下次灌溉之前测算出田间水利用系数。在土壤墒情数据可靠的基础上，应及时将土壤墒情传感器所采集到的数据进行分析，选取灌溉前后的土壤墒情数据点，及时测算出当次田间水利用系数。

④田间水利用系数展示系统需将数据传输物联网系统采集的大量数据进行可视化，直观显示灌区土壤含水率的变化，即土壤墒情的变化趋势。

田间水利用系数自动测算物联网系统需要在现有模块基础上，保证新的土壤墒情监测设备的接入。市场上的土壤墒情传感器多种多样，其上层的物联网系统也不统一，因此需要合理地设计田间水利用系数物联网体系架构，保证留有可供扩展的软硬件接口和统一的数据传输格式。

为了实现基于 OneNET 的田间水利用系数物联网系统的感知、传输、分析计算、可视化功能，将整个系统架构划分为墒情感知层、墒情数据传输层、数据接收平台以及田间水利用系数测算应用层，系统层次如图 10-7 所示。

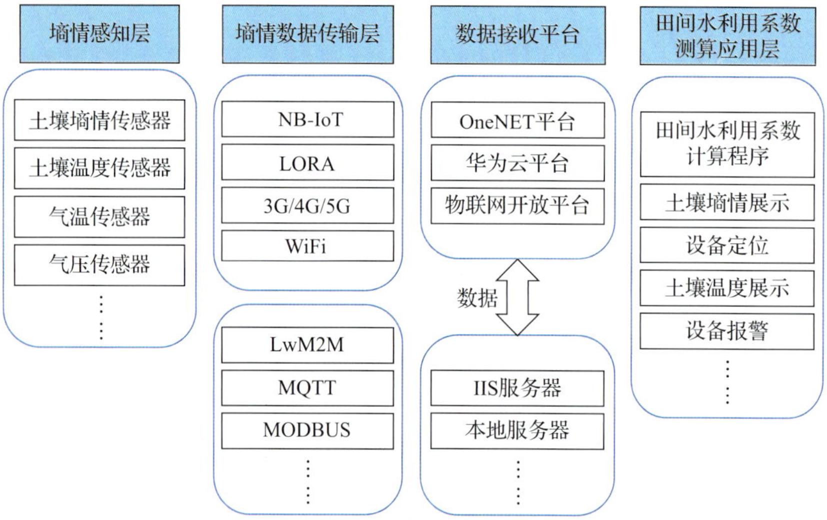

图 10-7 田间水利用系数自动测算物联网系统层次

墒情感知层负责收集土壤墒情数据和与灌溉相关的信息数据，墒情数据传输层负责通过 NB-IoT 网络将土壤墒情感知层采集到的数据按照 MQTT 通信协议传输到数据接收平台。数据接收平台是整个物联网系统的重要一环，通过将云端服务虚拟化，然后进行相应的调度处理，为用户提供与物理服务器功能与性能相同、可调整规模的云端服务器，并且可以将传输层传输的数据进行本地储存以及与感知端之间的交互。田间水利用系数测算应用层分为平台应用层与本地应用层，平台应用层运行在平台上，可以使用平台提供的应用接口，通过传输层与感知层设备进行通信，并可以与用户进行交互；本地应用层则运行在本地的物理服务器上，通过嵌入平台应用层的服务来实现用户的需求。

墒情数据传输和接收又分为 OneNET 物联网系统和基于 IIS 的物联网系统两套系统，如图 10-8 所示。OneNET 物联网系统的数据传输过程为：①墒情感知层采用多深度土壤墒情传感器采集数据。②墒情数据传输层采用 NB-IoT 通信模块进行数据传输。所传输的数据遵循

MQTT 通信协议先进行信息鉴权，鉴权成功后发送数据，发送的数据格式采用便于平台处理的 JSON(JavaScript Object Notation)格式。③数据接收平台采用提供 PaaS 与 SaaS 服务的 OneNET 物联网云平台，系统使用其中的两个功能，一是云平台 PaaS 服务的数据传输接收与存储功能，一是云平台 SaaS 服务的数据展示功能。④田间水利用系数测算应用层采用云平台的数据展示功能，通过 MQTT 通信协议上传土壤墒情数据。基于 IIS 的物联网系统的数据传输过程为：①墒情感知层同样使用多深度土壤墒情传感器采集数据。②墒情数据传输层采用 NB-IoT 通信模块进行数据的发送与接收，建立 TCP 通信连接后按照 JSON 格式发送数据包，数据包包含设备 ID 与墒情数据。③数据接收平台采用 IIS 服务器作为上位机，建立数据库对接收的数据进行储存。④通过 HTTP 通信协议将数据发送至 OneNET 物联网平台，OneNET 物联网平台的数据可视化服务对 MQTT 协议传输的数据与 HTTP 协议传输的数据进行整合，然后进行数据大屏可视化设计。

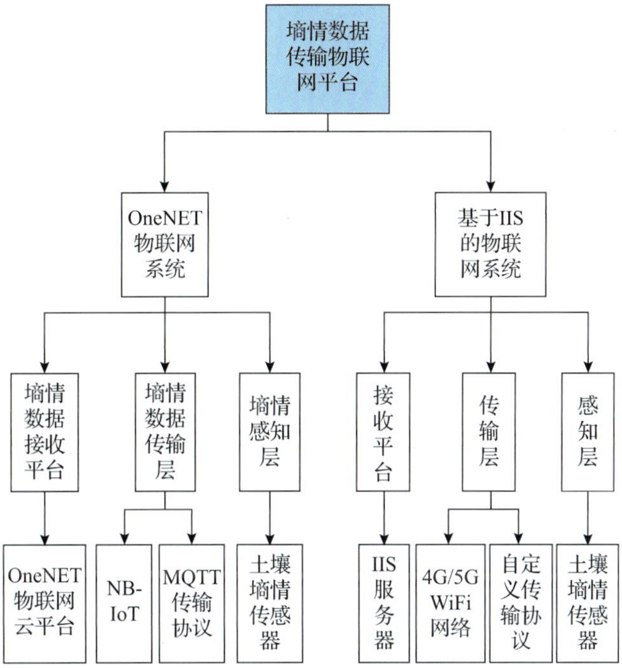

图 10-8　数据传输物联网平台层架构

田间水利用系数测算应用层是整个物联网系统中的最上层应用，包括 3 个子系统：墒情监测子系统、田间水利用系数自动测算子系统和设备及用户管理子系统，其中墒情监测子系统和田间水利用系数自动测算子系统负责将物联网系统收集到的数据进行处理和展示，其架构如图 10-9 所示。

数据展示模块将接收到的数据分为实时数据与历史数据。模块所需要展示的数据有设备电量、土壤墒情数据、土壤温度数据以及设备定位数据等。历史数据通过折线图的方式进行直观展示，实时数据通过柱状图、雷达图以及定位图进行展示。数据接收模块负责整合 OneNET 物联网平台接收到的数据与 IIS 服务器接收到的数据，通过设计解析 JSON 格式数据的 JavaScript 脚本将 OneNET 物联网平台与 IIS 服务器接收到的数据按照上传时间与信息整合到一起。

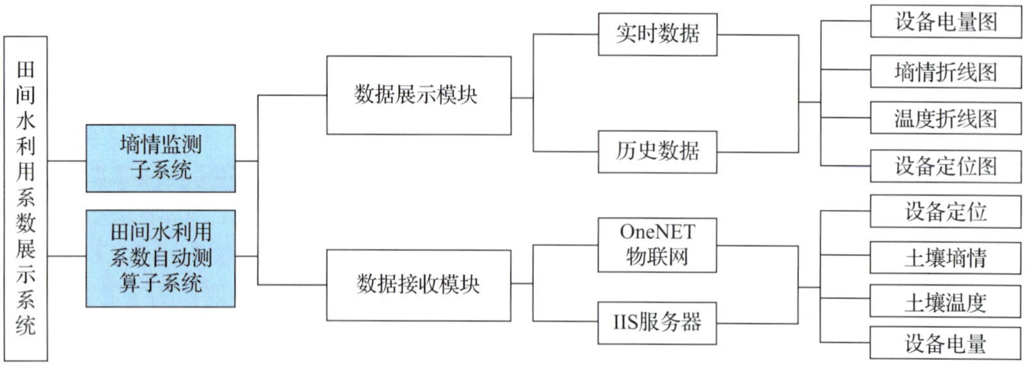

图 10-9　田间水利用系数展示系统架构

在北京市怀柔区杨宋镇太平庄灌区对该物联网系统开展了田间试验，田间水利用系数实际测算展示页面如图 10-10 所示。田间水利用系数自动测算子系统接收墒情监测子系统传输的各深度的土壤墒情数据后，将各深度土壤墒情数据利用折线图展示。灌区中所有监测田块上的监测站点以及灌区设备定位也都在画面上展示。田间水利用系数算法程序接收到上传的土壤墒情数据后，通过墒情数据的筛选，将灌溉前后土壤墒情数据选取出来并带入田间水利用系数测算公式进行计算。展示模块将田间水利用系数算法程序给出的返回结果进行展示，图中展示的田间水利用系数为 83.89%。

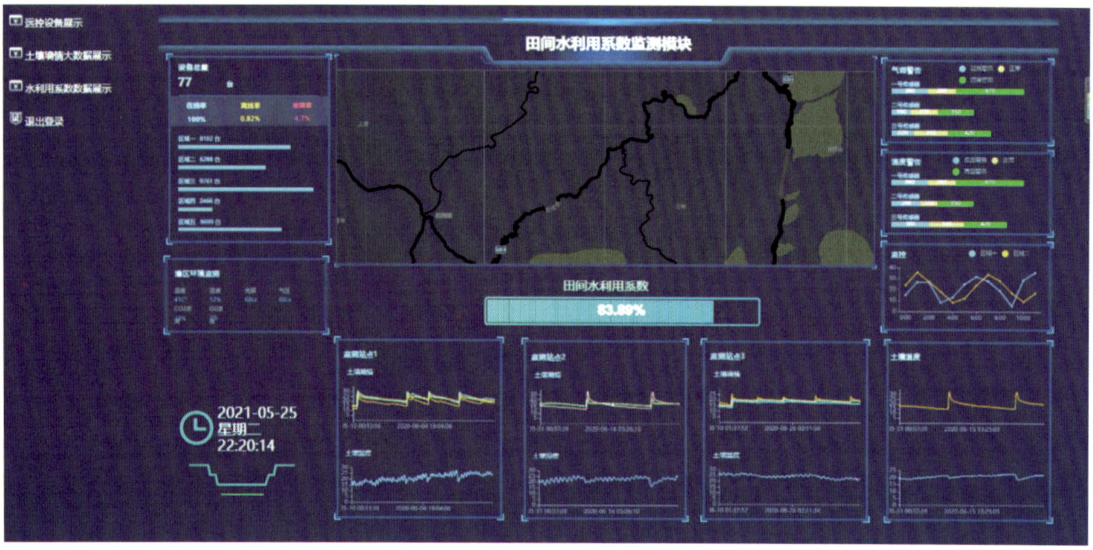

图 10-10　田间水利用系数自动测算子系统展示页面

田间水利用系数自动测算物联网系统采用高内聚低耦合的设计方案，针对灌区节水灌溉的实际情况对应用层进行了细致的布局，首先获取灌区土壤墒情数据并进行可视化处理，然后将土壤墒情数据进行清洗、筛选，每次灌溉后自动计算田间水利用系数并进行展示。

用户管理子系统用于对用户进行管理，使该用户只能看到自己名下的设备，对于其他用户具有一定的信息保护能力。

10.2.2 作物叶片叶绿素信息监测物联网[8]

作物叶片叶绿素含量是作物长势监测的重要指标，是评价作物长势和实施作物生产智能精确管理的重要依据。国内外科学家为快速获取作物叶绿素含量信息，应用作物光谱学分析技术，设计开发了一系列作物叶绿素检测传感器。另一方面，农业物联网的应用可以实现对农作物、农业环境、农田土壤等信息的实时监测，随时随地了解农田内作物的生长发育状态、水肥状态以及病虫害情况，再通过智能控制技术指导农业机械进行工作，达到改善作物生长环境、降低生产成本、提高农业生产效率的目的。将作物叶片叶绿素传感器和物联网技术融合，可以实时、快速、多点、大范围获取作物营养状态信息，为农业生产的智慧化和智能化提供技术支撑。

10.2.2.1 作物叶片叶绿素信息监测物联网硬件系统

作物叶片叶绿素信息监测物联网总体框图如图 10-11 所示。

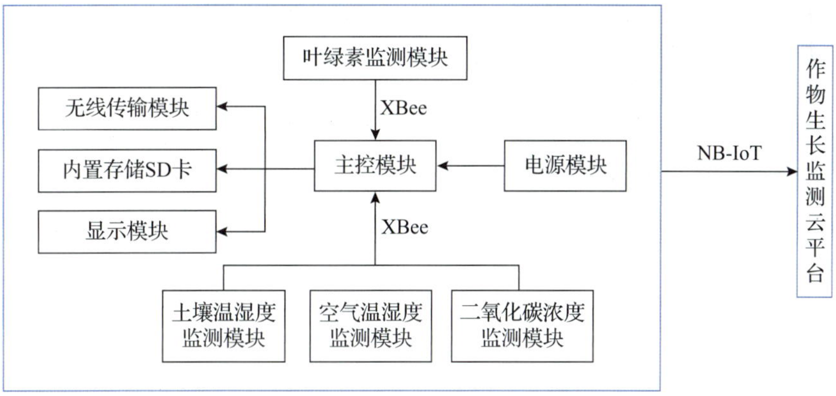

图 10-11 作物叶片叶绿素信息监测物联网框架

1. 主控模块

主控模块采用基于 ATmega328P 的开发板 Arduino UNO，它有 14 个数字输入/输出引脚(其中 6 个可用于 PWM 输出)、6 个模拟输入引脚，一个 16 MHz 晶体振荡器，一个 USB 接口，一个 DC 接口，一个 ICSP 接口，一个复位按钮，具有微控制需要的所有功能，只需将它连接到计算机的 USB 接口，或者接上电源，就可以驱动工作。

2. 叶绿素监测模块

叶绿素监测模块有主动式光源和被动式光源两种。

(1)主动式光源叶绿素监测模块：以 MAX30102 芯片为收发光器件，主要集成了光源及驱动电路、光感应和 A/D 转换电路、环境光干扰消除及数字滤波电路，只将数字接口留出，使用单片机通过硬件 I^2C 或者模拟 I^2C 接口来读取信号，就可以得到转换后的光强度值，通过相应的算法转换得到植物叶片叶绿素检测值。模块设计两个分别发射 660 和 880 nm 波长的 LED，采用透射法测量，依据植物叶片叶绿素在红光区域的强吸收特性和近红外区域的强反射特性，可以获取叶片的 NDVI，利用建立的叶绿素检测模型，实现对作物叶绿素的实时监测。主动式光源叶绿素监测模块的外形和工作场景如图 10-12 所示。

(2)被动式光源叶绿素监测模块:采用 AS7263 六通道近红外光谱传感器,有 6 个独立的光学滤波器,中心波长分别为 610、680、730、760、810 和 860 nm,每个滤波器的全宽半高(full width at half maximum,FWHM)均为 20 nm。被动式光源叶绿素监测最大的问题在于光环境的不稳定性,且夜间无法进行监测。为了应用于物联网系统,设计了集光照强度传感器与被动式光源传感器于一体的监测模块,实时进行光照强度的采集,通过不同的光照数据对监测到的光谱值进行反射率的校正。被动式光源叶绿素监测模块的工作场景如图 10-13 所示。

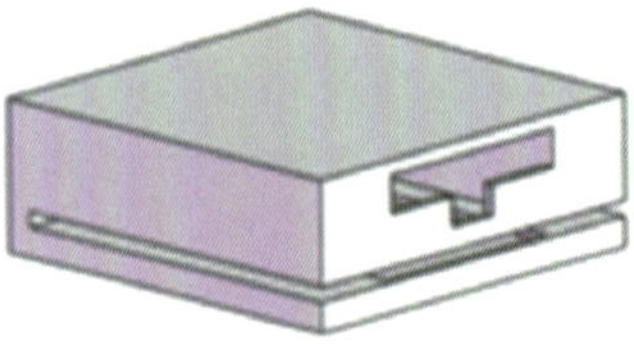

(a) 外形

(b) 工作场景

图 10-12　主动式光源叶绿素监测模块

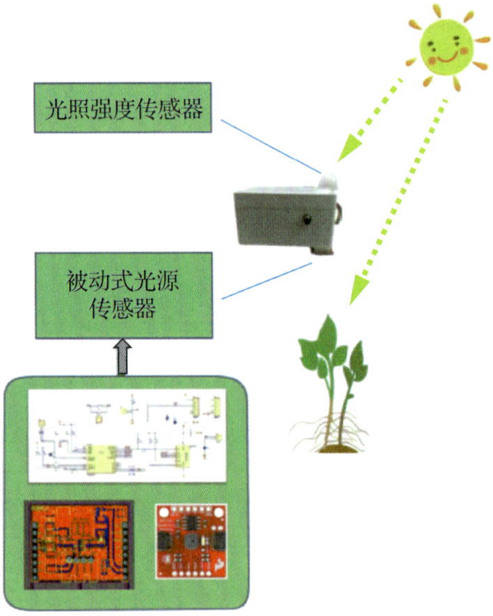

图 10-13　被动式光源叶绿素监测模块

3. 环境监测传感器

光照度传感器:型号 BH1750FVI,支持 I^2C 总线接口,可采集光范围 1～65 535 lx,输出对应光照度的数字值,受红外线影响很小。

空气温湿度传感器:型号 DHT11,工作电压 3.3～5.0 V,温度测量误差±1 ℃,湿度测量误差±5%。

土壤温湿度传感器:型号 LM393,5 V 电压供电,数字输出接口,镀镍处理,感应土壤的接触面积大,可以提高导电性能,延长使用寿命。

4. 无线传输模块

无线传输模块采用 XBee S2C 模块和 NB101 模块。

XBee S2C 模块是采用 ZigBee 技术的无线模块,工作在 ISM 2.4 GHz 频率波段,采用 802.15.4 协议栈,可以通过电平转换器(例如通过 RS-232 或 USB 接口板)与多种串行设备或通过 SPI 进行通信,支持点对点通信以及点对多点网络。与 ZigBee 模块相比,XBee S2C 模块是一种远距离低功耗的无线模块。在作物叶片叶绿素信息监测物联网系统中,XBee S2C 模块用于传感器节点之间以及传感器节点和主控模块(中心节点)之间的通信。

NB101 模块是无锡谷雨电子有限公司的 NB-IoT 模块,基于移远 BC95 无线模块设计,包括天线射频、电源、SIM 卡座、ESD 防护等电路,连接电源、串口即可使用。可将串口接收的数据信息通过 SIM 卡流量上传到专属云透传平台,便于远程监测数据。在作物叶片叶绿素信息监测物联网系统中,NB101 模块用于主控模块和云端服务器之间的通信。

10.2.2.2 作物叶片叶绿素信息监测物联网软件系统

1. 软件系统流程

作物叶片叶绿素信息监测物联网的基本工作流程包括参数初始化、多传感器数据采集、节点数据汇总、数据预处理、数据格式转化、数据上传云服务器 6 个部分,其中 XBee 自组网络完成多传感器的数据汇总,NB-IoT 模块将数据上传云服务器,通过阿里云平台实现数据的计算与存储,并可通过数据监测软件进行数据的查看与监测。软件系统流程如图 10-14 所示。

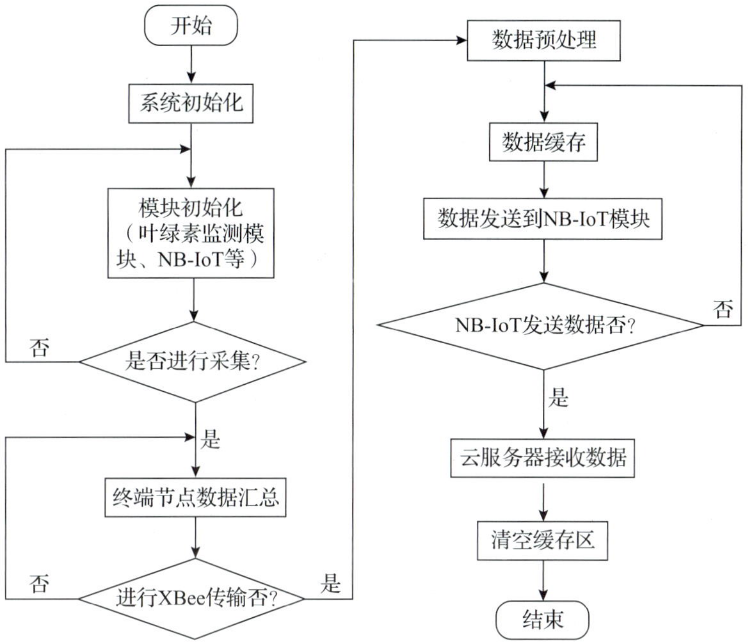

图 10-14 作物叶片叶绿素信息监测物联网软件系统流程

①参数初始化。首先将叶绿素监测模块与开发板的 COM 端口连接,波特率可根据实际要求设置,无奇偶校验位。上电后,单片机复位多种传感器检测模块并对模块进行功能初始化。

②多传感器数据采集。单片机发出采集指令后,空气温湿度传感器、土壤温湿度传感器以及 AS7263 传感器模块将对各种信息进行采集,单片机将对多种信息进行汇总。

③节点信息汇总。每个采集节点通过 XBee 模块将单点的采集信息发送至中心节点,中心节点接收不同节点的信息并标记节点号,将数据汇总并缓存。

④数据预处理。剔除测量数据中的粗大误差可以提高数据融合的自适应速度和精确度。选用格拉布斯准则剔除粗大误差,剔除超出正常测量误差范围的小概率误差。

⑤转化数据格式。将十进制字符转换为十六进制 ASCII 码格式,并在每串字符前加入验证字符,接收端收到数据、验证成功后对数据进行接收。

⑥数据上传云服务器。在阿里云平台上运行 TCP 服务器程序,主要实现接收数据并将数据解码保存的功能,NB-IoT 完成网络附着后连接服务器即可完成数据上传服务器功能。

2. 服务平台

物联网系统需要一个基于云计算和互联网的平台加以支撑，并且要求平台拥有良好的可靠性、稳定性和易用性。作物叶片叶绿素信息监测物联网依托阿里云开发了云服务平台。

为了实时监测农作物生长过程中的各种指标参数，基于 C# 开发了一个和云服务平台连接的本地化智能监控系统，对农田进行远程监控和数据管理。系统数据库的开发使用 SQL Server2012 数据库技术，平台设置“数据连接”、“环境信息”、“植物信息”、“历史数据”、“警报” 5 个功能窗口，可实现远程客户端对数据的实时监测以及历史数据查询等功能。系统主界面如图 10-15 所示。

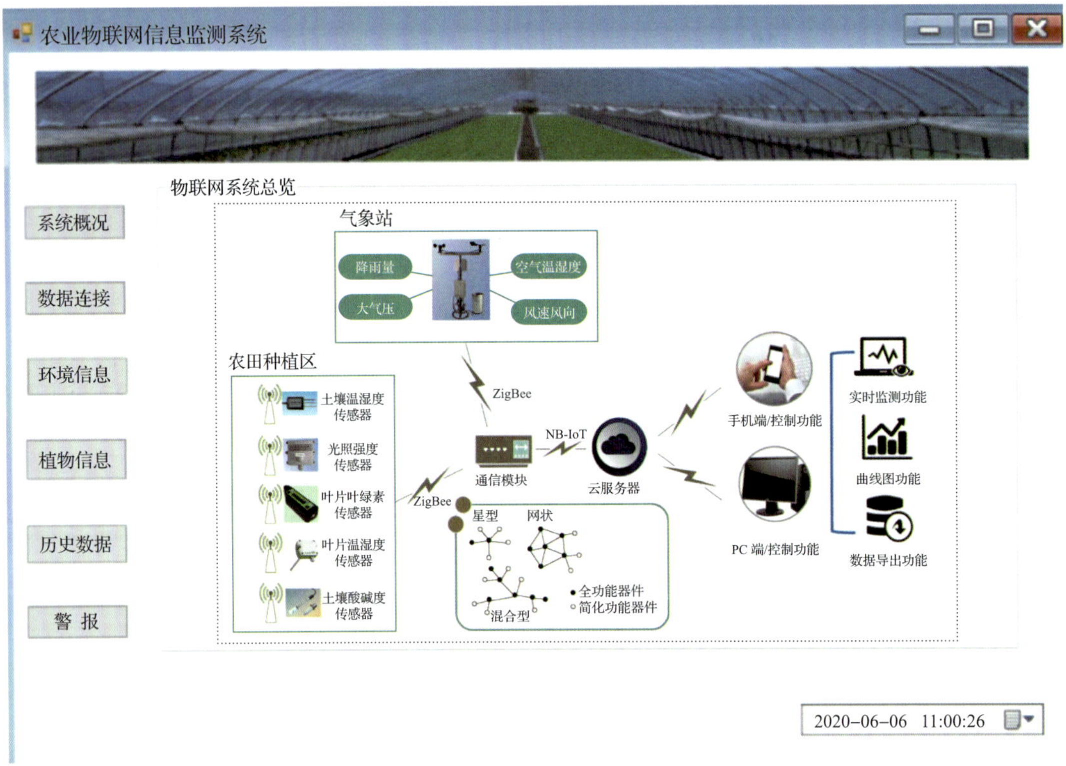

图 10-15　农业物联网信息监测系统界面

进入系统后点击“数据连接”按钮，即可为阿里云数据库数据列表与农业物联网信息监测系统创建连接以进行数据交换。连接数据库后，数据库内传感器采集的数据均可展示，每次可显示 24 h 内的空气、土壤温湿度，一周内作物叶片叶绿素含量变化曲线，通过数据查询界面可以直观地看到农田内环境以及作物生长的状态。

阿里云服务器可保存近一个月的监测数据，点击“历史数据”按钮，即进入历史数据查询界面，选择传感器节点及查询的开始时间与终止时间，即可调用数据库，完成历史数据的显示。

10.2.2.3　作物叶片叶绿素信息监测物联网测试与田间应用

对开发的物联网系统进行系统性能测试与田间应用，包括：①数据丢包率测试，根据串口助手统计收和发数据的数量来测试丢包率；②水肥胁迫试验，利用开发的物联网系统实时监测水肥胁迫组和正常水肥管理对照组玉米幼苗的叶绿素变化情况。

1. XBee 丢包率测试

为了提高数据传输的稳定性，对 ZigBee 节点传输类型进行了改进设置，协调节点（XBee 模块 1）只记录路由节点（XBee 模块 2）的位置，与路由节点进行单独的数据传输。测试结果如表 10-1 所示，500 ms 间隔发送数据时接收率 98.2%，1 000 ms 间隔发送数据时接收率 98.6%，接收率均在 98%以上，均可达到农业物联网数据传输准确率的要求。

表 10-1　XBee 丢包率测试结果

间隔时间/ms	发送字节数	接收字节数	接收率/%
500	31 584	31 024	98.2%
1 000	18 992	18 720	98.6%

2. 叶绿素含量监测试验

使用作物叶片叶绿素信息监测物联网系统于 2020 年 7 月在中国农业大学上庄实验站对玉米进行了连续的监测试验。现场布置 6 个叶绿素监测节点、1 个环境监测节点，环境监测节点可对空气温湿度、土壤温湿度、光照度、二氧化碳浓度进行监测，如图 10-16 所示。

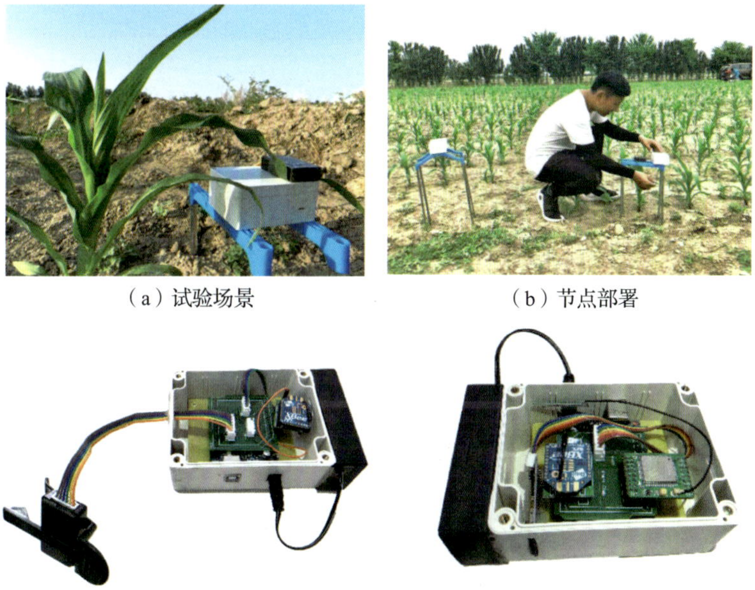

（a）试验场景　（b）节点部署

（c）终端节点设备　（d）中心节点设备

图 10-16　作物叶片叶绿素信息监测物联网系统试验场景与设备

图 10-17 为监测到的 6 株玉米叶片叶绿素含量 12 h 变化曲线。由图可知，8:00—12:00 太阳光照度逐渐上升，叶绿素含量也有明显上升；12:00—14:00 叶绿素含量缓慢下降；14:00—18:00 光照度逐渐降低，叶片叶绿素含量较快下降。

在实验室环境下，以 4 株玉米幼苗为对象进行监测。为了让植物叶绿素有明显变化，将 1 号、2 号两株玉米移植在沙土中培养，让其自然枯萎，3 号、4 号两株玉米正常浇水施肥培育，同时监测 4 株玉米叶片的叶绿素变化。监测到的 4 枚叶片叶绿素含量 90 h 变化曲线如图 10-18 所示。

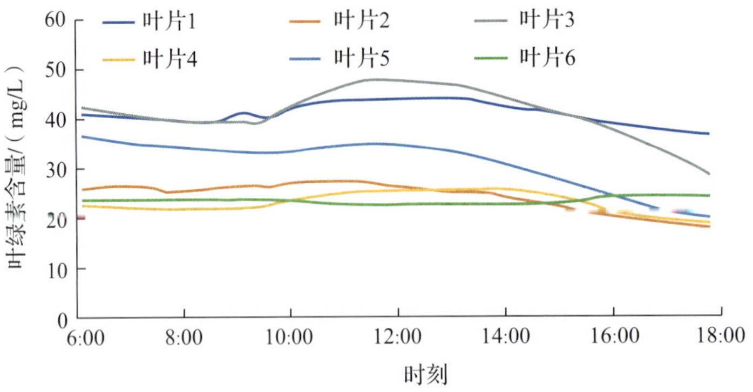

图 10-17　大田玉米叶片叶绿素含量 12 h 监测数据

试验证明，叶片植物生理信息会随环境的变化而改变，3 号和 4 号同类叶片在相同环境下叶绿素的变化规律基本一致，1 号和 2 号叶片处于水分胁迫状态，叶绿素含量呈下降趋势，反映了胁迫的动态进程。

丢包率试验和叶绿素含量监测试验结果表明，开发的作物叶片叶绿素信息监测物联网系统检测精度达到了要求，可以用于田间作物叶片叶绿素监测，以用于智慧管理决策。

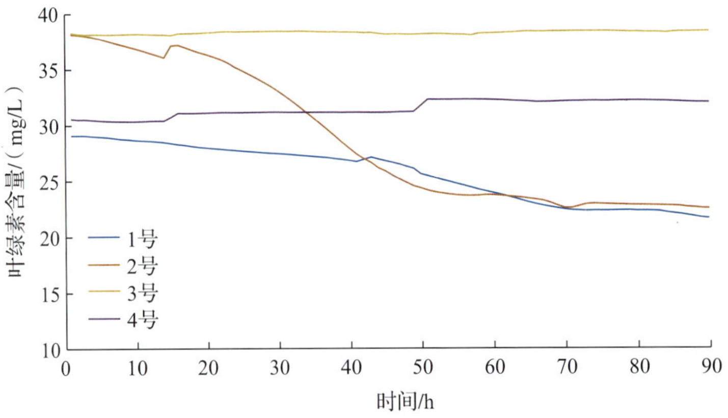

图 10-18　实验室环境下玉米叶片叶绿素含量 90 h 监测数据

10.3　物联网技术在设施农业生产中的应用

设施农业是通过采用现代化农业工程和机械技术改变自然环境，为动植物生产提供相对可控制甚至最适宜的温度、湿度、光照、水肥等环境条件，在一定程度上摆脱对自然环境的依赖进行有效生产的农业，是现代农业的重要发展方向。设施的相对封闭性和可控性以及高投入、高产出特点，使其更适合物联网技术的应用。图 10-19 为一种智慧温室物联网方案，温室栽培采用智慧无土栽培技术(smart hydroponics)，温室内部署了环境参数和 CO_2 浓度的无线传感器网络，温室的排风与温度调节也由物联网系统控制，温室还设置了边缘计算机(edge computer)用于在本地进行数据处理和决策，另外设置了云服务端进行系统管理、数据处理及发布，边缘计算机与温室内的设备采用局域网通信，与云服务端采用移动通信网络通信。

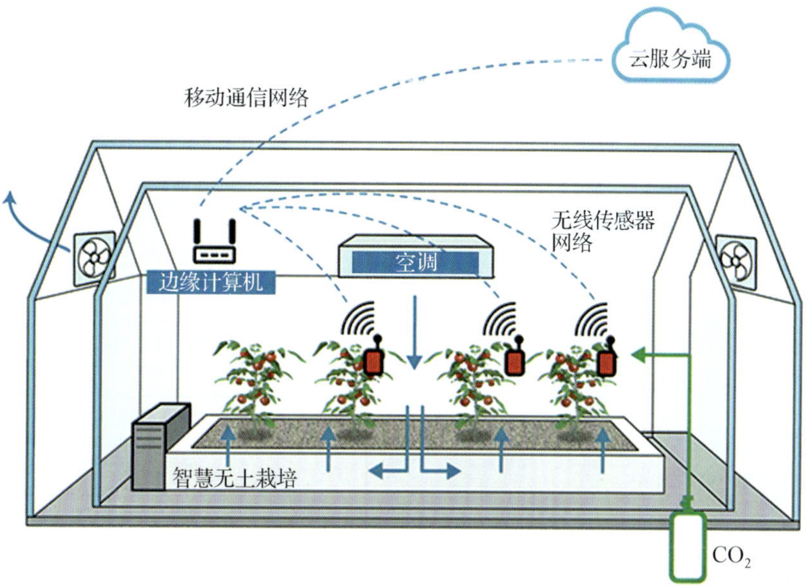

图 10-19　一种智慧温室物联网方案

10.3.1　基于 B/S 架构的温室光环境调控物联网

光是影响植物生长的重要环境参数之一。根据植物学理论，只有在一定强度的光照条件下，植物才能进行有效的光合作用，适宜的光照强度可以促进光合作用顺利进行；光还是植物整个生长和发育过程中的重要调节因子，对植物生长发育、形态建成和物质代谢等各个方面都有调节作用。太阳辐射是维持日光温室温度或保持热量平衡的最重要的能量来源，同时也是日光温室植物进行光合作用的唯一光源。太阳光受地理位置、气象条件等因素的制约，往往不能及时为日光温室中的植物提供理想的光源，导致作物光合作用效率低下、病虫害发生率升高、花芽发育不良、坐果率低、果实发育受阻等，严重影响农产品的产量和品质，所以需要对作物进行补光。LED 补光灯具有光谱分布窄、波长定位精准的特点，可以结合作物对光的需求，基于有效光合波段实现精细化补光，是植物补光的理想光源。在日光温室集中的大规模设施农业区域，通过无线传感器网络（WSN）连接信息检测平台能够获取温室环境信息和作物生产信息，再结合服务平台可进行精准调控及策略化补光。

物联网在信息的获取和传送方面优势明显，将物联网的远程监控平台与 WSN 相连接，进行性能检测、数据可视化和分析、光照等关键参数的智能调控，能够更好地发挥物联网的作用。

王雅萱开发了基于 B/S 架构的温室光环境调控物联网平台[9]，可实现网络运行状态管理，日光温室内空气温湿度、土壤温湿度、CO_2 浓度、光照度等环境数据的收集与可视化，日光温室环境实时监测，LED 红蓝光配比决策及调控。

10.3.1.1　温室光环境调控物联网平台需求和功能分析

开发温室光环境调控物联网平台的目的是监控日光温室环境参数，并根据环境参数结合作物长势，调配适合作物生长的红蓝光，对温室植物进行智能化补光决策和自动化补光，平台需求和功能分析如图 10-20 所示，包括系统安全模块、设备管理模块、资源数据模块、数据分析模块、决策调控模块以及环境监测模块等 6 个模块。

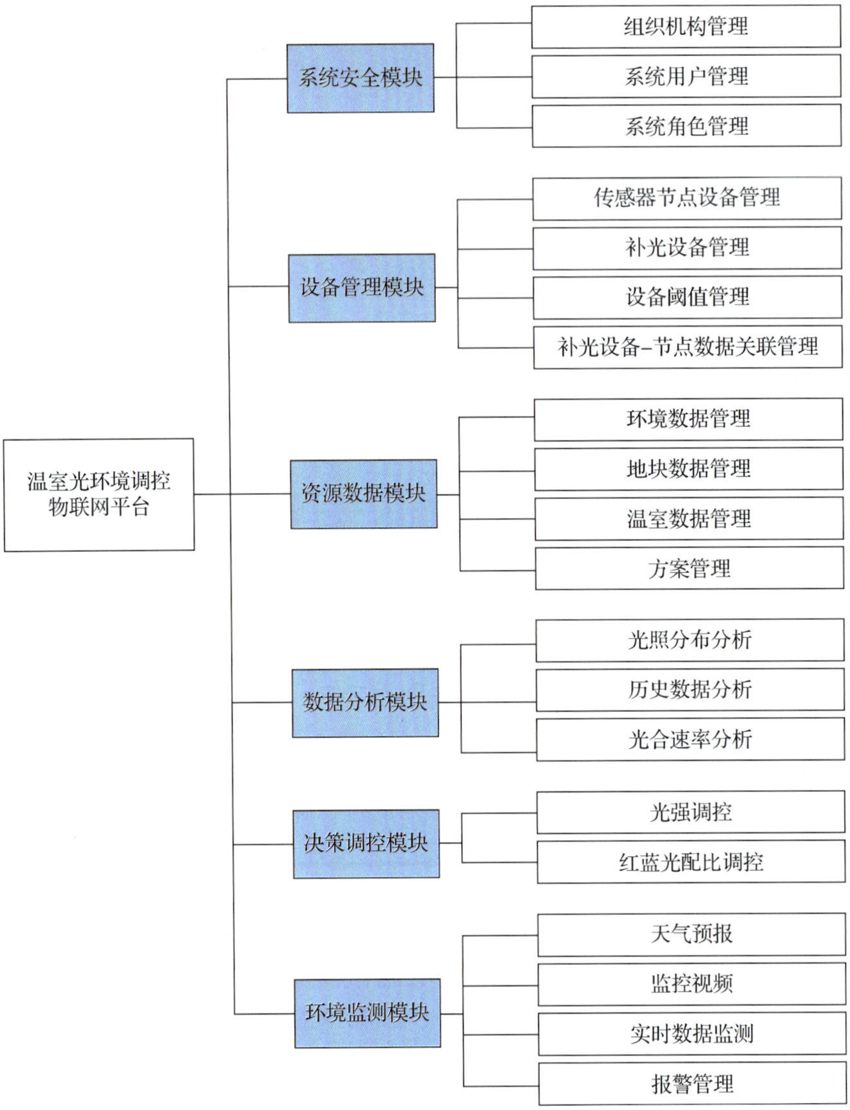

图 10-20 温室光环境调控物联网平台需求和功能分析

(1)系统安全模块：主要实现对系统基本数据的管理，目的是对用户进行细致的划分，为不同用户提供不同的功能，保障系统整体的安全可靠性。系统角色分系统管理员、科研用户、普通温室管理员和普通用户 4 种。

(2)设备管理模块：主要用于实时监测传感器节点设备、补光设备工作状态及异常报警等，设备报警阈值可修改，以贴合农户的需求。对某个补光设备，系统会绑定它所需依据的传感器节点，在后续模块中将依据此传感器节点测量的环境数据，对该补光设备进行决策调控。补光设备-节点数据关联管理示例如图 10-21 所示。

(3)资源数据模块：主要用于实时展示空气温湿度、土壤温湿度、CO_2 浓度和光照强度数据，查询历史数据；对地块、温室、方案信息数据进行管理，提供修改、查询的功能，方案信息可拷贝，为科研工作者创建新方案提供便利。

(4)数据分析模块：数据分析模块主要是针对科研用户需求开发的，图 10-22 为该模块使

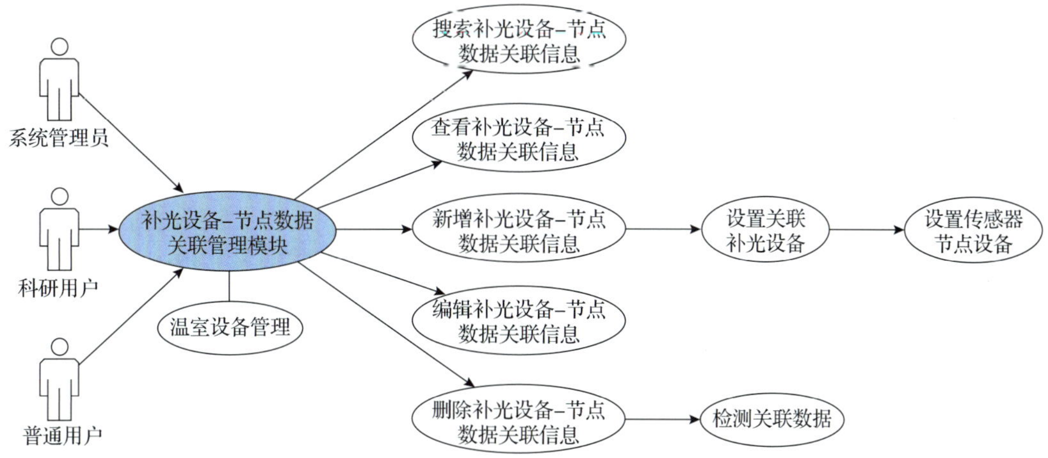

图 10-21　补光设备-节点数据关联管理示例

用示例。模块主要进行光照分布分析、历史数据分析和光合速率分析。其中历史数据分析主要是观察一定时间范围内温室内各环境参数的变化情况，此功能为科研用户和普通用户的共同需求；光照分布分析主要是依据光照传感器的数据，采用反距离加权（IDW）空间插值法生成某时刻的温室内光照分布可视化图像，用于研究温室光分布情况。光合速率分析主要是生成三维图，用来分析某时间段内某补光策略下植物光合作用随环境参数的变化，用于研究补光策略的效果，针对普通用户也可提供简单折线图。

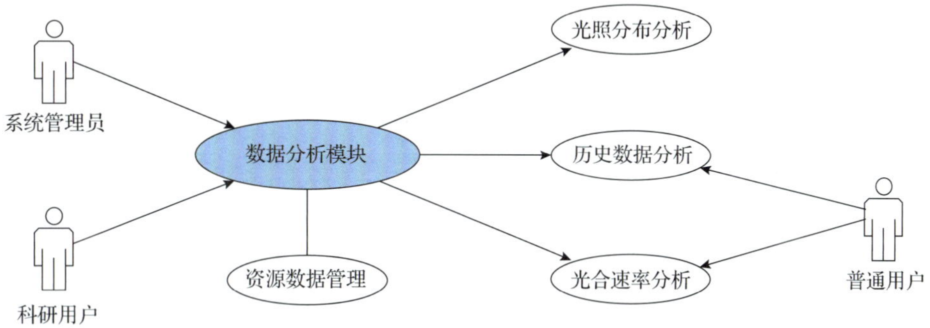

图 10-22　数据分析模块示例

（5）决策调控模块：主要依据光强调控模型，对实时温室环境信息进行分析，给出光强调控和红蓝光配比决策。有两种调控模式可以选择，自动模式下系统根据决策自动对补光设备进行调控，手动模式下用户选择补光设备，输入光强及红蓝光配比进行调控。

（6）环境监测模块：监控模块主要是对温室监控摄像头拍摄视频的实时展示、对当前组织机构下温室实时数据的显示、温室中异常报警的实时显示，并且提供了当日当地天气数据及天气预报。

10.3.1.2　温室光环境调控物联网平台硬件连接

温室光环境调控物联网平台硬件连接如图 10-23 所示。

数据采集服务整体结构如图 10-23 右上部分所示，传感器节点由 3 类传感器组成：光照传感器（MAX44009）、空气温湿度传感器（SHT30）和 CO_2 传感器（JX102），路由器、协调器、传感

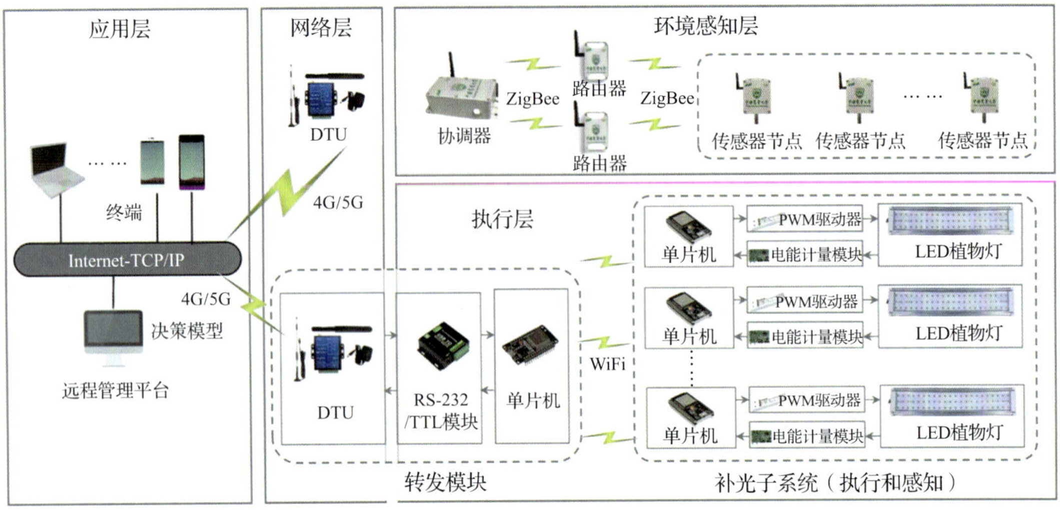

图 10-23　温室光环境调控物联网平台硬件连接示意图

器节点通过 CC2530 组成 ZigBee 网络进行数据的无线传输，最后通过 4G/5G DTU 遵循 TCP 协议对系统进行数据发送。

设备调控服务整体结构如图 10-23 右下部分所示，系统需要遵循 TCP 协议向 DTU 下发指令，DTU 接收到指令后通过 RS-232/TTL 模块将电平信号转换为 TTL 格式后下发给单片机，补光子系统中单片机连接转发模块单片机网络接收指令，最终利用 PWM 驱动器和电能计量模块驱动多路 LED 植物灯，调控光质和光强。

由于硬件设备遵循 TCP 协议通过 4G/5G-DTU 进行数据的接收与发送，所以系统服务端需要创建 TCP 服务器，与 DTU 进行通信。

10.3.1.3　温室光环境调控物联网平台软件流程

温室光环境调控物联网平台软件总体框架如图 10-24 所示，主要由前端、服务器端和数据库 3 个部分构成。前端即为浏览器端，采用用户友好型界面，通过可视化界面展示系统功能、与用户进行交互，属于表示层。服务器端主要对业务逻辑和业务数据进行控制和维护，业务逻辑层主要负责处理业务逻辑，数据持久层主要将内存中的数据模型转换为存储模型，以及将存储模型转换为内存中的数据模型。服务器端不与用户进行直接的交互，只与数据库和前端进行数据交换。数据库按照数据结构来组织、存储和管理数据。

表示层由系统界面组成，用于与系统用户交互。Vue 和 Element Plus 用于设计、布局系统页面和渲染数据。表示层通过 Axios 向服务器发送请求并获取系统数据，利用 ECharts 对请求的数据进行分析，并以热力图、条形图、饼状图、折线图等图形化方式将分析结果直观地展示给用户。

业务逻辑层位于数据访问层和表示层之间，起桥梁作用。它的主要功能是处理业务规则的制定和业务流程的实现等与业务需求相关的系统设计任务。对于数据持久层而言，它是调用者，对于表示层而言则是被调用者。

数据持久层负责将数据库操作代码进行统一封装，与业务逻辑代码进行区分。使用 Sequelize 进行数据库操作，实现服务器端与数据库的连接，并通过执行 SQL 语句来管理和维护数据库中的数据信息。

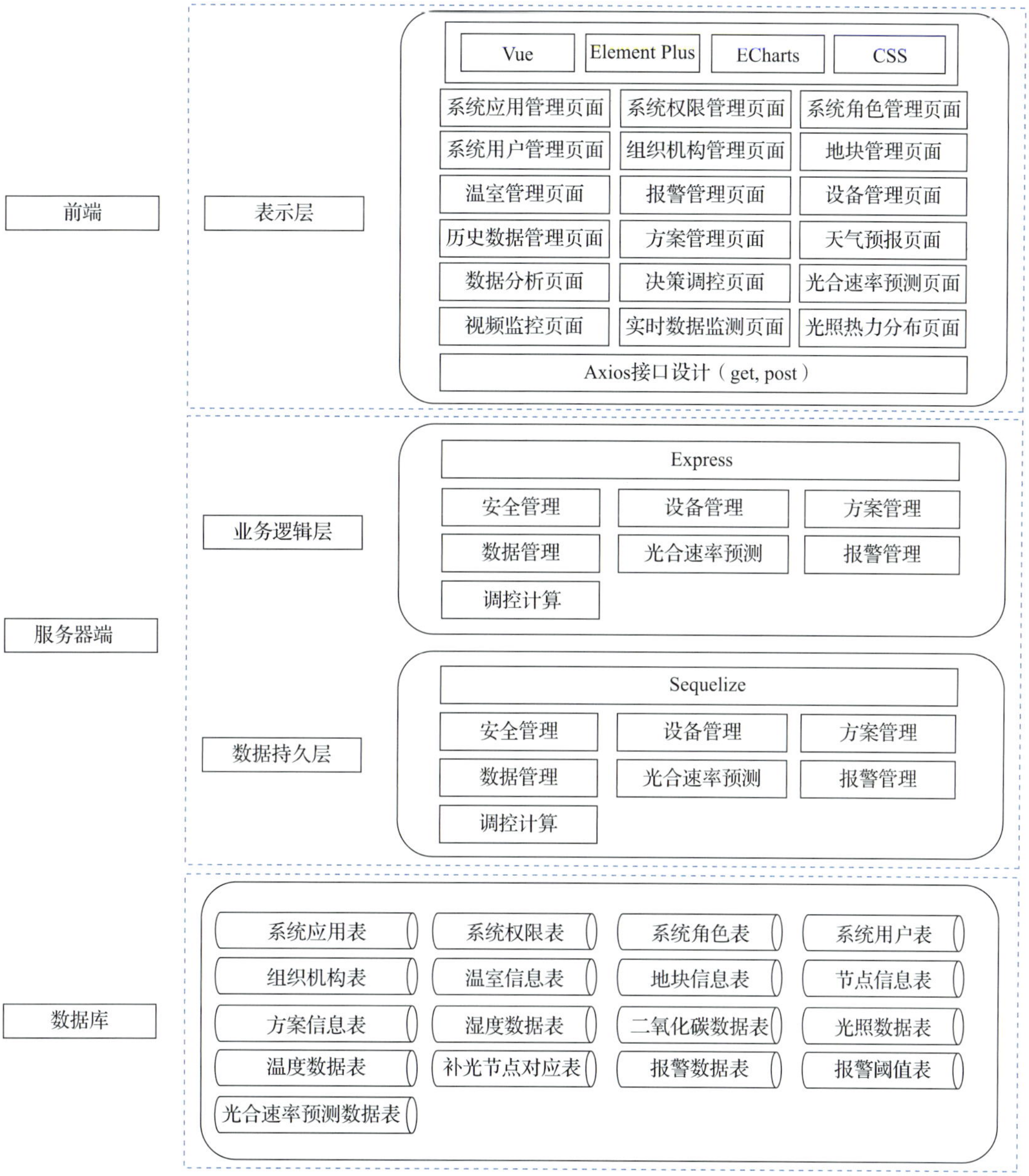

图 10-24　温室光环境调控物联网平台软件总体框架

数据库负责保存系统中的数据信息，为系统的安全运行提供数据支持。使用数据库系统既便于数据的集中管理，控制数据冗余，提高数据的利用率和一致性，又有利于应用程序的开发和维护。

决策调控模块是温室光环境调控物联网平台的核心模块，其工作流程如图 10-25 所示。由图 10-25 可知，决策调控模块依据温室数据进行分类调控。如果用户所属组织机构下没有温室数据信息、选择温室下光调控设备为空或对应补光设备-节点数据关联为空，则需要完善上述信息后再使用本模块功能。待上述信息验证通过后，系统自动遍历所有补光设备，并依据其关联的传感器设备节点存储的环境数据，调用光强调控模型，计算出当前光调控设备应调控的

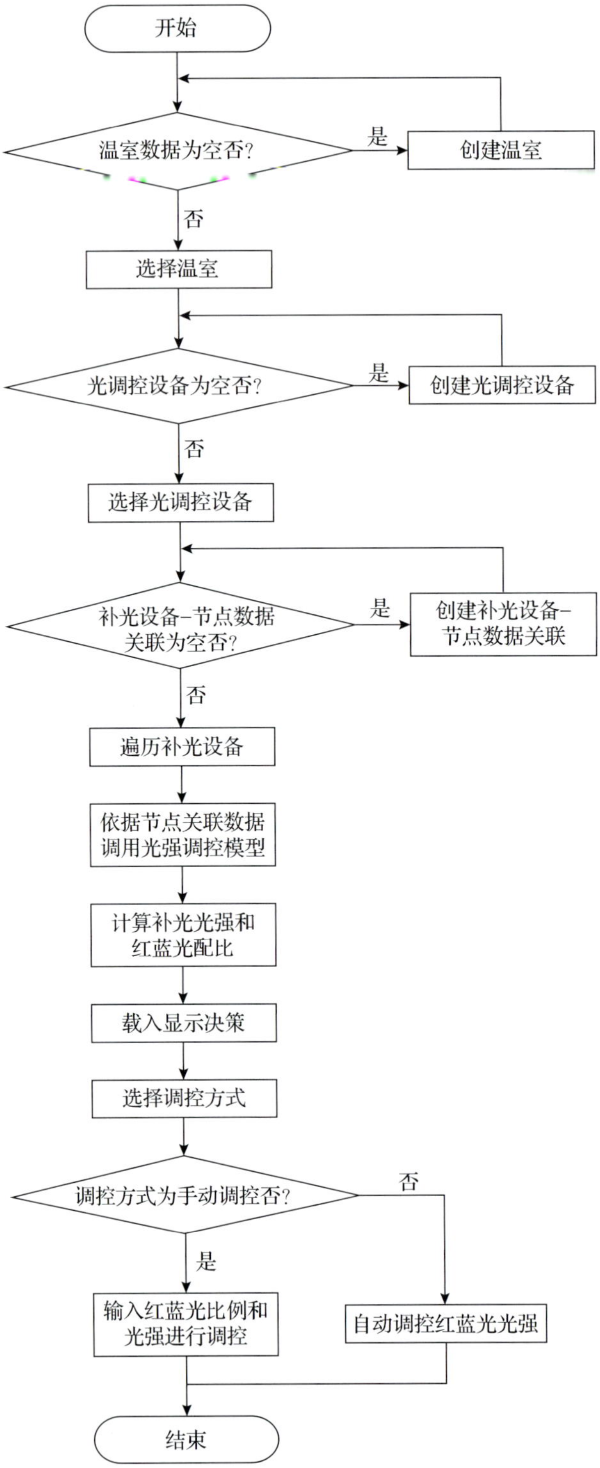

图 10-25　决策调控模块工作流程图

光强和红蓝光配比，载入页面。用户可以依据给出的决策选择手动调控还是自动调控，如果选择手动调控，需要选择补光设备并输入调控的光强和红蓝光比例；如果选择自动调控，则由系统每小时进行一次调控判断，依据判断自动调控补光设备。

10.3.1.4 温室光环境调控物联网平台测试

1. 平台功能测试

对 6 个功能模块进行功能和可靠性测试，所有模块都满足设计要求。其中数据分析模块中的历史数据分析采用折线图，光照分布分析采用二维热力图，而光合速率分析则采用折线图和三维图两种方式。

图 10-26 是历史数据分析示例，数据来自 2022 年 8 月 15 日中国农业大学信息与电气工程学院试验温室。从初始页面选择温室后调用 nodeApi. getByGreenhouseId()可查询温室所有的节点数据，利用 el-date-picker 设置开始、结束时间。用户最多可以选择 5 个节点的数据进行对比分析，选择完并通过 validate()验证后，点击“搜索”，初始化 ECharts 折线图，展示数据依时间变化的规律。

图 10-26 历史数据(光照强度)分析折线图示例

光照分布分析与历史数据分析相似，都需要先选择分析条件，光照分布分析还需要选择实验方案，分析所选方案下所有节点在指定时间的光照分布情况。在选择完温室、方案和指定时间并通过验证后，点击“查看”，调用 illuminationApi. getLuxStationXYBetweenTime()，获取指定时间所选方案内所有光照数据，再调用 idwComputer()方法，利用 IDW 插值算法结合 ECharts 将光照分布热力图显示在页面上，效果如图 10-27(a)所示。将鼠标的滚轮向下滑动，可以看到光照分布对应的传感器分布二维图，如图 10-27(b)所示。

光合速率分析与历史数据分析相似，需要先选择分析条件。条件选择结果图如图 10-28(a)所示。首先调用 greenhouseApi. getGreenhouseListByComId()获取当前登录用户所处组织机构下所有温室，然后调用 nodeApi. getByGreenhouseId()查询到本温室所有的节点数据，并利用 el-date-picker 设置开始、结束时间。用户最多可选择 5 个节点数据进行对比分析，选择完并通过验证后，点击“搜索”，调用 photosyntheticResultApi. getPhotoResultByIdBetweenDate()，获取指定日期所选节点对应的光合速率数据，初始化 ECharts 折线图和三维图，展示

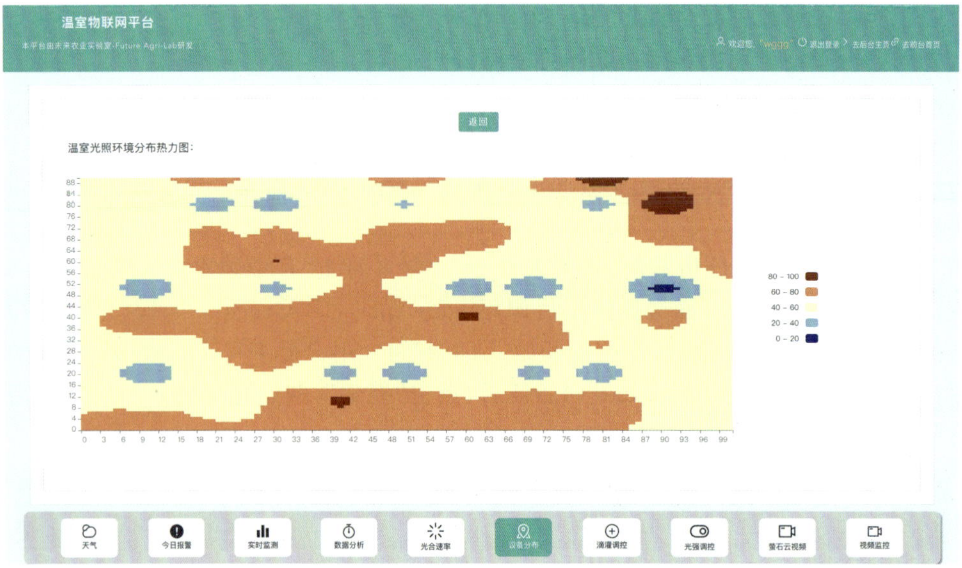

(a) 光照分布热力图展示效果图

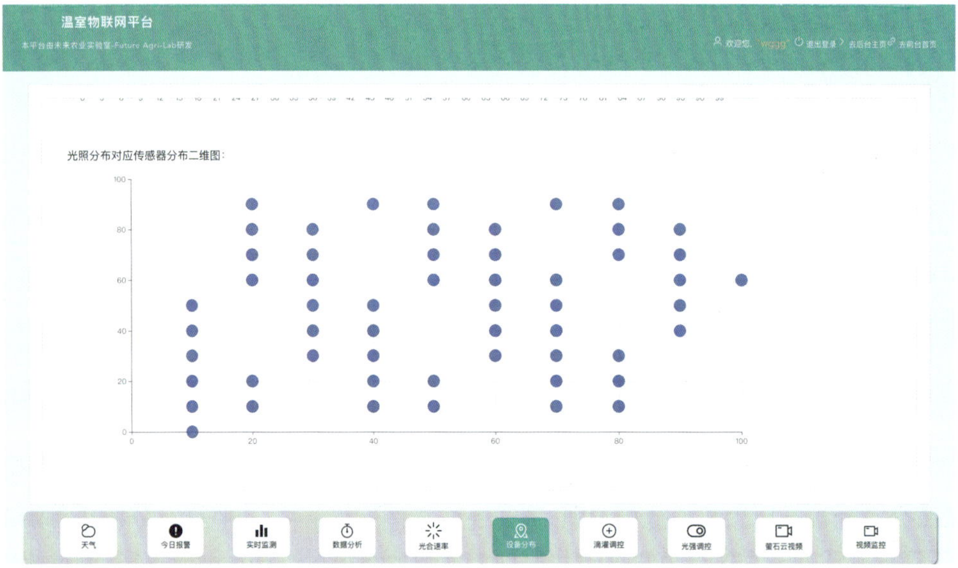

(b) 光照分布对应传感器分布二维图

图 10-27　光照分布数据分析

光合速率依时间和环境参数变化的规律。页面效果如图 10-28(b)所示。

环境监测模块的实时数据监测页面如图 10-29 所示，主要显示温室当前时间所有传感器数据，并对超过报警预设的传感器或无数据的传感器进行“报警”处理。首先调用 greenhouseApi. getGreenhouseListByComId()获取当前登录用户所在组织机构下所有温室数据，依据用户选择调用 tomatoApi. getNodeOrderByGreenhouseId()获取所有的传感器节点当前时刻所有传感器数据，并调用 warningApi. getWarningByGreenhouseId()检测数据是否超出设定的阈值范围，如果超过阈值范围，则用 document. getElementById()方法获取具体的 div，将样式进行更改。

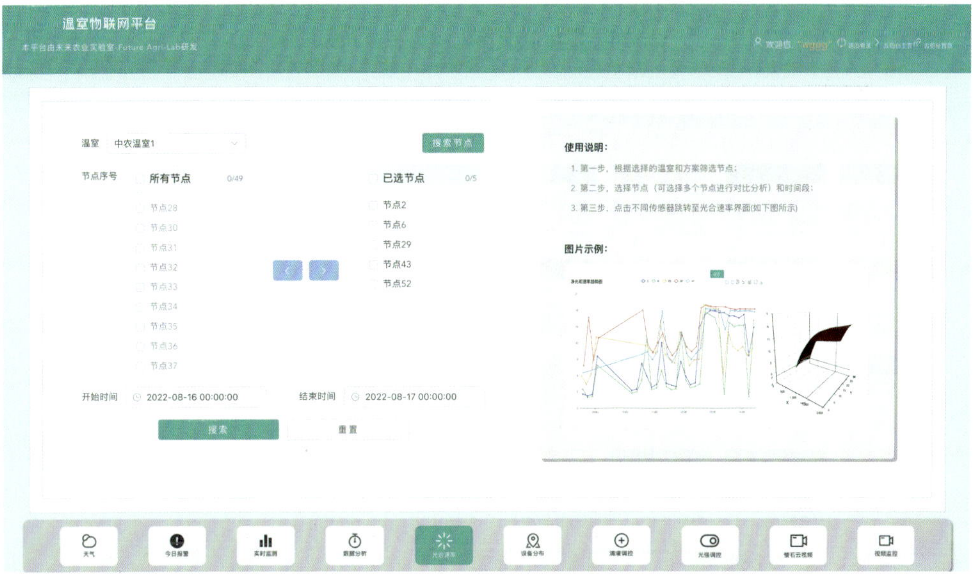

（a）光合速率分析条件选择页面

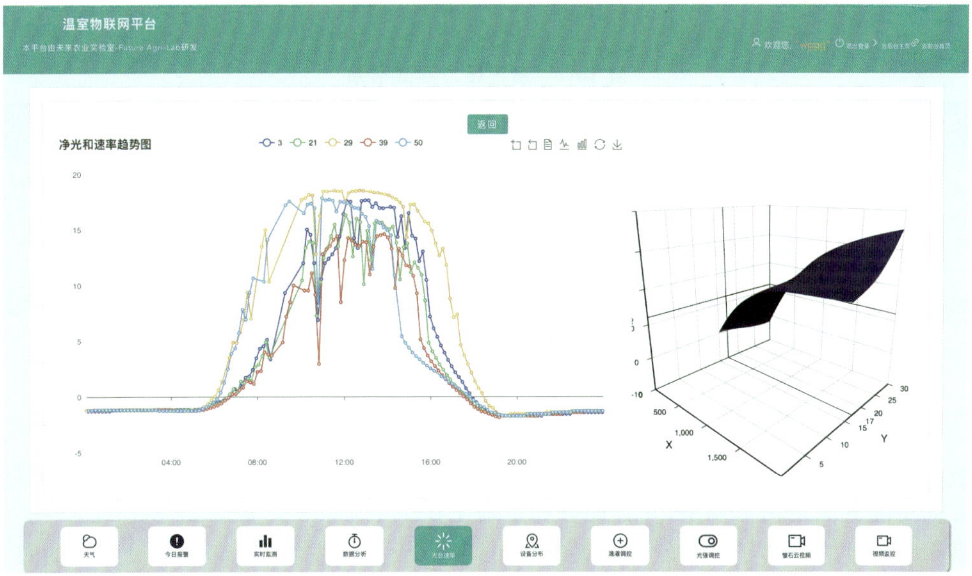

（b）光合速率分析折线图和三维图展示页面

图 10-28　光合速率数据分析

2. 性能测试

系统压力测试是对模拟软件系统在高负载情况下的表现和性能进行测试，目的在于评估系统的稳定性和可靠性，判断软件系统是否可以在高并发情况下正常工作。KyLinTop 是一款高度定制化、使用方便的性能测试工具，可对各种类型的应用程序和系统进行压力测试，模拟大量用户访问系统，并在短时间内生成高并发负载。因此，为了确保高负载情况下系统的稳定运行，采用 KyLinTop 对温室光环境调控物联网平台进行系统压力测试。对不同模块的高并发数测试结果见表 10-2。

图 10-29　实时数据监测页面

表 10-2　系统压力测试结果

序号	测试指标	测试并发数	CPU 占用率%
1	系统安全模块并发数	100	11.0
2	资源数据模块并发数	50	8.0
3	设备管理模块并发数	50	17.0
4	数据分析模块并发数	50	18.6
5	决策调控模块并发数	50	13.8
6	环境监测模块并发数	50	12.8

从表 10-2 可以看出，在正常的工作中，CPU 占用率不超过 20%，该系统在功能运行、系统性能方面均能够满足用户期望，并且能够稳定地工作。

系统兼容性测试用于评估软件或系统在不同平台、操作系统、浏览器和设备上的兼容性。对系统主要进行了 Web 兼容性测试，通过对不同类型的浏览器进行测试，验证 Web 应用程序在这些浏览器上的功能、性能、安全和可用性，确保在不同的浏览器上提供一致的用户体验。测试内容和结果如表 10-3 所示。

表 10-3　系统兼容性测试内容和结果

测试用例名称	兼容性测试内容和结果
测试目的	验证平台在不同浏览器上是否能够正常运行
测试条件	Safari 浏览器，IE 浏览器，360 浏览器，Firefox 浏览器，Chrome 浏览器
测试步骤	使用上述浏览器登录温室光环境调控物联网平台并使用各个功能
测试结果	系统功能在不同浏览器上均能够正常使用

通信可靠性测试结果如表 10-4 所示。测试使用 32 个传感器节点,各传感器采集周期为 600 s,平台服务器指令下发周期为 600 s。经 10 h 的连续测试,平台服务器向补光灯设备下发指令丢包率为 0.156%,平台服务器接收传感器节点数据丢包率为 0.243%,均满足系统通信可靠性要求。

表 10-4 通信可靠性测试结果

发送端	接收端	发送包数	接收包数	丢包数	丢包率/%
传感器节点	平台服务器	5 760	5 746	14	0.243
平台服务器	补光灯设备	1 920	1 917	3	0.156

基于 B/S 架构设计开发的温室光环境调控物联网平台,实现了温室光环境的自动监测和调控,且稳定性满足用户日常需求,大大提高了温室种植的效率和品质。随着我国农业现代化的不断推进,数字化技术将会成为农业发展的重要支撑,该平台为农业数字化转型提供了实际的案例和经验。

该物联网平台基本上实现了预期的研究目标,具有良好的稳定性并易于维护和扩展。随着研究的深入,未来系统可以从以下几个方面完善和改进:

①模型嵌入方面。系统中只有 IDW 空间插值算法用 JavaScript 实现嵌入系统,光合速率模型与光强调控模型为 MATLAB 建模实现,利用查表法嵌入系统中,未来可以将两个模型利用 TensorFlow.js 框架实现,实现同语言的模型嵌入。

②通信方面。系统利用的是 TCP 长连接透传方式,未来可以采用 MQTT 通信协议,更为标准,更有利于第三方设备、平台的接入。

③作物长势监测方面。系统主要利用传感器数据,结合模型对光强进行调控,缺少对于作物实际长势的分析。未来可以在系统中增加作物长势监测模块,结合图像分析技术,更全面地反映实际补光效果,也为科学决策提供更全面的依据。

10.3.2 奶牛场环境监测物联网

随着我国国民经济的快速发展和人民生活物质水平的不断提高,人们对于牛奶及奶制品的需求日益增加,推动了奶牛养殖规模的不断发展壮大,奶牛养殖信息化的需求越来越迫切。目前,国内外奶牛养殖信息化发展比较成熟的功能模块主要包括 TMR(total mixed ration,全混合日粮)饲喂监控系统、奶牛个体电子识别系统、饲料配方软件、奶牛发情监测系统及牧场数据化管理软件等。国内较大规模的奶牛场已经应用了这些系统,通过先进的装备和信息化技术实现了对奶牛个体信息的监测、存储和分析,实现了对奶牛发情及健康状况的及时掌控,通过 TMR 饲喂监控系统,实现了对奶牛日粮的精细化管理。

邹岳[10]将在线监测技术、远程通信技术、传感器技术、视频传输技术、统计分析技术、能源综合利用技术等应用到规模化奶牛场的生产与管理中,构建了基于物联网技术的规模化奶牛场环境监测平台,实现了奶牛场环境数据的实时在线监测和分析。

10.3.2.1 奶牛场环境监测物联网平台功能设计

如果养殖环境不适宜,奶牛优良品种的遗传潜力会得不到充分发挥,导致饲料转化率低,免疫力和抵抗力下降,发病率和死亡率升高,从而造成巨大的经济损失。当前奶牛养殖环境控制中主要关注的牛舍环境参数有:①奶牛的热环境,包括环境温度、相对湿度、风速、热辐射等。这几种因素对奶牛的生产性能可以分别单独产生影响,也可以共同作用产生综合影响。②牛舍中的气体,除可造成温室效应的 CO_2 气体外,还有其他有害气体,通常包括氨气(NH_3)、硫化氢(H_2S)、二氧化硫(SO_2)等。这些气体主要由奶牛的呼吸、粪尿分解、饲料、饲料腐败分解而产生。有害气体对奶牛的生产性能、奶牛场工作人员的身体状况和工作效率均会产生不良影响。

奶牛场环境监测物联网平台的主要功能如图 10-30 所示,包括 3 个部分:①对奶牛场牛舍环境信息实现实时采集、显示、传输、存储;②对实时采集的环境参数进行处理,产生相应的控制输出,调整奶牛舍内环境在最佳状态(本节未介绍);③配备视频监控与在线处理系统,实现对牛舍的远程实时监测,以提高监视和管理效率,降低人工现场巡查次数,大幅度提高奶牛场的生产效率。

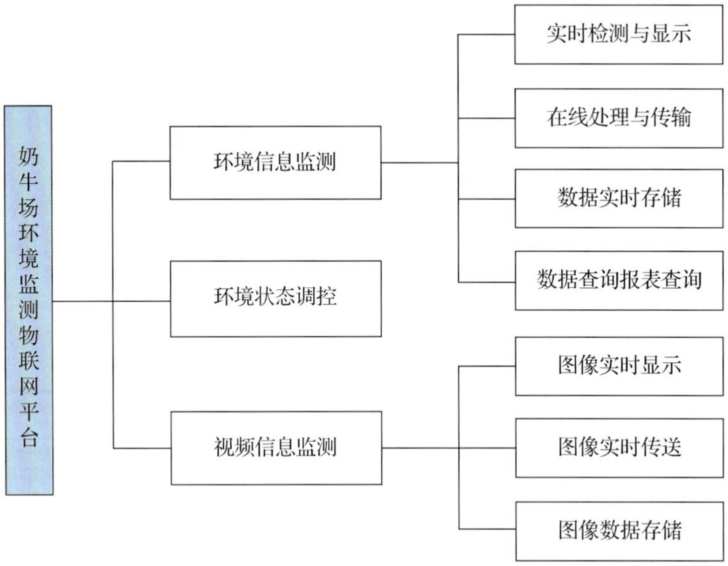

图 10-30　奶牛场环境监测物联网平台功能

10.3.2.2　奶牛场环境监测物联网平台结构设计

1. 系统整体方案

根据对环境信息监控的功能要求,奶牛场环境监测物联网平台系统由传感器、以太网、上位机组成,如图 10-31 所示。传感器负责对环境信息包括舍内环境温度、相对湿度、NH_3 浓度、H_2S 浓度、SO_2 浓度、CO_2 浓度等进行采集、处理和发送。以太网依据 Modbus TCP 协议,将所有数据信息传送给上位机监控软件,上位机接收通信数据,将奶牛舍环境数据进行实时更新、显示在上位机监测界面,并将数据存储到后台数据库中,以方便后期的查询、统计分析;对采集到的各环境参数设置阈值,超过阈值后发出报警提示,以便用户及时进行处理。另外有两台网络摄像机通过以太网协议接入上位机,在上位机监控终端可以实时显示现场动态图像,方便管理者对牛舍内现场情况进行实时观察。为方便用户随时随地对环境信息数据进行查询和获取,利用用户手机安装的微信客户端开放的公共平台进行实时数据传输,将本地计算机搭建成服务器,与微信公共平台进行对接。用户关注微信公众号“奶牛场环境信息实时监测"(SAECSTEST),发送关键字或代码到公众号,即可收到公众号回复信息,查询到环境数据。

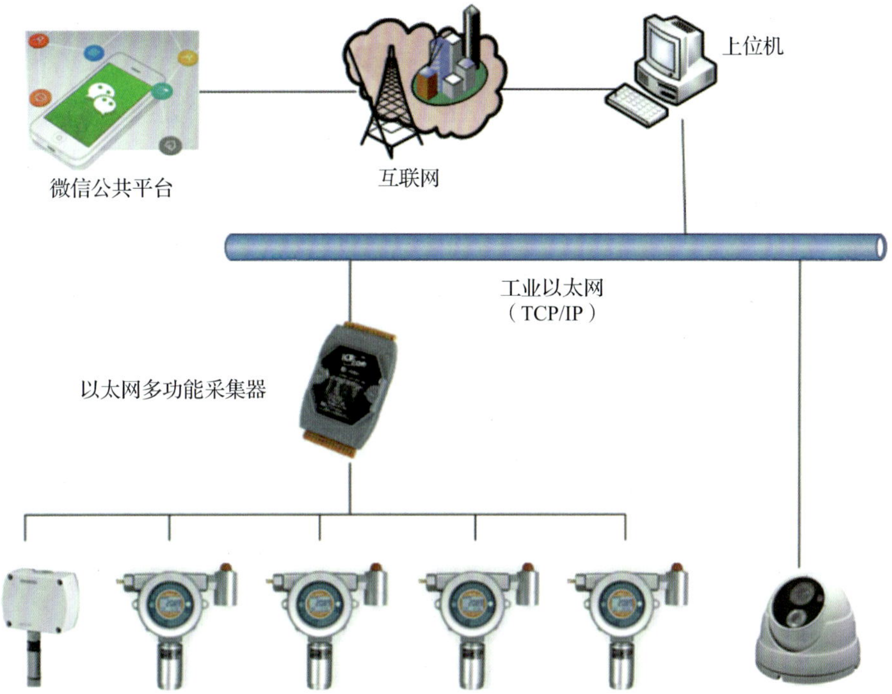

图 10-31　奶牛场环境监测物联网平台架构

2. 平台硬件

奶牛场环境监测物联网平台硬件根据其架构及实现的功能分为 3 层结构:感知层由气体浓度传感器、温湿度传感器及网络摄像机构成,实现对牛舍环境参数的采集和视频信息的采集,将获得的信息发送到网关设备,并转发从物联网网关设备获取的控制信息。传输层由物联网网关和以太网构成,负责将感知层传递来的信息稳定可靠地传递到用户处理中心。应用层主要是上位机服务器,利用北京亚控科技发展有限公司开发的组态王 KingView 6.55 软件,开发上位机监测界面,对传输来的数据进行处理、显示、存储、分析,实现对远程设备的管理、控制,并与移动端进行信息对接,实现人机交互功能。

感知层由布置在牛舍内部的传感器组网构成。牛舍内部环境实际情况比较复杂,要求传感器不受外界高湿高温等环境影响,并考虑到传感器节点体积、价格以及测量精度等因素,选用西门子 QFA3171 型温湿度传感器,可以与所选择的 Modbus TCP 采集设备要求的输入电流信号相匹配,在环境温度为 23 ℃时检测精度为 2%,其相关性能参数如表 10-5 所示。

表 10-5　QFA3171 型温湿度传感器性能参数

工作电压/V	温度测量范围/℃	相对湿度测量范围/%	温湿度信号输出/mA
13.5～35.0	−40～70	0～100	4～20 DC

牛舍内较高的CO_2浓度对传感器的测量范围要求较高。选择科尔诺 MOT300-CO2-IR 在线式无线传输型红外二氧化碳检测仪，测量范围为 0～2 000×10^{-6}(体积分数，下同)，分辨率为 1×10^{-6}，检测精度为±3%，输出信号为 4～20 mA，测量精度高，响应速度较快，有较高的稳定性和重复性，适合应用于在线监测系统。

NH_3、H_2S、SO_2浓度传感器选用科尔诺 MOT300-NH3、MOT300-H2S、MOT300-SO2 检测仪，这一系列的气体检测仪采用的是电化学检测原理，可以在混合气体中检测特定气体成分的含量，既可以满足检测过程中对灵敏度和准确性的需要，又具有体积小、携带方便等优点，方便用于现场监测。检测仪分辨率为 0.1×10^{-6}，检测精度为±3%，测量范围为 0～100×10^{-6}，输出信号为 4～20 mA，符合 Modbus TCP 采集设备要求的输入电流信号标准。

视频监控设备选用海康威视 DS-2CD4165F-(I)(Z)600 万 pix 日夜型半球型网络摄像机，最大图像为 3 072×2 048 pix，可以通过以太网协议与服务器连接。

监测系统的感知层硬件如图 10-32 所示。

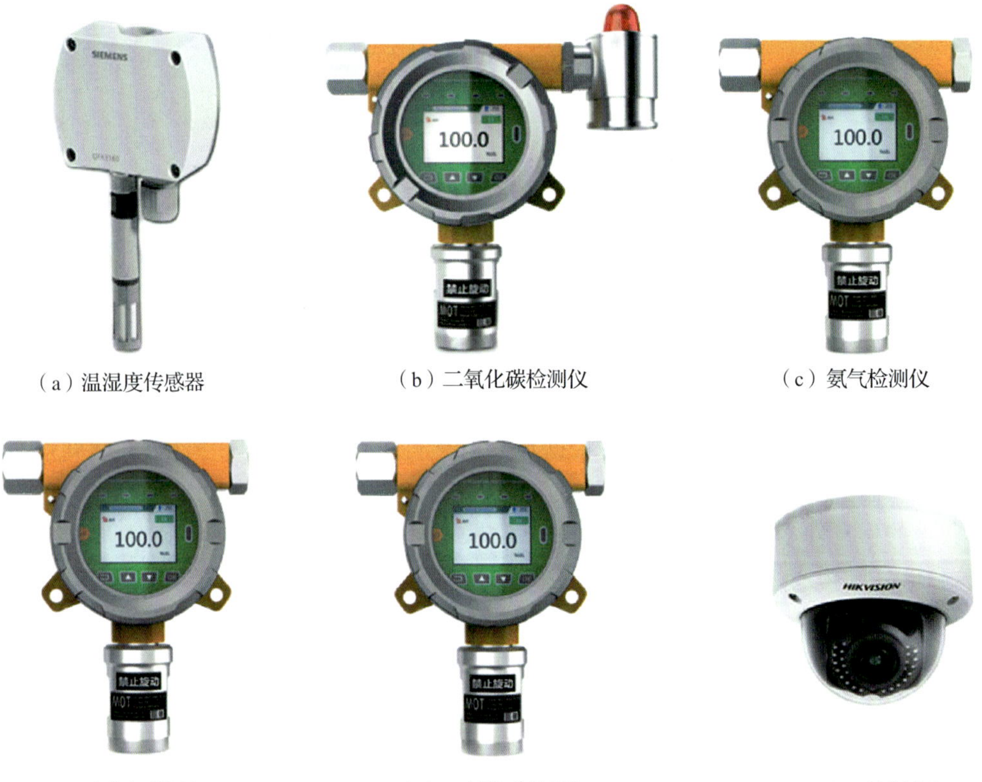

(a) 温湿度传感器　(b) 二氧化碳检测仪　(c) 氨气检测仪

(d) 硫化氢检测仪　(e) 二氧化硫检测仪　(f) 网络摄像机

图 10-32　监测系统感知层传感器和视频设备

传输层位于物联网系统的中间层，主要任务是将现有的各种通信网络(如互联网、4G/5G 移动通信网等)与感知层的传感器网络相融合。Modbus TCP 协议是一种已广泛应用于工业控制领域的串行通信协议，是物联网补充协议中的一种。通过 Modbus TCP 协议，可以实现连接到同一网络的各设备之间、或各设备经由网络和其他网络设备之间的通信。奶牛场环境监测物联网传输层采用 Modbus TCP 协议。

应用层作为物联网体系结构的最高层，其主要功能是处理传输层传来的数据信息，该层包括各类用户上位机监测界面设备以及其他管理设备等，根据收集的信息进行分析，做出决策。奶牛场环境监测物联网应用层主要有上位机监控中心和远程客户端两部分。上位机监控中心由服务器和 SCADA（supervisory control and data acquisition）监控软件组成，远程客户端是移动终端。采用组态软件支持的 Modbus TCP 协议完成监控软件与传输层设备的数据交互，将传输层上传的牛舍环境数据进行分析、处理和使用，实现牛舍数据管理与共享、实时监测预警、决策支持、数据库管理、远程监控等功能。

3. 平台软件

上位机软件采用北京亚控科技发展有限公司的组态王 KingView 6.55 软件设计，利用组态软件搭建监测界面，负责整个监控系统的信息收集、处理、统计与分析。物联网平台的软件系统包括组建工具、数据库服务、监控终端 3 个层面，软件总体框架如图 10-33 所示。

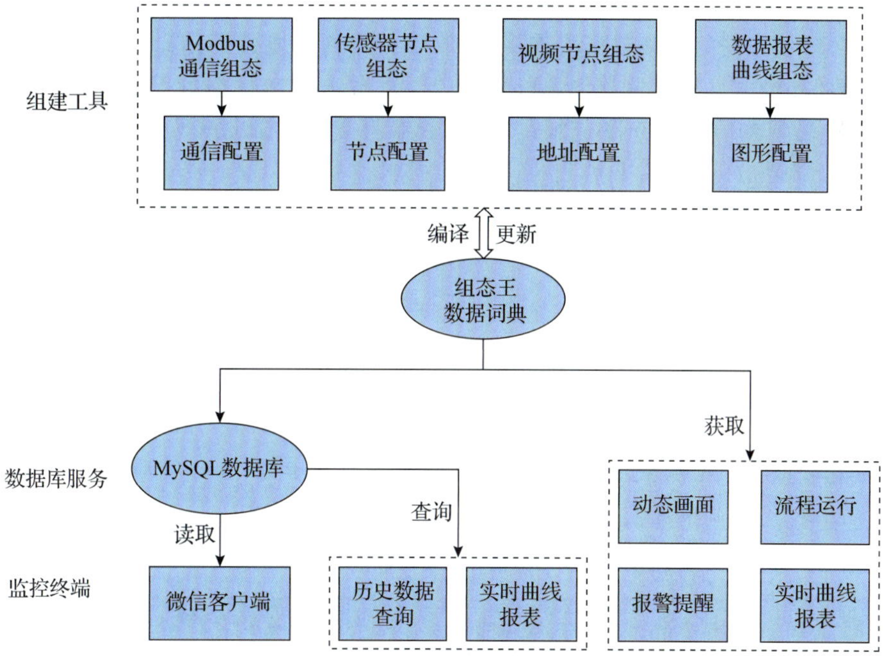

图 10-33　奶牛场环境监测物联网平台软件总体框架

组建工具的目标是绘制监控系统工艺流程图，对传感器节点进行配置，对摄像机进行网络配置，完成变量表，并将图元和节点相关联，建立组态工程文件，主要包括 Modbus 通信组态、传感器节点组态、视频节点组态和数据曲线报表组态。

将安装在牛舍现场的每一个传感器作为一个感知节点，配置传感器节点参数。网络摄像机通过以太网接入上位机系统，可以在上位机监控界面实时显示视频监控画面。气体浓度数据趋势曲线实时变化，可以更直观地反映出各环境参数的变化趋势。设置实时曲线构件属性，包括曲线网格、最小值和最大值、时间格式、X 轴长度、Y 轴间隔以及曲线对应的数据对象等，完成设置后可以实现实时数据的跟踪、曲线的实时更新等。

设置数据库是为了保存历史环境信息数据，为将来的数据分析和挖掘提供数据支持。MySQL 数据库在本系统中设计有两种功能，一是在软件间隔时间将当前采集到的数据逐行存入数据库，用于后期统计分析、查询；二是用于与微信查询系统进行实时对接，定时更新数据库内的环境信息数据。

上位机监控终端是监测系统的中心，负责整个监测系统的操作、数据处理与统计。根据环境监测系统的功能要求，设计主画面为用户提供牛舍现场各传感器设备及视频设备的工作状态及运行参数，以判断环境监测系统运行是否正常，为用户提供决策依据。监测系统主画面由视频实时显示、奶牛场环境数据实时显示和数据变化趋势曲线 3 部分组成，视频监控画面显示牛舍内的实时状况，环境数据为环境参数的实时数据，并可实时生成报表和环境数据变化趋势曲线，为牛舍管理人员下一步的决策提供依据。

随着智能手机的普及和无线网络技术的快速发展，微信现在已经成为人们最常访问的应用软件之一。因此奶牛场环境监测物联网系统在微信公众平台注册公众号，牛舍管理者只需要利用自己的手机关注系统的订阅号，即可实时获取牛舍环境数据。微信公共平台与用户交互的原理如下：在网络处理单元中，主机（Web 服务器）为微信消息接口提供第三方服务器，并与保存奶牛舍环境数据的网络数据库连接，获取牛舍内的环境数据信息。用户使用微信订阅公众号“奶牛场环境信息实时监测”（SAECSTEST），发送查询数据的消息后，数据请求首先经由用户端发送到微信的服务器，然后微信服务器将数据包通过微信消息接口转发到作为 Web 服务器的虚拟主机，虚拟主机根据用户的需求执行 PHP 脚本查询与之连接的数据库中的数据并处理数据包，之后将用户所需的环境数据信息发送到用户微信客户端。系统采用模糊设计，只要出现相关文字即返回相关环境数据，若用户错误发送命令则发送提示信息。

10.3.2.3 奶牛场环境监测物联网平台运行试验与结果分析

1. 试验方案

运行试验分为 2 个阶段。第一阶段在中国农业大学信息与电气工程学院实验室完成，进行系统调试和数据丢包率测试。第二阶段在天津某乳业公司 1 号牛舍内进行，为期 14 天，进行设备现场部署、运行调试和实地运行试验。试验部署方案如表 10-6 所示。

表 10-6 奶牛场环境监测物联网平台试验部署方案

试验阶段	测试地点	测试时间	环境条件	试验内容
第一阶段	中国农业大学信息与电气学院实验室	2016 年 6 月 6—20 日每天 13:00—18:00	实验室内，夏季，自然通风	物联网设备调试、数据丢包率测试和稳定性试验
第二阶段	天津某乳业集团 1 号牛舍	2016 年 7 月 1—14 日	牛舍内，夏季，自然通风与机械通风相结合	物联网平台在牛舍现场部署与调试，系统长期运行的稳定性测试

2. 系统调试与丢包率测试

在物联网感知层、传输层、应用层 3 层架构分别和联合调试完成后，对系统数据传输的稳定性和可靠性进行测试。分别选择距上位机通信距离为 1、5、25、50、75、100 m 的传感器节点，每隔 60 s 发送和接收一次数据包，连续进行了为期 2 周的测试，各传感器节点的数据丢包率的平均数据如表 10-7 所示。

表 10-7　物联网平台系统数据丢包率统计　　%

传感器节点	通信距离/m					
	1	5	25	50	75	100
传感器 1	0	0	0	0	0.018	0.041
传感器 2	0	0	0.002	0.012	0.023	0.035
传感器 3	0	0	0	0.005	0.012	0.016
传感器 4	0	0	0.004	0.007	0.011	0.022
传感器 5	0	0	0	0	0.015	0.028

分析试验数据可以得知，最长通信距离的数据丢包率最高，最大值为 0.041%。根据我国基于以太网技术的网络系统的验收测评规范，通信距离 100 m、流量负荷为 70%时允许丢包率不大于 0.1%[11]。由此可知，该物联网平台系统的数据丢包率满足规范的要求，系统的数据传输具有良好的准确性和稳定性。

3. 现场应用效果

在天津某乳业公司 1 号牛舍部署、搭建完成之后，监测系统一直连续运行工作。2 周日夜不间断的连续运行结果表明：①系统实现了温度、湿度、CO_2 浓度、H_2S 浓度、SO_2 浓度、NH_3 浓度的本地和远程数据采集、数据库存储、趋势曲线绘制及越限预警等功能；②实现了预先设计的各项视频监测功能，并且和移动端微信公共平台实现了实时通信；③整个系统运行流畅，系统稳定性、可靠性及测量精度都比较高。上位机监控系统的主界面和移动端微信公众号查询界面如图 10-34 所示。

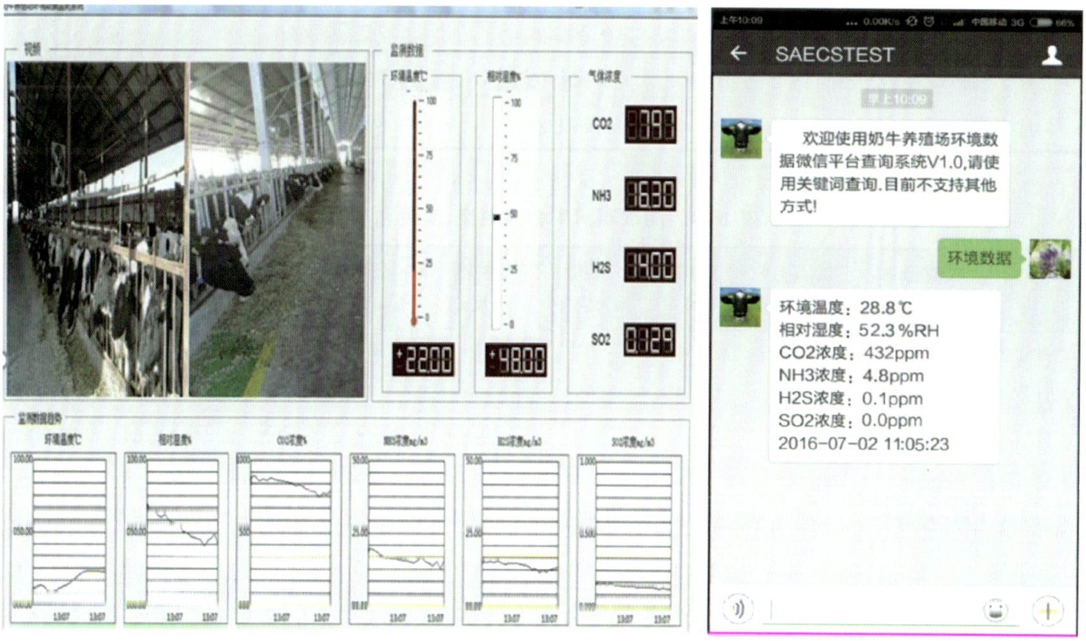

（a）牛舍环境信息上位机监控界面　　（b）移动端信息查询界面

图 10 34　奶牛场环境监测物联网平台远程和移动端界面

监测系统每分钟记录一组数据到后台数据库，测试期间全天候不间断采样和保存。表10-8为测试期间每日平均气体浓度。测试期间牛舍内日均NH_3浓度最低值为2.883 6 mg/m^3，最高值为3.906 5 mg/m^3，符合《畜禽场环境质量标准》(NY/T388—1999)中牛舍NH_3浓度不高于20 mg/m^{3}的要求；H_2S浓度最高为0.015 2 mg/m^3，CO_2浓度最高为909.185 7 mg/m^3，均在国家标准规定范围之内。

测试期间牛舍内的温度和湿度数据如表10-9所示，根据温度和湿度数据计算了能够反映奶牛热应激反应的THI(temperature-humidity index，温热指数)。

表10-8　测试期间奶牛场日均气体浓度　　mg/m^3

日期	日均NH_3浓度	日均H_2S浓度	日均CO_2浓度	日均SO_2浓度
7月1日	3.196 5	0.009 8	764.095 8	0.018 4
7月2日	3.594 1	0.012 5	774.688 6	0.023 6
7月3日	3.613 4	0.005 5	848.776 6	0.010 4
7月4日	3.396 0	0.004 2	820.920 2	0.007 8
7月5日	3.379 6	0.008 3	909.185 7	0.015 7
7月6日	3.906 5	0.015 2	834.011 3	0.028 6
7月7日	3.185 4	0.011 0	776.014 8	0.020 7
7月8日	2.883 6	0.009 6	811.555 6	0.018 1
7月9日	3.041 0	0.000 2	799.378 9	0.015 8
7月10日	3.256 9	0.005 8	852.323 6	0.025 1
7月11日	3.754 8	0.005 4	698.221 6	0.030 0
7月12日	3.009 6	0.001 8	702.323 6	0.002 5
7月13日	3.415 2	0.000 9	756.232 1	0.012 3
7月14日	3.562 1	0.001 2	826.422 9	0.005 2

表10-9　测试期间牛舍内温度、湿度和THI

日期	最低温度/℃	最高温度/℃	日均温度/℃	最低湿度/%	最高湿度/%	日均湿度/%	THI最低值	THI最高值	THI日均值
7月1日	21.0	28.9	24.4	64	96	82	69.54	78.87	74.146
7月2日	19.8	31.1	25.0	53	93	79	67.16	80.23	74.806
7月3日	26.3	31.9	28.0	55	83	66	74.53	81.64	77.837
7月4日	26.0	29.6	27.1	60	74	69	73.97	80.68	76.896
7月5日	24.9	29.5	26.1	56	74	66	72.74	78.54	75.057
7月6日	22.5	32.5	27.2	35	83	60	71.14	78.88	75.909
7月7日	24.0	30.5	28.7	65	94	76	74.63	81.3	80.273
7月8日	24.1	31.0	27.6	72	92	77	74.62	83.1	78.684
7月9日	23.8	31.2	29.0	70	89	82	73.82	83.2	81.606

续表 10-9

日期	最低温度/℃	最高温度/℃	日均温度/℃	最低湿度/%	最高湿度/%	日均湿度/%	THI 最低值	THI 最高值	THI 日均值
7 月 10 日	27.5	31.9	28.3	66	84	70	77.8	86.5	78.825
7 月 11 日	26.1	32.0	28.0	82	95	82	74.82	86.47	79.984
7 月 12 日	26.5	30.7	27.4	82	94	78	76.82	84.38	78.498
7 月 13 日	28.7	30.9	28.6	73	89	83	77.42	83.17	81.098
7 月 14 日	22.5	30.0	24.9	51	74	66	70.43	78.45	73.301

测试期间舍内最低温度 19.8℃，最高温度为 31.9℃，日平均温度最低为 24.4℃，最高为 28.7℃。奶牛在环境温度超过 24℃时就处于不舒适的状态，测试期间的日平均温度全部高于 24℃，说明需要采取措施降温。最低湿度为 35%，最高湿度为 96%，日均湿度最低为 66%，最高为 83%。THI 最低值为 67.16，最高值达到了 86.47，平均值在 73.31～81.61 之间。当 THI 高于 72 时，奶牛就开始出现热应激反应[12]，因此在整个测试期间牛舍内的奶牛基本处于热应激状态，对生产性能有不利的影响。

现场运行试验表明，奶牛场环境监测物联网平台运行稳定、可靠，可以实现对奶牛场环境信息进行实时远程监测的目的。另外，通过监测系统存储数据的后期分析处理，可以为牛舍的日常管理工作提供针对性的指导。

10.4 基于物联网的农机作业远程监测技术

10.4.1 农机作业远程监测物联网技术概述

农业机械是现代农业实施规模化生产的主要工具，以卫星导航定位技术为主导的农机装备自动化、信息化、智能化是未来农机装备发展的重要趋势。信息化技术在农机上的应用实现了全程机械化作业的在线化、数据化，对加速改造提升和优化传统农业产业，促进培育信息化、智能化新兴农业产业和现代农业装备产业发展具有重大意义。

近年来，我国农机信息化建设取得了长足发展，以农业物联网技术为基础，融合了移动互联、3S 等技术的现代信息技术在农机管理、生产、农机化新技术、农机作业服务市场中的作用日益突出，越来越多的农机手、农机管理者、农机企业在农机生产管理和服务过程中依赖农机信息化技术装备。特别是随着国家推进主要农作物生产全程机械化以及大力推进农机社会化服务方面的相关政策陆续出台，农机作业远程监测正在由单一类型作业向全程作业综合监测方向发展。

农机作业远程监测技术是“互联网＋农机作业”的典型应用，是物联网技术在智能农机领域应用的成功范例。农机作业远程监测技术通过互联网、云计算和大数据等信息化技术与手段，解决农机作业过程中多元数据采集、作业质量评价、作业面积计量、作业量统计与汇总、作业区域调度与指挥、作业核算等问题，使得农机作业服务项目的目标更明确、资源更集中、责任更具体、成效更明显，实现了全程可查询可追溯。

农机作业远程监测系统总体技术方案如图 10-35 所示，利用安装在农机上的传感器感知机具作业状态，获取作业参数信息（感知层）；利用车载终端设备实时将作业数据通过4G/5G网络传输到后台服务器（传输层），后台服务器对数据进行整理计算，利用农机作业综合监管软件系统获取所需要的农机作业位置、作业面积、作业质量等信息（应用层）。

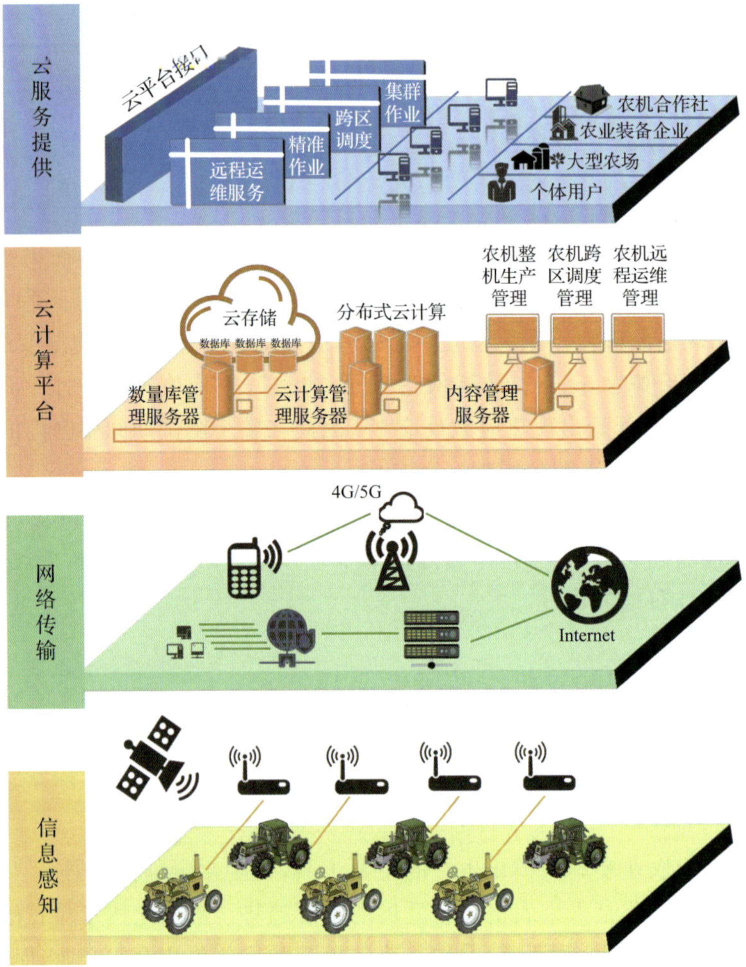

图 10-35　农机作业远程监测系统总体技术方案[13]

1. 农机作业车载监测终端

农机作业车载监测终端主要用于农机作业参数信息获取和传输，安装于拖拉机或自走式农业机械驾驶室，采用分体式模块化结构（图 10-36），主要由主机、显示器（显示屏）、网络天线、摄像头、机具识别传感器、定位天线、作业工况参数传感器（如姿态传感器、耕深传感器、压力传感器、流量传感器）等部分组成，集成卫星定位、无线通信、图像采集模块，能够实现声光电多重故障报警，接口丰富，能够根据作业类型不同适配多种传感器数据采集，实现一机多用，适应各类作业场景，满足综合监管需求，检测精度达到98%以上。监测作业类型包括深松作业、深翻作业、平地作业、旋耕作业、秸秆还田作业、播种施肥作业、植保作业、收获作业、秸秆打捆作业、插秧作业等。

随着农机装备智能化和分布式测控技术的快速发展，控制器局域网（CAN）通信技术已经成为农机作业监测传感器、车载监测终端等农机测控网络的主流数据传输方式。根据开放系统互连参考模型(OSI),国际标准化组织(ISO)在德国农业机械总线标准 DIN9684 和美国汽车工业协会(SAE)汽车总线协议 J1939 的基础上,制定了 ISO11783 系列标准。我国结合自身智能农机发展特点,采用以上国际标准制定了《农林拖拉机和机械　串行控制和通信数据网络》(GB/T 35381)系列标准,现已成为农机智能装备测控领域通用且广泛使用的现场总线通信协议。

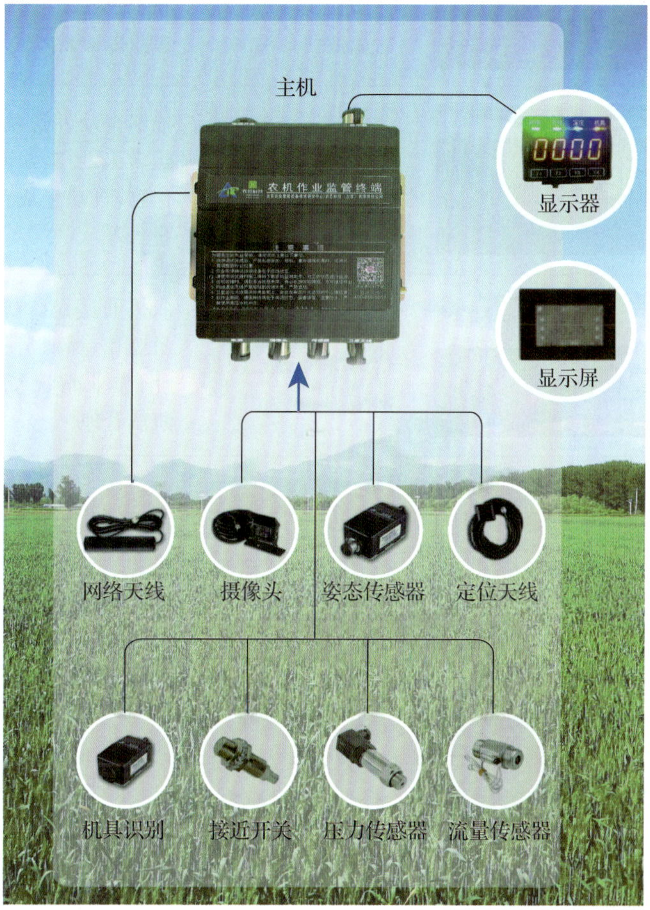

图 10-36　农机作业车载监测终端[13]

2. 农机作业综合监测系统平台

农机作业综合监测系统平台覆盖耕种管收农机作业全过程监管,主要用于对农机作业数据进行管理和统计,能够实现农机作业实时监控、实时跟踪,实时显示作业类型、经纬度、速度、作业状态、机具参数和作业参数,随机抓拍农机作业图像,实现视频图像远程监控,能够对车辆历史轨迹、作业数据进行查询。能够实现农机作业量精准监测,完成面积自动计量,基于卫星定位和多传感器监测技术,支持以作业任务为单位的作业量计算管理。能够对农机作业质量进行统计分析,对作业重叠、遗漏进行分析。根据不同农机作业类型折合系数核算有效作业面积,实现农机作业报表和作业计费核算单自动生成,能够按区域、作物、作业类型等不同尺度核算。国内外先进农机企业均开发了适用于农业装备多参数作业监测的云管控服务平台[14],如表 10-10 所示。

表 10-10　国内外典型农机装备信息化管理平台与功能

代表性产品	系统界面	技术原理	功能	平台特点
德国 CLAAS 公司 TELEMATICS 系统平台		将工作数据自动传送到服务器并为进一步处理做准备，完成数据备份	实时查看农机车队的作业时长、作业面积、耗油量，进行远程故障诊断	技术成熟，投入应用较早
日本洋马公司 SMART ASSIST 监测系统		在农业装备终端安装传感器，搭载全球定位系统	能够自动发送位置、运转及保养方面的信息，自动生成作业报告等	可视化程度高
美国凯斯公司 AFS 信息处理系统	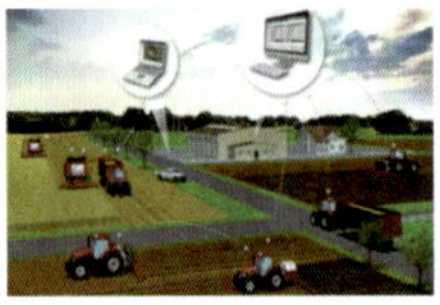	使用精确制导 GPS 信号和无线数据网络	农机的远程控制、产量监控、燃油消耗统计、作业情况统计、机队管理	集成度高，快速、可靠
农业农村部农机作业监测与大数据应用平台	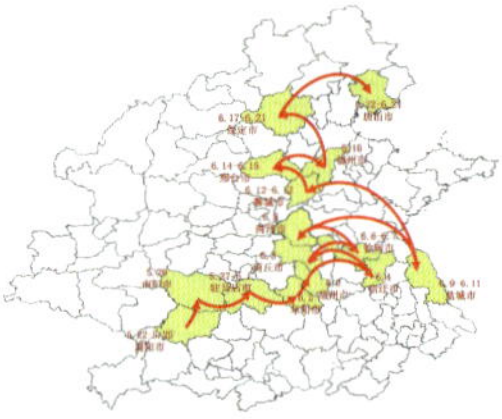	基于北斗终端设备，集成作业监测、远程定位	监测上线收获机的数量、收获时长、收获效率、热点分布	数据量大，覆盖范围较广
中国农业机械化科学研究院农机智慧云平台	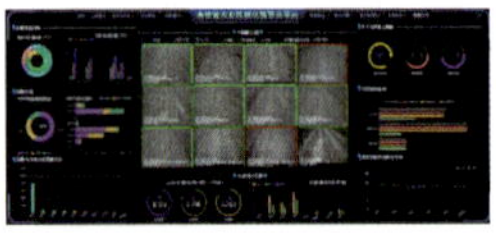	安装北斗终端设备，针对不同作业类型加装传感模块	涵盖耕、种、管、收农业装备，实现作业管理、远程调度、合作社管理、大数据分析决策	农机作业全环节覆盖，数据量大，部分省份全域接入
合众思壮慧农® 智能农机监控信息化平台	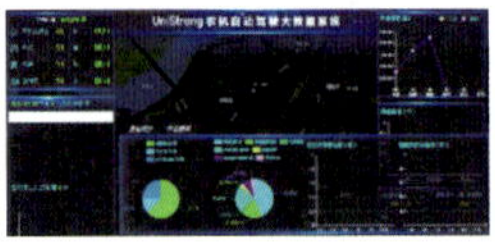	自主研发芯片，定位与惯性导航融合	位置监控、农机状态监测、作业面积统计、路线规划、统计分析等	适配广，多作业、全过程监测

注：根据赵博等[14]的资料，有改动。

农机远程数据交换标准化协议对农机作业监测和大数据平台至关重要，当前农机车载终端与远程监测平台数据协议较多采用 JSON 数据交换格式，主要对用户配置信息查询、区域信息查询以及农机类型、定位、轨迹、作业图像及作业地块等信息以 JSON 格式进行编码，通过互联网进行传输，实现终端与平台高效、准确的数据传输、存储和交换，从而提升农机作业的监测和管理效率。在农业生产管理中，农机作业监测平台可能需要与其他多个系统平台或应用进行数据交换，例如与农业生产管理系统、农机调度系统等，使用 JSON 作为数据交换格式，可以实现跨平台、跨语言的数据共享和互通。同时，由于 JSON 格式的通用性和灵活性，也便于平台的扩展和升级。农机数据存储目前主要采用云存储技术，包括公有云、私有云和混合云等。

数据保护包括备份、恢复和安全管理，以确保数据的完整性和安全性。

3. 数据信息处理

数据处理技术包括数据挖掘技术、数据分析技术、数据库技术等。数据处理技术是农业装备信息化技术的最后环节，也是智慧农业装备实现自动控制的基础。随着北斗系统、5G 通信、物联网等技术迅速发展，大数据平台不断完善，入网农机数量猛增，数据规模不足问题得到缓解，但数据质量问题成为阻碍平台发展的新瓶颈。运用大数据分析处理技术，可对农机作业数据进行分析，从而提供科学的作业、管理方案。当前应用较为广泛的方法有动态贝叶斯网络、卡尔曼滤波、D-S 证据理论、粗糙集理论等，通过智能算法对数据进行处理、挖掘，能够发现数据内部联系，预测某件事情发生的概率，为农机作业决策提供理论基础。

例如针对免耕播种机长时序的田间周期性作业规律，姜含露等[15]提出基于多条件时间序列分析的监测数据清洗方法及模型(图 10-37)，提取工况参数中车速、瞬时面积和播种量的时空特征，再利用通道融合(CONCAT 连接)保证融合后的特征具有个体差异性。数据清洗后约有 63% 的冗余数据被剔除，有效保证了农机大数据平台的数据质量、精度、完整性和一致性。

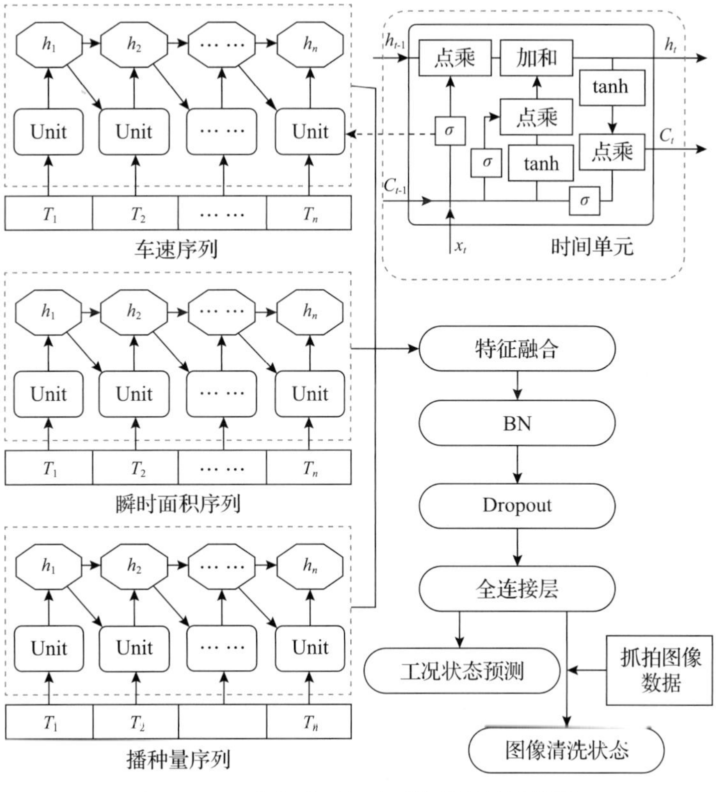

图 10 37 多条件时间序列的数据清洗模型

10.4.2 远程监测物联网技术在农机深松作业中的应用

农机深松整地作业可打破犁底层，加厚松土层，改善耕层结构，从而增强土壤蓄水保墒能力和抗旱防涝能力。为了加强对农机深松作业量和作业质量的监管，尹彦鑫、孟志军等[16,17]

开发了农机深松作业远程监测系统，综合传感器技术、计算机测控技术、卫星定位技术和无线通信技术，实现深松作业质量和作业面积的准确监测。

1. 系统总体架构

系统总体架构如图 10-38 所示，主要由深松检测装置、摄像头检测采集单元、作业监测终端和远程监测平台等组成。深松检测装置由 2 个姿态传感器和 1 个机具识别传感器构成，2 个姿态传感器分别安装在拖拉机驾驶室后和下拉杆上，用于采集拖拉机车身和下拉杆姿态信息，机具识别传感器中存储有深松机基本结构参数信息，融合 3 个传感器信息得到深松作业状态和耕深信息。检测采集单元由 2 组摄像头组成，分别安装于拖拉机前配重块前和驾驶室顶盖后，2 组摄像头分别与监测终端连接，获取拖拉机作业方向前方农田地表和作业后方农田地表场景图像数据。作业监测终端安装于拖拉机驾驶室内，对耕深数据、图像数据、位置信息、作业速度和作业状态等信息进行采集、分析和融合处理，处理结果可显示在监测终端显示器上，同时可通过 4G 无线网络实时传送至远程数据作业监管云服务系统。远程作业监管云服务系统对作业监测终端上传的作业数据进行收发、解析及入库处理，计算达标作业面积和秸秆覆盖率，评估作业地块的耕整地作业质量。

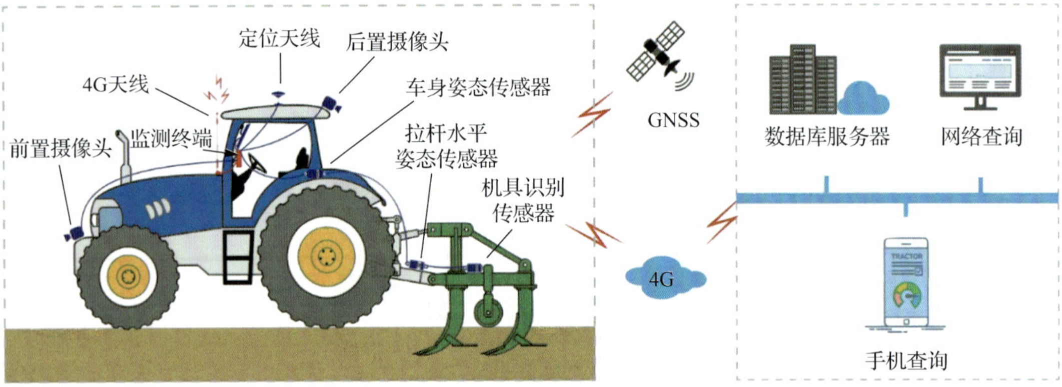

图 10-38 农机深松作业远程监测系统总体架构

2. 耕深检测原理

针对坡地复杂环境中耕深检测易受姿态变化和振动等影响、精度难以保证的问题，提出基于拖拉机车身和三点悬挂机构下拉杆的耕深测量方法。2 个姿态传感器能够实时监测车身和下拉杆的水平姿态变化，结合三点悬挂机构的几何尺寸构建深松作业耕深监测模型，实现复杂地形下深松机作业耕深的检测。

悬挂式深松机耕深检测原理如图 10-39 所示。悬挂式深松机在拖拉机液压悬挂机构的挂接和牵引下进行耕整地作业，其中悬挂机构下拉杆前端与拖拉机下悬挂点通过连接销铰接，铰接中心点为 A，另一端与深松机机架通过连接销铰接，铰接中心点为 B；上拉杆前端与拖拉机的上悬挂点铰接，另一端与深松机具的上挂销点铰接，刚性挂接器可以将机具刚性地固定在拖拉机上。拖拉机通过液压装置控制提升臂调节深松机的作业深度。

将拖拉机组放置于开阔的平整地面，铰接点 A 距水平面的垂直距离为 H_1，铰接点 B 距耕深面的垂直距离为 H_2，铰接点 A 和 B 之间的直线距离为拖拉机下拉杆的长度 L_1，拖拉机组在坡度低于 2°的耕地作业时，拖拉机组作业耕深 H 计算公式为

图 10-39　悬挂式深松机平地作业耕深检测原理

$$H = H_2 - (H_1 - L_1 \times \sin\alpha) \tag{10-5}$$

式中：α 为下拉杆中心线与水平面的夹角。

由于拖拉机三点悬挂机构与深松机是刚性连接，拖拉机组在坡度大于 2°的耕地作业时，将拖拉机前进方向与水平面的实时夹角 β 作为拖拉机组作业地面的坡度角，规定姿态旋转角度顺时针方向为正，即上坡时坡度角为正，下坡时为负，如图 10-40 所示，根据几何关系可知：

$$\begin{cases} \theta = \alpha - \beta \\ H = H_2 - (H_1 - L_1 \times \sin\theta) \end{cases} \tag{10-6}$$

式中：θ 为下拉杆中心线与机组作业地面的夹角。

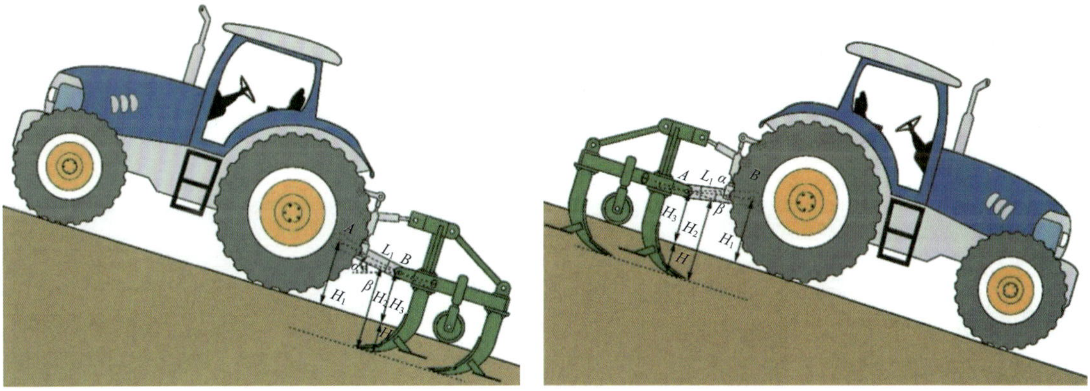

（a）上坡作业　　（b）下坡作业

图 10-40　悬挂式深松机坡地作业耕深检测原理

3. 车载监测终端

车载监测终端是深松作业远程监测系统的核心装置，用于深松作业质量在线检测和作业图像数据获取，如图 10-41 所示。监测终端放置于拖拉机驾驶室内的合适位置，以便驾驶员能够实时掌握作业信息，对机具状态进行及时的调整。该终端主要由控制处理模块、显示模块、定位模块、远程通信模块和电源模块 5 部分组成，通过读取 GNSS 定位信息实现车辆作业的实时定位，并通过 4G/5G 移动网络与远程作业监管服务系统通信，将作业信息及时上传至监测平台，完成作业的远程在线监测。田间作业有时移动网络信号弱或者中断，为了避免数据在传输过程中丢失，终端具有数据断网存储和联网补传功能，将当前的作业数据进行存储，在移动网络信号恢复正常时，将保存数据采用先进先出的方式正常上传至远程作业监管服务系统。终端内置报警器，当深松作业质量不合格时报警提示驾驶员，防止作业质量不达标。

农机深松作业管理

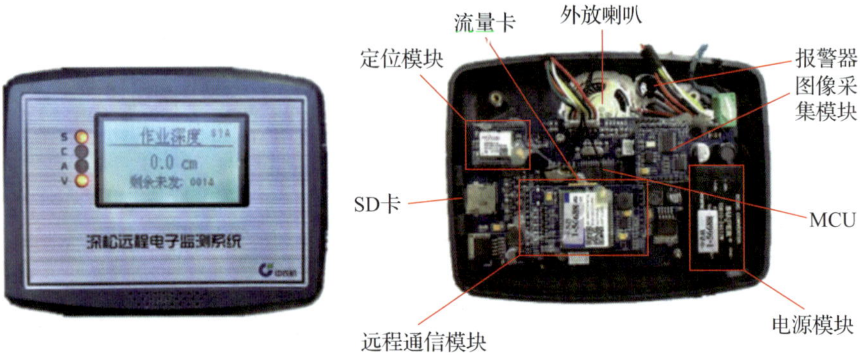

图 10-41　深松作业车载监测终端

4. 远程监测平台

远程监测平台通过接收车载监测终端上传的详细作业信息、存储和管理农机作业数据、精准计量农机深松作业面积、对深松作业进行质量分析、统计汇总作业数据、支持重叠作业和跨区域作业检测与分析、提供数据导出和报表打印等功能。用户可通过电脑、手机查看平台数据。

另外，刘阳春等[18]开发的深松作业远程管理系统（图 10-42），采用 Browser/Server 架构，通过 Active MQ 消息队列技术和数据查询缓存技术，缓解了数据库高并发负载问题。其主要功能如下：

①实时监控。对当前在线机组进行实时监控，可以查看农机具属性信息、机组时空信息、作业详细信息等。

图 10-42　深松作业远程管理系统 Web 界面

②轨迹回放。对深松机组历史作业轨迹信息进行回放、再现。

③作业量统计。对深松机组作业数据按照行政区划、时间、统计指标等进行统计，并可按照不同图表类型显示。

④作业质量分析。计量深松机组的作业面积、达标面积、达标比、平均深度等，基于数字地图进行位置数据、深度数据和图像数据的融合展示，并生成深松作业质量日报单，支持数据导出与打印。

⑤作业区界分析。提取深松作业的区域边界，检测分析重叠和遗漏作业。

10.4.3 基于物联网和大数据的农机跨区作业远程监测

1.概述

农机跨区作业通常是指联合收割机跨区作业，即农机合作社或农机手驾驶各类联合收割机跨越县级以上行政区域进行小麦、水稻、玉米等农作物收获作业的活动。我国农业生产面临农户地块小、规模小，个人购置大型农机具困难的困境，同时又面临季节劳动力短缺且农时短的矛盾，农机跨区作业解决了上述的困境和矛盾，走出了一条具有中国特色的农业机械化发展道路。农机跨区作业提高了农业机械化水平，充分发挥了农业机械在粮食生产中的作用，推动了农业高质量发展。随着跨区作业规模的不断扩大，全国范围内联合收割机的调度，机群作业和运维的保障，机群和农户对接的优化都亟须现代信息技术的支撑。

和感知、通信、云计算等快速发展的信息技术一样，大数据也和物联网技术深度融合，成为物联网系统的重要支撑技术。为实现农机自动导航、远程运维和精准作业，一般在农机上安装用于自动导航或作业监测的物联网终端，由此形成了具有时空特征的农机作业大数据。农机物联网终端已开始规模化应用，国家和多数省(区、市)农机管理部门利用北斗农机物联网终端，结合地理信息系统、知识图谱等技术，正在陆续开发“北斗＋农机”综合管理云平台，建设北斗农机作业大数据系统，实现农机数据引接汇聚、补贴精确核算校验、农机综合态势展示和农机标准化管理，以期有效提升农机管理效率，降低运营成本。

针对全国范围农机作业动态监测和量化统计的应用需求，中国农业大学吴才聪等和农业农村部农业机械化总站等单位联合开发了基于物联网的国家农机作业大数据系统，向各级农业农村管理部门、农机制造企业、农机合作社和农机手提供作业动态监测和数据分析服务[19]。

2.系统组成

国家农机作业大数据系统包括北斗/GNSS终端、农机制造企业物联网平台和国家农机作业大数据管理服务平台，图10-43为系统的总体框架。农机工作时，北斗/GNSS终端实时采集农机的位置数据和工况数据，通过移动通信网络，回传至农机制造企业物联网平台。农机制造企业物联网平台通过“平台2平台”方式，将数据实时转发至国家农机作业大数据管理服务平台。

(1)北斗/GNSS终端：北斗/GNSS终端主要有3类，分别是北斗/GNSS双频定位终端、亚米级农机远程运维终端和米级农机远程运维终端。国家农机作业大数据系统所用北斗/GNSS终端的型号涵盖19家终端制造企业的44个型号。自2021年1月大数据管理服务平台正式运行起，截至2021年11月，大数据管理服务平台共接入农机290 153台，其中轮式拖拉机146 451台，自走履带式谷物联合收割机91 053辆，自走轮式谷物联合收割机31 114辆，自走式玉米收获机 9 282 辆。

北斗/GNSS 终端主要获取以下信息:①农机信息,主要包括农机的 ID、型号、生产厂家等;②工况信息,主要包括发动机转速、机油压力、发动机工作时间、燃油消耗总量、每小时油耗、发动机实时扭矩百分比等;③定位信息,包括 NMEA-0183 协议涵盖的相关信息,如日期、时刻、经度、纬度、海拔高度、航向、速度、使用卫星数等。

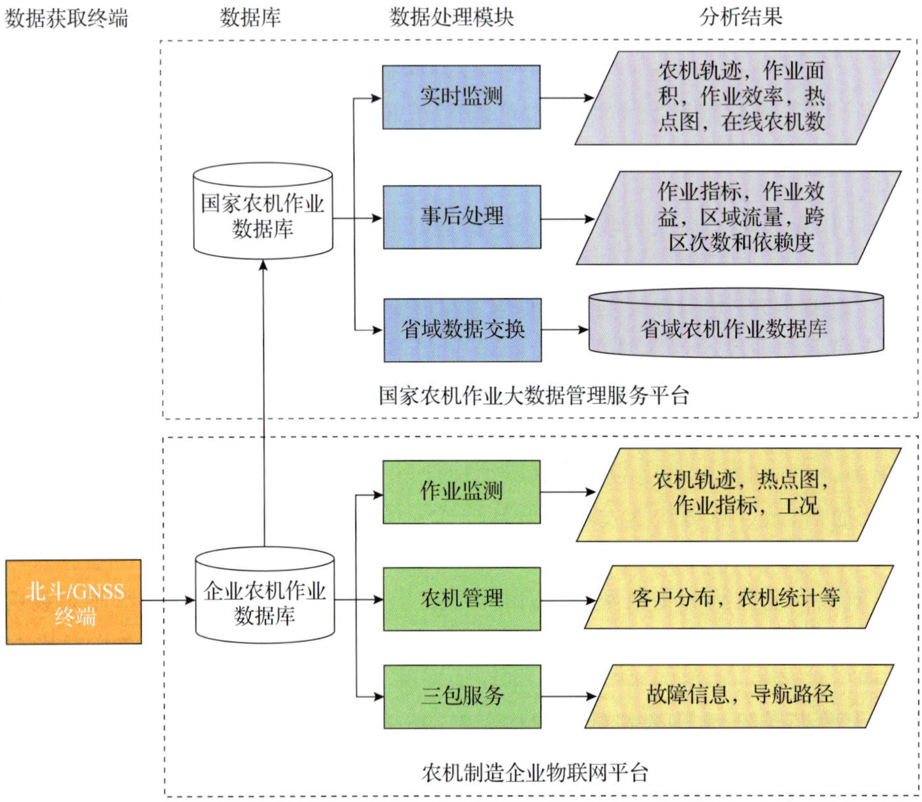

图 10-43　国家农机作业大数据系统框架

(2)农机制造企业物联网平台:农机制造企业物联网平台中的数据处理模块主要包括作业监测、农机管理和三包服务。作业监测模块用来监测农机的轨迹、分布热点、作业指标和工况等信息。农机管理模块可以输出客户分布、农机统计等信息。三包服务模块用来输出农机的故障信息和导航路径。

(3)国家农机作业大数据管理服务平台:国家农机作业大数据管理服务平台主要包括实时监测、事后处理和省域数据交换等模型。实时监测模块可以统计每日和每个时段在线农机数量,生成农机分布热点图,利用田路轨迹分割算法(如 DBSCAN 算法、GCN 算法)统计分析农机作业的数量、时长、里程、面积和效率。事后处理模块主要包括作业指标算法、农机在各区域(如省、市、县)流量算法和各区域对农机依赖度算法,可以输出农机和区域的作业指标、作业效益、区域流量(如农机总流量、流入量和流出量)、跨区次数和区域对农机的依赖度。省域数据交换模块用于向各省(区、市)推送其辖区内的在线农机的数量,实现省域间的农机作业数据交换。

根据农机使用需求,大数据管理服务平台的接入容量确定为 100 万台,并发数不小于 5 万台，数据安全保护等级为二级。为此，大数据管理服务平台选用 Spark 集群框架(图 10-44)，技术架构分为数据源、数据接入、分析存储、数据服务和展示 5 层结构，依次完成数据获取、处理、存储、服务与展示等功能。大数据平台的关键技术是利用动态网关实现高并发的终端数据接入和存储，以及通过适应性强、精度高的算法处理农机作业大数据。

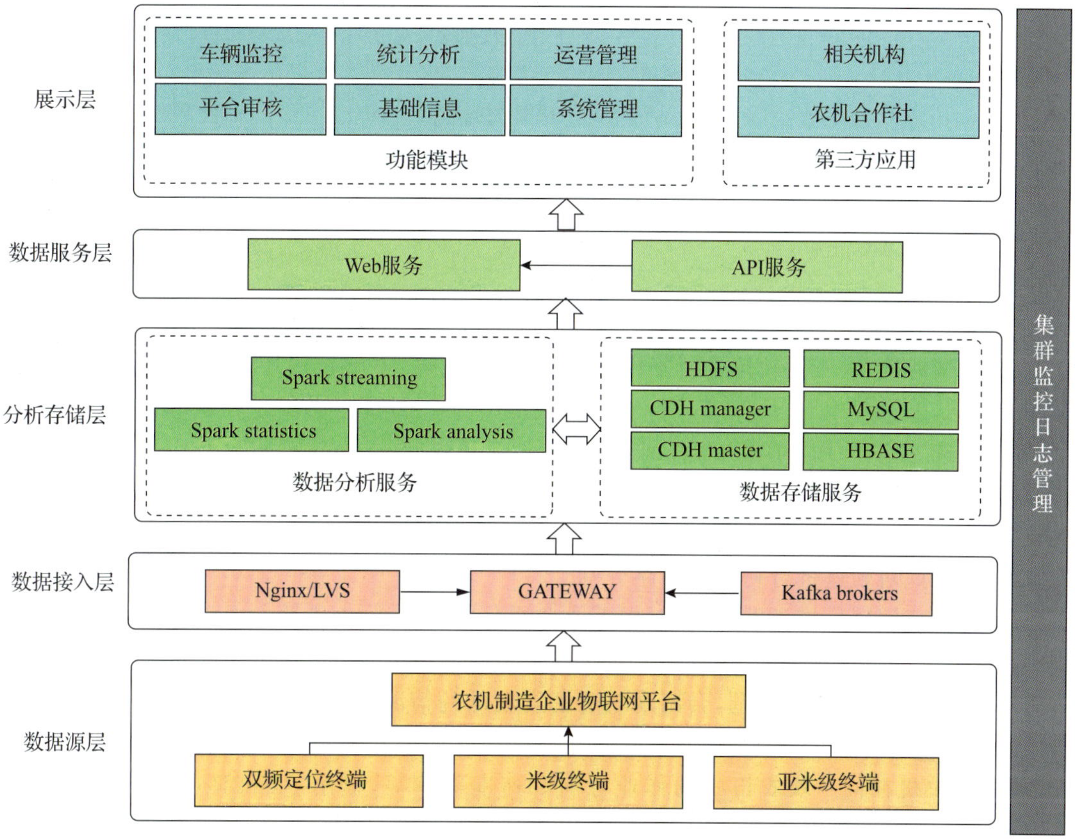

图 10-44 国家农机作业大数据管理服务平台结构

①数据接入层使用多组网关实现动态 Nginx 负载均衡，满足 10 万终端数据接入的并发要求。

②分析存储层的数据分析针对农机作业轨迹数据单条数据量小、密度高等特点，采用 Spark 集群对数据进行统计分析，该层采用分布式结构及主从调度节点设计，以重复利用系统资源，保障单点故障下系统的持续运行能力与不停机升级能力。数据处理算法封装后部署在 Spark 节点。

数据存储采用 Hadoop 架构，存储经接入层解析后的农机作业数据，支持 PB 级数据存储和动态增加机器，以提高计算能力与存储容量。将数据分析的结果存储至分布式缓存系统和关系型数据库中。在服务器硬件层面，采用关系型数据 RAID(redundant arrays of independent disks)进行备份。

③数据服务层通过 REST API 接口调用存储层的数据，实现与 Web 服务器、分布式缓存系统和存储系统交互。利用 Web 服务器和 Nginx 服务器与手机端、电脑端软件进行交互。

3. 数据处理关键技术

农机作业大数据的处理流程见图 10-45，包括数据清洗、轨迹分割和参数提取 3 个步骤。

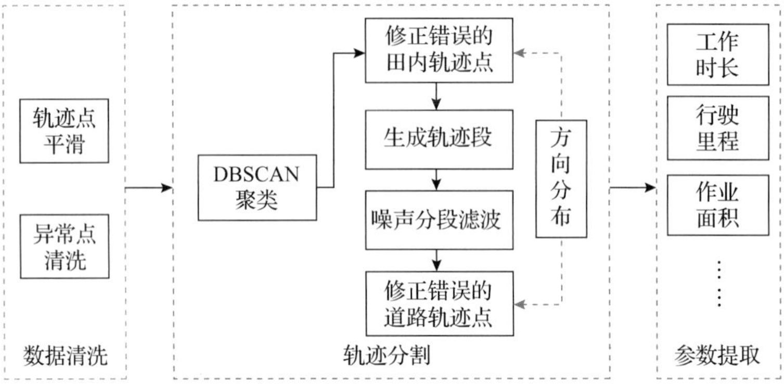

图 10-45　大数据处理流程

(1)数据清洗：首先对轨迹进行平滑，然后对静止轨迹、零漂轨迹等进行清洗，以减小定位误差的影响。

(2)轨迹分割：采用 DBSCAN(density-based spatial clustering of applications with noise)密度聚类方法，对农机作业轨迹数据进行田路分割。DBSCAN 方法受邻域半径(eps)和最少点(minpts)的影响较大，为此首先对农机作业轨迹数据进行人工标注，然后通过训练获得最优模型参数，据此对轨迹进行初步的田路分割。

为提高 DBSCAN 聚类精度，需对以下 2 种情况进行处理：农机接近农田时会减速行驶，导致田路交界处的轨迹密度变大，致使道路轨迹被错误地识别为农田轨迹；农机在田内作业时，因交叉作业或数据采集等问题，会出现轨迹密度较低的情况，致使 DBSCAN 将这些区域错误地识别为道路轨迹。针对上述情况，基于轨迹点的方向分布对田路分割的初步结果进行修正，即根据农机在同一块农田中的作业方向和速度等特征，提出 Field2Road-Cluster 修正道路轨迹被错误识别为农田轨迹的情况，提出 Road2Field-Segment 修正农田轨迹被错误识别为道路轨迹的情况。

(3)参数提取：轨迹修正后，基于分割后的数据集提取工作时长、行驶里程和作业面积。经上述方法对农田轨迹进行分割处理后工作时长的精确率为 96.01%，召回率为 96.29%，F_1 得分为 95.60%，行驶里程的精确率为 97.54%，召回率为 97.88%，F_1 得分为 97.48%。其中，对于小麦收割，因掉头时往往也进行不间断的收割作业，故其作业面积为田内行驶里程与机具作业幅宽的积[20]，其精确率与行驶里程的精确率相同。

4. 系统应用

以农机大数据统计和三夏麦收作业统计为例。图 10-46 为农机作业重心转移图。图 10-47 为 34 天的农机运行指标，包括在线农机数、收割时长中位数和收割面积中位数，每条曲线代表一天的指标。从图 10-47 可以看出，在线农机数、收割时长中位数和收割面积中位数分别在第 14、13、19 天达到峰值。

系统还可显示农机手的跨区作业档案，包括农机手的累计行驶里程、收割面积等[19]。

5. 在线收割机跨区机收分析

根据国家农机作业大数据系统的统计，2021 年麦收期间，小麦主产区约 75%的收割机进

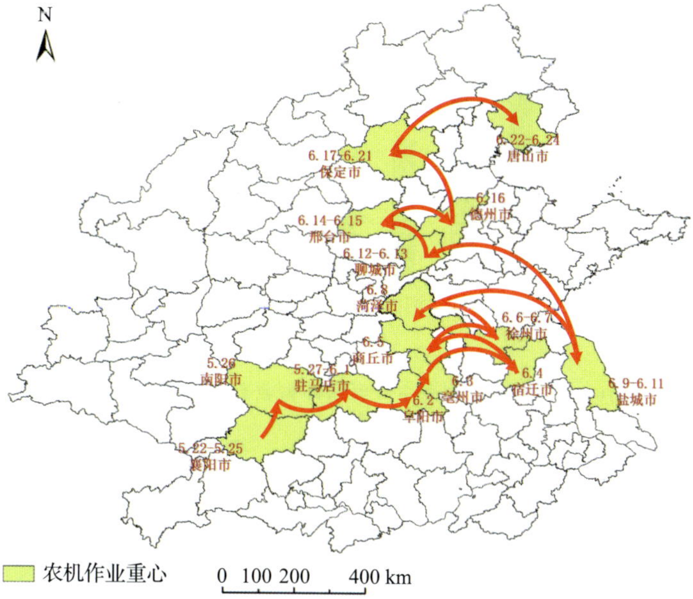

图 10-46　农机作业重心转移图

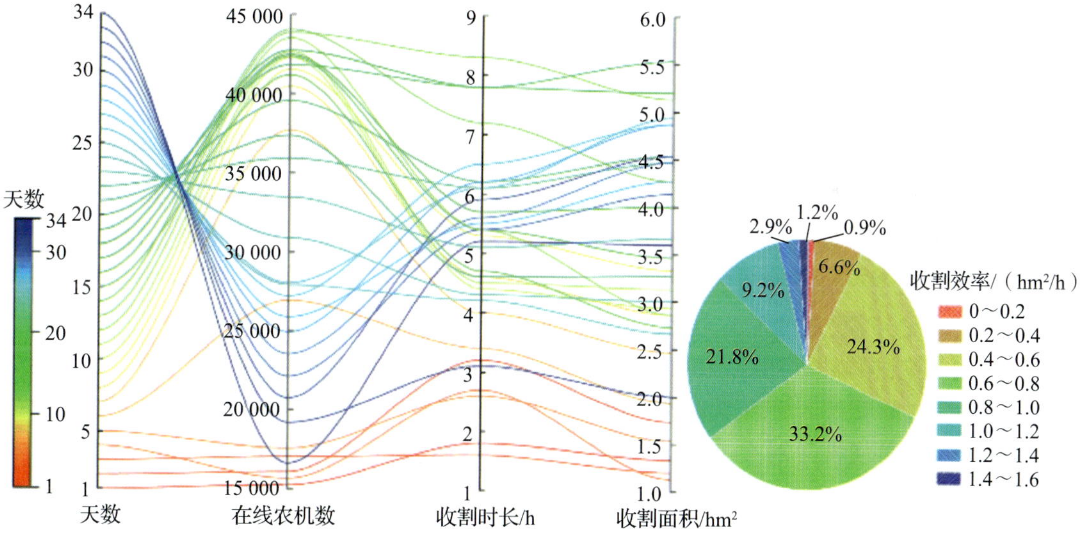

图 10-47　2022 年 5 月 22 日至 6 月 24 日农机运行指标

行了跨区作业，约完成小麦收割面积的 84%。收割机的跨区距离（直线距离）中位数约为 597 km，约 69%的收割机跨区距离超过 300 km。以省为单位，通过计算小麦主产区各省份由外省收割机收割面积的占比，可得小麦主产区各省份对跨区机收的依赖情况（图 10-48）。

从图 10-48 可以看出，湖北省和河北省强烈依赖外省收割机，由外省收割机收割的农田面积超过 50%，分别为 73%和 54%。较为依赖外省收割机的省份为河南省和江苏省，由外省收割机收割的农田面积介于 25%～40%。轻度依赖外省收割机的省份为山东省、安徽省、山西省和陕西省，由外省收割机收割的农田面积在 20%以下。

通过依赖度分析，可以了解各省份小麦收割机需求量与保有量情况，这对于各省份调整农

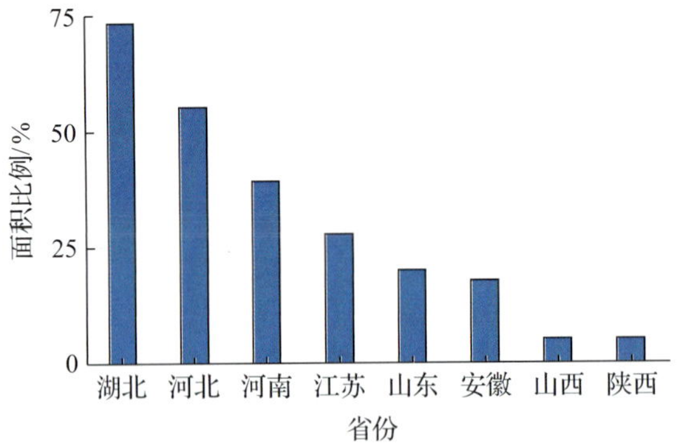

图 10-48　2021 年小麦主产区由外省收割机收割的面积比例

机结构具有参考意义。

基于物联网的农机作业大数据系统汇聚了全国主要农机企业的农机位置与工况数据，可服务于农业农村部门、农机制造企业、农机合作社和农机手。后续研究可以结合农机作业效率、农机移动行为模式和农机路径推荐等开展。

10.5　基于物联网的智能农机导航多机协同作业远程管理平台

10.5.1　多机协同作业概述

无人农场是新一代的信息技术、智能装备技术和先进种植技术高度融合的产物，可以彻底地解放劳动力，代表了农业生产的最先进水平。无人农场就是在工作人员不进入农场的情况下，采用传感器、互联网、云计算、物联网、大数据以及人工智能等先进科学技术，通过对农场中的作业机械和设备等进行全程的远程监测、智能控制以及机械设备自主作业，完成农场所有生产作业的一种全天候、全过程无人化生产作业模式。

无人农场系统架构如图 10-49 所示，主要由四大系统构成，包括基础设施系统、作业装备系统、测控系统和管控云平台系统[21]，四大系统协调统一，协同运行，完成无人农场农业生产和管理任务，实现机器对人工作业的替换。而物联网技术、大数据技术、人工智能技术和智能装备与机器人技术是无人农场的重要支撑技术，农场环境、装备、动植物信息的全面感知和信息可靠传输是物联网技术应用于无人农场的两大重要方面，是实现农场无人化作业的基础。

农机的智能化是推动无人农场发展的重要条件，也是我国由传统农业全面转型为智慧农业的重要驱动力量之一。智能农机是无人农场的装备支撑，而自动导航是智能农机的核心。智能农机的自动导航系统按照决策系统规划的作业路径开展作业，可以减少重复和遗漏作业，提高农机田间作业的质量和效率，降低工作人员的劳动强度。

随着我国农业不断向着规模化和产业化的方向发展，以及对农机自动导航作业需求的提高，多台同种农机或异种农机协同作业的工作模式逐渐成为大规模农场生产作业的发展趋势，如图 10-50 所示。多机协同有 2 种作业模式，一种是跟随型作业模式，即多台同种作业农机在田间共同完成作业，一台为主机，其他为从机，从机跟随主机协作完成田间作业；另一种是命令

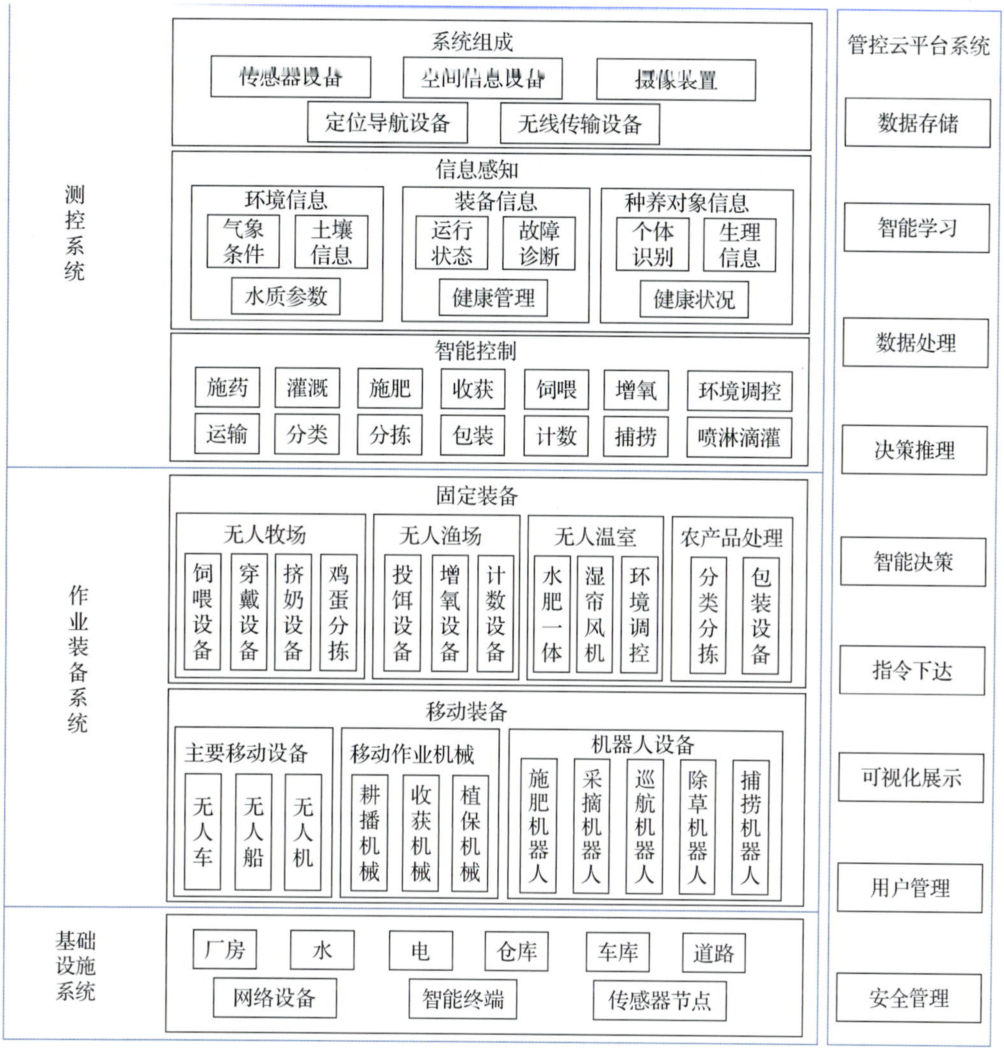

图 10-49　无人农场系统架构

型作业模式，即从机根据主机发出的命令配合主机开展作业，例如收割机-运粮车的主从协同作业，在收割机向运粮车发出卸粮命令时，运粮车跟随收割机行进，并配合收割机协作完成卸粮作业。

多机协同作业需要对主从机的作业路径进行全局规划，在作业过程中主机和从机之间进行远程通信，协同完成作业。相对于独立的农机作业，多机协同作业通过合理的任务分配可以降低每个农机的工作量，从而节省作业时间；协同作业时农机之间互为定位信标，可以减少定位误差；当个别农机发生故障时，可以通过动态调度来提高整个系统的性能。多机协同作业远程管理调度可以帮助农机作业管理人员更快、更精确、更有效率地完成工作，减少复查和补漏作业，从而大幅度减轻劳动强度，提高农业资源利用率和投入产出比，有利于实现农田规模化、无人化生产。因此，曹如月[22]开展了基于物联网的智能农机导航多机协同作业远程管理平台开发，以实现耕种管收整个农业生产过程的自主决策和自主作业，对智慧农业的发展和无人农场的建设具有重要的理论意义，具有良好的应用前景。

图 10-50　多机协同作业示意图

多机协同自动导航
联合收获作业

10.5.2　平台总体设计

10.5.2.1　多机协同智能导航系统整体结构

多机协同作业远程管理平台作为无人农场运行的核心，可实时监控多机协同智能导航系统的作业信息，通过人机交互实现多机协同调度管理。多机协同智能导航系统整体结构如图 10-51 所示，在农机上安装基于方向盘控制的自动导航系统，包括定位模块、控制模块、通信模块和车载终端等，其中定位模块用于获取农机位置信息和姿态信息；控制模块对方向盘进行转动控制，从而实现农机自动转向；通信模块进行农机之间状态信息的交互；车载终端可以方便地进行多个串口连接，实现信息采集和决策控制。

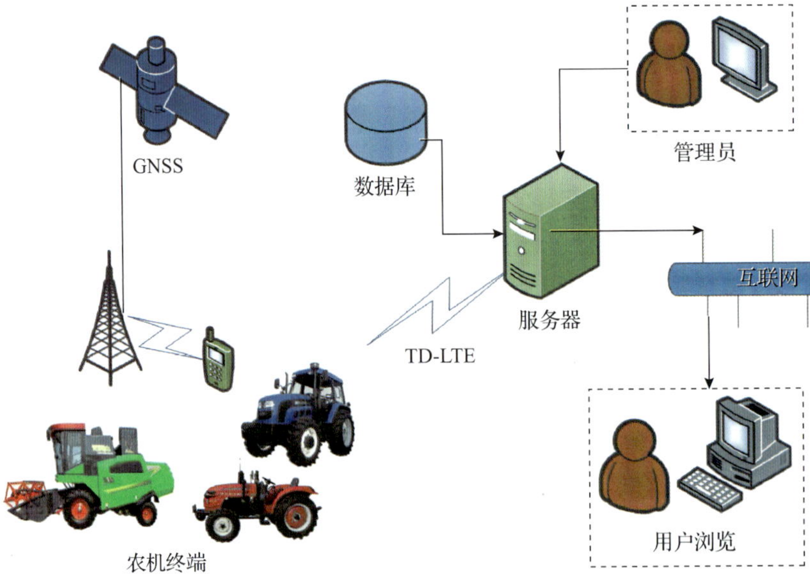

图 10-51　多机协同智能导航系统整体结构

农机车载终端负责采集各个农机的位置和航姿等作业信息（感知层），通过远程通信（传输层），将采集到的作业信息发送给远程管理平台，从而实现信息交互。远程服务器接收到作业信息之后将其存储到数据库中，用户通过浏览器查看多机作业轨迹、状态信息、历史数据、作业面积、重叠面积、遗漏面积等作业信息，实时监控多机协同导航作业情况（应用层）。多机协同远程管理平台是多机协同智能导航系统的决策机构，可以实现多机协同导航作业的作业管理和调度管理。

10.5.2.2 多机协同作业远程管理平台功能模块设计

多机协同作业远程管理平台主要包括作业管理和调度管理 2 个功能模块，如图 10-52 所示。作业管理模块包括多机协同导航作业信息远程监测、作业进度实时分析和作业质量在线评估 3 部分；调度管理模块包括无人农场中的多机协同作业任务分配以及路径规划。

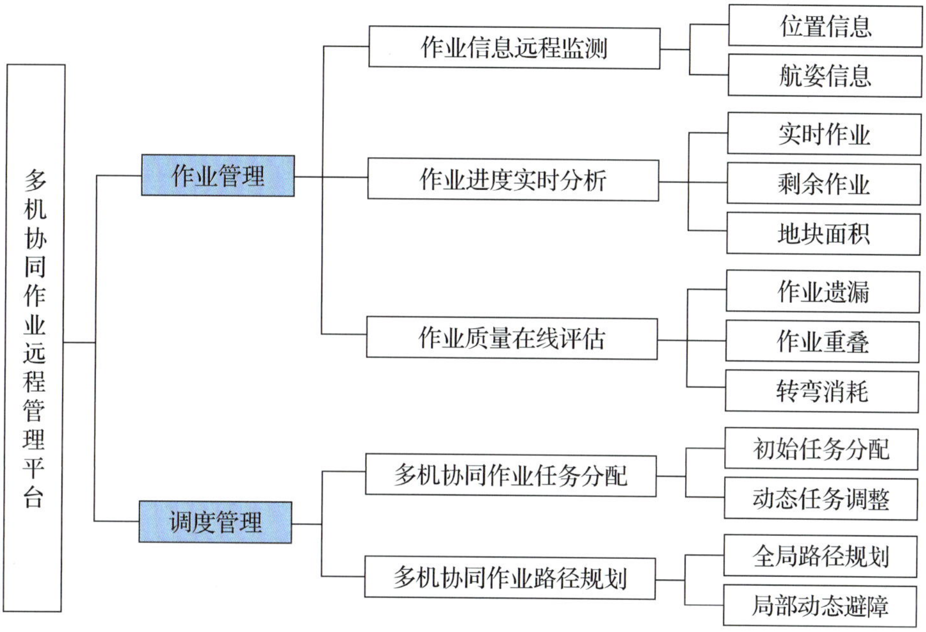

图 10-52 多机协同作业远程管理平台功能模块

1. 作业管理模块

多机协同作业远程管理平台对多机协同作业位置信息和航姿信息进行实时远程监测，包括数据收发、数据存储与数据查询、数据显示。

①数据收发。农机车载终端根据预先设定的时间间隔采集各农机的作业信息，并主动向远程服务器发起连接请求，远程服务器在确认车载终端的连接请求后开始接收作业数据。远程管理平台根据作业情况，将决策信息发送给车载终端，从而实现对多机协同导航作业的远程管理调度。

②数据存储与数据查询。根据数据类型和数据采集时间等条件建立数据库，作业信息上传到远程管理平台后，将其存储到数据库对应表格的对应属性字段中。用户在平台上可以根据作业时间、作业地点以及农机编号等字段查询相应的历史作业数据，服务器调取数据库表格中的相关作业数据，便可将农机作业情况呈现在网页中。

③数据显示。远程管理平台通过调取数据库中的作业数据，将多机协同导航作业的位置信息和状态信息显示在网页中，用户能够实时查询作业信息，并依据作业情况做出相应的管理决策。

2.调度管理模块

多机协同作业远程管理调度需要在多台农机和多个作业地块之间建立一种映射关系，综合考虑地块位置、任务数量、作业能力、路径代价和作业时间等因素，建立一个路径短、效率高、资源配置合理的调度模型，从而实现无人农场作业环境下的多机协同作业远程调度管理。

无人农场作业环境具有复杂性和动态性，在多机协同导航作业过程中，如果只考虑全局规划，农机在遇到动态作业信息时将无法按照要求完成作业任务；如果只考虑局部规划，无法得知全局的任务信息和环境信息，会造成路径代价和作业成本的增加。因此，在多机协同导航作业时，可以首先根据已知的任务信息和环境信息进行全局规划，获取一个最理想的规划方案，然后在实时的作业过程中，依据动态的作业信息和环境信息，对全局规划方案进行实时调整，从而实现全局规划与局部规划相结合的最优规划方案。

图 10-53 为多机协同作业远程管理调度方法框图。管理调度包括任务分配和路径规划，任务分配分为初始任务分配和动态任务调整，路径规划分为全局路径规划和局部动态避障。首先，根据远程管理平台发布的初始任务信息和农机信息，按照农机与任务的供需匹配原则，获得多机协同作业最优任务分配方案；然后，根据初始环境信息建立环境地图模型，依据最优任务分配方案，开展多机协同作业路径冲突检测，获取安全且高效的全局路径；最后，结合农田作业环境中的动态任务信息、农机信息和环境信息对全局规划方案进行实时优化，实现动态任务调整和局部动态避障。

①初始任务分配。利用远程管理平台发布的初始任务信息和农机信息，综合考虑供需匹配、农机作业能力、路径代价和作业时间，利用改进蚁群算法获得最优任务分配方案，使农机资源得到合理配置。其中初始任务信息包括初始任务数量和任务坐标，初始农机信息包括初始农机数量和农机坐标。

②动态任务调整。利用远程管理平台发布的动态任务信息和农机信息，根据农机的作业能力对最优任务分配方案进行实时调整，避免一些客观因素（包括农机故障或者新增任务等）导致的供需不匹配，从而实现动态任务调整，使整个多机协同导航系统具有更强的环境适应能力。其中动态任务信息包括新增的任务数量和任务坐标，动态农机信息包括发生故障的农机数量和农机坐标。

在初始任务分配中，若存在部分任务未被分配的情况，则在作业进行过程中将待分配任务重新进行分配；在作业进行过程中，若出现新增任务，则将新增任务合理分配给各农机；若出现农机发生故障的问题，将故障农机所对应的任务重新分配给其他农机。

③全局路径规划。根据初始环境信息建立环境地图模型，以路径代价和作业时间最小为优化目标，基于任务分配方案，利用 Dijkstra 算法进行全局路径寻优，并基于时间窗对全局路径进行冲突检测，生成冲突解决策略，规划出一条由农机当前位置到目标地块的最优或较优的全局路径。

④局部动态避障。在农机行进过程中，利用远程管理平台获取动态环境信息，根据动态障碍物或者其他作业农机信息进行碰撞检测并生成决策方案，实时调整全局路径。在路径调整过程中，始终以任务地块为最终目标，防止出现局部极值点从而忽略全局规划。同时，对农机行为进行检测，引导农机安全行进到指定位置，使多机协同导航系统具有更强的环境适应能力。

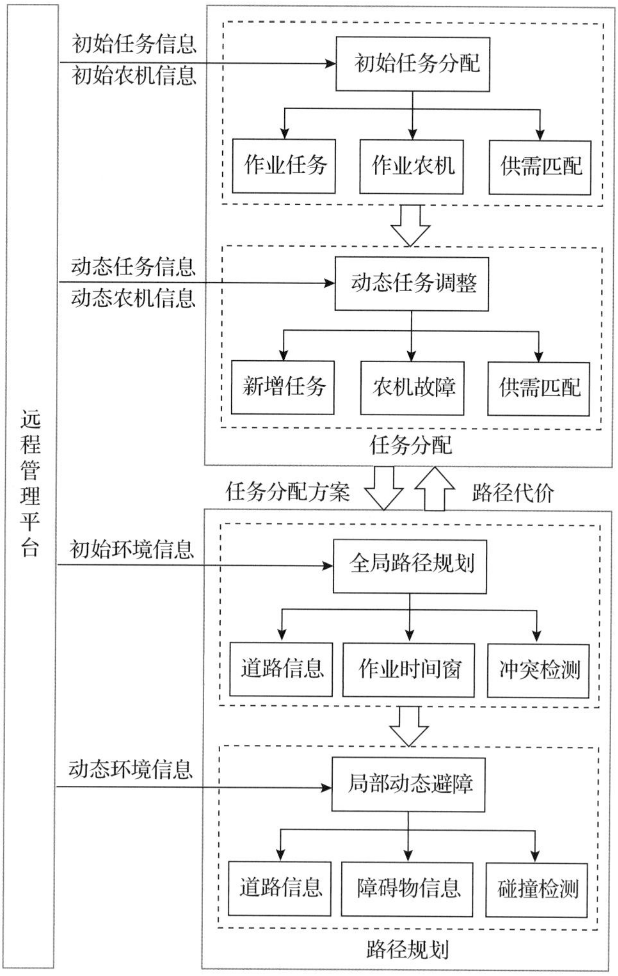

图 10-53　多机协同作业远程管理调度方法框图

10.5.3　作业管理模块功能

多机协同作业远程管理平台采用 C# 语言和 ASP. NET 技术开发，开发环境为 Microsoft Visual Studio 2010，操作系统为 Microsoft Windows 7，数据库为 SQL Server 2008，服务器操作系统采用 Microsoft Windows Server 2003，并且选用 B/S 分布式网络体系结构。

平台开发过程如下：

①以 Visual Studio 2010 作为网站开发平台，采用 C# 编程语言和 ASP. NET 技术，设计开发多机协同导航作业远程管理平台。

②利用 SQL Server 2008 进行数据库开发，通过数据表进行相应数据的存取。

③采用 WebSocket 技术进行网络通信，实现远程管理信息的数据接收与数据发送。

④利用电子地图进行精准定位，实时监测农机作业情况，并对区域内多机协同导航作业的任务分配与路径规划做出决策分析。

1. 作业信息远程监测

多机协同作业远程管理平台利用 WebSocket 网络通信技术进行多机协同导航作业信息

和控制命令的远程数据接收与发送。在多机协同作业过程中，通常会出现多台农机同时向平台上传数据或者平台同时向多台农机发送控制命令的情况，即并发访问的情况，因此需要采用多线程技术加快程序的执行速度。远程服务器定时向农机车载终端发送数据接收命令，车载终端在收到指令后向远程服务器发送实时获取的多机协同导航作业信息，远程服务器接收到作业数据之后，便将其保存到相应的数据库中。

用户可以通过浏览器实时查看多机协同导航作业的位置信息和航姿信息，主要包括经纬度、航向角、俯仰角、横滚角、前轮转角和作业轨迹等信息。用户可以根据作业时间、作业地点以及农机编号等信息，查看相应作业农机的历史作业情况。同时，用户可以根据信息获取情况进行翻页、跳转等操作，也可以把需要的相关信息导出到表格或文档中，以开展进一步的数据分析处理。

作业信息远程监测主要是对多机协同导航作业的实时情况进行跟踪和监测。当农机开始作业后，远程服务器在接收到车载终端发送的作业信息后开始进行数据处理，并根据农机的位置信息实时在网页界面中进行作业轨迹绘制，如果用户需要获取农机的作业面积等信息，可以点击指定农机查看具体的作业数据，也可以查看相应的历史作业数据。作业信息远程监测界面如图 10-54 所示。

图 10-54　作业信息远程监测界面

2. 作业进度实时分析

多机协同作业远程管理平台根据车载终端上传的农机作业信息，计算各个任务地块的作业总面积、实时作业面积及剩余作业面积。

采用航迹法[23]计算地块总面积，即根据电子地图测绘获取的作业地块边界点坐标信息来计算地块总面积。航迹法的计算精度较高，适用于不同形状的面积测量。假设 (x_1, y_1)、(x_2, y_2)、…、(x_n, y_n)、(x_{n+1}, y_{n+1}) 分别代表 n 个边界点的位置坐标，其中 $x_{n+1}=x_1, y_{n+1}=y_1$。组成地块边界的点按照逆时针顺序排列，则该地块的总面积

$$S=\frac{1}{2}\sum_{i=1}^{n}(x_{i+1}+x_i)(y_{i+1}-y_i) \tag{10-7}$$

利用 GNSS 接收机获取农机前进速度和路程，剔除农田边界外的作业区域以及其他不合理的 GNSS 数据，根据农机的有效作业幅宽，计算农机实时作业面积。地块总面积减去实时作业面积即为剩余作业面积。

根据实时作业情况，可以获得多机协同作业整体的完成情况。作业进度实时分析界面如图 10-55 所示。

图 10-55 作业进度实时分析界面

3. 作业质量在线评估

作业质量在线评估是指作业重叠率、作业遗漏率和地头转弯消耗率的分析评估，根据最终生成的作业路径图，利用像素点进行作业重叠面积、作业遗漏面积和地头转弯面积的计算。

采用不同的颜色填充农田总区域、实时作业区域和地头转弯区域，完成作业任务之后遍历所有的像素点，根据像素点的颜色返回值获取各个区域的像素点数量，计算重叠区域面积、遗漏区域面积和地头转弯面积，从而计算出作业重叠率、作业遗漏率和地头转弯消耗率。

单台农机和多台农机的作业质量在线评估界面如图 10-56 所示。

以涿州实验农场 15 号地块的作业情况为例。农机以往返式跨行路径进行作业，共开展了 2 次试验，每次试验均取其中 5 个作业行的数据，每个作业行的理论作业面积为 795 m^2，作业总面积为 3 975 m^2。2 次试验的作业轨迹如图 10-57 所示。

作业质量在线评估结果如表 10-11 所示。综合 2 次试验结果可以看出，重叠面积、遗漏面积及地头转弯面积占比较大，在第一次试验中，遗漏率和地头转弯消耗率总共达到了18.39%，造成了严重的资源浪费。因此，在实际的多机协同导航作业中，开展农田地块内的全覆盖最优作业路径规划是非常有必要的。

表 10-11 作业重叠率、作业遗漏率和转弯消耗率分析

序号	作业总面积/m^2	重叠面积/m^2	重叠率/%	遗漏面积/m^2	遗漏率/%	转弯面积/m^2	转弯消耗率/%
1	3 975	218.23	5.49	285.80	7.19	445.20	11.20
2	3 975	124.42	3.13	192.39	4.84	427.71	10.76

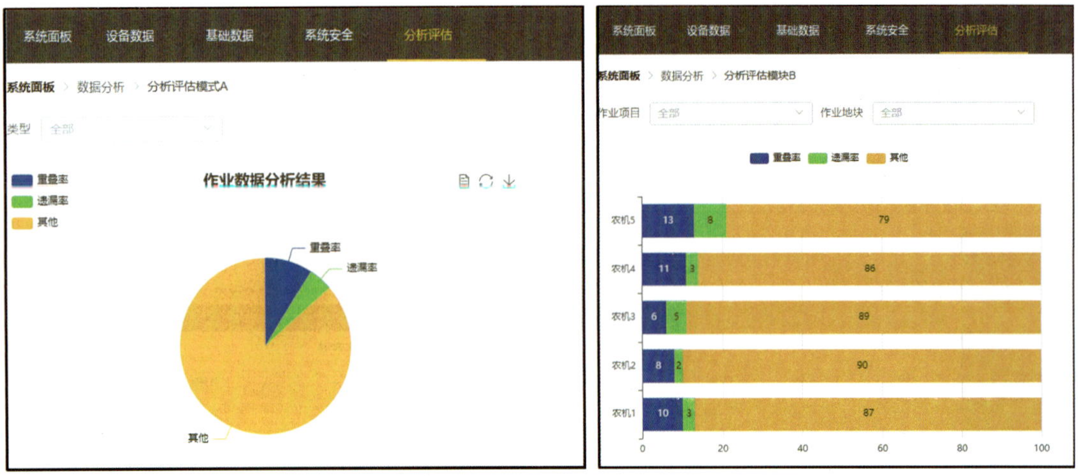

（a）单台农机　　　　（b）多台农机

图 10-56　作业质量在线评估界面

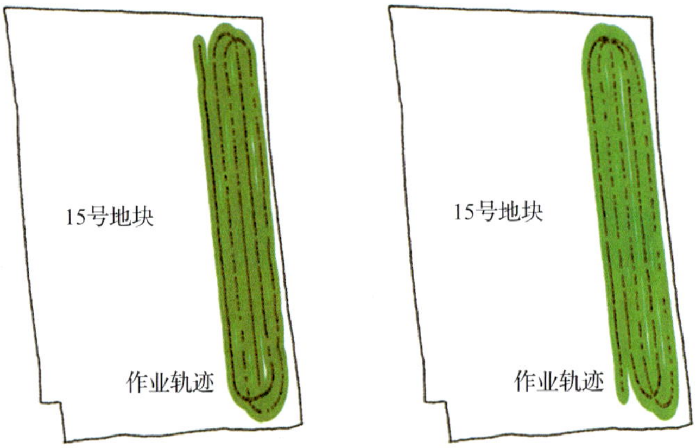

（a）第一次试验　　　　（b）第二次试验

图 10-57　作业质量在线评估 2 次试验作业轨迹

10.5.4　调度管理模块功能

1. 多机协同任务分配

多机协同作业远程管理平台根据多机协同导航作业情况及作业需求等信息做出管理决策，生成最优任务分配与路径规划方案，然后通过远程通信向各农机发送决策信息，从而实现多机协同导航作业的智能调度管理。

首先对调度管理模块中的任务分配功能进行了测试，根据涿州实验农场的实际道路分布情况，为每一个地块设置作业入口，各个地块不可随意穿行。假设每台农机均拥有单独完成任务的能力，且每个任务均由单台农机完成，每台农机从当前位置出发，完成各自分配的多个任务后回到车库。

以每台农机的当前位置为起始点，以各个作业地块入口为目标点，基于改进蚁群算法进行多机协同作业任务分配，任务分配界面如图 10-58 所示。

由于蚁群算法稳定性较差，即使参数不发生改变，每次执行程序都可能得到不同的分配结

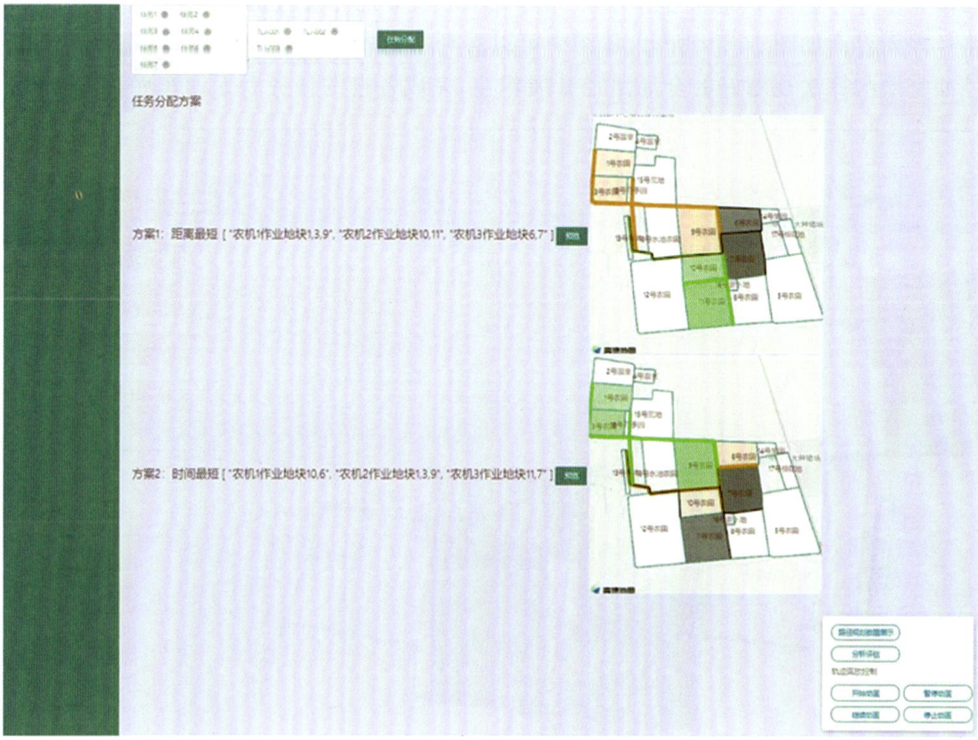

图 10-58　多机协同任务分配界面

果,因此,远程管理平台会提供 2 种任务分配方案,如表 10-12 所示。方案 1 的优化目标为路径代价最短,方案 2 的优化目标为作业时间最短,用户可以根据实际的作业需求选择适合的任务分配方案。

表 10-12　多机协同任务分配方案示例

任务分配方案	优化目标	农机编号	任务分配结果
1	路径代价最短	1	(1,3,9)
		2	(10,11)
		3	(6,7)
2	作业时间最短	1	(6,10)
		2	(1,3,9)
		3	(7,11)

注:括号内为地块号。

2. 多机协同路径规划

当远程管理平台完成多机协同任务分配后,需要根据每台农机的任务分配结果,以路径代价和作业时间最小为优化目标,对多台农机进行全局路径规划。因此,对调度管理模块中的全局路径规划功能进行了测试。

多机协同作业远程管理平台通过调用全局路径规划算法进行路径寻优,生成安全高效的多机协同作业全局路径,并下发给车载终端,同时在平台页面上显示各台农机的全局作业路径。以方案 2 的任务分配结果为例,分配给农机 1 的作业任务为地块 6 和地块 10,分配给农机 2 的作业任务为地块 1、地块 3 和地块 9，分配给农机 3 的作业任务为地块 7 和地块 11，多机协同路径规划界面如图 10-59 所示，从图中可以看到每台农机的作业轨迹，各作业农机根据全局路径冲突检测算法规划好的全局路径开展作业，完成各自的任务后返回车库。

图 10-59　多机协同全局路径规划界面

多机协同路径规划

多机协同作业远程管理平台能够对多机协同导航作业进行远程监测、进度实时分析和质量在线评估，能够提供多种任务分配方案供用户选择，并规划出安全且高效的全局作业路径。该平台提高了多机协同作业导航系统的自主作业能力，为进一步实现无人农场中的多机协同作业远程调度管理奠定了基础。平台还需要进一步结合具体的无人农场作业场景开展大规模的田间试验，测试算法性能，并进一步优化算法。

参考文献

[1] International Telecommunication Union. Internet Reports 2005：The Internet of Things [R]. Geneva：ITU，2005.

[2] 李民赞，孙红，杨玮，农业与生物智能传感技术[M]. 北京：中国农业大学出版社，2024.

[3] 石庆兰. 土壤水分测量传感器的发展与未来[J]. 高科技与产业化，2018(5)：64-67.

[4] 张嘉栋. 田间水利用系数自动测算物联网系统设计[D]. 北京：中国农业大学，2021.

[5] 节水灌溉工程技术标准：GB/T 50363—2018[S].

[6] 杨玫，孙西欢，栗岩峰，等. 灌水定额对田间水利用系数的影响[J]. 太原理工大学学报，2003(3)，364-366.
[7] Li J W，Sun X H，Ma J J，et al. Numerical computation of field water utilization coefficient for border irrigation[C]//Proceedings of 2011 International Symposium on Water Resource and Environmental Protection（ISWREP 2011），May 20-22，2011，Xi'an，China：4.
[8] 张智勇. 基于物联网的作物叶绿素信息监测系统设计与开发[D]. 北京：中国农业大学，2021.
[9] 王雅萱. 基于B/S架构的温室光环境调控物联网平台设计与开发[D]. 北京：中国农业大学，2023.
[10] 邹兵. 基于物联网的奶牛场环境监测与综合能源利用技术研究[D]. 北京：中国农业大学，2020
[11] 基于以太网技术的局域网系统验收测评规范：GB/T 21671—2008[S].
[12] Rees A，Tenhagen C F，Heuwieser W. Effect of heat stress on concentrations of faecal cortisol metabolites in dairy cows[J]. Reproduction in Domestic Animals，2016，51(3)：392-399.
[13] 孟志军，武广伟，魏学礼，等. 农机作业监管信息化技术应用与展望[J]. 农机科技推广，2019(5)：9-11.
[14] 赵博，张巍朋，苑严伟，等. 农业装备运维与作业服务管理信息化技术研究进展[J]. 农业机械学报，2023，54(12)：1-26.
[15] 姜含露，周利明，马明，等. 基于多条件时间序列的免耕播种机作业数据清洗方法[J]. 农业机械学报，2022，53(1)：85-91.
[16] 尹彦鑫，王成，孟志军，等. 悬挂式深松机耕整地耕深检测方法研究[J]. 农业机械学报，2018，49(4)：68-74.
[17] 孟志军，尹彦鑫，罗长海，等. 农机深松作业远程监测系统设计与实现[J]. 农业工程技术，2018，38(18)：34-37.
[18] 刘阳春，苑严伟，张俊宁，等. 深松作业远程管理系统设计与试验[J]. 农业机械学报，2018，47(S)：43-48.
[19] 吴才聪，陈瑛，杨卫中，等. 基于北斗的农机作业大数据系统构建[J]. 农业工程学报，2022，38(5)：1-8.
[20] 刘卉，孟志军，王培，等. 基于农机空间轨迹的作业面积的缓冲区算法[J]. 农业工程学报，2015，31(7)：180-184.
[21] 李道亮，李震. 无人农场系统分析与发展展望[J]. 农业机械学报，2020，51(7)：1-12.
[22] 曹如月. 多机协同智能调度算法与系统集成研究[D]. 北京：中国农业大学. 2023.
[23] Xiang M，Wei S，Zhang M，et al. Real-time monitoring system of agricultural machinery operation information based on ARM11 and GNSS[J]. IFAC PapersOnLine，2016，49(16)：121-126.